全国普通高等院校生命科学类“十二五”规划教材

分子生物学

主　编　李　钰　马正海　李　宏

副主编　范永山　王秀利　赵利峰

侯典云　张　飞

编　委　（以姓氏笔画为序）

丁军涛　新疆大学

马正海　新疆大学

王秀利　大连海洋大学

刘川鹏　哈尔滨工业大学

李　宏　重庆工商大学

李　钰　哈尔滨工业大学

李红心　陕西科技大学

李聪聪　聊城大学

张　飞　郑州轻工业学院

范永山　唐山师范学院

赵利峰　塔里木大学

侯典云　河南科技大学

华中科技大学出版社

中国·武汉

内 容 提 要

本书以“重基础、内容新”为指导思想，从分子生物学的概念、术语、理论及新发现出发，系统介绍分子生物学的理论和技术基础。绪论主要介绍分子生物学的发展简史和分子生物学的主要研究内容；第2章到第9章为本书的核心部分，介绍DNA与基因组、DNA复制、基因组的变异与DNA损伤修复、DNA重组与转座、原核生物的转录及转录调控机制、真核生物的转录及转录调控机制、RNA转录后加工及调控和蛋白质翻译与调控；第10章对近年来发展迅速的基因组学、转录组学、蛋白质组学以及生物信息学进行介绍；第11章对分子生物学技术基础进行翔实的阐述。

本书供生物科学、生物技术、生物工程、生物信息学等专业本科生使用，也可以作为农林、环保、园艺、医学、药学等相关专业的本科生、研究生的教材，此外还可作为各相关领域的教师和研究工作者的参考书。

图书在版编目(CIP)数据

分子生物学/李钰，马正海，李宏主编. —武汉：华中科技大学出版社，2014.7
ISBN 978-7-5609-9697-4

Ⅰ.①分… Ⅱ.①李… ②马… ③李… Ⅲ.①分子生物学-高等学校-教材 Ⅳ.①Q7

中国版本图书馆CIP数据核字(2014)第147199号

分子生物学 李 钰 马正海 李 宏 主编

策划编辑：王新华
责任编辑：王新华
封面设计：刘 卉
责任校对：张 琳
责任监印：周治超
出版发行：华中科技大学出版社(中国·武汉)
武昌喻家山 邮编：430074 电话：(027)81321915
录 排：华中科技大学惠友文印中心
印 刷：华中理工大学印刷厂
开 本：787mm×1092mm 1/16
印 张：25 插页：2
字 数：653千字
版 次：2014年11月第1版第2次印刷
定 价：56.00元

全国普通高等院校生命科学类"十二五"规划教材
编　委　会

全国普通高等院校生命科学类“十二五”规划教材
组编院校

（排名不分先后）

北京理工大学
广西大学
广州大学
哈尔滨工业大学
华东师范大学
重庆邮电大学
滨州学院
河南师范大学
嘉兴学院
武汉轻工大学
长春工业大学
长治学院
常熟理工学院
大连大学
大连工业大学
大连海洋大学
大连民族学院
大庆师范学院
佛山科学技术学院
阜阳师范学院
广东第二师范学院
广东石油化工学院
广西师范大学
贵州师范大学
哈尔滨师范大学
合肥学院
河北大学
河北经贸大学
河北科技大学
河南科技大学
河南科技学院
河南农业大学
菏泽学院
贺州学院
黑龙江八一农垦大学
华中科技大学
华中师范大学
暨南大学
首都师范大学
南京工业大学
湖北大学
湖北第二师范学院
湖北工程学院
湖北工业大学
湖北科技学院
湖北师范学院
湖南农业大学
湖南文理学院
华侨大学
华中科技大学武昌分校
淮北师范大学
淮阴工学院
黄冈师范学院
惠州学院
吉林农业科技学院
集美大学
济南大学
佳木斯大学
江汉大学文理学院
江苏大学
江西科技师范大学
荆楚理工学院
军事经济学院
辽东学院
辽宁医学院
聊城大学
聊城大学东昌学院
牡丹江师范学院
内蒙古民族大学
仲恺农业工程学院
云南大学
西北农林科技大学
中央民族大学
郑州大学
新疆大学
青岛科技大学
青岛农业大学
青岛农业大学海都学院
山西农业大学
陕西科技大学
陕西理工学院
上海海洋大学
塔里木大学
唐山师范学院
天津师范大学
天津医科大学
西北民族大学
西南交通大学
新乡医学院
信阳师范学院
延安大学
盐城工学院
云南农业大学
肇庆学院
浙江农林大学
浙江师范大学
浙江树人大学
浙江中医药大学
郑州轻工业学院
中国海洋大学
中南民族大学
重庆工商大学
重庆三峡学院
重庆文理学院

前　言

作为全国普通高等院校生命科学类"十二五"规划教材之一,《分子生物学》一书即将付梓。欣喜之余,参与编写此教材的各位编委也忐忑地期待着此书与读者见面。在编写本书过程中,我们充分比较和分析了已有的国内外相关教材,借鉴了各版本教材的成功之处,这为本教材的顺利完成提供了极大的帮助。在此,我们向所借鉴著作的作者表示衷心的感谢,也希望本教材能与当今已有的《分子生物学》教材互补,以适应人才培养的需求。

分子生物学是生命科学的前沿领域和生长点,它的理论和技术已经融入生命科学的各个方面和各个层次,它的发展为人类揭示生命现象的本质和解决生命科学问题提供了重要的理论基础和技术支持。为此,本教材特别注意教材内容的更新、对已掌握知识运用能力的培养、拓展个人知识能力的培养以及基本技术与操作能力的培养等。

近年来,分子生物学迅速发展,作为培养创新型人才的《分子生物学》教材,其内容必须与时俱进,及时适应这种新的形势。因此,在认真总结多年教学实践经验的基础上,考虑到作为本科生专业基础课教材所要求的基础性和系统性的同时,针对创新能力和创新意识培养的需求,本教材还重点介绍了对分子生物学发展具有开创性意义的经典研究。而且,对本教材的结构体系和教学内容做了深入的研讨,强调了其内容的先进性和知识结构的合理性与逻辑体系,及时增加了已经成为分子生物学重要组成部分的内容,例如关于非编码 RNA、高通量分子生物学研究技术、生物信息技术在分子生物学领域的应用等,力求更好地满足教学发展的需求。

参加本教材编写的既有具有丰富的分子生物学教学和科研经验的一线教师,也有活跃在本学科前沿领域的青年学者。编写任务分工如下:第 1 章由李钰编写;第 2 章和第 6 章由赵利峰编写;第 3 章由马正海和丁军涛编写;第 4 章由李宏编写;第 5 章由李宏和李红心编写;第 7 章由侯典云和张飞编写;第 8 章由刘川鹏编写;第 9 章由王秀利和范永山编写;第 10 章由李钰和李红心编写;第 11 章由丁军涛和李聪聪编写。要特别表示感谢的是,在编写过程中,刘川鹏教授在完成自身编写任务的同时,还对相关章节进行了审阅,并提出了中肯的意见;在稿件汇总和校对中,张春斌副教授对本书进行了全面的校阅;还要感谢陈玥博士、史明老师和姚媛菲,他们在某些章节写作中做了较多的工作;尤其要感谢史明老师在教材组稿过程中与各位编委的及时联系。正是上述各位同仁的辛勤劳动,保证了本教材能在较短的时间内得以顺利完成。此外,本教材的撰写还得到各编委所在单位的关心和支持,也得到华中科技大学出版社的大力协助,在此我们表示诚挚的敬意。

尽管在书稿编写和汇总时始终力求保证各章节之间的行文风格、篇幅比例和内容衔接等方面的一致性，但由于出版的时间需求、各位编委的教学与科研工作压力以及不同内容的进展限制，还存在着不十分理想之处。而且由于分子生物学的内容日新月异，加之编者的知识更新速度和写作水平有限，本书一定会存在一些不足之处，我们真诚地欢迎各位专家和读者批评指正。

编　者

2014 年 6 月

目　录

第1章 绪论

1.1 分子生物学及其研究对象与目的

分子生物学(molecular biology)是从分子水平研究生命现象,阐明生命本质的科学。它以核酸、蛋白质和生物糖等生物大分子的结构及其在生命活动中的功能作用为研究对象,是当代生命科学中发展最快,并与其他学科广泛交叉的重要前沿领域。

在分子水平上研究生命现象旨在阐明生命体的遗传、生殖、生长和发育等生命基本特征的分子机理,进而为利用和改造生命奠定理论基础和提供新的手段。通常意义上的生物分子是指那些携带遗传信息的核酸和在遗传信息传递及细胞内、细胞间通讯等生物过程中发挥着重要作用的蛋白质等生物大分子。这些生物大分子均具有较大的相对分子质量,由简单的小分子核苷酸或氨基酸排列组合而成,具有复杂的空间结构,通过彼此之间的相互作用能够形成各种复杂多变的功能系统。生物大分子承载着各种生命信息,是构成生物的多样性以及精确控制生物个体生长发育的物质基础。因此,从传统角度上看,蛋白质和核酸的结构与功能研究是分子生物学的基础,阐明其复杂结构,进而揭示其结构与功能之间的关系是分子生物学的主要任务。

近年来,随着现代化学和物理学理论、技术和方法的应用,分子生物学的研究领域得到了进一步扩展,研究理念正在发生革命性的改变,分子生物学的研究正在从注重对单一组分的研究向组学(omics)以及不同组学层面相互整合的方向转变,表现出了结构与功能的多层面整合的特点,同时也催生了以分子生物学为基础的系统生物学(systems biology)和整合生物学(integrative biology)的诞生。

从生物体的物质基础上看,所有生物体中的有机大分子都是以碳原子为核心,并以不同方式通过共价键形式与氢、氧、氮及磷构成有序的功能分子。由此可见,在分子水平上,生物体具有以下几个特征:①构成生物体有机大分子的单体在不同生物中都是相同的;②生物体内一切有机大分子的建成都遵循着各自特定的规则;③某一特定生物体所拥有的核酸及蛋白质分子决定其自身属性。而这些特征也是分子生物学研究得以实现的前提和基础。

与其他学科比较,分子生物学与生物化学及生物物理学有着十分密切的关系,但各自具有自身学科特征。一般认为彼此之间的主要区别在于:①生物化学和生物物理学是用化学和物理学的方法研究分子水平、细胞水平、整体水平乃至群体水平等不同层次的生物学问题,而分子生物学则侧重在分子(包括多分子体系)水平上研究生命活动的普遍规律;②分子生物学着重研究分子水平上的生物大分子,主要是蛋白质、核酸、脂质体系以及部分多糖及其复合体系,而对于一些小分子物质在生物体内的转化则往往归属生物化学范畴；③分子生物学研究的主要目的是在分子水平上阐明整个生物界所共有的基本特征，即生命现象的分子本质，而研究某一特定生物体或某一种生物体内的某一特定器官的物理、化学现象或变化，则属于生物物理学或生物化学的范畴。

1.2 分子生物学的主要研究内容

自20世纪50年代以来，分子生物学长期处于生物学研究的前沿，是当代生命科学与技术发展的生长点。分子生物学涉及范围广泛，研究内容包罗万象，粗略归纳主要有DNA重组技术、基因表达调控与细胞信号转导和生物大分子结构与功能等几个方面。如果考虑到分子生物学的基本物质基础和基本特征，则其研究范畴包括：①生物大分子的化学组成、三维结构，以及大分子之间的相互作用；②生物大分子结构与功能的关系，以及生物学现象产生的分子生物学过程；③生物大分子在细胞成分中的组织结构方式，活细胞在合成大分子时的物理化学过程；④生物信息传递和代谢调节的分子生物学过程。

1.2.1 DNA重组技术

DNA重组技术（DNA recombination technology）是20世纪70年代初兴起的分子操作技术，是分子生物学的核心技术体系。通过DNA重组技术，可将不同的DNA片段（如某个基因或基因的一部分）定向连接，并使其在特定的受体细胞中复制和表达，从而使受体细胞产生出新的遗传性状，其实质就是对生命现象和生命过程进行人工模拟。目前，该技术已成为当今研究生物体复杂生命活动的基本方法。该技术是核酸化学、蛋白质化学、酶工程及微生物学、遗传学、细胞学等多个学科交叉、融合的结晶，而限制性核酸内切酶、DNA连接酶及其他工具酶的发现与应用则是DNA重组技术得以建立的关键。

DNA重组技术作为现代分子生物技术发展中最重要的成就之一，其产生使人类可以根据自己的需求选择目的基因实现体外重组，以达到改良和创造新的生物品种，改造自然世界或治疗疾病的目的。这一技术的建立极大地推动了基础研究，是当代生命科学前沿研究的技术基础。从经典分子生物学角度看，分子生物学研究的核心问题是遗传信息的传递和控制，也即基因的表达与调控。其中，无论是对启动子的研究（包括调控元件或称顺式作用元件），还是对转录因子的克隆及分析，都离不开重组DNA技术的应用。同时，随着整个人类基因组的核酸序列的解析，大量未知功能的基因采用重组DNA技术来进行研究，使揭示人类生命奥秘的活动进入快车道。

DNA重组技术不受亲缘关系限制，因此其产生对生物学和医学产生了巨大影响，采用基于DNA重组技术的基因工程将可以设计出许多新的基因转移载体，推动基因治疗的进程。此外，DNA重组技术也为分子遗传学和遗传育种研究开辟了崭新的途径。该技术一经建立便被快速用于定向改造某些生物体的基因组结构，从而获得可遗传的被人工修饰的生物体，如转基因（transgenic）和基因敲除（gene knockout）动物，以及转基因植物。

1.2.2 基因表达调控

基因表达调控，也称核酸分子生物学，主要研究核酸的结构及其功能。由于核酸的主要作用是携带和传递遗传信息，因此分子遗传学（molecular genetics）是其主要组成部分。基因表达调控的研究内容包括核酸、基因组的结构，遗传信息的复制、转录与翻译，核酸存储的信息修复与突变，基因表达调控和基因工程技术的发展和应用等。遗传信息传递的中心法则（central dogma）是其理论体系的核心。随着核酸研究领域的迅速发展，目前基因表达调控研究已经形成了比较完整的理论和技术体系，是现代分子生物学内容最丰富的一个领域。

细胞内蛋白质分子参与并控制着细胞各种代谢活动，而决定蛋白质结构和合成时序的信息都由核酸（主要是脱氧核糖核酸）分子编码，表现为特定的核苷酸序列，所以基因表达实质上始终被认为是遗传信息的转录和翻译。在个体生长发育过程中生物体遗传信息的表达按一定的时序发生变化（时序调节，time series regulation），并随着内外环境的变化而不断加以修正（环境调控，environmental regulation）。原核生物的转录和翻译在同一时间和空间内发生，而真核生物转录和翻译过程在时间和空间上都被分隔开，且在转录和翻译后都有复杂的信息加工过程，其基因表达的调控可以发生在各种不同的水平上，因此真核细胞的基因表达调控主要表现在信号传导研究、转录因子研究及 RNA 加工三个方面。

真核基因具有特定的结构。在基因 5′ 端上游的特定序列可以和不同的基因表达调控蛋白结合，这些特定核苷酸序列构成了基因表达的核心序列，与通常称为转录因子的蛋白质分子专一结合，从而保证目的基因在特定的时间与空间表达蛋白质分子。当基因转录成 pre-mRNA 后，除了在 5′ 端加帽及 3′ 端加多聚 A（poly(A)）之外，还要将隔开各个相邻编码区的内含子剪去，使外显子（编码区）相连后成为成熟 mRNA。研究发现，有许多基因不是将它们的内含子全部剪去，而是在不同的细胞或不同的发育阶段有选择地剪接其中部分内含子，因此生成不同的 mRNA 及蛋白质分子，从而成为基因表达调控复杂性和遗传多样性的分子基础。真核基因在结构上的不连续性是近半个世纪以来生物学研究的重大发现之一。

实际上，基因的表达会在不同层面上受到多种调控分子的影响，其中细胞信号转导对基因表达调控具有特别重要的意义。当细胞接受外界信号刺激后，可以引起细胞内一系列生物分子的结构变化和下游基因的表达。在信号分子的刺激下，细胞将会产生一系列的分子级联事件和生物化学变化，例如蛋白质构象与结构的转换、蛋白质的磷酸化以及蛋白质与蛋白质相互作用的变化，激活转录因子，进而调控不同基因的表达，以适应内外环境变化的需要。这些分子级联事件即所谓的细胞信号转导，其分子间的相互联系即细胞信号转导通路。有学者将细胞信号转导作为基因表达调控研究的重要内容，其研究重点是揭示不同信号分子引发细胞信号系统变化的分子机理，明确各种细胞信号转导与传递的途径，并阐明相关途径中所有参与分子的功能作用和调节方式，并认识和解析各种途径间的网络控制系统及其对基因表达调控的影响。作为近 20 年分子生物学研究的另一个热点和发展最迅速的一个领域，细胞信号转导通路与基因表达调控的有机整合将遗传信息传递的中心法则从 DNA—RNA—蛋白质的单方向调控方式扩展到细胞信息传递—细胞功能调控—基因表达—细胞表型响应的多途径调控，从而扩大了对遗传信息调节方式和基因表达调控途径的认识。

此外，真核细胞基因表达调控还表现了对 DNA 甲基化、组蛋白修饰和非编码 RNA 等表观遗传领域的深入认识。由于生物计算和信息技术的发展，基因表达调控的研究正在呈现着高通量和整体性特征。

1.2.3　生物大分子结构与功能

蛋白质、核酸和多糖是 3 类主要的生物大分子（biopolymer 或 biomacromolecule），它们在生物体内由相对分子质量较小的基本结构单位首尾相连聚合而成。这些多聚物在分子结构和生理功能上有很大差别，然而也具有基本的共同特征。从分子结构上看，主要表现在：①这些生物大分子都有方向性，例如蛋白质链（或称肽链）、核酸链和糖链，但方向性的体现各不相同；②它们都有各具特征的高级结构，正确的空间构象是生物大分子执行生物功能的必要前提。从功能上看，主要表现在：①它们都可以在生物体内由简单的结构合成，与相应的生物小分子之间的转换，通常通过脱水缩合，或加水分解；②在活细胞中，3类生物大分子密切配合，共同参与生命过程，很多情况下形成生命活动必不可少的复合大分子，如核蛋白、糖蛋白。通常把研究生物大分子特定的空间结构及结构的动态变化与功能关系的科学称为结构分子生物学（structural molecular biology），其理论基础是任何一个生物大分子，无论是核酸、蛋白质还是多糖，在发挥生物学功能时必须具备两个前提：第一，要拥有特定的空间结构（三维结构）；第二，在其发挥生物学功能的过程中必定存在着结构和构象上的变化。从结构上看，基本结构单位的排列顺序构成了生物大分子的一级结构，生物大分子需要在其一级结构的基础上方可形成复杂的空间结构，从而产生特定的生物功能。

DNA的一级结构是脱氧核糖核苷酸在DNA分子中的排列顺序，不同的排列顺序蕴藏着生命的遗传信息。脱氧核糖核苷酸在形成核苷酸链的基础上，进一步构建成具有双螺旋结构的DNA分子，后者影响着DNA与蛋白质的相互识别。DNA双螺旋结构的扭曲盘旋所形成的特定空间结构构成了DNA的高级结构，也即超螺旋结构（图1-1）。超螺旋结构将随环境的变化产生构象的改变，在负超螺旋、松弛DNA和正超螺旋之间相互转换。这种超螺旋结构既可以保证DNA分子能够通过形成高度致密状态而被容纳在狭小的细胞内，同时又可以通过推动DNA结构的转换，从而满足功能上的需要。例如，负超螺旋分子所受的张力会引起互补链分开导致局部变性，而有利于DNA的复制和基因的转录。除DNA外，生物体还存在着另一类核酸——RNA，RNA的种类繁多，但其结构具有保守性，例如作为tRNA二级结构的三叶草形结构和作为其三级结构的L形结构均具有高度的保守性。

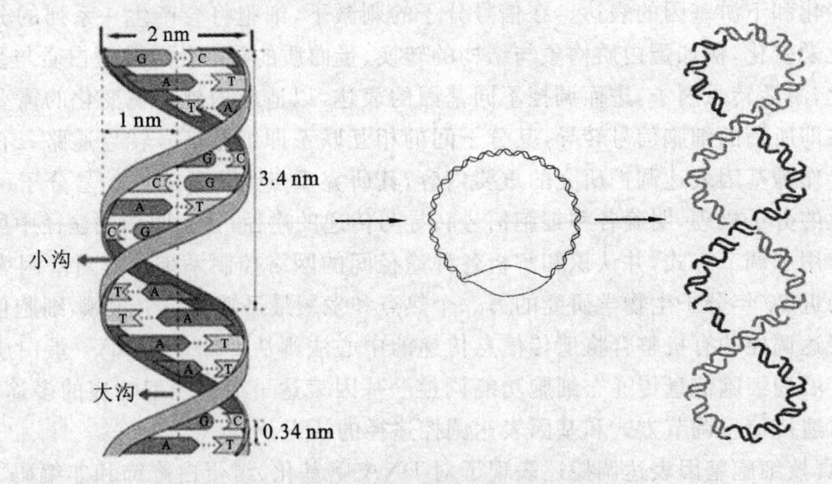

图1-1　DNA的双螺旋和超螺旋结构

生物大分子结构与功能研究的一个重点是研究执行各种生物学功能的蛋白质结构与功能、蛋白质修饰方式，它包括结构测定，揭示结构运动变化规律，以及建立结构与功能相互关系等研究内容。除了蛋白质的一级结构（肽链序列）和以α螺旋、β折叠为主体的二级结构外，蛋白质的三级结构对蛋白质功能的影响是生物大分子结构与功能研究的核心工作之一（图1-2）。

与其他生物大分子一样，蛋白质的空间构象一般取决于蛋白质的一级结构，而空间构象则决定着蛋白质的生物学功能。如果多肽或蛋白质一级结构相似，其折叠后的空间构象以及功能也具有相似性。但实际上，在有些情况下，蛋白质的一级结构并不是决定蛋白质空间构象的唯一因素。已经有实验证实，除一级结构外，溶液的环境条件、影响新生肽链折叠的分子伴侣或折叠酶均是蛋白质空间构象的影响因素。如果蛋白质的空间构象出现异常，将产生蛋白质构象病，如朊病毒病就是蛋白质构象病的典型代表。

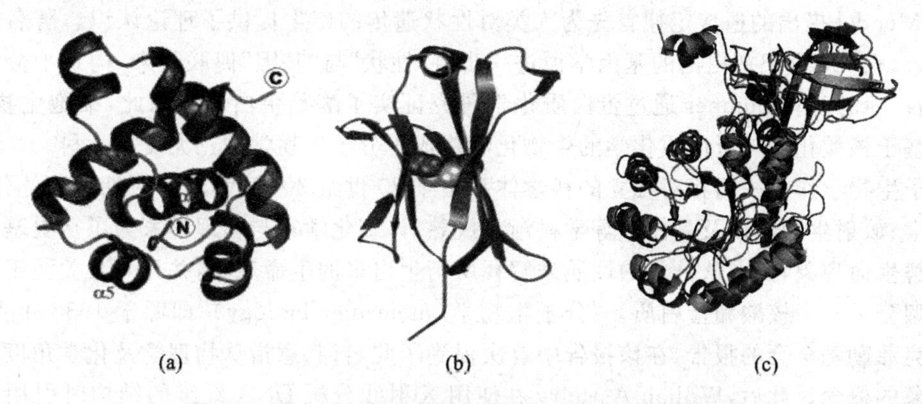

图 1-2　蛋白质 α 螺旋和 β 折叠的二级结构和三级结构

蛋白质是基因功能的执行者，其（包括酶）分子结构与功能的关系始终是分子生物学的核心内容之一。蛋白质的生物活性取决于其特定的化学修饰，一旦蛋白质的化学修饰发生改变，将会导致蛋白质生物功能的丧失，例如化学修饰试剂与酶的某些必需基团发生化学反应，便会造成酶活性的丧失。重要的化学修饰包括磷酸化、乙酰化、甲基化、泛素化修饰等，属于蛋白质的翻译后修饰内容。这些化学修饰是蛋白质发挥正常功能的重要环节，经过特殊修饰的蛋白质通常可定位在特定的位置，与特异的蛋白质相互作用，行使特殊的功能。而且，化学修饰还是研究蛋白质结构与功能关系的一种重要手段，在蛋白质特别是酶的结构与功能研究中，曾经起过十分重要的作用。

在活细胞中，蛋白质的定位、转位、翻译后修饰以及蛋白质-蛋白质相互作用共同决定着蛋白质的功能，是细胞生长、分化和凋亡及重大疾病发生和发展的重要分子基础。蛋白质的功能与其空间定位密切相关，且通过在不同亚细胞环境里的转位而发挥作用。蛋白质-蛋白质的相互作用是高度动态的，通过动态的相互作用形成大的复合体，在特定的时间和空间环境下完成特定的功能。因此，如果要阐明一种蛋白质的功能，往往需要系统研究蛋白质的定位、转位、翻译后修饰及蛋白质-蛋白质动态相互作用的规律，认识细胞中某一生理活动中相关功能蛋白质的作用及机制。

在生物大分子结构与功能研究中，研究三维结构及其运动规律的通用手段是 X 射线衍射的晶体学，也称蛋白质晶体学；其次是用二维核磁共振和多维核磁研究溶液中的生物大分子结构，也有人用电镜三维重组、电子衍射、中子衍射和各种频谱学方法研究生物大分子的空间结构。截至目前，在结构分子生物学的研究中，人们较为集中的研究主要涉及蛋白质分子自身的三维结构与功能、蛋白质分子相互作用中的三维结构变化与功能、核酸和蛋白质相互作用的结构与功能的研究。这些研究和发现为人类认识生物大分子参与生命活动的规律提供了必要的指导，而对大量生物糖分子和脂类分子的结构与功能的研究还是尚未完全开拓的领域。

1.3 分子生物学的发展简史

分子生物学的发展历程，可以追溯到19世纪中叶。1847年Schleiden和Schwann提出细胞学说，揭示了细胞是动物、植物等生命个体的基本结构和功能单位。19世纪末，经典遗传学创始人Mendel提出的遗传定律首先为人类对性状遗传的产生提供了理论认识。著名遗传学家Morgan于20世纪初提出的基因学说进一步将“性状”与“基因”偶联起来，构筑了分子遗传学的基石。1936年，Sumner通过蛋白质化学研究证实了酶是蛋白质。因此，细胞生物学、遗传学和基于核酸化学与蛋白质化学的生物化学构成了分子生物学的三大支撑学科。

分子生物学作为一门相对独立的科学体系始于20世纪30年代，这一时期的胶体化学、生物物理学、放射生物学以及晶体学等学科渐趋成熟，许多化学家与物理学家为了从更基本的层次来理解生命现象，试图从分子的性质来解释所衍生出来的生命现象，并且尤其关注于两种主要的巨型分子——核酸和蛋白质。“分子生物学(molecular biology)”即源于1938年Weaver写给洛克菲勒基金会的报告，在该报告中首次提到了此名词，意指从物理学及化学角度来解释生命现象的概念。此后，Willian Astbury在使用X射线分析DNA纤维的结构时引用了此名词，并自称为分子生物学家。

现代分子生物学产生的标志是20世纪50年代DNA双螺旋结构的发现，在20世纪70年代所产生的基因重组(gene recombination)与克隆技术(clone technology)的推动下，分子生物学在最近40年得到了蓬勃发展，推动了人类对微观世界认识的不断深入。

根据分子生物学的发展历程，研究者一般将分子生物学的发展分为三个时期，即现代分子生物学产生的准备和酝酿时期、现代分子生物学的建立和发展时期以及初步认识生命本质并开始改造生命的深入发展时期。

1.3.1 现代分子生物学产生的准备和酝酿时期

这个时期始于19世纪后期到20世纪50年代初。在这一时期，关于蛋白质是生命的主要基础物质和DNA是生命体基本的遗传物质的两个重大理论突破使人类对生命本质的认识有了根本性的改变。

1. 确定蛋白质是生命的主要基础物质

19世纪末，Buchner兄弟证明酵母无细胞提取液能使糖发酵产生酒精，第一次提出“酶(enzyme)”的概念，将酶定义为生物催化剂。20世纪20—40年代提纯和结晶了包括尿素酶、胃蛋白酶、胰蛋白酶、黄酶、细胞色素c、肌动蛋白等在内的具有催化活性的蛋白质，证明了酶的本质是蛋白质。随后陆续发现物质代谢、能量代谢、消化、呼吸、运动等许多生命的基本现象都与蛋白质(主要是酶)相关，并可以用提纯的酶或蛋白质在体外实验中重复出来。在此期间对蛋白质结构的认识也有较大的进步，为确定蛋白质是生命的主要基础物质起到了决定性的作用。此阶段的代表性工作包括：1902年Emil Fisher证明蛋白质结构是多肽，40年代末Sanger创立二硝基氟苯(DNFB)法、Edman发展了异硫氰酸苯酯法分析肽链N端氨基酸，1953年Sanger和Thompson完成了第一个多肽分子——胰岛素A链和B链的氨基酸全序列分析(图1-3)，由此开创了蛋白质序列分析的先河。其中，由于结晶X射线衍射分析技术的发展，1950年Pauling和Corey提出了α-角蛋白的α螺旋结构模型。因此，在这个阶段对蛋白质

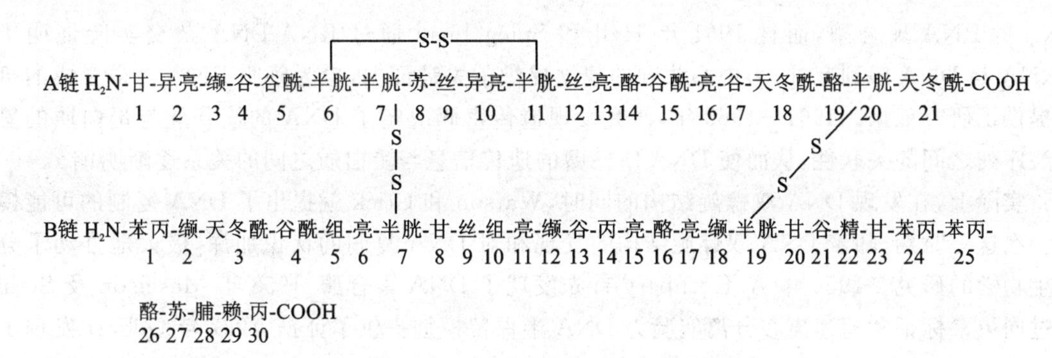

图 1-3　牛胰岛素的 A 链、B 链氨基酸序列

一级结构和空间结构都有了较为充分的认识。

2. 确定生物遗传的物质基础是 DNA

DNA 作为生命体的遗传物质，最早发现于 1869 年。F. Miescher 在这一年首次分离了 DNA，并将其称为核素(nuclein)。20 世纪 20—30 年代已确认自然界有 DNA 和 RNA 两类核酸，并阐明了核苷酸的组成。但是，由于当时对核苷酸和碱基的定量分析不够精确，得出 DNA 中 A、G、C、T 含量是大致相等的结论，因而曾长期认为 DNA 结构只是"四核苷酸"单位的重复，不具有多样性，不能携带更多的信息，而当时更多研究是将蛋白质作为携带遗传信息的候选分子。40 年代后，来自实验的数据使人们从核酸的功能和结构两个方面有了更深入的认识。1940 年，George Beadle 与 Edward Tatum 证明了基因与蛋白质之间的关系，并因此将生物化学与遗传学联系起来。他们所建立的模式生物粉色面包霉菌(*Neurospora crassa*)，成为后来的分子生物学发展主题。1944 年 O. T. Avery 等证明了肺炎球菌转化因子是 DNA；1952 年 A. D. Hershey 和 M. Chase 用 DNA ^{35}S 和 ^{32}P 分别标记 T_2 噬菌体的蛋白质和核酸，感染大肠杆菌的实验进一步证明了 DNA 是遗传物质。在对 DNA 结构的研究上，1949—1952 年 S. Furbery等的 X 射线衍射分析阐明了核苷酸并非平面的空间构象，提出 DNA 具有螺旋样结构的假设；1948—1953 年 Chargaff 等用新的层析和电泳技术分析组成 DNA 的碱基和核苷酸量，积累了大量的数据，提出了 DNA 碱基组成 A＝T、G＝C 的 Chargaff 规则，为碱基配对的 DNA 结构认识打下了基础。1953 年，James Watson 和 Francis Crick 在 Rosalind Franklin 及 Maurice Wilkins 研究的基础上，发现了 DNA 双螺旋结构，提出 DNA 双螺旋结构模型，这成为现代分子生物学诞生的标志。

1.3.2　现代分子生物学的建立和发展时期

这一阶段是从 20 世纪 50 年代初到 70 年代初，以 1953 年 Watson 和 Crick 提出的 DNA 双螺旋结构模型作为现代分子生物学诞生的里程碑，开创了分子遗传学基本理论建立和发展的黄金时代。DNA 双螺旋结构发现的深刻意义在于：确立了核酸作为信息分子的结构基础，提出了碱基配对是核酸复制、遗传信息传递的基本方式，最后确定了核酸是遗传的物质基础。这一发现为认识核酸与蛋白质的关系及其在生命中的作用打下了最重要的基础。在此期间的重要进展包括建立遗传信息传递的中心法则和在深层次上认识蛋白质的结构和功能。

1. 遗传信息传递中心法则的建立

Crick 在提出 DNA 双螺旋结构模型后，迅速将研究重点转向生物学结构所具有的功能意义，并于 1958 年提出了遗传信息传递的中心法则。同年 Weiss 及 Hurwitz 等发现了依赖于

DNA 的 RNA 聚合酶，而且 1961 年 Hall 和 Spiegelman 通过 RNA-DNA 杂交实验证明了 mRNA 与 DNA 序列互补，为中心法则的建立提供了关键证据，也为阐明 RNA 转录合成的机理提供了研究依据。1961—1965 年，研究发现遗传密码决定了 DNA 的核苷酸与蛋白质的氨基酸序列之间的关联性，从而使 DNA 所储藏的遗传信息与蛋白质之间的关系逐渐明朗。

实际上，在发现 DNA 双螺旋结构的同时，Watson 和 Crick 就提出了 DNA 复制的可能模型。在这一时期，随着 DNA 双螺旋结构的发现和对 DNA 复制的认识加深，极大地推动了分子生物学的研究。1956 年 A. Kornbery 首先发现了 DNA 聚合酶，1958 年 Meselson 及 Stahl 通过同位素标记和超速离心分离实验为 DNA 半保留模型提供了证据，1967 年 Gellert 发现了 DNA 连接酶，1968 年 Okazaki(冈崎)提出 DNA 不连续复制模型，进一步丰富和完善了 DNA 复制理论。在 70 年代初，还发现了 DNA 拓扑异构酶，并在分析真核 DNA 聚合酶特性的同时证实了 DNA 复制开始需要 RNA 作为引物，从而推进了对 DNA 复制机理的认识。

20 世纪 60 年代初，法国巴斯德研究所的 Francois Jacob 与 Jacques Monod 在研究大肠杆菌的工作中发现乳糖代谢受控于一个结构和功能都十分巧妙的自动控制系统。他们发现当培养基中含有足够的乳糖，但不含葡萄糖时，细菌便会通过这个系统自动产生半乳糖苷酶来分解乳糖，以资利用。然而，当培养基中不含乳糖时，细菌便自动关闭这个控制系统，以免造成物质和能量的浪费。为此，他们提出了 DNA 与蛋白质之间具有一种称为 mRNA 的中介物学说，即乳糖操纵子学说(lac operon theory)。乳糖操纵子学说阐明了某些蛋白质调节转录作用的机制，开启了基因调控的研究。在这一时期，Arber 等发现并证明了限制性核酸内切酶的存在，成为 10 年之后 DNA 重组技术的重要工具。

与此同时，生物学家认识到蛋白质是在 RNA 的遗传信息指导下合成，从而完善了中心法则的内涵。50 年代初 Zamecnik 等通过形态学和分离的亚细胞组分实验发现微粒体(microsome)是细胞内蛋白质的合成部位，Hoagland、Zamecnik 及 Stephenson 等随即于 1957 年分离出 tRNA 并对它们在合成蛋白质中转运氨基酸的功能提出了假设，1961 年 Brenner 及 Gross 等观察到在蛋白质合成过程中 mRNA 与核糖体结合的现象。此后，1965 年 Holley 测定出酵母丙氨酸 tRNA 的一级结构。60 年代另一项划时代的事件是 Nirenberg、Ochoa 和 Khorana 等科学家共同努力破译了 RNA 上编码合成蛋白质的遗传密码，随后的研究表明这套遗传密码在生物界具有通用性，由此较为系统地揭示了蛋白质翻译合成的基本过程。

至此，这些重要的发现共同建立了以中心法则为基础的分子遗传学基本理论体系。1970 年 Baltimore、Temin 和 Mizutani 分别在鸡肉瘤病毒颗粒中发现以 RNA 为模板合成 DNA 的逆转录酶，进一步补充和完善了遗传信息传递的中心法则。

2. 深入认识蛋白质的结构与功能

在中心法则建立期间，从事蛋白质研究的生物学家们对蛋白质的研究也取得了可喜的进步。1956—1958 年，Anfinsen 和 White 根据酶蛋白的变性和复性实验的结果提出蛋白质的三维空间结构是由其氨基酸序列来决定的理论。1958 年 Ingram 证明正常的血红蛋白与镰刀状细胞溶血症患者的血红蛋白之间，仅为肽链的一个氨基酸残基差别，使人们对蛋白质的一级结构对蛋白质功能的影响有了深刻的印象。

在此阶段，对蛋白质研究的手段也获得了新的突破。1969 年 Weber 开始应用 SDS-聚丙烯酰胺凝胶电泳测定蛋白质相对分子质量；60 年代先后分析获得血红蛋白、核糖核酸酶 A 等一批蛋白质的一级结构。60 年代初，我国著名生物化学家邹承鲁教授在研究蛋白质分子侧链基团的化学修饰时提出了一种仅根据蛋白质功能基团的修饰与其活力丧失之间的定量关系就能够准确确定必需基团性质和数目的统计方法，改变了自 20 年代末到 60 年代初的 30 余年内该方向研究一直停留在定性描述阶段的状态。中国科学家在 1965 年人工合成了结晶牛胰岛素，实现了蛋白质的体外合成。1973 年用 X 射线衍射分析法测定了牛胰岛素的空间结构，为认识蛋白质的结构作出了重要贡献。1973 年氨基酸序列自动测定仪问世。

1.3.3　初步认识生命本质并开始改造生命的深入发展时期

20 世纪 70 年代后，以基因工程技术的出现作为新的里程碑，标志着人类深入认识生命本质并能动改造生命的新时期开始。其标志性成就包括重组 DNA 技术的建立和发展，基因组研究的启动和发展，单克隆抗体及基因工程抗体技术的建立和发展，基因表达调控机制的研究，而且作为基因表达调控的延伸，细胞信号转导机理研究成为新的前沿领域。

1. 重组 DNA 技术的建立和发展

分子生物学理论和技术的发展为基因工程技术的产生奠定了重要的基础。1967—1970 年，W. Alber、D. Nathans 和 H. O. Smith 等发现限制性核酸内切酶，从而为重组 DNA 技术体系的形成和基因工程的应用提供了有力的工具。1972 年 P. Berg 等将 SV40 病毒 DNA 与 P_{22} 噬菌体的 DNA 在体外重组成功，转化大肠杆菌，使本来在真核细胞中合成的蛋白质能在细菌中合成，打破了种属界限，开创了基因工程的新纪元。1973 年分子生物学家 S. Cohen 等将几种不同的外源 DNA 插入质粒 pSC101 的 DNA 中，并将其引入大肠杆菌体内，从而开创了基因工程的研究。1977 年 Boyer 等首先将人工合成的生长激素释放抑制因子 14 肽的基因重组入质粒，并在大肠杆菌中成功进行表达；1978 年 Itakura（板仓）等进一步在大肠杆菌中成功表达出 191 肽的人生长激素；1979 年美国基因技术公司将人工合成的人胰岛素基因重组转入大肠杆菌中，获得了人胰岛素重组蛋白。

这一阶段，另一项有重要意义的成就是转基因动植物和基因敲除动植物的成功培育，这项技术的产生是基因工程技术发展的结果。1982 年 Palmiter 等将克隆的生长激素基因导入小鼠受精卵细胞核内，培育得到比原小鼠个体大几倍的“巨鼠”，激起了人们创造优良品系家畜的热情。我国将生长激素基因转入鱼受精卵，得到的转基因鱼生长快、重量大；其他转基因产品也不断出现，其中包括转基因猪的研究。在医学领域，利用转基因技术还获取了多种治疗人类疾病的重要蛋白质，例如导入了凝血因子Ⅸ基因的转基因绵羊所分泌的乳汁中含有丰富的凝血因子Ⅸ，能有效地用于血友病的治疗。在转基因植物方面，20 世纪 90 年代已有大量的转基因产品出现，例如转基因西红柿、转基因玉米、转基因大豆等。到 1996 年，全世界已有 250 万公顷土地种植转基因植物。目前，基因工程技术产业已成为生物产业的一个主要方向。

此外，在这一阶段，基因工程抗体技术也得以建立和发展。1975 年 Kohler 和 Milstein 首次用 B 淋巴细胞（B 细胞）杂交瘤技术制备出单克隆抗体，为疾病的诊断和治疗提供了有效的手段。80 年代以后相继出现了单域抗体、单链抗体、嵌合抗体、重构抗体、双功能抗体等不同类型的基因工程产品，为单克隆抗体的广泛应用提供了广阔前景。

这一时期基因工程技术及产品的迅速进步得益于分子生物学新技术的不断涌现。其中代表性的技术包括：1975—1977 年 Sanger、Maxam 和 Gilbert 先后发明了三种 DNA 序列的快速测定法，实现了核酸的全自动合成；随后，1985 年 Mullis 等发明聚合酶链式反应（PCR）核酸序列扩增技术，以其高灵敏度和特异性在分子生物学、遗传学以及医学研究中得到广泛应用；在 90 年代全自动核酸序列测定仪的问世，推动了分子生物学向更高层次上发展，为基因组学研究奠定了重要的技术基石。

2. 基因组研究的发展和基因组计划

随着分子生物学研究技术手段的发展，这一领域的研究已经从研究单个基因发展到研究生物体整个基因组的结构与功能方面。基于全自动核酸测序技术和设备的开发，人类有能力完成生物体的全基因组测序工作。1977 年 Sanger 测定了 ΦX174 DNA 全部 5 375 个核苷酸的序列；1978 年 Fiers 等测定了 SV40 DNA 全部 5 224 对碱基序列；80 年代测出 λ 噬菌体 DNA 全部 48 502 碱基序列；期间一些小的病毒包括乙型肝炎病毒、艾滋病毒等基因组的全序列也被陆续测定；1996 年获得大肠杆菌基因组 DNA 的 4×10^6 碱基对全长序列。1990 年以测定出人基因组全部 DNA 3×10^9 碱基对序列为目标的人类基因组计划（Human Genome Project，HGP）开始实施，这是生命科学领域有史以来全球性最庞大的研究计划，在当时与“曼哈顿”原子弹计划和“阿波罗”计划并称为三大科学计划，该计划在 2004 年 10 月基本完成，并获得了人类 3 万～4 万个基因的一级结构。这推动了国际功能基因组学研究的兴起，进入了后基因组时代。

3. 基因表达调控机制的深入和细胞信号转导研究的发展

分子遗传学基本理论的建立者 Jacob 和 Monod 提出的乳糖操纵子学说打开了人类认识基因表达调控的窗口，在该理论建立的早期，人类对基因表达调控的认识还处在原核生物基因表达调控规律的水平，70 年代后研究者们逐渐认识了真核基因组结构和调控的复杂性。1977 年最先在猴 SV40 病毒和腺病毒中发现编码蛋白质的基因序列是不连续的，随后证实这种基因内部的间隔区（内含子）在真核基因组中普遍存在，由此开启揭示真核基因组结构和调控的序幕。1981 年 Cech 等发现四膜虫 rRNA 的自我剪接，从而发现核酶（ribozyme）。20 世纪后期，分子生物学家逐步认识到真核基因的顺式调控元件与反式转录因子、核酸与蛋白质间的分子识别与相互作用是基因表达调控的根本所在。

自 1957 年 Sutherland 发现 cAMP 和 1965 年提出第二信使学说起，人类开启了细胞信号转导机理的研究，并由此延伸了基因表达调控分子机制的研究。1977 年 Ross 等用重组实验证实 G 蛋白的存在和功能，将 G 蛋白与腺苷环化酶的作用相联系起来，深化了对 G 蛋白偶联信号转导途径的认识。70 年代中期以后，癌基因和抑癌基因的发现、蛋白酪氨酸激酶的发现及其结构与功能的深入研究、各种受体蛋白基因的克隆和结构功能的探索等更有了长足的进步。通过对细胞信号转导途径深入的研究，目前人们已经对于基因的表达调控与细胞功能机制有了更清晰的认知。

1.4 分子生物学的应用与展望

20 世纪以核酸为核心的研究带动了分子生物学向纵深发展，DNA 双螺旋结构的发现、乳糖操纵子学说的提出、DNA 重组技术和 PCR 技术的出现以及 DNA 测序技术的多次突破等多项标志性事件为探索生命的奥妙提供了重要的理论和技术保证。目前，分子生物学开启了由分析到综合、由单一到整体的新的发展时代，正带动生命科学经历着从宏观向微观，并由微观重新走向宏观的发展过程。历经 60 余年的发展，人类对细胞基石——生物大分子有了更加深刻的认识。

1.4.1　理论指导意义

分子生物学的新技术和新理论为生命科学的进步和世界科技的发展提供了理论指导。分子生物学的发展推动了生命科学的各学科之间广泛交叉，已成为各学科相互促进的桥梁，通过从“微观—宏观”“简单—复杂”，以及“分子—细胞”和“个体—群体”等不同方向和不同层次探索生命现象，使人类对生命的认识不断走向完善。同时，生命科学的革命性进步也为数学、物理学、化学、信息科学、材料与工程制造科学提出了新问题、新概念和新思路，推动了这些学科理论和技术的发展。

20 世纪中叶以来，分子生物学的成就表明，尽管生命过程在任何一种生物体中的表现形式可能完全不同，但生命活动的本质高度一致，其基本规律是统一的。例如都具有由相同种类的核苷酸和氨基酸有序排列组成的核酸和蛋白质；除某些病毒外，大多数生物体的遗传物质都是 DNA，而且在所有的细胞中都以同样的生物化学机制进行复制。在绝大多数情况下，遗传信息的中心法则和遗传密码具有通用性。分子生物学揭示了生物体的基本结构和生命活动的根本规律高度一致的特征，阐明了生命现象的本质。与基本粒子的研究曾经带动物理学的发展类似，分子生物学的概念和观点也已经渗透到基础和应用生物学的每一个分支学科，带动了整个生物学的发展，使其理论认识提高到一个崭新的层次。

分子生物学、细胞生物学和神经生物学曾被认为是 20 世纪末生命科学研究的三大主题，分子生物学的进步引领了细胞生物学和神经生物学迈向一个全新的时代。分子生物学技术向细胞生物学领域的渗透衍生了分子细胞生物学，促进了细胞信号转导的理论和概念的产生，推动了对细胞物质代谢和能量代谢分子基础的认识，完全改变了人类对膜内外信号转导、离子通道的分子结构与功能特征以及转运方式的认识。在神经生物学方面，随着分子生物学技术的应用，已经从分子水平证明高级神经活动也同样以生物大分子的变化为基础，改变了此前在细胞水平上研究的方式，在分子层次上解释了神经递质和神经活动与认知的关系，从而提升了对复杂生命活动的认识水平。例如，目前的研究表明在高等动物学习与记忆的过程中，大脑中 RNA 和蛋白质的组成会发生明显的变化，并且一些影响生物体合成蛋白质的药物也能显著地影响学习与记忆的能力。

遗传学和发育生物学是分子生物学产生以来受其影响最大的学科。随着分子生物学的发展，传统的遗传学原理不断地在分子水平上被加以证实或得以完善和发展，许多经典遗传学无法解决的问题相继获得解释，大量的遗传性疾病的分子基础得以揭示，并由此获得控制和治疗这些疾病的方法。近年来，表观遗传修饰及其对基因表达调控的影响、基因表达时空调控与个体发育的关系被广泛认识，极大地丰富了现代遗传学和发育生物学理论。此外，细胞信号转导及其分子级联效应对基因表达调控意义的认识使遗传信息的中心法则得以延伸。

在以往生物进化的研究中，亲缘关系的判断主要依赖于比较解剖学。利用蛋白质和核酸序列与结构分析方法，比较不同种属蛋白质或核酸的序列和结构的差异程度，断定物种的亲缘关系，与用经典方法得到的结果基本一致，而且具有明显的优越性：首先，生物大分子结构可以反映生命活动中更为本质的方面；其次，根据序列和结构上的差异程度可以对亲缘关系给出一个相对定量的结论，因而也是更准确的评价；最后，对于形态结构非常简单的微生物进化分析，使用基于分子生物学的进化分析方法能获得更加可靠的结果。

综观分子生物学的发展历程，该学科的发展给人类对生命现象的理论认识带来了巨大的冲击。

1.4.2 实践应用意义

分子生物学作为近代科学史上迅速发展的一门综合科学，其意义不仅仅体现在对自然科学进步所产生的显著影响。实际上，它的发展直接影响了人类社会的各个方面。40 年来，随着重组 DNA 技术的成功，分子生物学在生物工程技术中起到了巨大的作用，为基因工程的发展铺平了道路，也使其与人类的自身发展建立了密切的联系。

20 世纪 80 年代以来，在基因工程技术的指导下，人类社会获得了大量的生物技术产品。基于分子生物学的生物技术已与人类生活息息相关，基因工程产品已成为社会生物产业的一个主要方向，正在成为各国社会经济发展的支柱产业，创造了巨大的社会效益。

在工业应用方面，生物膜能量转换原理的阐明，为解决全球性的能源问题提供了新思想和新技术。酶工程的发展推动了对酶催化原理的深入理解，保证了更有针对性地进行酶的人工模拟，通过设计稳定、高效的新型催化剂，扩大了生物化工领域的发展空间，从而给化学工业带来一场革命。此外，利用基因工程技术，人类构建了含有可分解各种石油成分的重组 DNA 的超级细菌，促进石油快速分解，以用于修复被石油污染的海域和土壤，因此 DNA 重组技术的发展也成为现代合成生物学产生和发展的理论和技术基础。

在医学上，利用 DNA 重组技术可以使某些在正常细胞代谢中产量较低的多肽，包括激素、抗生素、酶及抗体等生物分子得以在体外以产业化的方式进行生产。目前实验室广泛使用的各种蛋白质抗体、用于临床疾病治疗的干扰素与白细胞介素等蛋白质因子均为 DNA 重组技术的产物。同时，近年来还推进了分子诊断技术的进步和治疗药物的研发，大量的基于分子生物学研究理论和研究发现的诊断标志物和个体化治疗药物，为肿瘤、慢性疾病和重大传染性疾病的诊断和治疗带来光明的前景。在法医学上，DNA 指纹分析技术作为亲子鉴定的可靠技术，已经是非常成熟的亲子鉴定方法，在国际上得到公认。作为最先进的刑事鉴定生物技术，DNA 检验能直接认定犯罪，DNA 标志系统的检测为法医物证检验提供了科学、可靠和快捷的手段。

1.4.3 展望

分子生物学的革命性进步影响了几乎所有的传统生物学学科，为人类认识生命现象带来了前所未有的机会。

未来将对目前的生化组分分离及分析等技术不断完善，并在现有技术基础上实现微量或痕量化，为提高分析和鉴定技术的灵敏性和高效性创造技术条件。同时，通过与材料工程学科、数理学科以及信息学科的合作，加快自动化和高通量仪器设备的研制和生产，为提升研究的速度提供技术支持。这类研究技术将是未来从整体性和系统性开展基于分子生物学的生命科学研究的必要保证。由此不难看出，分子生物学技术的产业化必将成为分子生物学发展的一个重要方向。

分子生物学的发展历史表明一个学科的快速发展必将带动新的分支学科产生和多学科的深度交叉。分子生物学已经推动了表观遗传学、生物信息学、系统生物学以及合成生物学等多个新的学科的产生和发展，利用新的分子生物学理论和技术将使人类从分子角度对生物体有更系统、更深入的认识。通过宏微并举的研究思想阐明生物体中所有成分（基因、RNA、蛋白质等）的构成和功能，以及在特定时间、空间条件下所有成分之间的相互关系，才能从整体上认识生命活动的本质，此即系统生物学研究的核心所在。系统生物学将把微观的分子与宏观的整体有机联系起来，并正在成为分子生物学的延伸。

现代分子生物学在半个多世纪的发展中，始终是生命科学发展最为迅速的前沿领域。它推动了整个生命科学的发展和人类对生命的认识，通过分子生物学研究所建立的基本规律给人们认识生命的本质带来了光明的前景。但是，生命体的生命活动极其复杂，要全面和完整地揭示千姿万态的生物体所携带的庞大生命信息，还必须借助新的技术和方法进一步阐明目前尚待解析的基因产物的功能、调控机制、基因间的相互关系和协调作用，还要深入理解大量的蛋白质以及非编码蛋白质序列的生物学意义。要彻底阐明这些问题，还需要经历漫长的研究过程。

思考题

1. 什么是分子生物学？分子生物学与生物化学及生物物理学有何区别？
2. 列出两种以上证明 DNA 是遗传物质的实验证据。
3. 什么是 DNA 重组技术？它与基因工程有何不同？
4. 简述生物体的基本特征，并说明其生物学意义。
5. 简述分子生物学研究的主要范畴。
6. 简述生物大分子的基本特征。
7. 分子生物学的发展有何理论意义和实践意义？

参考文献

[1] 朱玉贤，李毅，郑晓峰. 现代分子生物学[M]. 3 版. 北京：高等教育出版社，2007.

[2] Watson J D. Molecular Biology of the Gene[M]. 6th edition. Redwood：Benjamin Cummings，2007.

[3] 吴乃虎. 基因工程原理[M]. 北京：科学出版社，2006.

[4] Clark D P，Pazdernik N J，Nanette J，et al. Molecular Biology[M]. New York：Elsevier，2013.

[5] International Human Genome Sequencing Consortium. Finishing the euchromatic sequence of the human genome[J]. Nature，2004，431(7011)：931-945.

第2章 DNA与基因组

遗传物质是生物用来储存遗传信息的物质，包括脱氧核糖核酸（deoxyribonucleic acid，DNA）和核糖核酸（ribonucleic acid，RNA）。除RNA病毒的遗传物质为RNA外，其余生物体的遗传物质都是DNA。DNA是由四种脱氧核苷酸（deoxynucleotide，dNt），即dAMP、dCMP、dGMP和dTMP，按照一定的顺序排列，通过3′，5′-磷酸二酯键（3′，5′-phosphodiester bond）连接形成的多聚物，是一类带有遗传信息的生物大分子。DNA也是染色体（chromosome）的主要化学成分，指导生物发育与生命机能的运作。带有遗传信息的DNA片段称为基因。单倍体细胞中全部DNA分子称为基因组（genome）。

2.1 DNA的结构

自20世纪40年代，DNA被证明是大多数生物体的遗传物质之后，DNA的分子结构成为当时生物学研究的热点。在探寻DNA结构的过程中，也为DNA复制和遗传信息传递等生命现象的分子机制研究奠定了基础。一般来讲，DNA的分子结构分为以下几种类型：一级结构、二级结构、三级结构和四级结构。其中，DNA的三级和四级结构也称为高级结构。

2.1.1 DNA的一级结构

DNA的一级结构是指四种脱氧核苷酸的排列顺序，故又称为核苷酸序列或碱基顺序。在生物体中，核酸的基本组成单位是核苷酸，DNA中含有腺嘌呤（adenine，A）、鸟嘌呤（guanine，G）、胞嘧啶（cytosine，C）、胸腺嘧啶（thymine，T）四种碱基（图2-1）。两个核苷酸之间通过磷酸二酯键将一个核苷酸的磷酸基团与另一个核苷酸的脱氧核糖连接在一起。即第一个核苷酸的3′-羟基与第二个核苷酸的5′-磷酸基脱水形成3′，5′-磷酸二酯键，第二个核苷酸的3′-羟基又与第三个核苷酸的磷酸基脱水同样形成3′，5′-磷酸二酯键，以此类推，形成线形的多聚脱氧核苷酸链，其中磷酸基和戊糖基构成DNA链的骨架，排列在DNA分子的外侧，四种碱基排列在内侧。

DNA具有方向性，它的两个末端分别为5′端（游离羧基）和3′端（游离羟基），如未特别注明5′端和3′端，一般约定，碱基序列是由左向右书写，左侧是5′端，右侧为3′端，即DNA序列表示为5′→3′方向（图2-2）。DNA的一级结构决定基因的功能。DNA序列中核苷酸的不同排列顺序决定着生物的多样化及遗传信息的种类和数量。因此，研究DNA的一级结构有助于了解DNA的生物学功能。

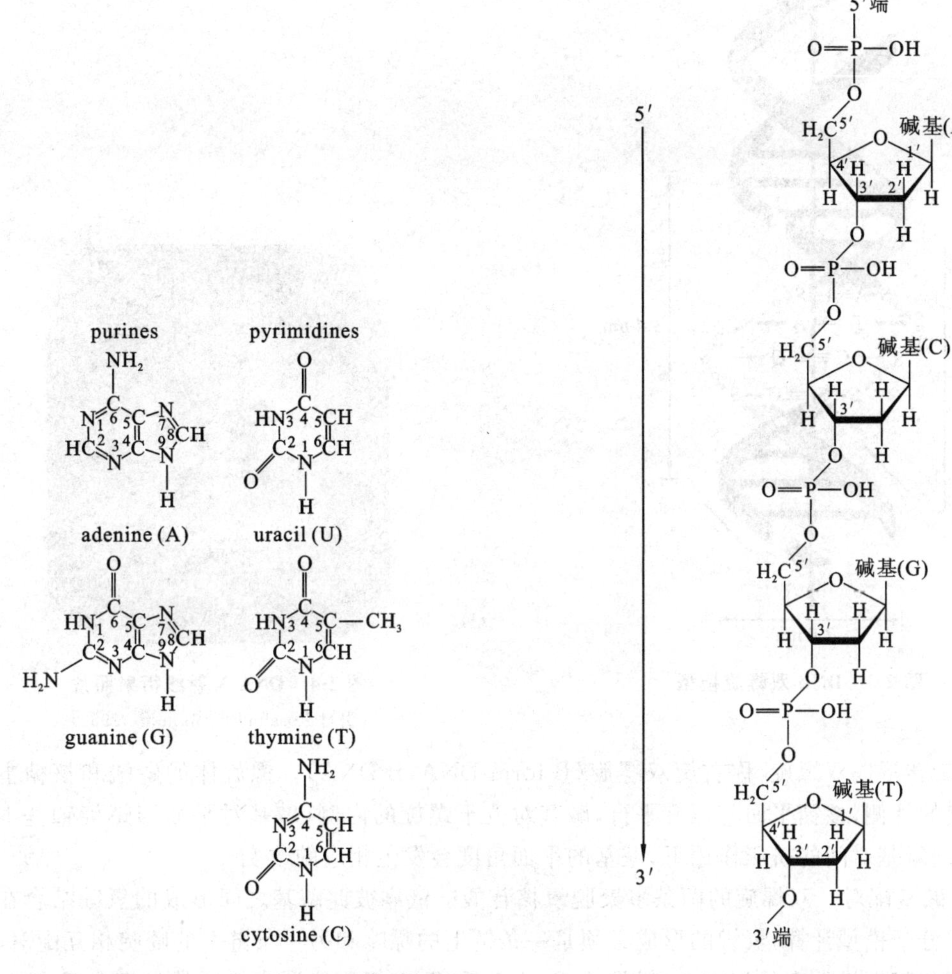

图 2-1　DNA 和 RNA 分子的 5 种碱基结构

图 2-2　DNA 分子的一级结构

2.1.2　DNA 的二级结构

DNA 的二级结构是指两条多聚脱氧核苷酸链反向平行盘绕所形成的双螺旋结构。1953 年，Watson 和 Crick 总结了多位科学家的研究结果，划时代地提出了 DNA 双螺旋模型(double helix model)(图 2-3)。他们的主要依据如下：

(1) 利用 X 射线衍射方法研究 DNA 纤维的结构，表明 DNA 分子具有规则的螺旋结构。1952 年，Wilkins 和 Franklin 成功拍摄到了高质量的 DNA 纤维的 X 射线衍射照片(图 2-4)，发现 DNA 分子每 3.4 nm 形成一圈，每一圈的直径为 2 nm。

(2) 1950 年，Chargaff 等发现了 DNA 组成的当量规律，即尽管不同生物 DNA 分子碱基组成不同，但 A=T，G=C，A+G=T+C。

(3) DNA 分子密度实验表明，双螺旋由两条多聚核苷酸链组成。

DNA 双螺旋模型不仅解释了当时已知的 DNA 的一切理化性质，还将结构和功能联系起来，极大地推动了分子生物学的发展。根据 DNA 的双螺旋模型，它的主要结构特征如下：

(1) 主链　脱氧核苷酸之间通过 3′,5′-磷酸二酯键将脱氧核糖 5′位和 3′位连接，形成双螺旋链的骨架。两条多聚脱氧核苷酸链以极性相反、反向平行的方式围绕同一中心轴相互缠

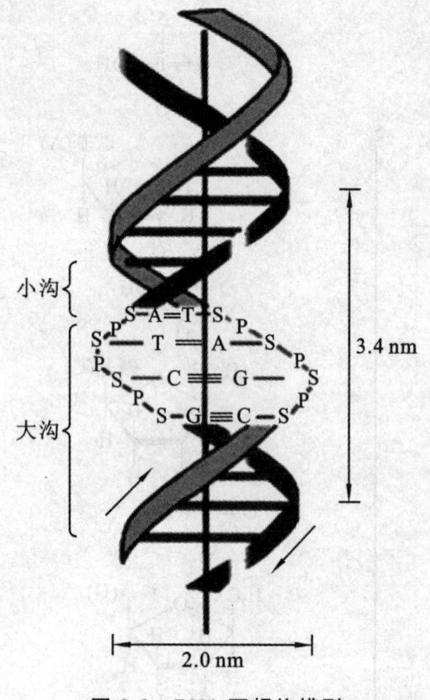

图 2-3　DNA 双螺旋模型

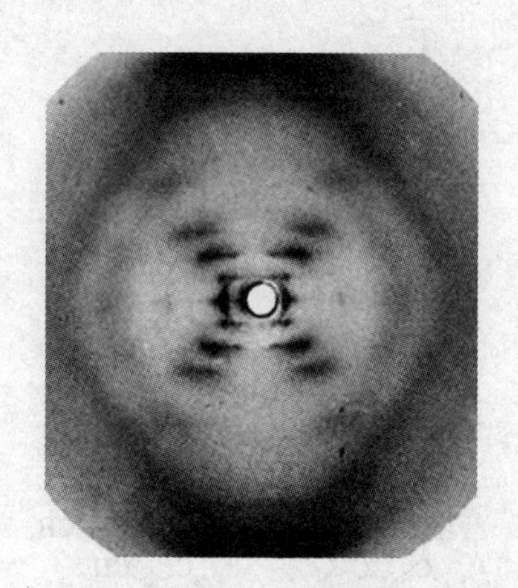

图 2-4　DNA X 射线衍射照片

(引自 Rosalind Franklin 等,1952)

绕,向右旋转形成双螺旋,称右旋双螺旋(B-form DNA,B-DNA)。螺旋体的磷酸和核糖主链位于螺旋的外侧,核糖平面与螺旋平行,碱基对位于螺旋的内侧,碱基对平面与螺旋轴基本垂直(在受到碱基对间的挤压作用下,碱基的平面角度会发生相应的改变)。

(2) 碱基配对　双螺旋的两条多聚脱氧核苷酸链依靠彼此碱基之间形成的氢键结合在一起。根据分子模型计算,氢键的形成必须是一条链上的嘌呤和另一条链上的嘧啶相互配对,其距离正好与双螺旋的直径相吻合,但是 A 和 C、G 和 T 之间不能形成合适的氢键。只有 A 和 T 互补配对形成 2 个氢键,G 和 C 互补配对形成 3 个氢键(图 2-5),这样才能保证形成正确的双螺旋结构。碱基之间的这种配对关系称为碱基配对(base pairing,bp)。依据碱基配对原则,在一条链的碱基序列被确定后,与之配对的另一条链必然有相对应的碱基序列。如果 DNA 的两条链分开,那么任何一条链都能按照碱基配对原则合成与之互补的另一条链。因

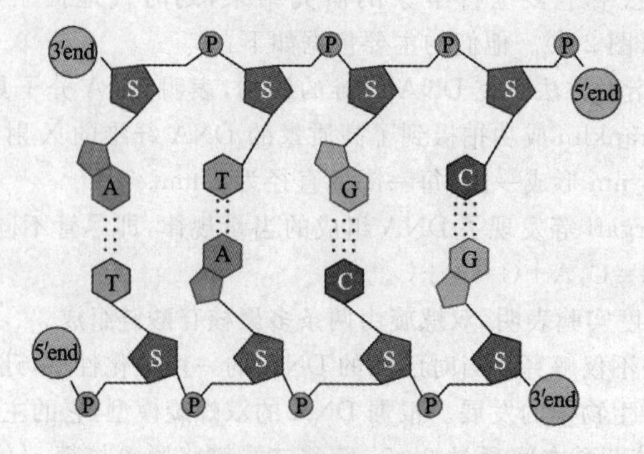

图 2-5　DNA 结构中的碱基配对

此，碱基互补配对原则具有极其重要的生物学意义，它是 DNA 复制、转录、逆转录等基因复制与表达的分子基础。

(3) 螺旋参数　DNA 双螺旋中成对碱基大致位于同一平面，碱基平面的结构与螺旋轴垂直，两个相邻碱基对之间的距离为 0.34 nm，该距离使碱基平面之间的 π 电子云在一定程度上相互交盖，形成碱基堆积力(base stacking force)。两个相邻碱基对之间绕螺旋轴旋转的夹角为 36°，每一圈螺旋包括 10 个核苷酸。因此，双螺旋中任意一条链绕中心轴旋转一周的螺距为 3.4 nm。双螺旋的平均直径为 2 nm(图 2-3)。

(4) 大沟和小沟　由于双螺旋碱基对的糖苷键之间形成一定夹角，使两个糖苷键之间的窄角为 120°，广角为 240°，碱基对因而向两条主链的一侧突出，碱基对上下堆积起来，窄角一侧形成小沟(minor groove)，其宽度为 1.2 nm。广角一侧形成大沟(major groove)，其宽度为 2.2 nm(图 2-3)。由于螺旋轴穿过碱基对中央，大、小沟的深度相似。大沟内含有丰富的化学信息。碱基顶部的极性基团裸露在大沟内，存在较多能与蛋白质形成特异性结合的氢键供体与受体，又因大沟的空间较大，能提供蛋白质沿大沟与 DNA 形成专一性结合的概率与多样性远高于小沟。而蛋白质与 DNA 双螺旋大沟的结合是通过氨基酸侧链进入大沟，识别并结合 DNA 实现的。因此，大沟是蛋白质结合特异 DNA 序列的位点，对于蛋白质识别和结合 DNA 双螺旋结构上特异区域非常重要，它主要以构象结构方式来调控基因的表达。小沟内的化学信息较少。由于体积小，小沟不太能容纳氨基酸侧链，因此不太可能通过蛋白质和 DNA 序列结合的构象结构调控基因的表达。

DNA 双螺旋结构的上述特征使其在正常细胞生理状态下比较稳定，既保证了基因表达的灵活性，又具有保证遗传稳定性的结构基础。一般来讲，从结构生物学分析，维持细胞内 DNA 双螺旋结构稳定性的主要因素有以下几个方面：

(1) 氢键(hydrogen bond)　双螺旋中互补碱基对之间以氢键形式相连，虽然氢键的作用力为 4～6 kcal/mol，但 DNA 分子是成千上万个碱基对堆积的实体，氢键按照一定方向，线形连续排列和堆积形成大的集合能，成为稳定 DNA 双螺旋结构的主要因素。

(2) 磷酸酯键　磷酸酯键的作用力较大，为 80～90 kcal/mol，是连接核苷酸形成 DNA 双螺旋骨架的重要作用力。

(3) 碱基堆积力　分布于双螺旋结构内侧的嘌呤碱和嘧啶碱呈疏水性。大量相邻疏水性的碱基对堆积，使双螺旋内部形成一个强大的疏水区，与分子表面介质的水分子隔开。

(4) 离子强度　DNA 分子两条链之间及其相邻碱基之间存在排斥力。由于 DNA 分子两条核苷酸链上的 PO_4^{3-} 带负电荷，DNA 分子之间存在排斥力。这些负电荷如不被中和，强大的排斥力将使 DNA 的两条链分离。因此，介质或溶液中一定的阳离子能够中和这些负电荷，维持 DNA 分子的稳定。

(5) 其他作用因素　除了阳离子之外，在体内正常状态下，带正电荷的蛋白质可以中和 DNA 分子两条核苷酸链上的负电荷。嘌呤碱和嘧啶碱之间的范德华力，在大量嘌呤和嘧啶碱基堆积的 DNA 分子中大量累积，加强了碱基之间的疏水相互作用。这些存在于 DNA 分子中的弱键对维持双螺旋结构的稳定性也起一定作用。

Watson 和 Crick 提出的 DNA 分子双螺旋模型，是依据相对湿度为 92%的 DNA 钠盐所得 X 射线衍射图像提出的右旋双螺旋，这种钠盐双螺旋结构既规则又稳定。事实上，DNA 分子还能以其他双螺旋结构形式存在，包括天然和人工合成的 DNA 序列，这种现象称为 DNA 结构的多态性(polymorphism)。产生这种现象的原因可能有：

(1) 多聚脱氧核苷酸链骨架中五碳糖环的构象不同;

(2) 核糖和碱基之间糖苷键的自由旋转;

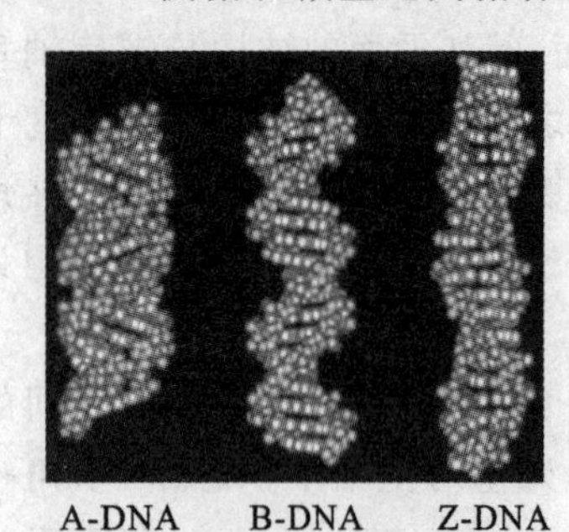

图 2-6 DNA 的 A 型、B 型、Z 型分子构象填充模型

(引自 Weaver,1999)

(3) 单核苷酸之间的磷酸二酯键的旋转。

这些不同分子构象和分子之间单键的转动,分别可形成 A 型、B 型、Z 型等 DNA 分子的螺旋构象。天然状态的 DNA 常以 B-DNA 双螺旋形式存在(图 2-6,表 2-1)。当溶液环境发生改变时,这些构象之间可发生相互转化。在每一种构象中,螺旋参数会发生轻微变化。低温条件下,相对湿度为 75%的 DNA 钠盐纤维具有不同于 B-DNA 的结构特征,这种 DNA 分子的双螺旋结构称为 A-DNA(A-form DNA)。A-DNA 也是由反向平行的两条多聚脱氧核苷酸链组成,与 B-DNA 两条链的旋转方向一样也为右旋,但螺旋体之间距离较宽而短,结构更加紧密(图 2-6,表 2-1)。当 DNA 双链中的一条链被相应的 RNA 链所替换(形成 DNA-RNA 杂交分子),以及形成 RNA-RNA 双链结构时,常以 A 型螺旋构象存在。

1979 年 Rich 等用 X 射线衍射方法分析人工合成的 dCGCGCG 寡核苷酸链在高盐浓度环境下的结构时,发现 DNA 的磷酸核糖骨架呈锯齿状排列,呈 Z 形走向,由此取名为 Z-DNA(Z-form DNA),Z-DNA 是左手双螺旋结构(图 2-6,表 2-1)。另外,在转录和复制过程中,DNA 在拓扑异构酶的作用下,形成负超螺旋,有利于缠绕双链的松开,此时即为左手螺旋构象。Z-DNA的生物学意义是参与基因的表达调控。

表 2-1 A-DNA、B-DNA、Z-DNA 双螺旋结构的主要特征比较

	A-DNA	B-DNA	Z-DNA
螺旋方向	右手	右手	左手
螺旋直径	约 2.6 nm	约 2.0 nm	约 1.8 nm
每圈螺旋碱基对数目(n)	11	10	12
每对碱基旋转角度($360°/n$)	33°	36°	60°
每对碱基旋转上升高度(h)	0.26 nm	0.34 nm	4.5 nm
螺距	2.8 nm	3.4 nm	4.5 nm
碱基对与中心轴倾角	20°	6°	7°
大沟	窄,深	宽,深	无
小沟	宽,浅	窄,深	窄,深
糖苷键	反式	反式	反式(嘧啶) 顺式(嘌呤)

2.1.3 DNA 的高级结构

DNA 的高级结构是指 DNA 双螺旋进一步扭曲盘绕形成的特定空间结构。其主要形式是超螺旋结构,可分为正超螺旋和负超螺旋两类。真核生物的染色体 DNA 为双链线形分子,但细菌的染色体 DNA、某些病毒 DNA、细菌质粒、真核生物的线粒体和叶绿体 DNA,都为双链环状 DNA(double-strand circular DNA,dcDNA)。在生物体内,绝大多数双链环状 DNA 分子在一定条件下,如特定离子浓度、pH 值或拓扑异构酶存在时,双螺旋 DNA 分子会进一步扭曲,或形成超螺旋,或形成多重螺旋的高级拓扑结构。

DNA 双螺旋结构中,每一个螺旋含有 10 个核苷酸对,双螺旋总处于能量最低状态。当螺旋体的局部受到某种外力作用时,正常 DNA 双螺旋会额外多转或少转几圈,使每一个螺旋的核苷酸数量大于或小于 10,这样就会使 DNA 双螺旋内部的原子偏离正常的位置而产生张力,出现空间结构的扭曲变形,在 DNA 分子中产生额外的张力。这时如果双螺旋两端是游离开放的,这种张力可以通过螺旋体的旋转而被释放,使 DNA 分子的结构又回复到原来稳定的双螺旋结构。若此时 DNA 分子末端是固定的或是环状分子,双链不能自由转动,这种额外的张力就不能被释放,只能通过使 DNA 分子内部原子空间重排,造成反向扭曲而被抵消,从而使螺旋体的结构保持稳定。DNA 螺旋体的这种扭曲称为超螺旋(supercoiled,图 2-7)。超螺旋 DNA 具有更致密的结构,可以将很长的 DNA 分子压缩在一个较小的体积内,同时,也增加了 DNA 的稳定性。当右旋 DNA 分子施加向右旋转的外力时,使双螺旋体的局部更趋于紧缩,每一个螺旋的核苷酸对数目小于 10,DNA 分子则会出现向左旋转的超螺旋结构,称之为正超螺旋(positive superhelix)。也就是说,正超螺旋可以增加螺旋数。有些细菌和病毒的 DNA 分子为正超螺旋结构。当右旋 DNA 分子施加左旋外力时,会使 DNA 双螺旋体的局部松弛,每一个螺旋的核苷酸对数目大于 10,出现向右旋转的负超螺旋结构(negative superhelix)。DNA 通过形成负超螺旋调节其双螺旋本身的结构,减小扭曲压力,使每个碱基对的旋转减少,甚至可打乱碱基配对。因此,负超螺旋盘绕方向与 DNA 双螺旋方向相反(图 2-8)。天然 DNA 均为负超螺旋,易于解链,负超螺旋的存在对于 DNA 的转录和复制都是必要的。

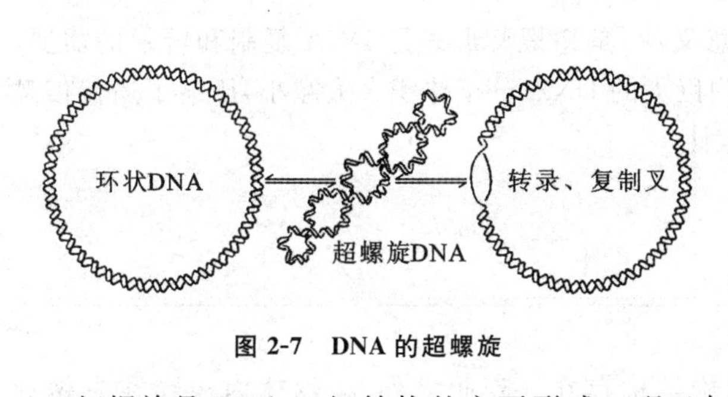

图 2-7　DNA 的超螺旋

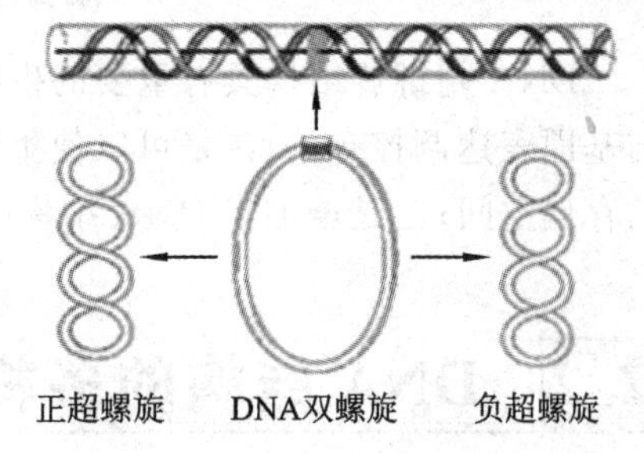

图 2-8　DNA 分子的正、负超螺旋

超螺旋是 DNA 三级结构的主要形式。现已知道,绝大多数原核生物是共价封闭环形(covalently closed circle,CCC)的 DNA 分子,这种双螺旋环状分子再度螺旋化成为超螺旋结构。细菌质粒中环状双链负超螺旋 DNA,稍被破坏即出现开环结构,两条链均断开呈线形结构。对于真核生物来说,虽然其染色体多为线形分子,但其 DNA 均与蛋白质相结合,两个结合位点之间的 DNA 形成一个突环(loop)结构,类似于共价封闭环的分子,同样具有超螺旋形式。如 DNA 与组蛋白八聚体形成核小体结构时,存在着负超螺旋。研究发现,所有 DNA 超螺旋都是由 DNA 拓扑异构酶作用产生的。

DNA 拓扑异构酶(topoisomerase)是存在于细胞核内的一类酶,能够催化 DNA 链的断裂和结合,从而控制 DNA 结构的拓扑状态。DNA 拓扑异构酶分为两类:拓扑异构酶Ⅰ和Ⅱ。拓扑异构酶Ⅰ的主要功能是引入正超螺旋,它催化 DNA 链的断裂和重新连接,每次只作用于一条链,催化瞬时的单链的断裂和连接,这一过程不需要能量辅因子,如 ATP 或 NAD。拓扑异构酶Ⅱ的主要功能为引入负超螺旋,这类酶能同时断裂并连接 DNA 双链,它通常需要能量辅因子 ATP，拓扑异构酶Ⅱ在 DNA 复制中起十分重要的作用。

在拓扑异构酶或溴化乙锭（ethidium bromide，EB）存在条件下，DNA 正超螺旋和负超螺旋结构之间可以相互转变。例如，溴化乙锭能与 DNA 紧密结合，使 DNA 的密度降低至约 0.15 g/cm³。当溴化乙锭插入闭合环状 DNA 分子的碱基对之间时，能引起 DNA 分子松旋，呈现负超螺旋 DNA，随着溴化乙锭量的增加，负超螺旋 DNA 转变为松弛环状 DNA。若继续增加溴化乙锭的量，则松弛环状 DNA 转变为正超螺旋状态，分子密度更加致密，沉降速度再次加快（图 2-9）。

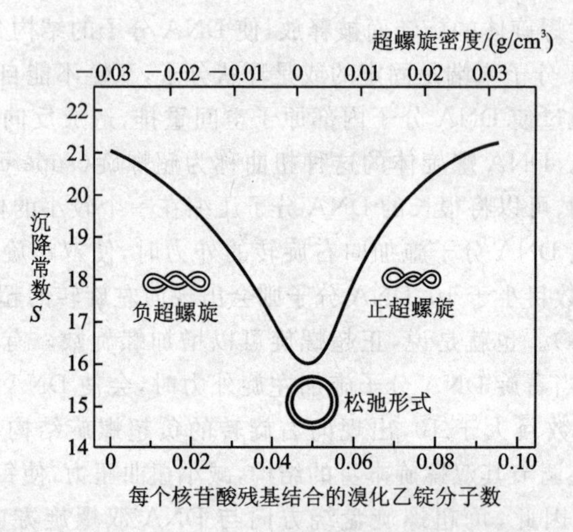

图 2-9　闭合环状 DNA 分子中随着溴化乙锭的插入，由负超螺旋经过松弛形式变为正超螺旋

DNA 超螺旋结构具有重要的生物学意义：一是超螺旋形式是 DNA 复制和转录的需要，与基因表达调控有关；二是可以使生物体内巨大的 DNA 分子体积大大减小，压缩了遗传信息的存储空间；三是增加了 DNA 结构的稳定性。

2.2 DNA 结构的多样性

自然状态下，生物体内 DNA 以双螺旋结构存在。除此之外，生物体内还存在三螺旋 DNA 和四螺旋 DNA，这两类 DNA 分子都不是自然状态下的主要结构，而是在特定条件下形成的特殊结构。

1957 年，Felsenfeld 等发现，当双链脱氧核酸的一条链为全嘌呤核苷酸链，另一条链为全嘧啶核苷酸链时，DNA 分子能转化形成核酸三链结构（triplex）。该结构由一条嘌呤链和两条嘧啶链构成。1963 年，Hoogsteen 提出了 DNA 的三螺旋结构理论，即 Hoogsteen 模型，它是指三螺旋 DNA 中的第三条链是一条全嘧啶链或一条富含嘌呤的寡核苷酸链，这条链的碱基与原双螺旋 DNA 碱基对中的嘌呤碱基形成异常碱基配对的氢键（Hoogsteen 键），将三个碱基通过氢键连接，形成序列专一稳定的三联体（triad）结构，而不是简单置换 DNA 双螺旋结构中一条链形成的 D-loop结构。三螺旋 DNA 中的第三条链可以来自分子内，也可以来自分子间。

根据第三条链的来源，三螺旋 DNA 可分为以下两种类型：

(1) 分子内的 DNA 三螺旋结构　分子内的 DNA 三螺旋结构通常是由一条单链通过自

身回折形成的，其结构中含有两个 loop 环，为了满足形成过程中对极性及碱基配对的要求，这条单链必须具有特殊的序列，即该序列要具有镜像重复性(mirror repeat)(图 2-10)。一般认为，三螺旋 DNA 中三条链上的碱基都参与了氢键的形成，它的基本结构单元是碱基三联体，三个碱基分别来自三条链的相应部位。而且三螺旋 DNA 中的碱基配对方式必须符合 Hoogsteen 模型，即第三个碱基是以 A(或 T)与原双螺旋中 A/T 配对碱基中的 T(或 A)配对；G(或 C)与原双螺旋中 C/G 配对碱基中 C(或 G)配对。其中 C 必须质子化，以提供与 G 的 N(7)结合的氢键供体，它与 G 配对只形成两个氢键(图 2-11)。

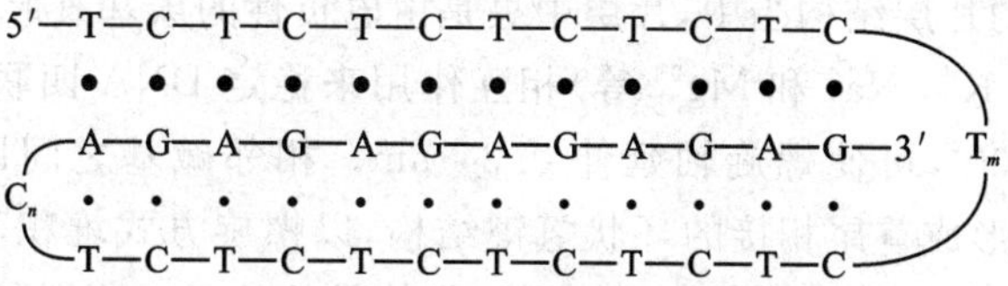
5′—T—C—T—C—T—C—T—C—T—C—T—C
A—G—A—G—A—G—A—G—A—G—A—G—3′
T—C—T—C—T—C—T—C—T—C—T—C
Tm
Cn

图 2-10　分子内 DNA 三螺旋结构示意图

(仿杨林静等，1998)

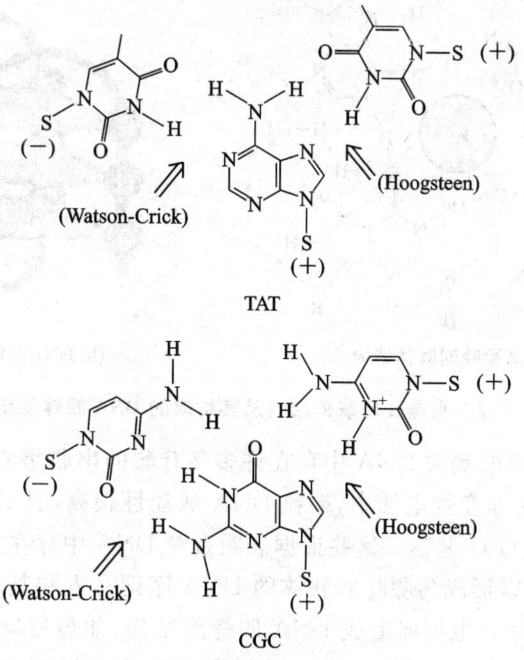
(Watson-Crick)
(Hoogsteen)
TAT
(Watson-Crick)
(Hoogsteen)
CGC

图 2-11　DNA 三螺旋中的碱基配对

(2) 分子间的 DNA 三螺旋结构　在一定条件下，DNA 的一条单链插入另一条 DNA 双螺旋结构大沟的特定区域，通过氢键形成局部的 DNA 分子结构称为分子间 DNA 三螺旋。分子间 DNA 三螺旋结构可分为两类：① 由一条单链与发夹结构或环状单链形成；② 由一条单链与线状双链形成。这种结构形式比较常见，但无论何种结构，与分子内的 DNA 三螺旋结构不同，分子间的 DNA 三螺旋中的两条同源链(Pu 与 Pu，Py 与 Py)都是反向平行的。

根据第三条链的性质，是以 Hoogsteen 键还是反 Hoogsteen 键配对结合到 DNA 双螺旋上，DNA 三螺旋又可分为嘧啶型和嘌呤型两种类型(图 2-11)。

由于三螺旋 DNA 并不是 DNA 的正常存在状态，因而三螺旋 DNA 结构的稳定性受环境影响比较大。影响三螺旋 DNA 稳定性的因素大体分为内部因素和外部因素。内部因素主要是指链长、碱基序列组成和骨架性质等。影响 DNA 三螺旋结构稳定性的外界因素主要包括溶液的 pH 值、阳离子的浓度、配基结合作用力的大小等。

DNA 三螺旋结构对生物体内基因的表达调控有一定影响，它能够关闭引起疾病基因的活性。因此，三螺旋 DNA 在分子生物学、疾病诊断、基因治疗和药物研发等方面具有潜在的应用前景。

生物体内特殊结构形式的 DNA 除了三螺旋 DNA 外，还存在四螺旋 DNA。1958 年，人们发现多聚鸟苷酸(poly(G))链的结构单位是鸟嘌呤四联体(G-quartet)，4 个鸟嘌呤碱基有序地排列在一个正方形的片层结构当中，片层中央是由电负性的羰基氧形成的口袋样结构，通过与环境中的阳离子(如 K^+、Na^+ 和 Mg^{2+} 等)相互作用来稳定 DNA 四联体的结构。每一个片层之间的旋转角度为 30°，可使螺旋轴延伸 0.34 nm。相邻碱基之间以非正常的 G-G 氢键(Hoogsteen 键)相连，形成首尾相接的环状氢键结构，以螺旋方式堆积而成，并且鸟嘌呤的糖苷链为反式构象(图 2-12)。目前发现的 DNA 四螺旋结构均是由串联的鸟苷酸链构成的。

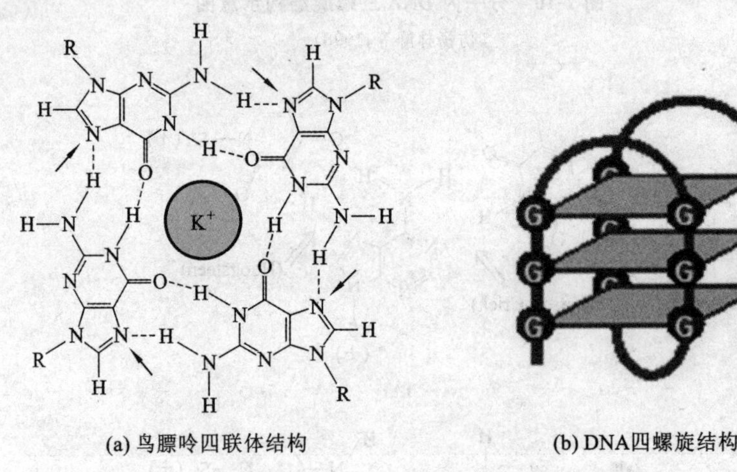

(a) 鸟膘呤四联体结构　　(b) DNA四螺旋结构

图 2-12　鸟嘌呤四联体结构及其构成的 DNA 四螺旋结构

真核生物染色体末端的端粒 DNA 中存在许多鸟苷酸的串联重复，在一定条件下，可能形成 DNA 四螺旋结构。在非变性电泳中，端粒 DNA 泳动性很高，且对水解单链核酸的酶具有抗性，端粒 DNA 中存在 G-G 氢键。这些证据表明端粒 DNA 中存在 DNA 四螺旋结构。除端粒 DNA 外，越来越多可以形成鸟嘌呤四联体的 DNA 序列在人和其他物种基因组中被发现，尤其是富含 G 的 DNA 序列也可能形成 DNA 四螺旋结构，如免疫球蛋白铰链区 DNA 片段、成视网膜细胞瘤敏感基因、tRNA 和 *supF* 基因的一些特殊序列等。利用生物信息学(bioinformatics)的方法，人们发现鸟嘌呤四联体形成序列在基因组中分布的频率很高，而且其分布位置很有规律，例如癌基因的启动子及其转录起始区。最近研究发现，四螺旋 DNA 与人体细胞的分裂周期非常一致，在 DNA 复制阶段，细胞数量显著增加时，四螺旋 DNA 水平上升，如果加入 DNA 复制的抑制剂，则四螺旋 DNA 水平下降(图 2-13)。说明过度活跃基因具有较高水平的

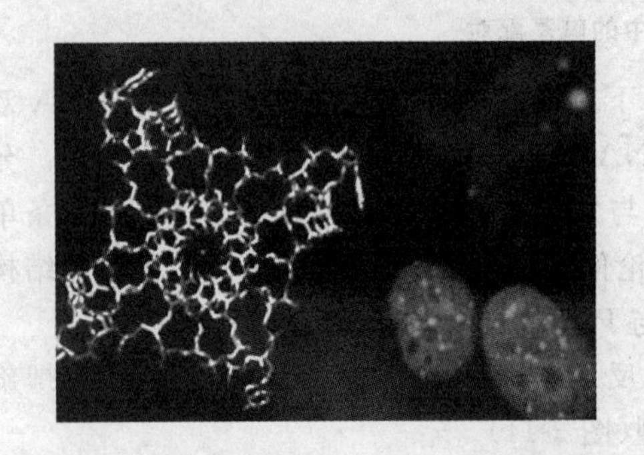

图 2-13　利用荧光抗体发现的 DNA 四螺旋结构

(引自 Giulia Biffi，2013)

四螺旋 DNA,其结构可能是选择性抑制癌细胞增殖的关键,研究它对于人类攻克癌症可能具有重要的作用。另外,四螺旋 DNA 的这种结构可能起着稳定染色体和在复制过程中保持其完整性的作用。

2.3 DNA 结构的动态性

如前所述,天然 DNA 的分子构象主要以 B 型为主,除此之外,DNA 分子还存在 A 型、Z 型,以及三螺旋和四螺旋形式等。换句话说,生物体内 DNA 分子的基本结构是 B 型,但在分子的某些区段会出现 A 型和 Z 型,甚至三螺旋和四螺旋结构等多种构象形式,并且这些不同的 DNA 结构处于动态变化之中。当存在条件不同时,各种不同 DNA 构象之间会相互转变,导致相应功能也发生变化。这种不同 DNA 结构形式相互转变的现象称为 DNA 结构的动态性。因此,在一定条件下测定 DNA 双螺旋的参数,往往既非 A 型,也非 B 型或 Z 型,而是某个动态平衡下的平均数值。

实验证明,在活细胞中 B-DNA 在环境水活度降低,如脱水、加入乙醇或盐时,B-DNA 构象转变为 A-DNA 构象。在转录过程中,当单链 DNA 合成 RNA 时,DNA 与 RNA 所形成的杂交双螺旋,可能为 A 型。在阳离子较多的环境中,B-DNA 构象能够向 Z-DNA 构象进行转变。研究还发现,当胞嘧啶被甲基化后,B-DNA 可转变为 Z-DNA 构象。因此,甲基化所处环境由 B-DNA 中的亲水区转而进入 Z-DNA 的疏水区,增加了 DNA 结构的稳定性,有利于发挥 DNA 的生物学功能。另外还发现,某些 Z-DNA 结合蛋白能作为一种特异识别信号,使 B-DNA 转变为 Z-DNA。许多分子表面带正电荷的蛋白质与 B-DNA 结合后形成 DNA 分子周围的高盐环境,促进 Z-DNA 的形成。

总之,DNA 在发挥其生物学功能过程中,一般会呈现与其功能相适应的各种特异性结构和构象。但无论 DNA 结构形式如何多样,B-DNA 仍然是生物体内 DNA 分子的最基本构象。

2.4 基因的概念

生物体内一切生命活动都直接或间接地受基因的调控。也就是说,任何生命活动的内在规律和机制,最终都可以归结到基因水平上进行探讨。人们通过研究基因的结构和功能,改良物种,控制人类疾病,提高人类的生活水平和质量。因此,基因及其功能研究,一直是分子生物学的核心内容。

基因(gene)是 DNA 或 RNA 中具有遗传效应的一段核苷酸序列,是遗传的基本单位和突变单位及控制性状的功能单位。简单来说,基因是具有遗传效应的 DNA 片段,是控制生物性状的基本遗传单位。它包括编码蛋白质和 tRNA、rRNA 的结构基因及调控基因。基因有两个特点:①基因能忠实地复制自己,以保持生物的基本特征,基因通过复制、转录和翻译合成蛋白质,通过不同水平上的调控机制,实现对生物遗传性状发育的控制;②基因能够突变。突变绝大多数会导致疾病,另外一小部分是非致病突变。非致病突变给自然选择带来了原始材料,使生物可以在自然选择中被选择出最适合的自然个体。

基因的概念自产生以来,一直在不断变化和发展中。早期的基因概念是孟德尔在豌豆杂交实验基础上提出的“遗传因子”概念，即基因是颗粒状分散的独立遗传因子，可以从亲代忠实地传递给子代。在孟德尔的“遗传因子”概念中，遗传因子在体细胞内成对存在(AA,aa)，在生殖细胞内单个存在(A,a)；杂合子体细胞内具有成双的遗传因子(Aa)；等位的遗传因子独立分离；非等位的遗传因子间自由组合分配到配子中。换句话说，孟德尔提出的“遗传因子”只是代表决定某个性状的抽象符号，如显性、隐性分别用字母 A 和 a 表示。1909 年，丹麦生物学家 Johannsen 根据希腊文“给予生命”之义，用“基因”一词代替孟德尔所提出的“遗传因子”概念。然而，这里的基因还没有涉及具体的物质概念，依然是一种与细胞的任何可见形态结构无关的抽象概念。到了 1926 年，摩尔根及其助手通过研究果蝇眼睛颜色的突变体，在他的《基因论》(Theory of the Gene)一书中提出了经典的基因概念：基因是染色体上的实体，像链珠(bead)一样，孤立地呈线状排列在染色体上，它是功能、突变、交换最小的、不可分割的、基本的遗传单位。它首次将代表某一特定性状的基因与某一特定的染色体联系起来，基因不再是抽象的符号，而是染色体上占有一定空间的实体。

随着分子生物学的发展，基因的概念不断得到修正。1941 年 Beade 和 Tatum 提出了“一种基因一种酶”(one gene one enzyme)的假说，该假说认为生物体内每一个代谢步骤都是由一种特殊的酶催化的，而这种酶是由一种特定基因负责生成的，基因的突变可导致它负责的酶活性改变。然而，这一假说并未解决基因的化学本质问题。直到 1944 年，Avery 等通过肺炎链球菌转化实验，证明了基因的化学本质是 DNA。1957 年，Benzer 通过研究 T_4 噬菌体感染大肠杆菌(*Escherichia coli*)后导致寄主细胞裂解死亡，并释放出子代噬菌体颗粒的现象，发现这种控制寄主细胞致死效应(快速溶菌)的功能，是由该噬菌体 *rⅡ* 区编码的蛋白质所控制。随后 Benzer 又通过重组实验和互补实验对 *rⅡ* 区进行深入研究后，提出“顺反子”(cistron)概念，认为一个顺反子就是一段核苷酸序列，能编码一条完整的多肽链。在一个顺反子内，有若干个最小交换单位，即交换子(recon)，也有若干个突变单位，即突变子(muton)，它们均为 DNA 分子中的一个核苷酸对。在现代分子生物学文献中，顺反子和基因两个术语相互通用。一般而言，一个顺反子就是一个基因，它是一个具有特定功能的、完整的、由一群突变单位和重组单位组成的染色体上的线形结构。顺反子的概念表明，基因不是最小单位，它仍然可分，基因内是可以发生较低频率的重组和交换的。在分子水平上，基因就是一段有特定功能的 DNA 序列。并非所有的 DNA 序列都是基因，只有某些特定的多核苷酸区段才是基因的编码区。1961 年，Jacob 和 Monod 提出了操纵子学说，该学说认为生物体性状的表现往往具有非等位基因之间上位性的互作遗传效应，某一基因功能的表现是若干基因组成的信息表达的整体行为。

2.5 基因组

对基因组的大规模研究源于 20 世纪末开始实施的人类基因组计划。人类基因组计划由美国科学家 1985 年首先提出，于 1990 年正式启动。美国、英国、法国、德国、日本和中国等六个国家的科学家共同参与了这一预算达 30 亿美元的科研计划。其中，中国承担了位于人类 3 号染色体短臂上一个约 30 Mb 区域的测序任务。2003 年完成了覆盖率达 99%、精确率达 99.99%的人类基因组序列图。分析得知：全部人类基因组约有 2.91 Gb，有 3.9 万多个基因；平均基因大小为 27 kb；19 号染色体是含基因最丰富的染色体，而 13 号染色体含基因量最少。人类基因组计划的研究成果掀起了基因组领域研究的热潮。随着基因组 DNA 测序技术的快速发展，越来越多的生物基因组测序已经完成，目前已经完成了包括模式生物在内的几百种生物的基因组测序工作。1980年，Sanger等对噬菌体ΦX174(5 368 bp)的碱基对进行了完全测序，ΦX174也因此成为第一个被测定的基因组。1995年，嗜血流感菌(*Haemophilus influenzae*)(1.8 Mb)测序完成，是第一个被测定的自由生活物种。

2.5.1 基因组的概念

"genome"(基因组)一词最早出现在1922年的遗传学文献中，指的是单倍体细胞中整套染色体，随后被定义为整套染色体中的全部基因。随着人们对染色体、DNA和基因概念认识的不断深入，以及不同生物基因组DNA测序的获得，对基因组概念作出了更精确的定义。现在一般认为，基因组是指生物体或细胞中一套完整单体的遗传物质的总和；或指原核生物染色体、质粒、真核生物的单倍染色体组、细胞器以及病毒中所含有的一整套基因，包括构成基因和基因之间区域的所有DNA。需要指出的是，在有些资料中，基因组也指一条或多条染色体一组基因的总和。基因组一般分为原核生物的基因组和真核生物的基因组两类。原核生物的基因组就是其细胞内构成染色体的DNA分子总和。真核生物的基因组又可分为核基因组和细胞器基因组。核基因组(nuclear genome)是指单倍体细胞核内整套染色体所含的全部DNA分子。例如，人类基因组就是指23对染色体的所有DNA序列，包括所有的基因和基因之间的间隔序列。细胞器基因组(organelle genome)，也叫细胞器DNA，是指细胞器内含有的全部DNA分子，如线粒体基因组(mitochondrial genome)、叶绿体基因组(chloroplast genome)等。细胞器基因组在结构和功能上与某些真细菌的基因组性质相似。因此，一般认为它们是由寄居在早期真核细胞中的内共生生物演化而来的。在细胞器的进化过程中，大量细胞器的基因都被转移到了核基因组中，细胞器基因组和核基因组在功能上的高度整合是细胞器功能所必需的。

2.5.2 基因簇和基因重复

基因簇(gene cluster)是指基因家族中的各成员紧密成簇排列成串的重复单位，位于染色体的特殊区域。基因簇少则由重复产生的两个相邻并相关的基因组成，多则由几百个相同基因串联排列而成，这些基因属于同一个祖先基因的扩增产物。当基因产物的需求量很大时，一个基因簇可以产生大量的串联重复，如rRNA基因和组蛋白(histone)基因。细菌同一操纵子中的几个结构基因也可称为基因簇，如乳糖操纵子中的结构基因*Z*、*Y*、*A*，但这些基因编码的酶并不组成复合体，而是共同执行分解乳糖的功能。另外，基因簇中还常常包括一些没有生物功能的假基因。基因簇研究的生物学意义是可以利用基因簇来检测基因组进化中涉及的因素。

另外，在基因组进化中，一个基因通过基因重复产生了两个或更多的拷贝，这些基因共同构成一个基因家族(gene family)。基因家族是具有显著相似性的一组基因，编码相似的蛋白质产物，是由于其祖先基因重复和突变产生的外显子中具有相似序列的一组相关基因，在真核细胞中这些相关基因常按功能成套组合。同一基因家族成员有时紧密排列在一起成为一个基因簇。但更多的时候，这些基因家族成员在同一染色体的不同部位，甚至位于不同染色体上，具有各自不同的表达调控模式。尽管一个结构基因家族的成员可以在不同时期或不同类型的细胞中表达，但是它们经常相互关联甚至具有相同的功能。有些基因家族则含有完全相同的成员。

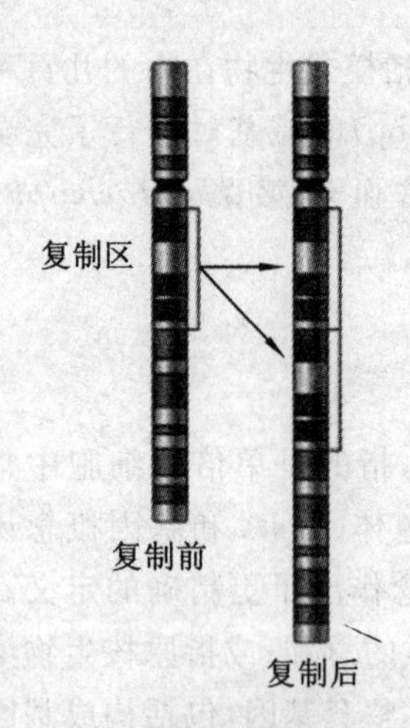

图 2-14 黑腹果蝇染色体中的重复基因模式图

重复基因(duplicated gene)是指染色体上存在的多数拷贝基因，是基因通过不等交换、逆转录转座或全基因组复制等途径产生的一个与原基因相似的基因或碱基序列。重复基因往往是生命活动最基本、最重要的功能相关基因。1936 年，Bridges 等首次从染色体条带倍增的黑腹果蝇突变体中发现了基因的重复现象(图 2-14)。1970 年，Ohno 等发表了第一部关于基因重复的专著《Evolution by Gene Duplication》。自 20 世纪 90 年代，随着人类基因组计划的开展和 DNA 测序技术的迅速发展，越来越多物种中存在的重复基因被证实。

重复基因大体可分成 3 种类型：高度重复 DNA 序列、中度重复 DNA 序列和单一序列。

(1) 高度重复 DNA 序列(highly repetitive DNA)　高度重复 DNA 序列在基因组中重复频率很高，每一个基因有 10^5 ～ 10^6 个重复，这些重复序列的长度非常短，一般为 6～200 bp。在基因组中所占比例随种属而异，占 10%～60%，其中，在人基因组中约占 20%。

按其结构特点，高度重复 DNA 序列又可细分为 3 种类型：

①反向重复序列(inverted repeat sequence)，也称倒位重复序列，由两个相同顺序的互补拷贝在同一 DNA 链上反向排列而成。变性后再复性时，同一条链内互补的拷贝可以进行链内碱基配对，易形成发夹式或十字形结构(图 2-15)。反向重复序列的复性速度极快，即使在极低的 DNA 浓度下，也能很快复性，因此又称零时复性序列。这类重复序列在人基因组中约占 5%。

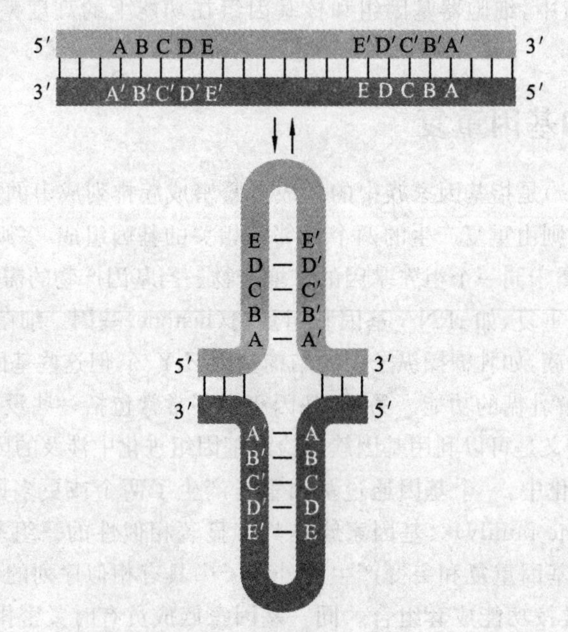

图 2-15 反向重复序列形成的发夹和十字形结构

反向重复序列复性时形成的十字形结构若取一半即为发夹结构。

②卫星 DNA(satellite DNA)，这类重复顺序的重复单位一般由 2～10 bp 组成，成串联重复排列。由于这类序列的碱基组成不同于其他部分，可通过超速离心方法将其与主带 DNA

分开，因而形象地将这种副带 DNA 称为卫星 DNA，也叫微卫星 DNA(microsatellite DNA)或随体 DNA(satellite DNA)。卫星 DNA 在人细胞中占 5%～6%，而在小鼠细胞中占 8%。真核生物的卫星 DNA 多分布于染色体的端粒或着丝点位置(图 2-16)。

③较复杂的重复单位组成的重复顺序，也叫 α 卫星 DNA(α satellite DNA)。这种重复顺序是灵长类所独有的一类基因重复方式。用限制性核酸内切酶 *Hind* Ⅲ 消化非洲绿猴 DNA，可以得到重复单位为 172 bp 的高度重复序列，这种序列大部分由嘌呤和嘧啶交替组成。在人每一个染色体着丝粒中发现的 α 卫星 DNA，含有大约 170 bp 序列，以不同拷贝形式串联排列。

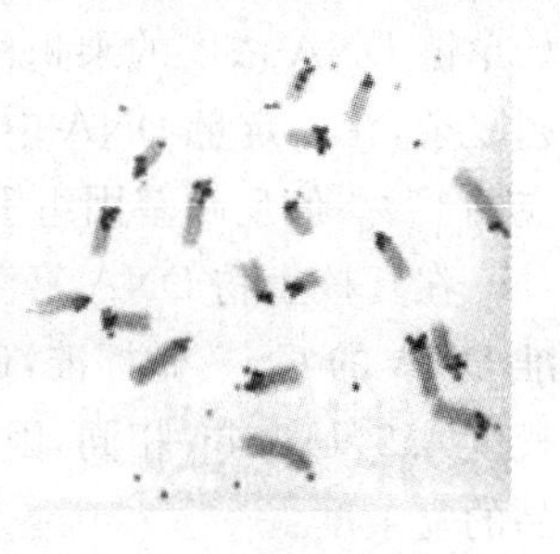

图 2-16　小鼠卫星 DNA 在染色体上的位置
(原位杂交自显影)

(2) 中度重复 DNA 序列(moderately repetitive DNA)　这一类重复序列在基因组中的重复次数一般在 $10\sim10^4$，其平均长度大约为 300 bp。中度重复 DNA 序列一般是非编码序列，往往构成序列家族，以回文序列形式遍布于整个基因组，有些与单一序列呈间隔排列，如 rRNA 基因和 tRNA 基因等。大部分中度重复 DNA 序列与基因表达的调控有关，包括开启或关闭基因的活性，调控 DNA 复制的起始，促进或终止转录等。

(3) 单一序列　单一序列是指在整个基因组中只出现一次或少数几次的序列。在小鼠中单一序列约占基因组的 70%。单一序列多为可编码蛋白质的结构基因，如球蛋白基因、卵清蛋白基因、丝心蛋白基因等。实验证明，所有真核生物染色体可能均含重复序列，而原核生物一般只含单一序列。

需要指出的是，高度重复 DNA 序列和中度重复 DNA 序列都不能编码蛋白质，其含量随真核生物物种的不同而变化。重复序列的生物学意义在于为生物进化提供最原始的遗传物质基础，通过突变和选择的作用产生新基因，促进物种分化和多样性的增加。

关于基因组内重复基因的形成，目前有以下几个假说：

(1) 滚环扩增-突变　1973 年 Hourcade 等在研究 rDNA 复制时推测，中度重复基因 rDNA 可能通过滚环方式不断形成新的串联拷贝。

(2) 反转座插入　这类假说认为转录的 RNA 分子再经逆转录形成 cDNA，然后再以转座子的形式转座插入基因组内，形成序列重复。如灵长类动物特有的 *Alu* 基因家族。

(3) 跳跃式复制　小鼠 DNA 中存在以 9 bp 序列为单位，在特定时期或特殊原因下，不断发生横向复制扩增的现象，称为跳跃式复制。植物当中的抗病基因往往也是通过这种方式进行复制扩增。

(4) 不对称交换　同源染色体非等位的相同重复序列间发生配对和交换，最终导致不同染色体中重复序列拷贝数的增加和减少，称为不对称交换。

2.5.3　基因组复杂度

生物演化的总体趋势是向上发展，表现为越来越复杂、高级和进步。高级的生物通常有较大的基因组，而基因组大小可以大致作为衡量基因组复杂度的指标。基因组的复杂度(genome complexity)，也称排列复杂度(sequence complexity)，是衡量基因组所含信息量的参数，由单一序列的碱基对数目表示。

在真核生物 DNA 复性动力学中，将一半单链 DNA 分子复性成双链分子的反应时间与初始单链 DNA 浓度的乘积称为 $C_0t_{1/2}$ 值。$C_0t_{1/2}$ 值与基因组 DNA 序列复杂度有关，基因组序列越复杂，在一定量 DNA 中特定序列的拷贝数越少，$C_0t_{1/2}$ 值越高，复性速度越慢。某个复性反应的 $C_0t_{1/2}$ 值反映基因组不同序列的长度之和，即 DNA 序列的复杂度。

在真核生物 DNA 复性动力学方程中，任何基因组 DNA 的复杂度可以用已知复杂度的标准 DNA 的 $C_0t_{1/2}$ 做标准，通过比例关系计算出来。由于大肠杆菌基因组的复杂度与其 DNA 长度 4.2×10^6 bp 相同，因此一般以大肠杆菌的 $C_0t_{1/2}$ 为标准，按照以下公式计算待测 DNA 样品的复杂度：

$$\frac{\text{任何 DNA 的 } C_0t_{1/2} \text{ 值}}{E.\ coli \text{ 的 } C_0t_{1/2} \text{ 值}}=\frac{\text{任何 DNA 的复杂度}}{4.2\times10^6\ \text{bp}}$$

由此可见，$C_0t_{1/2}$ 值是判断多种基因组 DNA 序列复杂程度差异的重要指标。一般基因组的复杂度用 DNA 中单一序列的长度加各重复序列的长度表示。例如，某原核生物的基因组含有 a、b、c、d 四个序列，且相互之间都不重复，则该基因组序列的复杂度为 $a+b+c+d$，单位是碱基对(bp)，即其序列复杂度等于碱基对总数。也就是说，生物体基因组非重复 DNA 的含量与其复杂度一致。非重复 DNA 含量越高，其基因组复杂度越大；反之，非重复 DNA 含量越低，其基因组复杂度越小。在真核生物基因组 DNA 中，除了单一序列外，还含有大量的重复序列。例如，某真核生物的基因组 DNA 由 10^6 拷贝的 a，10^3 拷贝的 b，10 拷贝的 c，1 拷贝的 d、e、f 组成，则该序列的复杂度为$(a+b+c+d+e+f)$ bp，而碱基对总数为$(10^6a+10^3b+10c+d+e+f)$ bp。由此可见，基因组序列的复杂度远小于其碱基对总数目。图 2-17 显示的是绝大多数真核生物基因组 DNA 复性的动力学曲线。由该图可以看出，真核生物基因组 DNA 序列复性动力学曲线走势与原核生物的有很大差异。各种原核生物基因组 DNA 的复性或变性曲线(C_0t 曲线)走势都是呈单一 S 形，跨度一般也只有两个数量级，只是 $C_0t_{1/2}$ 值不同。表明各种原核生物基因组 DNA 大都为单一序列，其复杂度各不相同。真核生物基因组 DNA 复性曲线不再是跨度两个数量级的单一 S 形曲线，而呈现跨度为 8 个数量级的复合多 S 形曲线。这种 S 形曲线跨度在 $10^{-4}\sim10^4$ 的 C_0t 区域，分为三个组分，每一组分又有其自身的特征复性曲线，显示其基因组内有不同复杂度的序列类型(图 2-17)。

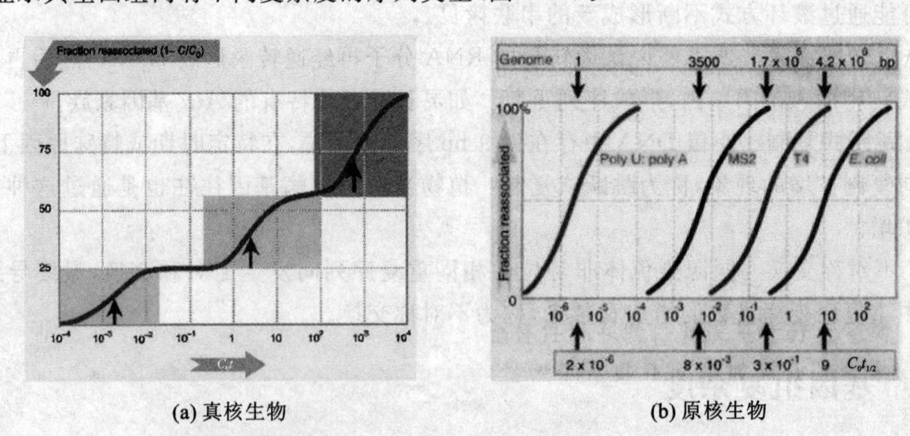

(a) 真核生物　　　　(b) 原核生物

图 2-17　真核和原核生物基因组 DNA 的复性动力学曲线比较

2.5.4　病毒基因组

病毒(virus)是最简单的生物，不能独立复制，必须依赖宿主细胞才能得以复制。相对真核生物和独立生活的微生物而言，病毒的基因组非常简单。病毒核酸的相对分子质量为$1.6\times10^{7}\sim1.6\times10^{8}$，大小仅为细菌基因组的 0.1%～10%。因此，病毒所携带的信息量及可编码的蛋白质比细菌少得多，但它们都含有病毒复制、转录等所需的基因或开放阅读框（open read frame，ORF）。研究病毒基因组开放阅读框的位置和功能，以及调节元件在基因组复制和表达的作用，能够帮助人们更深入地了解病毒基因组的结构和功能。

病毒基因组具有以下结构特点：

（1）病毒基因组大小相差较大。与细菌或真核细胞相比，病毒的基因组很小，但是不同病毒之间其基因组相差很大。如乙肝病毒 DNA 只有 3 kb，只能编码 4 种蛋白质，而痘病毒的基因组则有 300 kb，能够编码几百种蛋白质。

（2）病毒基因组可以由 DNA 组成，也可以由 RNA 组成。每种病毒颗粒中只含有一种核酸，为 DNA 或 RNA，两者一般不共存于同一病毒颗粒中。组成病毒基因组的 DNA 或 RNA 可以是单链或双链、闭合环状或线形分子。一般说来，大多数 DNA 病毒的基因组为双链 DNA 分子，而大多数 RNA 病毒的基因组是单链 RNA 分子。

（3）多数 RNA 病毒的基因组由连续的核糖核酸链组成，但也有些病毒的基因组 RNA 由不连续的几条核糖核酸链组成。如流感病毒的基因组 RNA 分子是节段性的，由 8 条 RNA 分子构成。目前还没有发现节段性 DNA 分子构成的病毒基因组。

（4）病毒基因组通常含有重叠基因，即同一段 DNA 片段能够编码 2 种或 2 种以上蛋白质。重叠基因使用共同的核苷酸序列，但转录成的 mRNA 具有不同的开放阅读框。有些重叠基因使用相同的开放阅读框，但它们的起始密码子或终止密码子不同。病毒基因组的这种结构使较小的基因组能够携带较多的遗传信息。

（5）病毒基因组的大部分可编码蛋白质，只有非常小的部分不被翻译，并且基因之间的间隔序列（spacer sequence）非常短。因此，非编码区只占病毒基因组的很少部分。

（6）病毒基因组 DNA 序列中，功能相关的基因一般集中成簇，丛集在基因组的一个或几个特定部位，形成一个功能单位或转录单元。它们可被一起转录成多顺反子 mRNA（polycistronie mRNA），然后再加工成各种 mRNA。

（7）除了逆转录病毒以外，一切病毒基因组都是单倍体，每个基因在病毒颗粒中只出现一次，而逆转录病毒基因组一般存在两个拷贝。

（8）噬菌体的基因是连续的，而大多数真核细胞病毒的基因是不连续的，具有内含子。有趣的是，有些真核病毒基因组的内含子或其中一部分内含子，对某一个基因来说是内含子，而对另一个基因却是外显子。

在原核生物病毒中，噬菌体是结构最简单的一类病毒。噬菌体即感染细菌、真菌、放线菌或螺旋体等微生物的病毒，在葡萄球菌和志贺菌中首先被发现。其中 λ 噬菌体是大肠杆菌的一种温和型噬菌体，其基因组大小为 4.85 kb，包括 46 个基因，分为 5 个区域：头部基因、尾部基因、调控（免疫）区、复制控制区和晚期基因调控区（图 2-18）。

ΦX174 噬菌体以大肠杆菌为宿主细胞，单链环状 DNA，基因组大小为 5.3 kb，含有 10 个基因，分别是 *A*、*B*、*C*、*D*、*E*、*F*、*G*、*H*、*J* 和 *K* 基因。其中，基因 *B* 包含在基因 *A* 之中，基因 *E* 包含在基因 *D* 之中。基因 *K* 和 *A*、*C* 分别发生部分重叠，并以不同的开放阅读框被翻译，因此一段相同的 DNA 序列可以编码两个非同源蛋白质。这种基因重叠的区域通常相对较短，所以大部分序列仍然有独立的编码功能（图 2-19）。需要指出的是，现在也有人认为 ΦX174 噬菌体基因组包括 11 个基因，即除了基因 *A*～*H*、*J*～*K* 之外，在基因 *A* 区域内还包括一个可被启

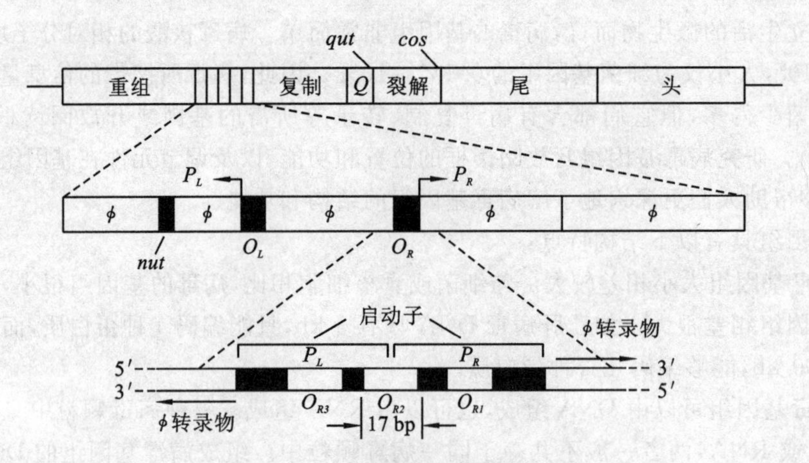

图 2-18　λ噬菌体基因组的调控区

动转录的基因 A^*。图 2-20 显示的是 ΦX174 噬菌体蛋白质结构的模式图。其中，中间的五边形和周围突起部分是 12 个穗状蛋白，其余部分是外壳蛋白，它们排布在噬菌体的表面。

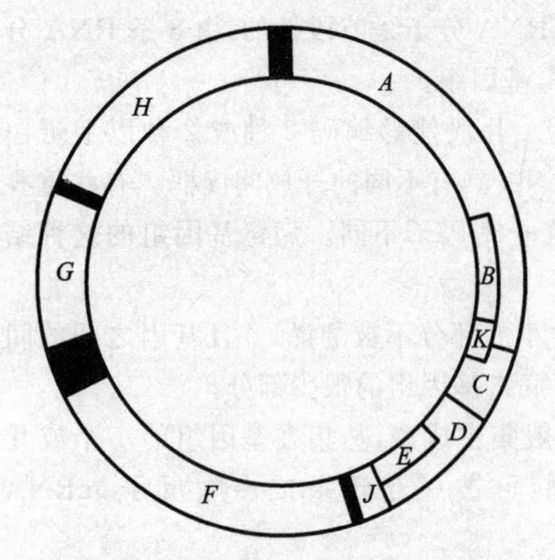

图 2-19　ΦX174 噬菌体基因组示意图

黑色区间为基因间序列。

图 2-20　ΦX174 噬菌体蛋白质结构示意图

中间五边形和周围突起部分是穗状蛋白，其余部分是外壳蛋白。

在真核生物病毒中，猴空泡病毒 SV40 是第一个完成基因组 DNA 全序列分析的动物病毒，全长 5.2 kb，包含 5 个基因。如图 2-21 所示，SV40 基因组 DNA 分为大小相近的两个区域，它们的转录方向相反。T 抗原和 t 抗原基因以逆时针方向转录，发生在 DNA 复制之前，称为早期基因及早期转录。*vp1*、*vp2* 和 *vp3* 基因则以顺时针方向转录，发生在 DNA 复制之后，称为晚期基因和晚期转录。

腺病毒(adenovirus，Ad)是一种典型的双链 DNA 动物病毒颗粒，其病毒基因组 DNA 分子大小约 35 kb，两端各有长约 100 bp 的反向重复序列。由于每条 DNA 链的 5′端能与相对分子质量为 55 000 的蛋白质分子共价结合，因此会出现双链 DNA 的环状结构。人类腺病毒(adenovirus 5，Ad5)已知有 33 种，其基因组包括 6 个早期基因(*e1a*、*e1b*、*e2a*、*e2b*、*e3* 和 *e4*)和 5 个晚期基因(*l1*、*l2*、*l3*、*l4* 和 *l5*)。图 2-22 为腺病毒(Ad5)基因组的结构示意图。

人类免疫缺陷病毒(human immunodeficiency virus，HIV)是至今发现的最复杂的逆转录病毒(图 2-23)。HIV 病毒基因组是两条相同的正链 RNA，每条 RNA 长 9.2～9.8 kb。两端是长末端重复序列(long terminal repeats，LTR)，含顺式调控序列，控制前病毒的表达。现已

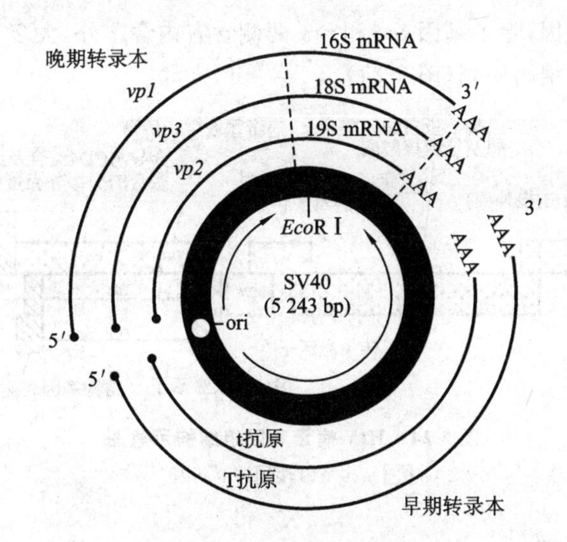

图 2-21　SV40 病毒的基因组

以单一 *Eco*R Ⅰ 限制位点为 0/1 坐标，黑色箭头代表 mRNA 转录本，虚线代表间隔子序列。

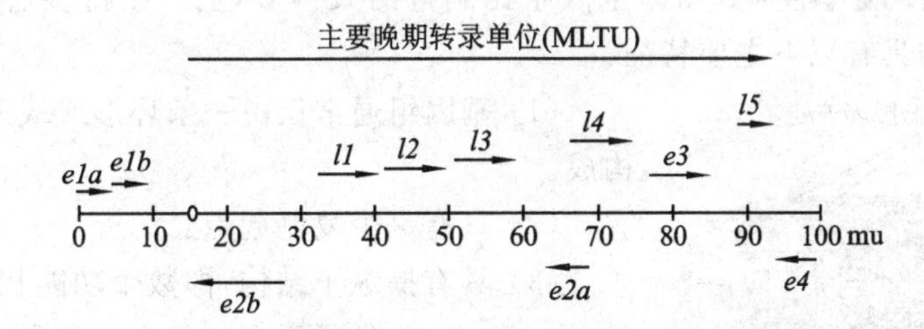

图 2-22　腺病毒(Ad5)的基因组结构示意图

主要显示是 Ad5 晚期转录的基因组结构。腺病毒 Ad5 的基因组，全长 36 kb，图中长度标尺以绘图单位(mu)表示，MLTU 为主要晚期转录单位，其起始点的促进者在 DNA 长度标尺上以一个小方格表示。

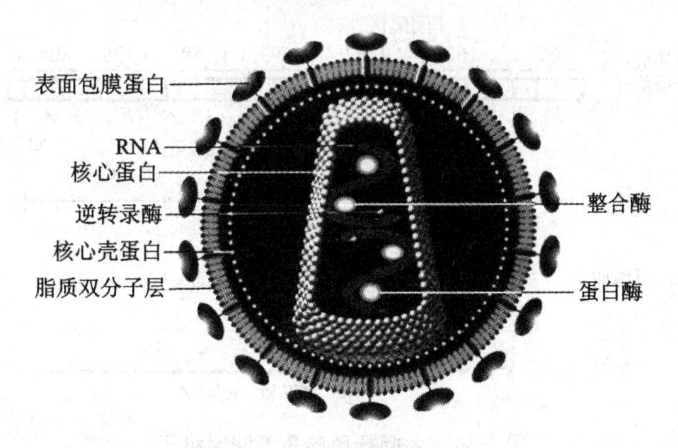

图 2-23　HIV 病毒结构模式图

证明长末端重复序列中包含启动子、增强子和负调控区。两端长末端重复序列之间的序列能编码至少 9 个蛋白质，这 9 个蛋白质大体可分为三类：结构蛋白、调控蛋白、辅助蛋白。结构蛋白有 3 个：5′ LTR-gag-pol-env-3′ LTR、5′端的帽子结构和 3′端的 poly(A)。调控蛋白有 6 个，分别由 *tat*、*rev*、*nef*、*vif*、*vpr* 和 *vpu* 等基因编码，在逆转录病毒中较少见。HIV 的基因编码区域含有许多重复基因，除了基因 *tat* 和 *rev* 两侧含有内含子外，大多数基因无内含子，能够最大限度地利用有限的编码序列（图 2-24）。

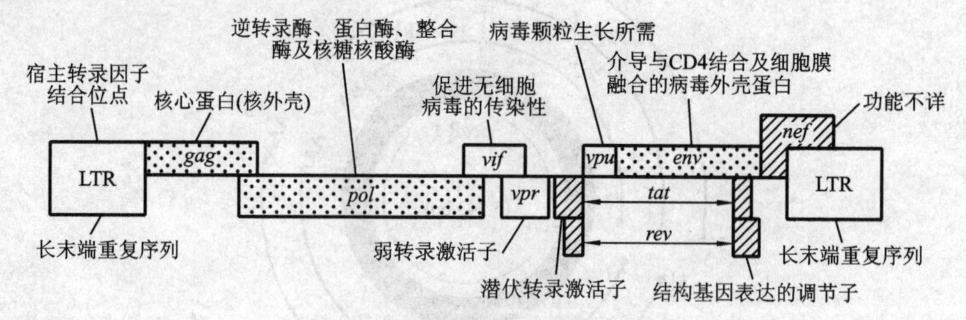

图 2-24　HIV 病毒基因组结构示意图

结构基因；调节基因

2.5.5　细菌基因组

细菌属于典型的原核生物，细菌基因组比病毒的大得多，也复杂得多（图 2-25）。细菌的染色体基因组结构具有以下主要特征：

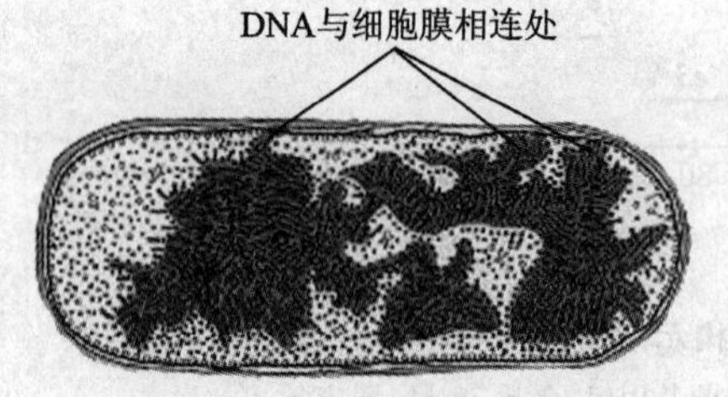

图 2-25　大肠杆菌结构模式图

深色表示类核区。

（1）基因组通常仅由一条环形或线形双链 DNA 分子构成。

（2）只有一个复制起点。

（3）具有操纵子结构，即数个功能相关的结构基因串联在一起，合成多顺反子 mRNA，受同一个调节区的调节。如大肠杆菌的色氨酸操纵子由 5 个相关酶蛋白结构基因（*A*、*B*、*C*、*D* 和 *E*）串联在一起，受共同的启动子（*P*）和操纵基因（*O*）调节（图 2-26）。

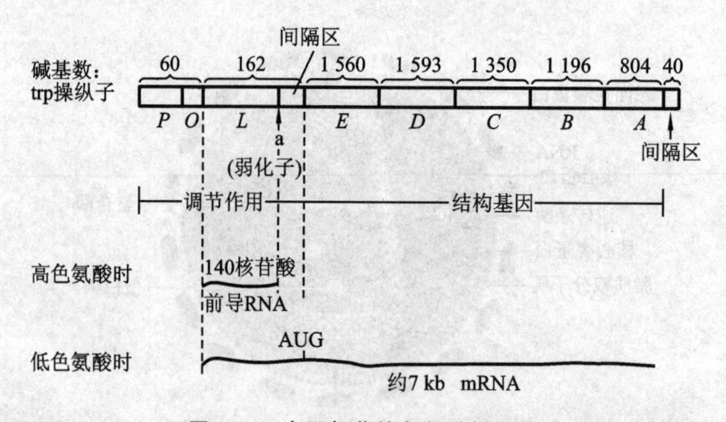

图 2-26　大肠杆菌的色氨酸操纵子

（4）和病毒的基因组相似，非编码 DNA 所占比例很少。编码蛋白质基因通常是单拷贝的，但 rRNA 基因一般为多拷贝，且也有重复基因。

（5）与病毒基因组的不同之处在于，细菌基因组中不会出现基因重叠现象。

（6）基因组 DNA 分子中具有多种调控区，如复制起始区 *OriC*、复制终止区 *TerC*、转录启动区和终止区等特殊序列，还含有反向重复顺序。

(7) 具有编码同工酶的同基因(isogene)。例如,大肠杆菌基因组中有两个编码分支酸(chorismic acid)变位酶的基因,两个编码乙酰乳酸(acetolactate)合成酶的基因。

(8) 具有与真核生物基因组类似的可移动 DNA 序列。

大肠杆菌是分子生物学研究中重要的模式生物,也是目前基因组研究得最清楚的原核生物。大肠杆菌染色体相对聚集形成致密的类核,但无核膜,类核中央由 RNA 的支架蛋白组成,外围是双链闭环的 DNA 超螺旋(图 2-25)。大肠杆菌基因组 DNA 分子约含 4.2×10^6 bp,相对分子质量为 2.67×10^9,含有 3 000～4 000 个基因(图 2-27)。可编码蛋白质的基因大都为单拷贝,功能相关的基因多集中在一起组成操纵子。大肠杆菌基因组中大约有 600 个操纵子,每个操纵子含有 2～5 个基因,其中多是编码酶类的基因。大肠杆菌的 rRNA 基因是多拷贝的,它们串联在一起,以 16S rRNA、23S rRNA 和 5S rRNA 的顺序组成一个转录单位,共形成 7 个拷贝,存在于基因组 DNA 的不同部位。其间有的拷贝还插有 tRNA 基因。tRNA 基因有单、双拷贝的形式。在 7 个 rRNA 操纵子中,有 6 个位于 DNA 复制起点附近,因此位于复制起点附近基因的表达量大约是位于复制终点处基因表达量的 2 倍。在大肠杆菌基因组已知基因中 8%的序列具有调控作用。

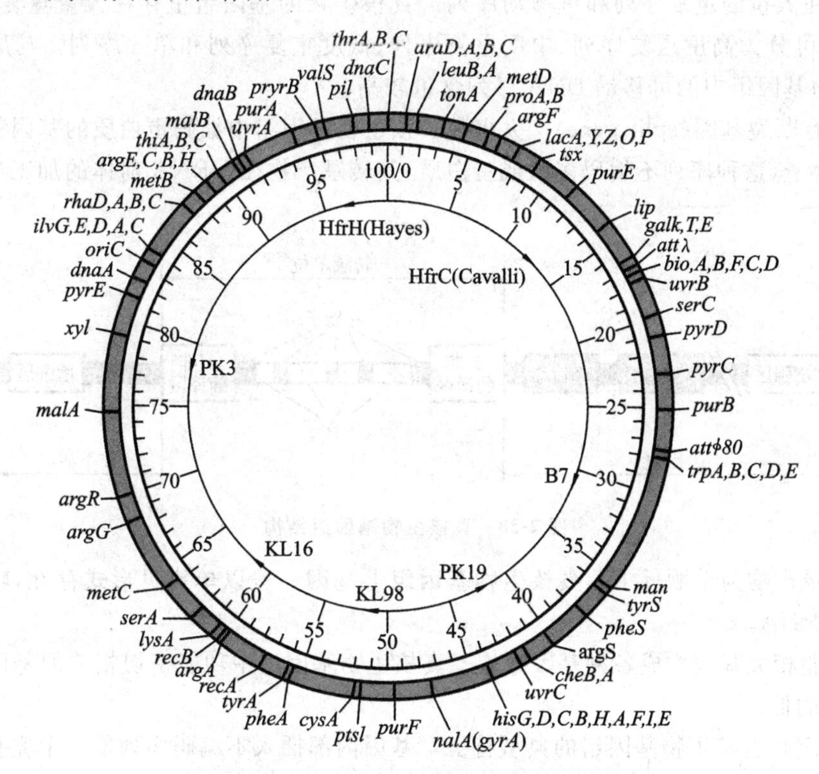

图 2-27　大肠杆菌基因组结构图

从大肠杆菌中已经分离到几种类似于真核细胞染色体蛋白的 DNA 结合蛋白,称为类组蛋白。其中含量最多的是 HU 蛋白二聚体,该蛋白二聚体与 DNA 结合后能使 DNA 发生密集和凝缩。其他二聚体蛋白主要是宿主整合因子(integration host factor,IHF),其复合物能使有活性的 DNA 序列定位在细胞内的特异位点。H1 蛋白是一种中性单体蛋白质,能以非共价形式与 DNA 序列结合,但易与空间弯曲的 DNA 链结合,参与 DNA 结构的拓扑异构化和基因的表达调控。

2.5.6 真核生物基因组

真核生物体细胞内的基因组分为细胞核基因组与细胞质基因组，其中细胞质基因组主要包括线粒体、叶绿体等细胞器基因组。

真核生物基因组的主要特点如下：

(1) 基因组大。低等真核生物的基因组大小一般为 10^7～10^8 bp。高等真核生物基因组可以达到 5×10^8～10^{10} bp，而有些植物和两栖类动物甚至可以达到 10^{11} bp。新近研究报道，人的单倍体基因组有 3×10^9 bp，含有 2×10^4～2.5×10^4 个基因。

(2) 具有染色体结构。真核生物基因组 DNA 与组蛋白构成多条线状染色体，被包裹在核膜之内，每条染色体 DNA 具有多个复制起点，而每个复制子(replicon)的长度较短。所谓复制子，是指 DNA 分子中能独立进行复制的最小功能单位。

(3) 不存在操纵子结构。真核生物基因组一个结构基因经过转录和翻译分别生成一个 mRNA 分子和一条多肽链。许多蛋白质由相同或不同亚基构成，涉及多个基因的协调表达。

(4) 存在大量的重复序列和可移动序列。真核生物的基因组里存在大量重复序列，按照其重复程度可分为高度重复序列、中度重复序列、低度重复序列和单一序列。与原核生物相比，真核生物基因组中的可移动 DNA 序列含量较高。

(5) 具有断裂基因(split gene)。大多数真核生物基因组中编码蛋白质的基因都含有间隔序列，即内含子，这种序列不编码多肽或蛋白质，其转录产物在 mRNA 前体的加工过程中被切除(图 2-28)。

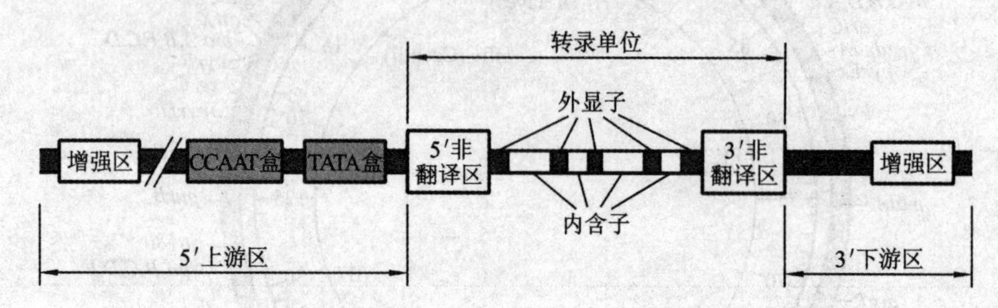

图 2-28 真核生物基因组结构

(6) 转录产物为单顺反子。真核生物基因组上基因一般以单拷贝形式存在，转录产物为单顺反子 mRNA。

(7) 功能相关基因构成各种基因家族。真核生物基因组中功能密切相关的基因密集程度比原核生物的低。

断裂基因是真核生物基因组的典型特征。基因内部插入不编码序列使一个完整的基因分隔成不连续的若干区段的基因，称为断裂基因，也叫间隔基因。1977 年，Robert 和 Sharp 研究腺病毒 mRNA 的合成时发现，病毒双链 DNA 与其 mRNA 进行分子杂交时，在电镜下观察到在与 mRNA 配对的 DNA 中部，存在不与 mRNA 配对的区段，形成三个环状突起，称为 R 环，从而证实了断裂基因的存在(图 2-29)。

基因的不连续性是真核细胞的一个普遍现象，真核细胞蛋白质、rRNA 和 tRNA 的基因都是不连续的，即是断裂的。在细菌和噬菌体以及低等真核生物的线粒体和叶绿体中都有断裂基因，但在原核生物基因组中极为少见，目前只在古细菌和大肠杆菌的噬菌体中发现了断裂基因。但并非所有的真核生物基因都具有断裂基因，如组蛋白基因家族、干扰素基因和酵母菌中

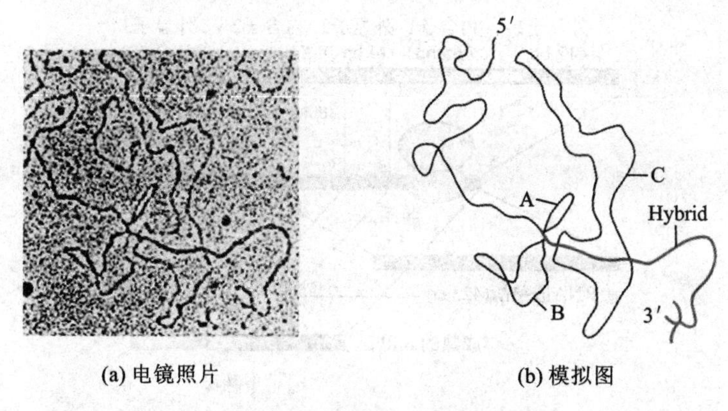

(a) 电镜照片　　　　(b) 模拟图

图 2-29　腺病毒 DNA 与其 mRNA 杂交的电镜照片和其模拟图

A、B、C 为 R 环。

的大多数基因等，这些基因都是非断裂基因。

结构基因中的非编码序列称为内含子，它往往与编码序列呈间隔排列。断裂基因的内含子在数量和大小上都有很大差异。内含子大小与基因组的大小有关，一般来说，基因组越大，内含子所占的比例也越高。基因组 DNA 上的内含子会被转录到前体 RNA 中，在前体 RNA 中的内含子常被称为间插序列。但前体 RNA 上的内含子在前体 RNA 离开细胞核翻译前被剪除，最终不存在于成熟 RNA 分子中(图 2-30)。在成熟 mRNA 被保留下来的基因部分被称为外显子。因此，与外显子相对，内含子有时也叫内显子。然而，内含子并非“含而不露”，酵母线粒体细胞色素氧化酶基因的产物是该基因前体 mRNA 进行拼接的反式作用因子，这种内含子能编码 mRNA 的成熟酶。

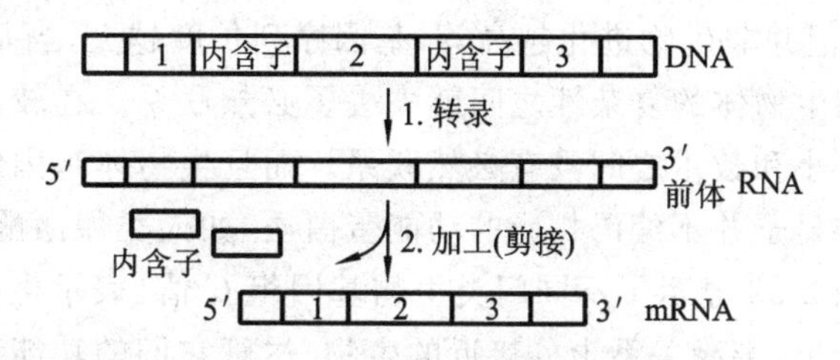

图 2-30　前体 RNA 加工过程示意图

以 β-球蛋白基因的转录剪接为例，方框中数字表示外显子及其转录物。

现在研究认为，内含子并非是无用序列，它在生物遗传信息的传递过程中起着重要的作用，内含子可能具有以下主要功能：

(1) 促进重组。同源重组的两个 DNA 之间链的断裂和连接发生在内含子部位，可有效促进重组，并避免因重组错位造成基因的失活。

(2) 增加基因组的复杂性。

(3) 具有开放阅读框。有的内含子中开放阅读框也能编码相应的酶或蛋白质，如酵母线粒体细胞色素氧化酶基因。

(4) 促进自我剪接。有的生物基因组中含有具有酶催化功能的内含子，含有部分剪接信号，所编码的成熟酶能帮助内含子的自身折叠，或者转录成 RNA 后，可以自我剪接。如酵母 *cob* 基因的内含子 2，其前部 840 bp 的开放阅读框参与编码 RNA 成熟酶，RNA 成熟酶又反过来将内含子 2 剪切(图 2-31)。

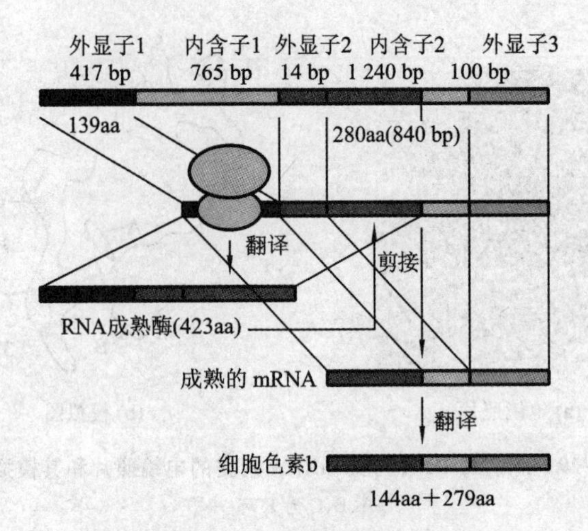

图 2-31　酵母 *cob* 基因内含子 2 的剪接

(5) 产生核仁小 RNA。许多核仁小 RNA 是由内含子产生的，这些内含子在基因表达时变为外显子。

(6) 内含子对基因表达有影响。内含子对基因表达在多个水平上均有影响，内含子中的增强子序列能增强基因转录的起始。如小鼠 B 细胞的 κ 链基因内含子的增强子序列，可通过诱导去甲基化酶活性，促进组织专一性转录，调节 B 细胞的分化。

外显子是结构基因中的编码序列。不同生物外显子的数量和长度并不相同。酵母一个结构基因的外显子不超过 4 个，且很短；昆虫一个结构基因的外显子也不超过 10 个；与此相反，高等真核生物基因组中，开始出现长基因，如蝇类和哺乳动物外显子长度很少小于 2 kb，大多数长度在 5～100 kb。但并非生物进化越高等，基因序列长度越大，当基因的长度大到一定程度后，DNA 的复杂性和生物体的复杂性之间就失去了必然联系。在较高等的真核生物中，基因的大小与外显子的大小和数量之间没有必然联系。而且生物体基因组的外显子并非“表里如一”，有的真核生物外显子并不编码相应的功能蛋白质，如人类尿激酶原基因外显子 1 就不编码其氨基酸序列。图 2-32 显示了不同门类生物基因组 *C* 值（表示生物单倍体基因组 DNA 含量）分布，从中可以看出，亲缘关系十分接近的生物，尽管它们的功能和结构十分相似，但其基因组的 *C* 值甚至相差上百倍，如显花植物、两栖类和昆虫类等。而有些哺乳动物的基因组较两栖类多数生物基因组的 *C* 值还要小（图 2-32）。

一般而言，间隔基因序列保持不变，但其内部的外显子和内含子数量、位置及长度是可变的。有些基因与蛋白质表达没有直接的线性关系，同一基因序列可转录成一种以上的 mRNA。通过 mRNA 的剪接产生多种蛋白质的同源体。因此，基因实际上是一个复杂的转录单位，转录和加工出与原基因序列编码有较大差异的蛋白质产物，以适应细胞、组织和发育特异性的需要。

(1) 真核生物核基因组　真核生物核基因组(nuclear genome)是指真核生物细胞核染色体所包含的全部遗传信息，即碱基对。它有别于细胞质基因组，如叶绿体和线粒体的基因组，以及黏粒及质粒等其他基因组。细胞核基因组的 DNA 与蛋白质结合形成染色体，染色体储存在细胞核内，是基因组遗传信息的载体。除配子细胞外，体细胞有两个同源染色体，因此具有两份同源的基因组。

(2) 线粒体基因组　线粒体是细胞的半自主性细胞器，有自己的基因组 DNA，编码细胞

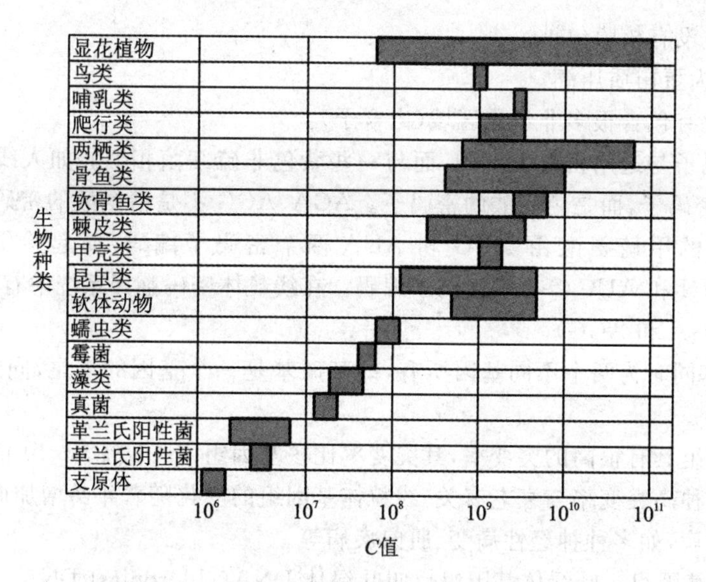

图 2-32　不同门类生物基因组的 C 值分布

（仿 B. Lewin，2000）

器的一些蛋白质。在真核生物中，线粒体基因组也叫线粒体 DNA（mitochondrial DNA，mtDNA），是除了核基因组之外非常重要的遗传物质。不同物种的线粒体基因组的大小相差悬殊，一般在 $1\times10^6\sim2\times10^8$ bp。已知哺乳动物的线粒体基因组最小，果蝇和蛙的稍大，酵母的更大，而植物的线粒体基因组最大。人线粒体基因组排列得非常紧凑，其 DNA 仅由 16 569 bp组成，共包含 37 个基因，其中有 22 个基因编码 tRNA，2 个基因分别编码 12S rRNA 和 16S rRNA，13 个基因编码多肽（图 2-33）。

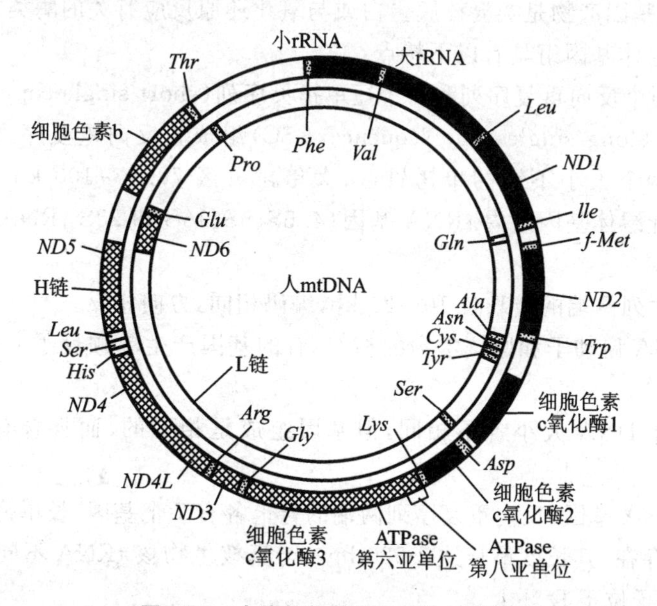

图 2-33　人线粒体基因组结构示意图

外环为重链，内环为轻链，ND：NDDH-CoQ 还原酶复合物。

与核基因组相比，线粒体基因组有如下特性：

① 所有基因都位于一个单一的环状 DNA 分子上。

② 遗传物质没有核膜包被。

③ DNA 不为蛋白质压缩。

④ 基因组没有包含很多非编码区域(内含子)。

⑤ 一些密码子与通用密码子不同,而与一些紫色非硫细菌相似。如人线粒体基因组中,UGA 不是终止密码子,而是色氨酸的密码子。AGA、AGG 不是精氨酸的密码子,而是终止密码子。多肽内部的甲硫氨酸由 AUG 和 AUA 两个密码子编码,而起始甲硫氨酸均可由 AUG、AUA、AUU 和 AUC 等 4 个密码子编码。在线粒体密码翻译系统中有 4 个终止密码子(UAA、UAG、AGA 和 AGG)。

⑥ 一些碱基同时为两个不同基因所有,即某碱基是一个基因的末尾,同时也是下一个基因的开始。

线粒体基因组具有很高的突变率,其突变率比核基因组 DNA 高 5～10 倍。研究发现,线粒体基因组的这种高突变率与衰老有关,线粒体基因组的变化随着年龄增加而增加,能导致很多老年退化性疾病,如多种神经性病变、肌肉疾病等。

(3) 叶绿体基因组　叶绿体基因组也叫叶绿体 DNA(chloroplast DNA,cpDNA),其结构与线粒体基因组的结构相似。叶绿体基因组一般为裸露的环状双链 DNA 分子,极少数为线状(如伞藻),缺乏组蛋白和超螺旋。叶绿体基因组比较大,在高等植物中通常为 140 kb,在低等真核生物中高达 200 kb,与噬菌体基因组大小相似,而伞藻的叶绿体基因组则高达 2 000 kb。每个叶绿体基因组具有多拷贝,一般位于类核区,其拷贝数随着物种的不同而不同。叶绿体基因组 DNA 中的 GC 含量与核基因组及线粒体基因组 DNA 有很大不同,叶绿体基因组 DNA 不含 5-甲基胞嘧啶,也不与组蛋白结合。因此可用 CsCl 密度梯度离心法来分离叶绿体基因组。

大多数叶绿体基因产物是类囊体膜蛋白或与氧化还原反应有关的酶类。叶绿体基因组全序列分析表明,叶绿体基因组具有以下特点:

① 基因组由两个反向重复序列和一个短单拷贝序列(short single copy sequence,SSC)及一个长单拷贝序列(long single copy sequence,LSC)组成。反向重复序列把环状的叶绿体 DNA 分子分隔成两个大小不同的单拷贝区,大单拷贝区 78.5～100 kb,小单拷贝区 12～76 kb。所有植物叶绿体基因组内 rRNA 基因(4.5S、5S、16S 和 23S rRNA)都位于反向重复序列区内(图 2-34)。

② 反向重复序列两端的臂长各 10～24 kb,编码相同,方向相反。

③ 叶绿体 DNA 启动子和原核生物的相似,有的基因产生单顺反子 mRNA,有的为多顺反子 mRNA。

④ 尽管叶绿体 DNA 大小各不相同,但基因组成是相似的,而且含有基因的数目几乎相同。

⑤ 叶绿体 tRNA 基因(反向重复序列两端的臂上各有 7 个基因,长单拷贝序列上有 23 个基因)中有内含子存在,其长度最长达 2 526 bp。与真核生物核 tRNA 不同之处在于,叶绿体 tRNA 上有的内含子位于 D 环上。

⑥ 所有叶绿体基因转录的 mRNA 都由叶绿体核糖体翻译。

并不是所有的叶绿体都含有反向重复序列。在反向重复序列上一般含有 4 种 rRNA 基因,如烟草植物的叶绿体基因组含有 4 种 rRNA 基因、30 种 tRNA 基因、49 种蛋白质基因、38 种开放阅读框,可编码 120 多条 RNA 或多肽链(图 2-34)。研究表明,叶绿体中至少有 220 种

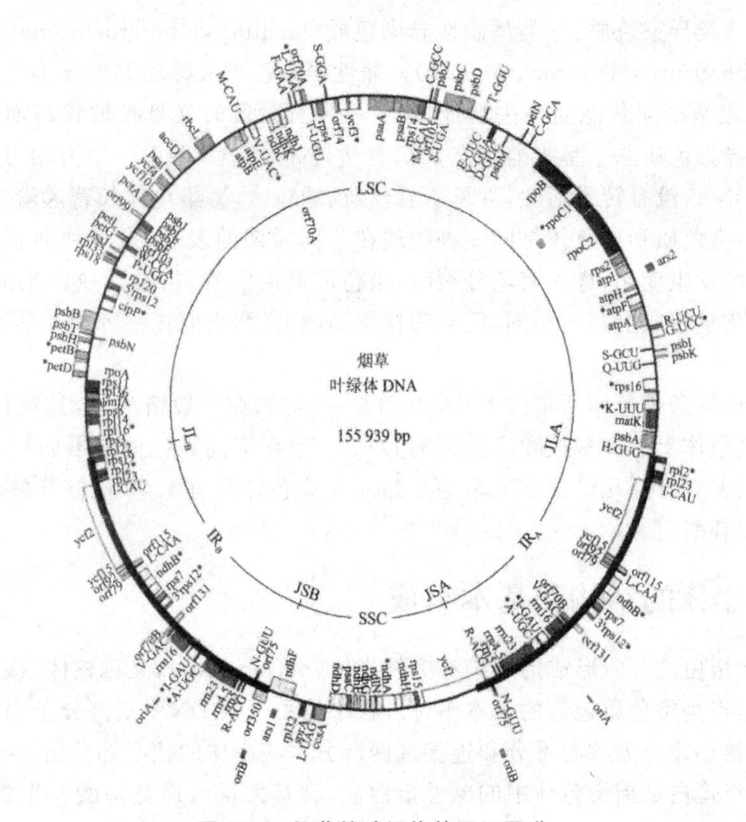

图 2-34　烟草的叶绿体基因组图谱

外环表示不同的基因，内环表示基因组的 4 个主要组成部分。

蛋白质，其中基质中有 150 多种，其余存在于叶绿体类囊体及其他部位。因此，半数以上的叶绿体蛋白质由核基因组编码，在细胞质中合成之后再运输到叶绿体中。

2.6　染色质的结构

染色质（chromatin）是指细胞间期细胞核内能被碱性染料染色的物质，最早是由 Flemming 在 1879 年提出的。染色质的基本化学成分为脱氧核糖核酸和核蛋白，它是由 DNA、组蛋白、非组蛋白和少量 RNA 组成的复合物。其中 DNA 与组蛋白的质量比为 1∶1，比较稳定。组蛋白以八聚体形式和 DNA 组成的核小体是染色质的基本结构。而非组蛋白和 RNA 的比例、种类及含量随不同细胞而异。染色质可以分为常染色质（euchromatin）和异染色质（heterochromatin）两大类。常染色质是指细胞间期核内染色质纤维折叠压缩程度低，处于伸展状态，用碱性染料染色时着色浅的染色质。常染色质较松散、呈透明状态，它们均匀地分布在整个细胞核内，染色较浅，具有转录活性，是细胞内遗传物质主要的存在形式。然而，并非常染色质上所有的基因都具有转录活性，处于常染色质状态只是基因转录的必要条件，而不是充分条件。构成常染色质的 DNA 主要是单一序列 DNA 和中度重复序列 DNA，如组蛋白基因和 tRNA 基因。异染色质是指细胞间期及早前期时仍处于凝集状态的染色质。异染色质具有强嗜碱性，在整个细胞周期都处于高度螺旋化状态、卷曲凝缩、染色深，在细胞核中形成染色较深的团块。存在于异染色质上的基因没有转录活性。异染色质的复制迟于常染色质。

在动物中存在两类异染色质:一类是兼性异染色质(facultative heterochromatin),另一类为结构异染色质(constitutive heterochromatin)。兼性异染色质又称功能性异染色质,在特定细胞或特定发育阶段呈凝缩状态而失去功能,在另一发育阶段时又呈松散状态而恢复功能,如X染色质。结构异染色质总是呈凝缩状态,GC含量较高,所含DNA一般为相对简单、高度重复序列,如卫星DNA,没有转录活性,常见于着丝粒、端粒区、Y染色体长臂远端2/3区段和次缢痕区等。因此,染色质和染色体是同一种物质在不同时期的表现,是一种动态结构,其形态随细胞周期不同而发生变化,进入有丝分裂时,染色质高度螺旋、折叠形成凝集的染色体。染色质和染色体在化学组成上基本相同,但空间构象不同,说明它们在细胞周期的不同阶段执行的功能不同。

同一物种内每条染色体所带的DNA含量是一定的,在一般情况下,其数目及形态特征相当稳定,每条染色体上有许多按顺序排列的DNA。但在不同染色体或不同物种之间DNA含量变化很大,从上百万到几亿核苷酸不等。如人X染色体带有1.28亿核苷酸对,而Y染色体只有0.19亿核苷酸对。

2.6.1 核小体的结构和基本组成

DNA和组蛋白结合所形成的结构称为核小体(nucleosome),又称核体、核粒,是构成染色质的基本单位,也是染色质包装的基本单位。核小体由一条DNA双链分子串联起来,形似一串念珠。每个核小体分为核心部分和连接区两部分。核小体的核心部分由146 bp的DNA和组蛋白构成。组蛋白是指染色体中的碱性蛋白质,含有大量碱性氨基酸。生物体有5种组蛋白,即H1、H2A、H2B、H3和H4,它们具有不同的相对分子质量和氨基酸组成。其中组蛋白H3的氨基酸顺序几乎在所有真核生物中都相同,组蛋白H4的情况也一样,说明这些组蛋白具有重要的生物学功能。一般来讲,组蛋白具有以下特征:

(1) 进化上的极端保守性。不同物种之间组蛋白的氨基酸组成十分相似,特别是H3和H4。

(2) 无组织特异性。

(3) 肽链上氨基酸分布的不对称性。碱性氨基酸集中分布在肽链N端的半条链上。

(4) 具有修饰作用。组蛋白的修饰作用包括甲基化、乙酰化、磷酸化及ADP糖基化等。

(5) H5组蛋白的特殊性。富含赖氨酸(24%)(鸟类、鱼类及两栖类红细胞染色体不含H1而含有H5)。研究发现,H5组蛋白的磷酸化在染色质失活过程中起重要作用。

每一个核小体包含8个组蛋白,即H2A、H2B、H3及H4各2个,它们通过组成一个对称的结构形成核心组蛋白:H2A与H2B形成二聚体,H3与H4形成二聚体,然后通过H2B与H4的结合形成一个四聚体,最后四聚体通过上述H3与H3的结合形成八聚体的小圆盘,成为核小体的核心结构。也就是说,它的结构是H2A-H2B-H4-H3-H3-H4-H2B-H2A,两个H2A在最外侧,H3在最里面(图2-35)。这是组蛋白的主要互作途径,此外,各个组蛋白之间也有其他作用方式,例如H3不只与H4作用,也可与H2A作用。因此,核心组蛋白并不是线形结构,而是一个珠状结构。组成核小体长度146 bp的DNA包绕在核小体小圆盘外面大约绕组蛋白1.75圈,每一圈的直径约10 nm。两个核心部位之间的DNA链称为连接区。组蛋白H1包含一组密切相关的蛋白质,其数量相当于核心组蛋白的一半,所以很容易从染色质中抽提出来。实验证明,所有H1被除去后不会影响核小体的结构,表明组蛋白H1位于连接区DNA表面。每一分子的H1与DNA结合,锁住核小体DNA的进出口,起着稳定核小体结构的作用。两个相邻核小体之间以连接 DNA(linker DNA)相连，长度为 20 nm，约 60 bp。不同组织、不同类型的细胞，以及同一细胞里染色体的不同区段中，盘绕在组蛋白八聚体核心外面的连接 DNA 长度不同，如真菌的连接 DNA 长度只有 154 bp，而海胆精子的可以长达 260 bp，但一般的变动范围为 180～200 bp。其中 200 bp 的 DNA 直接盘绕在组蛋白八聚体核心外面，这些 DNA 不易被核酸酶消化(图 2-36)。

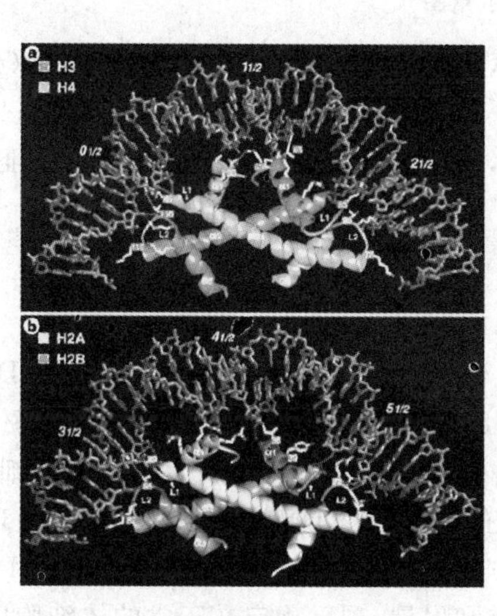

图 2-35　组蛋白结构示意图

(引自 Luger，1997)

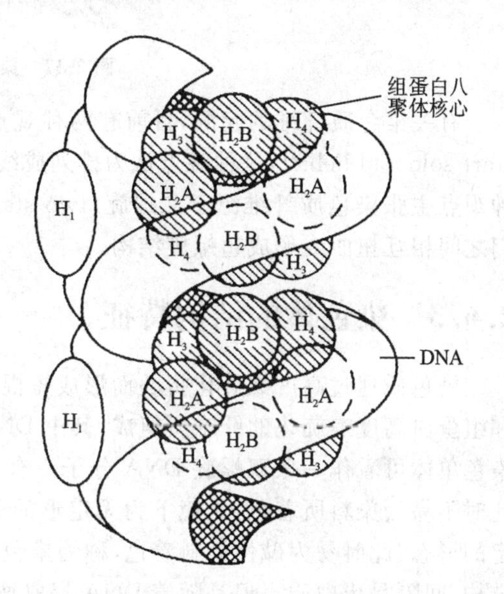

图 2-36　核小体结构示意图

非组蛋白(non-histone protein，NHP)是指染色体中组蛋白以外的其他蛋白质，它是一大类种类繁杂的各种蛋白质的总称。生物体中非组蛋白的数量估计在 300～600 拷贝，相对分子质量范围为 7 000～80 000，等电点为 3.9～9.2。对于非组蛋白的结构和功能，目前还了解甚少。已有研究表明，一些非组蛋白与基因表达及染色体高级结构的维持有关，它们参与基因的复制、转录及核酸修饰，如各种 DNA 和 RNA 聚合酶等，在核酸代谢中起着重要作用。另外，非组蛋白中还包括一类高迁移率组(high mobility group，HMG)蛋白质，此类蛋白质因在凝胶电泳上泳动速度快而得名。现已经发现其中一些蛋白质(如 HMG14 和 HMG17)在基因的转录活性区含量丰富，被认为参与基因的转录调控。非组蛋白中的核基质蛋白对维持染色体的高级结构是必不可少的。

2.6.2　染色质纤维

染色质纤维(chromatin fiber)也称染色质螺旋圈，是电镜下见到的染色质的基本结构单位，直径约 30 nm，它是由线状 DNA 双螺旋和组蛋白、非组蛋白、少量 RNA 以及与 DNA、RNA 合成有关的酶共同构成的复合物。在浓缩的构象里，染色质纤维结合在核骨架上，围绕着支架蛋白质形成放射环状的染色质纤维环(loops)，每一个环的 DNA 长度约为 75 kb，在细胞分裂期进一步包装成染色体(图 2-37)。最主要的支架蛋白质是拓扑异构酶Ⅱ，它的功能是避免 DNA 链形成扭结。与支架蛋白质结合的是富含 A 和 T 的 DNA 序列，它涵盖数百个碱基，称为支架联结区(scaffold association region，SAR)，其分布密度与染色体带的形状密切相关。

图 2-37　染色质纤维示意图

有关染色质纤维的起源，目前有两种观点：一种认为染色质纤维源于一螺线管螺旋（one-start solenoid helix），这种观点认为排列成线状的核小体最先是盘绕成单个的核小体堆；另一种观点主张染色质纤维源于二螺旋（two-start helix），核小体最先组装成为两个核小体堆，它们之间相互扭曲或形成超螺旋结构。

2.6.3　染色体的结构特征

染色质通过高度螺旋化折叠而形成短棍状的染色体，染色体主要由直径仅 10 nm 的 DNA 和组蛋白高度螺旋化的纤维所组成，其中 DNA 占 27%，组蛋白占 66%，RNA 占 6%。每一条染色单体可看作一条双螺旋 DNA 分子。有丝分裂间期，DNA 解螺旋形成无限伸展的细丝，此时不易为染料所着色，光镜下为无定形的染色质。有丝分裂时 DNA 高度螺旋化而呈现特定的形态，此时易为碱性染料着色，称为染色体。过去认为一条染色体可能具有若干段 DNA 结构，间隔是蛋白质。但是随着 DNA 提取技术的改进和发展，现已确定在正常的体细胞中每条染色体上只有一个 DNA 分子。

染色体的主要化学成分是 DNA 和蛋白质，染色体上的蛋白质有两类：一类是低相对分子质量的碱性蛋白，即组蛋白；另一类是酸性蛋白质，即非组蛋白。非组蛋白的种类和含量不十分恒定，而组蛋白的种类和含量都很恒定。作为遗传物质的载体，染色体具有以下特征：①分子结构相对稳定；②能自我复制，使亲代和子代之间保持连续性；③能指导蛋白质合成，从而控制整个生命过程；④能产生可遗传的变异。

基因组 DNA 在形成染色体时发生了高度压缩，即染色体的包装。染色体的包装实际上是指细胞核 DNA 在双螺旋基础上的进一步结构变化，巨大的 DNA 链包装成染色体，需经多层次的结构变化才能实现，这些结构变化总的趋势是形成更高层次的超螺旋。第一，密集成串的核小体形成了核质中 10 nm 左右的纤维，即染色体的一级结构，像串珠一样，DNA 为“绳”，组蛋白为“珠”，被称为染色体的“绳珠模型”。第二，染色体的一级结构经螺旋化形成中空的染色质纤维或螺旋体，即染色体的二级结构，其外径约为 30 nm，内径为 10 nm，相邻螺旋间距为 11 nm。螺旋体的每一周螺旋包括 6 个核小体，此时 DNA 长度又被压缩至$\frac{1}{6}$。第三，30 nm 的螺线体（二级结构）再进一步螺旋化，形成直径为 0.4 μm 的筒状体，称为超螺旋管，即染色体的三级结构。至此，DNA 再被压缩至$\frac{1}{40}$。第四，超螺旋管进一步折叠盘绕，形成染色单体——染色体的四级结构，最后 DNA 的长度又被压缩至$\frac{1}{5}$。从超螺旋管到形成染色体是 DNA 压缩程度的最高阶段。因此，从染色体的一级结构到四级结构，DNA 分子总共被压缩至$\frac{1}{8\,400}(\frac{1}{7}\times\frac{1}{6}\times\frac{1}{40}\times\frac{1}{5})$倍。这样，使每个染色体中几厘米长（如人染色体的 DNA 分子伸展开的平均长度为 4 cm)的 DNA 分子被压缩后，能够容纳在直径数微米(如人细胞核的直径为 6～7 μm)的细胞核中(图 2-38)。

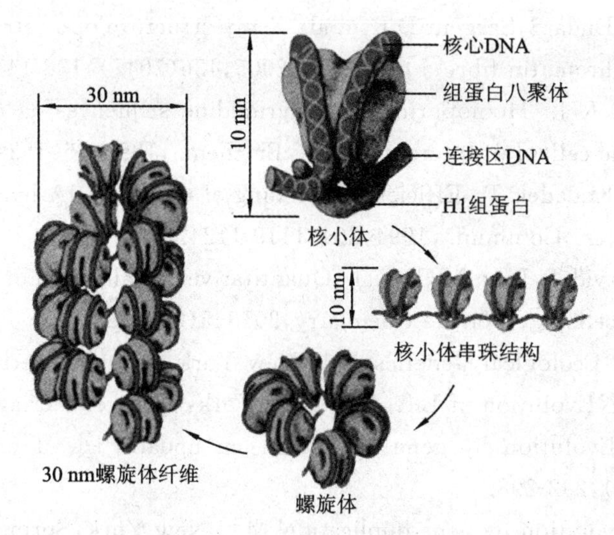

图 2-38　染色体包装过程

思考题

1. 简述 DNA 双螺旋的结构特征。
2. 什么是高度重复序列？
3. 病毒基因组有哪些特点？
4. 真核生物基因组与原核生物基因组的区别有哪些？
5. 试比较线粒体基因组和叶绿体基因组的异同。
6. 简述染色体包装过程。

参考文献

[1] Turner P C, Mclennan A G, Bates A D, et al. Molecular Biology[M]. 影印本，2 版. 北京：科学出版社，2003.

[2] Benjamin Lewin. Gene Ⅷ[M]. 余龙，等译. 北京：科学出版社，2005.

[3] 朱玉贤. 现代分子生物学[M]. 北京：高等教育出版社，2002.

[4] 赵亚华. 基础分子生物学教程[M]. 2 版. 北京：科学出版社，2010.

[5] 郑用琏. 基础分子生物学[M]. 2 版. 北京：高等教育出版社，2012.

[6] Moser H E, Dervan P B. Sequence-specific cleavage of double helical DNA by triplex helix formation[J]. Science, 1987, 238: 645-650.

[7] Mirkin S M, Lyamichev V I, Drushlyak K N, et al. DNA H form requires a homopurine-homopyrimidine mirror repeat[J]. Nature, 1987, 330: 495-497.

[8] Vasquez K M, Narayanan L, Glazer P M. Specific mutations induced by triplex-forming oligonucleotides in mice[J]. Science, 2000, 290: 530-533.

[9] Bakkenist C J, Kastan M B. DNA damage activates ATM through intermolecular autophosphorylation and dimer dissociation[J]. Nature, 2003, 421: 499-506.

[10] Schalch T, Duda S, Sargent D F, et al. X-ray structure of a tetranucleosome and its implications for the chromatin fibre[J]. Nature, 2005, 436(7047): 138-141.

[11] Lu G, Perl R J. Homopurine/homopyrimidine sequences as potential regulatory elements in eukaryotic cells[J]. International J. Biochem., 1993, 25: 1529-1537.

[12] Maine I P, Kodadek T. Efficient unwinding of triplex DNA by a DNA helicase[J]. Biochem. Biophys. Res. Commun., 1994, 204: 1119-1124.

[13] Giulia B, David T, John M C, et al. Quantitative visualization of DNA G-quadruplex structures in human cells[J]. Nature Chemistry, 2013, 5(3): 182-186.

[14] Levin S A. Ecological Genetics[M]. New York: Springer Verlag, 1978.

[15] Jukes T H. Evolution of Life[M]. New York: Springer Verlag, 1991.

[16] Zhang J. Evolution by gene duplicaton: an update[J]. Trends in Ecology and Ecolution, 2003, 18(6): 292-298.

[17] Ohno S. Evolution by gene duplication[M]. New York: Springer Verlag, 1970.

[18] 杨林静,白春礼,李任植,等. Loop环对分子内三螺旋DNA稳定性的影响[J]. 中国科学(B辑), 1998, 28(1): 65-70.

第3章 DNA复制

DNA是遗传信息的载体，只有DNA忠实地复制，才能使子细胞含有相同的遗传信息，从而保持物种的稳定。DNA通过其两条链间的互补关系实现复制，这看似一个简单的过程，但仔细审视，DNA复制(DNA replication)的复杂性是显而易见的。例如，DNA结构在复制前后究竟会发生怎样的变化？DNA复制起始和终止是怎样调控的？DNA复制是从分子的固定位点开始的还是随机的？DNA复制如何保证高度保真性？什么因素控制着DNA复制周期性地进行？实际上，DNA复制是一个涉及多方面问题的复制过程，是一个有多种酶催化和多种蛋白质参与的受到精密调控的过程。

3.1 DNA复制的特点

无论是染色体的数目或是染色体DNA的大小，原核细胞都要比真核细胞小。同时，原核细胞生活周期短，容易在人工条件下培养和获得各种突变体，原核细胞中的大肠杆菌是在各方面研究得最为透彻的一种生物，这些就使原核细胞成为研究DNA复制的良好实验对象。DNA双螺旋模型表明组成DNA分子的两条链是互补的，原则上讲，每条链都可以作为模板合成其互补链，DNA分子中新合成的链遵循常规的A-T、G-C碱基配对原则。此外，各种生物体DNA复制具有一些共同的特征，如半保留复制、半不连续复制、双向复制、需要RNA引物等。

3.1.1 复制子

在DNA复制的启动处具有复制起点(origin)，在复制的终止处具有复制终止位点(terminus)。复制子(replicon)是根据它含有复制所需的控制元件来定义的，一个DNA复制起点所控制的DNA序列称为复制子。与一个复制起点相连而没有被复制终止位点隔断的任何序列，都是作为复制子的一部分被复制。在每个细胞周期中，每个复制子只发生一次复制。由于各种生物基因组的大小不同，复制方式也不相同，尤其是原核生物和真核生物差异更大。大肠杆菌的基因组是单个环形双链DNA，含3×10^6～9×10^6 bp，仅含一个复制起点，所以*E. coli*的整条染色体是一个复制子，复制一次约需40 min。真核生物基因组要比原核生物的大许多，但它复制时每秒所合成的核苷酸数比原核生物的少。如果真核生物的每一个DNA分子也仅含一个复制起点，细胞所有DNA复制一次就需几个星期。而实际情况是，真核生物DNA含有许多DNA复制起点，整个DNA分子可分为多个同时复制的单位，从而使DNA复制可以在细胞周期的S期中完成。

原核生物基因组中只含有一个复制子，复制起点启动就会引起整个基因组的复制，并且在每次细胞分裂中只发生一次，每个单倍体细菌都只有一条染色体，这种复制的控制方式称为单拷贝(single copy)。

细菌还可以质粒(plasmid)形式存在染色体外遗传因子。质粒是一个环状DNA，构成一个独立复制子。质粒复制子可表现为单拷贝控制，即每当细菌染色体复制时它就复制一次；也可以处在多拷贝控制下，此时质粒的拷贝数多于细菌染色体数。噬菌体或病毒DNA也包含一个复制子，在一个感染周期中能引发多次复制。所以原核生物复制子可理解为含有一个复制起点并且在细胞中自主复制的DNA。

真核生物和细菌基因组在组织结构上的主要差别就在于它们的复制。每个真核生物染色体都含有许多个复制子，这就增加了复制的控制难度。同一条染色体上的所有复制子都必须在一个细胞周期内被激活复制，虽不是被同时激活，但每一个复制子在一次细胞周期中只能被激活一次。

为了正确地遗传，一个细菌复制子需要具备以下功能：① 起始复制；② 控制复制起始的频率；③ 将复制的染色体分配到子细胞中。前两种功能均由复制起点行使，染色体分配可能是一种独立的功能，但在原核系统中通常与邻近复制起点的序列有关。真核生物的复制起点不行使分配的功能，而只与复制有关。

一般而言，含有复制起点的DNA序列能使与之连接的DNA复制。当把含有复制起点的DNA克隆到无复制起点的分子中时，就会产生一个能够自主复制的DNA。

在细菌、酵母、叶绿体和线粒体中都已鉴定出复制起点，但在高等生物中尚未鉴定。复制起点共同的特点是其整体AT含量很高，推测这可能与DNA复制起始时解链需要有关。*E. coli*基因组的复制以双向方式从复制起点*OriC*开始，将*OriC*与任意一段DNA序列连接都能使其在*E. coli*细胞中复制。通过减少*OriC*克隆片段大小的方法检测出起始复制所需的序列为一个245 bp的片段。原核复制子通常是环形DNA，包括细菌染色体本身、所有的质粒和许多噬菌体均为环形结构。线粒体和叶绿体DNA也常以环形DNA的形式存在。环状分子的复制避免了线形分子末端无法复制的问题，但产生了复制结束后子代DNA如何分离的问题。

细菌染色体从*OriC*开始双向复制，在*OriC*上形成两个复制叉，并延伸到整个基因组(以大致相同的速度)。终止发生在不同的位置。

3.1.2 DNA半保留复制

Watson-Crick DNA模型表明DNA分子中新合成的链遵循常规的A-T、G-C碱基配对原则。该模型还指出，DNA分子两条亲代链因其间的氢键断裂而彼此分开，各自作为模板链合成一条与之互补的新生子代链，新生的互补链与母链构成子代DNA分子，这种复制方式称为半保留复制(semiconservative replication)。如图3-1所示，(a)为全保留复制产生两个子代双链DNA，其中一个由两条旧链组成(浅色)，另一个由两条新合成的子代链组成(深色)；(b)为半保留复制产生两个子代双链DNA，每个子代DNA保留了一条旧链(浅色)，并含一条新合成的链(深色)；(c)为弥散型复制产生两个子代双链DNA，子代DNA每条链均由旧链和新合成的链混合组成。

1958年，Meselson和Stahl通过实验证明DNA是按半保留方式复制的。他们先以大肠杆菌在含^{15}N(NH_4Cl形态)的培养基中繁殖多代，使嘧啶和嘌呤碱基中的^{14}N全被置换为^{15}N。收集大肠杆菌，分离其中的DNA，然后进行CsCl平衡密度梯度离心，这时DNA形成一个单独的、浮力密度(buoyant density)为1.724 g/mL的条带，与对照(浮力密度为1.710 g/mL)相比，由于^{15}N置换了^{14}N，因此DNA浮力密度增加。再将在^{15}N氮源中培养的大肠杆菌转移到

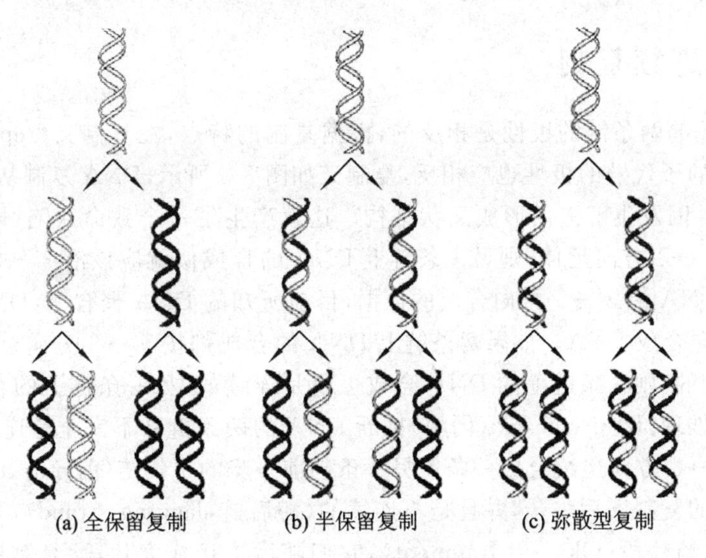

图 3-1　DNA 复制的三种假设

含^{14}N的培养基中传代，每隔一定时间取样，分离其 DNA 并进行密度梯度离心。这时，由浮力密度不同所产生的 DNA 条带显示了规律性变化。在零代细胞中，DNA 两条链中氮的分布为$^{15}N/^{15}N$，其浮力密度为 1.724 g/mL；在第一代细胞中，DNA 两条链中氮的分布由$^{15}N/^{15}N$转变为$^{15}N/^{14}N$，其浮力密度也由 1.724 g/mL 转变为 1.717 g/mL；在第一代以后的细胞中，DNA 两条链中氮的分布有两种，即$^{15}N/^{14}N$和$^{14}N/^{14}N$，条带扫描曲线的峰也分裂为二，分别相应于浮力密度 1.717 g/mL 和 1.710 g/mL。随着细胞传代的进行，双链均含^{14}N的 DNA 的比重也越来越高。这种规律性变化只能由 DNA 的半保留复制得到解释，即复制后的 DNA 是由一条亲代链和一条子代链组成的，DNA 复制是按半保留方式进行的。实验流程如图 3-2 所示。

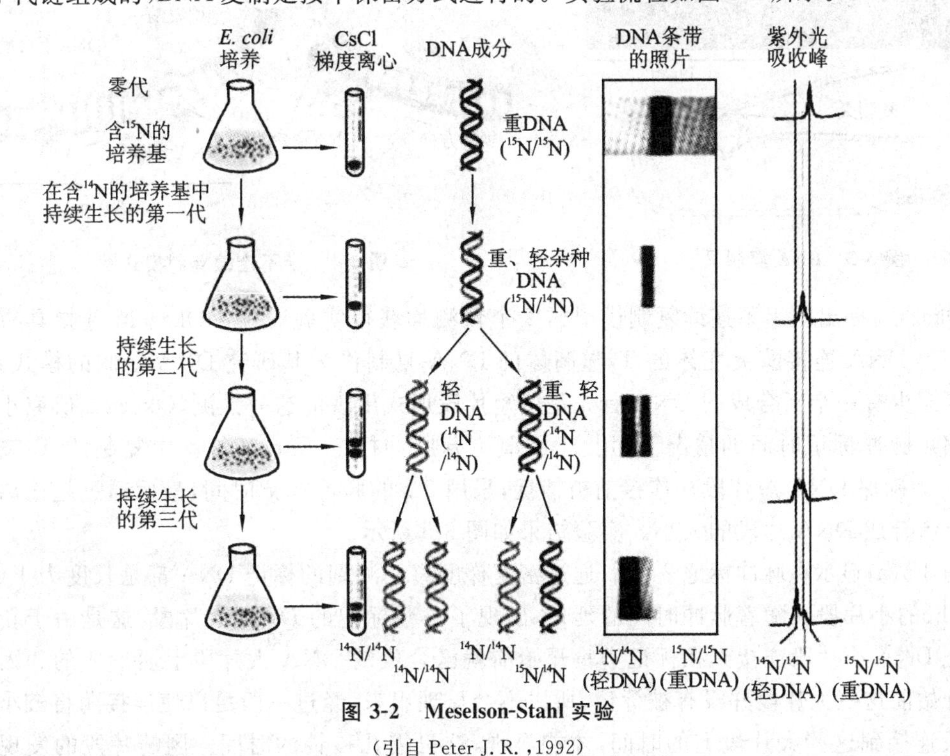

图 3-2　Meselson-Stahl 实验

（引自 Peter J. R.，1992）

3.1.3 半不连续复制

双螺旋 DNA 的两条链的极性是相反的，根据复制的特点，在复制叉(replicating fork)两条亲代链上合成的子代链的极性也应相反，复制叉如图 3-3 所示，DNA 复制从起始区启动，起始区的 DNA 双链因发生解链而形成叉状结构。这就产生了一个致命缺陷，即一条子代链的 DNA 合成如沿 5′→3′方向延伸，则另一条链上 DNA 的合成似就应该沿 3′→5′方向进行。事实上，至今没有 DNA 沿 3′→5′方向合成的证据，目前所知的 DNA 聚合酶(DNA polymerase)只能沿 5′→3′方向合成 DNA。如果两条链上 DNA 的合成都按 5′→3′方向进行，由于双螺旋 DNA 是逐步解旋的，则一条链上的 DNA 合成可以是连续的，另一条链上的合成只能是不连续的。按照这一推理，Reiji Okazaki(冈崎)推断 DNA 的两条链并不完全是连续复制的，DNA 聚合酶能够按 5′→3′方向连续合成一条比另一条超前一步的子代链(前导链，leading strand)，而另一条子代链的复制滞后一步，并且是不连续的(滞后链，lagging strand)，不连续合成的短 DNA 片段称为冈崎片段(Okazaki fragment)，它们随后连接成大片段，复制模式如图 3-4 所示。滞后链之所以发生不连续复制，是因为其合成方向与复制叉移动方向相反，当复制叉展开暴露出新的区域用于 DNA 复制时，滞后链就沿着远离复制叉的方向延伸，新暴露出的 DNA 区域只能在复制叉处以重新起始的方式进行复制，而复制叉后面的 DNA 片段已完成复制。这种 DNA 合成的起始与再起始反复不断地发生。当然，新产生的短 DNA 片段一定会以某种方式连接起来形成一条连续的 DNA 链，成为 DNA 复制的最终产物。

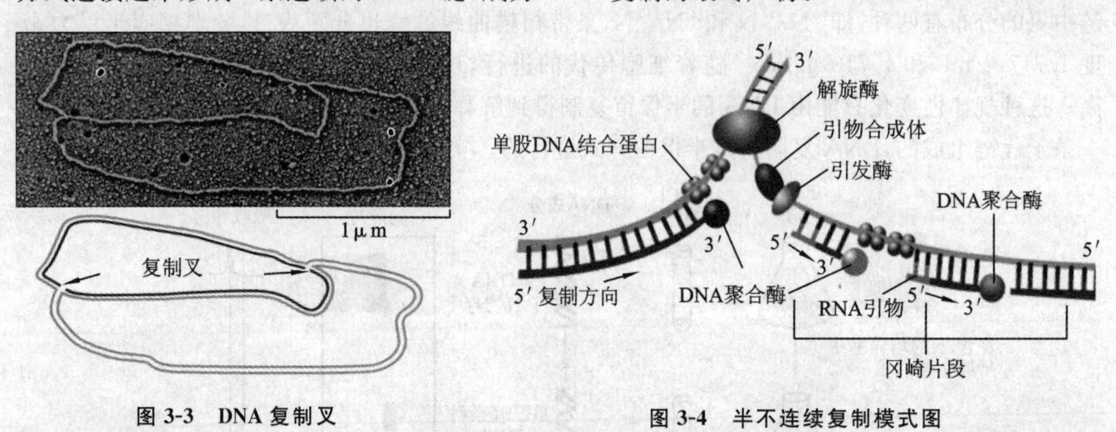

图 3-3 DNA 复制叉

图 3-4 半不连续复制模式图

Okazaki 提出的半不连续复制模型的 2 个预测均获得实验验证。Okazaki 选择具有简单且易获得 DNA 连接酶突变体的 T_4 噬菌体的 DNA 复制作为其研究 DNA 复制的模式系统。为验证至少有一半新合成的 DNA 首先是以短片段形式出现的这一预测，Okazaki 研究小组在逐渐缩短脉冲标记时间的情况下，用 ^{3}H-脱氧胸苷脉冲标记 *E. coli* 细胞中复制的 T_4 噬菌体 DNA。为确保 DNA 短片段在连接前被捕捉，采用 2 s 的脉冲标记时间，最后通过超速离心方法测定新合成 DNA 片段的大小。实验结果如图 3-5 所示。

图 3-5(a)显示在脉冲标记 2 s 后，通过密度梯度离心测到的标记 DNA 都是长度为 1 000～2 000 bp的小片段。随着脉冲时间的延长，出现了一些标记的 DNA 大片段，这是由于新合成的标记 DNA 小片段连接到在标记实验开始前就已合成的 DNA 大片段上而形成的。因为在实验开始前这些大片段并没有被标记，所以不会显现出来，经过一段足以使连接酶将较小的标记片段连接到这些大片段上的时间，才能显现，这只需几秒钟的时间。冈崎片段的发现证明

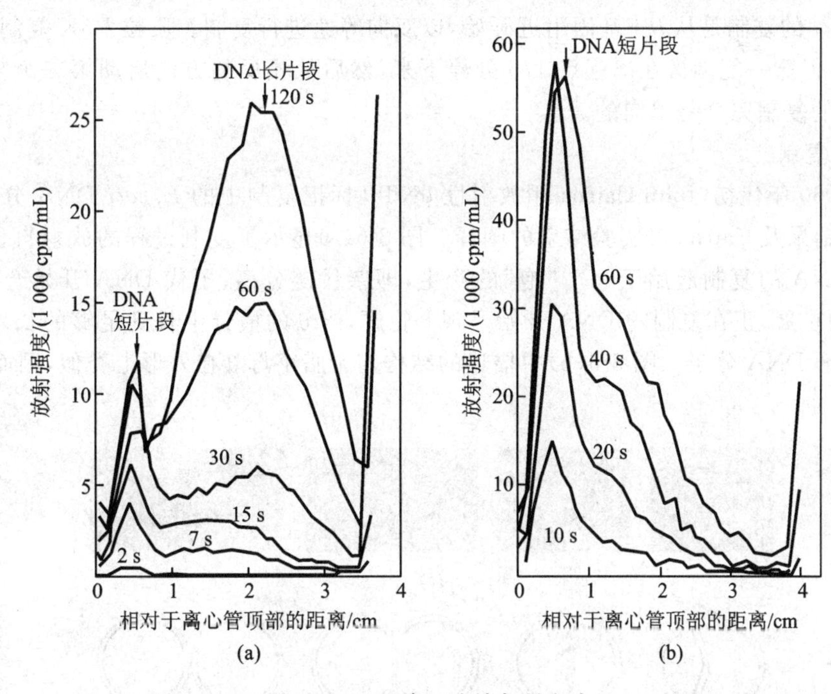

图 3-5　DNA 半不连续复制实验

(引自 Robert F. ,2012)

(a)用放射性前体以极短的脉冲时间标记复制的 T_4 DNA,在脉冲标记时间最短时,主要获得标记的短片段,与不连续复制模型的预期结果相符;(b)在 DNA 连接酶基因缺陷的突变体中,即使在较长的脉冲标记时间条件下,仍然有 DNA 短片段的累积。

T_4噬菌体 DNA 的复制至少部分采取了不连续复制。

Okazaki 研究小组继而用 DNA 连接酶基因缺陷的 T_4突变体进行上述实验。图 3-5(b)显示,在该突变体中冈崎片段的峰值占主导,即使进行 60 s 的长时间标记,依然存在大量的标记 DNA 小片段,这表明冈崎片段并不是短时脉冲标记的产物。T_4突变体中小片段的大量累积很容易使人们想到 DNA 两条链均以不连续方式进行复制,但这些小片段 DNA 产生的真正原因其实是 DNA 修复系统将错配的 dUMP 残基切除。UTP 是 RNA 的一个基本前体,由于细胞内存在 dUTP,会偶尔取代 dTTP 错配掺入 DNA 链中(以 dUMP 的形式)。细胞内有两种酶能够减少这种情况的发生:一种是由 *dut* 基因编码的 dUTP 酶(dUTPase),能够降解 dUTP;另一种是由 *ung* 基因编码的尿嘧啶 N-糖苷酶(uracil N-glycosylase),能够从 DNA 链中将错误掺入的尿嘧啶切除而产生一个无碱基位点,在修复过程中该位点易被水解而断裂。这样,不管是连续复制还是不连续复制,都会因修复而产生一些短片段。随后的研究结果表明,因修复而产生的短片段约占冈崎片段总量的一半,所以 DNA 复制是以半不连续方式进行的:一条链连续复制,而另一条链不连续复制。

3.1.4　DNA 复制的模式

很多实验都证明了复制是从 DNA 分子特定位置开始的,这一位置称为复制起点(origin of replication),常用 *Ori* 或 *O* 表示。在所有的原核生物中,复制都是从特定的位置开始的,至今尚未发现例外。

DNA 复制从特定位置开始,大多数双向进行,也有一些单向的,或以不对称的双向方式进行。如 *E. coli* 的复制是从 *ilv* 基因附近开始，以双向等速进行复制。质粒 R6K 复制的早期是单向进行的，但这一复制叉在离起点 1/5 处停下来，然后从相反的方向启动第二个复制叉；而质粒 ColE1 的复制完全是单向的。

1. 双向复制

20 世纪 60 年代初，John Cairns 用放射性 dNTP 标记复制中的 *E. coli* DNA 分子，图 3-6 显示实验的结果及 Cairns 对实验结果的阐释。图 3-6(a)显示了复制过程的放射自显影结果，该图表明，DNA 的复制起始于一个“泡”的产生，即亲代链分离、子代 DNA 开始合成的小区域，随着泡的扩展，正在复制的 DNA 开始呈现 θ 轮廓，当 θ 的横臂生长到足够的长度，可延伸形成新的环形 DNA 分子。图 3-6(b)中描述的结构与希腊字母 θ 在外形上类似，因而被称为 θ 复制。

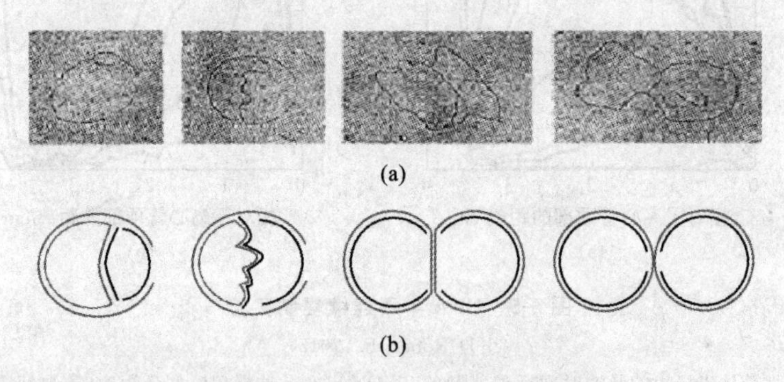

(a)

(b)

图 3-6　*E. coli* DNA 复制的 θ 模型描述

(a)正在复制中的 *E. coli* DNA 放射自显影图像。在放射性核苷酸存在的条件下，使 DNA 完成第一轮复制并进入第二轮复制；(b)深色线条代表标记的 DNA，浅色线条代表未标记的亲本 DNA。

θ 结构中包含 X 和 Y 两个复制叉，那么究竟是其中之一还是这两个复制叉均代表 DNA 活跃复制的位点？DNA 是单向复制还是双向复制？通过对枯草杆菌(枯草芽孢杆菌)DNA 复制的研究发现，DNA 的复制是双向进行的。

研究者先在含 ^{3}H 轻度标记的 dTTP 培养基中瞬时培养枯草杆菌，之后将枯草杆菌转至含 ^{3}H 重度标记的 dTTP 培养基中瞬时培养，未标记 DNA 不会出现在放射自显影图像中。由于脉冲标记时间很短，放射自显影图像中仅显现复制泡，且 ^{3}H 在感光胶片中产生的痕迹不会扩散，这就使得放射自显影的图像对应于放射性 DNA 的形状。

结果如图 3-7(a)所示，显影痕迹不均一地集中于复制泡的两个分叉处，说明枯草杆菌转至 ^{3}H 重度标记的 dTTP 培养基中培养时，两个复制叉均处于复制活跃期。因此，枯草杆菌 DNA 复制是双向进行的，即从复制起点沿相反方向复制直至相遇。图 3-7(b)为双向复制模式图，其中浅色线条代表在低放射性脉冲标记期间产生的弱标记 DNA 链，深色线条代表在随后的强放射性脉冲标记期间产生的强标记 DNA 链。两个复制叉都有强放射性标记，说明枯草杆菌 DNA 的复制是双向的。

J. Huberman 和 A. Tsai 以真核生物果蝇为研究对象进行了类似的实验。研究者先用重度放射性 dNTP 进行脉冲标记，随后用轻度放射性 dNTP 进行脉冲标记。放射自显影的结果显示，标记的果蝇 DNA 成对出现，并从中间向两侧逐渐变细(图 3-8(a))，中间较粗的一段为前期重度放射标记期间复制的 DNA，两侧较细的一段为后期轻度放射标记期间复制的 DNA，说明复制起始后形成两个复制叉沿相反方向复制，被标记的复制子具有一个中央复制起点和

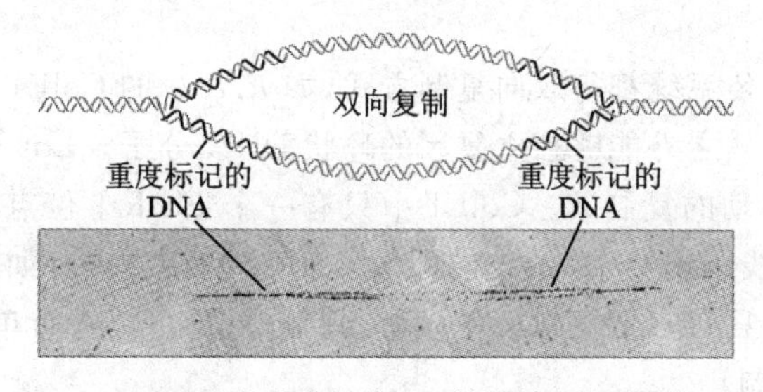

(a) 正在复制的枯草杆菌DNA的放射自显影图像

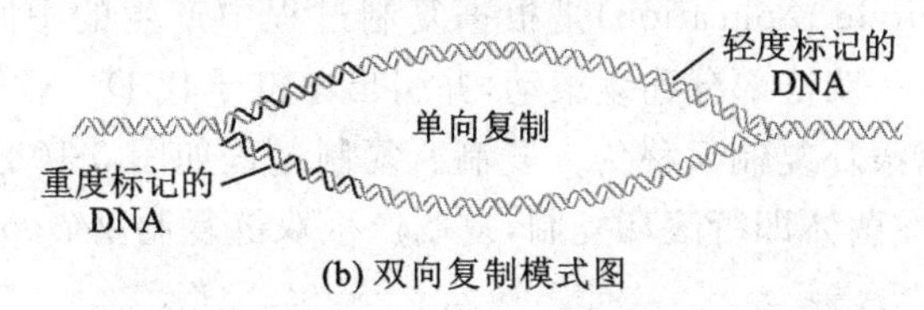

(b) 双向复制模式图

图 3-7　证明枯草杆菌 DNA 双向复制的实验

（引自 Gyurasits E. B. ,1973）

两个复制叉。若以上实验调整为先用轻度放射性 dNTP 进行脉冲标记，再用重度放射性 dNTP 进行脉冲标记，则标记条斑为由外向内逐渐变细。当然，这些成对条斑也可能是由空间距离相对较近的独立复制起点起始复制产生的，但是这些复制起点不可能总是以相反的方向进行复制，一些复制起点以相同方向复制会产生非对称性的放射自显影图像，实验中并没有观察到这种情况。该研究结果表明每对条斑代表一个复制起点起始的双向复制。

上述果蝇 DNA 标记实验与枯草杆菌的实验相比，复制起点 DNA（对应于成对标记条带的中间位置）并未标记。在枯草杆菌实验中，研究者可以在细胞起始 DNA 复制前（如孢子萌发前）将放射性 dNTP 加入培养基，然后通过促使孢子萌发而使枯草杆菌 DNA 同步复制。但在果蝇实验中很难使细胞 DNA 同步复制，DNA 复制在添加放射性 dNTP 之前已开始，成对显色条带的中间空白区即为添加放射性标记物前已复制的 DNA 片段。

H. G. Callan 等用重度放射性 dNTP 标记两栖动物胚性细胞新复制的 DNA，与成熟昆虫细胞 DNA 复制的放射自显影结果不同，实验获得形状、长度和中间间距均一致的成对条斑（图 3-8(b)），说明这些复制起点是同步起始复制的，这也是蝾螈胚性细胞 DNA 能够快速复制（仅需 1 h，而成熟细胞则需 40 h）的原因之一。

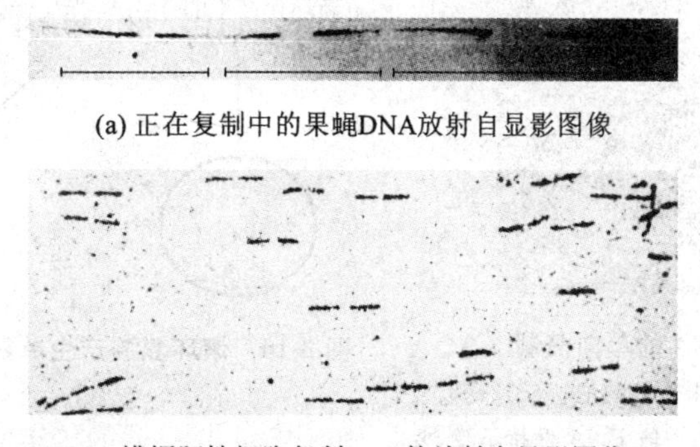

(a) 正在复制中的果蝇DNA放射自显影图像

(b) 蝾螈胚性细胞复制DNA的放射自显影图像

图 3-8　真核生物细胞内的 DNA 双向复制

2. 单向复制

事实上并非所有遗传系统都行双向复制方式，如 *E. coli* 的 ColE1 质粒即行单向复制。质粒是指游离于细菌染色体之外能够独立复制的环状 DNA 分子。Lovett 在电镜下观察复制的 ColE1，发现只有一个移动的复制叉。ColE1 中只有一个 *Eco*R Ⅰ 位点，研究者先以 *Eco*R Ⅰ 消化 ColE1 使其线形化，线形化 DNA 的末端即为 *Eco*R Ⅰ 酶切位点。如图 3-9 所示，相对于线形 DNA 分子的两个末端，只有一个复制叉在移动，说明 ColE1 DNA 行单向复制。

3. 滚环复制（σ 复制）

滚环复制（rolling circle replication）是根据复制过程中产生的中间分子的结构特征定义的，由于复制过程中 DNA 双链部分连续滚动，并引出单链子代 DNA，使复制过程的中间分子类似于希腊字母 σ，所以滚环复制又称为 σ 复制。复制过程如图 3-10 所示。ΦX174 等具有单链环形基因组 DNA 的噬菌体即行滚环复制，复制产生双链复制型（replicative form）中间体和含多拷贝的单链子代 DNA。

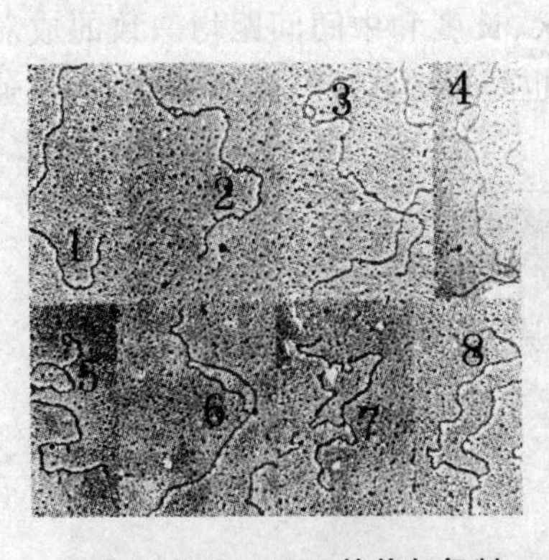

图 3-9 ColE1 DNA 的单向复制

分子 1：还未起始复制，未见复制泡；分子 2～8：复制泡逐渐增大，复制泡上方的一段 DNA 保持不变，复制泡下方的一段 DNA 则随着复制泡增大而逐渐变短，很显然，复制叉仅向下移动。

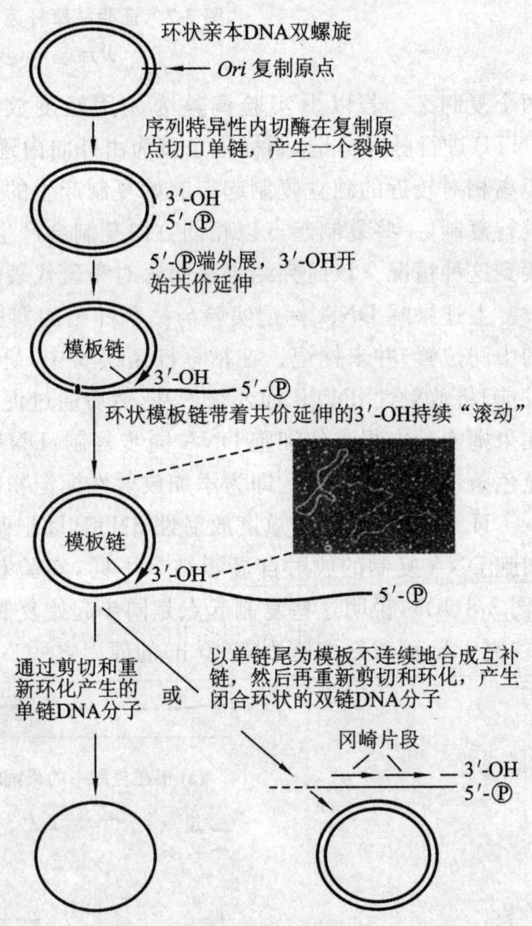

图 3-10 滚环复制产生单链环形子代 DNA 的示意图

并非只有单链环形 DNA 行滚环复制，有些噬菌体（如 λ 噬菌体）可以滚环复制合成双链 DNA。在 λDNA 复制的早期阶段，噬菌体按 θ 复制模式产生若干个环状 DNA，这些环状 DNA 不能包装到噬菌体颗粒中，而是作为滚环复制的模板，合成能够被包装的线形 λDNA，图 3-11 描述了 λ 噬菌体复制的过程。其复制叉类似于 *E. coli* DNA 复制时的复制叉，当环形 DNA 分子滚动时，前导链（绕环的那条链）连续合成，而滞后链的合成是不连续的，以开环的前导链为模板，利用 RNA 引物合成冈崎片段。在 λ 噬菌体中，子代 DNA 分子在被包装前会达到几个基因组的长度，这种含多拷贝基因组的 DNA 称为多联体（concatemer）。λ 噬菌体颗粒只能包装单基因组长度的线形 DNA，在包装前，连环体每个完整基因组侧翼的 *cos* 位点进行酶切以形成单拷贝基因组。

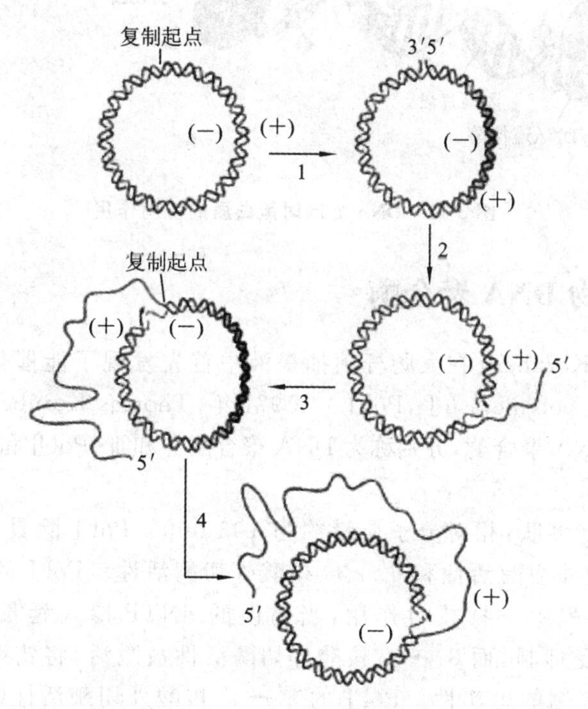

图 3-11　λ 噬菌体 DNA 的滚环复制模型

3.2　DNA 复制的酶及蛋白质

DNA 复制是一个涉及多种酶和蛋白质的系统，相对于复杂的真核生物 DNA 复制，对原核生物 DNA 复制相关的酶和蛋白质的研究更加深入，本章着重讨论原核生物 *E. coli* DNA 复制。

E. coli DNA 的复制是一个复杂的过程，包括双螺旋和超螺旋的解旋和重新形成、复制的起始和调控、模板上新 DNA 链的合成、复制的终止等，这一过程中至少需要 30 多种多肽的协同作用。按照复制过程中出现的先后顺序，主要参与的酶和蛋白质包括 DNA 旋转酶、使 DNA 双链在复制叉分离的蛋白质、防止 DNA 单链恢复双链结构的蛋白质、合成 RNA 引物的酶、DNA 聚合酶、除去 RNA 引物的酶、将冈崎片段共价连接的酶等，如图 3-12 所示。

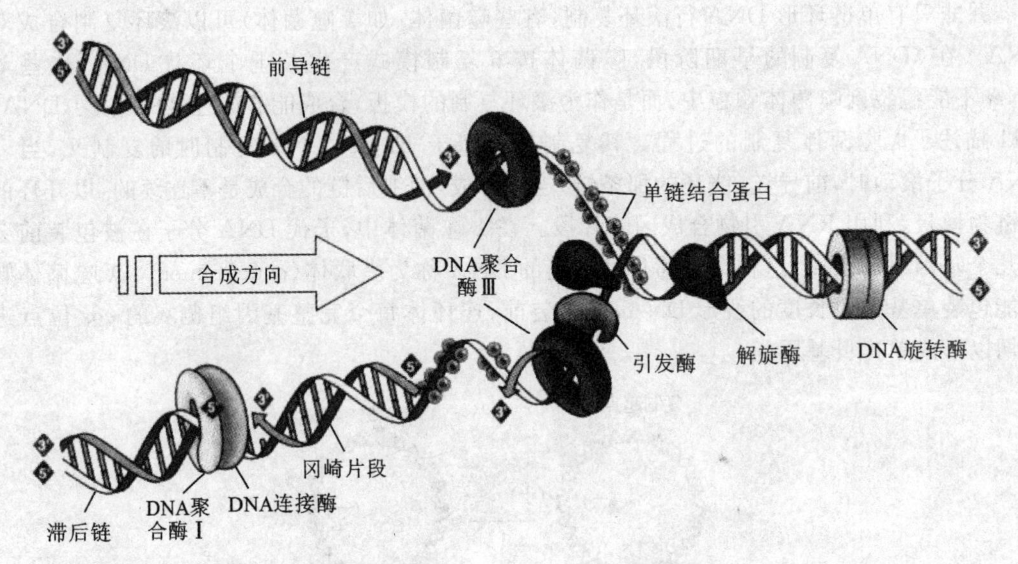

图 3-12　DNA 复制时蛋白质的协同作用

3.2.1　原核生物 DNA 聚合酶

1958 年，Arthur Kornberg 在大肠杆菌抽提液中首先发现了能催化 DNA 合成的酶，即 DNA 聚合酶Ⅰ(DNA polymeraseⅠ，PolⅠ)。1971 年，Thomas Kornberg 和 Malcolm Gefter 分别发现了另两种 DNA 聚合酶，分别称为 DNA 聚合酶Ⅱ和Ⅲ(PolⅡ和 Pol Ⅲ)。

1. PolⅠ

PolⅠ是一种单链多肽，相对分子质量约为 103 000。PolⅠ除具有 DNA 聚合酶活性外，还有 3′→5′ 核酸外切酶活性和 5′→3′ 核酸外切酶活性。PolⅠ的 3′→5′ 核酸外切酶活性在 DNA 复制过程中发挥校对作用，当错误的 dNTP 掺入延长的 DNA 链末端时，PolⅠ的聚合酶活性受抑制，而 3′→5′ 核酸外切酶活性被激活，将错配核苷酸切除后继续复制，保证了 DNA 复制的忠实性。PolⅠ的 5′→3′ 核酸外切酶活性则作用于具有切口的双螺旋 DNA，将具 5′端的 DNA 链降解、切除并被新合成的 DNA 链置换，该活性在 DNA 修复中发挥作用。

PolⅠ在枯草杆菌蛋白酶或胰蛋白酶等温和蛋白酶作用下可水解为两个肽段，较大的 C 端片段(Klenow 片段)具有聚合酶和 3′→5′ 核酸外切酶活性，较小的 N 端片段具有 5′→3′ 核酸外切酶活性，两者均可作为分子生物学研究的工具酶，如 Klenow 片段可用于 DNA 探针标记、DNA 5′ 突出黏端补平和 DNA 测序等。

2. PolⅡ和 Pol Ⅲ

大肠杆菌中三种 DNA 聚合酶究竟是哪一种参与了 DNA 复制呢？1969 年，Paula DeLucia 等发现 *pol A* 基因(编码 PolⅠ)缺陷突变体仍能存活，表明 PolⅠ并非参与 DNA 复制的酶；另有研究者报道无 Pol Ⅱ活性的突变体也能正常存活，表明 Pol Ⅱ也不是 DNA 复制所必需的；而 Kornberg 等发现编码 Pol Ⅲ的基因缺失妨碍 DNA 的复制，Pol Ⅲ是 DNA 复制所必需的。因此，Pol Ⅲ是 *E. coli* DNA 的复制酶。表 3-1 总结了大肠杆菌三种 DNA 聚合酶的性质和功能。

表 3-1　DNA 聚合酶Ⅰ、Ⅱ和Ⅲ的性质和功能

性　质	DNA 聚合酶Ⅰ	DNA 聚合酶Ⅱ	DNA 聚合酶Ⅲ
结构基因	*polA*	*polB*	*polC*
相对分子质量	103 000	90 000	130 000
每个细胞含分子数	400	100	10
合成 DNA 的速度/(nt/s)	16～20	2～5	250～1 000
3′-核酸外切酶活性	有	有	有
5′-核酸外切酶活性	有	无	无
持续合成 DNA 的长度/nt	3～200	10 000	500 000
突变体表现型	UV 敏感、硫酸二甲酯敏感	无	DNA 复制温度敏感型
生物功能	DNA 修复、RNA 引物切除	DNA 修复	DNA 复制

Pol Ⅲ由多个亚基组成，Pol Ⅲ全酶(DNA polymerase Ⅲ holoenzyme)是大肠杆菌的复制酶，它在细胞中以多亚基复合物形式存在，并在 DNA 复制过程中同时合成前导链和滞后链。如表 3-2 所示，DNA 聚合酶Ⅲ全酶由 10 个多肽亚基组成，可形成几种亚聚体，每种亚聚体都有一定的 DNA 聚合能力，但速度很慢，均不能满足 *E. coli* 细胞内 DNA 复制速度(1 000 nt/s)。

Charles McHenry 等发现由 α、ε 和 θ 三种亚基组成 Pol Ⅲ核心酶与 DNA 聚合活性直接相关，其中，α 具有聚合酶活性，并与其他核心亚基紧密结合，ε 具有 3′→5′ 核酸外切酶活性。α 和 ε 按 1∶1 形成复合物后聚合酶活力增加 2 倍，3′→5′ 核酸外切酶活性增加 50～100 倍，接近核心酶的水平。θ 可促进 ε 的核酸外切酶活性，可能还促进了各亚基间的结合。表 3-2 总结了 Pol Ⅲ的亚基组成。

表 3-2　*E. coli* DNA 聚合酶Ⅲ全酶的亚基组成

亚基	相对分子质量/10^3	功　能	亚　聚　体
α	129.9	DNA 聚合酶	核心酶（α、ε、θ）
ε	27.5	3′→5′核酸外切酶	核心酶
θ	8.6	促进 ε 的外切酶活性	Pol Ⅲ′（核心酶 + τ）
τ	71.1	结合二聚体核心与 γ 复合体	Pol Ⅲ′
γ	47.5	结合 ATP	Pol Ⅲ*（Pol Ⅲ′ + γ 复合体）
δ	38.7	结合 β	γ 复合体（γ、δ、δ′、χ、Ψ）
δ′	36.9	结合 γ 和 δ	γ 复合体(DNA 依赖的 ATP 酶)
χ	16.6	结合 SSB	Pol Ⅲ 全酶（Pol Ⅲ* + β）
Ψ	15.2	结合 χ 和 γ	γ 复合体
β	40.6	滑动钳	Pol Ⅲ 全酶

3.2.2　真核生物 DNA 聚合酶

真核生物基因组较原核生物基因组大得多，如人的基因组是 *E. coli* 基因组的近千倍。真核细胞 DNA 聚合酶合成 DNA 的速度为 500～5 000 bp/min，较 *E. coli* DNA 合成速度慢，且真核生物 DNA 复制时间一般只有几小时，这就需要真核生物以不同于原核生物的方式进行

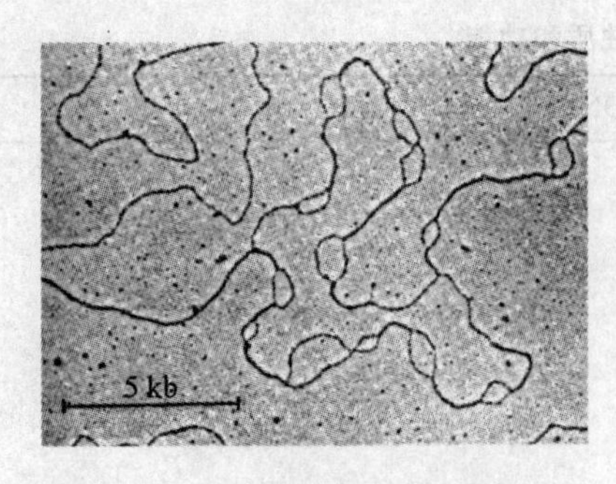

图 3-13 真核生物 DNA 的复制方式

DNA 复制。实验已证明，真核生物 DNA 通过多复制起点行双向复制，如图 3-13 所示，每个复制起点启动的 DNA 复制片段称为复制单元，简称复制元(replicon)，复制元的大小是不均一的，为 13 000～900 000 bp 不等。几个邻近的复制元可组成复制元族，每个复制元族少至 2 个复制元，多至 250 多个复制元。真核生物 DNA 各区域的复制并不一定同步进行。

真核生物 DNA 聚合酶分离纯化很难，不同组织和不同时期细胞中的酶也有差异，故对真核生物 DNA 聚合酶的了解很少。目前已知真核细胞含有多种 DNA 聚合酶，包括 α、β、γ、δ 和 ε 五种，它们各自的特性和功能见表 3-3。其中 γ 聚合酶存在于线粒体内。

表 3-3 真核生物 DNA 聚合酶的性质和功能

性质	DNA 聚合酶 α	DNA 聚合酶 β	DNA 聚合酶 γ	DNA 聚合酶 δ	DNA 聚合酶 ε
亚细胞定位	细胞核	细胞核	线粒体基质	细胞核	细胞核
引发酶活性	有	无	无	无	无
亚基数目	4	1	4	2	≥4
催化亚基的相对分子质量/10^3	160～185	40	125	125	210～230 或 125～140
对 dNTPs 的 K_m 值/(μmol/L)	2～5	104	0.5	2～4	
持续合成 DNA 的能力	中等	低	高	低	高
存在 PCNA 时持续合成 DNA 的能力	中等	低	高	高	高
3′-核酸外切酶活性	无	无	有	有	有
5′-核酸外切酶活性	无	无	无	无	无
对 3′,5′-ddNTP 的敏感性	低	高	高	低	中等
对阿拉伯糖 CTP 的敏感性	高	低	低	高	高
对四环双萜的敏感性	高	低	低	高	高
生物功能	细胞核 DNA 复制	细胞核 DNA 修复	线粒体 DNA 复制	细胞核 DNA 复制	细胞核 DNA 复制和修复

DNA 聚合酶 α(Pol α)参与染色体 DNA 的复制，是真核生物主要的 DNA 聚合酶，不同真核生物 Pol α 的结构和性质相似。Pol α 核心亚基具有聚合酶活性，相对分子质量为 50 000 和 60 000 的亚基具有引发酶活性，但不具有 3′→5′ 核酸外切酶活性。Pol α 持续合成 DNA 的能力较低，其功能是在 DNA 复制过程中合成引物，然后由能持续性合成 DNA 的聚合酶完成两条链的延伸。

Pol δ 和 ε 均能持续性合成 DNA，而且两者持续性合成 DNA 需要增殖细胞核抗原(proliferating cell nuclear antigen，PCNA)的辅助。PCNA 大量存在于增殖细胞的核中，在 DNA 复制活跃的增殖细胞中富集，能够使 Pol δ 持续合成 DNA 的能力提高约 40 倍，即 PCNA 使 Pol δ 持续合成 DNA 链的长度增加约 40 倍，其作用类似于 Pol Ⅲ全酶中的 β 亚基。Pol δ 缺乏引发酶活性，具有 3′→5′ 核酸外切酶活性。Pol δ 具有多种形式，牛胸腺分离的 Pol δ 由相对分子质量为 125 000 和 48 000 的两种亚基组成，酵母的 Pol δ 由相对分子质量为 125 000和 55 000 的两种亚基组成，人胎盘分离的 Pol δ 由相对分子质量为 170 000 的亚基和一些较小的亚基组成。

Pol β 不具备持续合成 DNA 的能力，通常只能在延伸的 DNA 链上添加 1 个核苷酸。Pol β 在细胞内的水平并不受细胞分裂速率的影响，表明其并非 DNA 复制过程中合成 DNA 的主要酶，其合成的短 DNA 片段可填补 DNA 复制过程中形成的空隙，或在 DNA 修复中发挥作用。

Pol γ 存在于线粒体而不是细胞核内，负责线粒体 DNA 的复制。

3.2.3 DNA 解旋酶

几乎一切环形和线形 DNA 都存在一定程度的超螺旋(supercoiled)，超螺旋使 DNA 以致密的形式容纳于有限的细胞内空间，并且可影响 DNA 的结构和功能。DNA 复制时，紧密结合的两条亲代链在 DNA 聚合酶作用下并不会自行解旋，其分离需要其他酶的作用以及能量的供应。

DNA 解旋酶(DNA helicase)利用 ATP 化学能使两条 DNA 亲代链在复制叉处发生解离。解旋酶是一类解开氢键的酶，由水解 ATP 供给能量来解开 DNA，其为引发体成员，推动复制叉向前延伸。它们能识别复制叉的单链结构，常依赖于单链的存在，一般在 DNA 或 RNA 复制过程中起到催化双链 DNA 或 RNA 解旋的作用。DNA 解旋酶通过 ATP 水解产生的能量由解旋酶装载器装载到 DNA 单链上，在解旋酶装载器自动离开之后，DNA 解旋酶的活性被激活，并解旋双链 DNA。生物体内的解旋酶有多种，有些解旋酶还参与 DNA 修复、重组等非复制过程。与解链有关的酶和蛋白质包括：①解旋酶；②单链结合蛋白；③拓扑异构酶Ⅰ；④拓扑异构酶Ⅱ。

目前已从 *E. coli* 中鉴定出多种 DNA 解旋酶，其中三种酶(rep 解旋酶、DNA 解旋酶Ⅱ和Ⅲ)发生突变后并不影响细胞的增殖，说明这几种解旋酶不是 DNA 复制过程解开 DNA 双链的主要成分。研究者通过对关键基因进行突变来研究酶的功能，Francois Jacob 等通过研究发现了两类与 *E. coli* DNA 复制有关的温度敏感型突变体，当温度从 30℃ 升高到 40℃ 时，第一类温度敏感型突变体立即关闭 DNA 合成，第二类温度敏感型突变体在提高温度时逐渐降低 DNA 合成速率。进一步的研究表明，第一类突变体为 *dnaB* 突变体，*dnaB* 编码的 DnaB 是一种 ATP 酶，参与合成 DNA 复制所需的引物。该突变体菌株在非允许高温条件下停止 DNA 合成，说明 *dnaB* 基因编码的 DNA 解旋酶为 DNA 复制所必需，该解旋酶功能性缺失时，DNA 合成立即停止。

3.2.4 单链 DNA 结合蛋白

单链 DNA 结合蛋白(single strand DNA-binding protein，SSB 或 SSBP)，又称单链结合蛋

白,可与DNA单链区域结合,在DNA复制过程中结合于复制叉处的单链DNA,以防止单链重新配对形成双链DNA或被核酸酶降解。DNA呼吸作用(DNA双链局部发生瞬时解离和再结合,在AT富含区尤为常见)或DNA在解旋酶作用下均可产生单链DNA,SSB选择性地结合并覆盖于单链DNA,以维持其单链状态,为DNA复制、重组和修复提供条件。

SSB并不具备任何酶活性,也不结合ATP。*E. coli*的SSB由*ssb*基因编码,T_4噬菌体的SSB是其基因*32*编码的产物gp32蛋白,M_{13}噬菌体的SSB是其基因*5*的编码产物gp5蛋白。一个SSB与单链DNA的结合会促进其他SSB与相邻单链DNA结合,这种结合方式称为协同结合(cooperative binding),多数SSB有这种协同结合作用。例如,第一个gp32与单链DNA结合后,之后的gp32与单链DNA结合的亲和力提高上千倍,使单链DNA区域快速被成串的gp32覆盖,gp32甚至可以伸展到双链的发夹结构内。*E. coli*的SSB以三聚体形式与单链DNA结合,gp32蛋白以单体形式、gp5是以二聚体形式与单链DNA结合。SSB结合单链DNA后使DNA呈伸展状态,有利于单链DNA作为复制模板。SSB可以重复使用,当新生的DNA链合成到某一位置时,该处的SSB便会脱落,并被重复利用。

SSB对原核生物而言非常重要,如*ssb*基因缺陷对*E. coli*而言是致死性的。目前,真核生物中尚没有发现对细胞存活具有重要作用的SSB。有研究发现,在SV40感染的人类细胞中,宿主细胞的DNA复制因子RF-A是SV40 DNA复制所必需的,该蛋白质能选择性地与单链DNA结合,并促进病毒大T抗原的DNA解旋酶活性,推测RF-A在宿主细胞自身DNA的复制过程中也发挥了重要作用。

3.2.5 拓扑异构酶

DNA复制过程中,在复制叉处DNA双链的解旋会引入超螺旋,即对环形DNA和较长的线形DNA而言,在DNA解旋之外的区域会产生过度缠绕并引入张力,这种张力必须不断释放以使DNA持续复制的同时保持DNA的稳定,现在已经知道拓扑异构酶(topoisomerase)可释放上述张力。拓扑异构酶是一类催化DNA拓扑异构体相互转化的酶,能与DNA共价结合形成蛋白质-DNA中间体,并催化DNA磷酸二酯键瞬时断裂和拓扑结构改变。拓扑异构酶还能使DNA发生连环化(catenate)或脱连环化(decatenate)、打结(kont)或解结(unkont)。

拓扑异构酶可根据其断裂单链DNA还是双链DNA分为两类,拓扑异构酶Ⅰ和拓扑异构酶Ⅱ。拓扑异构酶Ⅰ(type Ⅰ topoisomerase)对单链DNA的亲和力要比双链高得多,它仅催化单链DNA的瞬时断裂和再连接,且不需要ATP等提供能量。*E. coli* DNA拓扑异构酶Ⅰ又称ω蛋白,大白鼠肝DNA拓扑异构酶Ⅰ又称切刻-封闭酶(nicking-closing enzyme)。*E. coli*的拓扑异构酶Ⅰ只能松弛负超螺旋,不能松弛复制叉前方因DNA复制而引入的正超螺旋;真核生物与古细菌的拓扑异构酶Ⅰ既可松弛负超螺旋,又可松弛正超螺旋。

拓扑异构酶Ⅱ可催化DNA两条链同时断裂和再连接,它通常需要ATP参与。拓扑异构酶Ⅱ结合的DNA没有序列特异性,它们可以和任何双链DNA结合。拓扑异构酶Ⅱ可分为两个亚类:一个亚类是DNA旋转酶(DNA gyrase),另一亚类可催化DNA由超螺旋状态转变为松弛状态。旋转酶在DNA复制中起着十分重要的作用,可引入负超螺旋以抵消正超螺旋。DNA旋转酶有两个α亚基和两个β亚基。α亚基相对分子质量约105 000,为*gyrA*基因所编码,具有磷酸二酯酶活性。β亚基相对分子质量约95 000,为*gyrB*基因所编码,具有ATP酶活性。迄今为止,仅在原核生物中发现了DNA旋转酶。

在细胞中，两类拓扑异构酶的活性受精密调控，拓扑异构酶Ⅱ使 DNA 超螺旋化的作用能被拓扑异构酶Ⅰ使 DNA 松弛化的作用所抗衡，从而使细胞内 DNA 的超螺旋程度保持在适当的水平。

3.3 DNA 复制的起始

如本章开头所述，DNA 复制是一个涉及多方面问题的复制过程，是一个有多种酶催化和多种蛋白质参与的受到精密调控的过程。不同生物体 DNA 复制的具体过程也有所不同，但所有生物体的 DNA 复制过程都包括起始、延伸和终止 3 个阶段。

DNA 复制起始于 RNA 引物的合成，也称为 DNA 复制的引发，这类引物由引发酶(primase)合成，不同生物体在 DNA 复制时合成引物的机制也不同。以下分别阐述真核生物和原核生物 DNA 复制的起始过程。

3.3.1 原核生物 DNA 复制的起始

1. 原核生物的 DNA 复制起点

复制起点是正确起始 DNA 复制所必需的 DNA 位点。*E. coli* 基因组的复制起点 *OriC* 位于天冬氨酸合成酶和 ATP 合成酶操纵子之间的一段 245 bp 的序列。目前分离的一些噬菌体、细菌和质粒等复制起点的序列分析表明，原核生物复制起点一般由两类元件组成：一类是 13 bp 重复序列(十三聚体)，有 3 个重复，保守序列为 GATCTNTTNTTTT；另一类是 9 bp 重复序列(九聚体)，有 4 个重复，并两两反向重复，保守序列为 TTATCCACA，为 DnaA 结合位点，故该九聚体被称为 DnaA 盒，DnaA 与九聚体结合后可促进 DnaB 与复制起点的结合，从而启动 DNA 复制。

2. 原核生物 DNA 复制的引发

DNA 复制起始时，先由引发酶合成引物，之后由 DNA 聚合酶合成 DNA。在大肠杆菌中，除 M_{13} 噬菌体以宿主 RNA 聚合酶为引发酶之外，*E. coli* 及 *E. coli* 的其他噬菌体以 *dnaG* 基因编码的 DnaG 蛋白为引发酶，且 *dnaB* 基因编码的 DnaB 也是引物合成所必需的。引发体(primosome)是参与引物合成的蛋白质复合体，通常是包含 DnaG、DnaB 和参与引发体组装的蛋白质成分。在复制过程中，*E. coli* 的引发体随复制叉移动，并不断合成引物，以起始滞后各链冈崎片段的合成，而单独的 RNA 聚合酶或引发酶 DnaG 只能在复制起点引发 DNA 的合成。

图 3-14 展示了 *E. coli* DNA 复制引发的四个步骤。第一步，包括 DnaA、ATP 和碱性 DNA 结合蛋白 HU 在内的复合体与 *OriC* 的 4 个九聚体结合形成初始复合体，并覆盖约 200 bp 的 DNA 区域，此步中 HU 可使 DNA 发生弯曲和促进 DNA 解链。第二步，初始复合体中 DNA 的稳定性被破坏，并导致 *OriC* 3 个十三聚体重复序列解链，故称为开放复合体。第三步，DnaB 与解链的 DNA 结合形成引发前复合体(prepriming complex)，此步中 DnaB 结合 DnaC 后其与解链 DNA 的结合能力增强。第四步，DnaB 促使引发酶 DnaG 结合引发前复合体，形成引发体，并引发 DNA 复制。最终，引发体伴随具有延伸功能的复制体(replisome)重复引发滞后链冈崎片段的合成，此时解旋酶 DnaB 不断解开 DNA 双链，为前导链和滞后链的复制提供模板。

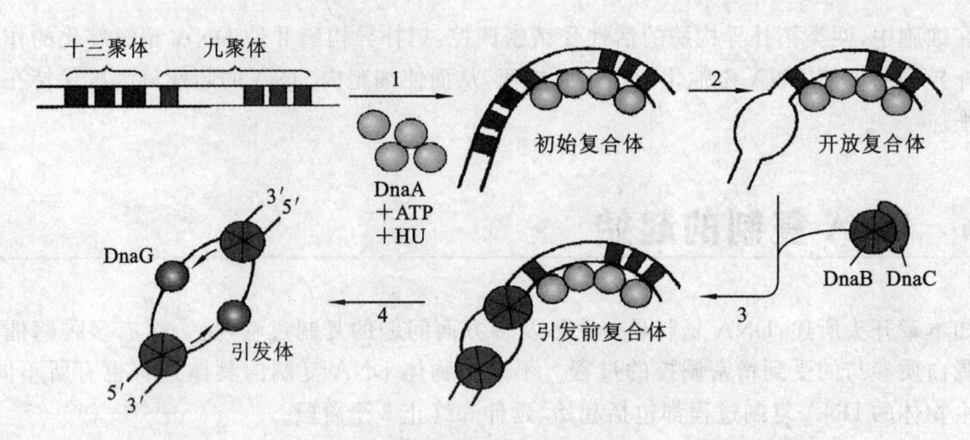

图 3-14 *E. coli* DNA 复制的引发

1. 形成初始复合体；2. 形成开放复合体；3. 形成引发前复合体；4. 形成引发体。

3.3.2 真核生物 DNA 复制的起始

真核生物基因组较原核生物基因组大得多，每条染色体上都有多个复制起点，且大多数真核生物是由不同的细胞组成的多细胞系，研究其 DNA 复制相较原核生物而言更为复杂。目前，真核生物 DNA 复制起始的研究较原核生物的研究滞后，主要是针对真核生物的病毒以及酵母开展。

1. SV40 的复制起始

SV40 是研究真核生物 DNA 复制的主要模型之一。SV40 基因组为双链环形 DNA，全长 5 243 bp，在宿主细胞内形成类似核小体的结构。SV40 所编码的蛋白质中，仅 DNA 结合蛋白 T 抗原参与自身 DNA 的复制，其余的复制因子均由宿主细胞提供。T 抗原可结合于复制起点，具有 ATPase 活性和解旋酶活性，其功能与 *E. coli OriC* 复制体系中 DnaA 的作用相似。

SV40 的 DNA 复制起点至少为一段 64 bp 的 DNA 序列，该序列保留了起始 DNA 复制的基本功能，是 SV40 的 *Ori* 核心，但其复制能力只相当于野生型的 40%～50%。*Ori* 核心主要包括 3 个元件：①SV40 T 抗原结合位点，为五聚体(5′-GAGGC-3′)，有 4 个重复；②DNA 复制起始时的解链区，为 15 bp 的回文序列；③仅含 A、T 的 17 bp 序列，可促进上述回文序列的解链。SV40 完整的复制起点至少为一段 82 bp 的 DNA 序列，*Ori* 核心区域之外也有一些元件参与了 DNA 复制起始，如 *Ori* 核心左侧的 2 个 GC 盒作为 SV40 大 T 抗原结合位点，可促进 DNA 复制的起始。

SV40 DNA 的复制起始依赖于具有解旋酶活性的 T 抗原，T 抗原与 SV40 *Ori* 结合后促使 DNA 解链，为 DNA 复制所需引物的合成提供模板。随后，宿主细胞的 DNA 聚合酶 α 作为 SV40 DNA 复制的引发酶合成引物，宿主细胞的 DNA 聚合酶 δ 继续完成后续的复制过程。

2. 酵母 DNA 的复制起点

酵母作为最简单的真核生物，是重要的模式生物之一，广泛地应用于生物学研究，也是研究真核生物 DNA 复制的重要模型。一系列的研究表明，酵母染色体中的一段 DNA 序列能够独立于酵母染色体而自主复制，故称为自主复制序列(autonomously replicating sequence, ARS)，该序列包含了酵母的 DNA 复制起点。Davis 等针对酵母染色体中一段 850 bp 的自主复制序列 1(autonomously replicating sequence 1, ARS1)的结构和功能开展了深入研究。酵母 ARS1 由多个保守的顺式作用元件组成，主要有 4 个重要的元件，根据其突变后对 DNA 复制影响作用递减的顺序依次命名为A、B1、B2和B3,4个元件对ARS1发挥功能而言是必需的。A元件高度保守,该元件突变可导致ARS1丧失功能,A元件包含一个称为ARS保守序列(ARS consensus sequence,ACS)的11 bp AT富含区,ACS是与复制起点识别复合物(origin recognition complex,ORC)结合的关键位点。B1、B2和B3元件保守性较差,B1邻近A元件,也是ORC的识别位点,B2为DNA复制起始时的解链区,B3与ARS1的DNA弯曲有关,也是转录因子的结合位点。

复制起点识别复合物ORC具有ATPase活性,酵母DNA的复制起始由ORC识别并结合ARS诱发,ORC结合ARS后,最初其ATPase活性被抑制,只有当细胞分裂周期蛋白6(cell devision cycle protein6,Cdc6)结合后ORC的ATPase活性才被激活,继而促使复制前期复合物的组装和DNA复制的进行。

3.4 DNA复制的延伸及持续性复制

DNA复制起始提供了DNA复制所需的引物,随后可进入DNA复制的延伸阶段,*E. coli* DNA复制的延伸阶段由DNA聚合酶Ⅲ执行,真核生物DNA复制的延伸阶段由DNA聚合酶δ和DNA聚合酶ε执行。目前,Pol Ⅲ全酶在*E. coli* DNA复制中的作用机制已研究得较为透彻,Pol Ⅲ全酶在体外以约730 nt/s的速率合成DNA,接近于体内约1 000 nt/s的速率,而且Pol Ⅲ全酶在延伸阶段始终结合在模板,其延伸的长度可达30 kb。Pol Ⅲ全酶以精巧方式协调滞后链和前导链的合成,并保持与模板结合以实现DNA复制的持续进行。本节以*E. coli* DNA复制为主介绍DNA复制的延伸机制。

Pol Ⅲ核心酶自身的聚合酶活性很低,在合成约10 nt寡核苷酸后就会脱离模板,之后再与模板和新生DNA结合并继续合成DNA;Pol Ⅲ全酶在DNA延伸阶段保持与模板结合,在脱离模板前至少合成50 000 nt的DNA链,保证了细胞内DNA的持续复制。很显然,Pol Ⅲ核心酶缺少了全酶含有的某些重要组分,这种组分能赋予全酶持续合成DNA的特性。Pol Ⅲ全酶之所以能够持续性合成DNA,主要与Pol Ⅲ全酶中β亚基形成的滑动钳(sliding clamp)以及将β亚基滑动钳装载到前起始复合体上的滑动钳装载器(clamp loader)γ复合体有关。

1. 滑动钳

在DNA延伸阶段,β亚基的二聚体如同"钳子"将核心酶夹在DNA模板上并随着复制不断移动,故形象地称其为滑动钳,又称β钳(β clamp)。β亚基可与α亚基结合,并保持与核心酶相互作用。β钳以环形结构环绕着DNA模板,避免了DNA合成过程中Pol Ⅲ全酶从模板脱离,使全酶长时间地与模板结合,从而保证了DNA复制的持续进行。研究表明,β亚基滑动钳并不能直接与前起始复合物(核心酶加DNA模板)结合,而是由γ、δ、δ′、χ和ψ亚基组成的滑动钳装载器γ复合体将其装载到前起始复合物上。

真核生物增殖细胞核抗原(PCNA)的三聚体与β钳二聚体的结构和功能相似,在真核生物DNA复制过程中也发挥着滑动钳的功能。

滑动钳装载器γ复合体自身不能与DNA持续性结合,但它具有催化功能,可通过将β亚基装载到DNA上而使核心聚合酶具有持续性,如图3-15所示。

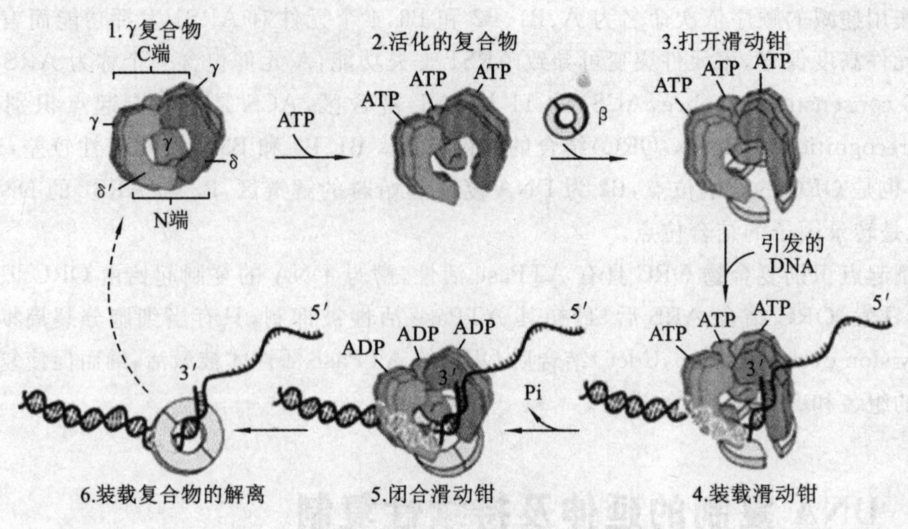

图 3-15　滑动钳装载器作用原理

2. 滞后链的合成

Pol Ⅲ全酶含有两个核心酶，DNA 复制时全酶沿复制叉移动，每个核心酶负责一条链的合成。由于滞后链合成 DNA 的方向与复制叉移动方向相反，这就需要负责滞后链合成的核心酶与模板反复解离并再结合，类似伸缩长号的滑动，此模型也被称为“长号模型”。为理解滞后链的持续合成，必须解答两个问题：不连续复制的滞后链如何与连续复制的前导链保持同步？Pol Ⅲ核心酶与模板反复不断地进行解离和再结合，如何使 DNA 复制持续进行？其实，Pol Ⅲ全酶的两个核心聚合酶通过 τ 二聚体与 γ 复合体连接在一起，合成滞后链的核心酶在复制过程中并没有真正与模板完全解离，而是通过与合成前导链的核心酶结合而附在 DNA 上，合成滞后链的核心酶只是松开其在模板链上的“手柄”，但不会远离 DNA 模板，并迅速发现下一个冈崎片段合成的引物，继而与模板重新结合。如前所述，在 DNA 合成过程中，核心酶通过与 β 钳结合而保持与模板结合。在滞后链合成过程中，γ 复合体作为滑动钳装载器将 β 钳装载到已完成 DNA 复制引发阶段的 DNA 模板上。一旦完成装载，β 钳与 γ 复合体解离，并与核心酶结合，促使核心酶持续合成冈崎片段。当一个冈崎片段合成结束时，β 钳与核心酶解离，并再次与 γ 复合体结合，γ 复合体作为滑动钳卸载器将 β 钳从 DNA 模板上解离，并起始下一个冈崎片段的合成。

3.5 DNA 复制的终止

3.5.1 DNA 复制的终止机理

λ 噬菌体等以滚环复制产生含多个基因组的连环体，随后连环体被切割成单个基因组，再包装到噬菌体内。但对细菌和真核生物而言，复制终止的机制更为复杂，DNA 复制终止发生在固定的位点，即复制终止区域或复制终止位点。

细菌 DNA 复制终止时，2 个复制叉在终止区相互靠近，终止区内包含多个与 Tus 蛋白（可被终点利用的物质）结合的终止子位点，*TerA*～*F* 是 *E. coli* 的终止位点（terminator,

Ter)，其排列如图 3-16 所示。随着 2 个复制叉的靠近和 Tus 蛋白与 *Ter* 位点的结合，DNA 复制产生的 2 个子代双链 DNA 分子缠绕在一起，在细胞分裂时必须解除缠绕。

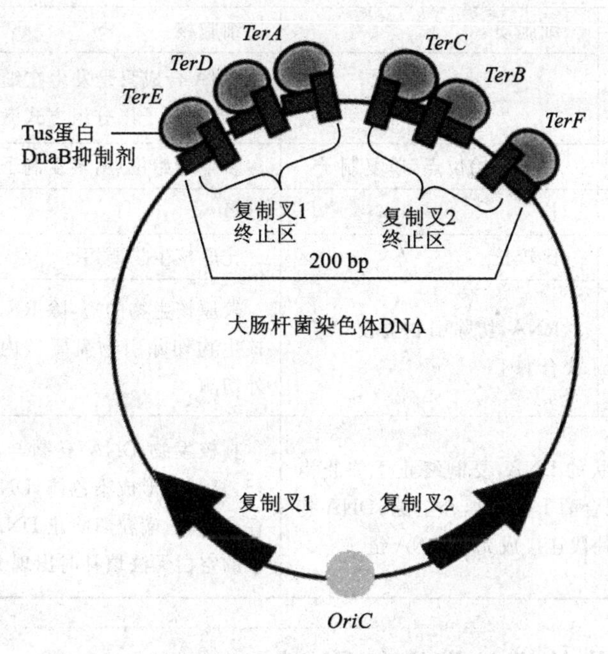

图 3-16 大肠杆菌(*E. coli*) DNA 复制终止区结构

从 *OriC* 起始复制后，两个复制叉以相反方向向 DNA 复制终止区移动，该终止区包括 *TerA*～*F* 6 个终止位点，分为 *TerE*、*TerD* 和 *TerA*，*TerF*、*TerB* 和 *TerC* 两组，分别为两个复制叉的终止区。

环形 DNA 复制临近结束时，子代 DNA 缠绕在一起形成连环体(catenane)，为使这些缠绕在一起的 DNA 分子均匀分配到子代细胞中，必须解扣或解连环。如果解连环发生在修复合成之前，那么拓扑异构酶Ⅰ利用单个切口就足以使 DNA 解连环。如果修复合成完成之后再解连环，则需要拓扑异构酶Ⅱ，该酶能够使 DNA 双链瞬时断裂，解连环后再连接。真核生物基因组有多个复制子，当来自相邻复制子的复制叉彼此靠近时，也需要将缠绕的子代 DNA 解开，真核生物的拓扑异构酶Ⅱ是解开缠绕子代 DNA 的主要酶。

对真核生物而言，DNA 复制终止时，线形染色体 5′末端复制起始所需的引物清除后会留下缺口，填补这一缺口对于染色体的稳定性而言十分重要。

至此我们已经学习了 DNA 复制的全过程，表 3-4 总结了原核生物与真核生物 DNA 复制的差异。

表 3-4 原核生物与真核生物 DNA 复制的差异

	原核生物	真核生物
DNA 聚合酶	DNA 聚合酶Ⅰ、Ⅱ、Ⅲ	DNA 聚合酶 α、β、γ、δ、ε 五种，其中 δ 为主要的聚合酶，γ 存在于线粒体中
	原核生物的 DNA 聚合酶Ⅰ具有 5′-3′ 外切酶活性	真核生物的聚合酶没有 5′-3′ 外切酶活性，需要 FEN1 蛋白切除 5′ 端引物
	DNA 聚合酶Ⅲ复制时形成二聚体复合物	

续表

		原核生物	真核生物
起始	复制位点	细胞质	细胞核
	复制时间	—	DNA合成只是发生在细胞周期的S期，有时序性，即复制子以分组方式激活而非同步启动
	复制起点	一个起始位点，单复制子	多个起始位点，多复制子
	起始点长度	长	短
延长	冈崎片段	比较长	比原核生物要短
	引物	RNA，切除引物需要DNA聚合酶Ⅰ	较原核生物的短，除RNA外还有DNA，所以真核生物切除引物需要核内RNA酶，还需要核酸外切酶
终止		基因为环状的DNA，复制终止于终止点*Ter*，DNA聚合酶Ⅰ催化填补空隙，DNA连接酶将冈崎片段连接成完整DNA链	真核生物DNA复制与核小体的装配同步进行，复制后形成染色体，DNA聚合酶ε填补空隙，存在端粒，端粒酶防止DNA的缩短（RNA引物留下的空白无法填补时出现DNA的缩短）

3.5.2 真核生物的端粒和端粒酶

真核生物的线形DNA复制结束时，每条DNA链5′端起始复制时合成的引物被去除，在DNA末端留下一个空隙，由于线形DNA不像环形DNA那样拥有上游3′端，因此DNA聚合酶无法填补留下的空隙。

1. 端粒

端粒（telomere）是真核染色体的末端序列，端粒DNA由一段富含GC的短序列串联重复组成，可保护染色体末端，防止其降解，保持染色体的稳定，还能防止DNA修复系统误将不同染色体连接起来，在染色体定位、复制、保护和控制细胞生长等方面具有重要作用，并与细胞凋亡、细胞转化和永生化密切相关。端粒DNA序列和结构十分保守，它们的共同特点是富含G，其长度可达几百到几千碱基对。例如，人和其他脊椎动物等的端粒重复单位为TTAGGG/AATCCC，原生动物四膜虫的重复序列为TTGGGG/AACCCC，酵母的重复单位为$G_{1\sim3}$T和$G_{1\sim8}$A。事实上，人类的临界端粒长度为6 bp核心序列的12.8次重复，低于这个阈值，人类染色体就开始融合。研究发现，真核生物从酵母到哺乳动物都有一套端粒结合蛋白质，这些结合在染色体末端的蛋白质可维持和稳定端粒结构。

2. 端粒酶

端粒酶（telomerase）是在细胞中负责端粒延长的一种酶，是由RNA和蛋白质组成的核糖核酸-蛋白质复合物，是一种逆转录酶。端粒酶的活性在正常人体细胞中受到精密的调控，只能在造血细胞、干细胞和生殖细胞等不断分裂的细胞中检测到。Blackburn等首先发现四膜虫端粒中存在端粒酶，这种酶能够将四膜虫端粒结构中单链尾巴5′-TTGGGG-3′延长，延长的部分仍然是5′-TTGGGG-3′。后来又发现原生动物游仆虫和尖毛虫的端粒酶也能延长其富含G序列5′-TTTTGGGG-3′。1990年，Blackburn等证明端粒酶中的RNA是富含G序列的模板。端粒酶以其RNA组分为模板，其蛋白质组分具有逆转录酶活性，并将合成的DNA加至真核细胞染色体末端，如图 3-17 所示。端粒酶能延长缩短的端粒，从而增强体外细胞的增殖能力。

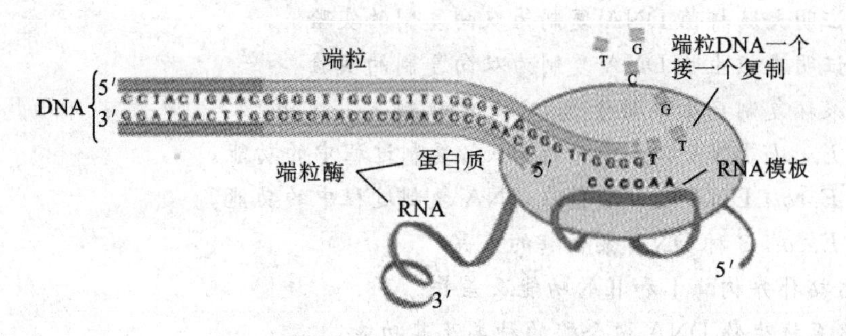

图 3-17　端粒酶作用机制

端粒中的重复序列具有种属特异性，这种特异性取决于端粒酶自身，因为端粒的合成需要以端粒酶的小 RNA 为模板，端粒酶在染色体的 3′端添加具有自身序列特征的许多重复序列，然后在端粒内引发富含 C 链的合成。因此即使引物被去除且无 DNA 序列填补也无关紧要，因为只是端粒序列发生了丢失，而其丢失的序列总能被端粒酶和新一轮的端粒合成所修复。

3. 哺乳动物的端粒结合蛋白

在哺乳动物中，端粒结合蛋白因对端粒有“庇护”作用，因而也被称为庇护蛋白(shelterin)。庇护蛋白具有三个特征：只存在于端粒上；在整个细胞周期中始终与端粒结合；在细胞中无任何其他功能。目前已知的庇护蛋白有六个：TRF1、TRF2、TIN2、POT1、TPP1 和 RAP1。TRF1 是第一个被发现的庇护蛋白，因其结合的双链端粒 DNA 含有 TTAGGG 重复序列，因此被命名为 TTAGGG 重复结合因子 1(TTAGGG repeat-binding factor-1, TRF1)。TRF2 是 TRF1 的旁系同源基因(同一生物体内的同源基因)的产物，也与端粒的双链部分结合。POT1 是端粒保护蛋白 1(protection of telomeres-1)，结合在端粒单链的 3′端尾部，距离另一条链 5′ 端 2 nt 的位点处。通过这种结合方式，防止核酸内切酶对端粒 DNA 的降解，同时保护位于双链端粒内的另一条链的 5′ 端不被 5′-核酸外切酶降解。TPP1 是一个 POT1 结合蛋白质，TPP1 与 POT1 结合形成异源二聚体。TRF1 相互作用因子 2(TRF1-interaction factor-2)是庇护蛋白的组织者，将 TRF1 和 TRF2 连接在一起，同时将 TPP1/POT1 二聚体连接到 TRF1-TRF2 蛋白质上。RAP1 是抑制激活蛋白 1(repressor activator protein-1)，通过与 TRF2 相互作用而结合到端粒上。在正常染色体末端，庇护蛋白的作用是抑制 ATM 激酶和 ATR 激酶，其中，TRF2 抑制 ATM 激酶通路，POT1 抑制 ATR 激酶通路。哺乳动物庇护蛋白在抑制不恰当修复和细胞周期阻滞中具有重要的作用。

庇护蛋白以三种方式影响端粒的结构。首先，庇护蛋白将端粒重建为环状，即 T 环(telomere loop)，这些环形结构在染色体上是唯一的，很容易将端粒末端与因染色体中部断裂形成的染色体片段的线形末端区分开来，TRF2 和 TRF1 在此过程中起了重要的作用。其次，庇护蛋白决定端粒的末端结构，通过促进 3′端延伸，保护 5′ 端和 3′ 端，以防止其降解。最后，庇护蛋白维持端粒长度在可忍受的范围内，当端粒延伸过长时，庇护蛋白抑制端粒酶的进一步作用，限制端粒过度生长，POT1 在此过程中发挥了关键作用。

思考题

1. 什么是复制子？真核生物复制子和原核生物复制子有何差异？

2. 简述证明DNA复制为半不连续复制的实验。

3. 简述DNA复制的主要模式及其特点。

4. 简述证明大肠杆菌DNA复制为双向复制的实验。

5. 简述证明真核生物DNA复制为双向复制的实验。

6. 简述滚环复制产生单链子代DNA的机制。

7. 简述*E.coli* DNA聚合酶Ⅰ在DNA复制过程中的功能。

8. 简述*E.coli* DNA聚合酶Ⅲ在DNA复制过程中的功能。

9. 简述*E.coli* 3种DNA聚合酶的差异。

10. 简述拓扑异构酶Ⅰ和Ⅱ的功能及差异。

11. 简述真核生物DNA聚合酶的种类及其功能。

12. 比较解旋酶与拓扑异构酶在DNA复制过程中的功能。

13. 简述*OriC*复制起点的结构特征。

14. 简述参与大肠杆菌DNA复制的主要酶，并说明其功能。

15. 简述大肠杆菌DNA复制起始的主要步骤。

16. 简述*E.coli* DNA聚合酶Ⅲ滑动钳和滑动钳装载体的作用机理。

17. 简述滞后链的合成过程。

18. 什么是端粒？端粒的主要作用是什么？

参考文献

[1] 闫隆飞. 分子生物学[M]. 2版. 北京：中国农业大学出版社，1997.

[2] Robert F Weaver. Molecular Biology[M]. 5th Edition. 郑用琏，等译. 北京：科学出版社，2013.

[3] Benjamin Lewin. Gene Ⅷ. 余龙，等译. 北京：科学出版社，2005.

[4] Sambook J. Molecular Cloning Ⅲ. 黄培堂，等译. 北京：科学出版社，2002.

[5] 孙乃恩，孙东旭，朱德煦. 分子遗传学[M]. 南京：南京大学出版社，1995.

[6] 吴乃虎. 基因工程原理[M]. 2版. 北京：科学出版社，2005.

[7] Gyurasits E B，Wake R J. Bidirectional chromosome replication in *Bacillus subtilis*[J]. Journal of Molecular Biology，1973，73：58.

[8] Huberman J A，Tsai A. Direction of DNA replication in mammalian cells[J]. Journal of Molecular Biology，1973，75：8.

[9] Callan H G. DNA replication in chromosomes of eukaryotes[J]. Cold Spring Harbor Symposia on Quantitative Biology，1973，38：195.

[10] LeBowitz J H，McMacken R. The *Escherichia coli* dnaB replication protein is a DNA helicase[J]. Journal of Biological Chemistry，1986，261：4740-4741.

[11] Gellert M，Mizuuchi K，O'Dea M H，et al. DNA gyrase：An enzyme that introduces superhelical turns into DNA[J]. Proceedings of the National Academy of Sciences USA，1976，73：3873.

[12] Cech T R. Beginning to understand the end of the chromosome[J]. Cell，2004，116：273-278.

[13] de Lange T. How telomeres solve the end-protection problem[J]. Science,2009,326:948-950.

[14] Herendeen D R,Kelly T J. DNA polymerase Ⅲ:Running rings around the fork[J]. Cell,1996,83:5-8.

[15] Marx J. How DNA replication originates[J]. Science,1995,270:1585-1586.

[16] Blackburn E H. Switching and signaling at the telomere[J]. Cell,2001,106:661-673.

[17] Akai K,Kornberg A. A general priming system employing only dnaB protein and primase for DNA replication[J]. Proceeding of the National Academy of Sciences USA,1979,76:4309-4313.

[18] Brewer B J,Fangman W L. The localization of replication origins on ARS plasmids in S. *cerevisiae*[J]. Cell,1987,51:463-470.

[19] Echols H,Googman M F. Fidelity mechanisms in DNA replication[J]. Annual Review of Biochemistry,1991,60:477-511.

[20] Wang T S F. Eukaryotic DNA polymerases[J]. Annual Review of Biochemistry,1991,60:513-552.

[21] Gold L. Post transcriptional regulatory mechanisms in *Escherichia coli* [J]. Annual Review of Biochemistry,1988,57:199-233.

第4章 基因组的变异与DNA损伤修复

细胞中的DNA并非一直处在稳定状态，当受到细胞内、外环境中的毒素和辐射因子作用时，可能造成DNA变化和复制错误。当DNA的永久性变化(突变)发生在基因的编码或调控区时，表型性状会受影响。而DNA损伤也可引起复制错误和转录异常，影响细胞功能甚至存活。基因组变异与DNA损伤修复研究是分子生物学的一个重要研究方向，对遗传育种以及医学研究具有指导意义。

4.1 基因组的变异与稳定性维持

4.1.1 基因突变

基因突变是指DNA序列可以遗传的变化。一般情况下，正常细胞中存在低水平的突变，由于大量非编码区和修复机制的保护，这些突变不会导致明显的表型变化。但在基因重要位点产生的突变可导致基因失活。当突变负荷超过临界值时，可以引起细胞衰老、死亡甚至癌变。根据突变对生物性状的影响，可以将基因突变分为正向突变(forward mutation)和回复突变(backwork mutation)。正向突变是指由野生型变为突变型，回复突变是指由突变型变为野生型。根据突变对基因框架的影响，可以将基因突变分为点突变和移码突变。点突变是基因的单个碱基改变引起的简单突变，可分为转换(transition)或颠换(transversion)。转换是指2种嘌呤(或2种嘧啶)之间的互相替换，而颠换则是指嘌呤和嘧啶之间的互相替换。单个碱基的变化有时不会导致氨基酸变化，由于密码子的简并性而不引起基因编码产物发生变化的突变称为同义突变(synonymous mutation)，也称为沉默突变(silent mutation)或中性突变。当碱基的变化导致氨基酸种类改变时，能使蛋白质或酶的活性受到不同程度的影响，这种突变称为错义突变(missense mutation)。当碱基变化产生了终止密码子(stop codon)，导致翻译提前终止，这种突变称为无义突变(nonsense mutation)。另外一种危害性较大的突变是移码突变，当基因框架发生非3倍的碱基缺失和插入时，密码子框架发生移动引起这种突变。移码突变会使多个氨基酸发生错误，使基因产物完全失活；当移码导致终止密码子出现时，可引起翻译提前结束。当然，还有其他形式的突变，如转座子插入突变(insertion mutation)，剪切位点改变引起的突变，终止密码子发生改变引起的突变等。

此外，根据突变频率的高低可以将其分为常见突变(common variation，频率大于5%)和稀有突变(rare variation，频率小于5%)。DNA分子上任意位点发生突变的频率不同，有些位点的突变频率远高于其平均水平，这些位点称为突变热点(mutational hot spot)。

人类非黑色素皮肤瘤是由于皮肤细胞中的抑癌基因 *p53* 发生突变引起的。正常情况下，*p53* 基因产物可以在DNA损伤不能修复时，启动"自杀途径"导致细胞凋亡，减少癌变。太阳灼伤的细胞通过"自杀途径"死亡后从皮肤上脱落，阻止了癌变的发生。P53蛋白可阻止受损细胞进入细胞周期，促进DNA损伤修复。*p53* 突变中断了这一过程而引起癌变。

4.1.2 单核苷酸多态性

在基因组中，单核苷酸多态性(single nucleotide polymorphism，SNP)非常普遍，它是由单个核苷酸的变异引起的DNA序列多态性。任何2个拷贝的人类基因组大约有0.1%的核苷酸位点不同，SNP是形成个体差异的主要原因，据估计，全世界人类群体90%的变异都是SNP，而其余10%是稀少变异。一般情况下，单核苷酸引起的突变是中性的。但有时可以引起生物性状改变，成为某些遗传疾病的病因，如人类镰刀形细胞贫血病就是由单个核苷酸突变使谷氨酸密码子GAG变成了缬氨酸密码子GTG而引起的。与SNP相关的另一个概念是单体型(haplotype)，它是指一条染色体上统计相关的一组单核苷酸多态性，用于人类遗传疾病研究，中国、美国、英国、日本和加拿大等于2002年10月在美国华盛顿正式启动了国际人类基因组单体型图计划。

4.1.3 拷贝数变异

在人类和其他哺乳动物基因组中，存在许多大小从kb级到Mb级范围内亚微观(submicroscopic)DNA片段的拷贝数突变，这些拷贝的删除、插入、复制和复合多位点的变异统称为拷贝数变异(copy number variation，CNV)或者拷贝数多态性(copy number polymorphism，CNP)。CNV位点的突变率远高于SNP，是人类疾病的重要致病因素之一。CNV可以间接影响个体对肿瘤的易感性。

拷贝数变异通常使基因组中大片段的DNA形成非正常的拷贝数。例如，人类正常染色体拷贝数是2，有些染色体区域拷贝数变成1或3，这样，位于该区域内的基因表达量会受到影响。拷贝数变异可代间传递，并引起基因活性变化。例如，主食淀粉粮食的民族与狩猎民族相比，其 *Amy1* 基因拷贝数更多，使这些人群具有更好的食物淀粉消化能力，不易患消化道疾病。

拷贝数变异与疾病有直接关联，Ibanez等发现 *Alpha-Synuclein* 基因拷贝数增加2~3倍能够导致遗传性帕金森综合征。Rovelet-Lecrux等在早老性痴呆症患者中发现淀粉样前体蛋白基因的拷贝数增加。CNV导致疾病发生的分子机理涉及以下几个方面：①基因剂量；②基因断裂；③基因融合；④位置效应；⑤隐性等位基因显性化等。当CNV的断点位于功能基因内时，就有可能造成基因失活，如红绿视蛋白基因被打断后引起色盲症。

CNV与疾病抗性及易感性的研究对畜禽遗传育种具有深远意义。CNV可作为分子标记研究其与性状的关联，近期研究发现，牛编码睾丸特异性蛋白(testis specific protein Y-encoded，TSPY)的序列存在拷贝数差异，不同品种羊的毛色与豚鼠信号蛋白(agouti signaling protein，ASIP)拷贝数的变异和错义突变有关。

DNA重组机制被用于解释人类基因组中大量存在的CNV，包括非等位同源重组(nonallelic homologous recombination，NAHR)和非同源末端连接(nonhomologous end-joining，NHEJ)等。最近提出了复制叉停滞与模板交换(fork stalling and template switching，

FoSTeS)模型,此种机制可以解释具有复杂结构的 CNV。

4.1.4 插入与缺失

插入与缺失(InDel,insertion and deletion)是基因组微小的结构改变,但其对基因的影响很大。当插入与缺失碱基数目不是 3 的倍数时,会引起移码突变。发生在内含子中的插入与缺失不会影响基因产物,但如果缺失或插入引起了剪切改变,就会导致编码产物改变。在外显子内的插入与缺失影响更大,对生物的性状有直接的影响。在基因调控区的插入与缺失,可能引起基因表达水平的改变。

插入与缺失的发生机制可用复制滑动(replication slippage)来解释。在 DNA 复制时,重复序列产生的单链区域环状结构容易使 DNA 聚合酶发生滑动错配(slipped mispairing)。模板链或新生链发生碱基环出(looping out),引起碱基的插入或缺失。DNA 上的相同碱基串联部位发生"环出"不会影响邻近的碱基配对,但如果引起移码突变,就会导致严重后果。插入或缺失的突变频率依赖于滑动错配碱基的数目。长的重复序列往往是碱基缺失的热点。此外,也有人认为插入与缺失也能由重复拷贝在同源重组中发生偏移引起。

4.1.5 定点突变

重组 DNA 技术可以构建工程化的菌株生产目的蛋白质,但很多天然蛋白质不适合于工业生产或临床治疗。通过改变基因框架来改造蛋白质,已经成为蛋白质工程的重要内容。基因定点突变(site specific mutagenesis of gene)就是为了获得所需要的蛋白质,按照预先设计对基因的编码区和控制区进行缺失、插入或碱基替换,它还可用于研究基因调控区以及蛋白质不同部位的功能。定点突变分为三种:一是寡核苷酸介导的基因突变(oligonucleotide-mediated mutagenesis);二是盒式突变(cassette mutagenesis)或片段取代(fragment replacement)突变;三是重组多聚酶链反应(PCR)诱变。

1. 寡核苷酸介导的基因突变

DNA 合成技术的发展使得定点诱变更为简单。Hutchison 等首先用寡核苷酸在体外诱导了单链噬菌体 ΦX174 变异,后来 Smith 利用 M_{13}噬菌体载体克隆基因做定点诱变。寡核苷酸介导突变要求一段含有部分单链的目标 DNA,并能够有效地克隆到 M_{13}噬菌体或噬菌粒中。以噬菌粒为载体制备单链模板 DNA 需要辅助噬菌体(helper phage)。此外要保证模板 DNA 不污染小分子 RNA,以免引起随机延伸(prime randomly)。大肠杆菌 DNA 聚合酶 Klenow 酶片段可用于突变反应,在较低温度下(5~10 ℃),该酶对于富含 AT 的引物介导的有效突变非常必要。但该酶在沿着 DNA 模板全程延伸之后,可引起 5′富含 AT 的突变引物置换(图 4-1)。

常用的高效突变方法有以下几种:

(1) Kunkel 突变法　大肠杆菌的碱基错配修复系统使寡核苷酸介导定点突变的效率很低。Thomas Kunkel 利用大肠杆菌的 dUTP 酶缺陷型(*dut*⁻)不能转化 dUTP 为 dUMP,来增大 dUTP 替换 dTTP 掺入 DNA 中的频率,产生的 M_{13}单链 DNA 约有 1%的 T 被 U 取代(图 4-2)。*ung*⁻突变株缺乏 *ung* 基因产物尿嘧啶-N-糖基化酶(uracil-N-glycosylase),不能删除 dUTP。Kunkel 突变法将待突变的基因克隆到 RF-M_{13} DNA 载体上,在 *dut*⁻ *ung*⁻突变株中培养重组 M_{13}噬菌体并制备带 U 的模板 DNA,然后利用双引物突变方法获得杂交分子。用该

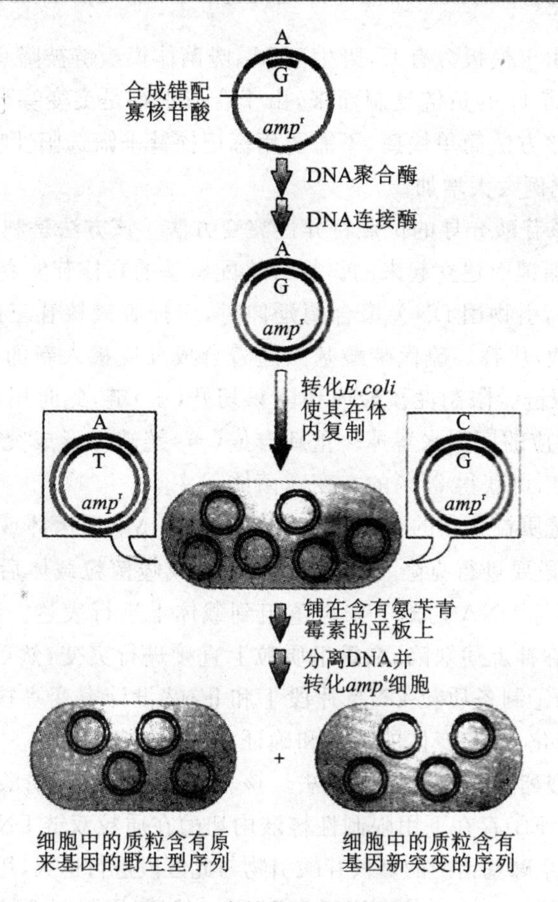

图 4-1　寡核苷酸定点诱变

（引自 Simmons，2003）

单链质粒 pUC19DNA 携带一个目的基因与一个带有定点突变的 DNA 片段退火，使原来的 AT 对变成 CG 对。

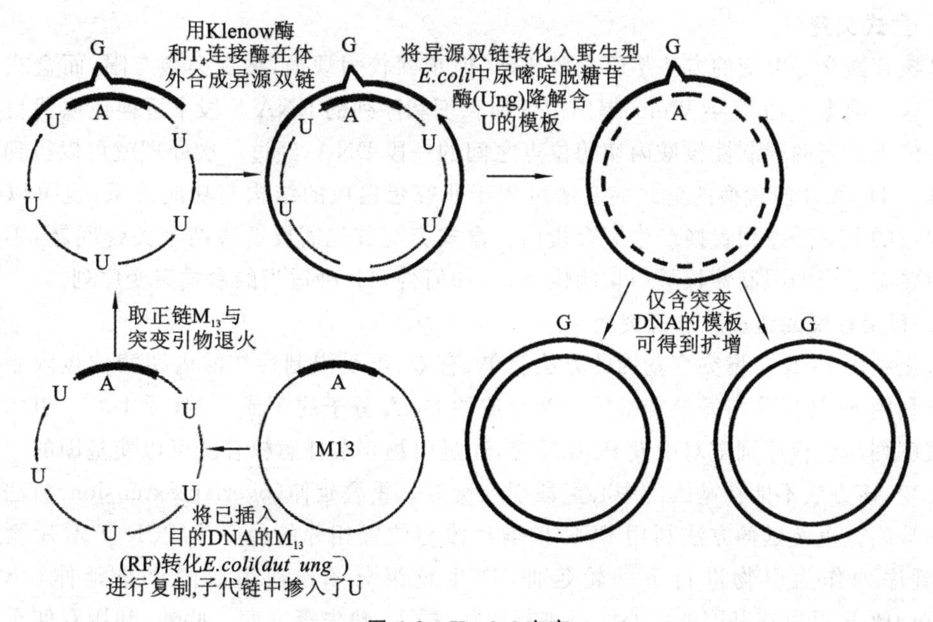

图 4-2　Kunkel 突变

（引自徐晋麟等，2007）

DNA 转化正常菌株，由于模板含有 U，野生型 M_{13} 噬菌体模板链被降解，而大部分（大于 80%）的子代噬菌体是由不带 U 的负链复制而来，由于合成引物是突变寡核苷酸，因此子代噬菌体多数带有突变基因。该方法简单快捷，不需要用标记探针来筛选阳性噬菌斑，产生的 M_{13} 噬菌体中含突变 DNA 的比例大大增加。

（2）硫代磷酸寡核苷酸介导的位点特异性突变方法　该方法是利用某些限制性核酸内切酶不能水解硫代磷酸酯键而建立起来的。将含错配碱基的寡核苷酸突变引物和噬菌体环状单链 DNA（＋）进行退火，引物用 DNA 聚合酶延伸时，四种脱氧核苷三磷酸中的一种用脱氧核苷 5′-O-(1-硫代三磷酸)代替。硫代磷酸基团随着合成反应掺入新的噬菌体 DNA（－）链中，形成不对称的 DNA 双链。限制性核酸内切酶只切开（＋）链，此时用适当的核酸外切酶扩展缺口，将与突变引物对应的序列水解掉。重新合成（＋）链缺口形成突变的互补双链。用突变的 DNA 转染受体菌时，可获得 85%的突变噬菌体。

（3）缺口异源双链质粒介导的突变方法　利用单链 M_{13} 噬菌体或噬菌粒 DNA 为模板进行突变，目标 DNA 片段要进行克隆、插入 M_{13} 噬菌体或噬菌粒载体后再制备单链 DNA 模板用于突变，并需要将目标 DNA 切割下来再重组到载体上进行表达。而用缺口异源双链质粒介导的突变方法可以弥补上述缺陷，在重组质粒上直接进行突变，然后转化受体菌进行表达。该方法包括几个步骤：①制备质粒 DNA 片段Ⅰ和Ⅱ；②设计突变寡核苷酸引物；③变性和复性；④引物的延伸和转化；⑤突变体的筛选和确证。

（4）基于硫代磷酸酯双链质粒突变方法　该方法类似于硫代磷酸寡核苷酸介导的突变方法。首先，在溴化乙锭(EB)存在下用限制性核酸内切酶在质粒双链 DNA 上产生特异性的单链缺口，用含有一个或多个碱基错配的寡核苷酸引物与此区段进行退火，用一种硫代磷酸 dNTP 和其他三种天然 dNTP 通过 DNA 聚合酶进行聚合延伸，然后，用限制性核酸内切酶打开异源双链 DNA 后再用核酸外切酶进行酶解，最后，在 4 种天然 dNTP 存在下经 DNA 聚合酶再延伸、T_4 DNA 连接酶连接，形成具有突变的同源双链体。该法的效果跟单链 DNA 模板相同。

2. 盒式突变

寡核苷酸介导突变的方法尽管比较成熟，但步骤较为烦琐，突变类型有限，而盒式突变法克服了这一缺点。1985 年 Wells 提出用任何长度和序列的 DNA 片段来置换或取代目标基因框架中位于适当的限制性核酸内切酶位点之间的一段 DNA，经过一次处理就可以得到多种突变。基于 DNA 片段置换的盒式突变法可用于研究蛋白质的结构与功能关系，也可以通过整个结构域的氨基酸序列置换产生嵌合蛋白。盒式突变首先需要解决两个关键问题：①在目标基因中要有适当的限制性核酸内切酶位点；②如何得到各种适当的盒式突变序列。

3. 利用多聚酶链反应进行突变

直接利用 PCR 扩增突变基因的方法简单、有效，不受限制性核酸内切酶位点限制。一种方法是利用 PCR 反应将寡核苷酸掺入新合成的 DNA 分子的 5′或 3′端（图 4-3）。引物的 3′端核苷酸序列与模板序列配对引发 PCR 反应，通过引物 5′端任意核苷酸可以使基因的 5′或 3′端产生突变，该方法不能在基因的中心区段引入突变。重叠延伸（overlap extension）方法可以克服这一缺陷。重叠延伸方法利用 PCR 扩增片段与位置相邻的另一个 PCR 扩增片段进行重叠，重叠序列作为引物进行下一轮延伸，产生重组分子。利用双侧重叠延伸（two-sided overlaps）PCR 可以在基因的中心区段进行取代、插入、缺失等突变。此外，利用双侧重叠延伸法，可将 2 个 DNA 分子重组到一起形成分子嵌合体。

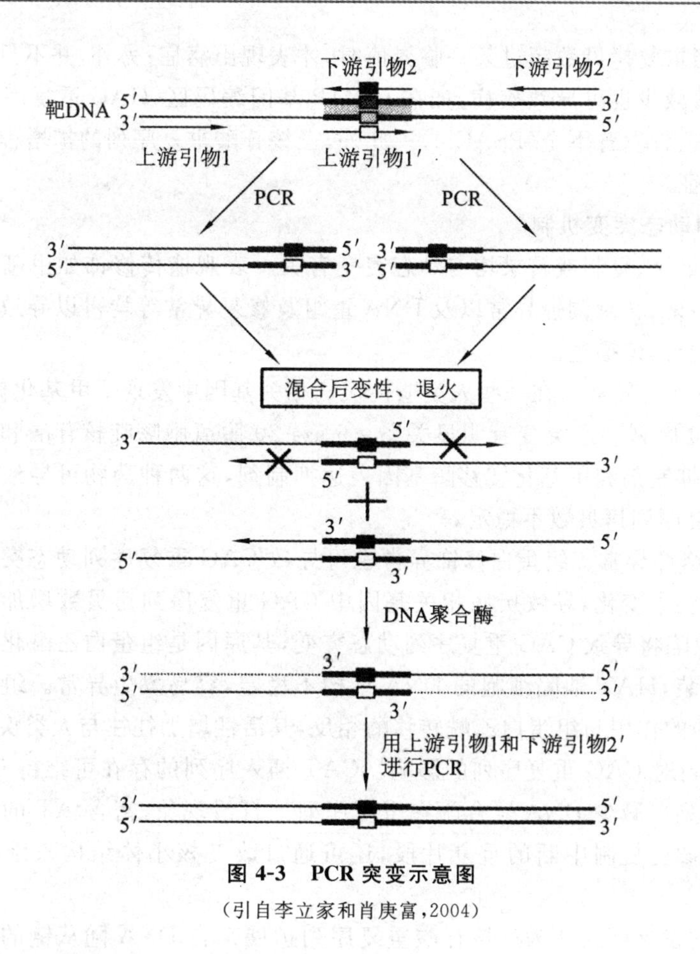

图 4-3 PCR 突变示意图

(引自李立家和肖庚富,2004)

4.1.6 基因动态突变

1. 基因动态突变的概念与遗传学效应

基因动态突变(dynamic mutation)是以 DNA 重复序列拷贝数在世代间传递不稳定为特征的一类突变。最初在人类神经系统遗传性疾病患者中发现在疾病相关基因的编码区、3′或 5′非编码区、内含子区的某个密码子的拷贝数表现异常,如$(CAG)_n$、$(CCG)_n$、$(CTG)_n$、$(CGG)_n$等三核苷酸的重复拷贝数在某些人类疾病患者中急剧增加。生殖细胞中的动态突变可代间传递,而体细胞中的动态突变同样具有表型效应。即在同一个体的不同类型细胞或同一类型的不同细胞中,三核苷酸重复拷贝数也不同。由动态突变引起的基因表型效应有差别,将随着拷贝数的改变而有所不同。重复序列拷贝数的增加引发基因长度变异,其遗传方式不同于孟德尔遗传,故动态突变也被称为基因组不稳定性(genomic instability)。目前已在近 20 种神经系统遗传性疾病或精神类疾病患者中发现这种突变。

根据三核苷酸的组成不同及所在位置的差异,由三核苷酸重复序列扩增引起的人类疾病可以分为 3 类:①CAG/多聚谷氨酰胺型:CAG 重复序列拷贝数达到 30～40,或者更多。②丙氨酸-天冬酰胺型:由 GCN(N 为任意核苷酸)和 GAC 型三核苷酸重复序列扩增引起。③非翻译型:三核苷酸重复序列扩增位于基因的非编码区内,不会对基因编码产物产生影响,但可能影响基因表达活性而导致疾病发生,在此类型疾病中发现的三核苷酸重复序列拷贝数要远高于 CAG/多聚谷氨酰胺型和丙氨酸-天冬酰胺型。三核苷酸重复序列扩增对疾病的影响具有累加效应，只有当重复拷贝数超过某一临界值时，才表现出病症；另外，并不只有拷贝数的增加引起疾病，拷贝数减少也可导致疾病，如在*COMP*基因编码区，GAC重复序列的扩增或缩短都可能引发假性软骨发育不全(PSACH)。此外，三核苷酸重复序列的扩增程度还会影响基因的显隐性遗传特征。

2. 重复序列动态突变机制

DNA修复、重组、复制或转录均与动态突变有关。表观遗传修饰如甲基化异常和组蛋白修饰异常、插入序列、转录调控异常以及DNA重组及修复异常等均可以导致动态突变。下面对其分子机制进行具体描述。

(1) DNA甲基化异常　在一些人类遗传疾病相关基因中发现了甲基化修饰异常的现象，并且与CAG重复序列动态突变有明显关系。5-aza-20脱氧胞嘧啶核苷酸和肼苯哒嗪分别是甲基转移酶活性抑制剂和甲基化转移酶基因表达抑制剂，这两种药物可导致哺乳动物细胞相关基因CAG重复序列拷贝数不稳定。

(2) 组蛋白修饰异常　组蛋白修饰异常也可导致CAG重复序列动态突变。组蛋白修饰异常引起染色质构象变化，导致疾病相关基因中CAG重复序列拷贝数增加。组蛋白乙酰转移酶(HAT)的缺陷将导致CAG重复序列动态突变，其原因是组蛋白乙酰化修饰可促进复制叉中核小体的组装，HAT缺陷细胞的DNA结构不稳定，容易发生异常。组蛋白去乙酰化酶复合体(HDACs)的作用与组蛋白乙酰转移酶相反，其活性增加往往与人类疾病有关。

(3) 插入序列对CAG重复序列的影响　CAT插入序列的存在可维持CAG重复序列的稳定性。插入序列可减少DNA聚合酶在重复序列处打滑现象，富含AT的插入序列可促进复制叉的形成，修复复制中断的重复片段，还可通过改变核小体结构来维持重复序列的稳定性。

DNA复制的发夹模式认为三核苷酸重复序列扩展来自DNA随从链的异常复制。随从链150～300 nt的冈崎片段上出现的CTG或CAG重复序列有形成异常的假发夹结构倾向，导致DNA聚合酶停顿并引起复制滑动(replication slippage)，结果使三核苷酸重复序列增加，这种机制可产生各种不同长度的等位基因变异体。

(4) 转录调控异常　转录关键因子和致病基因的顺式作用元件也与CAG重复序列动态突变有关。目前，对于致病基因的DNA顺式作用元件调控CAG重复序列动态突变的机制尚不十分清楚，推测有多种因素，包括重复序列的拷贝数以及插入序列的存在、DNA侧翼序列的CpG岛、遗传环境、复制起点、转录因子以及表达水平等可能与之有关。

三核苷酸重复形成的局部二级结构也对DNA复制和转录产生影响。人类X连锁的FRM1蛋白基因3′端非转录区的一段CGG/CCG重复序列，通过分子内折叠形成发夹CCG链或G-tetraduplex CGG链结构，影响核小体组装并在X染色体末端留下“缢沟”。这些结构还会阻碍DNA聚合酶和RNA转录酶移动，从而阻止DNA复制和转录。

(5) DNA重组及修复异常　Jakupciak等提出重组修复模式来解释动态突变，认为同源重组和DNA合成过程联合作用，产生了动态突变。CTG或CAG重复序列会在DNA分子上产生40～400个重复单位的缺口。2个断裂的单链以错开杂交(staggered hybridization)的方式形成2个Holliday交联，启动重组修复过程，填充2条链上的缺口。重复序列还可通过滑动错配(slipped mispaired structure)形成发夹结构，并成为下一轮DNA复制的模板，在新合成DNA时引起动态突变。另外，DNA错配修复(MMR)也可引起动态突变，含有CAG重复序列的基因片段通过错配修复可导致非典型性修复中断，从而使CAG重复序列拷贝数增加。

4.1.7　基因组稳定性的维持

基因组稳定性是维持细胞正常增殖和分化的关键，也是维持生物有机体正常生理活动的基础。DNA 复制和细胞编程错误、基因表达调控异常、DNA 损伤修复失败都会影响基因组稳定性。表观遗传调控在基因表达调控、DNA 损伤修复和异染色质形成方面发挥着重要作用，是维持基因组稳定性的基础。研究表明，DNA 甲基化与去甲基化的动态平衡与基因组稳定性的维持有关；组蛋白 H_3 与 H_4 的甲基化也与 DNA 损伤修复有关；非编码 RNA 参与 DNA 损伤修复，RNA 分子能够直接传递信息到 DNA 上来维持基因组稳定性。此外，细胞中还有各种不同的因子保护和维持基因组的稳定性。在酿酒酵母染色体 V 左臂有 13 个基因与防止基因组重排有关。它们分别是：*SGS1*、*TOP3*、*RMI1*、*SRS2*、*RAD6*、*SLX1*、*SLX4*、*SLX5*、*MSH2*、*MSH6*、*RAD10* 和与 DNA 复制监测点有关的 *MRC1*、*TOF1*。

P53 被称为“基因组卫士”，负责在 G1 期检查监视基因组完整性。如发现损伤，P53 将阻止 DNA 复制，保证有足够时间来修复 DNA 损伤；如果修复失败，P53 蛋白则引发细胞凋亡。P53 缺乏的细胞能够观察到非整倍体、基因倍增、重组增加和着丝粒异常。P53 家族的 P63 和 P73 也可补偿 P53 的作用。P53 的 DNA 结合域具核酸内切酶活性，可切除错配核苷酸，结合并调节核苷酸内切修复因子 XPB 和 XPD 的活性，影响其 DNA 重组和修复功能。端粒缩短也激活 P53，诱导细胞周期阻滞和凋亡。P53 还可与 P21 和 GADD45 形成复合物，其 3′→5′核酸外切酶活性参与 DNA 修复。*p53* 突变与许多癌症的发生有关，*p53* 缺失的小鼠，端粒酶缺失引发末端融合形成复杂的遗传异常，出现断裂-愈合-桥循环（breakage-fusion-bridge cycle）。与此类似，端粒结合因子 TRF2 的抑制，使端粒功能失常并伴有高频率的末端融合，这些依赖于 NHEJ 因子 LIG4。早幼粒细胞白血病蛋白 PML（promyelocyticleukemia）是 P53 的搭档分子，以其为核心形成区室化核结构 PML 核体（PML nuclear body，PML-NB）维持基因组稳定性，调控 DDR 信号网络平衡。PML-NB 与染色体区（chromosome territories，CT）比邻，并对异染色质和常染色质的拓扑结构和完整性进行监控，其结构、组成、数目和功能伴随 DNA 损伤发生急剧改变，是 DNA 损伤的动态感应器（dynamic sensor）。PML-NB 还协同调控 *p53* 转录复合物中其他组分或转录激活/转录抑制辅因子（coactivator/corepressor）的活性，调控其下游基因表达。DNA 损伤激活的 PML 结合翻译起始因子 eIF4E（eukaryotic translation initiation factor 4E）后诱导其构象改变，进而协同调节一组含有 eIF4E 敏感元件（eIF4E sensitivity element，4E-SE）的应激反应靶 mRNA 的核外运（如 Cyclin D1、ODC、Pim1）和翻译（如 VEGF、ODC、Pim1），抑制增殖并促进细胞凋亡。

4.2　DNA 损伤

DNA 损伤是复制过程中发生的 DNA 核苷酸序列永久性改变，并导致遗传特征改变的现象。它主要包括碱基替换、嘧啶二聚体、DNA 单链断裂和双链断裂、插入和缺失、拷贝数变异等。

4.2.1　碱基类似物和烷基化等引起的 DNA 损伤

1. 碱基类似物

碱基类似物（base analog）在化学结构上与天然碱基相似，在 DNA 复制时可取代正常碱基掺入 DNA 子代链中。但结构上的微小差异和分子互变异构，使碱基类似物的专一性较差，容易引起碱基置换。互变异构体(tautomer)的酮式(keto)分子构型是碱基常见的状态，而烯醇式(enol)或亚氨基形式的分子构型较为罕见，但是引起碱基错配的主要原因。

例如 5-溴脱氧尿苷(BrdU)和 5-溴尿嘧啶(BU)与 T 结构类似，在细菌培养基中加入 5-BrdU，可以取代 T 掺入 DNA 中导致突变。5-BrdU 有两种互变异构体，酮式结构可与 A 配对，烯醇式结构则与 G 配对。AT 对转变成为 GC 对是发生在 DNA 复制中，称为复制误差。当 5-BrdU 以烯醇式参与第一轮复制，在第二轮复制时又转变成酮式，就会导致 GC 对转变成为 AT 对，这种错误称为掺入误差(图 4-4)。

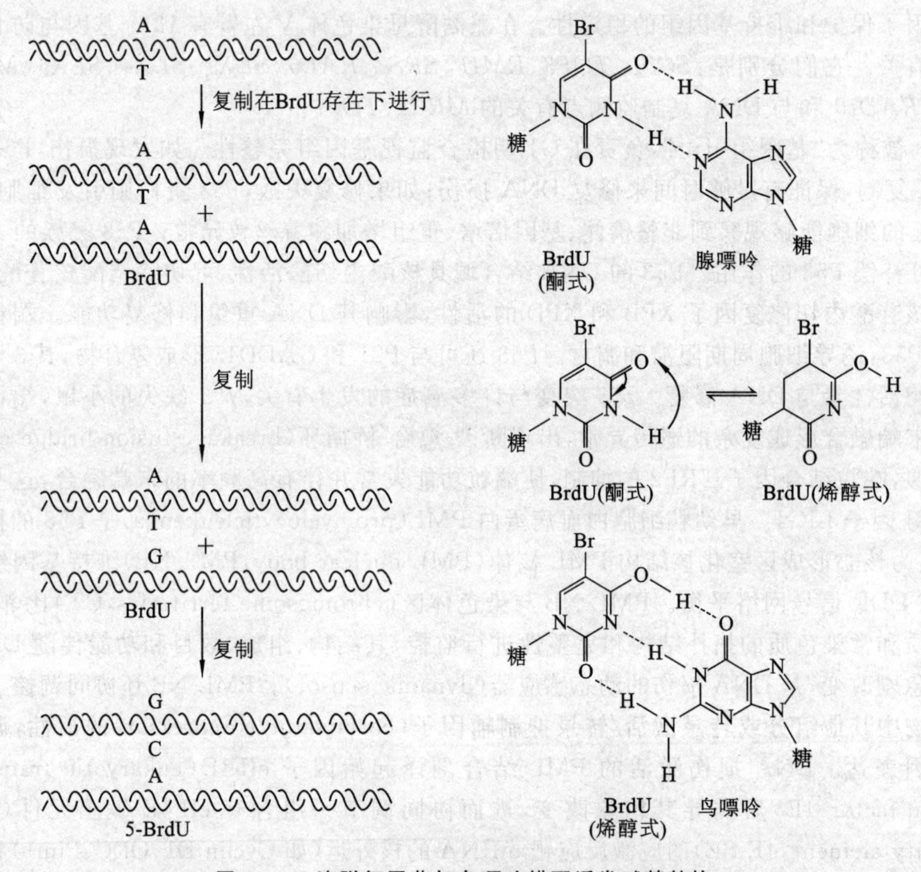

图 4-4　5-溴脱氧尿苷与鸟嘌呤错配诱发碱基替换

(引自赵武玲，2010)

除了 5-溴脱氧尿苷和 5-溴尿嘧啶以外，还有 5-氟尿嘧啶(FU)、5-氯尿嘧啶(ClU)以及其他脱氧核苷。其中 2-氨基嘌呤(2-aminopurine，2-AP)是一种广泛使用的碱基类似物，其结构与 A 类似，可与 T 配对，在发生质子化(protonation)后 2-AP 以亚氨基状态存在，就可与 C 配对，从而诱发 AT 对与 GC 对的转变。

2. 烷化剂

烷化剂(alkylating agent)是通过烷基化使碱基化学结构发生改变而引起碱基错配。较常见的有氮芥、硫芥、甲基磺酸乙酯(EMS)、甲基磺酸甲酯(MMS)、乙基磺酸乙酯(EES)和亚硝基胍(NTG)(图 4-5)。DNA 碱基的 N 原子是发生烷基化的靶点，由于 A、T、G、C 的分子结构不同，烷基化靶点也有差异。如 EMS 通常将乙基加到鸟嘌呤 G 的第 6 位氧原子上，产生 O-6-

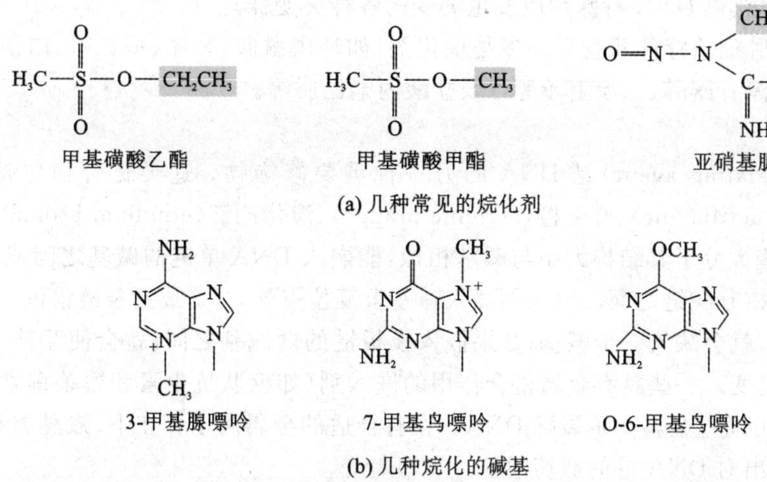

甲基磺酸乙酯　　甲基磺酸甲酯　　亚硝基胍

(a) 几种常见的烷化剂

3-甲基腺嘌呤　　7-甲基鸟嘌呤　　O-6-甲基鸟嘌呤

(b) 几种烷化的碱基

图 4-5　几种烷化剂及烷化碱基

（引自袁红雨，2012）

乙基鸟嘌呤。结构上的变化使其无法与胞嘧啶 C 正常配对，但可与胸腺嘧啶 T 配对，使 GC 对转变成为 AT 对。EMS 也可使胸腺嘧啶 T 的第 4 位的 N 发生烷基化而形成 O-4-乙基胸腺嘧啶，使 AT 对转变成为 GC 对（图 4-6）。

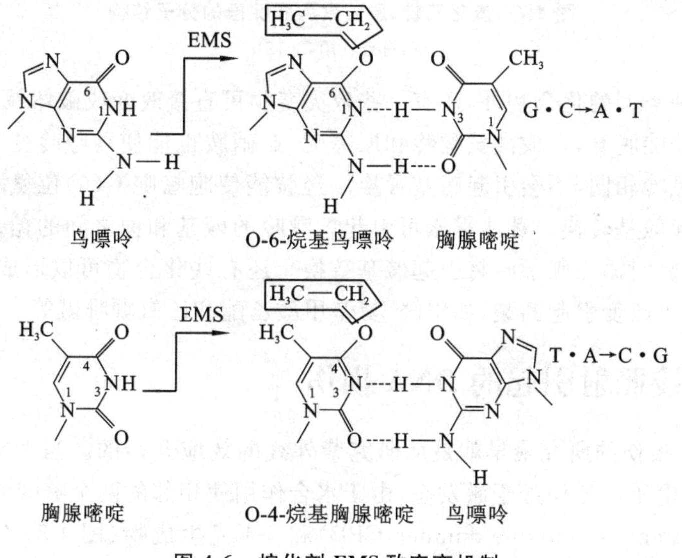

鸟嘌呤　　O-6-烷基鸟嘌呤　　胸腺嘧啶　　G·C→A·T

胸腺嘧啶　　O-4-烷基胸腺嘧啶　　鸟嘌呤　　T·A→C·G

图 4-6　烷化剂 EMS 致突变机制

（仿自 Griffiths，2006）

烷化剂可引起鸟嘌呤 N 位活化 β-糖苷键断裂，使嘌呤从 DNA 上脱落下来形成无碱基位点。无碱基位点在 DNA 复制时错误地掺入其他碱基，引起转换或颠换；或者因为鸟嘌呤缺失引起移码突变。无碱基位点容易发生断裂，或由 AP 内切酶修复系统进行修复。此外，烷化剂还可引起 DNA 链内或链间交联，干扰碱基的正常配对。在切除修复时，可引起几个或一段核苷酸的丢失。如氮芥和硫芥能使 DNA 形成链内或链间鸟嘌呤二聚体，阻碍 DNA 复制。而 NTG 在条件适宜的情况下可以使大肠杆菌的 DNA 复制叉部位出现多个成簇的突变，使每个细胞都发生一个以上的突变。如果在培养 *E. coli* 时精确控制并把握好 NTG 的加入时间和剂量，就可以选择性地获得 DNA 特殊片段发生突变的各种突变株。

在临床上用于肿瘤治疗的药物有许多是烷化剂，如环磷酰胺、替哌、噻替哌、白消安、卡莫司汀、洛莫司汀、二溴甘露醇、二溴卫矛醇以及盐酸丙卡巴肼等。

3. 嵌入剂

嵌入剂(intercalating agent)是 DNA 的另一种重要修饰物。这类化合物包括原黄素(proflavine)、黄素(acriflavine)、吖啶橙(acridine orange)、溴化乙锭(ethidium bromide, EB)等染料(图 4-7)。这些大分子其结构大小与碱基相似，能嵌入 DNA 单链的碱基之间或 DNA 双螺旋结构的相邻多核苷酸链之间。嵌入剂插入碱基重复位点处，可造成两条链错位，如果嵌入新合成的互补链上，就会缺失一个碱基；如果嵌入模板链的两碱基之间，就会使互补链插入一个碱基，引起移码突变。一些具有金属螯合作用的嵌入剂(如糖肽抗生素和博莱霉素 A)在嵌入 DNA 的同时还可通过金属离子裂解 DNA。在有合适的金属离子存在下，冠醚类和聚乙二醇类嵌入物都显示出对 DNA 链的剪切活性。

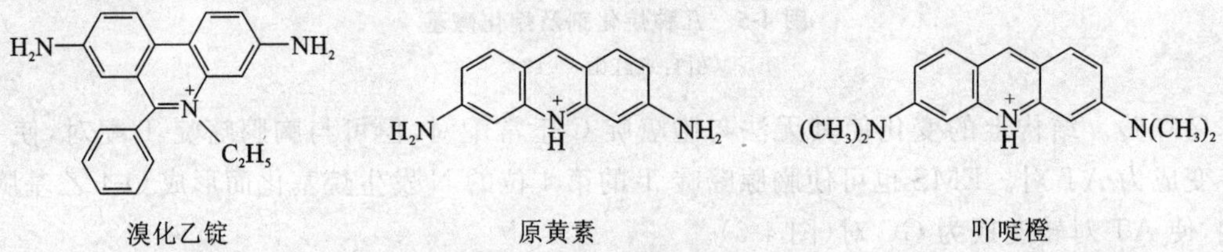

溴化乙锭　　原黄素　　吖啶橙

图 4-7　溴化乙锭、原黄素和吖啶橙的分子结构

(引自袁红雨，2012)

除了以上 3 种类型的化合物外，还有一些致突变物可直接改变或破坏碱基结构，如亚硝胺能使腺嘌呤和胞嘧啶脱氨，形成次黄嘌呤和尿嘧啶，亚硝胺也能使鸟嘌呤变为黄嘌呤，但黄嘌呤配对性质与鸟嘌呤相同，不会引起碱基置换。羟胺能使胞嘧啶 C(6)位氨基变成羟氨基，在进一步配对时引起碱基转换。黄曲霉素可引起鸟嘌呤的碱基和糖之间的糖苷键断裂，产生无嘌呤位点，如果修复时添加腺嘌呤将引起碱基替换。还有些化合物可以形成自由基或过氧化物，使嘌呤结构发生改变引起断裂，如甲醛、氨基甲酸乙酯和乙氧咖啡碱等。

4.2.2　紫外线照射引起的 DNA 损伤

对 DNA 分子损伤的研究最早就是从研究紫外线的效应开始的。当 DNA 受到紫外线照射时，其碱基发生电子跃迁而处于激发态，由于水合作用使相邻的两个嘧啶碱基形成环丁烷嘧啶二聚体(cyclobutane pyrimidine dimmer, CPD)和 6-4 光生成物(图 4-8)。最常见的胸腺嘧啶二聚体发生在同一 DNA 链上两个相邻的胸腺嘧啶之间，也可以发生在两个单链之间，这种形式的二聚体结构很稳定。

二聚体通常会引起 DNA 双螺旋发生局部的弯曲(bend)和扭结(kink)，直接影响 DNA 复制和转录过程。6-4 光生成物能使 DNA 链上相邻的两个嘧啶如 TT、CC 或 CT 之间通过环丁基环(cyclobutane ring)连成嘧啶二聚体，诱发 SOS 修复系统而产生突变。紫外线还能通过直接作用、间接作用以及 SOS 修复系统共同作用引起碱基替换、移码突变以及大片段的缺失和重复。

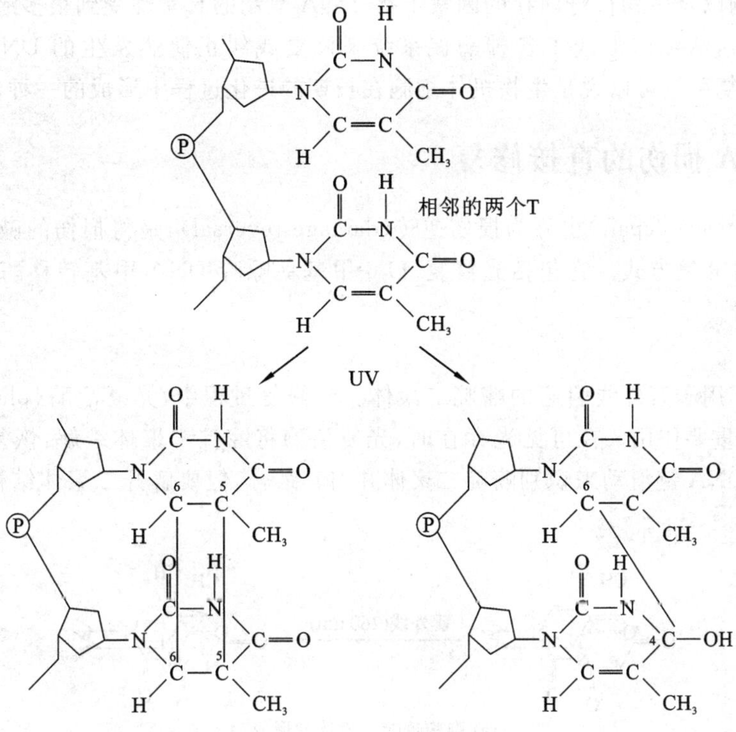

相邻的两个T

UV

T-T二聚体　　6-4光生成物

图 4-8　紫外线引起的 DNA 损伤

（引自杨建雄，2009）

4.2.3　γ 射线及 X 射线引起的 DNA 损伤

电离辐射具有较高的能量，能导致细胞内形成离子和自由基，尤其是羟自由基(hydroxyl radical)反应活性很强，可引起各种突变。电离辐射损伤 DNA 有直接效应和间接效应，直接效应是指 DNA 直接吸收射线能量而遭损伤，间接效应是指 DNA 周围其他分子吸收射线能量产生具有很高反应活性的自由基进而损伤 DNA。电离辐射可导致 DNA 分子的多种变化，其全过程可分为几个阶段：

(1) 物理学阶段　辐射源将能量传递到生物细胞内，并使各种分子发生电离和激发。

(2) 物理化学阶段　该过程可以产生许多化学性质特别活跃的自由基和自由原子，其中水分子产生的离子对一系列复杂的反应起重要作用。

(3) 生物化学阶段　自由基和自由原子与核酸和蛋白质等起反应，造成这些生物大分子的损伤。

(4) 生物效应阶段　生物大分子的损伤进一步引起结构变异，如 DNA 断裂和重接产生各种结构变异，而 DNA 中碱基的变化则造成突变。

4.3　DNA 修复机制

生命状态的生存和延续必须要求 DNA 分子保持高度的精确性和完整性。但是由于各种环境条件的影响以及生物自身内在的因素干扰，DNA 复制的真实性受到很多潜在的威胁。在长期进化过程中，活细胞形成了各种酶促系统来修复或纠正偶然发生的 DNA 复制错误或 DNA 损伤。修复系统可以说是生物机体细胞在长期的进化过程中形成的一种保护机制。

4.3.1 DNA 损伤的直接修复

直接修复（direct repair）也称为损伤逆转（damage reversal），是将损伤的碱基直接恢复到原来状态的一种修复方式。它包括光修复、O-6-甲基鸟嘌呤-DNA 甲基转移酶直接修复和单链断裂修复 3 种。

1. 光修复

光修复只作用于紫外线引起的嘧啶二聚体。光修复过程中，光复活酶（photoreactivating enzyme）发挥了重要作用。在可见光存在时，光复活酶将嘧啶二聚体裂解，恢复到正常状态。光复活酶沿着 DNA 链滑动来识别嘧啶二聚体并与其结合，但要解开二聚体结构，还需要可见光激发（图 4-9）。

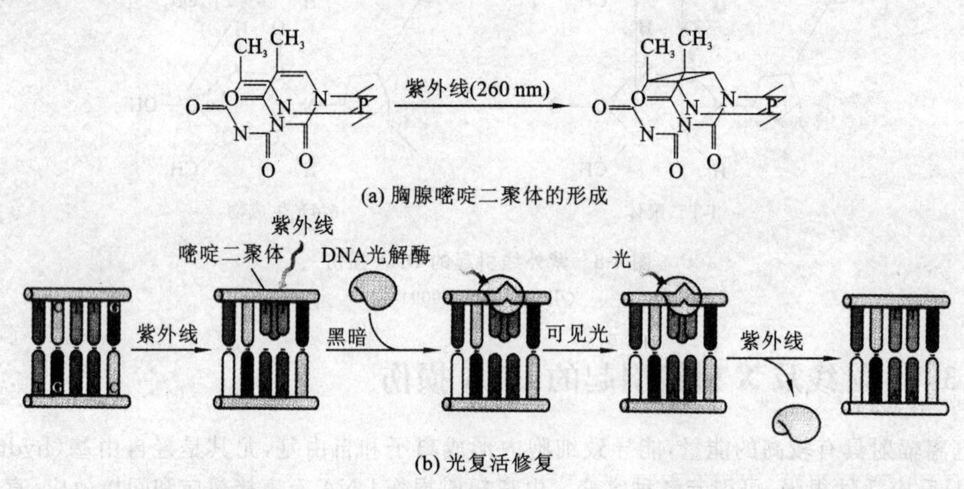

图 4-9 胸腺嘧啶二聚体的形成及光复活修复

（引自戴灼华等，2010）

DNA 光复活酶分子中含有 454～614 个氨基酸，相对分子质量为 55 000～65 000。所有光复活酶均有两个非共价结合的辅基：一个是 1，5-二氢黄素腺嘌呤二核苷酸（FADH2），具有催化活性；另一个是次甲基四氢叶酸（MTHF）或 8-羟基-5-去氮杂核黄素（8-HDF），吸收近紫外-可见光区的光子，具有“天线”作用。光复活酶有两类：一是叶酸类，其作用谱波长范围为 360～390 nm；另一个是去氮杂核黄素类，其作用谱波长范围为 430～460 nm。

光复活酶虽然在生物界普遍存在，但在裂殖酵母（*Saccharomyces pombe*）和有胎盘哺乳类中不存在。光修复对植物很重要，通过光修复可以将长时间光照形成的嘧啶二聚体直接消除。光复活酶中还原态的黄素作为催化剂的一个严重缺陷是吸收光子效率不高，因此需要另外一个辅基叶酸（或去氮杂核黄素）来辅助。

2. O-6-甲基鸟嘌呤-DNA 甲基转移酶（MGMT）直接修复

烷基化碱基的直接修复是在烷基转移酶的作用下完成的。鸟嘌呤第 6 位 O 原子甲基化后形成的 O-6-甲基鸟嘌呤其配对性质发生了改变，在 DNA 复制时引起错误。O-6-甲基鸟嘌呤-DNA 甲基转移酶（O-6-methylguanine methyltransferase，MGMT）145 位半胱氨酸残基

(Cys)可以将甲基从 O-6-甲基鸟嘌呤上转移过来,从而使损伤得到修复。甲基转移酶的半胱氨酸被甲基化后就会失去甲基转移活性,因此是一种自杀酶(suicide enzyme)。MGMT 有 MGMT-Ⅰ和 MGMT-Ⅱ两种。MGMT-Ⅰ具有转移甲基化磷酸二酯键上的甲基的功能,但 MGMT-Ⅱ没有这种功能。在细菌以及酵母和人类细胞中均有类似的 MGMT 存在,只是其特异性有所不同。人类 MGMT 蛋白是由 *MGMT* 基因编码,在细菌中则由 *ada* 和 *ogt* 基因编码。

3. 单链断裂修复

DNA 单链断裂修复比较简单,只需要将缺口处的 5′-磷酸与相邻的 3′-羟基连接起来形成磷酸二酯键即可。XRCC1-DNA 连接酶Ⅲ复合物在细胞周期 G0 期 DNA 单链断裂修复中起作用。XRCC1 可能与 DNA 多聚酶 β、DNA 连接酶Ⅲ及 PARP 一起形成复合物而修复 DNA 单链断裂,XRCC1 有一个约 90 个氨基酸的 BRCT 多肽区,其中的氨基酸替换可使 XRCC1 结构不稳定,影响 XRCC1 与 PARP、DNA 连接酶、DNA 多聚酶Ⅲ之间的关系,导致 DNA 修复功能丧失。

4.3.2　双链断裂修复

在各类 DNA 损伤中,DNA 双链断裂(double-strand break,DSB)最为严重。细胞通常用非同源末端连接(NHEJ)以及同源重组(HR)来修复双链断裂。酵母和细菌中,主要通过 HR 途径修复双链断裂,高等动植物中主要通过 NHEJ 途径修复双链断裂。此外,细胞内还有一条微同源序列介导的末端连接(microhomology-mediated end-joining,MHEJ)途径。当发生双链断裂时,产生的黏性末端与 Xrs2 相互作用将 Mre11-Rad50-Xrs2 复合体募集到断裂处。再通过 Xrs2 将 Tel1p(PI3K 家族,与人的 ATM 同源)募集到 DSB 周围,并使 DSB 附近 20 kb 范围内的 H2AX 的 129 位丝氨酸快速磷酸化形成 γ-H2AX,这一修饰是细胞感受 DNA 损伤的标志信号。

NHEJ 是在不存在同源序列时将断裂的 DNA 末端重新连接起来,可能在断裂处产生插入或缺失。NHEJ 途径需要一系列修复因子参与,包括 Ku、DNA-PKcs、Artemis、XLF、XRCC4 和 DNA 连接酶Ⅳ等。Ku 蛋白由 Ku70 和 Ku80 两个亚基组合成指环状结构套在 DNA 断裂末端,使其免受核酸酶降解。需要两个 Ku 蛋白分别结合在双链断裂两端,参与修复反应。Ku 蛋白被 DNA 依赖性蛋白激酶(DNA-PK)的催化亚基 DNA-PKcs 磷酸化后其解旋酶活性被激活,将断裂处 DNA 解旋,核酸酶 Artemis 与其结合形成复合物,并将单链尾巴切除。形成的缺口由聚合酶填补,并由 DNA 连接酶Ⅳ与 X 射线修复交叉互补基因 4(XRCC4)或 XRCC4 类似因子(XLK)共同作用将两条链连接(图 4-10)。植物和脊椎动物的修复机制基本相同,植物的 DSBs 修复又有其自身特点。

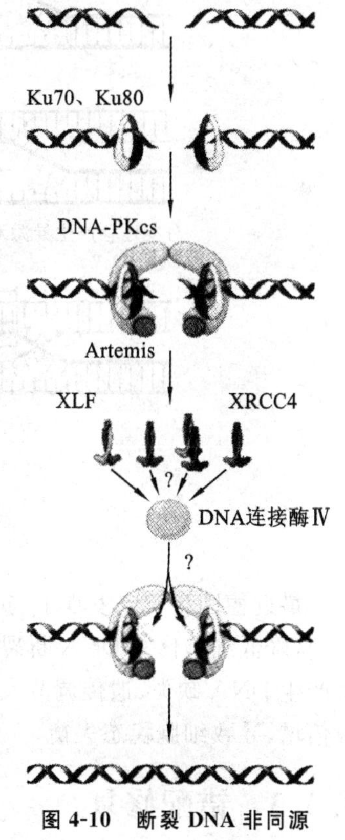

图 4-10　断裂 DNA 非同源末端连接方式

(引自胡维新,2007)

当存在同源序列时,断裂末端则通过同源重组(HR)来完成损伤修复。HR 修复包括四种机制:单链退火(single-stranded annealing，SSA），断裂诱导复制（break-induced replication，BIR），双 Holliday 交联介导途径（double Holliday junction intermediate，dHJ）和合成依赖性链退火（synthesis-dependent strand annealing，SDSA）。HR 通过姊妹染色单体的同源序列来精确修复双链断裂，通过单链置换形成 D 环并进一步扩大，最后使 D 环形成双链（图 4-11）。HR 通路需要多种蛋白质参与，主要包括 MRN 复合物、Rad51 及 Rad51 paralog、Rad52、Rad54、Brca1、Brca2、CtIP 以及损伤检测分子 ATM、ATR 等。

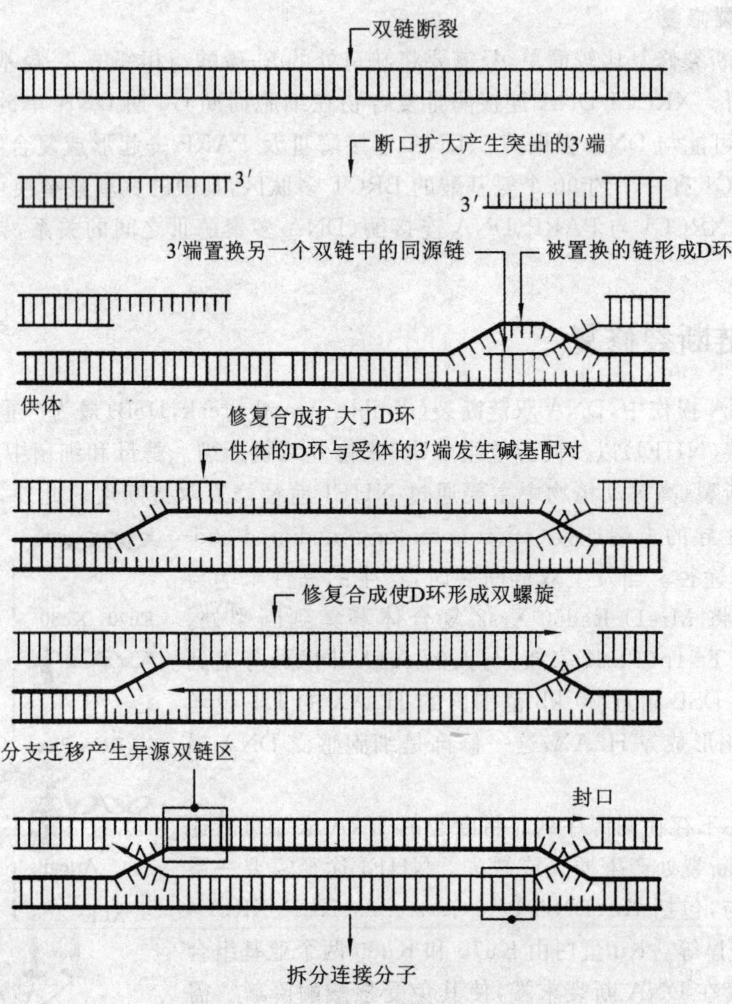

图 4-11　同源重组的双链断裂修复

（引自赵武玲，2010）

最近德国科学家发现了与 DNA 双链断裂修复相关的新基因 *KIAA0415*，该基因如果关闭，将降低细胞修复 DNA 断裂的能力。缺失 DSB 修复能力的细胞有明显的易位趋向，且更容易产生 DNA 缺失、遗传调节失控、非整倍体或具有新特性的融合基因。DSBs 也可以引起基因倍增，导致细胞稳态失衡。

4.3.3　错配修复

错配修复（mismatch repair，MMR）主要用来纠正错配碱基，还能修复小于 4 nt 的插入或缺失。MMR 需要区分亲代链和子代链来切除错误部分，然后由 DNA 聚合酶Ⅲ和连接酶完成修复。MMR 途径的缺陷会引起细胞自发突变率和微卫星不稳定性（microsatellite instability，MSI）增高。

在大肠杆菌的 MMR 长修补途径中，错配修复系统通过 Dam 甲基化酶使 DNA 的 GATC 序列中的腺嘌呤 N(6)位甲基化，而新合成的 DNA 链未被甲基化，一旦有错配碱基，未甲基化的链就会被切除并以甲基化的模板链进行修复，因此 MMR 系统又称为甲基化导向的错配修复（methyl-directed mismatch repair）。在大肠杆菌中，至少有 12 种蛋白质参与修复过程，其中就有 *mut* 基因编码的几种特有的蛋白质。MutS、MutL、MutH 是 MutLHS 途径的主要蛋白质，MutS 负责识别错配碱基，识别 G-T 和 A-C 错配的效率比识别 G-G 和 A-A 错配的效率要高，识别 C-T 和 G-A 错配的效率高于识别 C-C 错配的效率。在 MutS 识别到错配碱基之后，MutL 与之结合形成稳定的复合体“MutL-MutS-DNA”，并沿着 DNA 向两侧移动，形成突环并利用 MutH 固着在 GATC 序列上。ATP 和 Mg^{2+} 激活 MutH 的核酸内切酶活性，在错配位点附近的 GATC 序列处将新 DNA 链切开，形成的切口作为标志引导对错配链的修复。在解螺旋酶及 SSB 的协助下，核酸外切酶将新 DNA 链从 GATC 位点至错配位点的一段去除。由于 GATC 信号可以位于错配位点两侧，因此该修复系统有双向修复能力。但反方向修复需要 MutS、MutL、MutU/UvrD 和解旋酶Ⅱ，并且不同方向修复所需的核酸外切酶不同。如果切出的 GATC 位点位于错配碱基的 3′ 侧，由核酸外切酶Ⅰ或Ⅹ沿着 3′→5′方向将核酸链降解；如果切出的 GATC 位点位于 5′ 侧，由核酸外切酶Ⅶ或 RecJ 沿 5′→3′方向切除。最后，DNA 聚合酶Ⅲ及 DNA 连接酶根据模板链的序列填补新链被切除的部分。GATC 位点与错配位点的距离可长达 1 kb 以上（图 4-12）。

酵母的 MMR 系统有 6 个 MutS 同源物（MSH1～6），4 个 MutL 同源物（PMS1，MLH1～3）。其中 MSH1 参与线粒体错配修复过程；MSH2 和 PMS1、MLH1 一起参与 DNA 错配修复过程；MSH3 与 MSH2 形成二聚体在错配修复过程中起识别作用，还可以维持简单重复序列的稳定性；MSH4 和 MSH5 与减数分裂重组事件有关，虽与 MutS 基因同源，但并不参与错配修复过程；MSH6 能与 MSH2 形成二聚体 MutS α 共同起错配结合作用。

人类的 MMR 系统有 6 种蛋白质，即 hMSH2、hMSH3、hMSH6、hMLH1、hMLH3、hPMS1。与大肠杆菌 MutS 蛋白类似的二聚体有 hMutS α 和 hMutS β 两种，hMutS α 由 hMSH2/hMSH6 组成，参与单个碱基缺失/插入错配修复，hMutS β 由 hMSH2/hMSH3 组成，参与多个碱基的缺失/插入错配修复。hMutL α 二聚体由 hMLH1 和 hPMS1 组成，可与 hMutS α 或 hMutS β 形成一种暂时性复合物，与有关的酶相互配合，切除含有错配碱基的一段 DNA 链，以代替被切除的 DNA 链，从而完成修复。酵母和人类中都缺乏 MutH 和 UvrD 的对应物，其识别亲代链和子代链的方式与大肠杆菌不同，其机制还不清楚。

此外，大肠杆菌还有另外两条不需要 MutH 和 UvrD 参与的短修补 MMR 途径。一条途径是以糖苷酶 MutY 识别并切除错配的 A 碱基，随后按照碱基切除修复（BER）途径对 AP 位点进行修复。MutY 的主要作用是切除与 8-O-7，8-二氢脱氧鸟嘌呤配对的 A。另一条是极短修补（very short patch，VSP）途径，用于修复 G-T 错配中的 T 碱基。错配的 T 碱基通常是由 5-甲基胞嘧啶脱氨形成，VSP 途径对 T 碱基进行纠正时需要 MutS、MutL 和一种对 CT（A/T）GG 序列中错配 G-T 特异的内切酶，但不需要 MutH 和 UvrD 的参与。真核生物中也有类似的短修补 MMR 途径，主要是纠正 CpG 岛中甲基化后脱氨形成的错配 T 碱基。

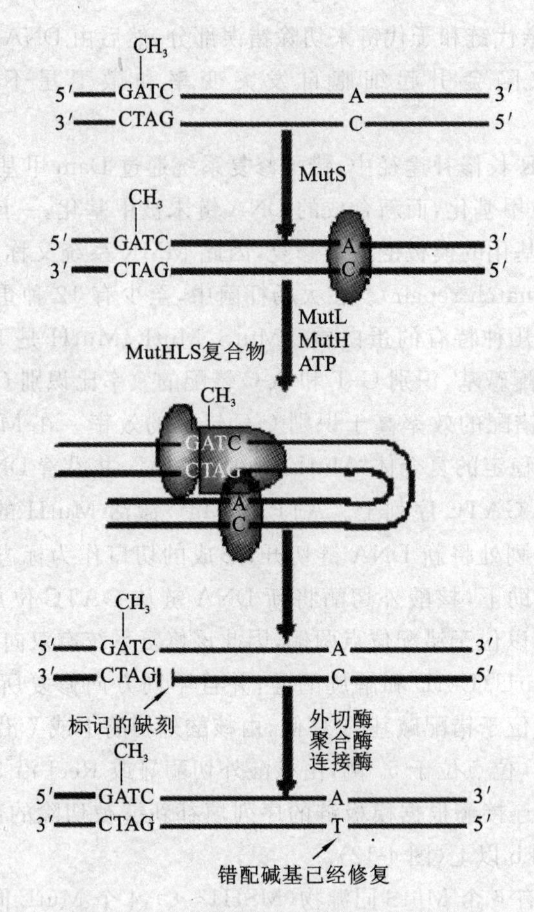

图 4-12 大肠杆菌 DNA 错配修复的模型

4.3.4 切除修复

不需要可见光的切除修复称为暗修复。切除修复对碱基脱落形成的无碱基位点、嘧啶二聚体、碱基烷基化、单链断裂等都能起修复作用。人类和其他有胎盘类哺乳动物利用切除修复清除日光引起的 CPD 和 6-4 光生成物、碱基氧化和烷基化损伤。

切除修复有两种形式：一是碱基切除修复(base excision repair，BER)，需要 DNA 糖基化酶(glycosidase)或转葡萄糖基酶(glycosylase)参与；二是核苷酸切除修复(nucleotide excision repair，NER)，需要含 UvrA、UvrB 和 UvrC 的多功能酶参与。

1. 碱基切除修复

碱基切除修复主要是指切除和替换由内源性化合物作用产生的 DNA 碱基损伤，首先切除受损伤碱基，再进行修复。细胞通过各种特异的 DNA 糖苷酶作用并切开 N-糖苷键，释放被修饰的碱基产生一个无嘌呤无嘧啶的 AP 位点(apurinic or apyrimidinic site)。如 DNA 链上的尿嘧啶可被尿嘧啶-N-糖苷酶切除，次黄嘌呤可被次黄嘌呤-N-糖苷酶切除，其他碱基修饰产物如 3-甲基腺嘌呤、3-甲基鸟嘌呤和 7-甲基鸟嘌呤、开环嘌呤、碱基的氧化损伤以及紫外线导致的二聚体等也有专门的糖苷酶来识别和切除。无嘌呤位点由 AP 内切酶 APE-1(AP endonuclease-1)切开磷酸二酯键从而打断 DNA 链，启动了由核酸外切酶、DNA 聚合酶Ⅰ和 DNA 连接酶作用的切除修复过程。APE-1 广泛存在于真核细胞中，不同 AP 核酸内切酶的切割方式不同，或在 5′ 侧或在 3′ 侧，之后核酸外切酶将包括 AP 位点在内的 DNA 链切除。DNA 聚合酶Ⅰ兼有核酸外切酶活性，并使 DNA 链 3′ 端延伸以填补空缺，DNA 连接酶将链连上。在 AP 位点必须切除多个核苷酸后才进行修复(图 4-13)。此外，细胞中还存在 APE-1 非依赖的修复机制，多聚核苷酸激酶(polynucleotide kinase，PNK)与 DNA 聚合酶 β、连接酶Ⅲ α 和 NEIL1 共同作用，进行碱基切除修复。

几乎所有的 DNA 糖苷酶都只作用于单个碱基，因此碱基切除修复特别适合于修复 DNA 单链断裂和小的碱基改变，而很少参与较大的损伤修复。DNA 糖苷酶沿着双螺旋的小沟滑动寻找损伤位点，与受损碱基结合使 DNA 发生结构扭曲，受损碱基从双螺旋突出进入酶活性中心被切除。在人的细胞中有多种参与碱基切除修复的 DNA 糖苷酶，如负责嘧啶损伤修复的 hNTH1、hNEIL1 或 hNEIL2 以及负责嘌呤损伤修复的 hOGG1。

在受损碱基切除后，可以通过两种途径进行修复合成。根据其切除的片段大小可以分为组成型的短补丁修复(short-patch repair)和诱导型的长补丁修复(long-patch repair)。一般短补丁修复可精确切除几十 bp 到 1 kb 左右的 DNA 片段；而长补缀修复一般切除 1.5 kb 以上的 DNA 片段，由于精确度较低，可能导致突变。在核苷酸切除修复过程中，损伤的 DNA 链由切除酶(excinuclease)切除。

短补丁途径(short-patch)进行修复时 AP 内切酶作用于紧靠 AP 位点 5′端的磷酸二酯键，形成 3′-OH 和 5′-脱氧核糖磷酸。由 dRPase 切除 5′-脱氧核糖磷酸形成单核苷酸缺口，然后由 DNA 聚合酶填补，连接酶进行连接。哺乳动物细胞参与短补丁途径的酶有 DNA 聚合酶 θ、DNA 聚合酶 β、DNA 连接酶Ⅰ等，XRCC1/DNA 连接酶Ⅲ复合物也可催化 DNA 连接(图 4-14)。

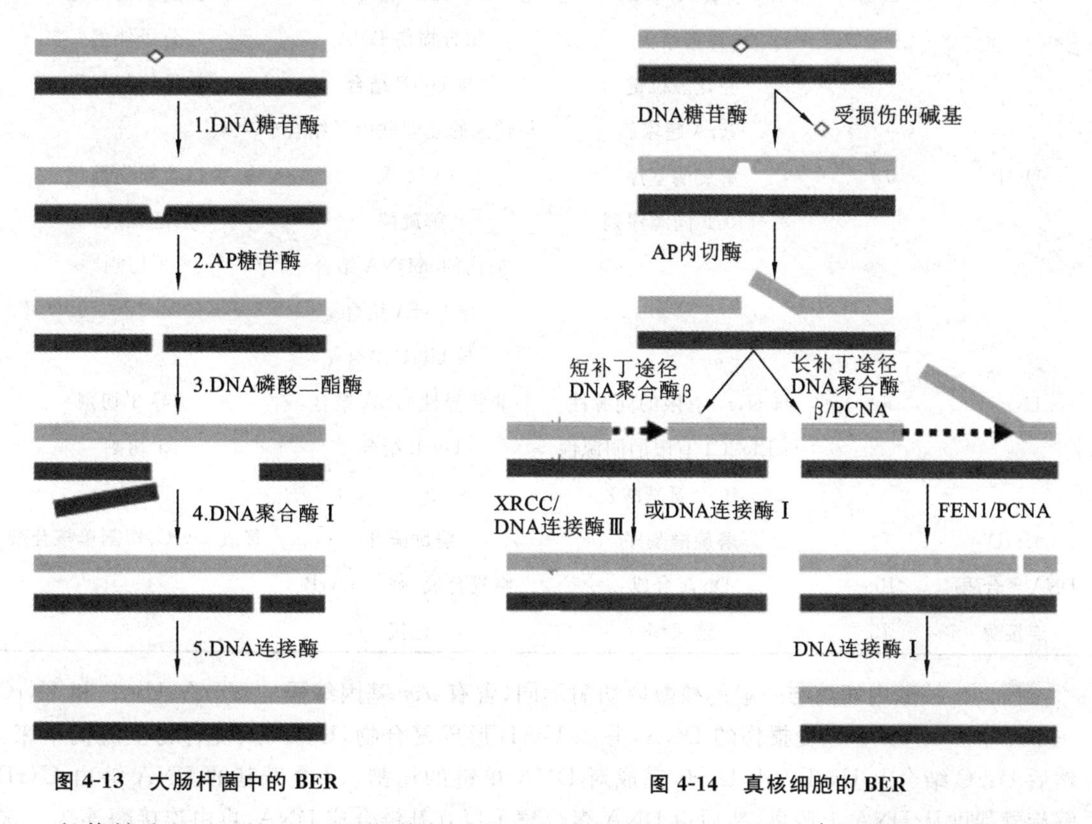

图 4-13　大肠杆菌中的 BER

图 4-14　真核细胞的 BER

长修补途径(long-patch)进行修复时 AP 内切酶在紧靠 AP 位点 5′端的磷酸二酯键切割，

产生具有 5′-脱氧核糖磷酸和 3′-OH 的切口。该修复途径与短补丁途径的主要区别是产生的 5′-脱氧核糖磷酸并不被 dRPase 除去，而是由 DNA 聚合酶(真核细胞是 Pol δ 或 Pol ε)在切口的 3′端逐个添加核苷酸，一般添加 2～10 bp。同时，切口 5′端的脱氧核苷酸短链脱离其互补链，形成的翼式结构(the flap structure)随后被特定的核酸酶(如真核细胞的翼式核酸内切酶 FEN1)切除。最后，由连接酶(如真核细胞 DNA 连接酶Ⅰ)连接切口(图 4-14)。

DNA 分子上碱基自发脱落形成的 AP 位点直接由 AP 内切酶启动修复过程。低浓度烷基化剂可以刺激 *E. coli* 产生适应性反应(adaptive response)，一些基因如 *ada*、*aidB*、*alkA* 和 *alkB* 被诱导表达，*alkA* 编码的 3-甲基腺嘌呤 DNA 糖苷酶参与碱基的切除修复。*ada* 编码的 Ada 酶被甲基化后失去活性，又被转变成一种刺激自身基因 *ada*，以及 *aidB*、*alkA* 和 *alkB* 基因表达的正调节物。

2. 核苷酸切除修复

核苷酸切除修复途径可清除和修复各种 DNA 损伤。在 *E. coli* 中，二元切割由 UvrA、UvrB 和 UvrC 三种蛋白质来完成，而在人体细胞中需要 14～15 种多肽。原核生物的损伤位点清除范围为 12～13 nt，而真核生物损伤位点清除范围可达 24～32 nt。在无法进行光修复时，细菌 NER 基因 *uvrA*、*uvrB* 和 *uvrC* 的同源物用于清除紫外线引起的 DNA 损伤。这些基因缺失将导致细胞对紫外线高度敏感。大肠杆菌 NER 系统的 6 种蛋白质列于表 4-1。

表 4-1　大肠杆菌 NER 系统的 6 种蛋白质

蛋白质	相对分子质量	基　序	活　性	功能作用
UvrA	208	步查 ATP 酶	ATP 酶	识别损伤部位
		锌指结构	结合损伤 DNA	分子伴侣
		亮氨酸拉链	与 UvrB 结合	转录修复偶联
		UvrA 超家族	与转录修复偶联因子结合	
UvrB	78	解旋酶基序	ATP 酶	结合损伤部位
		TRCF 同源序列	解旋酶	解螺旋
			损伤的 ssDNA 结合	3′切割
			与 UvrA 结合	
			与 UvrC 结合	
UvrC	69	与 UvrB 有限的同源性	非特异性 DNA 结合	诱导 3′切割
		与 ERCC1 有限的同源性(40 个氨基酸)	UvrB 结合	5′切割
UvrD	70	解旋酶基序	解旋酶Ⅱ	释放 UvrC、切割单核苷酸
DNA 聚合酶Ⅰ	103	DNA 合成	修复合成，替代 UvrB	
连接酶	75	连接酶	连接	

E. coli 核酸内切酶与一般的核酸内切酶不同，含有 *uvr* 基因编码的 UvrA、UvrB 和 UvrC 三个亚基。UvrA 识别受损伤的 DNA，并和 UvrB 形成复合物，UvrA 从复合物上脱离下来，然后 UvrC 结合上 UvrB。由 UvrC 完成对 DNA 单链的切割，12 个碱基的 DNA 链由 UvrD 解旋酶帮助从 DNA 上脱离，然后由 DNA 聚合酶Ⅰ以互补链合成 DNA，再由连接酶连接。这种修复过程称为大肠杆菌的先切后补模型。另外一种是先补后切模型，是由 DNA 聚合酶以

互补链为模板进行合成，跨过损伤部位后，替换出的损伤 DNA 链被 DNA 外切酶切割，其缺口由 DNA 连接酶补充（图 4-15）。

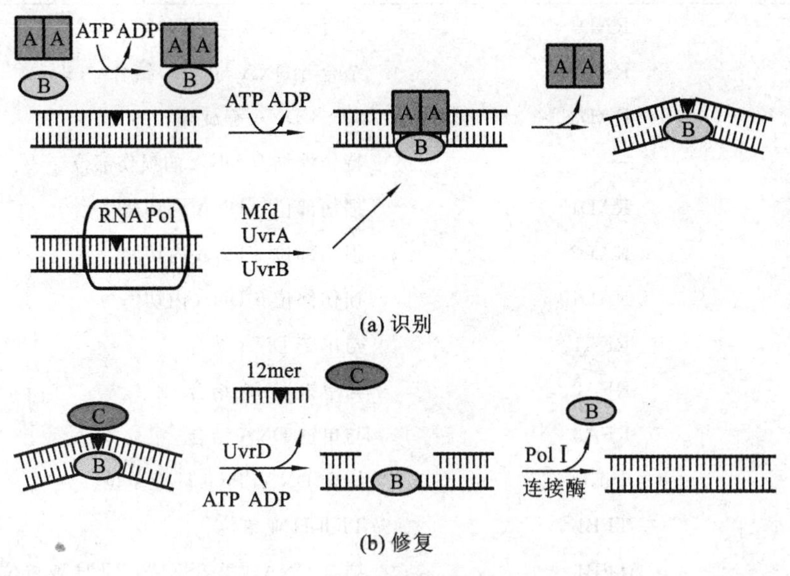

图 4-15　大肠杆菌的核苷酸切除修复

（引自袁红雨，2010）

人类 NER 途径与 *E. coli* 极其相似。人类 NER 途径大体涉及五大类酶（表 4-2）：①XPA/RPA/XPC 等核酸酶复合物：识别损伤部位。②XPD/XPB/TFⅡH 复合物：解旋 DNA 分子。③XPG和 ERCC1/XPF 复合物：分别在 3′ 端和 5′ 端切割损伤的核苷酸片段。④DNA 聚合酶：填补切除形成的空缺。⑤DNA 连接酶：连接新合成的 DNA 片段与原来的 DNA 断链。NER 可采用两条途径：一条是全基因组修复（GG-NER）途径；另一条是转录偶联修复（TC-NER）途径。这两种 NER 途径除了识别损伤部位的方式有差异之外，其他步骤都相同。全基因组修复途径持续对整个基因组进行检查，由 XPC 负责损伤部位的识别；转录偶联修复途径则是在转录过程通过至少两种转录偶联修复蛋白（如 CSA 和 CSB 等）的作用将停滞在损伤部位的聚合酶移开以便于 DNA 损伤修复。CSA 与 DDB1 和其他一些亚单位一起形成 E3 酶复合物负责降解 RNA 聚合酶，而 CSB 则可能使转录过程重新开始。在两种解旋酶 XPB 和 XPD 以及通用转录因子 TFⅡH 的作用下，DNA 双链发生解旋。在此过程中，由 XPA 负责确定 DNA 损伤的存在，如未发现损伤，NER 途径则中止。之后，在复制蛋白 A（RPA）的帮助下，形成更稳定的切除复合前体；最后，XPG 和 XPF/ERCC1 复合体分别在损伤链的 3′端和 5′端进行切开，得到一个 24～32 nt 片段，剩下的单链空缺在 PCNA 的帮助下，由 DNA 聚合酶 δ/ε 进行填充，连接酶进行封口（图 4-16）。在转录过程中，模板链损伤的核苷酸使得 RNA 聚合酶无法继续前进，核苷酸切除修复可以挽救 RNA 聚合酶，使转录继续进行，这就是转录偶联修复（图4-17）。

表 4-2　真核生物 NER 系统的主要蛋白质

蛋白质（哺乳动物）	蛋白质（酵母）	功　能
XPA	RAD14	特异性结合 DNA 的损伤部位
XPB	RAD25（SSL2）	3′→5′DNA 解旋酶

续表

蛋白质(哺乳动物)	蛋白质(酵母)	功　能
XPC	RAD4	结合 ssDNA 与 XPC 结合
HHR23B	RAD23	结合 ssDNA 与 XPC 结合
XPD	RAD3	5′→3′DNA 解旋酶
XPE	—	特异性结合 DNA 的损伤部位
XPF	RAD1	损伤部位 5′DNA 内切酶
XPG(ERCC5)	RAD2	损伤部位 3′DNA 内切酶
ERCC1	RAD10	损伤部位 5′DNA 内切酶
RPAP70	RFA1	与单链 DNA 结合
RPAP32	RFA2	与单链 DNA 结合
RPAP14	RFA3	与单链 DNA 结合
P44	SSL1	结合 DNA,TFⅡH 亚单位
P62	TFB1	TFⅡH 亚单位
P34	TFB4	结合 DNA,“类 SSL1”TFⅡH 亚单位
P52	TFB2	TFⅡH 亚单位
Cdk7	KIN28	CAK 亚复合物
CycH	CCL1	CAK 亚复合物
Mat1	TFB3	CAK 亚复合物
CSA(ERCC8)	RAD28	与 CSB 和 TFⅡHp44 亚基结合参与 TCR
CSB(ERCC6)	RAD26	与 CSB 和 TFⅡHp44 亚基结合参与 TCR
TTDA	—	参与 TCR
IF-7	—	刺激修复
RFC	RFC	PCNA 夹子装配
PCNA	PCNA	DNA 滑动夹子
DDB	—	与损伤 DNA 结合
DNA 聚合酶 δ/ε	DNA 聚合酶 δ/ε	DNA 修复合成
DNA 连接酶Ⅰ	DNA 连接酶Ⅰ	连接切口

先天性 DNA 修复缺陷疾病患者容易发生各种恶性肿瘤,1968 年美国学者克利弗首先发现人类着色性干皮症(xeroderma pigmentosum,XP)是由核酸内切酶基因突变造成的。引起该病的基因位于 1 号、13 号和 19 号染色体上。患者皮肤细胞对紫外线诱发的 DNA 损伤不能进行有效修复,特别是 *p53* 发生突变时会促进癌症发生。患者皮肤对日光,特别是紫外线高度敏感,其皮肤和眼部肿瘤的发生率是正常人的 1 000 倍,常伴有神经系统功能障碍、智力低下等,多数患者于 20 岁前死亡。此外,核苷酸切除修复缺陷引起的遗传性疾病还有 Bloom 综合征、CS(cockayne syndrome)、人类毛发双硫键营养不良症(trichothiodystrophy,TTD)、Fanconi 贫血、毛细血管扩张性运动失调症(AT)、遗传性非腺瘤性结肠癌(HNPCC)和 Werner's 综合征等。

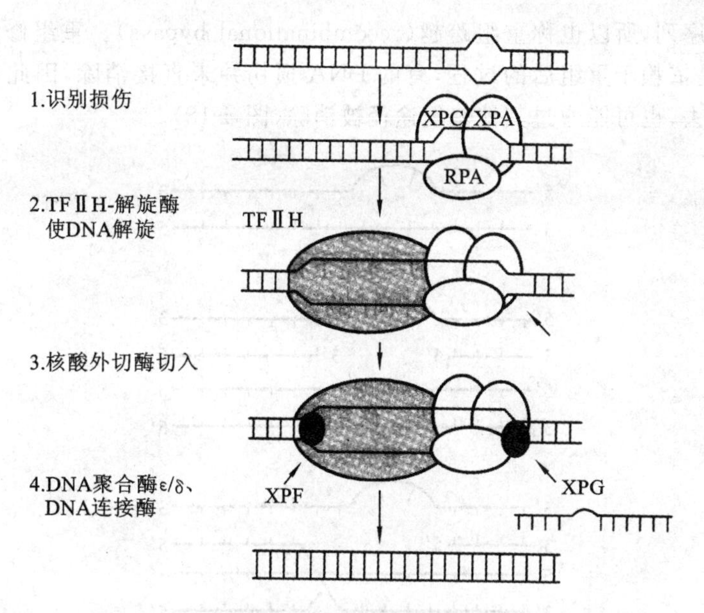

图 4-16　人类的整体基因组核苷酸切除修复(GG-NER)

(引自赵武玲,2010)

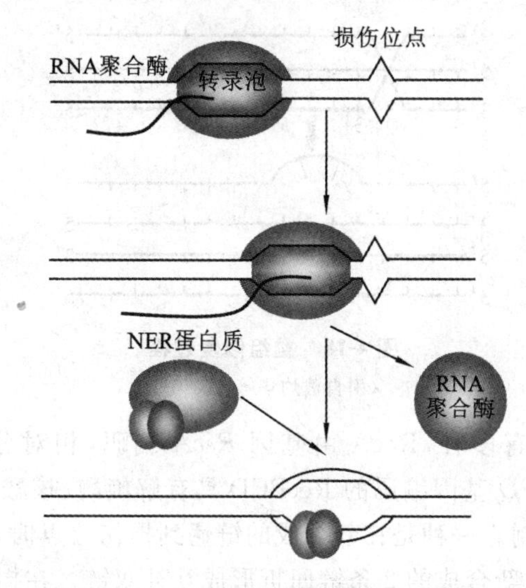

图 4-17　与转录偶联的修复(TC-NER)

目前对于在分化细胞中是否存在 NER 途径尚无定论,因为 NER 途径的修复过程与转录过程相偶联,不同程度的分化细胞其基因转录状态有很大差异。NER 途径可能是最通用的 DNA 修复系统,但细胞分化可使全基因组水平 NER 减弱,而处于转录状态的基因仍可被有效修复。

4.3.5　重组修复

切除修复一般发生在复制之前,又称复制前修复。而重组修复(recombinational repair)则是对复制起始时尚未修复的 DNA 损伤部位进行先复制再修复,所以称为复制后修复。重组修复其基本机制是通过对 DNA 模板的交换,跨越模板链上的损伤部位,在新合成的链上恢复正常的核苷酸序列，所以也称重组跨越（recombinational bypass）。重组修复中最重要的一步是重组，主要是依赖于重组后的过程，有的 DNA 损伤并未直接消除，因此可能在子代细胞中存在并遗传下去，也可能通过其他修复途径被消除（图 4-18）。

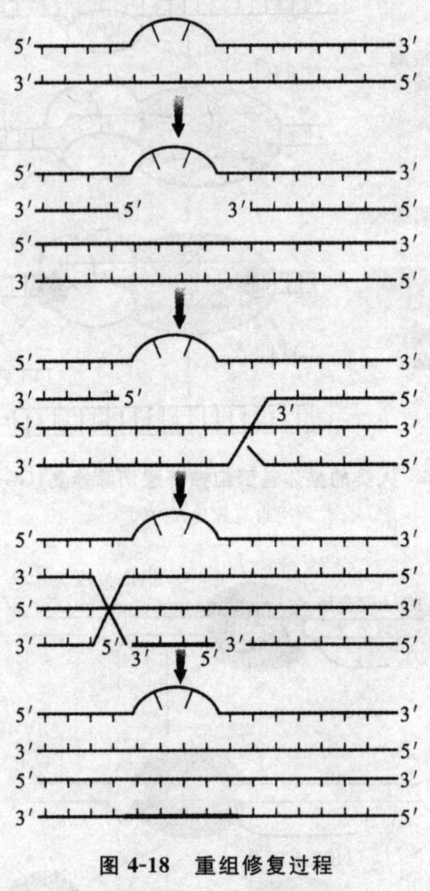

图 4-18 重组修复过程

（引自戴灼华等，2010）

参与重组修复的酶类有多种，RecA 由基因 *RecA* 编码，相对分子质量为 38 000，负责 DNA 链的交换。而 *RecBCD* 基因编码的 RecBCD 具有解旋酶、核酸酶和 ATP 酶活性。大肠杆菌的重组跨越有两种机制。一种是在新合成的链遇到损伤位点时，在 RecA、RecF、RecO 和 RecR 作用下，复制叉后退，新合成的 2 条链回折形成互补双链。在损伤部位复制中断，改为以另一条新链为模板进行合成。复制叉向前跨越损伤部位进行正常复制（图 4-19(a)）。第二种机制是复制叉在损伤部位时 DNA 聚合酶停止移动并脱落模板，在另一条链上 RecA、RecF、RecO 和 RecR 协调作用进行切割，与损伤的模板链形成互补双链，在跨越损伤部位后继续合成新链，然后在 RuvA、RuvB 和 RuvC 的作用下，交叉部位迁移，在断裂的模板上形成缺口，然后由 DNA 聚合酶和连接酶修补，随后按照正常的 DNA 复制机制进行复制（图 4-19(b)）。

重组修复机制的缺陷，有可能导致肿瘤发生。妇女 *Brca1* 和 *Brca2* 两个基因如果有缺陷，发生乳腺癌的概率为 80%。BRCA1 和 BRCA2 可与重组蛋白 Rad51 相互作用，参与重组修复过程。Rad51 和 BRCA1 可以间接通过 BRCA2 定位在 DNA 损伤位点，并促进 Rad51 蛋白丝状体的形成。细胞经 DNA 损伤因子处理产生 DSB 后，在断裂位点会出现磷酸化的组蛋白 H2AX，随后 MDC1 结合到 DNA 损伤位点激活 ATM/ATR，使组蛋白 H2AX 进一步磷酸化，

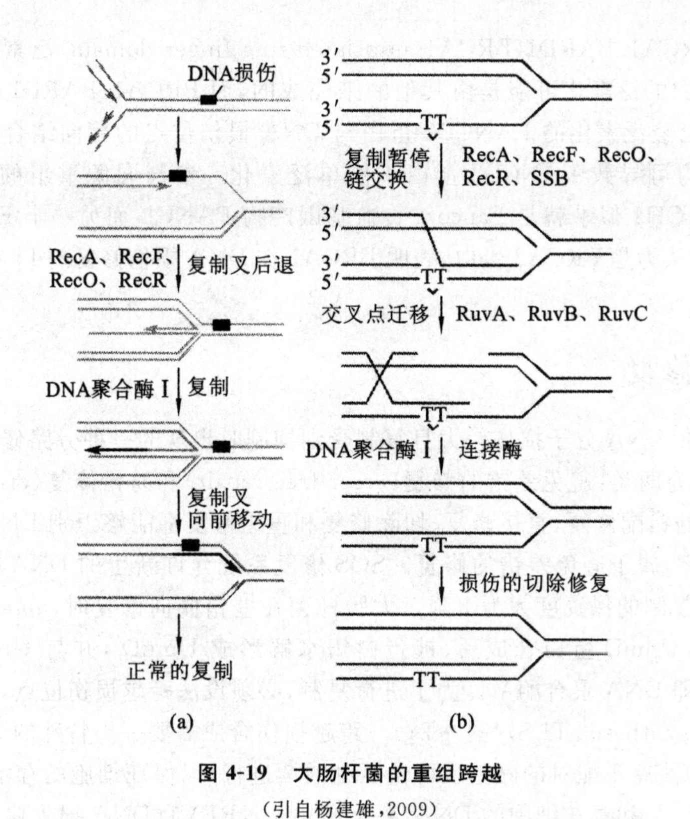

图 4-19　大肠杆菌的重组跨越

（引自杨建雄，2009）

使其他调控蛋白能够结合到 DNA 断裂位点。DNA 损伤发生后许多蛋白质就结合到 γ-H2AX 位点附近，包括 BRCA1、RAD51、NBS1-RAD50-MRE11 复合物、53-BP1、MDC1。BRCA1 能够超磷酸化并被迅速地重新定位在复制叉上。此外，BRCA1 还参与形成 BRCA 1-相关监测复合物（BRCA1-associated surveillance complex，BASC），在监控基因组损伤和下游蛋白信号传递中具有传感作用。在有丝分裂 S 期，BRCA1 通过 758～1 064 氨基酸残基结构域与 RAD51 相互作用，并共同定位于"BRCA1 核小点"中启动 DNA 损伤修复过程。BRCA1 还与 DNA 解旋酶——布卢姆综合征蛋白（Bloom's syndrome protein，BLM）和 MRN 复合物结合，影响 DNA 损伤修复。BRCA1 缺陷能削弱多种 DNA 修复途径，如 HRR（homologous recombination repair）、NHEJ、NER 以及 Fanconi 贫血修复途径。

4.3.6　Fanconi 贫血修复途径

Fanconi 贫血症是一种 DNA 修复障碍病，FANCD2 缺失是引起 Fanconi 贫血的主要原因。Fanconi 贫血通路中的 FANCI 和 FANCD2 这两种蛋白质可修复 DNA 内部交联。在复制受到阻滞时，FANCD2 会产生依赖 ATR 的单泛素化。由不同的 FA（Fanconi anemia）蛋白组成的复合体 FANCA-B-C-E-F-M 通过单泛素化激活 FANCD2-S，使其转化成 FANCD2-L，该过程由 RPA1、ATR 和 FANCL/PHF9 来介导。在 DNA 损伤修复的 Fanconi 贫血修复途径中，FANCD2 的单一泛素化与 FANCD2 蛋白重新定位于复制受阻位点、诱导 S 期阻滞以及与肿瘤抑制蛋白 BRCA1 的相互作用等均有密切关系。在基因突变引起 BRCA1 活性缺陷的细胞中，由于 DNA 损伤修复异常而使 FANCD2 亚核聚合物缺失，出现 FANCD2 的单泛素化现象。FANCD2 可能是 BRCA1 E3 泛素化连接酶活性的一个靶点，但是目前还不能确定

FANCD2 就是 BRCA1/BARD1(BRCA1 associated ring finger domain)泛素连接酶的直接底物。FANCD2 蛋白的泛素化可能是由其他酶来完成的，而 BRCA1/BARD1 泛素连接酶的作用可能只是协助已经泛素化的 FANCD2 蛋白与 DNA 损伤位点的靶向结合。事实上任何一个 *FA* 基因缺陷均可导致 FANCD2 蛋白不能单泛素化。参与同源重组的 BRCA1 相关蛋白——解旋酶 BACH1 似乎就是 Fanconi 贫血基因产物 FANCJ，而另一个 Fanconi 贫血基因产物 FANCD1 被认为是 BRCA2 蛋白，表明 BRCA1 在 DNA 损伤修复的 Fanconi 贫血修复途径中起重要作用。

4.3.7　SOS 修复

SOS 修复是在 DNA 分子损伤较大且复制受到抑制时出现的一种旁路修复系统。一般可以将 SOS 修复分为两类：避免差错的修复(error-free repair)和易错修复(error-prone repair)(图 4-20)。其中的错配修复、直接修复、切除修复和重组修复都能够识别 DNA 损伤部位或错配碱基而加以消除，属于避免差错的修复。SOS 修复系统允许新生的 DNA 链越过胸腺嘧啶二聚体，但 DNA 复制的保真度大为下降。大肠杆菌在差错倾向修复时，*umuC* 和 *umuD* 的基因产物参与其中，UmuD 蛋白合成后，被蛋白酶水解形成 UmuD′，并与 UmuC 形成复合物 $UmuD_2'$-UmuC，即 DNA 聚合酶Ⅴ。为了进行复制，必须设法跨越损伤位点，这就是跨越损伤合成(translation synthesis，TLS)(图 4-21)。跨越损伤合成需要一类特殊的聚合酶来完成，这种 DNA 聚合酶即使有不配对的碱基也可使复制继续进行，以保证细胞的存活，包括原核细胞的 DNA 聚合酶Ⅳ、Ⅴ和真核细胞的 DNA 聚合酶 κ、η、ι，REV1(DNA 损失修复因子)等，这些

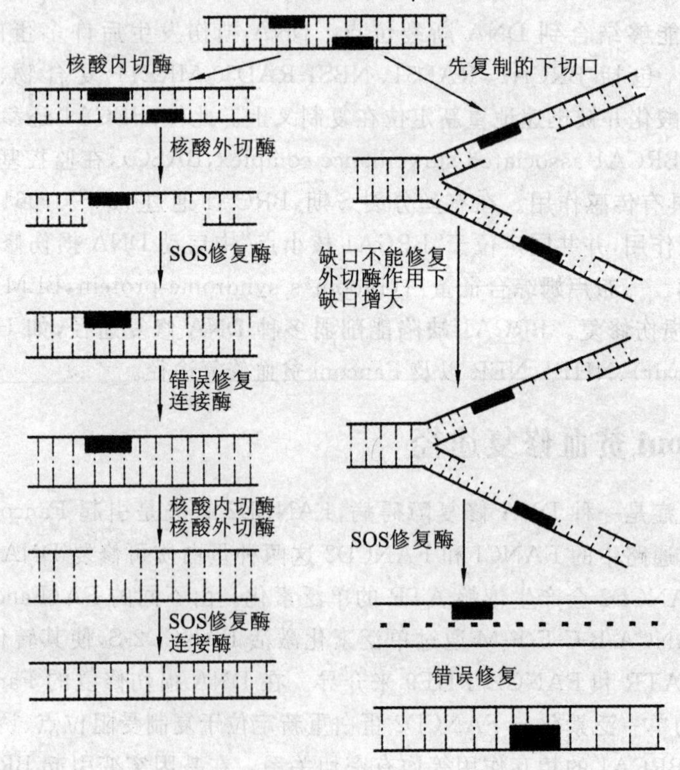

图 4-20　SOS 修复机制

(引自陈苏民，2006)

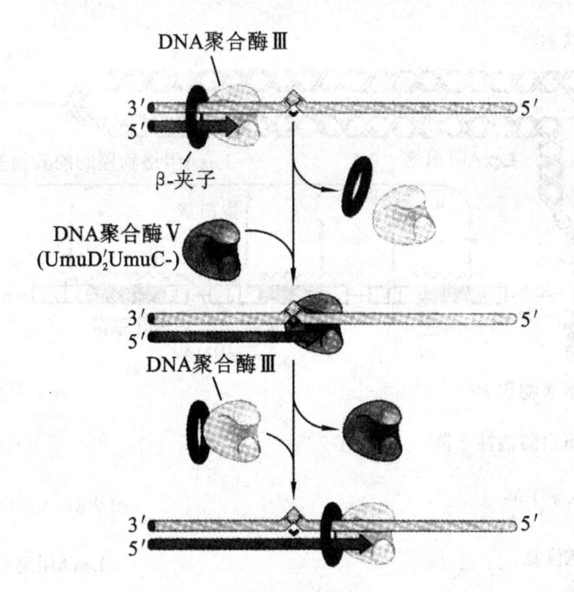

图 4-21　DNA 聚合酶Ⅴ的跨越损伤合成

(引自袁红雨,2012)

保守性的酶统称为 UmuC 超家族。大肠杆菌使用的酶就是 UmuD$_2$′-UmuC 复合物。由于跨损伤合成准确性较差,因此潜伏了一定的碱基错配。差错倾向修复最早在噬菌体的诱变过程中被发现,噬菌体产生各种类型的突变,但总体突变率较低。对大肠杆菌诱变后却出现大量的噬菌体突变(Weigle 效应),原因是诱变激活了 SOS 修复系统,该系统可以对宿主的大规模 DNA 损伤进行修复,而且对有损伤的噬菌体 DNA 同时进行修复,于是产生了大量的突变。

有人提出了 SOS 修复操纵子模型,大肠杆菌的 SOS 修复操纵子由 *recA* 基因、*lexA* 基因、调节基因和其他 20 多个参与修复的基因组成(图 4-22),这些基因呈现分散分布。SOS 反应由 RecA 蛋白和 LexA 阻遏物相互作用引起。由 *recA* 编码的 RecA 蛋白是 SOS 反应的启动因子以及重要的感知和调控分子。而 SOS 系统的阻遏物 LexA 蛋白则是由 *lexA* 基因编码。

重组蛋白 RecA 也可作为蛋白酶,在结合 ATP 后具有 ATP 酶活性,还能促进 DNA 链的碱基配对。正常情况下,SOS 基因的表达受 LexA 抑制。SOS 反应首先是活化 RecA 使 LexA 被水解。在 DNA 受到严重损伤时,细胞启动的切除修复和重组修复导致细胞内积累了一定数量的单链 DNA,当单链 DNA 或双链 DNA 有 5 个以上的核苷酸末端序列时可激活 RecA 水解酶活性,活化的 RecA 蛋白可以在 LexA 蛋白的第 84 位丙氨酸和第 85 位甘氨酸将肽键切断,使失去 85～102 位氨基酸区段的 LexA 蛋白不能形成有活性的二聚体。LexA 蛋白的 N 端 84 位氨基酸有 DNA 结合活性,可以与受 *LexA* 基因调节的其他基因启动子的 SOS 序列结合,关闭这些基因的表达。LexA 蛋白失去活性却使受其抑制的靶基因活化并表达形成参与 SOS 修复过程的蛋白质因子。当 DNA 修复过程完成后,细胞内的单链 DNA 信号被除去, RecA 蛋白不再具有蛋白水解酶活性,从而导致 LexA 蛋白的大量积累,LexA 关闭,建立起对所有靶基因(包括 *LexA* 自身)的抑制,从而使 SOS 修复系统完全关闭(图 4-22)。

此外,RecA 蛋白还可以水解其他阻遏蛋白,如 λ repressor 和 Gro。当大肠杆菌被紫外光照射受到损伤时,噬菌体在溶源状态的阻遏蛋白被水解,原噬菌体进入裂解周期,通过产生大量的子代噬菌体来求得生存。

SOS 盒(SOS box)存在于 SOS 修复系统的许多基因中,LexA 蛋白就是通过与这些 SOS

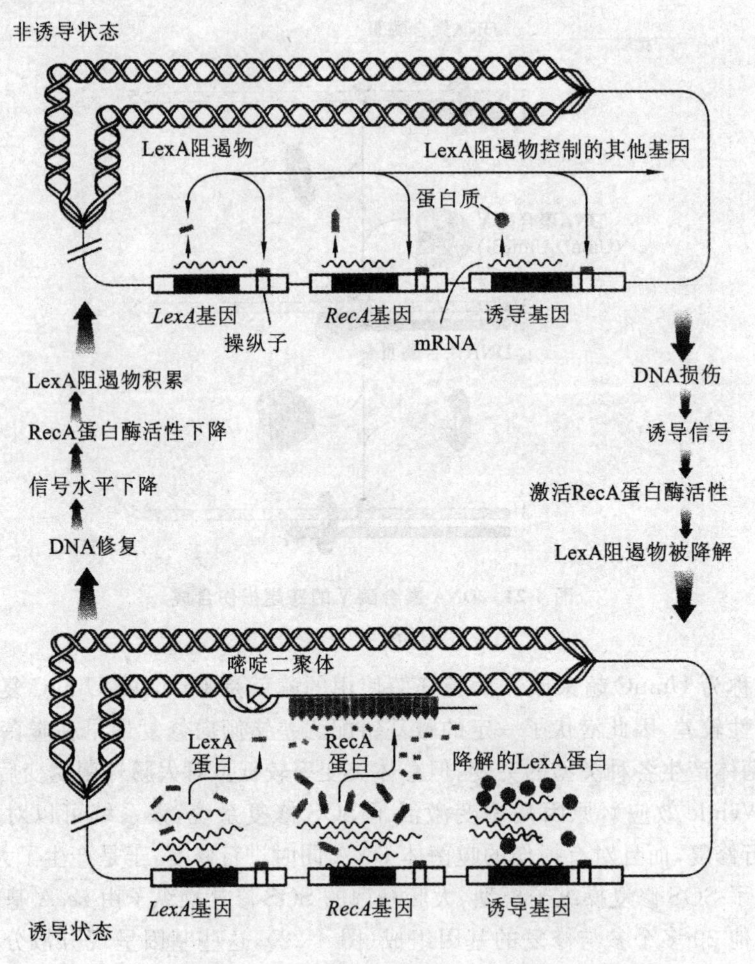

图 4-22　SOS 修复操纵子的调控

（引自 Chu）

盒结合来抑制靶基因的表达。受 LexA 蛋白调控的基因包括 SOS 损伤修复效应基因 *uvrA*、*uvrB*、*uvrC*、*uvrD*、*polyA*（*dinA*）、*dinG*、*dinH*、*umuC*、*umuD* 以及 *recA* 和 *lexA* 基因本身，与 DNA 复制和整合有关的其他基因如 *ssb*、*umuDC*、*dinB*、*himA*（与 λ 噬菌体 DNA 整合有关），与细胞分裂有关的基因 *sulA*、*ruv* 和 *lon*，以及一些功能尚不太清楚的基因 *dinD*、*dinF* 等。*recA* 和 *lexA* 基因的启动子都含有 SOS 盒，故 *recA* 和 *lexA* 基因的表达也受 LexA 蛋白的调控。在 SOS 反应中，第一组首先被诱导表达的基因，包括 *lexA*、*uvrAB* 和 *uvrD*、*dinA*、*dinB*、*dinI* 等；第二组被诱导的基因有 *recA* 和 *recN*；第 3 组被诱导的基因有 *sulA* 和 *umuDC*。

SOS 反应是生物体在遭遇不利环境时采取的一种求生策略，广泛存在于原核生物和真核生物中，并通过自然选择被固定下来。此外，许多 DNA 损伤因子如 X 射线、紫外线、烷化剂、黄曲霉素等，在细菌中能引起 SOS 反应，对高等动物却有致癌性。而不致癌的诱变剂往往不引起 SOS 反应，如 5-溴尿嘧啶等。据推测，许多癌变的发生都与 SOS 反应有密切关系。目前，根据 SOS 反应原理设计出了在医药和食品工业中用于致癌物检测的一些简便方法，与动物致癌实验相比，这些方法具有很多优点。

4.3.8　未修复DNA损伤的处理

细胞中存在的DNA损伤修复机制通常会使得受到损伤的DNA链得到修复，但是当存在大规模的损伤时，细胞启动的SOS反应是一种易错修复途径，不会对损伤的DNA进行精确的修复。如果发生的突变不会对细胞的生存造成严重的影响，这种突变就可能保留下来。当然细胞也有一种积极的应对机制，DNA损伤会通过特定的途径导致细胞凋亡，使发生的突变不会保留下来，不会对个体和后代造成负面的影响。DNA损伤修复失败，使基因组陷入不稳定状态时，细胞凋亡机制将被启动，从而避免肿瘤发生的潜在可能。通过P53介导细胞凋亡是在DNA损伤无法得到修复时采取的一种策略。P53是ATM蛋白和DNA-PK的重要靶作用物，通常状态下由于和Mdm-2蛋白相互作用而保持在较低水平。Mdm-2蛋白也是DNA-PK的重要靶分子。DNA损伤后，DNA-PK的作用使P53或Mdm-2磷酸化，并阻止两种蛋白质的相互作用。当P53激活，水平升高，上调P21及其他CDIs，抑制CDKs，发生细胞周期阻滞，等待细胞进行DNA修复，实在无法修复的情况下就由P53进一步诱导细胞凋亡。P53作为转录因子，可上调包括*PUMA*、*Noxa*、*Bax*、*Bid*和*Apaf-1*等在内的多个促凋亡基因。

思考题

1. 基因突变的产生原因是什么？人工诱发基因突变的主要方法和原理是什么？
2. 何为动态突变？其产生原因是什么？对人类健康有何影响？
3. 何为基因定点突变？如何实现体外基因的定点突变？
4. UV照射、X射线和γ射线各自可以引起DNA的何种损伤？
5. 概述化学诱变剂造成DNA损伤的原理。
6. 为什么嵌入剂引起的突变比碱基类似物引起的突变对生物体伤害更大？
7. 概述嘧啶二聚体和烷基化碱基直接修复的基本步骤。
8. 概述碱基切除修复的基本步骤。
9. 简述原核生物和真核生物核苷酸切除修复的基本过程。
10. 概述错配修复的基本过程。
11. 简述SOS修复的机制。

参考文献

[1] 田宝磊，孙志贤. PML与基因组稳定性[J]. 中国生物化学与分子生物学报，2006，22(5)：349-354.

[2] Turner P C，Mclennan A G，Bates A D，et al. Molecular Biology(分子生物学)[M]. 影印版，2版. 北京：科学出版社，2003.

[3] 赵亚华. 基础分子生物学教程[M]. 2版. 北京：科学出版社，2010.

[4] 谢鼎华，肖自安，叶胜难. 遗传性聋分子病因研究进展[J]. 中华耳鼻咽喉科杂志，2000，35(2)：155-157.

[5] The International HapMap Consortium. The international HapMap project[J]. Nature，2003，426(6968)：789-796.

[6] The International HapMap Consortium. A haplotype map of the human genome[J]. Nature,2005,437(7063):1299-1320.

[7] Hicks W M,Yamaguchi M,Haber J E. Real-time analysis of double-strand DNA break repair by homologous recombination[J]. PNAS,2011,108:3108-3115.

[8] Slabicki M,Theis M,Krastev D B,et al. A genome-scale DNA repair RNAi screen identifies SPG48 as a novel gene associated with hereditary spastic paraplegia[J]. PLoS Biol. ,2010,8(6):e1000408.

[9] Mills K D,Ferguson D O,Alt F W. The role of DNA breaks in genomic instability and tumorigenesis[J]. Immunological Reviews,2003,194:77-95.

[10] 戴灼华,王亚馥,粟翼玟. 遗传学[M]. 2版. 北京:高等教育出版社,2010.

[11] 谭琪,曾凡一. 遗传变异的又一来源:拷贝数变异[J]. 生物技术通讯,2009,20(3):396-398.

[12] 杜仁骞,金力,张锋. 基因组拷贝数变异及其突变机理与人类疾病[J]. 遗传,2011,33(8):857-869.

[13] 毕利军,周亚凤,邓教宇,等. DNA 错配修复系统研究进展[J]. 生物化学与生物物理进展,2003,30(1):32-37.

[14] 王亚馥,戴灼华. 遗传学[M]. 北京:高等教育出版社,1999.

[15] Murphy K L,Dennis A P,Rosen J M. A gain of function *p53* mutant promotes both genomic instability and cell survival in a novel *p53*-null mammary epithelial cell model [J]. FASEB J. ,2000,14:2291-2302.

[16] Ye D,Wang G,Liu Y,et al. MiR-138 promotes induced pluripotent stem cell generation through the regulation of the *p53* signaling[J]. Stem Cells,2012,30(8):1645-1654.

[17] Choi Y J,Lin C P,Ho J J,et al. MiR-34 miRNAs provide a barrier for somatic cell reprogramming[J]. Nat. Cell Biol. ,2011,13(11):1353-1360.

[18] Wang J,He Q,Han C,et al. *p53*-Facilitated miR-199a-3p regulates somatic cell reprogramming[J]. Stem Cells,2012,30(7):1405-1413.

[19] 李萍,周利斌,李强. 乳腺癌易感基因 *BRCA1* 在 DNA 损伤修复中的肿瘤抑制作用[J]. 肿瘤防治研究,2008,35(4):288-292.

[20] 王睿,郭周义,曾常春. 紫外辐射引起 DNA 损伤的修复[J]. 中国组织工程研究与临床康复,2008,12(2):348-352.

[21] 静国忠. 基因工程与分子生物学基础[M]. 北京:北京大学出版社,1999.

[22] Ponticelli A S. *Chi*-dependent DNA strand cleavage by recBC enzyme[J]. Cell,1985,41(2):146.

[23] 王春荣,江泓. 多聚谷氨酰胺病 CAG 重复序列动态突变机制研究进展[J]. 中国现代神经疾病杂志,2012,12(2):363-366.

[24] 陶玉斌,许琪. 三核苷酸重复序列扩增与精神系统疾病[J]. 基础医学与临床,2005,25(11):982-985.

[25] 马楠,曾赵军. 乳腺癌易感蛋白 1 在 DNA 损伤修复中的作用[J]. 生命的化学,2011,31(2):222-226.

[26] 冯碧薇，陈建强，雷秉坤，等. 酵母模式生物研究表观遗传调控基因组稳定性的进展[J]. 遗传，2010，32(8)：1799-1807.

[27] 李永峰，那冬晨，魏志刚. 环境分子生物学[M]. 上海：上海交通大学出版社，2009.

[28] 杨建雄. 分子生物学[M]. 北京：化学工业出版社，2009.

[29] 张玉静. 分子遗传学[M]. 北京：科学出版社，2002.

[30] 徐晋麟，陈淳，徐沁. 基因工程原理[M]. 北京：科学出版社，2007.

[31] 赵武玲. 分子生物学[M]. 北京：中国农业大学出版社，2010.

[32] 袁红雨. 分子生物学[M]. 北京：化学工业出版社，2012.

[33] 胡维新. 医学分子生物学[M]. 北京：科学出版社，2007.

[34] Nishitoh H, Matsuzawa A, Tobiume K. ASK1 is essential for endoplasmic reticulum stress-induced neuronal cell death triggered by expanded polyglutamine repeats [J]. Genes Dev.，2002，16：1345-1355.

[35] 邓娜. 急性髓系白血病和骨髓增生异常综合征 FANCF/FANCD2 表达的研究[D]. 沈阳：中国医科大学硕士学位论文，2009.

[36] Knipscheer P, Räschle M, Smogorzewska A, et al. The Fanconi anemia pathway promotes replication-dependent DNA interstrand cross-link repair[J]. Science，2009，326 (5960)：1698-1701.

[37] 李小曼，徐红德，蔺美娜，等. DNA 损伤修复反应的双刃剑效应在肿瘤与衰老发生发展中的作用[J]. 中国细胞生物学学报，2013，35(2)：134-140.

[38] 朱彩霞，古佳玉，邵群，等. 植物 DNA 双链断裂损伤修复机制研究进展[J]. 中国农业科技导报，2010，12(5)：17-23.

[39] 黄建军. 非编码区三核苷酸重复序列动态突变及相关疾病机制的研究进展[J]. 国外医学(生理、病理科学与临床分册)，2003，23(2)：119-121.

[40] 蒋祝昌. XRCC1 与 DNA 修复[J]. 国外医学(生物医学工程分册)，2003，26(5)：234-237.

[41] 彭心韵，杨寒朔，师帅，等. DNA 修复酶 MGMT 的研究进展[J]. 中国医学工程，2009，17(2)：94-98.

[42] 陈勇，李元宗，常文保，等. 核酸分子嵌入剂[J]. 分析科学学报，1994，10(1)：67-73.

[43] 宋钦华，郭庆祥. DNA 光复活作用机理的研究进展[J]. 化学进展，2001，13(6)：428-435.

第5章 DNA重组与转座

DNA 重组广泛存在于各种生物中，无论是高等真核生物，还是细菌、病毒，都存在基因重组现象；重组不只是在核基因之间发生，在叶绿体、线粒体基因间也可以发生。

DNA 重组可以发生在同一物种的同源染色体之间，如减数分裂过程中的重组以及细菌的转导和接合；也可以发生在不同的物种之间，如噬菌体 DNA 与细菌 DNA 之间的重组。前面的两种重组形式需要有同源序列或者专一性位点的存在。此外，还有一种类型的重组不需要同源序列或专一性位点，可使一段 DNA 序列从染色体的一个位置转移到另一个位置，甚至从一条染色体转移到另一条染色体，这种现象又称为转座(transposition)。

5.1 DNA 重组

DNA 分子内或分子间发生片段间的重新组合，通过 DNA 分子的断裂和连接所导致的遗传信息的重组称为遗传重组或基因重排(gene rearrangement)。按照 DNA 序列重组时的特征，可以将 DNA 重组分为四种，即同源重组(homologous recombination)、位点特异性重组(site-specific recombination)、转座和异常重组(illegitimate recombination)。重组产物称为重组 DNA(recombination DNA)。

5.1.1 同源重组

同源重组又称普遍性重组(generalized recombination)，它发生在同源 DNA 之间，是依赖较大的 DNA 同源序列发生的重组。原核生物的同源重组通常发生在 DNA 复制过程中，而真核生物的同源重组则常见于细胞周期的 S 期之后。同源重组可以双向交换 DNA，也可以单向转移 DNA，后者又称基因转换(gene conversion)。同源重组无序列特异性，只要两条 DNA 序列相同或接近即可。大肠杆菌重组时同源区至少要 20 bp；大肠杆菌与 λ 噬菌体或质粒重组，要求同源区大于 13 bp；哺乳动物的同源区长度大于 150 bp。不同位点发生同源重组的频率不同，重复序列高于其他序列。

1. 同源重组的分子模型

用于解释同源重组的分子模型有多种，其中最主要的是 Holliday 模型、Meselson-Radding 单链断裂模型和双链断裂模型三种。

(1) 同源重组的 Holliday 模型　Robin Holliday 在 1964 年提出了重组杂合 DNA 模型(hybrid DNA model)，即 Holliday 模型。发生重组时同源双链在相同位置上被 DNA 内切酶切开，形成的单链游离末端彼此交换并重接形成交联桥结构(cross-bridge structure)的

Holliday 中间体(Holliday immediate)。交联桥沿着 DNA 进行分支迁移(branch migration)，通过互补碱基间氢键在两个亲代链间的转换形成由异源双链 DNA 组成的 Holliday 结构(Holliday structure)，并通过绕交联桥旋转 180°形成异构体。通过左右或上下切割 DNA 单链，再连接产生一段异源双链 DNA(图 5-1)。

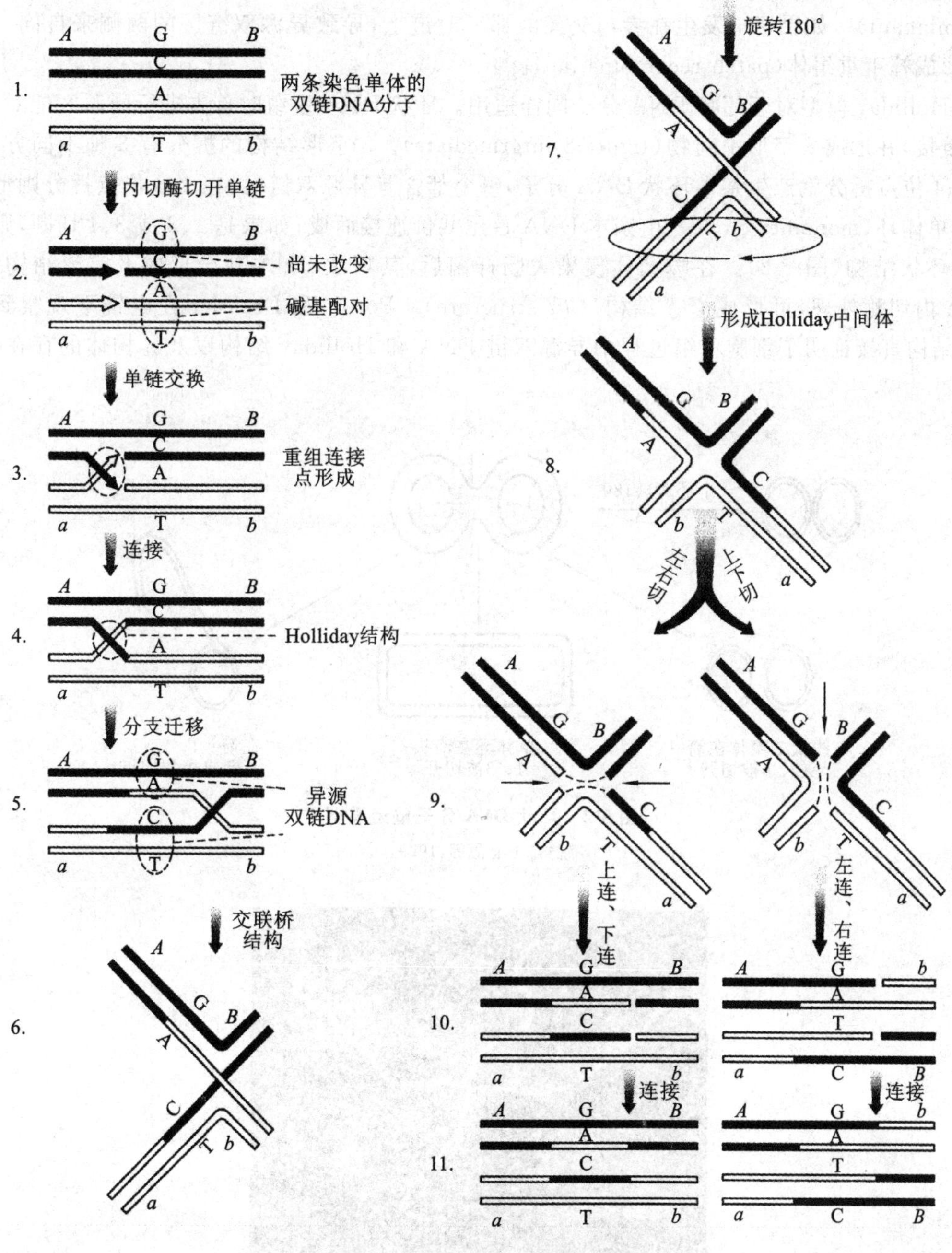

图 5-1　同源重组的 Holliday 模型

(引自戴灼华,2010)

Holliday 模型的第一步是分支迁移。分支迁移的方向是任意的，速度一般为 30 bp/s。分支迁移进行交叉区域的同源单链置换，并形成一段异源双链的杂合 DNA(hybrid DNA)。

Holliday 模型的第二步是 Holliday 中间体的结构变化。Holliday 中间体可以通过异构化(isomerization)改变 DNA 单链之间的彼此关系。

Holliday 模型的第三步是中间体拆分(resolution)。内切酶在交叉点处 2 个相对的位置切开 DNA 链,然后由连接酶连接使交联的 DNA 彼此分开。如果切口发生在未参与交叉的那一对链上,则 4 条链均被切开,导致异源双链区的两侧来自不同亲本,形成剪接重组体(splice recombinant)。如果切口发生在参与交叉的那一对链上,导致异源双链区的两侧来自同一亲本,形成补丁重组体(patch recombination)。

Holliday 模型对于环状 DNA 分子同样适用。环状 DNA 重组时首先进行同源区配对、断裂、重接,并形成 8 字形中间物(figure-8 intermediate)。8 字形结构的拆分有 3 种不同方式:在 2、4 位点拆分就产生亲本环状 DNA 分子,每个都含有异源双链区;在 1、3 位点拆分则形成一个单体环(monomer circle),由亲本 DNA 首尾共价连接而成;如果是 1、2 或 3、4 切断,则产生滚环状结构(图 5-2)。在噬菌体侵染大肠杆菌后,其环状 DNA 就会形成 8 字形结构,用 DNA 内切酶处理,可形成 *Chi* 结构(*Chi* structure)。Potter 和 Dressler 在电镜下观察到的 *Chi* 结构直接证明了细胞重组过程中异源双链 DNA 和 Holliday 结构以及异构体的存在(图 5-3)。

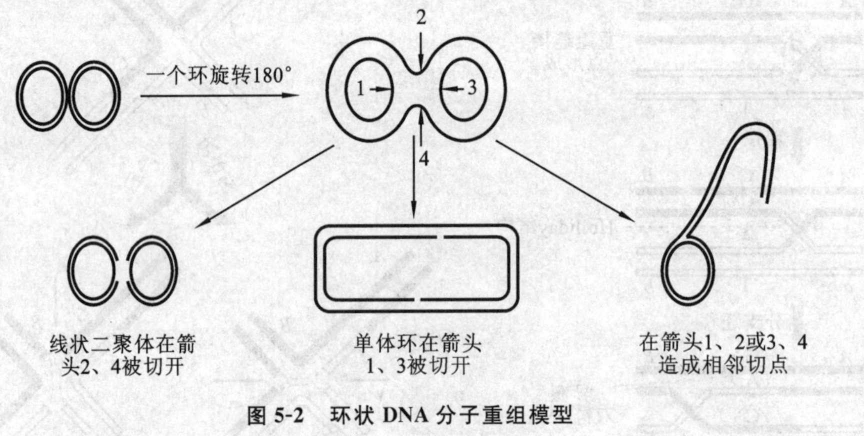

图 5-2 环状 DNA 分子重组模型

(仿自王亚馥等,1999)

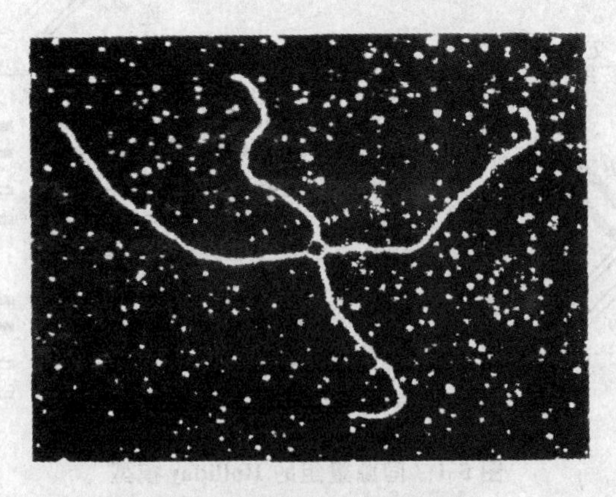

图 5-3 电镜观察到的 *Chi* 结构

(2) 单链断裂模型 1975 年 Aviemore 提出了单链断裂模型(the single-stranded break model),Meselson 和 Radding 又进行了修改,认为进行同源重组的两个 DNA 只有一个发生单链断裂。供体 DNA 通过单链入侵进行同源置换，形成的 D 环(displacement loop，D-loop)单链区随后被切除，通过 DNA 聚合酶填补缺口。末端与断链通过 DNA 聚合酶进行连接，形成 Holliday 中间体。与 Holliday 模型不同，此时只在一条 DNA 上有异源双链。如果进行分支迁移和 Holliday 结构拆分，在两条 DNA 上均会出现异源双链。

(3) 双链断裂模型　Szostak 等于 1983 年提出了双链断裂模型，与 Holliday 模型不同之处在于该模型每个分子有两个异源双链区，位于缺口两侧并有遗传信息丢失(图 5-4)。由核酸内切酶在一个 DNA 分子的同一位置切开，在外切酶作用下切口被扩大，并形成 3′端，通过单链侵入方式进入另一条双链同源区。单链的 3′ 端尾巴可以作为引物以同源链为模板合成一段新的 DNA，用于置换完整 DNA 分子的一条链并形成 D 环；D 环随着该过程进行延伸并逐渐扩大到整个缺口的长度，而突出的单链到达缺口的远端时即可与互补序列进行复性。在缺口的两端形成了异源双链，而缺口被 D 环补上。经过修复合成和连接，形成了两个交叉结构，这一特点与单链交换时只形成一个交叉有明显区别。最终 Holliday 结构被拆分，重组事件结束。

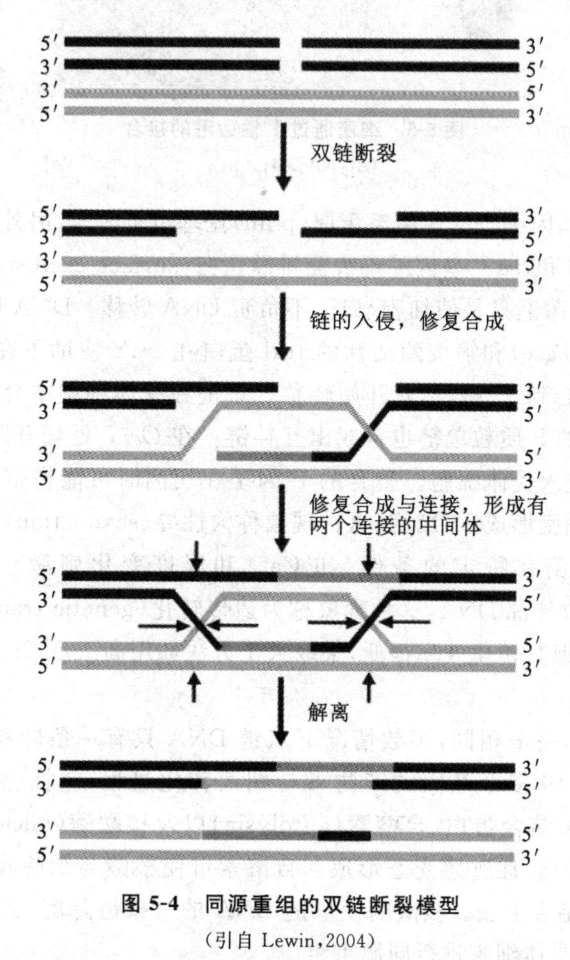

图 5-4　同源重组的双链断裂模型

(引自 Lewin，2004)

2. 原核生物中的同源重组

(1) 细菌的同源重组　同源重组发生在 DNA 同源序列之间，除了真核生物减数分裂时的染色单体交换外，细菌的转化、转导和接合都属于同源重组。

① 接合作用。阳性细菌的遗传物质可通过接合作用(conjugation)转移到受体细胞(图

5-5)。大肠杆菌有 100 kb 长的闭环双链质粒,称为 F 因子或致育因子(fertility factor),包含原点区、转移区和配对区三部分,原点区含有复制起点 *Ori V* 和转移起点 *Ori T*。转移区含有 40 个质粒转移基因 *tra*,占质粒的 1/3,参与性菌毛的形成、接合、配对、转移和调节。配对区的插入序列与染色体同源序列配对,使 F 因子整合到染色体上,并利用被切开的转移起点引导染色体 DNA 单链转移,整合 F 因子的大肠杆菌因重组频率较高,称为 Hfr(high-frequency recombination)菌株。F 因子整合位置不同可形成不同的 Hfr 菌株。F 质粒可以游离或整合的形式存在,因此称为附加体(episome)。

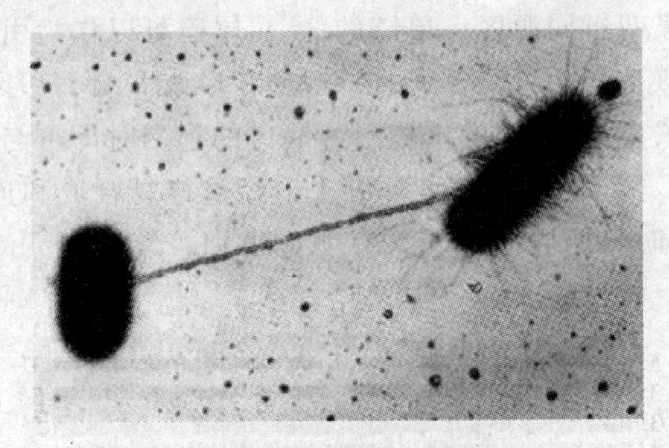

图 5-5　细菌通过 F 性菌毛的接合

(引自 Ayala,1984)

F 性菌毛由 *traA* 基因编码的性菌毛蛋白(pilin)亚基组装而成,另外有 12 个 *traA* 基因参与其修饰和装配。*traS* 和 *traT* 基因编码表面排斥蛋白(surface exclusive protein),阻止 F 阳性细胞相互作用。F 性菌毛只是使细胞靠近,不负责 DNA 转移。DNA 通过 traD 内膜蛋白通道转移。有切口酶(nickase)和解旋酶活性的 traI 蛋白在 traY 协助下在转移起点 *OriT* 处切开一条链,通过共价结合到 5′ 端,然后开始转移。单链在受体细胞中合成互补链使其转变为 F 阳性细胞,供体细胞的 F 质粒单链也合成出互补链。在 *OriT* 处切开时,*tra* 基因位于末尾,很容易因为中断无法进入受体细胞。整合的 F 因子在切离时可能携带宿主的一些基因而变成 F′ 因子,进入受体细胞形成 F′ 细胞,这种现象称为性导(sexduction)。

② 遗传转化。细菌在特定的条件(如 Ca^{2+} 和温度变化刺激)下,成为感受态细胞(competent cell)并吸收外源 DNA,这种现象称为遗传转化(genetic transformation)。遗传转化在自然界普遍存在,但其转化效率很低,采取人工方法如用高浓度 Ca^{2+} 处理等,可以提高转化效率。

细菌的转化途径不完全相同,多数情况下双链 DNA 只有一条转移,但质粒等环状双链 DNA 也能被吸收。有 10 多个基因的产物参与细菌转化过程,包括感受态因子(competent factor)、膜连接的 DNA 结合蛋白、自溶素(autolysin)以及核酸酶(nuclease)。感受态因子可调节其他有关基因的表达,促进感受态形成。自溶素可使核酸与细胞膜上的 DNA 结合蛋白分离,便于游离 DNA 结合上去。核酸酶使双链 DNA 的一条链降解,留下来一条链与感受态特异蛋白结合,转移到受体细胞进行同源重组。

③ 转导。转导(transduction)是利用噬菌体将细菌的基因从供体细胞转移到受体细胞。根据噬菌体携带供体细胞 DNA 片段的不同,转导分为普遍性转导(generalized transduction)和局限性转导(specialized transduction)。在普遍性转导中,供体细胞 DNA 上的各种标记基因以大致相等的频率包装入噬菌体中,并转入受体菌。而局限性转导是温和噬菌体将整合部

位附近的宿主 DNA 切割下来并包装到转导噬菌体中，使受体细胞含有特定部分的基因。

④ 细胞融合。有些细菌可通过细胞融合（cell fusion）的方式使遗传物质发生转移和重组。由于细菌具有细胞壁，需要溶菌酶除去细胞壁中的肽聚糖来获得原生质体，利用聚乙二醇或灭活的仙台病毒来促进细胞融合。

（2）大肠杆菌同源重组的分子机制　与真核生物相比，对大肠杆菌同源重组的机制了解得比较清楚。大肠杆菌的同源重组有四种途径：RecBCD 途径、RecE 途径、RecF 途径和 Red 途径，其中对 RecBCD 途径研究得较为透彻。参与 RecBCD 途径（图 5-6）的蛋白质有多种，除了 RecBCD 蛋白外，还有 RecA、RuvA、RuvB 和 RuvC 蛋白等。

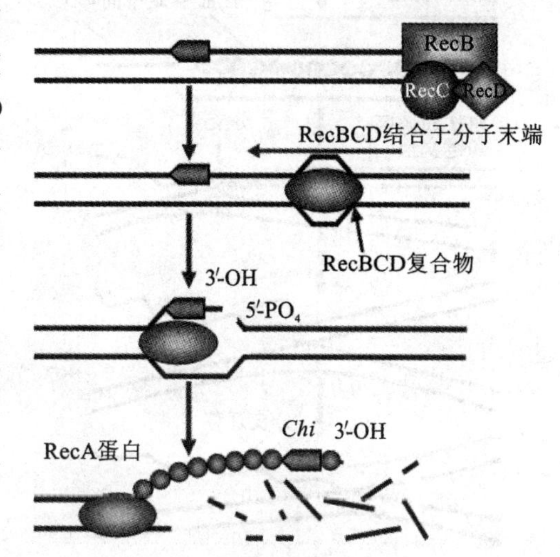

图 5-6　Rec BCD 蛋白作用于双链 DNA

（引自袁红雨，2012）

① RecBCD 蛋白。RecBCD 是一种多功能酶，其 3 个亚基分别由 *recB*、*recC*、*recD* 编码，具有 ATP 依赖的核酸外切酶 V 和解旋酶活性，还有可被 ATP 增强的核酸内切酶活性。RecBCD 可以结合到 DNA 分子断裂点，在单链结合蛋白存在下，利用 ATP 提供能量沿着 DNA 移动并解旋。

Chi 位点既是 RecBCD 的作用靶点，也是其活性的调控位点。*Chi* 位点一个碱基对的改变即可明显影响重组效率，使其成为重组热点。*Chi* 位点 8 bp 不对称序列如下：

5′ GCTGGTGG 3′

3′ CGACCACC 5′

在大肠杆菌 DNA 中每隔 5～10 kb 就有一个 *Chi* 位点。RecBCD 沿着 DNA 链移动，在 *Chi* 位点 3′ 侧 4～6 bp 处将链切开，形成 3′ 端单链，通过解旋和切割产生游离末端，进一步形成异源双链。在识别 *Chi* 位点之后，RecD 亚基解离，该复合物丧失核酸酶活性，但 RecBC 仍然保留解旋酶活性。

② RecA 蛋白。大肠杆菌的 RecA 蛋白具有两种活性，一是激活 SOS 反应中的蛋白酶，另外还可促进同源重组过程中的单链入侵。RecA 能够利用 RecBCD 在 *Chi* 位点附近形成的单链 3′ 端，与同源双链形成交联。在 ATP 存在下 RecA 引导单链置换，此过程称为单链摄取（single-strand uptake）或单链同化（single-strand assimilation）。RecA 随后参与 DNA 配对、Holliday 中间体形成以及分支迁移等过程。RecA 与 DNA 单链结合时可形成每圈 6 个单体的右手螺旋纤丝（helical filament），每个 RecA 单体结合 3 bp，每圈有 18.6 bp，比 B 型 DNA 螺旋长 1.5 倍。RecF、RecO 和 RecR 调节螺旋纤丝的形成和拆卸。

单链与双链 DNA 的互补序列在螺旋纤丝的大沟快速配对形成三链结构，产生交叉点并激发分支迁移；双螺旋的一条链通过缓慢置换，形成杂合 DNA 分子（图 5-7）。

虽然单链入侵可以解释 DNA 重组，但实际上两条双链 DNA 分子也可以在 RecA 引发下发生相互作用，只要其中一条 DNA 含有 50 bp 以上的单链区。线形分子的尾巴或者环状分子的缺口都可作为单链区。

③ Ruv 蛋白。在大肠杆菌中，*ruv* 基因产物 RuvA、RuvB 和 RuvC 负责稳定和解开 Holliday 连接点。Holliday 中间体形成之后，RuvA 蛋白便开始识别，并以四聚体形式将

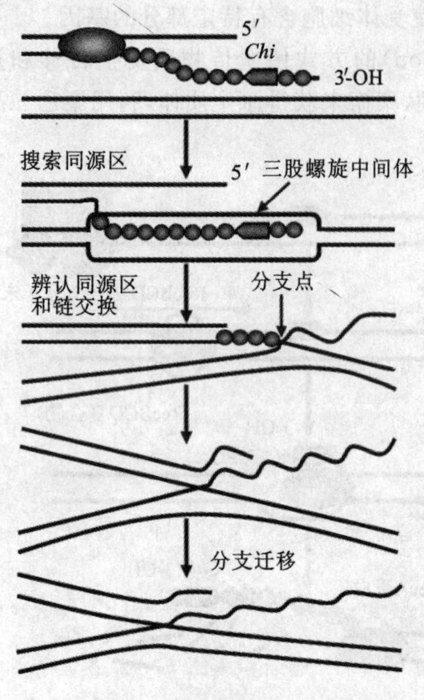

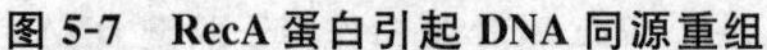

图 5-7 RecA 蛋白引起 DNA 同源重组

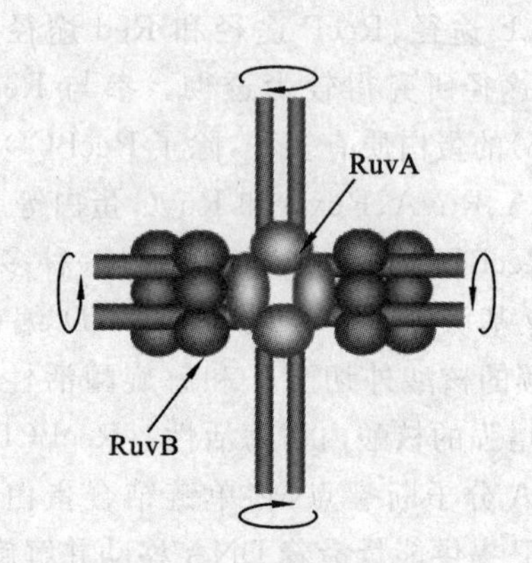

图 5-8 RuvAB 复合物结合于 Holliday 中间体的模型

(引自赵亚华,2010)

DNA 交叉点夹在中间,以便于分支移动(图 5-8)。RuvA 可协助 RuvB 六聚体环结合在双链 DNA 的交叉点上游。RuvAB 结合后,RuvC 才能结合上去。RuvB 水解 ATP 为分支迁移提供能量,同时 RuvB 通过解旋促进 RuvAB 的移动,使其分支以 10～20 bp/s 的速度迁移。另一个解旋酶 RecG 也有相似的功能,可以作用于 Holliday 连接点。分支迁移后,由 RuvC 负责 Holliday 中间体拆分,并由 DNA 聚合酶和连接酶进行修复合成。分支迁移帮助 RuvC 寻找其靶点 ATTG,RuvC 的二聚体结构可以在两个靶点进行切割。RuvC 选择切割 Holliday 中间体的 DNA 链不同,造成补丁重组或剪接重组两种结果(图 5-9)。酵母和哺乳动物的解离酶(resolvase)类似于细菌的 RuvC,能拆分 Holliday 连接点。

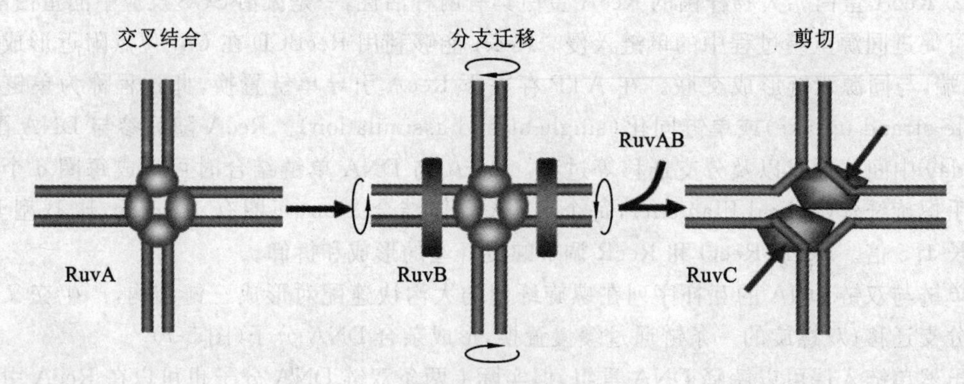

图 5-9 Holliday 联结体的拆分

3. 真核生物中的同源重组

(1) 减数分裂中的同源重组　减数分裂时,同源染色体发生联会,在交叉位点可能出现同源重组。减数分裂重组(meiotic recombination)频率与基因间的距离有关。与原核细胞相似,真核细胞减数分裂的前期Ⅰ同源染色体开始配对时，Spo11 可在染色体上切断 DNA 形成双链断裂，随后 MRX 复合物将其加工成 3′端游离的单链片段，其作用类似于 RecBCD，另外两种参与重组的蛋白 Rad51 和 Dmc1 与 RecA 类似，负责起始链的交换。Mus81 负责拆分 Holliday 连接点。

(2) 基因转换　在对红色面包霉(*Neuraspora crassa*)的研究中，发现有时子囊孢子会出现偏离 4∶4 的现象。这就是由基因转换(gene conversion)引起的畸变现象。

在通常情况下，子囊菌的两个不同基因型的单倍体细胞融合形成二倍体杂合细胞。经过减数分裂后形成四分孢子，再通过细胞分裂产生 8 个线形排列的子囊孢子。8 个孢子呈 4∶4 的分离比。但如果出现复制错配，就可能产生 5∶3 或 3∶5 的分离比。而在对其进行校正时，又可能产生 6∶2 或 2∶6 的分离比(图 5-10)。

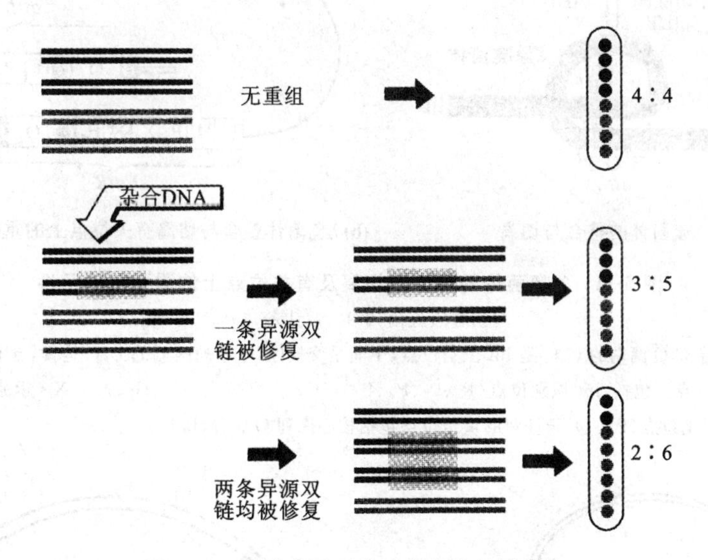

图 5-10　子囊孢子形成过程中的基因转换

5.1.2　位点专一性重组

1. λ 噬菌体的整合和切除

λ 噬菌体的整合(integration)和切除(excision)是一种典型的位点专一性重组(site-specific recombination)。通过整合和切离，噬菌体可以由溶源状态转为裂解状态。λ 噬菌体与宿主的特异性重组位点称为附着位点(attachment site，*att*)，而整合和切离就是通过宿主 DNA 和 λDNA 上的附着位点 *att* 之间的重组实现的。细菌的 *att* 位点称为 *attB*，由 BOB′ 序列组成，而噬菌体的附着位点称为 *attP*，由 POP′ 序列组成，两者相差很大，*attP* 长度为 240 bp，*attB* 长度只有 23 bp。*attB* 和 *attP* 都有核心序列 O(core sequence)，为 15 bp 富含 AT对的同源序列。侧翼的序列 B、B′ 和 P、P′ 是臂(arm)，它们在序列上不同。环状噬菌体 DNA 在重组时以线形形式插入细菌 DNA，成为原噬菌体。原噬菌体位于重组产生的两个新 *att* 位点之间，左边位点 *attL* 由序列 BOP′组成，右边位点 *attR* 由序列 POB′组成(图 5-11)。整合作用发生在 *attP* 与 *attB* 之间，而切离作用发生在 *attL* 和 *attR* 之间。*attP* 与 *attB* 在 15 bp的交换区上发生相同的交错切割，产生长约 7 bp 的单链末端。互补链间的杂交在噬菌体和宿主 DNA 之间形成接头，最后被拆分(图 5-12)。

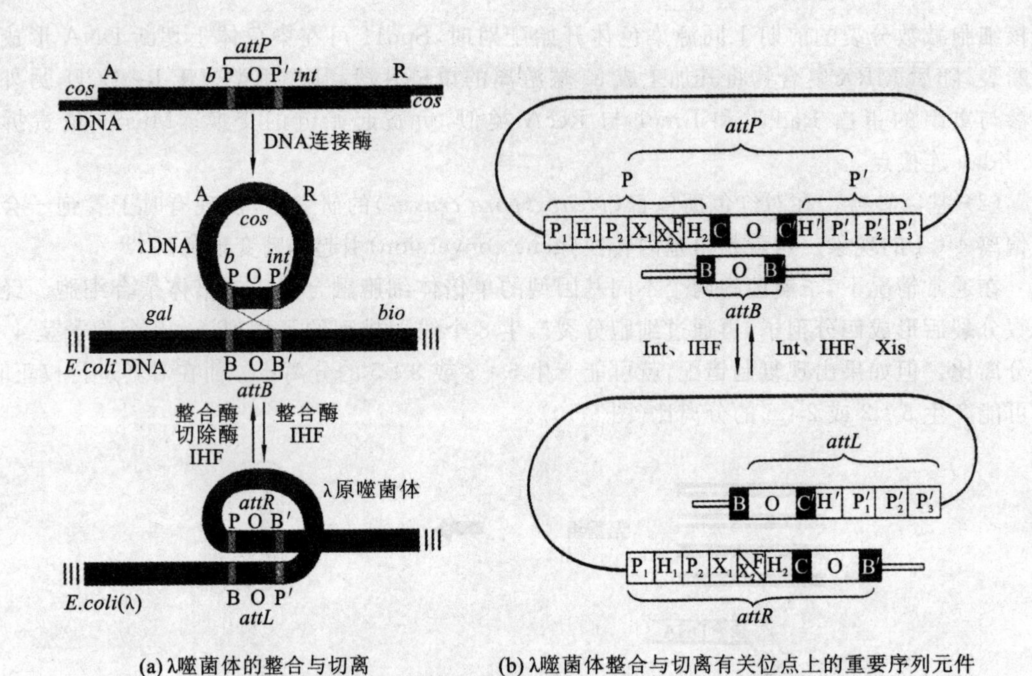

(a) λ噬菌体的整合与切离　　(b) λ噬菌体整合与切离有关位点上的重要序列元件

图 5-11　λ 噬菌体的整合与切离及有关位点上的重要序列元件

(引自袁红雨，2012；赵武玲，2010)

核心序列 O 两端的 C、C′是 Int 识别位点，中间是交换区，O 序列两侧的 P、P′是臂，含有其他蛋白质的结合位点。包括：Int 识别位点(P_1、P_2、P'_3、P'_1)，IHF 识别位点(H_1、H_2、H')，Xis 识别位点(X_1、X_2)，Fis 识别位点(F)。大肠杆菌的重组位点包括核心序列 O 和臂(B、B′)。

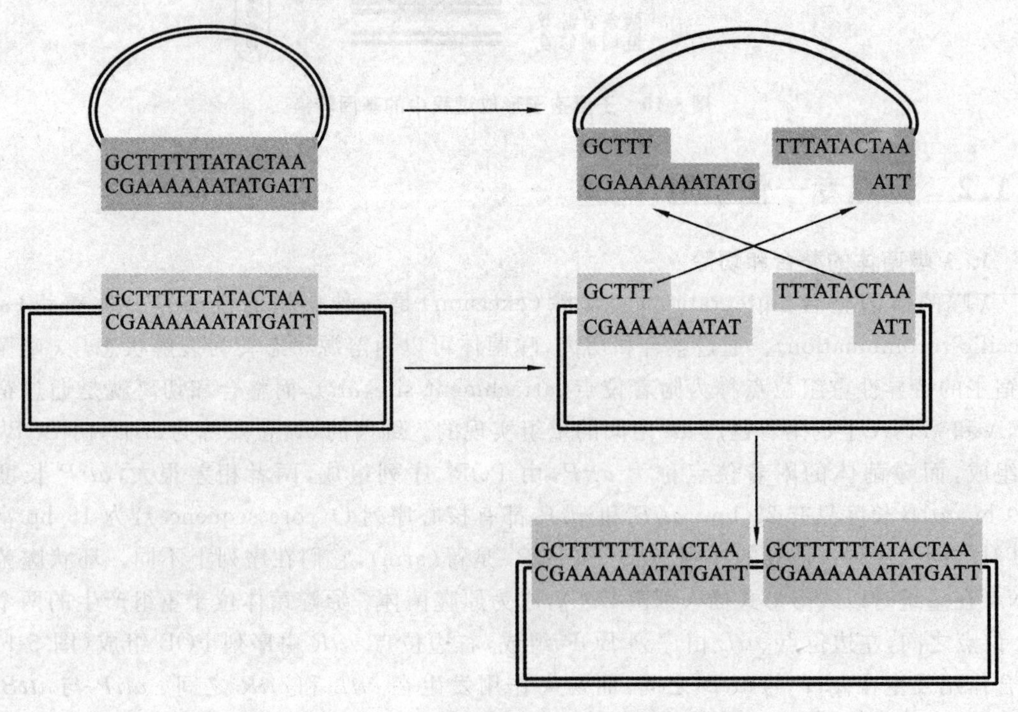

图 5-12　*attB* 与 *attP* 核心序列的交叉切割

整合反应由 λ 噬菌体的 *int* 编码的整合酶(integrase,Int)催化,在 *attP* 上有 4 个 15 bp 的结合位点。Int 只能催化 BOB′与 POP′重组,不能催化 BOP′与 POB′重组。除 Int 外,来自宿主有两个亚基的整合宿主因子(integrase host factor,IHF)在 *attP* 上有 3 个约 20 bp 的结合位点。IHF 和 Int 与 *attP* 结合形成的整合体(intasome)类似于核小体,结合位点位于其中。切离过程除了需要 Int 和 IHF 外,还需要噬菌体 *xis* 基因编码的切离酶(excisionase,Xis)。Xis 仅在溶菌状态才表达,Xis 与 DNA 结合可导致 140°的弯曲,再与 Int 和 IHF 结合后使其无法组装而抑制整合(图 5-13)。

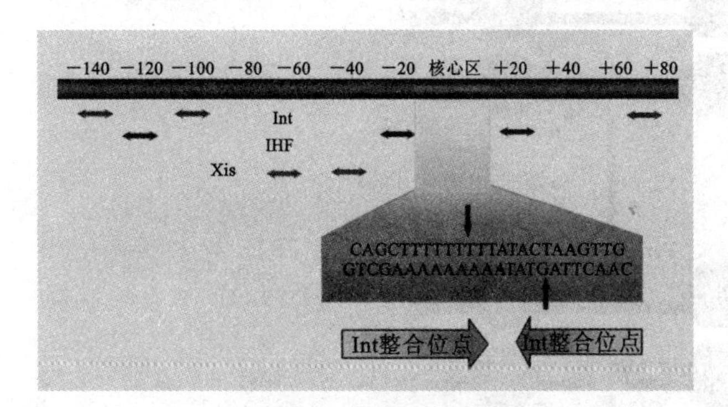

(a) Int和IHF在*attP*上不同的结合位点

(b) 多个Int蛋白可将*attP*组成整合体,通过识别游离DNA的*attB*,整合体能启动位点专一性重组

图 5-13 Int 结合位点序列及 *attP* 整合体启动位点专一性重组

(引自戴灼华,2010)

2. 位点专一性重组的酶学机制

与位点专一性重组有关的酶都结合在 *att* 位点。整合酶的作用类似于Ⅰ型拓扑异构酶,使两条 DNA 分子的单链产生断裂,并连接形成 Holliday 结构。而另外两个单链以同样的方式将断裂处连接起来,完成整个重组过程。单体 Int 蛋白有一个含酪氨酸的活性位点,负责切开和连接 DNA,酪氨酸通过磷酸二酯键与 DNA 链的 3′端相连,同时释放出 5′-羟基端。两个酶分子分别与重组位点连接(图 5-14),系统对称性确保了互补链的重组位点被切开,然后每个位点的游离 5′-羟基进攻另一位点的 3′-磷酸化酪氨酸连接点,形成新的磷酸二酯键,产生 Holliday 中间体。另外两个酶分子作用于另一对互补链。

整合酶家族有 100 多个成员,主要有酪氨酸重组酶和丝氨酸重组酶两类。酪氨酸重组酶包括 λ 噬菌体整合酶、P_1 噬菌体 Cre 重组酶、大肠杆菌 XerC 和 XerD 蛋白以及酵母 FLP 蛋白等。2001 年 Van Duyne 报道了 Cre-*loxP* 复合物的晶体结构,Cre 蛋白有 343 个氨基酸,其四聚体有 2 个 *loxP* 位点。Tyr 的 OH 攻击 DNA 的 3′ 端形成 3′-P-Tyr 中间物。共价的蛋白质-DNA 复合物将磷酸二酯键断裂时的能量保存在蛋白质-DNA 连接键中,这种机制称为保守的位点专一性重组(conservative site-specific recombination,CSSR)。λ 噬菌体的整合酶与 Cre 蛋白相似,但需要辅助因子。丝氨酸重组酶家族包括沙门氏菌的 Hin 倒转酶,转座子 *Tn3* 的 γδ 解离酶等。丝氨酸重组酶可以丝氨酸侧链攻击磷酸二酯键产生 5′-磷酸基团。

整合酶在 DNA 上交错切割,3′-磷酸端与酶的酪氨酸共价连接之后,每条链的游离羟基入侵另一位点的 P-Tyr 连接。每一次交换形成 Holliday 结构,接着和其他配对链一起重复这个过程,就解离了 Holliday 结构。

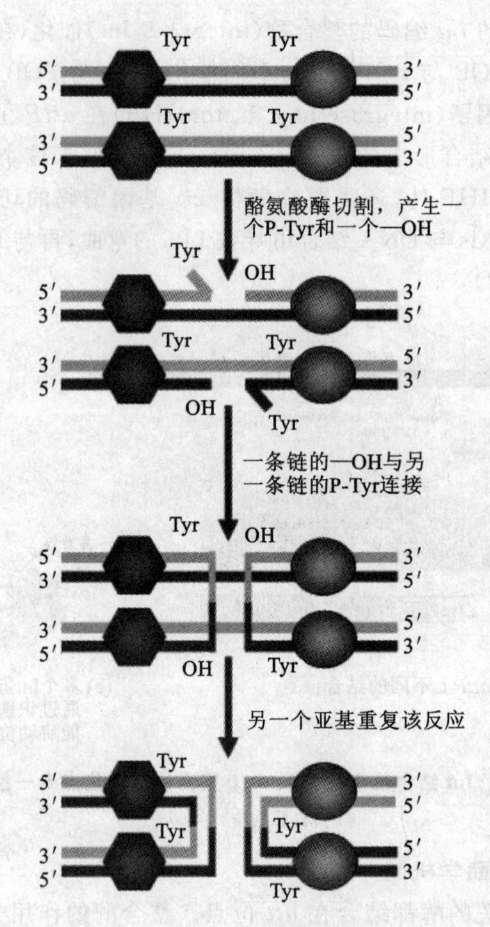

图 5-14 重组酶催化重组反应的机制

5.1.3 基因重排

1. 免疫球蛋白基因重排

(1) 免疫球蛋白基因重排及其机制　在 B 细胞成熟过程中，会发生免疫球蛋白基因重排。免疫球蛋白(Ig)由 2 条重链(heavy chain，H)和 2 条轻链(light chain，L)组成，其中轻链由 κ 和 λ 基因编码，而重链则由另外一个基因编码。在 B 细胞成熟过程中，首先是 *Ig* 基因的位移，之后进行重排。在胚原型轻链基因群中含有 *L*、*V*、*J*、*C* 四类基因片段。*L* 代表前导片段(leader segment)，*V* 代表可变片段(variable segment)，*J* 代表连接片段(joining segment)，*C* 代表恒定片段(constant segment)。而胚原型重链基因群中除了含有 *L*、*V*、*J*、*C* 四类基因片段之外，还含有 *D* 多样性片段(diversity segment)。

决定 *V* 与 *J* 重排成 *VJ* 和 *V*、*D*、*J* 重排成 *VDJ* 的因素是位于 *VJ* 和 *VD* 基因片段之间的重排识别信号(recombination signal sequence，RRS)。这些信号包含三部分：一个是位于 *V* 基因片段 3′ 端和 *D* 基因 5′ 端的七聚体回文序列 CACAGTG 和 GTGTCAC；另一个是位于七聚体下游附近的富含 A/T 的九聚体回文序列 ACAAAAACC 和 GGTTTTTGT；第三个是位于 κ_L 和 λ_L 基因簇七聚体与九聚体之间的间隔区，长短差异较大，一个为 12 bp，另一个为 23 bp。λ_L 基因簇的 V_L 基因 3′ 端以及 κ_L 基因簇的 J_K 基因 5′ 端的七聚体与九聚体之间存在 23 bp 间隔区，而在 κ_L 基因簇的 V_L 基因 3′ 端以及 λ_L 基因簇的 J_K 基因 5′ 端的七聚体与九聚体之间存在 12 bp 间隔区。免疫球蛋白通过重链和轻链基因中的两个七聚体和九聚体回文结构以及 23 bp/12 bp 间隔区形成茎环样结构，为重组酶提供酶切和连接信息(图 5-15)。

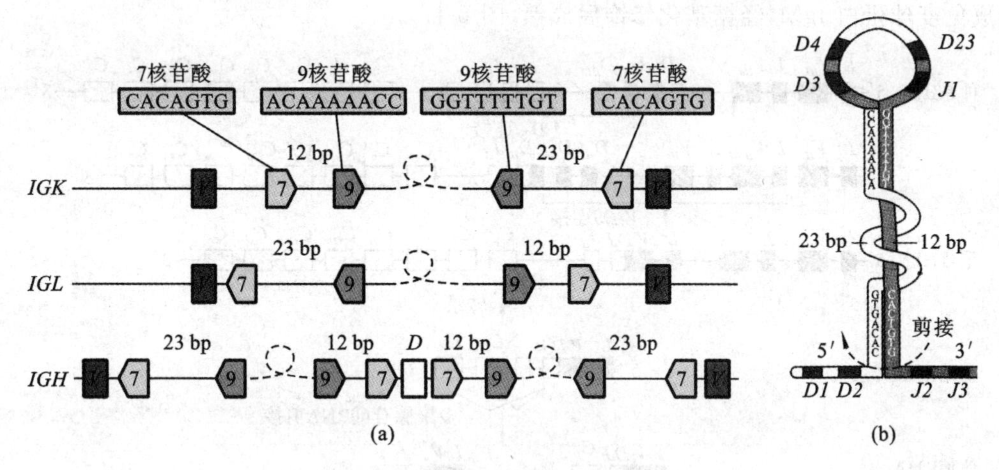

图 5-15　*Ig* 基因重排识别序列和茎环结构示意图

(引自高晓明，2006)

B 细胞在成熟过程中，同源染色体只有其中一个发生基因重排。如果重排失败，另一个染色体才会重排，这种只表达免疫球蛋白杂合体中一个等位基因的现象，称为等位基因排斥(allelic exclusion)。

免疫球蛋白重链基因先重排，而轻链基因后重排。*V-D-J* 的重排次序则是 *D-J* 先连接，再与 *V* 连接。等位基因排斥就发生在 *V* 片段与 *DJ* 重排这个阶段。轻链基因重排次序有些不同，*V* 和 *J* 片段先拼接，再与 *C* 片段连接。在 κ 型和 λ 型两种轻链基因中，κ 链的基因座优先重排，产生 κ 肽链。只有当同源染色体上的两个 κ 链等位基因都重排失败时，λ 链的基因重排才会启动，这种发生在 κ 型和 λ 型两种轻链基因位点之间的排斥现象，称为轻链类型排斥(light chain isotype exclusion)。

通过 RS 序列的 23 bp/12 bp 信号识别系统可以造成 C_κ 或 J_κ-C_κ 缺失。当 B 细胞不能实现 V_κ、J_κ 和 C_κ 的有效重排时，会在 V_κ 的下游出现 RS 序列。λ 链替代 κ 链并启动基因重排也受 RS 序列活化。一旦有 RS 序列出现，就表明 κ 链有缺失存在，需要 λ 链进行基因重排来替代，RS 序列可看作活化 λ 链重排的信号(图 5-16)。

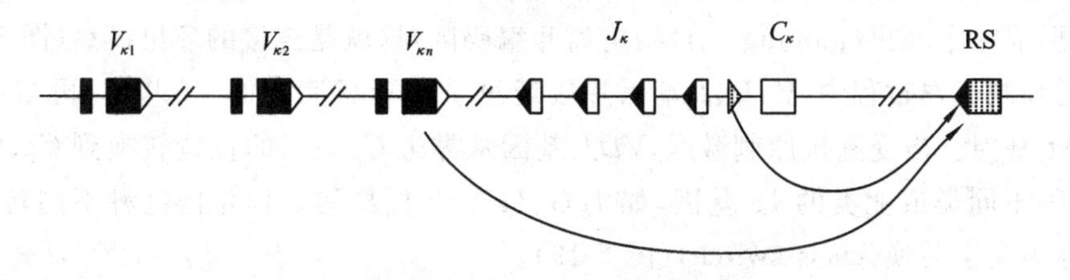

图 5-16　RS DNA 重组作用示意图

黑白方格示 V_κ、J_κ 和 C_κ 片段；点方格示 RS 序列；点三角示部分识别位置；黑白三角代表 23、12 识别系统；箭头示假设性重组位置，导致 J_κ-C_κ 或 C_κ 缺失。

(2) 重链基因座的重排　重链的 *V*、*D* 和 *J* 片段需要经过重排拼接才能形成完整的 V_H 基因。重排的第一步是在淋巴细胞分化成 B 细胞之前形成 *DJ* 片段。第二步是形成 *VDJ*，成为一个完整、有活性的 V_H 基因。*VDJ* 片段重排后，其 3′ 端与各类 C_H 基因相邻，但有内含子相隔。最靠近的是恒定区 C_μ 基因，随后依次是 C_δ 和其他各类 C 基因。第三步是前体 mRNA 的加工剪接。首先是剪除 VDJ 与 C_μ 间的内含子，然后在 C_μ mRNA 后端加上 poly(A)，进一步翻译成免疫球蛋白 IgM，经糖基化修饰后成熟（图 5-17）。

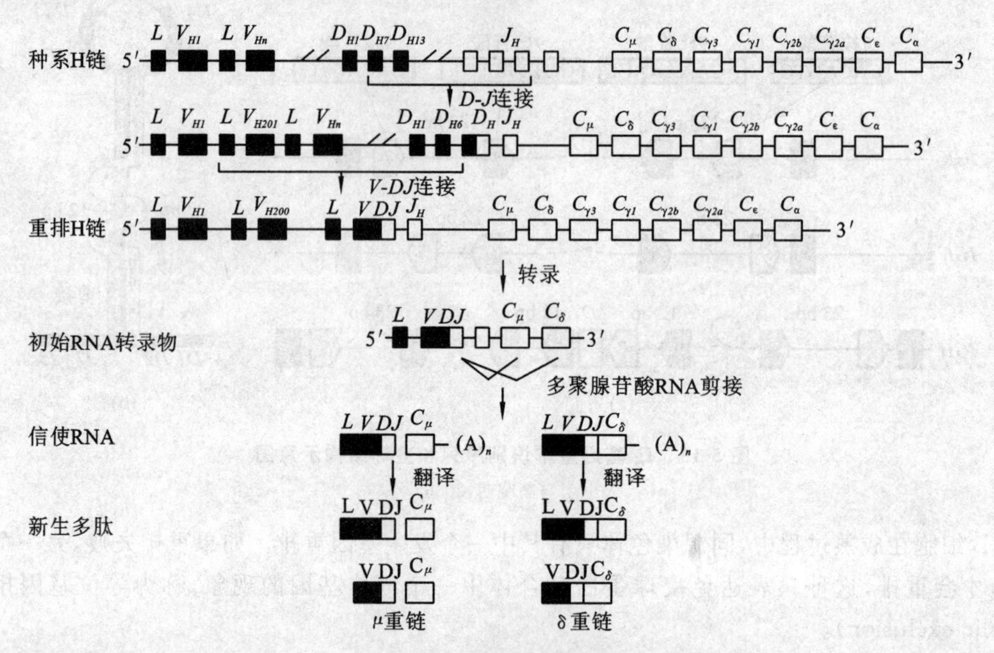

图 5-17　免疫球蛋白重链基因重排与肽链合成

（引自胡维新，2007）

负责重排的两个重组酶分工不同，RAG1 负责识别 RSS，RAG2 负责切割。RAG1 和 RAG2 形成的复合物以七聚体作为切割靶点、九聚体作为识别位点。七聚体靶点被切开后形成游离的 3′-OH 和 5′-P。3′-OH 攻击另一条链的磷酸酯键，使片段末端形成发夹结构，RAG1/RAG2 复合物会将靠近发夹结构的一个单链切断。产生的单链末端经过互补合成称为 P 核苷酸片段的回文结构（palindrome），使末端延长。末端可被切除而变短，也可添加 N（new）核苷酸片段而伸长。经过填平补齐后的两个基因片段由连接酶连接，在接头处可以随机插入和删除几个 bp，增加抗体基因多样性。在 D-J 和 V-DJ 间可添加 15 bp 以上。N 核苷酸序列全是随机的，且位于 CDR3 位置。而信号端（切开后的平头端）连在一起时，并不插入或删除碱基，形成一个环出（looping out）结构离开编码区，这就是连接的环出模型（图 5-18）。

在淋巴细胞成熟过程中，V、D、J 基因片段通过重排形成完整的 V_H 基因，再与 C_μ 基因重排形成 IgM 基因。当受到抗原刺激后，VDJ 基因从靠近 C_μ 基因的位置转换到 C_γ、C_α 或 C_ε 基因，形成编码不同类或亚类的 Ig 基因，如 IgG、IgA 或 IgE 等。恒定区这种不同转录单位转换的过程称为类别转换（class switch）（图 5-19）。

转换重排的方向是从 5′ 端向 3′ 端，与重链基因的表达顺序一致。位于每个 C_H 基因 5′端 2～3 kb 处的转换序列（switch sequence，S）是重组酶的识别靶点，通常具有多个短的重复序列，长度可从 1 kb 到 10 kb 不等，如 C_μ 的 S 序列为[(GAGCT)$_n$(GGGGT)$_m$]。n 一般在 1～7，以 3 最为常见，而 m 可多达 150。除 C_δ 基因外，其他 C_H 基因均有 S 序列。由于 C_δ 基因无 S 序列，重排后的 VDJ 和 C_μ 及 C_δ 基因一起转录，经过 RNA 剪接加工形成重链 μ 和 δ。

类别转换的机制目前尚无定论。一种机制认为，重组酶通过识别不同 S 序列中的重复序

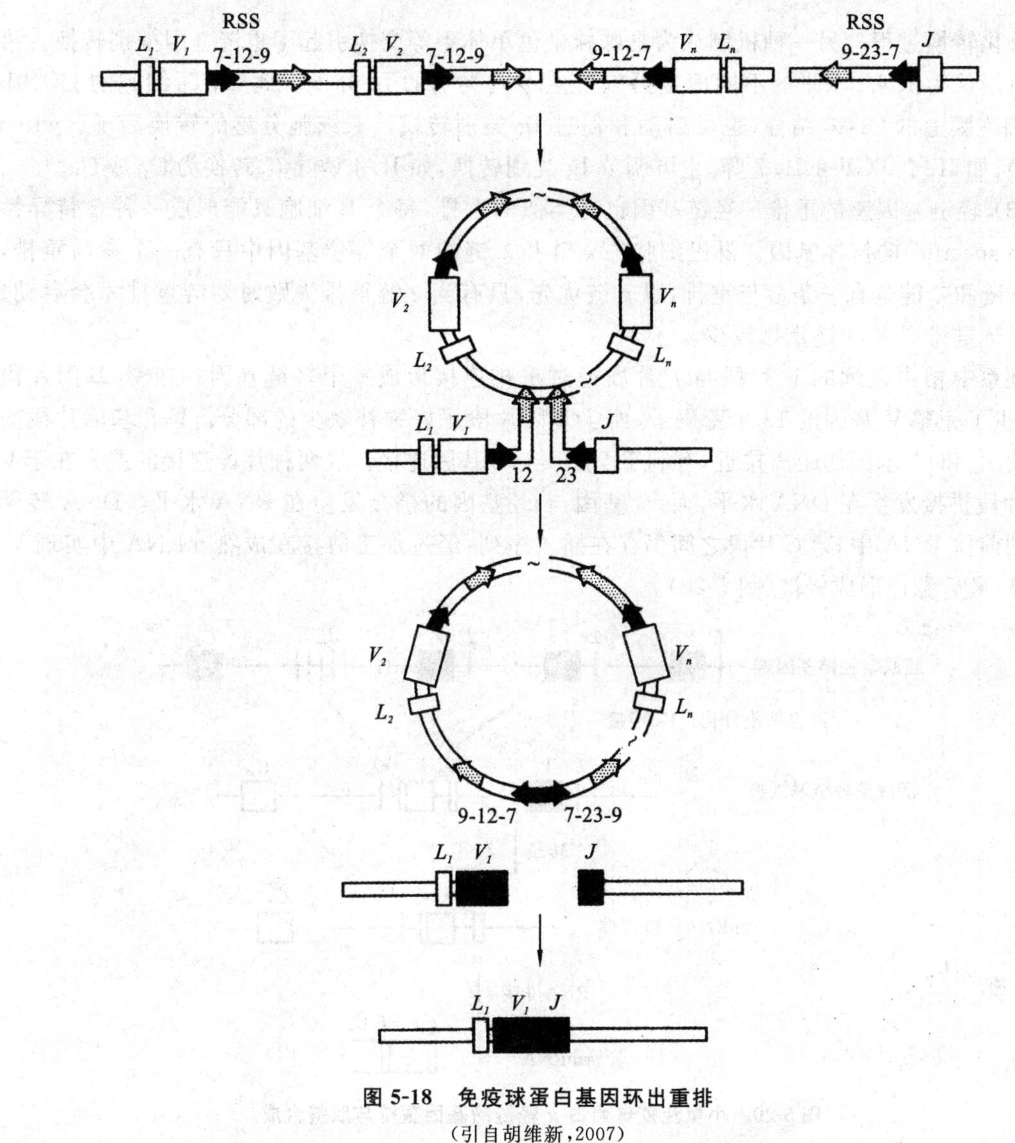

图 5-18　免疫球蛋白基因环出重排

(引自胡维新，2007)

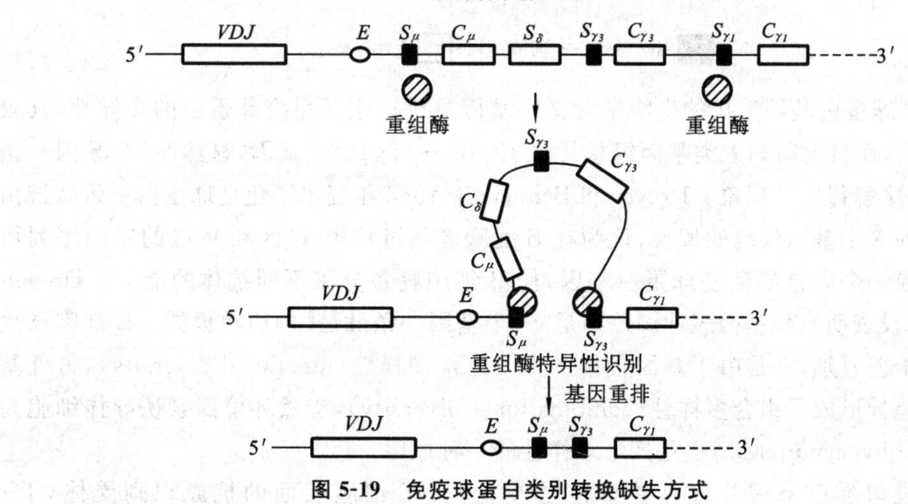

图 5-19　免疫球蛋白类别转换缺失方式

(引自胡维新，2007)

列来催化转换过程。另一种机制认为是姊妹染色单体不等交换引起了重链基因类别转换。第三种机制认为RNA水平的不同剪接可以产生不同类别的Ig分子。此外，T_H细胞的CD40L与B细胞膜上的CD40结合，也可启动和促进Ig类别转换。T细胞分泌的转换因子(switch factor)，如IL-4、TGF-β、IL-7等，也可调节Ig类别转换，如IL-4诱导C_μ转换为$C_{\gamma 1}$或C_ε。

(3) 轻链基因座的重排　轻链基因也有类似的重排，每个B细胞只能形成一种单特异性(mono specific)的抗体基因。淋巴细胞的κ链和λ链的两个等位基因中只有一个参与重排，此外κ链和λ链只有一条参与重排，以κ链优先，只有当κ链重排失败时λ链重排才会启动。因此κ链重排居多，λ链重排较少。

胚系中相距较远的V片段与J片段通过重排连接形成一个轻链基因。在V_L基因片段中，缺少了完整V基因的13个密码子，而J基因片段正好弥补缺少的部分。V-J基因片段的连接使V_L和C_L基因的距离拉近，有利于$V_L J_L$与C_L基因连接。这两种片段连接的差异在于V与J片段拼接发生在DNA水平，而V_L基因与C_L基因的拼接发生在RNA水平。DNA转录形成的前体RNA中，V、C片段之间仍存在插入序列，经过加工剪接在成熟mRNA中实现V-C连接，最后翻译形成轻链(图5-20)。

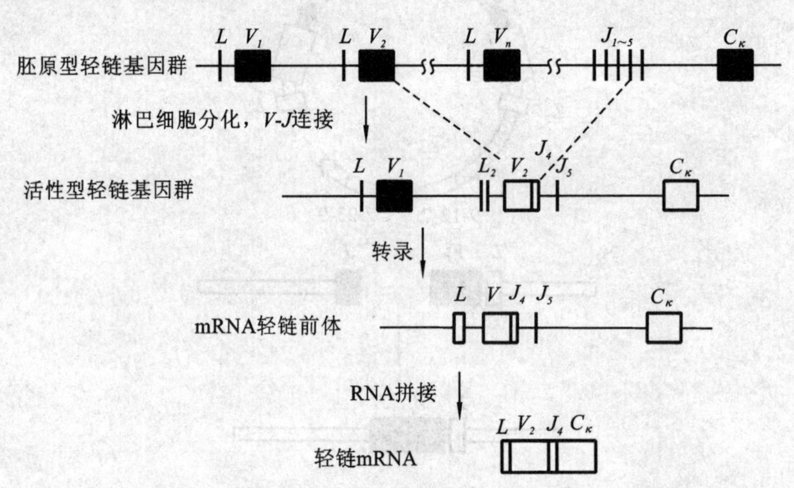

图5-20　小鼠免疫球蛋白κ轻链的基因重排与肽链合成

(引自戴灼华，2010)

■编码序列；—间隔序列；□活性外显子

(4) 免疫球蛋白基因重排的生物学意义　基因重排产生了免疫球蛋白的多样性，其数量可达10^{10}以上，而目前所知人类基因组总共才$3\times10^4\sim5\times10^4$个基因，显然"一个基因一条肽链"的假说无法解释这种现象。Dreyer和Bennett于1965年提出了免疫球蛋白一条肽链由位于不同区域的多个基因编码的假设，认为在B细胞成熟过程中，C区和V区的基因序列可以连接起来形成一个完整的免疫球蛋白基因，使B细胞具备分泌不同抗体的能力。Dreyer和Bennett的假设表明真核基因表达调控不是"一个基因一条肽链"的简单模式。B细胞产生的抗体之所以千差万别，一是由于基因重排产生了连接多样性(junctional diversity)，另外基因结构本身的差异形成了组合多样性(combinational diversity)，当然环境因素诱导体细胞高频突变(somatic hypermutation)也是产生多样性的一种原因。

除了免疫球蛋白基因片段存在重排之外，位于T细胞表面的抗原识别受体(T cell receptor，TCR)也存在重排。TCR由两条肽链组成，分为TCRαβ和TCRγδ两种，其中

TCRαβ 占 95%左右。γδ 型受体只有在 T 细胞缺失 α、β 链时才能形成，而 αβ 型受体存在于成熟的 T 细胞中。TCR 以 MHC-抗原肽-TCR・CD3 复合物形式识别抗原。TCR 的四条肽链编码基因位于不同染色体上，与 *Ig* 一样也为胚系基因片段，分别由不同数目的 *V*、*D*、*J*、*C* 或 *V*、*J*、*C* 片段组成。这两种受体基因的重排与免疫球蛋白基因重排十分相似，其 β 链与 γ 链通过类似 *V-D-J* 连接的方式进行重排，而 α 链与 δ 链则通过 *V-J* 连接进行重排。在分化成熟过程中，γ 链和 δ 链基因首先重排，一旦重排成功，α 链和 β 链就不重排；当 γ 链和 δ 链重排失败时，α 链和 β 链随即发生基因重排。与 *Ig* 基因相似，TCR 重排也遵循 12/23 规则，并有等位排斥现象。

2. 酵母结合型的转换

酿酒酵母（*Saccharomyces cerevisiae*）的生命周期中有二倍体和单倍体两种类型。单倍体细胞的 a 型和 α 型两种接合型（mating type）由一对等位基因 *MAT*a 和 *MAT*α 决定，当位于 *MAT* 基因座两侧的 *HML*α 或 *HMR*a 转座给 *MAT* 基因座时，接合型就转换成 α 型或 a 型，导致这种接合型转换的机制称为基因转换（gene convertion）。有人提出盒式模型（cassette model）来解释它，认为 *MAT* 存在 a 型和 α 型 2 种活性盒，而 *HML* 和 *HMR* 是分别携带 α 型和 a 型接合信息的沉默盒（silent cassette）（图 5-21）。转座引起了受体 *MAT* 活性盒的转换。两种活性盒的转录方式有差异：*MAT*α 从其内部的 Yα 区启动子向两侧分别转录 mRNAα1 和 mRNAα2；*MAT*a 则从 Ya 区启动子向一侧转录 mRNAa1（图 5-22）。

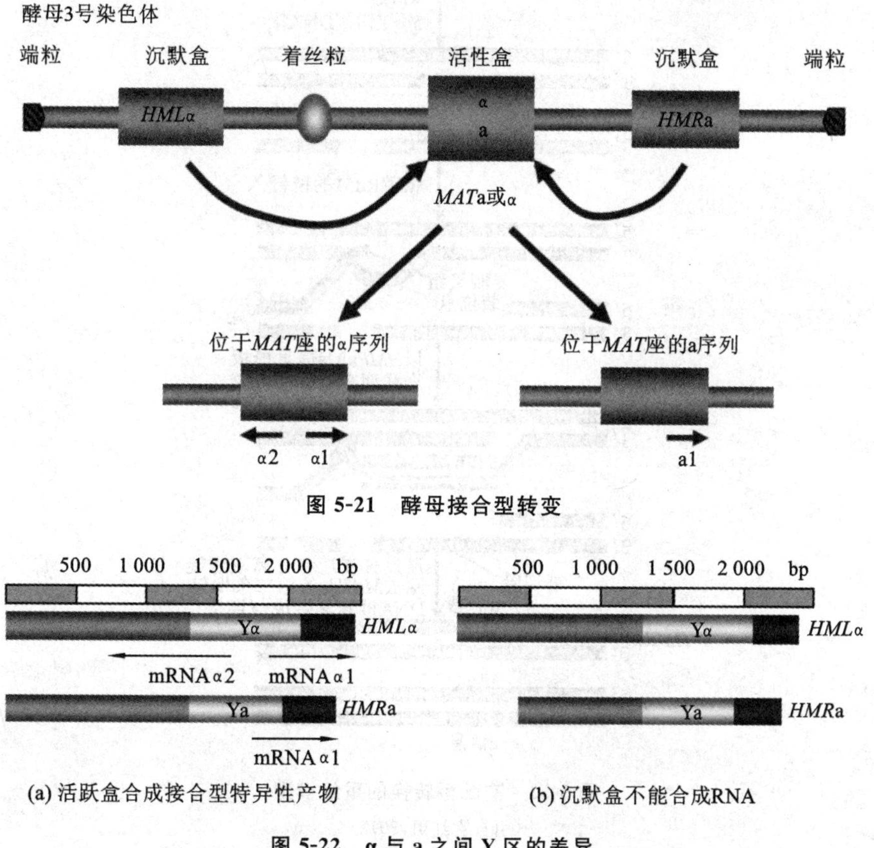

图 5-21　酵母接合型转变

图 5-22　α 与 a 之间 Y 区的差异

不同接合型细胞之间的识别是由一个细胞分泌的外激素（pheromone）和另一个细胞表面

的受体相互作用决定的。a 型细胞分泌的 a 因子有 12 个氨基酸，而 α 型细胞分泌的 α 因子有 13 个氨基酸。a 因子和 α 因子都是通过其前体分子进行剪接、修饰、羟基化和甲基化后释放到细胞外壁上，通过与另一细胞的受体分子相互作用来介导不同接合型细胞相互识别。

图 5-23 为交配型转换的重组模型。在该模型中，首先由 HO 内切酶（homing endonuclease）对重组位点特异性序列进行切割，形成双链断裂。在 Rad51 的帮助下完成链侵入过程，以侵入的 3′端作为引物启动 DNA 合成，并形成一个完整的复制叉，同时复制前导链和滞后链。通过链置换，两条新合成的子代链被置换出来，形成双螺旋，再连接到最初被 HO 内切酶切断的 DNA 位点上，形成与模板相同的新片段。接合反应可激活类似于受体-G 蛋白偶联系统的通路，镶嵌在膜上的受体（STE2 是 a 细胞中的 α 受体，STE3 是 α 细胞中的 a 受体）被激活时，可使 G 蛋白亚单位分离并激活下一个通路蛋白。G 蛋白的 α、β 和 γ 亚单位分别由 *SCG1*、*STE4* 和 *STE18* 基因编码。该通路的下游主要是一些激酶如 STE20、STE11、STE7、Fus3、Fus1、KSS1，还有其他因子如细胞周期因子 CLN3、转录因子 STE12 以及 far1 和 CLN2 等。

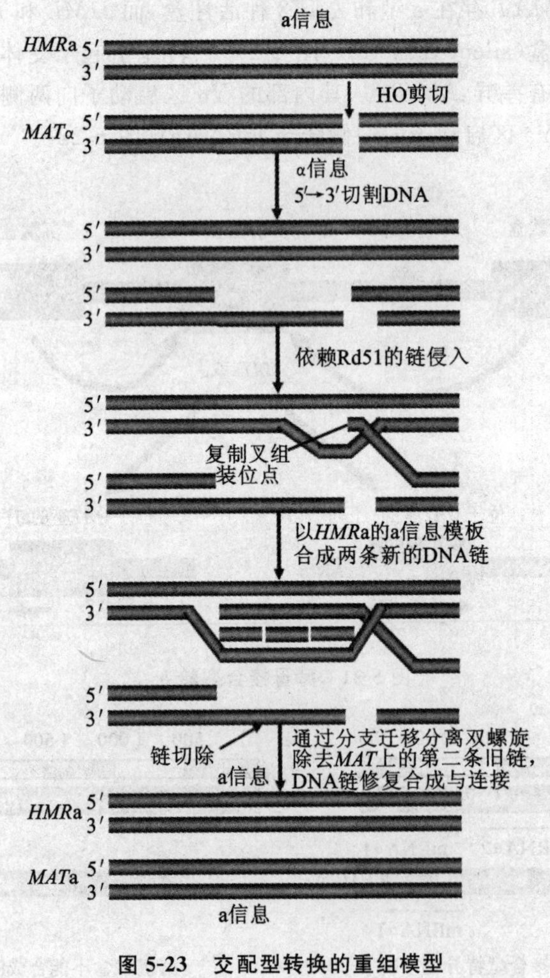

图 5-23　交配型转换的重组模型

（引自袁红雨，2012）

5.2 转座子

转座子是基因组中能改变位置的一类可移动的遗传因子。转座子具有两个主要特征：一是通过改变其位置引起基因重组和变异；二是进行大量扩增，是一类“自私基因”(selfish gene)。转座子最早是由 B. McClintock 于 20 世纪 40 年代在玉米的遗传研究中发现的，当时称为控制元件(controlling element)。但直到 20 世纪 60 年代后期，J. Shapiro 在大肠杆菌中发现一种由插入序列引起的多效突变之后，才重新引起人们重视。现在已知，转座子广泛存在于生物界。

值得指出的是，并非只有转座子才能转座，有些内含子和假基因也可以转座，如假基因 $IgC\psi_{\lambda 1}$、酵母线粒体 *lsu* 基因中的内含子 ScLSU.1。*T. thermophilar* RNA Ⅰ型内含子可反向自我剪接，导致内含子回归(intron homing)和内含子转座(intron transposition)。Ⅱ型内含子可发生反转座，内含子先从转录产物上剪掉，内含子翻译的蛋白质产物与其编码 RNA 结合形成 RNP，催化内含子逆剪接进入靶基因的 RNA 产物。然后逆转录形成 DNA 并插入新的位点。假基因 $IgC\psi_{\lambda 1}$ 与 *Alu* 相似，其两端有与类似的正向重复序列，可以转移到基因组其他位置。

5.2.1 DNA 转座途径

B. McClintock 在玉米中发现的转座子以及 J. Shapiro 在大肠杆菌半乳糖操纵子中发现的 *IS* 都是 DNA 转座子。DNA 转座的机制有以下三种。

1. 复制型转座

复制型转座(replicative transcription)是转座子先复制，形成的新拷贝转座到新的位置，在原先的位置上保留了原有的拷贝(图 5-24(a))。复制型转座会导致转座子拷贝数增加，并且需要转座酶(transposase)和解离酶(resolvase)参与。转座酶作用于原来的转座因子末端，解离酶则作用于复制的拷贝。*TnA* 是复制型转座的例子。

2. 非复制型转座

非复制型转座(non-replicative transposition)在转座时不进行复制，而是从原来位置转座到新的位置，这种转座只需转座酶的作用(图 5-24(b))。如插入序列和复合转座子 *Tn10* 和 *Tn5* 的转座就属于非复制型转座。非复制型转座的结果是在原来位置上的拷贝丢失，而在插入位置新增了转座子。如果发生插入突变，可造成表型变化。非复制型转座可在原来位置产

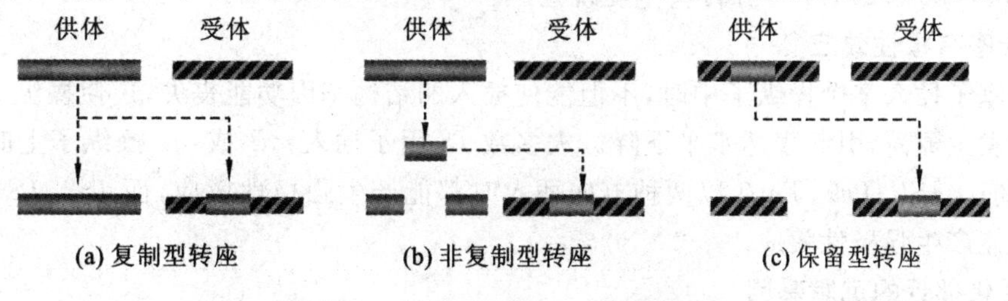

图 5-24　三种不同的 DNA 转座类型

(仿自戴灼华等，2008)

生双链断裂以使转座子脱落，然后在受体分子上的交错接口处插入，通过“切割与黏接”(cut and paste)模式转座。另一种转座模式是在转座子与受体分子之间形成一种交换结构(crossover structure)，受体分子上产生交错的单链缺口，与酶切后产生的转座子单链游离末端连接，并在插入位点上产生正向重复序列；最后，由此生成的交换结构经产生缺口(nick)而使转座子转座到受体分子。供体分子上的双链断裂由DNA修复系统进行修复，或者直接被降解掉。

3. 保留型转座

保留型转座(conservative transposition)实际上也属于非复制型转座，其特点是转座子的切离和插入类似于λ噬菌体的整合，所用的转座酶属于λ整合酶(integrase)家族。进行保留型转座的转座子都比较大，而且转座的往往不只是转座子自身，还能将宿主的DNA转移到另一细菌(图5-24(c))。

5.2.2 转座子的转座特征

转座子转座一般有以下特征。

1. 转座不依赖RecA

细菌的转座过程与重组过程不同，重组一般发生在同源序列之间，且依赖RecA蛋白，而转座过程并不要求一定发生在同源序列之间，且 *recA* 基因的突变不影响转座。可见，转座与依赖于宿主细胞RecA蛋白的同源重组不同。

2. 转座后靶序列重复

转座子在插入新位点后，会在靶DNA序列上转座子的两侧出现较短的同向核苷酸重复，一般为3 bp、5 bp、9 bp、11 bp。

3. 转座子有插入选择性

有些转座子对插入靶位点有一定的序列专一性，如凡是 *Tn10* 插入位点上的核苷酸序列都是GCTNAGC。*Tn9* 的插入则多发生在AT丰富区。但 *Mu* 噬菌体几乎能插入染色体的所有位点。

4. 区域性优先

绝大多数转座子可插入染色体DNA的任何位置，但更倾向于插入某些特定的靶点或区域。这种优先取决于DNA双螺旋的状况或DNA结合蛋白的状态，而非靶点的具体序列。

5. 转座具有排他性

一个质粒上如果已插入一个 *Tn3*，则排斥另一个 *Tn3* 转座到该质粒上，但又不妨碍它转座到同一细胞的其他没有 *Tn3* 的质粒上去，这种排他性又称转座免疫。某些 *TnA* 族转座子之间(*Tn3*、*Tn501*、*Tn1771*)有转座免疫现象。

6. 转座有极性效应

当转座子插入某个操纵子中时，不但能使插入的结构基因功能丧失，还使操纵子的下游基因的功能发生障碍，引起表达水平下降。大多数 *IS* 因子插入 *gal* 或 *lac* 操纵子上时都有很强的极性效应。*IS1*、*Tn9*、*Tn10* 以两种方向插入时都能产生强极性效应，而 *IS2*、*IS3* 以一个方向插入就能产生强极性效应。

7. 活化邻近的沉默基因

当 *IS3* 以任意方向插到因缺失启动子而不能表达或表达很弱的 *ArgE* 基因的5′端时，能使这个沉默的 *ArgE* 基因重新表达。

5.2.3　原核生物的转座因子

原核生物的转座因子是存在于染色体 DNA 上可自主复制和转座的基本单位，根据分子结构和遗传性质可将原核生物的转座因子分为插入序列、转座子和 *Mu* 噬菌体 3 种。

1. 插入序列

大肠杆菌约有 20 种不同的转座因子，都含有转座酶基因。其中最简单的是插入序列(insertion sequence，*IS*)，简称 *IS* 因子。它们是细菌染色体或质粒 DNA 的正常组成部分。*IS* 因子较小，长度只有 750～1 550 bp，其两端具有 15～25 bp 的反向重复(inverted repeat，*IR*)序列，只有转座酶基因(图 5-25)。*IS* 可从染色体的一个位置转移到另一个位置，或从质粒转移到染色体上。*IS* 本身没有任何表型效应，但可引起基因失活。

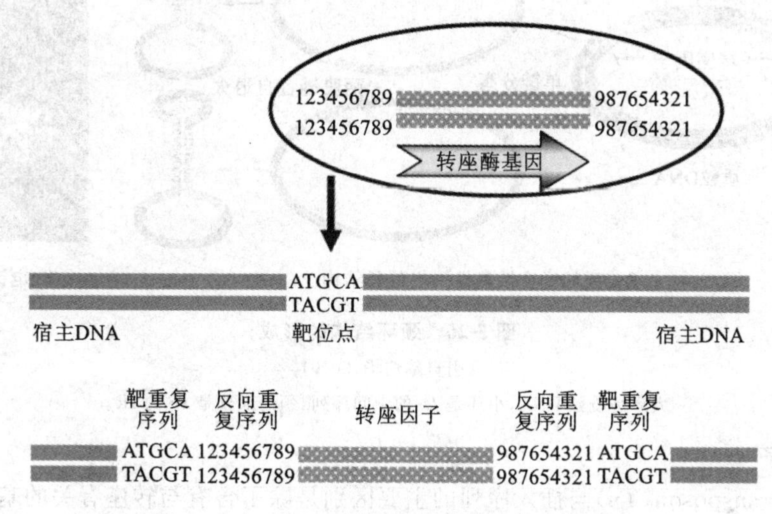

图 5-25　*IS* 结构模式图

(仿自 Lewin，2004)

IS 末端的反向重复序列为 9 bp，数字 1～9 示碱基序列。

插入序列在转座时，宿主靶位点的双链被交错切开，插入序列转座后会在两端形成短的正向重复序列。插入的靶位点没有序列特异性，但交错切开的双链长度是固定的，一般为 5～9 bp。*IS* 元件在插入时形成了一种典型的结构模式，在它的末端是反向重复序列，而与其相连的宿主 DNA 末端则是正向重复。这种结构可用于判断转座因子是否存在。末端的反向重复序列是转座因子的结构标识。插入序列最早是在大肠杆菌的半乳糖基因突变体 gal^- 中发现的。

目前已知的 *IS* 有 10 余种，其编号分别为 *IS1*、*IS2*、*IS3* 等(表 5-1)。在电镜下可以观察到含有 *IS* 的质粒形成的颈环结构。其颈部是 *IS* 的 *IR*，大环是质粒 DNA，小环是 *IS* 的中间序列(图 5-26)。另外一个共同特征是 *IS* 除了 *IS1* 以外，都有一个开放阅读框(open reading frame，ORF)，翻译起点和终点分别位于第一个和第二个反向重复区附近。

表 5-1　*IS* 序列种类及其特征

插入序列	靶重复序列	反向重复序列	转座因子总长度	靶位点选择
IS1	9 bp	23 bp	768 bp	随机
IS2	5 bp	41 bp	1 327 bp	热点

续表

插入序列	靶重复序列	反向重复序列	转座因子总长度	靶位点选择
IS4	11～13 bp	18 bp	1 428 bp	AAAN$_{20}$ TTT
IS5	4 bp	16 bp	1 195 bp	热点
IS10R	9 bp	22 bp	1 329 bp	NGCTNAGCN
IS50R	9 bp	9 bp	1 531 bp	热点
IS903	9 bp	18 bp	1 057 bp	随机

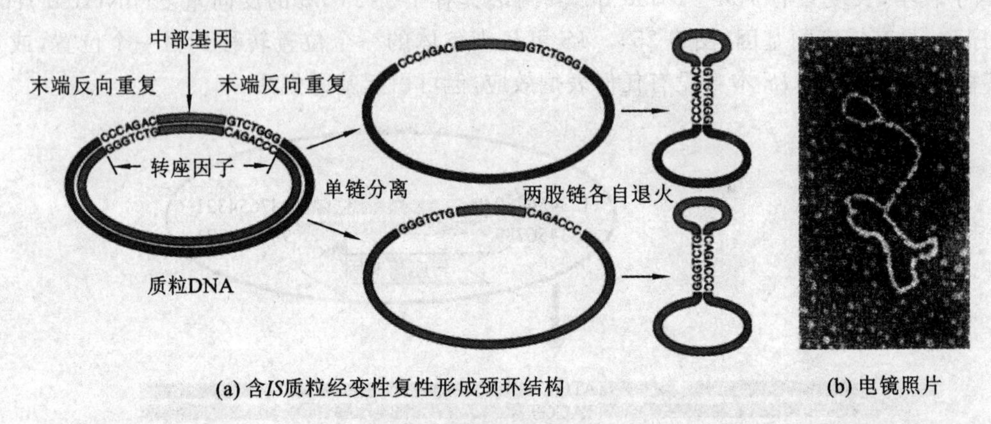

(a) 含*IS*质粒经变性复性形成颈环结构　　(b) 电镜照片

图 5-26　颈环结构的形成

（引自戴灼华，2010）

大环是质粒 DNA，小环是 *IS* 的中间序列，颈的部分是 *IS* 的 *IR*。

2. 转座子

转座子(transposon，*Tn*)与插入序列的主要区别是除了含有与转座有关的基因外，还带有一些其他基因，如抗药性和乳糖发酵基因，其两端有反向重复序列 *IR*，某些 *IR* 其实就是 *IS*，这种带有 *IS* 的 *Tn* 称为复合转座子(composite transposon)。而不含 *IS* 的 *Tn* 称为简单转座子(simple transposon)(图 5-27)。

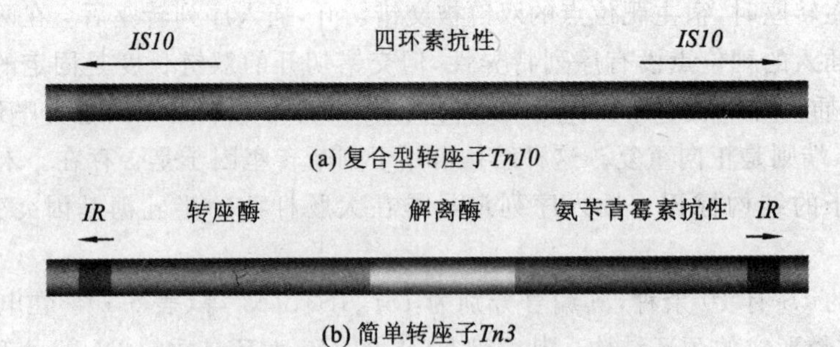

(a) 复合型转座子*Tn10*

(b) 简单转座子*Tn3*

图 5-27　复合转座子与简单转座子的结构

复合转座子中研究得最多的是 *Tn10*，它通过剪贴机制转座。复合转座子含有抗生素抗性基因，如卡拉霉素(kanamycin)、链霉素(streptomycin)和博莱霉素(bleomycin)的抗性基因等。*Tn10* 主序列两侧有 *IS* 结构，位于右侧的 *IS10R* 编码有活性的转座酶。左侧的 *IS10L* 编码的转座酶活性很低，只有 *IS10R* 编码的转座酶活性的 1%～10%。*IS10R* 序列附近有两个启动子，转座酶基因启动子(P_{IN})和转座酶的反义 RNA 启动子(P_{OUT})。

图 5-27 中，复合转座子 *Tn10* 含转座酶基因 *IS10* 以相反方向插入形成 *IR*（*IS10L* 不含转座酶基因），简单转座子 *Tn3* 有短 *IR*。

Tn3 属于简单转座子，其反向重复序列较短，具有编码自己的转座酶的能力，解离酶将负责分离供体和受体。

3. *Mu* 噬菌体

1963 年 Taylor 发现了一种称为 *Mu* 的特殊噬菌体（mutator phage）。*Mu* 与 *E. coli* 的其他温和型噬菌体不同，其整合和切离无序列选择性。*Mu* 噬菌体 DNA 通过转座整合到宿主基因组中，溶源化的 *Mu* 在宿主基因组中进行转座（图 5-28），并通过转座进行复制。*Mu* 噬菌体 DNA 插入宿主的某个基因后可以引起基因失活或者突变。在 *Mu* 噬菌体切离时，其 DNA 的两端会留下一小段宿主 DNA。*Mu* 噬菌体的转座频率比一般转座子的高很多，可以频繁地引起基因突变，因此被誉为“mutator”（突变者）。

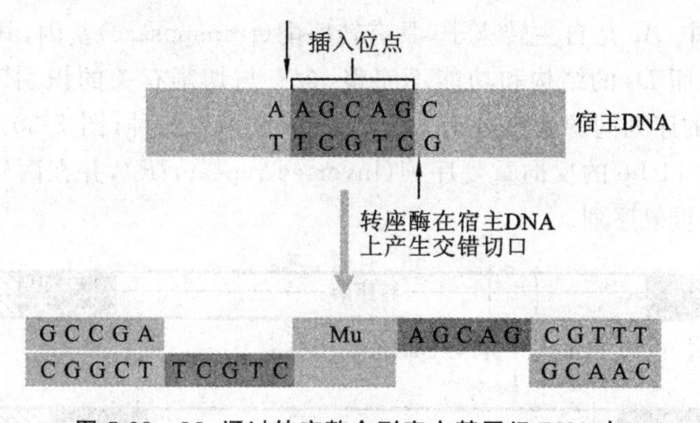

图 5-28　*Mu* 通过转座整合到宿主基因组 DNA 中

（引自袁红雨，2012）

Mu 噬菌体基因组为线形双链 DNA，长约 38 kb，两端带有大肠杆菌的一小段 DNA。末端有类似的 *IS* 序列，位于 *Mu* 噬菌体 DNA 一端的 *A* 和 *B* 基因与转座有关。*A* 和 *B* 两个基因编码相对分子质量为 70 000 的 MuA（转座酶）和相对分子质量为 33 000 的 MuB（ATPase）。MuB 对 MuA 有促进作用，能与 MuA 相互作用，作用后 MuB 不能结合到 MuA 结合的 DNA 区域，产生转座靶点免疫（transposition target immunity）（图 5-29）。此外在 *A*、*B* 两个基因与末端之间还有一个对 *A* 和 *B* 基因有负调控作用的 *C* 区。在 *Mu* 噬菌体 DNA 的

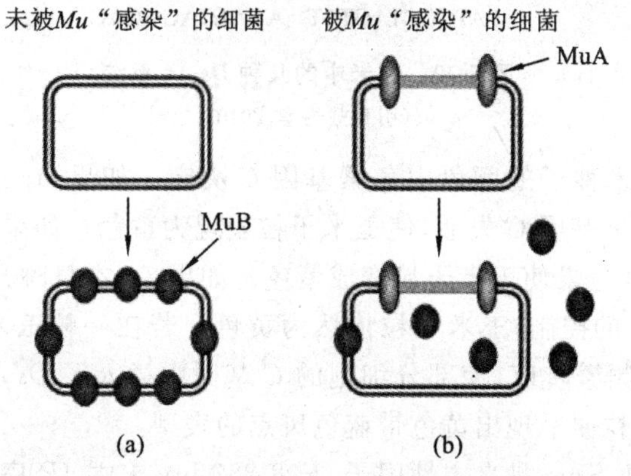

图 5-29　MuA 与 MuB 相互作用产生转座靶免疫

（仿自赵武玲，2010）

右侧含有一段长度为 3 kb 的 *G* 区。*G* 区有编码尾丝部件的 *Sv* 和 *U* 或 *Sv′* 和 *U′* 两套基因，在顺方向时 *Sv* 和 *U* 转录，当 *G* 区发生倒置后 *Sv′* 和 *U′* 基因进行转录。

5.2.4 真核生物的转座子

1. 玉米的转座子

玉米转座子的研究可以追溯到 1932 年 B. McClintock 开展的一系列研究。她发现某些子粒色斑大小和出现的早晚似乎与某些因素有关，于是提出了抑制基因（Inhibitor，*I*）的概念，并在 1951 年的冷泉港生物学专题讨论会上进行了系统介绍。她把这种能自发转移的遗传基因称为转座子（transposable elements，*TEs*），并阐明 *TEs* 具有跳动性，还控制其他基因的表达。这一发现使她在 1983 年获得了诺贝尔生理学与医学奖。

玉米的控制因子有 3 个系统：*Ac-Ds* 系统；*Spm-dSpm* 系统；*Dt* 系统。

在 *Ac-Ds* 系统中，*Ac* 是自主转座子，具有转座酶（transposase）基因，其结构复杂且分子较大，长约 4 536 bp。而 *Ds* 的结构和功能不完整，含有与切割有关的识别序列，但不能自动转座。*Ds* 按照与 *Ac* 的序列同源程度分为 *Ds-a*、*Ds-b* 和 *Ds-c* 三种（图 5-30）。*Ac* 和 *Ds* 虽然差别较大，但两端都有 11 bp 的反向重复序列（inverted repeat，*IR*），并在两端 *IR* 序列之外各接有一段 8 bp 的正向重复序列。

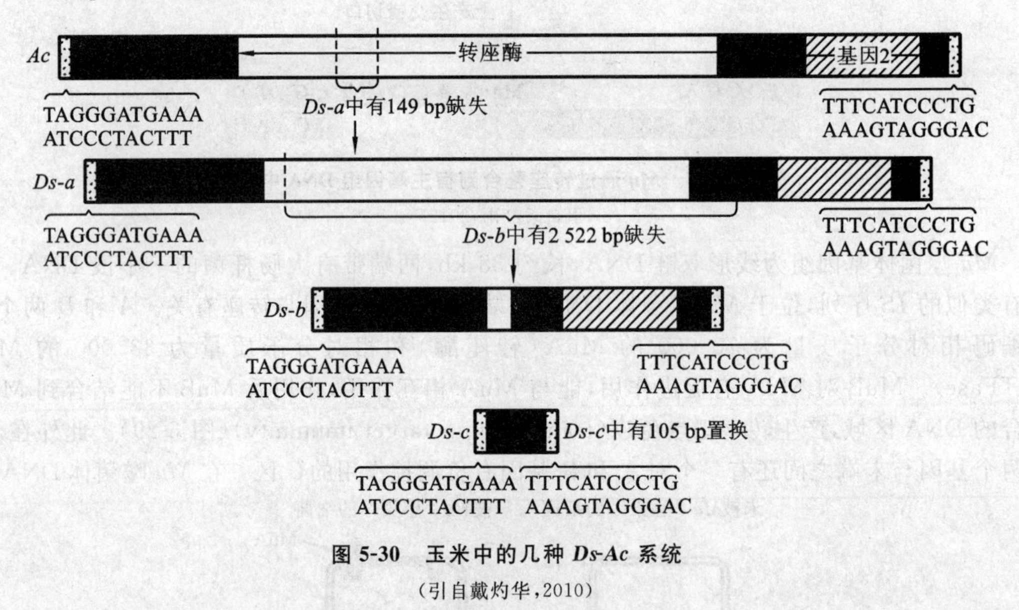

图 5-30　玉米中的几种 *Ds-Ac* 系统

（引自戴灼华，2010）

如图 5-31 所示，玉米种子的颜色由色素基因 *C* 决定。如果 *Ac* 或 *Ds* 插入 *C* 基因（color gene）内部，可以造成色素基因 *C* 失活，使玉米子粒表现为黄色。如果 *Ds* 从 *C* 离开，色素基因 *C* 恢复正常表达，产生紫色素使玉米子粒变成紫色。如果 *Ac* 本身跳开，使 *Ds* 远离 *Ac*，则处于 *C* 基因的 *Ds* 不再受 *Ac* 的控制，玉米子粒依然为黄色。若在一粒玉米的发育过程中，由于体细胞中 *Ds* 在染色体上频繁转座，使部分细胞的 *C* 基因中插入了 *Ds*，另一部分细胞的 *C* 基因中没有插入 *Ds*，玉米子粒便呈现出黄色带蓝色斑点的表型。

Spm-dSpm 系统中，*Spm* 是自主性因子，长 8 287 bp，末端 *IR* 序列为 13 bp，靶位点同向重复 8 bp，含有 3 个内含子、2 个可读框（图 5-32）。它有激活型、钝化型和程序型 3 种形式，具有转座、整合和解离活性。*Spm* 的主要转录子只有 2.5 kb 长，编码一种反作用抑制子（trans-

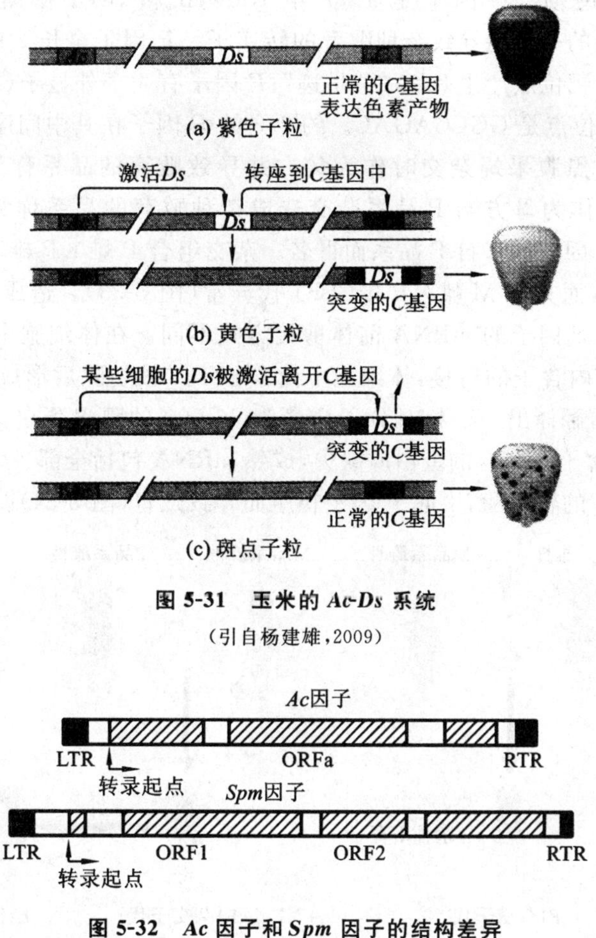

图 5-31　玉米的 *Ac-Ds* 系统

（引自杨建雄，2009）

图 5-32　*Ac* 因子和 *Spm* 因子的结构差异

（引自戴灼华，2010）

LTR、RTR 分别为左、右两个反向重复。

acting suppressor)蛋白，也可以对 *Spm* 的转录起正调节子的作用。*Spm* 的 2 个可读框对转座是必需的，如发生缺失或移码突变就会失去转座功能，但仍然可以抑制 *dSpm*，因此 ORF1 和 ORF2 与转座酶的形成有关。

dSpm 为 *Spm* 内部缺失 *tnpA* 的中间部分所形成，也能够独立地转座。*Spm* 插入某些基因的外显子中导致该基因失活，因此也称其为抑制子(suppressor)。*dSpm* 则只有在 *Spm* 因子存在时才具有抑制作用，*Spm* 以反式互补的方式为 *dSpm* 提供抑制功能。当 *dSpm* 插入结构基因中可以引起渗漏突变，被激活时即可发生转座。*Spm-dSpm* 系统与 *Ac-Ds* 系统在功能上有许多相似之处，但 *Spm* 解离后不能使插入位点的基因完全恢复到原来状态。

Dt 转座子是 20 世纪 30 年代在墨西哥玉米中发现的一种转座子，其自主控制因子 *Dt* 位于第 9 号染色体短臂末端。至今已经发现 6 个 *Dt* 突变基因，它们只能引起 *a1* 座位某些等位基因的不稳定突变。它们的非自主控制因子 *rDt* 能够插入 *a1* 座位，并对 *Dt* 发出的信号作出反应，引起 *a1* 的回复突变。没有活性的 *a1* 和 *a1-m*，在 *dt* 存在时，表现稳定，但在 *Dt* 存在时，都能发生特定频率的回复突变，出现不同活性水平的 A1。

2. 果蝇的转座子

果蝇的转座子主要有 *P* 因子(*P* element)、*copia*、*412*、*279*、*Tip*、*FB* 和 *Minos* 等，其中对

P 因子研究得最为透彻。*P* 因子是 1977 年 Kidwell 和 Sved 在黑腹果蝇(*Drosophila melanogaster*)中发现的一种能导致杂种败育的转座子。*P* 因子全长 2 907 bp,两端有 31 bp 的 *IR* 序列,在转座的靶位点产生 8 bp 的"足迹";*P* 因子有 4 个外显子(0、1、2、3)和 3 个内含子(1、2、3),其优先靶位点是 GGCCAGAC。约 2/3 的 *P* 因子在其中间序列发生了缺失,使其成为非自主因子。在黑腹果蝇杂交时作为父方并导致败育的品系称为父方品系(paternal strains)或 P 品系,而作为母方与 P 品系杂交造成杂种败育的品系称为母方品系(maternal strains)或 M 品系,*P* 因子因来自 P 品系而得名。杂交组合 P 雌×P 雄、M 雌×M 雄、P 雌×M 雄的 F1 代均正常,而只有 M 雌×P 雄的 F1 代异常(图 5-33)。造成杂种败育的原因在于体细胞和生殖细胞中 *P* 因子的 mRNA 前体剪接方式不同。在体细胞中,有一种蛋白质与内含子 3 结合阻止了该内含子的剪接,体细胞中内含子 1、2 被切除后形成的 mRNA 有 ORF0、ORF1、ORF2 外显子,翻译出一个相对分子质量为 66 000 的阻遏蛋白,能抑制 *P* 因子转座。在生殖细胞中,与内含子 3 结合的蛋白质缺失,成熟 mRNA 包括全部 4 个外显子,翻译形成相对分子质量为 87 000 的转座酶,引起 *P* 因子转座而导致败育(图 5-34)。

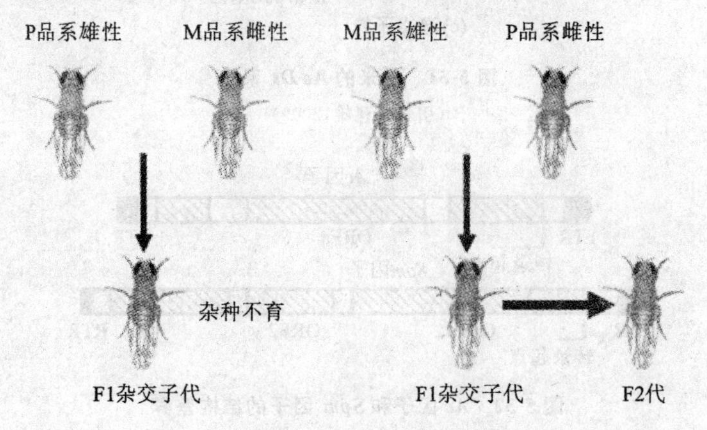

图 5-33 果蝇 *P* 转座子引起的杂种不育

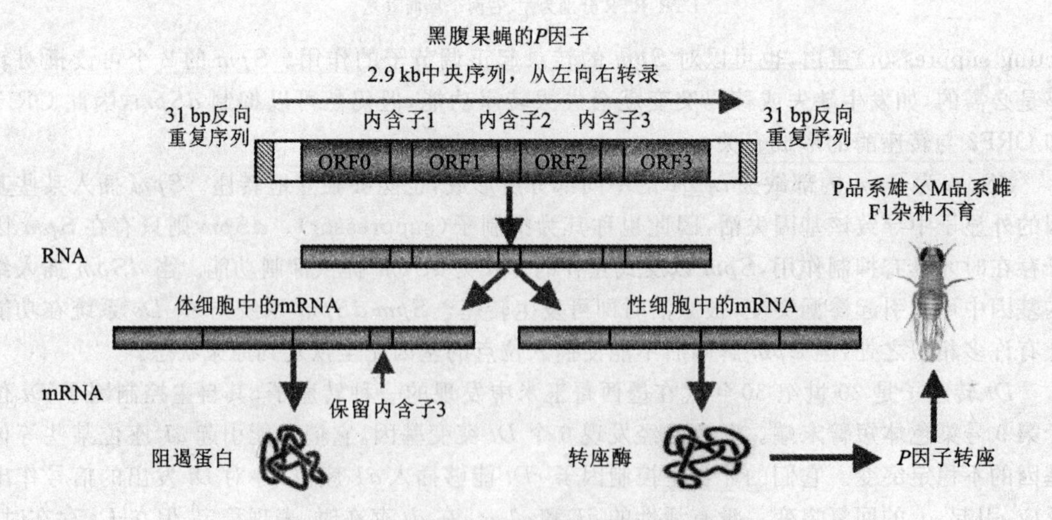

图 5-34 *P* 因子中内含子的剪接具有组织特异性

(仿自赵武玲,2010)

P 因子的 mRNA 有 4 个开放阅读框和 3 个内含子。如果第三个内含子不能剪掉,就产生阻遏蛋白;如果 3 个内含子都被剪掉,4 个阅读框连接起来,就产生转座酶。

果蝇X染色体上的*singed*位点是*P*因子的插入热点，可导致雌性不育。*P*因子插入等位基因*singed-weak*(*Snw*)后突变成*singed-extreme*(*Sne*)。*P*因子的转座酶和核酸内切酶与DNA有相同的结合区域。*singed*的等位基因*Sn*×2可引起雌性不育，Snw(M)品系完全不育，而且Snw(P)品系不能保持纯合状态。

*copia*因子是一种反转座子，长度约5 kb，两个末端*IR*为10 bp，接着是276 bp的正向重复，之后又是17 bp的*IR*，靶位点有5 bp的"足迹"。*copia*因子分散在果蝇的几个染色体上，有20～60个拷贝，高度保守。*copia*因子与酵母的*Ty*(transposon yeast)转座子相似，以逆转录方式进行转座，其末端有10个碱基序列与鸡的逆转录病毒SNA末端相同，有共同的末端序列：5′-TGTTACAACA-3′。*copia*因子序列只有一个长4 227 bp的阅读框，其部分序列与RNA肿瘤病毒的*gag*和*pol*同源，但与*env*差异较大。*copia*因子的转录活性很高，产生含有poly(A)尾巴的mRNA。转录物能翻译成多种蛋白质，参与RNA剪接和多聚蛋白质的切割等过程。*copia*因子的插入突变与suppressor和enhancer的活性有关，suppressor和enhancer是*copia*因子表达的反式调控元件。*copia*因子插入乙醇脱氢酶(alcohol dehydrogenase)基因(*dlh*)上游会明显降低该基因的表达。在*su*(*f*)(suppressor-of-forked)和*su*(*wa*)(suppressor-of-white-apricot)位点的突变等位基因可以在一定程度上抑制*dlh*基因转录水平的降低。

果蝇的*Minos*转座子存在于核糖体基因的非编码区，属于*Tc1*转座子家族。*Minos*转座子长1.8 kb，两端有255 bp的*IR*序列，两个ORF之间有一个长60 bp的内含子。在插入位点序列有TA碱基。此外，果蝇的*Mos1*转座子在基因组中的丰度较高，属于mariner家族，长1 286 bp，有28 bp的末端*IR*序列。*Mos1*转座子也存在于其他昆虫中。

3. 人类的转座子

人类基因组中转座子占很大比例，中度重复序列通常是一些转座子，如长散在重复序列(*LINE*)、短散在重复序列(*SINE*)、逆转录病毒类转座子和DNA转座子等。最常见的*LINE*如*L1*全长为6.5 kb，含有ORF1和ORF2阅读框，并且ORF2与*pol*基因同源，末端富含A。*L1*在人类基因组中可达数万拷贝，约占基因组的21%，是自主型转座子。短散在重复序列如*Alu*元件的长度为100～300 bp，是非自主型转座子，其3′端与*L1*序列同源，依赖*L1*进行转座。*Alu*元件是由于序列中有限制酶*Alu*Ⅰ的靶位点(AGCT/TCGA)而得名，在人类基因组中占3%～6%，大约每6 kb就有一个*Alu*。*Alu*序列家族成员的两端都具有短的正向重复序列，与转座子类似，其转录过程是由RNA聚合酶Ⅲ负责，某些*Alu*序列家族成员可能具有内源性活性启动子。人类的长散在重复序列(*LINE*)和*Alu*序列的结构有2个共同特点：①3′端有poly(A)结构；②转座子的两侧有几bp的正向重复序列，但缺少长末端重复序列(long terminal repeats，LTR)。

4. 其他生物的转座子

除了以上几种转座子外，在其他生物中也有各种转座子被陆续发现，如*Tc1*/*mariner*转座子超家族。*Tc1*/*mariner*转座元件广泛分布于生物界各类物种中，大多数*Tc1*样元件都与斑马鱼(zebrafish)、鲑鱼和非洲蟾蜍(*Xenopus txr*)等3个物种中发现的转座元件相似。*Tc1*最先在线虫中被发现，"*Tc1*"表示第1个来自于线虫的转座子，与*Tc1*具有相似结构的转座子统称类*Tc1*转座子(TLEs)。Ivics等从鲑科鱼类中分离出失活的LTEs，通过消除终止子构建出脊椎动物中第一个具活性的、能在哺乳动物细胞中转座的元件，命名为"Sleeping Beauty"(睡美人)，简称*SB*。*SB*转座子有编码转座酶的基因序列，两端有*IR*序列。此外，蛙的*FP* (frog prince)与 *SB* 同属于 *Tc1/mariner* 样转座子。日本 medaka fish 的 *hAT* 样 *Tol2* 转座子,是目前唯一未经改造就有活性的转座子。家蝇(*Musca domestica*)的 *Hermes* 转座子属于 *hAT* 家族,长 2 739 bp,两端有 17 bp 的 *IR* 序列,编码一个相对分子质量为 70 000 的转座酶。*Hermes* 转座酶与果蝇的 *hobo* 转座酶有较大的同源性,*hobo* 转座酶可以催化 *Hermes* 转座。*Hermes* 转座子广泛存在于昆虫中。

脊椎动物的 *DDE* 转座子因其转座酶含有保守的天冬氨酸(D)-天冬氨酸(D)-谷氨酸(E)三联体而得名。*DDE* 转座子结构简单,只含转座酶基因及两侧 *IR* 序列。*DDE* 三联体可与转座酶催化所需的金属离子形成配合物,其转座需要整合酶的参与,通过剪切-黏接整合到新的靶点。脊椎动物的 *Helitrons* 转座子是一类 DNA 转座子,两端无 *IR* 序列,转座后不会在靶点形成重复序列。*Helitrons* 转座子的 5′ 端为 TC,3′ 端为 CTRR(R 表示嘌呤)。此外,CTRR 序列上游有 16～20 bp 的回文序列,可形成发夹结构。*Helitrons* 转座子可以编码解链酶,以类似于质粒滚环方式复制后再转座。脊椎动物的 *Mavericks/Polintons* 转座子,有整合酶编码框,两端有 *IR* 序列,此外还有 ATP 酶、卷曲螺旋结构域、蛋白酶、B 类 DNA 聚合酶和衣壳蛋白类似物的编码框。转座时先用其自身编码的聚合酶进行复制,然后由整合酶作用插入受体位点。脊椎动物还含有 *MITEs* 微小反向重复转座子,长度短,中间无编码区,两端有 *IR* 序列,该类转座子为非自主转座子。

PiggyBac,简称 *PB*,最早在甘蓝蠖度尺蛾基因组中发现。*PiggyBac* 在各方面明显不同于其他类型的转座子。*PiggyBac* 能够在果蝇和昆虫中转座,在一些物种如红腋斑粉蝶(red flour beetle tribolium castaneum)中,*PB* 能在不同染色体间转座。*PiggyBac* 是一个自主转座子,长 2 476 bp,有 13 bp 的末端 *IR* 序列和一个 2.1 kb 的 ORF。*PB* 转座子可以在基因组中特征性的 TTAA 四核苷酸位点处切出和转座,转座比切出更为频繁,*PB* 转座子不受生物种类限制。

5.2.5 逆转录转座子

1. 逆转录转座子及其结构特征

转座子的转座方式有 2 种,一种是 DNA-DNA 的方式,而另一种是 DNA-RNA-DNA 方式,这类转座子称为逆转录转座子(retrotransposon)。逆转录转座子可以分成病毒超家族(viral superfamily)和非病毒超家族(nonviral superfamily)两大类。病毒超家族编码逆转录酶或整合酶,能自主地进行转录,其转座机制类似于逆转录病毒,但没有 *env* 基因,在高等植物中广泛存在。非病毒超家族自身不编码转座酶或整合酶,而是利用宿主细胞的酶系统来进行转座,因此不能进行自主转座(图 5-35)。

病毒超家族和非病毒超家族都来源于细胞内的转录物,其显著区别在于病毒超家族成员的 DNA 分子两端具有长末端重复序列(LTR),并含有 *gag* 和 *pol* 基因,但没有 *env*。如酵母的 *Ty* 转座子,果蝇的 *copia* 转座子和 *gypsy*,玉米的 *Bsl*,啮齿类的 *LAP*,人类的 *THEI*。非病毒超家族的成员没有 LTR 结构,但有 3′ poly(A),其中心编码区含有与 *gag* 和 *pol* 类似的序列,5′ 端常被截断,如果蝇 *I* 因子、人类的 *LINE* 和线粒体质粒(图 5-36)。逆转录转座子插入基因组时有一定的序列选择性,与整合酶对序列的特异性有关。例如,果蝇 *gypsy* 的插入位点具有 5′-TAYATA-3′序列,其中 Y 表示嘧啶,整合位点会形成 4 bp 的正向重复 TAYA。

目前,酵母中研究较为清楚的 *Ty* 转座子就是逆转录转座子。*Ty* 在转座时会在 *Ty* 因子两侧留下 5 bp 的正向重复序列。*Ty* 因子可分为 *Ty1* 和 *Ty917* 两类。每个 *Ty* 因子长

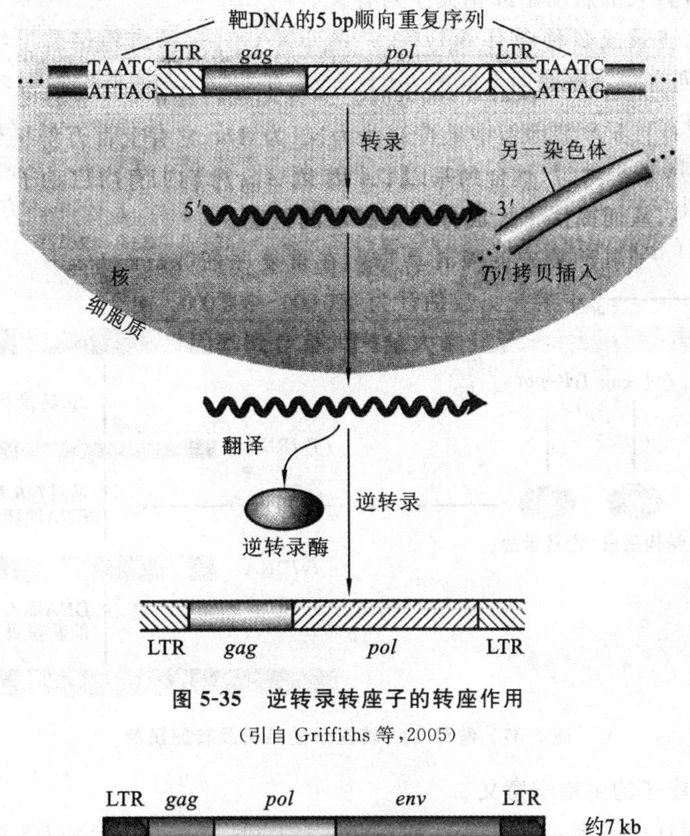

图 5-35 逆转录转座子的转座作用

（引自 Griffiths 等，2005）

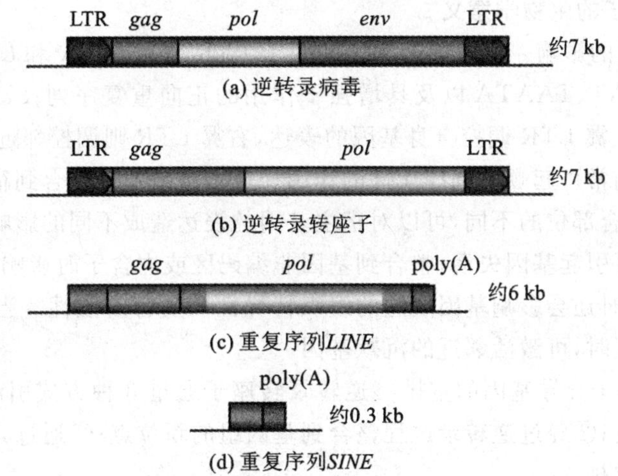

图 5-36 四种逆转录转座子结构比较

逆转录病毒和逆转录转座子均含有长末端重复序列（LTR），但后者缺编码外壳蛋白的基因（*env*）。*LINE* 和 *SINE* 为非 LTR 逆转录转座子，两者在 3′端均有 poly(A)区。

6.3 kb，两端有 330 bp 称为 δ 的正向重复序列。在 δ 序列的一端有启动子，在另一端有终止子。酵母基因组中约有 30 个拷贝的 *Ty1* 和 6 个拷贝的 *Ty917*，以及约 100 个拷贝的独立 δ 序列。位于 *Ty* 因子两端的 δ 序列要比基因组中的独立 δ 序列保守得多。*Ty* 因子通过 δ 序列之间的同源重组从染色体上切离下来，并留下大量独立的 δ 序列“足迹”。而酵母 *Ty* 因子的插入位点通常位于富含 AT 的区段，并且 *Ty* 因子有成串存在的特点。此外，*Ty* 因子常位于 tRNA 基因、5SrRNA 基因以及 U6 snRNA 基因的邻近或上游，显示这些转座子的整合位点与 RNA 聚合酶Ⅲ转录的启动子或相关序列有关。

Ty 因子可被转录成 2 种含有 poly(A)$^+$ 的 RNA，其含量占单倍酵母细胞总 mRNA 的 5%以上。*Ty* 序列有两个重叠但不同的 ORF-*TyA* 和 *TyB*，表达方向相同，编码产物仅有 13 个氨基酸重叠。TyA 是 *TyA* 编码的一种 DNA 结合蛋白。*TyB* 序列含有与逆转录病毒同源的逆转录酶、蛋白酶及整合酶序列。但 *TyB* 阅读框仅表达成为连接蛋白的一部分。通过特殊的移框通读了终止密码，将 *TyA* 区域和 *TyB* 区域融合在一起。这种翻译方式和逆转录病毒中 *gag-pol* 的翻译相似(图 5-37)。

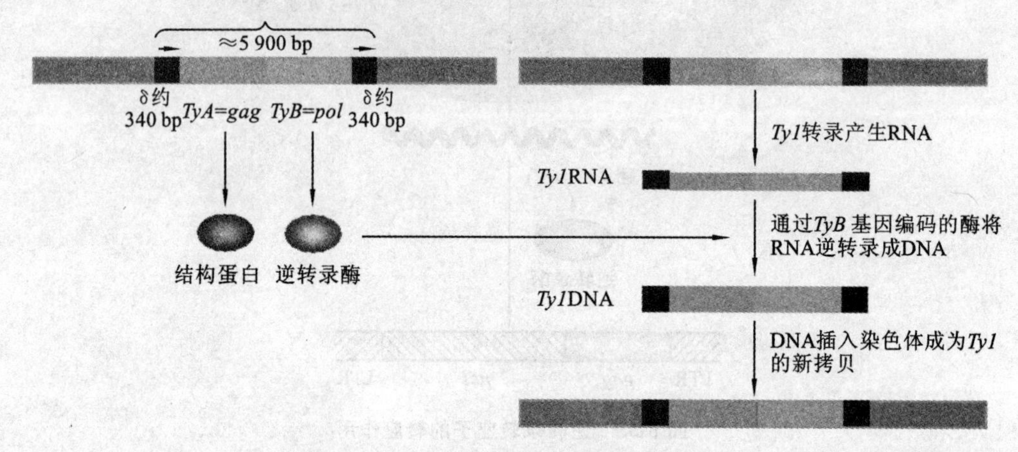

图 5-37　酵母 *Ty1* 转座子的结构及转座机制

2. 逆转录转座子的生物学意义

(1) 对基因表达的影响　逆转录转座子的两个 LTR 含有 *U3*、*R* 和 *U5* 序列。*U3* 区包括转录起始信号 CCAAT、TAATA 以及具增强子作用的正向重复序列；*U5* 区含有 poly(A)加工信号 AATAA。左翼 LTR 调控自身基因的表达，右翼 LTR 则调控邻近宿主基因的表达。

逆转录转座子通常可起顺式调控元件的作用。逆转录转座子整合到宿主基因组后会影响基因的表达，根据整合部位的不同，可以对宿主基因的表达造成不同的影响。当整合到基因编码区和启动子中时可引起基因失活；整合到基因非编码区或内含子时影响基因的转录、转录后加工或翻译过程，有时还会影响基因表达的组织特异性和发育阶段性。当逆转录转座子整合到基因上游的调控区时，可激活邻近的沉默基因。

(2) 逆转录转座子介导基因的重排　逆转录转座子通过 3 种方式引起基因重排：①由同源序列介导同源重组；②经过逆转录过程整合到基因组的新位点；③通过其编码的反式因子或顺式序列引起基因重排。

逆转录转座子与人类疾病有密切关系，如血友病 A 是由于 *L1* 因子插入凝血因子Ⅷ的基因中造成的。逆转录转座子介导的选择性剪接、外显子重组，可导致 DNA 结构转录及翻译等发生改变，从而致病。逆转录转座子介导的选择性剪接可分为外显子捕获、外显子选择等，继而引起外显子重组，使基因转录及表达异常。外显子捕获使基因结构及表达的蛋白质发生改变，从而导致福山型肌营养不良(Fukyama-type congenital muscular dystrophy, FCMD)、常染色体隐性遗传性高胆固醇血症(autosomal recessive hypercholesterolemia，ARH)等。逆转录转座子介导的外显子选择事件可导致 X-连锁无丙种球蛋白血症(X-linked agammaglobulinemia，XLA)。

(3) 逆转录转座子在基因组进化中的作用　以往曾认为逆转录转座子是基因组内进入进化死端的、无用的垃圾 DNA。但近年来的研究表明，这一观点是错误的，逆转录转座子可能促进基因组的流动,增加生物的遗传多样性。转座后引起的突变可以形成新基因或基因的结构域,或是与存在的基因互配成为新的调节因子。

逆转录转座子是引起基因组不稳定的重要因素,逆转录转座子插入引起基因组改变及物种变异,不断丰富和促进了生物的进化。逆转录转座子分散在基因组中成为进化的种子,通过自身编码的逆转录酶进行转录,由此产生 cDNAs 整合到基因组中,这种"拷贝-粘贴"的转座模式导致基因组的扩增,促进了基因组的进化。

RNA 的种类和功能更为复杂,蕴涵的遗传信息比 DNA 丰富得多。通过逆转录过程 RNA 将遗传信息转移给 DNA,并能促进基因的最优组合和基因结构域形成。大量活跃的逆转录转座子可使物种具有进化上的优势,如哺乳类动物和昆虫就是如此。逆转录转座子的功能和活动规律虽还不清楚,但它们在真核生物的进化中无疑起着重要作用。

5.2.6　转座的遗传学效应及其应用

转座子插入靶基因后,使基因突变失活;当转座子插入细菌操纵子上时,可影响下游基因的表达,从而表现出极性;转座子的存在一般能引起宿主 DNA 重组,造成染色体断裂、重复、缺失、倒位及易位等;转座子也可通过干扰宿主基因与其调控元件之间的关系或转座子本身的作用而影响邻近基因的表达,从而改变宿主的表型。综上所述,转座子的共同特点以及它们带来的遗传学效应有以下几个方面:

(1) 引起插入突变。各种 *IS*、*Tn* 和 *Mu* 噬菌体都可以引起插入突变,如果插入的位置是一个操纵子的前端基因,那么将可能产生一个极性突变。一般碱基置换突变没有极性效应,只有终止密码突变和移码突变才有极性效应;*IS1* 和 *IS2* 的碱基序列存在无义密码子。*IS2* 以任何方向插入都有极性效应,可是 *IS3* 只有以一个方向插入时才有极性效应。相反,也有关于因 *IS2* 插入而出现新的启动子信号的报道。

(2) 插入位置上出现新的基因。例如转座子上带有抗药性基因,那么它一方面造成一个基因插入突变,另一方面在这一位置上出现一个新的抗药性基因。

(3) 造成插入的位置上出现受体 DNA 的少数核苷酸对的重复。例如,*IS1* 插入基因 *lacI* 后造成 9 个核苷酸对的重复序列出现。

```
ACGAT   GTCGCAGAG           TATGC
                                        lacI
TGCTA   CAGCGTCTC           ATACG

                    IS1
ACGAT   GTCGCAGAG   GTCGCAGAG   TATGC
                    IS1
TGCTA   CAGCGTCTC   CAGCGTCTC   ATACG
```

不同的转座子插入后造成的重复碱基对数不等,例如 *IS1*、*Tn10* 等造成 9 个碱基对的重复,*IS2*、*Tn3*、*Mu* 等造成 5 个碱基对的重复,*IS3* 造成 3 个或 4 个碱基对的重复。*IS4* 造成 11 个碱基对重复。

(4) 转座后原来位置上保持原有的转座子。

(5) 转座子插入染色体后引起其旁边的染色体畸变。最初发现 *IS1* 的存在促使它的旁边发生缺失。缺失发生的频率高于自发缺失突变频率的 100～1 000 倍。随后,*IS2*、*Tn3* 等转座子中也发现这一现象。

(6) 切离。转座子准确切离使发生了插入突变的基因恢复正常,如果这个转座子带有抗药性基因,那么抗药性同时消失。不准确切离的结果使发生插入突变的基因不能回复突变,但转座子本身所带的遗传标志消失。

(7) 引入重复序列。如前所述,各种已知的 *IS* 的长度在 768 bp(如 *IS1*)到 7 500 bp(如 *Y6*)之间。它们两端都有 18~41 bp 的 *IR* 序列。已知转座子的长度在 2 088 bp(如 *Tn1681*)与 20 500 bp(如 *Tn4*)之间。它们的两端有 *IR* 序列。某些转座子两端的重复序列是已知的 *IS*,如 *Tn9* 和 *Tn204* 的两端是 *IS1*,也有一些转座子的重复序列不是已知的 *IS*。

思考题

1. 什么是 DNA 重组?它有哪些类型?
2. 什么是同源重组?阐述 Holliday 模型的基本特点。
3. 什么是位点特异性重组?以 λ 噬菌体为例说明其整合和切离过程。
4. 简述转座子的概念。转座子可分为几类?
5. 简述插入序列和复合型转座子的区别。
6. 以玉米 *Ac-Ds* 转座子为例阐述其对基因表达的作用。
7. 果蝇的 *P* 因子是融合引起杂种败育的吗?
8. 试述酵母接合型转换的分子机制。
9. 阐述原核生物同源重组机制。
10. 真核生物同源重组与原核生物有何异同?
11. 试述免疫球蛋白多样性产生的机制。
12. 阐述基因重排中的等位基因排斥。
13. 什么是轻链类型排斥?
14. 什么是反转座子?阐述其转座过程。
15. 反转座子对基因功能有何影响?其生物学意义何在?

参考文献

[1] Turner P C, Mclennan A G, Bates A D, et al. Molecular Biology(分子生物学)[M]. 影印版. 2 版. 北京:科学出版社,2003.

[2] 赵亚华. 基础分子生物学教程[M]. 2 版. 北京:科学出版社,2010.

[3] 谢鼎华,肖自安,叶胜难. 遗传性聋分子病因研究进展[J]. 中华耳鼻咽喉科杂志,2000,35(2):155-158.

[4] The International HapMap Consortium. The international HapMap project[J]. Nature,2003,426(6968):789-796.

[5] The International HapMap Consortium. A haplotype map of the human genome[J]. Nature,2005,437(7063):1299-1320.

[6] Hicks W M, Yamaguchi M, Haber J E. Real-time analysis of double-strand DNA break repair by homologous recombination[J]. PNAS,2011,108:3108-3115.

[7] Slabicki M, Theis M, Krastev D B, et al. A genome-scale DNA repair RNAi screen identifies SPG48 as a novel gene associated with hereditary spastic paraplegia[J]. PLoS Biol., 2010, 8(6): e1000408.

[8] Mills K D, Ferguson D O, Alt F W. The role of DNA breaks in genomic instability and tumorigenesis[J]. Immunological Reviews, 2003, 194: 77-95.

[9] 戴灼华，王亚馥，粟翼玟. 遗传学[M]. 2 版. 北京：高等教育出版社，2010.

[10] 谭琪，曾凡一. 遗传变异的又一来源：拷贝数变异[J]. 生物技术通讯，2009，20(3)：396-398.

[11] 杜仁骞，金力，张锋. 基因组拷贝数变异及其突变机理与人类疾病[J]. 遗传，2011，33(8)：857-869.

[12] 毕利军，周亚凤，邓教宇，等. DNA 错配修复系统研究进展[J]. 生物化学与生物物理进展，2003，30(1)：32-37.

[13] 王亚馥，戴灼华. 遗传学[M]. 北京：高等教育出版社，1999.

[14] Murphy K L, Dennis A P, Rosen J M. A gain of function *p53* mutant promotes both genomic instability and cell survival in a novel *p53*-null mammary epithelial cell model [J]. FASEB J., 2000, 14: 2291-2302.

[15] Ye D, Wang G, Liu Y, et al. MiR-138 promotes induced pluripotent stem cell generation through the regulation of the *p53* signaling[J]. Stem Cells, 2012, 30(8): 1645-1654.

[16] Choi Y J, Lin C P, Ho J J, et al. MiR-34 miRNAs provide a barrier for somatic cell reprogramming[J]. Nat. Cell Biol., 2011, 13(11): 1353-1360.

[17] Wang J, He Q, Han C, et al. *p53*-Facilitated miR-199a-3p regulates somatic cell reprogramming[J]. Stem Cells, 2012, 30(7): 1405-1413.

[18] 李宏. 转座子的起源及其和物种进化的关系[J]. 渝州大学学报(自然科学版)，1993，(1)：47-56.

[19] 李宏. 染色体上的几种转座现象[J]. 生物学杂志，1995，63(1)：5-7.

[20] 李萍，周利斌，李强. 乳腺癌易感基因 *BRCA1* 在 DNA 损伤修复中的肿瘤抑制作用[J]. 肿瘤防治研究，2008，35(4)：288-292.

[21] Strand D J, McDonaid J F. Insertion of a copia element 5′ to the Drosophila melanogaster alcohol dehydrogenase gene (*adh*) is associated with altered developmental and tissue-specific patterns of expression[J]. Genetics, 1989, 121: 787-794.

[22] 王睿，郭周义，曾常春. 紫外辐射引起 DNA 损伤的修复[J]. 中国组织工程研究与临床康复，2008，12(2)：348-352.

[23] 静国忠. 基因工程与分子生物学基础[M]. 北京：北京大学出版社，1999.

[24] Ponticelli A S. *Chi*-dependent DNA strand cleavage by recBC enzyme[J]. Cell, 1985, 41(2): 146.

[25] 王春荣，江泓. 多聚谷氨酰胺病 CAG 重复序列动态突变机制研究进展[J]. 中国现代神经疾病杂志，2012，12(2)：363-366.

[26] 马元武，张连峰. 转座子 *Sleeping Beauty* 和 *PiggyBac*[J]. 中国生物化学与分子生物学报，2010，26(9)：783-787.

[27] 陶玉斌,许琪.三核苷酸重复序列扩增与精神系统疾病[J].基础医学与临床,2005,25(11):982-985.

[28] 马楠,曾赵军.乳腺癌易感蛋白1在DNA损伤修复中的作用[J].生命的化学,2011,31(2):222-226.

[29] Griffiths A J F, Wessler S R, Lewontin R C, et al. An introduction to genetic analysis[M]. 9th ed. New York: W. H. Freeman and Company, 2008.

[30] Putnam C D, Hayes T K, Kolodner R D. Specific pathways prevent duplication-mediated genome rearrangements[J]. Nature, 2009, 460(7258): 984-989.

[31] 赵武玲.分子生物学[M].北京:中国农业大学出版社,2010.

[32] 杨雄健.分子生物学[M].北京:化学工业出版社,2009.

[33] 袁红雨.分子生物学[M].北京:化学工业出版社,2012.

[34] 钟卫鸿.基因工程技术[M].北京:化学工业出版社,2007.

[35] 胡维新.医学分子生物学[M].北京:科学出版社,2007.

[36] 张惠展.基因工程[M].上海:华东理工大学出版社,2005.

[37] 郜金荣.分子生物学[M].北京:化学工业出版社,2011.

[38] Raiz J, Damert A, Chira S, et al. The non-autonomous retrotransposon SVA is transmobilized by the human LINE-1 protein machinery[J]. Nucleic Acids Res., 2012, 40: 1666-1668.

[39] 谈丹丹,洪道俊,吴裕臣.SVA反转录转座子的研究进展[J].基础医学与临床,2013,33(4):496-499.

[40] 袁红雨,李恒.哺乳动物的反转录转座子及其在进化中的作用[J].信阳师范学院学报(自然科学版),2001,13(2):245-248.

[41] 唐益苗,马有志.植物反转录转座子及其在功能基因组学中的应用[J].植物遗传资源学报,2005,6(2):221-225.

[42] 王珍,王理,张霆.反转座子对人类基因组稳定性的影响[J].中国优生与遗传杂志,2011,19(12):1-4.

[43] 孙剑.染色体重构与免疫球蛋白的V(D)J重组[J].生命的化学,2004,24(3):217-218.

[44] Izsvák Z, Ivics Z, Shimoda N, et al. Short inverted-repeat transposable elements in teleost fish and implications for a mechanism of their amplification[J]. J. Mol. Evol., 1999, 48: 13-21.

[45] 刘东,唐文乔,杨金权,等.类 *Tc1* 转座子研究进展[J].中国科学:生命科学,2011,41(2):87-96.

第6章 原核生物的转录及转录调控机制

从DNA到蛋白质的过程称为基因表达(gene expression),对这个过程的调节称为基因表达调控(gene regulation,gene control)。在生物体内,基因表达的第一阶段和基因调节的主要阶段是转录(transcription)。转录是指遗传信息从DNA流向RNA的过程,是在RNA聚合酶催化下以双链DNA中的一条链为模板,以ATP、CTP、GTP、UTP四种核苷三磷酸为原料合成RNA的过程。RNA的转录大体可以分为起始(promotion)、延长(elongation)、终止(termination)三个阶段。原核生物由于不存在细胞核结构,RNA在转录后可以直接作为模板进行蛋白质翻译,所以原核生物的基因表达调控主要发生在转录阶段。

6.1 原核生物RNA聚合酶

RNA聚合酶(RNA polymerase)是指催化以一条DNA链或RNA为模板,以4种核苷-5′-三磷酸为底物合成RNA的酶。催化转录的RNA聚合酶是一种由多个蛋白质亚基组成的复合酶。RNA聚合酶不需引物,可以直接在模板上合成RNA链。早在20世纪60年代初,科学家就在动物、植物和细菌中发现了RNA聚合酶。1969年,Burgess等通过聚丙烯酰胺凝胶电泳(SDS-PAGE)确定了组成*E. coli* RNA聚合酶的多肽(图6-1)。

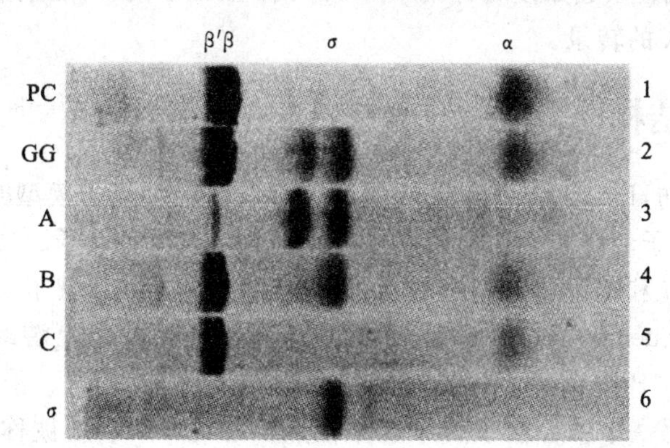

图6-1 SDS-PAGE法分离*E. coli* RNA聚合酶核心酶与σ因子

SDS-PAGE法分析核心酶(泳道1),全酶(泳道2),峰A、B和C(泳道3~5)及纯化的σ因子(泳道6)。峰A含σ因子及污染物,峰B含全酶,峰C含功能性核心酶(α、β和β′亚基)。

该酶包含2个大亚基β和β′,其相对分子质量分别为1.5×10^5和1.6×10^5。此外,在SDS-PAGE上还能够观察到σ亚基和α亚基,其相对分子质量分别为7×10^7和4×10^7。实际上,该酶中还有一个未被检测到的相对分子质量为1×10^7的ω亚基,在对相同*E. coli* RNA聚

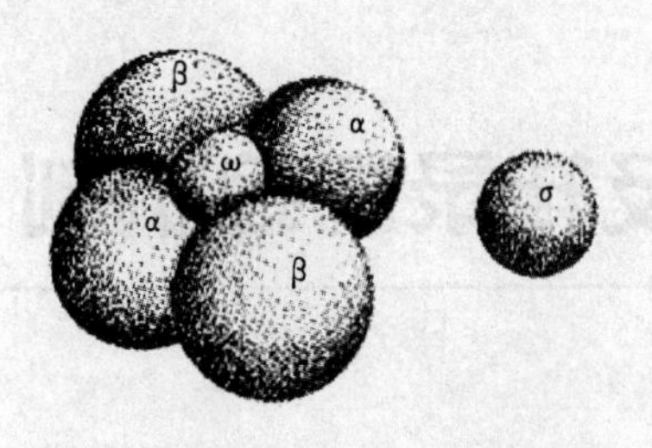

图 6-2 RNA 聚合酶的结构示意图

两个 α 亚基分别位于核心酶的首、尾，中间两侧是 β 和 β′亚基，ω 亚基位于正中间，σ 亚基可以从核心酶上分离下来。

合酶样品进行尿素-聚丙烯酰胺凝胶电泳时，证实了 ω 亚基的存在。总的来说，RNA 聚合酶全酶由 1 个 β′亚基、1 个 β 亚基、1 个 σ 亚基、2 个 α 亚基和 1 个 ω 亚基组成，即两个 α 亚基和各 1 个的其他亚基(图 6-2)。其中两个 α 亚基和 1 个 β′亚基、1 个 β 亚基组成核心酶(core enzyme)。σ 亚基可以从核心酶上分离下来。各个亚基的功能简单介绍如下：

(1) α 亚基是核心酶的组成因子，能促使 RNA 聚合酶与 DNA 模板链上游转录因子结合，发动 RNA 的转录，两个 α 亚基分别位于核心酶的首、尾，位于前端的 α 因子使 DNA 双链解链为单链，位于尾端的 α 因子使 DNA 单链重新聚合为双链。

(2) σ 亚基的作用是指导 RNA 聚合酶在特异的启动子处起始 DNA 转录 RNA。

(3) β 亚基的功能是聚合 NTP，合成 RNA 链，完成 NMP 之间磷酸酯键的连接。构成全酶后，β 亚基含有两个位点：起始位点(*I*)对利福平敏感，只专一性与 ATP/GTP 结合，这也决定了 RNA 的第一个核苷酸为 A 或 G；延伸位点(*E*)对利福平不敏感，对 NTP 没有专一性，保证了 RNA 的延伸。

(4) β′亚基是一个强碱性亚基，能促使 RNA 聚合酶与非模板链结合。

(5) ω 亚基似乎并不是细胞生存和活动所必需的，体外实验未发现其对聚合酶活性的影响。但是它在耻垢分枝杆菌(*Mycobacterium smegmatis*)中似乎有保护 β′ 亚基的功能。

6.2 原核生物的启动子

启动子(promoter)是一段位于结构基因 5′端上游区能被 RNA 聚合酶识别，使之与模板 DNA 准确结合并形成转录起始复合体的 DNA 序列。σ 因子的作用是指导 RNA 聚合酶在特异启动子处起始 DNA 的转录。

6.2.1 启动子结构

20 世纪 60 年代初，Jacob 和 Monod 在研究 *E. coli* 乳糖操纵子模型时提出启动子的概念，后来研究证明了启动子的存在，并陆续发现了多种操纵子和启动子。1975 年，Pribnow 采用 DNA 足迹法对 *E. coli* 和噬菌体的多个启动子进行序列比对后，发现了 1 个 6 bp 或 7 bp 的共有序列(consensus sequence)，这个序列的中心位于转录起位始点上游约 10 bp 处，这一序列因其发现者而命名为“Pribnow 盒”，或按照其位置称其为－10 盒。采用同样的研究策略，Ptashne 等则发现了另一个中心位于转录起始位点上游约 35 bp 处被称为－35 盒的短序列。1987 年，通过对 263 个来源于细菌、噬菌体和质粒的启动子分析，研究者发现－10 盒和－35 盒都存在典型或保守序列(图 6-3)，92％的启动子在两个盒之间有(17±1)个核苷酸的间隔区。

需要说明的是，这些所谓的共有序列仅代表其出现的频率较高，在已知序列的启动子中－10盒和－35 盒很少有碱基能够与保守序列完全正好匹配。然而，与共有序列匹配率越高的启动子其起始转录活性越强，即在单位时间内启动的转录更多，称之为强启动子。能降低与共

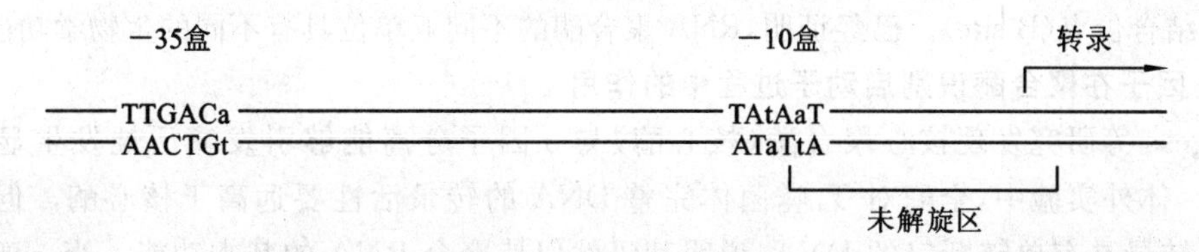

图 6-3　细菌基因启动子

大写字母表示该位置碱基在已知序列的启动子中出现的频率大于 50%，小写字母则表示出现的频率小于或等于 50%。

有序列匹配率的突变可以使启动子活性减弱而导致转录减少，这种突变称为下降突变(down mutation)，这种启动子称为弱启动子。能够使启动子序列与共有序列匹配率提高的突变则会使启动子功能增强，这种突变称为上升突变(up mutation)。启动子元件之间的距离也非常重要，删除或插入一些序列，使－10 盒与－35 盒非正常地靠近或远离，都会降低启动子的功能而使转录减少。

－10 盒与－35 盒也称为核心启动子元件(core promoter element)，一些强启动子的上游较远处还有上游元件(up element，UP 元件)。核心启动子元件和上游元件统称为延伸启动子。例如 *E. coli* 7 个编码 rRNA 的基因均含有上游元件，它们与这些基因在指数增长期高强度转录有关。如图 6-4 所示，大肠杆菌 rRNA 基因 *rrnBp1* 的核心启动子上游－40 与－60 之间是上游元件。研究表明，上游元件是能够被 RNA 聚合酶自身所识别的真正启动子元件，它仅在 RNA 聚合酶存在的情况下，通过因子 30 促使 *rrnBp1* 基因的转录。

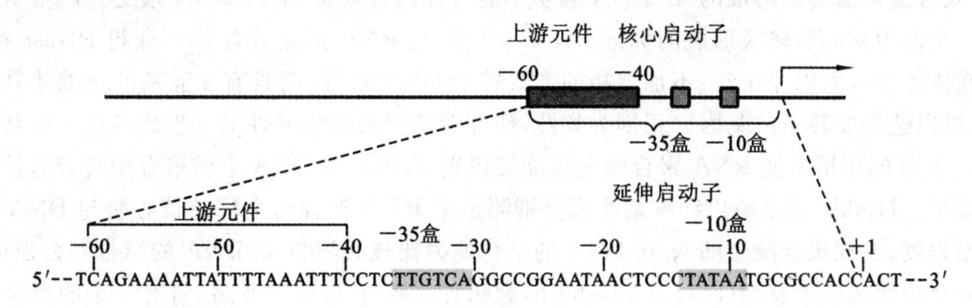

图 6-4　*rrnBp1* 启动子

图上部表示核心启动子(－10 盒与－35 盒)和上游元件的位置关系；图下部表示延伸启动子的全部碱基序列(非模板链)。

有些类型的启动子没有－35 盒，而是有一个被称为“延长的－10 盒”的元件，这类启动子在－10 盒的上游末端多了一个短序列元件，这个短序列元件可以补偿－35 盒的缺失。

在启动子 *rrnBp1* 上游，－60 与－150 之间还有 3 个转录激活蛋白 Fis 的结合位点。这些位点自身并不能与 RNA 聚合酶结合，所以不是启动子元件。但这些位点结合 Fis 后可以增强 *rrnBp1* 启动子的转录活性，像这样可以增加与其连锁基因的转录频率的 DNA 元件称为增强子(enhancer)。最近又发现在－10 盒与转录起点之间还有一个约 8 bp 且富含 GC 的 DNA 元件，称为鉴别子(discriminator)，用于接受对 tRNA、rRNA 转录的应急控制。

6.2.2　RNA 聚合酶与启动子的结合

RNA 聚合酶首先识别并松弛结合在启动子的－35 盒，所以－35 盒也被称为 RNA 聚合酶的识别位点(R site)。RNA 聚合酶滑动移位到－10 盒，然后与之紧密结合并开始转录，所以－10

盒也称为结合位点(B site)。已经证明,RNA 聚合酶的不同亚单位具有不同的生物学功能。

1. σ 因子在聚合酶识别启动子过程中的作用

Burgess 等研究发现核心聚合酶(核心酶)与 σ 因子分离能够引发酶活性发生显著改变(表 6-1)。体外实验中,全酶对 T_4 噬菌体完整 DNA 的转录活性要远高于核心酶。但是核心酶能高效转录具有单链断口的 DNA,说明其仍然保持聚合 RNA 的基本功能。当 σ 亚基与核心酶重新结合形成全酶时,又恢复了其转录完整 T_4 噬菌体 DNA 的活性,表明 σ 亚基是可以重复利用的。

表 6-1 核心酶与全酶转录 DNA 的活性

DNA 模板	相对转录活性	
	核心酶	全酶
T_4(天然,完整)	0.5	33.0
小牛胸腺(天然,切口)	14.2	32.8

Bautz 等发现 σ 亚基可以使聚合酶具有转录特异性。他们用 RNA 聚合酶全酶或核心酶,以 T_4 噬菌体 DNA 为模板,把体外转录的标记产物与天然 T_4 噬菌体 RNA 分子进行杂交,然后检测杂交分子对 RNase 的抗性。如果在体外 T_4 噬菌体的 DNA 也能够以非对称方式正确转录形成 T_4 RNA,那么在体外转录形成的 T_4 RNA 与体内转录形成的 T_4 RNA 是相同的,不能互补形成杂交分子,所以对 RNase 是没有抗性的(RNase 只能水解单链 RNA)。结果发现,由 RNA 聚合酶全酶转录形成的 T_4 RNA 确实不能与体内转录得到 T_4 RNA 杂交并产生 RNase 抗性。然而由核心酶转录形成的标记 RNA 与天然 T_4 RNA 杂交后有 30%获得 RNase 抗性,表明在体外核心酶以非正常、不加选择的方式转录 DNA 双链,而具有 σ 亚基的全酶才具有特异性,可以选择要转录的基因。正因为如此,研究者选用表示特异性的 σ 来命名这一亚基。实际上,σ 亚基的作用是使 RNA 聚合酶全酶能够识别 T_4 噬菌体 DNA 上的聚合酶转录起始位点即启动子。Hinkle 等用硝化纤维素滤膜分别测定了 RNA 聚合酶全酶及核心酶与 DNA 结合的紧密程度,发现聚合酶全酶与 T_7 DNA 的结合能力比核心酶与 T_7 DNA 的结合能力强很多。聚合酶全酶解离的半衰期($t_{1/2}$)为 30~60 h,意味着在经过 30~60 h 后,将有一半的聚合酶复合物发生解离,表明聚合酶全酶与 DNA 的结合确实十分紧密,而核心酶解离的 $t_{1/2}$ 则小于 1 min。所以相对于聚合酶全酶而言,核心酶与 DNA 的结合要松散得多,说明 σ 亚基至少在 DNA 分子的特定位点上能够促进聚合酶与 DNA 的紧密结合。

2. σ 因子的结构和功能

σ 亚基是怎样识别启动子序列,又如何影响核心聚合酶的呢?了解 σ 亚基的结构是解答这个问题的关键。20 世纪 80 年代后期,研究人员对不同细菌中编码 σ 亚基的基因进行了克隆测序,发现每种细菌都有一种基本 σ 亚基,负责增殖基因的转录,这些基因是细菌生长所必需的,如*E. coli*的 σ^{70}(相对分子质量为 70 000)、枯草杆菌的 σ^{43}(相对分子质量为 43 000),根据它们的相对分子质量,分别命名为 σ^{70} 和 σ^{43},又根据这些蛋白质的基本特性命名为 σ^{A}。此外,细菌还拥有选择性 σ 亚基,不同的 σ 亚基识别不同类型的启动子,以便调节转录特异基因(如热激基因、芽孢基因等)。

Helmann 等分析了已报道的所有 σ 亚基中串联成簇的 4 个高度相似的氨基酸序列(图 6-5),对它们的功能进行了预测,认为这些区域的保守性证明它们在 σ 亚基功能执行过程中具有重要作用,这些序列可能参与与核心酶的结合。

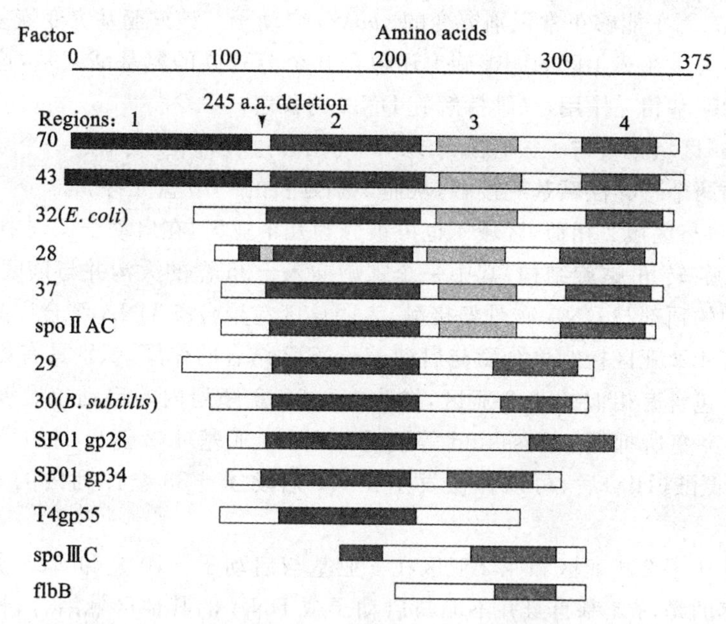

图 6-5　*E. coli* 与枯草杆菌各 σ 亚基的同源区

水平线条表示 σ 蛋白，下面是不同基因 σ 亚基同源区比较，最上边两个是 *E. coli* 与枯草杆菌的基本 σ 亚基。在同源区 1 与 2 之间，σ^{70} 含有一段由 254 个氨基酸残基组成的序列，而 σ^{43} 无该序列。浅阴影部分表示仅在某些蛋白中存在的保守区。

(1) 区域 1　仅存在于基本 σ 亚基(σ^{70} 和 σ^{43})中，功能是阻止 σ 亚基自身直接与 DNA 结合。这对转录事件具有重要的意义，因为 σ 亚基自身单独与启动子结合后会抑制全酶的结合从而抑制转录。近来研究还发现该区域与区域 2 可能参与了对鉴别子的识别。

(2) 区域 2　该区域存在于所有的 σ 亚基中，且是最高度保守的区域，可被进一步划分为 4 个亚区部分：2.1、2.2、2.3 和 2.4(图 6-6)。

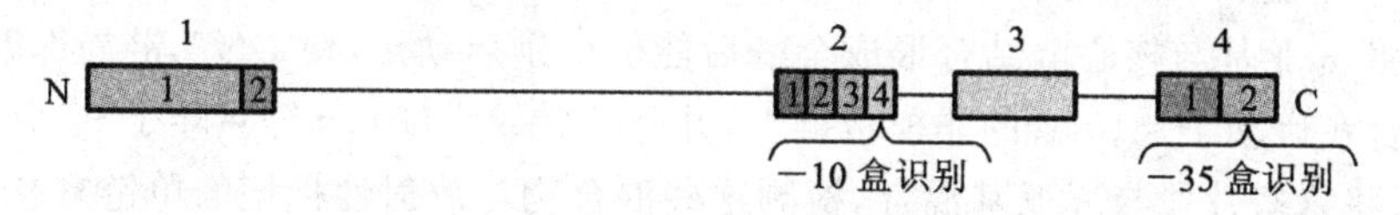

图 6-6　*E. coli* σ^{70} 一级结构 4 个保守区及 1、2 和 4 的亚区

其中，识别启动子－10 盒元件的 2.4 亚区对 σ 亚基活性起着决定性作用。已经证明具有相似特性的 σ 亚基含有相似的 2.4 亚区序列，如枯草杆菌的 σ^{43} 和 *E. coli* 的 σ^{70} 能够识别相同的启动子序列，包括－10 盒。而且这两个 σ 亚基可以互换，两者的 2.4 亚区具有 95%的一致性。

Losick 等通过遗传实验证明了 2.4 亚区与－10 盒有关。σ 亚基的 2.4 亚区含有一段可形成 α 螺旋的氨基酸序列，α 螺旋是理想的 DNA 结合基序，这与 2.4 亚区在 σ 亚基结合启动子过程中的功能一致。他们认为，如果该 α 螺旋是真正的－10 盒识别元件，那么改变启动子－10盒区域内的单个碱基就会破坏其与 RNA 聚合酶的结合能力。如果 σ 亚基在 2.4 亚区某个氨基残基的补偿突变能够抑制启动子的突变，重新恢复对突变启动子的结合能力，就可以证明－10 盒与 σ 亚基的 2.4 亚区之间存在真实关联。于是，他们用定点突变技术使枯草杆菌 *spoVG* 启动子的－10 盒发生 G→A 的转换突变，证明这样的突变能够阻止启动子与聚合酶的结合。然后，他们又使 σ^{H} 因子 2.4 亚区的第 100 位苏氨酸(Thr)残基突变为异亮氨酸(Ile)残基，结果突变的σ^H因子能够正常识别突变的*spoVG*启动子。该σ亚基突变恢复了聚合酶识别突变启动子的能力。在2.4区的α螺旋上还包含几个芳香族的氨基酸残基，这些氨基酸可以与非模板链上的碱基相互作用，来维持解旋DNA的稳定。

(3) 区域3　区域3参与了核心酶与DNA的结合过程，该区域中的一个α螺旋可与延长的－10盒元件的两个特异性碱基对接触，从而识别延长的－10盒元件。

(4) 区域4　与区域2相似，区域4也可被分为几个亚区，在启动子识别中发挥关键作用。4.2亚区具有螺旋-转角-螺旋结构，其中一个螺旋插入－35盒的大沟并与该区域的碱基结合，另一个则从大沟的顶部与DNA碳骨架接触，表明该区在聚合酶-DNA结合中起作用。遗传学及其他证据支持4.2亚区控制聚合酶与启动子－35盒结合的作用，识别具有相似－35盒序列启动子的σ亚基包含有相似的4.2亚区，发生在－35盒序列内的启动子突变可以被σ亚基4.2亚区的补偿突变所抑制。Susskind等使*E. coli* σ^{70}亚基4.2亚区内的第588位精氨酸(Arg)突变为组氨酸(His)后，可以补偿发生在*lac*启动子－35盒序列内的G→A或G→C突变。

这些研究证实了2.4亚区和4.2亚区在σ亚基与启动子－10盒和－35盒结合中的重要性。但令人困惑的是，σ亚基自身并不能与启动子或DNA的其他区域结合，只有当σ亚基与核心酶结合后，才能与启动子结合。Gross等提出σ亚基的2.4亚区和4.2亚区能够与启动子上相应区域结合，但σ亚基的其他结构域则会干扰这种结合。只有当σ亚基与核心酶结合后，自身构象发生改变，暴露出DNA结合域，σ亚基才能够与启动子结合。为验证这种假说，研究者构建了谷胱甘肽-S-转移酶(glutathione-S-transferase，GST)和包含*E. coli* σ亚基2.4亚区或4.2亚区片段的融合蛋白，利用GST对谷胱甘肽的亲和性得到了纯化的融合蛋白。结果显示，含有2.4亚区的融合蛋白能够与含有－10盒的DNA片段结合，但不能与含有－35盒的DNA片段结合。相反，含有4.2亚区的融合蛋白能够与含有－35盒的DNA片段结合，但不能与含有－10盒的DNA片段结合。这个实验进一步证明了2.4亚区和4.2亚区在σ亚基与启动子－10盒和－35盒结合过程中的作用。

研究表明，σ亚基与核心酶结合形成全酶后能够识别启动子，使DNA链局部解链，并使聚合酶最终结合在启动子－10盒的非模板链上，并开始转录。Gross等克隆了β′亚基的不同多肽片段，然后将这些片段与σ亚基混合，检测这些混合物与放射性标记的单链寡核苷酸结合的能力，这些经过标记的单链寡核苷酸分别代表启动子－10盒的模板链或非模板链。将β′片段、σ亚基以及标记的DNA共同孵育，在紫外线下使σ亚基与DNA交联，然后对交联后的复合物进行SDS-PAGE分析。如果某一个β′片段能够诱导σ亚基与DNA的结合，那么σ亚基会与标记DNA交联，对应的条带就会被标记。结果显示，包含1～550个氨基酸残基的β′片段可促使σ亚基与非模板链DNA的结合(不是模板链)，而σ自身则几乎没有与DNA结合的能力。进一步研究证明，1～550位的所有氨基酸片段均能诱导σ亚基与DNA结合，其中262～309位的48个氨基酸残基小片段则具有更强的促进结合活性。从而证明σ亚基与－10盒非模板链结合的部位在与核心酶结合前是隐藏起来的。

Hinkle等的研究还表明，RNA核心聚合酶只能与DNA分子松散结合，但全酶在T_7 DNA分子上具有紧密结合位点和松散结合位点。全酶与T_7 DNA形成的紧密结合复合体能够在外加核苷酸的条件下立即起始转录。Chamberlin等用滴定分析法在T_7 DNA分子上发现了8个聚合酶紧密结合位点，这与DNA分子上的早期启动子数目相近。全酶与核心酶在DNA分子上的松散结合位点多达1 300个，而且这些位点均没有特异性，在DNA分子上任何区域都有出现。这些证据表明全酶在 DNA 分子上紧密结合位点实际上就是启动子(如果聚合酶与远离启动子的位点发生紧密结合,那么由于聚合酶需要寻找起始位点则会产生转录滞后现象),而松散结合位点应该是启动子以外的 DNA 序列。核心酶不能与紧密结合位点(启动子)紧密结合正是其不能特异起始 DNA 转录的原因,因为起始转录需要与启动子的紧密结合。

Hinkle 等根据其研究结果提出了扫描假说(图 6-7)。该假说认为,RNA 聚合酶全酶可与 DNA 的任意部位进行松散结合,如果 RNA 聚合酶全酶开始时没结合在启动子上,它将沿着 DNA 分子进行扫描,直到发现启动子并与之紧密结合。RNA 聚合酶全酶与启动子松散结合而形成的复合体称为闭合启动子复合体(closed promoter complex),这时 DNA 分子仍然保持闭合的双链形式。当到达启动子位置后,全酶在 σ 亚基的参与下,能在启动子处使 DNA 的一小段区域发生融解而形成开放启动子复合体(open promoter complex)。聚合酶与 DNA 分子发生紧密结合后,这时 DNA 分子是解旋开放的。这种转换直接导致转录的开始。σ 亚基的作用是能识别与 RNA 聚合酶紧密结合的启动子,使与启动子相邻的基因被转录。

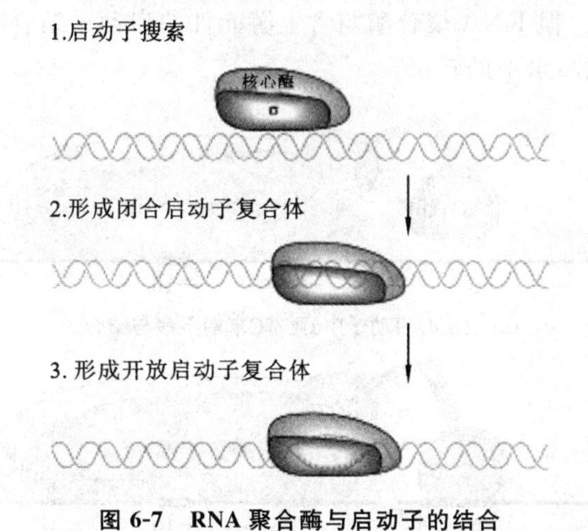

图 6-7　RNA 聚合酶与启动子的结合

1. RNA 聚合酶全酶与 DNA 分子松散结合并沿着 DNA 分子寻找启动子;2. 全酶找到启动子后与其松弛结合并形成闭合启动子复合体;3. 全酶与启动子紧密结合,启动子的一小段 DNA 发生解链,形成开放启动子复合体。

3. α 亚基在上游元件识别中的功能

RNA 聚合酶除了能识别经典启动子外,还能识别上游元件的上游启动子元件。研究表明,识别上游元件的是核心酶中的 α 亚基。Gourse 等从一系列 α 亚基突变 *E. coli* 菌株中发现了一些对上游元件失去应答能力的菌株。在这些突变体中,从有上游元件启动子处起始的转录并不比从无上游元件启动子处起始的转录多。研究者将强野生型启动子 *rrnBp1* 和缺失位于 *rrnBp1* 转录终止子上游 170 bp 处的上游元件突变型启动子 *rrnBp1* 分别插入克隆载体,用 3 种不同的 RNA 聚合酶转录构建的载体,这 3 种聚合酶分别是:①具有正常 α 亚基的野生型聚合酶;②α 亚基缺失 C 端 94 个氨基酸的 α-235 聚合酶;③α 亚基第 265 位精氨酸(arginine)被半胱氨酸(cysteine)取代的 R265C 聚合酶。用标记的核苷酸标记 RNA 产物,用放射自显影测定 RNA 转录产物水平。结果表明,野生型全酶在野生型启动子上产生的转录明显多于在缺失上游元件启动子上产生的转录。α-235 聚合酶在转录携带两种克隆载体时没有差异。可见 α 亚基的 C 末端能赋予聚合酶应答上游元件的能力。R265C 聚合酶不能应答上游元件，表明该单个氨基酸的改变会破坏 α 亚基应答上游元件的能力。为了进一步验证 α 亚基与上游元件的结合，Gourse 等用野生型聚合酶或突变型聚合酶与含 *rrnBp1* 启动子的 DNA 进行了 DNase 足迹实验。实验表明，α 亚基 C 末端结构域是聚合酶与上游元件发生相互作用所必需的。用纯化的 α 亚基二聚体与 *rrnBp1* 启动子的上游元件进行足迹实验，进一步证明了这一结论。

Gourse 和 Ebright 等根据用蛋白水解酶对蛋白质进行限制性酶切消化时，结构域之间不发生折叠的氨基酸残基被水解，而结构域不会被水解这一原理，用限制性蛋白酶对 *E. coli* RNA 聚合酶的 α 亚基进行分析。实验获得了 1 条相对分子质量约为 28 000 的多肽和 3 条相对分子质量约为 8 000 的多肽。对其进行末端测序后发现，相对分子质量为 28 000 的多肽为 8～241 位氨基酸序列片段，另外 3 条分别为第 242～329、245～329 和 249～329 位氨基酸序列片段。提示 α 亚基折叠形成了 2 个结构域，即较大的 N 末端结构域和较小的 C 末端结构域，前者包含第 8～241 位氨基酸序列，后者包含第 249～329 位氨基酸序列，这两个独立折叠的功能域通过柔性接头相连（图 6-8）。RNA 聚合酶的 σ 亚基与核心启动子结合时不需要 α 亚基 C 末端结构域的参与。但 RNA 聚合酶与含上游元件的启动子结合时则需要 α 亚基 C 末端结构域的参与，从而实现高水平的转录。

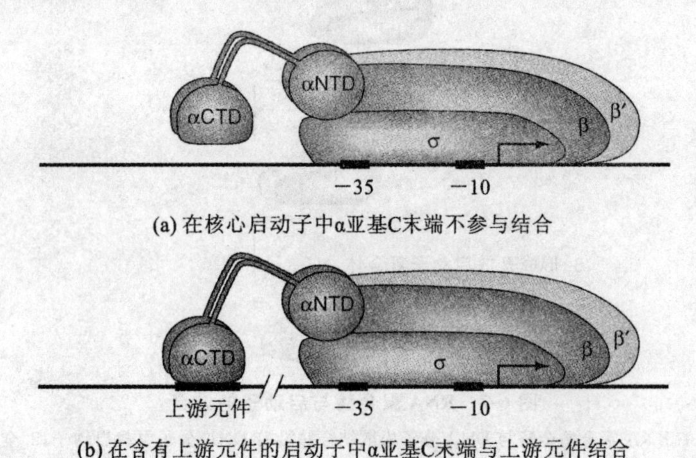

图 6-8　聚合酶 α 亚基 C 末端结构域(CTD)的功能模型

6.3　转录的起始

一般认为，转录起始可分为四个步骤：①闭合启动子复合体（closed promoter complex）的形成；②开放启动子复合体（open promoter complex）的形成；③聚合最初的几个核苷酸（小于 10 个）；④启动子清除（promoter clearance）（图 6-9）。

6.3.1　闭合启动子复合体的形成

原核生物的 RNA 聚合酶全酶可以松散结合在 DNA 链的任意部位。如果 RNA 聚合酶全酶开始时没结合在启动子序列上，它将会沿着 DNA 分子进行扫描，在发现启动子后，RNA 聚合酶全酶则先与启动子松散结合，所形成的复合体称为闭合启动子复合体。在闭合启动子

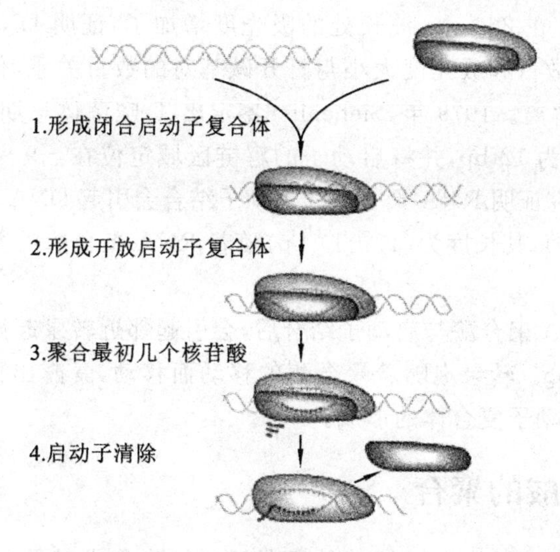

图 6-9　转录起始的阶段

复合体内，RNA 聚合酶与 DNA 链的结合处于松散并且可逆的状态，且这时与 RNA 聚合酶结合的 DNA 分子仍然保持闭合的双链形式，转录起始的下一个阶段要求 RNA 聚合酶与 DNA 分子更紧密地结合在一起。

6.3.2　开放启动子复合体的形成

从闭合启动子复合体到开放启动子复合体的转变过程，涉及 RNA 聚合酶结构的变化和 DNA 双链打开并暴露出模板链和非模板链。

1. RNA 聚合酶和启动子 DNA 的结构变化

对于含 σ^{70} 的细菌 RNA 聚合酶，这种结构变化也称为异构化作用（isomerization）。这种转换不需要能量，而是 RNA 聚合酶与 DNA 复合体自发地变成一种能量更低的形式。正因为如此，异构化作用本质上是不可逆的，一旦异构化完成，正常情况下转录将随后开始。相反，闭合启动子复合体的形成易于逆转，它可以转变为开放启动子复合体，也可以发生逆转，RNA 聚合酶从启动子上脱落。

显微电镜和 X 射线衍射分析表明，RNA 聚合酶整体形状恰似一个蟹爪，“蟹爪”的两个“钳子”由两个最大的亚基 β 和 β′ 构成，这两个亚基的活性催化位点位于“钳子”基部被称为“活性中心裂隙”的区域。整个酶有五个通道通向活性中心裂隙，其中，核苷三磷酸摄取通道允许核糖核苷酸进入活性中心，RNA 出口通道是 RNA 链离开此酶的出口。下游双链 DNA 经两个“钳子”之间的通道进入活性中心，在活性中心裂隙内 DNA 双链从＋3 位开始分离。非模板链经聚合酶表面通过非模板链通道离开活性中心，模板链则沿着另一条路线穿过活性中心裂隙，经模板链通道离开，RNA 聚合酶后面的 DNA 分子则重新恢复双链结构。

在异构化作用中，可以观察到聚合酶发生了显著变化：第一，位于聚合酶前部的“钳子”牢固地压在下游 DNA 分子上；第二，σ 亚基的 1.1 亚区从 RNA 聚合酶全酶的活性中心裂隙内部移到了酶外部，从而使 DNA 分子进入全酶的活性中心。

2. 启动子处 DNA 局部解链的证据

1978 年，Hsieh 等的研究证明了 DNA 的解链过程。他们将 *E. coli* RNA 聚合酶与 T_7 噬菌体的 3 个早期启动子的限制性酶切片段结合，测定因结合而引起的增色转换（hyperchromic shift)。结果发现,DNA 在 260 nm 波长处的吸光度增加了,证明 DNA 两条链发生了分离。根据 RNA 聚合酶全酶数目和吸光度大小与打开碱基对的数目关系,他们计算出每个聚合酶会引起 10 个碱基对的解离。1979 年,Siebenlist 鉴定出 T_7 噬菌体早期启动子因 RNA 聚合酶结合作用所解链区长度为 12 bp,并将启动子的解链区域定位在 $-9\sim+3$ 区间内。1982 年,Gamper 和 Hears 的研究证明 RNA 聚合酶与启动子结合会引起 DNA 的局部融解而形成转录泡(transcription bubble),其长度为(17±1) bp,随着 RNA 聚合酶沿着 DNA 模板链的移动,转录泡也随之移动。

上述研究表明,RNA 聚合酶与启动子结合后,会引起邻近转录起始位点处 DNA 的解链,解链的长度为 10～17 bp。转录泡随着聚合酶的移动而移动,暴露出模板链,使之得以转录。局部解链标志着开放启动子复合体的形成。

6.3.3 起始核苷酸的聚合

RNA 聚合酶以一条 DNA 为模板起始新的 RNA 链合成时并不需要引物。这就要求 RNA 聚合酶必须通过某种机制严格控制起始核苷酸和第二个核苷酸的方向,使其可以形成磷酸二酯键。可能正是这种特异机制导致了大多数转录物的第一个核苷酸都是腺嘌呤核苷酸。

1. 流产性转录本

Carpousis 等在体外实验中发现 RNA 聚合酶在开始转录正确的转录物前,先合成并释放了很多小的流产性转录本(abortive transcript)。他们将 *E. coli* RNA 聚合酶与包含 *E. coli lac UV5* 启动子的 DNA 序列共同孵育,并在体系中加入了肝素(heparin)。肝素能与 DNA 竞争游离的 RNA 聚合酶,从而阻止 DNA 与聚合酶的二次结合。然后,他们将产物进行凝胶电泳,测定 RNA 产物的大小,结果发现存在一些很小的寡核苷酸,其大小范围为 2～6 nt,其序列与 *lacZ* 启动子预期转录物的起始序列相匹配。他们还发现每个 RNA 聚合酶对应于多个寡核苷酸。由于肝素阻止了游离 RNA 聚合酶与 DNA 的再结合,所以 RNA 聚合酶在完成转录后不可能再次结合到 DNA 上,这表明 RNA 聚合酶甚至在没有离开启动子时,就产生了很多小的流产性转录本。其他研究者发现流产性转录本的长度可达 9 nt 或 15 nt,并在生物体内观察到了流产性转录本的存在。

2. 转录起始的蜷缩模型

在最初的流产性转录循环中,关于聚合酶是如何沿着 DNA 模板移动的,通常有三个通用模型:第一,"瞬时漂移模型",RNA 聚合酶沿着 DNA 模板移动一小段并合成一小段转录本,在释放流产性转录本后又重新回到转录起始的位置;第二,"蠕虫移动模型",聚合酶可以如蠕虫样伸缩,酶前部的活性位点可以向 DNA 的下游移动,在合成一小段流产性转录物后再收缩回到留在启动子上酶主体的位置;第三,"蜷缩模型",RNA 聚合酶在这个时期固定于启动子位置,将聚合酶下游的 DNA 募集到酶里来,DNA 在酶里以单链泡形式堆积逗留。利用单分子分析实验,测量最初转录阶段聚合酶不同部分相互之间及聚合酶相对于 DNA 模板的位置。结果表明,在转录的最初阶段,聚合酶在启动子上位置不变,证明了"蜷缩模型"反映了生物体内的真实情况。

6.3.4 启动子清除

当合成的转录本达到足够长度(≥10 nt)时,转录物就不能停留在与 DNA 配对的区域,而是必须穿过 RNA 的出口通道。在起始阶段，由于连接 σ 亚基 3 区和 4 区的链环位于 RNA 出口通道中间，所以要完成这一过程，首先需要将 σ 亚基的这一区域从该位置驱离，然后 RNA 聚合酶构象发生改变，形成延伸构象，释放 σ 亚基，再移出启动子区域进入转录的延伸阶段。

6.4 转录的延伸

转录起始结束后，RNA 聚合酶核心酶继续延伸 RNA，在增长的 RNA 转录物上一次添加一个核苷酸。在延伸过程中，转录泡的大小保持不变。

6.4.1 核心酶在延伸过程中的功能

正如 σ 亚基在决定转录起始特异性方面起重要作用一样，RNA 核心聚合酶则在转录延伸中发挥重要作用。核心酶拥有 RNA 合成装置，是转录延伸的核心执行者。β 和 β′ 这 2 个亚基不仅参与了 RNA 聚合酶与 DNA 的结合过程，也参与了磷酸二酯键的形成。α 亚基具有包括核心酶组装在内的多个不同活性。

1. β 亚基在磷酸二酯键形成过程中的作用

1970 年，Zillig 发现 β 亚基在早期 RNA 的延伸中有重要作用。他通过醋酸纤维素电泳分离纯化得到了聚合酶的 α、β 和 β′ 亚基，再将这些亚基重新组装成有活性的聚合酶，希望通过混合并匹配不同来源的组分来检测各亚基的功能。例如，利福平可作用于对利福平敏感的核心酶阻断转录的起始。研究者发现当 β 亚基来自利福平抗性细菌时，不管其他亚基来源如何，组合的聚合酶对利福平都具有抗性（图 6-10）。反之，当 β 亚基来自利福平敏感细菌时，与各种来源亚基组成的重组酶都对利福平敏感。因此可知，β 亚基决定着聚合酶对利福平的敏感性或抗性。用同样的研究方法也证明，β 亚基同样也决定着聚合酶对阻断 RNA 链延伸的链霉溶菌素（streptolydigin）的敏感性或抗性。

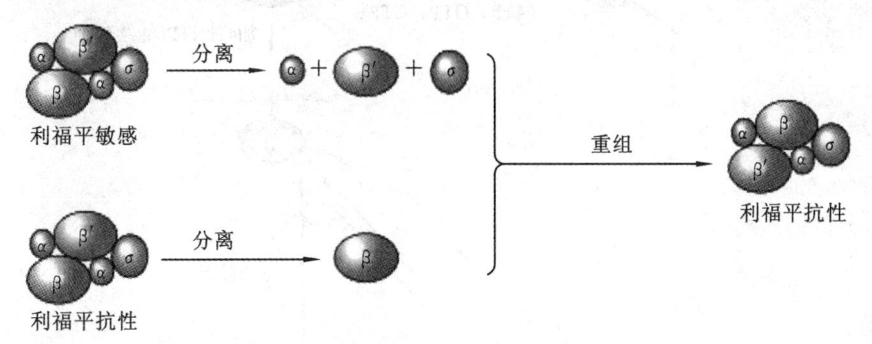

图 6-10　RNA 聚合酶的分离与重组实验定位抗生素的抗性位点

1987 年，Grachev 等用亲和标记（affinity labeling）方法，直接证明了 β 亚基具有催化磷酸二酯键形成的功能。这项技术用与蛋白质交联且被标记的常规底物衍生物作为亲和试剂，找出并标记酶的活性位点，然后解离酶，检测标签结合的亚基。研究者选用 ATP 或 GTP 的 14 种衍生物作为亲和试剂，先使用非标记的亲和试剂与 RNA 聚合酶混合，让其定位到酶的活性位点并与氨基基团形成共价键。在活性位点的亲和试剂具有和 ATP 一样的起始转录行为，然后用只能在活性位点与亲和试剂形成磷酸二酯键的放射性核苷酸（[α-^{32}P]UTP 或 CTP）标记活性位点。最后解离被标记的酶并进行 SDS-PAGE 电泳。实验结果证明，β 亚基是被亲和试剂标记的核心酶亚基，表明该亚基位于接近磷酸二酯键形成的位点。

2. β 亚基和 β′亚基在 RNA 聚合酶与 DNA 结合过程中的作用

1996 年，Nudler 等通过系列实验证实，β 亚基和 β′ 亚基均参与了 RNA 聚合酶与 DNA 的结合。在 DNA 分子上有两个结合位点：一是 β′ 亚基通过静电作用促进 RNA 聚合酶与 DNA 上游解链区一个位点松散结合；二是 β 亚基通过蛋白质与 DNA 之间的疏水作用，促进酶与 DNA 下游另一个位点的紧密结合(图 6-11)。

图 6-11 所示为 Nudler 等的实验过程。利用基因克隆技术，在 β′ 亚基 C 末端添加了 6 个额外组氨酸(histidine)，并用其构建了 RNA 聚合酶。将此聚合酶固定在玻璃片上，通过洗涤树脂和加入新试剂来更换模板和底物。图 6-11 显示通过添加某些核苷酸(如 ATP、CTP 和 GTP，但没有 UTP)可以使聚合酶步移到模板的特定位置处，从而使聚合酶合成短的 RNA 产物，并因某一类核苷酸的缺乏而使聚合酶停留在此处。去除第一组核苷酸，加入第二组的三种核苷酸，聚合酶又会沿模板向下游移动，直至某一位点，如此反复。最后，当研究者加入所有 4 种核苷酸，将聚合酶从模板上被驱赶下来，并合成全长转录本。

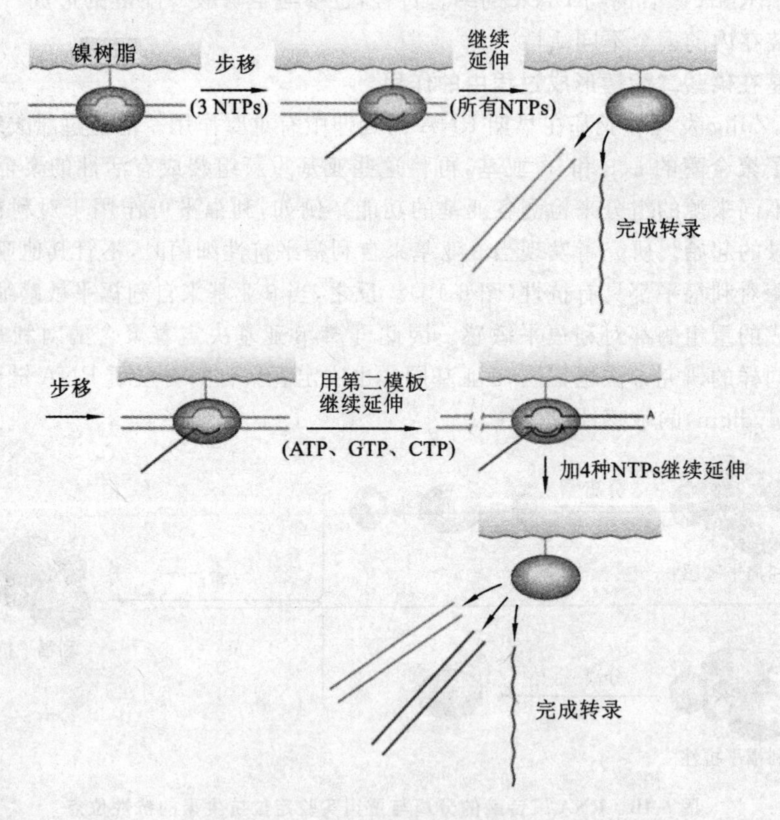

图 6-11　确定与 RNA 聚合酶结合的 DNA 序列位点的策略

通过这些实验，他们发现在第二模板及 ATP、GTP 和 CTP 存在条件下驱赶聚合酶，聚合酶可从原来模板跳转到第二模板，并继续延伸转录本，直至到达模板链的 A 位点处因 UTP 的缺乏而停止延伸，得到比原初模板获得的通读转录本更长的转录本。研究者还发现，在高盐浓度条件下聚合酶不能与单链 DNA 进行紧密结合；当与延伸的转录本 3′ 末端的 +2 位与 +11 位之间长度为 9 bp 的双链 DNA 结合时，聚合酶具有抗盐性，这意味着聚合酶中的疏水性氨基酸与 DNA 大沟内碱基的相互作用是通过疏水作用实现的;盐稳定性结合的另一个要素是在 RNA 的 3′ 末端上游要有一段长度为 6 nt 以上的单链 DNA 存在。

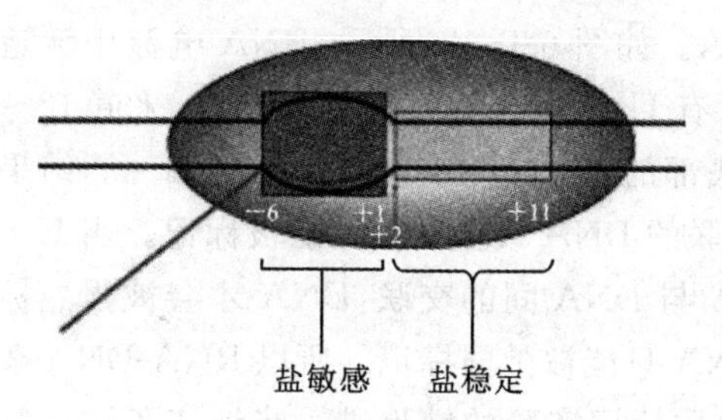

图 6-12　*E. coli* RNA 聚合酶全酶的 DNA 结合位点模型

长方形示下游位点,正方形示上游位点。

图 6-12 模型总结了上述研究发现。下游盐稳定性结合位点(右侧长方形区域)在+2 位与+11 位之间,上游盐敏感性结合位点(左侧正方形区域)位于-6 位与+1 位之间。该模型认为,RNA 转录本与 DNA 间的相互作用并不是维持 DNA-RNA-聚合酶三元复合体稳定性的主要因素,三元复合体的形成还需要盐敏感(弱)结合位点的参与,维持其稳定性的主要因素是强盐抗性结合位点的下游位点。后来研究证明,这个强结合位点是滑动钳(sliding clamp)的关键部分,能够使 RNA 聚合酶紧密地结合在 DNA 上。

Nudler 等还鉴定出了上述两个结合位点所涉及的聚合酶亚基。研究者在短的具有放射性标记的第二模板特定位置,用定点突变法加入胸腺嘧啶类似物 5-碘代脱氧尿嘧啶核苷酸(5-iododeoxyuridine),该核苷酸被紫外线激活后可与邻近蛋白质交联。选取的研究位点是-3 位、+1 位和+6 位,分别位于盐敏感区、活性位点和盐稳定区。通过交联、SDS-PAGE 电泳和放射自显影等方法,发现 β 亚基在-3 位和+1 位与 DNA 交联,说明 β 亚基位于或邻近酶的活性位点,β 和 β′ 亚基均在+6 位与 DNA 交联,证明这是强结合位点,与早期的发现一致,即 β′ 亚基自身能够与 DNA 紧密结合。同时表明,β 亚基在紧密结合和松散结合过程中均能发挥作用。此外,当单链 DNA 在+6 位与聚合酶交联时,很少发生与 β′ 亚基结合的情况,进一步证明通过 β′ 亚基的紧密结合需要双链 DNA 的存在。此后,通过 SDS-PAGE 凝胶纯化标记 DNA 交联的 β 和 β′ 亚基,用 CNBr 切割蛋氨酸(methionine)残基之后的多肽,然后通过凝胶电泳和放射自显影确定与 DNA 交联的是 β 亚基的 N 末端,位于 Met30 与 Met102 之间,而 β′ 亚基与 DNA 交联的是其 C 末端,位于 Met1230 与 Met1273 之间。

6.4.2　延伸复合体的结构

延伸复合体(transcription elongation complex,TEC)是指由 RNA 核心聚合酶与 RNA 和 DNA 形成的三体结构。一旦 RNA 核心聚合酶从起始转录复合物转变成转录延伸复合体,它与 RNA 和 DNA 链的结合变得稳固,在体内以每秒 30～100 个核苷酸的速度延伸 RNA 链。

1. RNA-DNA 杂合分子

在延伸复合体中,存在长度较短的 RNA-DNA 杂合双链结构,它由新生 RNA 3′ 末端的第-2 位至第-8(或-9)位之间的序列与 DNA 模板链通过碱基互补配对形成,随着聚合酶的移动,RNA 被替代下来,分开的 DNA 双链重新形成双螺旋。

Nudler 等人通过转录本步移实验和 RNA-DNA 交联实验,证明了延伸复合体中确实存在长度为 8～9 bp 的 RNA-DNA 杂合分子。他们发现在 5′ 末端被 ^{32}P 标记的新生 RNA 产物的第 21 位或 45 位引入 UMP 的衍生物(U·),U·在 $NaBH_4$ 存在的情况下能够与配对的碱基发生交联(图 6-13(a))。该实验设计方案可阻止 U·接触到 DNA 链上与之配对碱基 A 附近的嘌呤碱基,使交联只能发生在 DNA 模板链上的 A 与 RNA 产物上能进行碱基配对的 U·之间,如果没有碱基配对,就不可能发生交联。

他们让转录产物中的碱基 U·步移到 3′ 末端从 −2 位(紧邻 3′ 末端的核苷酸,3′ 末端核苷酸标记为 −1)到 −44 位的不同位置,然后使 RNA 与 DNA 模板链交联,在一块凝胶上同时电泳 DNA 和蛋白质,而在另一块凝胶上仅电泳 RNA。如图 6-13(b)所示,RNA 电泳中泳道 1、2 和 11 为 RNA 中无 U·的负对照,泳道 3～10 含有 U·在 21 位时的反应产物,泳道 12～18 含有 U·在初生 RNA 的 45 位时的反应产物。底部的星号表示 RNA 中存在 U·。结果表明,RNA 总是能够被标记,而只有与 RNA 发生交联的 DNA 或蛋白质才能被标记。当 U·出现在 −2 位与 −8 位之间的位点时,才会发生 RNA 与 DNA 间的交联,DNA 才会被强烈标记,当碱基 U·出现在 −10 位及其以后的位置时,DNA 只能被微弱标记。所以 RNA-DNA 杂合分子在 −1～−8 位,最远可能延伸到 −9 位。蛋白质标记实验的结果进一步证实了这一结论。当碱基 U·不在杂交区域(−1 位至 −8 位)出现时,聚合酶中的蛋白质就会被强烈标记。这可能暗示活性基团在不能与 DNA 模板链进行碱基互补配对时,更易与蛋白质接近。最近对 T_7 RNA 聚合酶的研究也证明 RNA-DNA 杂合分子的长度为 8 bp。

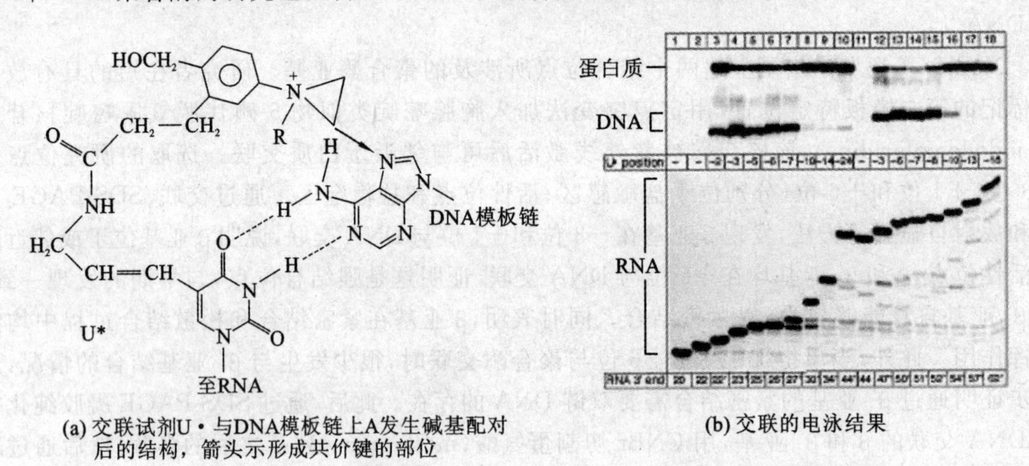

(a) 交联试剂U·与DNA模板链上A发生碱基配对后的结构,箭头示形成共价键的部位

(b) 交联的电泳结果

图 6-13　在延伸复合体中 RNA-DNA 及 RNA-蛋白质间的交联

2. RNA 聚合酶及延伸复合体的结构

X 射线晶体衍射实验是当前获得蛋白质精细结构最成熟、可靠的方法,不过要做 X 射线晶体测试必须先获得蛋白质三维结构的晶体。到目前为止,还没能获得 *E. coli* RNA 聚合酶的三维晶体,但 Darst 等在 1999 年成功获得了嗜热水生菌(*Thermus aquaticus*)的核心聚合酶晶体,晶体结构的分辨率达 0.33 nm。2002 年,他们获得了分辨率为 0.4 nm 的嗜热水生菌 RNA 聚合酶全酶晶体结构。在接下来的研究中,他们又获得了嗜热水生菌全酶-DNA 复合体的晶体结构。

X 射线晶体学分析表明,嗜热水生菌 RNA 聚合酶核心酶的整体结构形状与通过电镜获得的低分辨率 *E. coli* 核心酶的二维晶体结构十分相似。嗜热水生菌 RNA 聚合酶核心酶的形状如同一只张开的蟹爪,“蟹爪”的一半主要由 β 亚基组成,另一半则主要由 β′ 亚基组成。2 个 α 亚基位于“蟹爪”的节点处,其中 αⅠ与 β 亚基相连,αⅡ与 β′ 亚基相连,较小的 ω 亚基位于底部,覆盖在 β′ 亚基的 C 末端。在核心酶的两个“钳”之间形成一个宽约为 2.7 nm 的通道,DNA 模板位于这个通道内。在酶的催化中存在 3 个天冬氨酸和与其配位的 Mg^{2+}。β 亚基发生改变后会导致对利福平抗性改变的氨基酸在三维结构中紧密串联在一起,Darst 通过测定结合利福平的嗜热水生菌 RNA 核心聚合酶复合体的晶体结构,发现当 RNA 链延伸到 2 或 3

个核苷酸时，位于结合位点的利福平通过阻断正在延伸转录本的排出，使转录过程被阻断。但是如果 RNA 延伸到特定的长度，就会阻断利福平向其结合位点靠近，从而有效阻止利福平的结合，进而证实这个位置就是利福平的结合位点。

Darst 和他的团队对所获得的缺失前 91 个氨基酸（结构域 1.1）的 σ 亚基全酶进行了三维结构分析，结果表明 σ 亚基（σ^A）与核心酶的 β 和 β′ 亚基之间存在着广泛接触，残缺的 σ 亚基的 N 末端有一个直接指向酶活性中心的 α 螺旋末端，由于 σ 亚基缺失了前 91 个氨基酸，所以全酶结构中有一个裂隙过于狭窄，以致不能接纳 DNA 模板，表明 σ 亚基中缺失的结构域可能有撬开酶裂隙使之能够结合 DNA 的作用。因此，Darst 等推测，包含 $\sigma_{1.1}$ 结构域的整个 σ 亚基会撬开酶的狭窄"钳口"，使之能够容下双链 DNA 模板，从而主通道结合形成闭合启动子复合体。随后，在形成开放启动子复合体时，$\sigma_{1.1}$ 区被逐出主通道，从而使主通道在活性位点处与解链的 DNA 紧密结合。Ebright 等用荧光共振能量转移（FRET）实验证实，在闭合启动子复合体中 1.1 区位于主通道内，但在开放启动子复合体中则被逐出主通道。σ 亚基中，连接结构域 3 和结构域 4 的无序链环位于排出 RNA 产物的通道内，且明显靠近酶的活性位点，一方面提示 σ 亚基靠近活性位点的部分在 RNA 链的第一个磷酸二酯键形成过程中可能具有积极作用，与之前发现的 σ 亚基在转录起始的重要作用相符；另一方面还支持一种假说，即位于 RNA 逐出通道内的 σ_3 结构域和 σ_4 结构域之间的链环与初生 RNA 之间存在着空间占据的竞争作用，多数情况下链环能够赢得竞争，而失败一方初生 RNA 只能以流产性转录产物的形式释放出来，所以流产性转录产物的量是完整转录产物的数倍（如在 *E. coli* 中为 11 倍）。但当 RNA 分子成功延伸超过 12 nt 时，RNA 链就能将链环置换出来，使链环与核心酶解离或松散结合在核心酶上。Darst 等的实验表明，含有缺失 σ_3-σ_4 间链环突变 σ 亚基的 *E. coli* 全酶在进行通读转录时没有很多流产性转录事件的发生，从而证实了这一假说。

X 射线晶体图片学为我们揭示了 RNA 聚合酶全酶-启动子复合体的全貌（图 6-14，彩图 1）。首先值得注意的是，DNA 延伸穿越聚合酶的顶部，而 σ 亚基恰定位在此处。这正好印证了是 σ 亚基而不是核心酶参与了所有 DNA-蛋白质间特异的相互作用。其次是以前生物化学和遗传学实验的推断得到了证实。例如根据 *E. coli* σ^{70} 亚基的 Gln437 和 Thr440 突变可以被发生在启动子－12 位上的突变所抑制，推断这两个氨基酸与－12 位碱基存在相互作用。在嗜热水生菌 σ^A 亚基中与上述两个氨基酸对应的是 Gln260 和 Asn263，X 射线测试表明，Gln260 确实与－12位碱基位置靠近且发生接触。Asn263 虽然与－12 位碱基相距较远而没有发生接触，但在体内很容易发生微小的移动就能使两者足够靠近。

但也有一些发现并不能在 RNA 聚合酶全酶-启动子复合体结构中得到证实，例如，生物化学和分子生物学实验有力证明了 σ 亚基的 4.2 区特异氨基酸残基在结合启动子－35 盒时起作用，但在 RNA 聚合酶全酶-启动子复合体的结构图中（图 6-14），－35 盒与 $\sigma_{4.2}$ 相距约 0.6 nm，而且 DNA 呈直线而不是弯曲状态，这无法保证相互作用的发生。目前较合理的推断是在 RNA 聚合酶全酶-启动子复合体结构中，因晶体堆积力作用，－35 盒的 DNA 被推离了正常相对于 $\sigma_{4.2}$ 区的位置。也就是说，我们得到的复合体的晶体形态并不一定是其在体内时的形态。

根据已有的生物化学、遗传学等的发现和 RNA 聚合酶全酶-启动子复合体结构，Darst 等提出了从闭合启动子复合体向开放启动子复合体转换的模型（图 6-15（a）），并且也提出了 α-CTD结合上游元件的假定位置。由图可知，闭合启动子复合体中的 DNA 由于还没有发生融解，所以大约从－20 位处直到下游末端的一段区域呈直线状态，在开放启动子复合体中 DNA 则发生了弯曲，这是在体内时必须发生的。在开放启动子复合体的部分放大图中（图

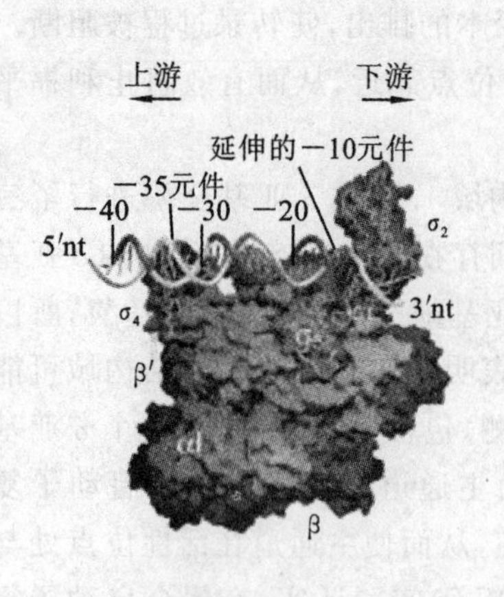

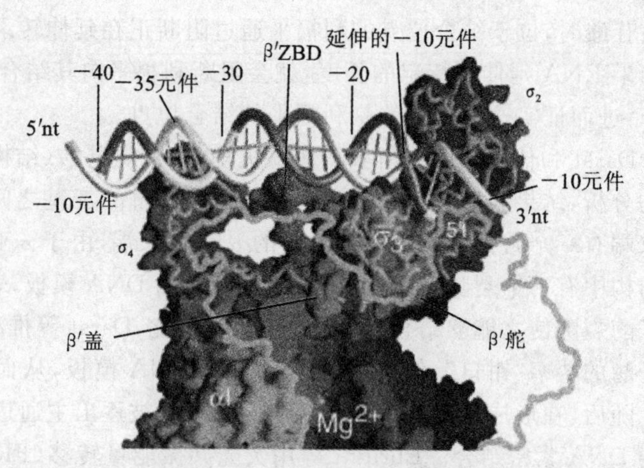

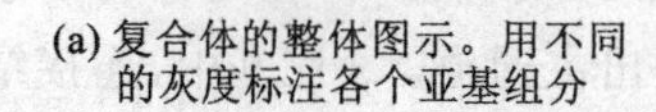

(a) 复合体的整体图示。用不同的灰度标注各个亚基组分

(b) DNA 与蛋白质相互作用的放大图

图 6-14　RNA 聚合酶全酶-启动子复合体示意图

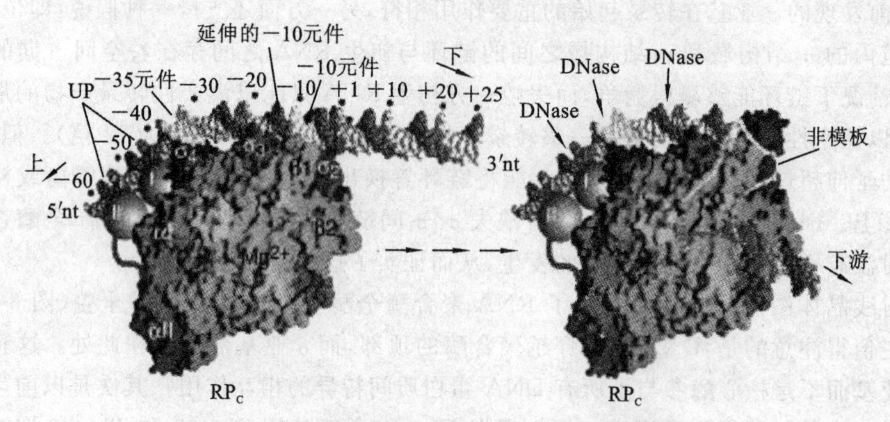

(a) 从闭合启动子复合体到开放启动子复合体的转换

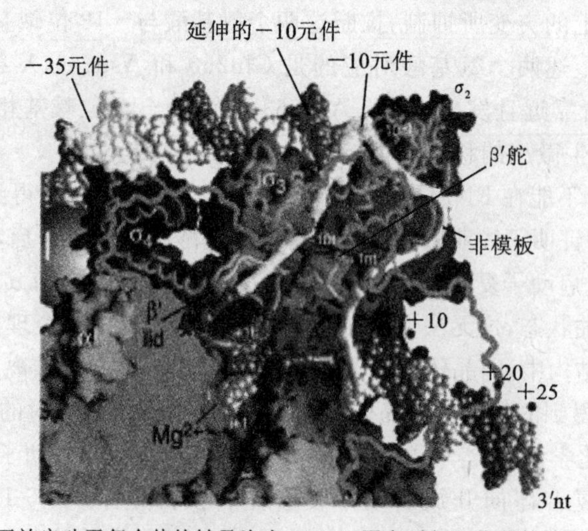

(b) 在开放启动子复合体的转录泡内，DNA-蛋白质相互作用的放大示意图

图 6-15　DNA 从－60 位至＋25 位间的序列与全酶结合模型

6-15(b))，−10 盒区的 DNA 已发生融解，部分非模板链、转录泡和下游 DNA 清晰可见，显示核心启动子与聚合酶之间的相互作用。其中，图 6-15(b)中 β 亚基以轮廓线表示其位置，以便观察 DNA 融解的情况。应该注意的是，突出于 β′ 亚基表面、指向 β 亚基的 β′ 舵(rudder)已经消失，该片段跨越 β 与 β′ 亚基之间的缝隙，其作用是防止两条单链复性(renaturation)。

在 RNA 聚合酶全酶-启动子复合体的结构图中只有 1 个 Mg^{2+} 位于活性中心(图 6-14)。但现在更多研究者认为所有的 DNA 聚合酶和 RNA 聚合酶发挥作用所采用的机制都需要 2 个 Mg^{2+}。Vassylyev 等获得了分辨率为 0.26 nm 的耐热嗜热菌(*T. thermophilus*)聚合酶晶体结构，在这个非对称晶体中包含 2 个聚合酶，其中一个聚合酶含有 1 个 Mg^{2+}，另一个聚合酶含有 2 个 Mg^{2+}。后者可能是执行 RNA 合成功能的酶，这 2 个 Mg^{2+} 为 3 个相同的天冬氨酸(aspartate)侧链所拥有。

3. 延伸的拓扑学

当核心酶沿着 DNA 模板移动时，转录起始阶段形成的局部解链区域会被维持，以帮助 RNA 聚合酶顺利地完成转录本的延伸。从聚合酶-DNA 复合体的晶体结构可以看出，DNA 的两条链进入全酶中 2 条分离的通道，表明在核心酶延伸过程中会维持这一状态。Saucier 和 Wang 研究也发现，在延伸过程中融解程度保持不变。在转录过程中，DNA 双螺旋会在移动的“转录泡”前面解旋，而又在“转录泡”后面重新缔合。

那么 RNA 聚合酶是如何完成这个过程的？从理论上讲有两种方式。一是在转录进行过程中，聚合酶和正在生长的 RNA 链围绕 DNA 模板旋转，而双螺旋 DNA 处于正常的扭曲状态(图 6-16(a))，转录结束后核心酶先脱离转录本，最后一个未知的酶使缠绕在 DNA 模板上转录本解旋脱离。这种方式 DNA 不发生任何扭曲，但使聚合酶能够不停地旋转需要大量的能量。另一种可能性是聚合酶不旋转，但 DNA 在解旋区的前面按一个方向旋转，在解旋区的后面按相反的方向旋转从而重新形成双螺旋(图 6-16(b))。但是，这种旋转会在 DNA 分子中引入张力。

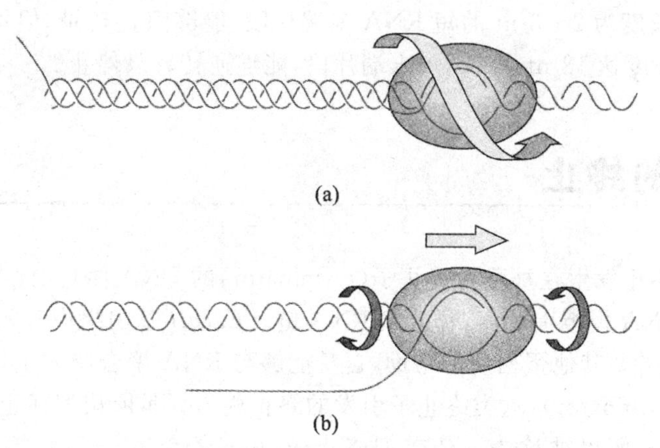

图 6-16　有关双链 DNA 转录拓扑学的两种假说

(a)RNA 聚合酶绕双螺旋 DNA 链旋转向前移动，如箭头所示，RNA 产物也绕 DNA 模板旋转；(b)RNA聚合酶直线移动，如上方直形箭头所示，RNA 产物不绕 DNA 模板旋转，两边环形箭头示聚合酶前方的 DNA 双螺旋解旋，后方的单链 DNA 重新缔合成双螺旋结构。

如果第二种解旋机制是正确的，那么 DNA 解旋而产生的张力就需要拓扑异构酶(topoisomerase)来催化 DNA 链的断裂，从而释放这种张力。这种因双螺旋 DNA 扭曲而产生的张力会引起 DNA 双螺旋本身进一步超螺旋化(supercoiling)，形成超螺旋(supercoil 或

superhelix)。RNA 聚合酶前行而导致的解旋会引起解旋区前方 DNA 发生补偿性过旋(compensating overwinding)。一般来讲,因过旋而产生的超螺旋称为正超螺旋(positive supercoil)。在前行聚合酶的后方会产生负超螺旋(negative supercoil)。拓扑异构酶突变后不能释放超螺旋的研究为该转录模型提供了直接支持证据,如果突变体不能释放正超螺旋,那么正超螺旋就会在正被转录的 DNA 分子中增强,不能释放超螺旋的拓扑异构酶突变体在转录过程中会积聚负超螺旋。

4. 暂停与校正

延伸过程并不总是一直匀速向前的,在 RNA 延伸链过程中经常会发生延伸暂停,甚至在有些情况下还会发生倒退。在 21 ℃和 1 mmol/L NTPs 的体外条件下,暂停时间通常只有 1～6 s,虽然时间不长,但多次重复暂停会明显延缓转录的整体速率。暂停的生理学意义在于:首先,使较慢的翻译过程能够与转录过程保持步调一致,如果翻译失败,那么暂停对于衰减作用、流产性转录等现象来说是十分重要的;其次,暂停是转录终止的第一步。如果 RNA 聚合酶在转录的过程中遇到一段损坏的 DNA 并停止转录,细胞会在转录修复偶联因子(transcription repair coupling factor,TRCF)的作用下挪走聚合酶并招募修复酶。TRCF 具有 ATP 酶活性,它结合到聚合酶上游双链 DNA 上并利用 ATP 酶提供的动力移动,当遇到停止的 RNA 聚合酶时,会通过碰撞使其继续前进转录或从 DNA 双链上解离下来。

有时聚合酶会向前行的反方向倒退,从而使正在延伸的转录本 3′ 末端突出于酶的活性位点,这不能被看作暂停过程的放大。第一,该过程持续的时间超过 20 s,最终变为不可逆转的停止;第二,该过程只有在核苷酸的浓度很低,或聚合酶将错误的核苷酸加入正在延伸的 RNA 链中时才会发生。倒退有时是校正过程的一部分,RNA 聚合酶有两种校正方式:一种是焦磷酸化编辑,即聚合酶利用其活性位点通过逆反应在错误的核苷酸上重新加入 PPi,去除掉错误的核苷酸后再加入正确的核苷酸;另一种是水解编辑,即辅助蛋白 GreA 和 GreB 蛋白激活聚合酶固有的 RNase 活性,切除正在延伸的 RNA 链末端错配核苷酸,使得转录重新恢复。GreA 切割后产生长度为 2～3 nt 的短 RNA 末端片段,能够阻止转录,但不能逆转转录停止。GreB 切割后产生长度达 18 nt 的 RNA 末端片段,能够逆转转录停止。

6.5 转录的终止

RNA 合成的终止发生在被称为终止子(terminator)的 DNA 序列上,当 RNA 聚合酶到达终止子时就会从 DNA 模板上脱离,释放出 RNA 链。*E. coli* 基因组中有两类数量大致相同的终止子。第一类不需要其他蛋白质的帮助,自身能够与 RNA 聚合酶发生作用,被称为内源性终止子(intrinsic terminator),这类终止子引发的终止称为 ρ 非依赖型终止。第二类需要辅助因子 Rho(ρ)的辅助,所以被称为 ρ 依赖型终止子,由这类终止子引发的终止称为 ρ 依赖型终止。

6.5.1 ρ 非依赖型终止

ρ 非依赖型终止有赖于内源性终止子特殊的 DNA 序列,这类终止子有两个特征:①有一个含中央非重复片段的反向重复序列;②紧随重复序列之后一段在基因的非模板链上富含 T 碱基的序列。

1. 反向重复序列与发卡结构

这些元件要转录后才能发挥终止作用，它们以 RNA 形式而不是 DNA 形式发挥作用。在 RNA 转录本中反向重复序列可以形成发卡结构（也称为茎环构象），这个发卡结构能够阻止转录的延伸。我们以下面的重复序列为例说明发卡结构的形成过程。

5′-TACGAAGTTCGTA-3′
3′-ATGCTTCAAGCAT-5′

其 RNA 转录本序列为 UACGAAGUUCGUA。可以看出该序列围绕其中心（下划线 G）是与自身互补的，这可以通过碱基配对形成如下发卡结构（由于受 RNA 转角角度的限制，位于发卡顶端的 A 和 U 不能形成碱基对）：

U · A
A · U
C · G
G · C
A · U
AU
G

2. 内源性终止子的结构和终止模型

Farnham 等用 *E. coli trp* 操纵子中的衰减子（attenuator）为模型来研究正常终止的原理。*trp* 衰减子内包含一段反向重复序列和位于非模板链上一连串的 T，能够引起转录的提前终止。*trp* 衰减子有一个长度达到 8 bp 的反向重复序列，且其中 7 个为配对能力较强的 G-C 碱基对，其形成的发卡结构如下：

A · U
G · C
C · G
C · G
C · G
G · C
C · G
>A
C · G
U　U
A　A

可以看到，在发卡结构的末端由于 U-U 和 A-A 不能配对而形成一个小环。而且颈部右侧一个 A 被环出，使颈长为 8 bp 而不是 7 bp，但发卡结构仍然能够形成，且相对稳定。

针对发卡结构，Farnham 等提出了如下假设：发卡结构可以让 RNA 的转录发生暂停，当富含 T 区域被转录后，保持新生 RNA 与 DNA 模板链碱基互补的是 8 个 A-U 碱基对，rU-dA 碱基对间结合非常弱，其融解温度要比 rU-rA 或 dT-rA 碱基对的融解温度低 20℃，当 RNA 聚合酶在终止子处发生暂停时，结合较弱的 rU-dA 碱基对使 RNA 与 DNA 模板解离，从而导致转录的终止。

为了验证这个假设，Farnham 等首先在体外转录包含 *trp* 衰减子序列的 *Hpa* Ⅱ限制性内切酶片段，如果存在衰减作用，转录就会在衰减子处发生终止，从而获得短的转录产物(140 nt)；如果转录不能在衰减子处发生终止，RNA 聚合酶继续转录直至片段的末端，则会得到 260 nt 的通读转录本(图 6-17)。

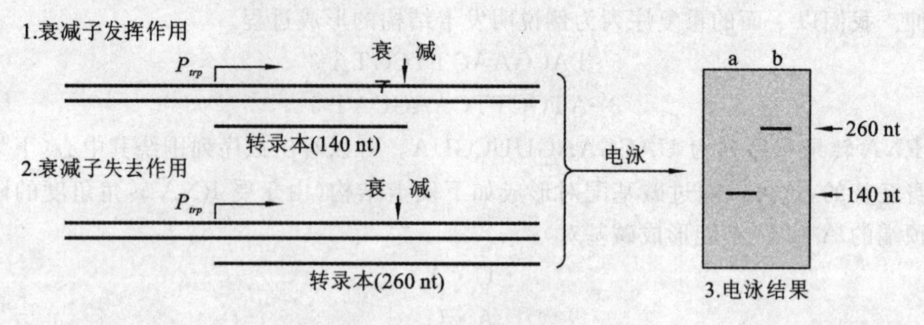

图 6-17　衰减作用分析

1. 衰减子发挥作用时，RNA 转录停止在衰减子处，产生长度为 140 nt 的转录产物(a 泳道)；2. 衰减子不发挥作用时，形成长度为 260 nt 的通读转录产物(b 泳道)；3. 两种不同反应形成转录产物的凝胶电泳结果。

此后，研究者利用定向突变技术，获得了终止子非模板链上由 8 个 T 组成的串联序列更改为 TTTTGCAA 的突变体 *trp α1419*。实验证明在 *trp α1419* 中其衰减作用被减弱，这与较弱的 rU-dA 碱基对是终止关键的假设相一致。

研究还发现，用碘-CTP 核苷酸(I-CTP)取代正常的 CTP 后，该突变体的表型可被逆转。这可能是因为 G 与碘-C 之间的结合能力要强于 G 与 C 之间的结合能力，更加稳定的发卡结构可以抵消发卡下游区域中损失的弱碱基对。反之，当用能减弱发卡结构内碱基配对能力的 GMP 类似物次黄鸟嘌呤核苷酸(inosin monophosphat，IMP)取代 GTP 后，会使衰减子的转录终止效应弱化。如此，所有的这些效应都与以下假设相一致：转录本中发卡结构和一连串 U 对转录终止都是十分重要的，但 RNA 元件在暂停和终止中的作用仍需要验证。研究还发现，发卡结构可以破坏延伸复合体的稳定性，并使复合体发生停顿(并不在串联的 rU-dA 碱基对处)。但缺失一半重复序列而不能形成发卡结构的终止子仍能使延伸复合体在串联的 rU-dA 碱基对处停止。

1999 年，Yarnell 和 Roberts 根据前人的研究结果和各种假说，提出了以下两种模型。rU-dA 碱基对会引起 RNA 聚合酶的停顿，这为发卡结构的形成提供了可能。当 RNA 聚合酶在终止子处发生停顿时，RNA 在新形成发卡结构的帮助下被牵引出聚合酶，从而退出聚合酶的活性位点，或者转录的 RNA 由于 RNA 聚合酶继续向下游移动但并不延伸 RNA 产物而被甩在后面。

为了验证这一假设，Yarnell 和 Roberts 用在强启动子下游含有 2 个突变终止子(ΔtR2 和 Δt82)的 DNA 模板进行实验。这些突变终止子位于非模板链上串联的 T 序列，但因为只有一半的反向重复序列，所以不能形成发卡结构。在实验中，研究者通过向反应体系中添加能与留存的一半反向重复序列互补的寡核苷酸链，来恢复发卡结构的功能。为了便于从复合物中除去模板，他们将模板吸附在磁珠上。在寡核苷酸存在或不存在条件下，用 *E. coli* RNA 聚合酶体外合成标记 RNA，最后除去模板，获得沉淀，电泳沉淀和上清液中的物质，放射自显影检测 RNA。

从图 6-18 的实验结果可知，泳道 1～6 无寡核苷酸存在，由泳道 1、3、5 中，在 ΔtR2 和 Δt82 标记处有微弱条带，表明只有少量 RNA 分子被释放到上清液中。然而，泳道 2、4、6 中出现较强条带，表明在两个终止子处至少发生了短时间的停顿，这证明 RNA 转录停顿不需发卡的参与，但发卡对于转录本的有效释放是必需的。在泳道 7～9 中，体系中加入了与 ΔtR2 终止子留存的下游半反向重复序列互补的寡核苷酸(t19)，可以看出，释放到上清液中的标记 RNA 的黑色条带，表明该寡核苷酸促进了在突变终止子处发生终止和 RNA 的释放。用寡核苷酸 t18 也获得了相同的实验结果，该寡核苷酸与 Δt82 终止子中留存的下游半反向重复序列互补。在泳道 13 和 14 中研究者用与 t19 相差一个碱基的寡核苷酸 t19 H1 代替 t19。泳道 13 显示终止子 ΔtR2 的终止大幅减少。泳道 14 显示研究者对 ΔtR2 进行补偿突变后恢复了 ΔtR2 的强终止作用。由于该模板含有野生型 Δt82 终止子，所以也有大量终止在此发生。泳道 15 和 16 显示的是在无寡核苷酸 t19 H1 的情况下终止子 ΔtR2 处很少发生终止。

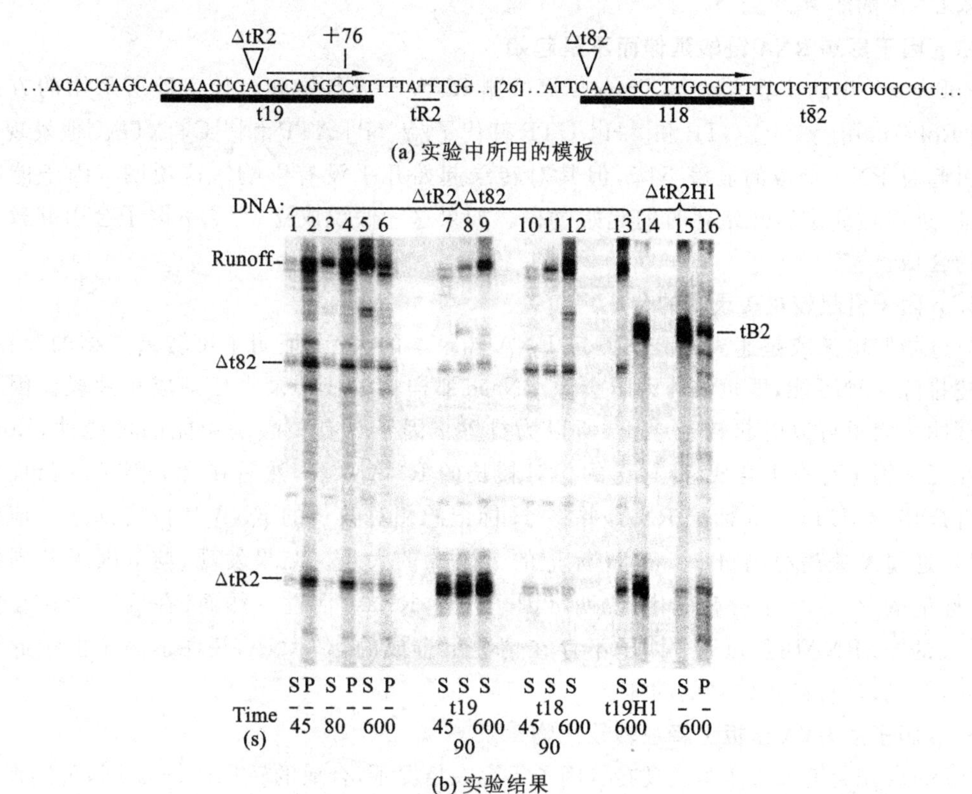

图 6-18 寡核苷酸与突变终止子的互补致使转录本从延伸复合体中释放出来

(a)用细线示终止子的正常终止位点，粗线示寡核苷酸(t19、t18)互补的区域，右向箭头示突变终止子中含有的半反向重复序列，圆点示寡核苷酸 t19 H1 中碱基发生改变的位点，作为 DNA 模板的补偿性突变；(b)P 示 RNA 来自沉淀中，S 示 RNA 来自上清液中。

上述研究结果表明，发卡结构本身并不是转录终止所必需的，而通过转录产物与下游半反向重复序列之间的碱基配对，来破坏 RNA-DNA 杂合分子的稳定性则是发生终止所必需的。而且，Yarnell 和 Roberts 还发现，如果能够人为放缓转录过程，那么富含 T 的区域并非必需。通过去除核苷酸使聚合酶停留在一个既不位于反向重复序列也不位于富含 T 区域内的位点处，向反应体系中加入能与此停留位点上游序列杂交的寡核苷酸，也观察到初始 RNA 的释放。

NusA 蛋白也能促进终止，该蛋白质能够促进发卡结构在终止子处的形成。2001 年，Gusarow 和 Nudler 指出了 NusA 蛋白的作用机制：转录本在形成发卡结构序列的上游具有一个被称为上游结合位点(upstream binding site,UBS)的核心聚合酶结合位点,当RNA聚合酶与上游结合位点结合后会影响发卡结构的形成,不利于转录终止。而NusA蛋白能够弱化RNA聚合酶与上游结合位点间的结合,也就是说,NusA蛋白通过促进发卡结构的形成来促进转录终止。

6.5.2 ρ依赖型终止

ρ因子是一种相对分子质量约为4.6×10^7的蛋白质,通常以六聚体形成一个环状蛋白质。Roberts在体外实验中发现,ρ因子能导致转录的终止,从而显著降低RNA聚合酶转录某些噬菌体DNA的能力。

1. ρ因子影响RNA链的延伸而不是起始

Roberts采用的实验方法与Travers等检测RNA合成起始和延伸实验所采用的方法一样,但Roberts用[γ-^{32}P] GTP和[^{3}H] UTP替代了[γ-^{32}P] ATP和[^{14}C] ATP。他发现ρ因子能引起总RNA合成的显著下降,但其对转录起始几乎没有影响。这说明ρ因子能够终止转录,进而迫使重新开始耗时的起始过程。如果这一假说成立,那么ρ因子会引起较短转录本的合成。

2. ρ因子引起较短转录本的合成

通过凝胶电泳或超速离心方法测定RNA转录本的大小,证明了短转录产物的存在,但这无法排除一种可能,即也许ρ因子会像RNase那样将较长转录本切割成小片段。因为还不能证明ρ因子可以引起转录终止,所以为排除ρ因子具有核酸酶功能的可能性,Roberts首先在无ρ因子存在下合成^{3}H标记的相对较长的RNA片段,然后在含ρ因子的新反应体系中合成用^{14}C-UTP作为标记RNA,并将^{3}H标记的相对较长的RNA片段也加入反应体系中,最后通过超速离心测量^{14}C和^{3}H标记的λRNA的大小。结果发现,与ρ因子共同孵育的^{3}H标记的RNA大小没有变化,说明ρ因子没有RNase活性。然而,在ρ因子存在情况下,合成的^{14}C-RNA明显短于ρ因子不存在情况下合成的^{14}C-RNA,说明ρ因子能引起较小RNA的合成,具有终止转录的功能。

3. ρ因子从DNA模板上释放转录产物

Roberts用超速离心实验发现在ρ因子不存在情况下,合成的转录产物与DNA模板共沉淀,表明该转录产物并没有从其结合的DNA上释放出来。相反,在ρ因子存在情况下,合成的转录产物不与DNA模板共沉淀。因此,ρ因子似乎能够将RNA转录物从DNA模板上释放出来。事实上,ρ(希腊字母)代表“释放”的意思。

4. ρ因子的作用机制

单链RNA离开聚合酶时,ρ因子与位于终止位点上游、一个被称为rut位点的区域结合。该位点富含C,序列长度为60～100 nt,不折叠成二级结构。ρ因子每一个亚基都有ATP酶活性,ρ因子与RNA结合后其亚基的ATP酶活性被激活,水解ATP供能,推动ρ因子沿着RNA按5′→3′方向移动,追赶RNA聚合酶。这种情况一直持续到RNA聚合酶在终止子处停顿,此时转录本已形成发卡结构,RNA聚合酶在终止子处停顿使得ρ因子追赶上来,释放出转录本。1987年,Platt等发现ρ因子具有RNA-DNA解旋酶活性,当ρ因子与停留在终止子处的RNA聚合酶相遇后,ρ因子使位于转录泡内RNA-DNA双链体结构解开,从而释放出转录本,实现转录的终止。

6.6　操纵子

E. coli 的基因组测序显示其拥有 4 000 多个基因，一般情况下，这些基因中只有5%～10%是处于高水平转录状态，多数基因处于低水平转录状态或关闭状态，细胞根据需求调控着基因的表达状态。其中有些基因的表达产物是细胞生命活动所必需的，往往在整个细胞生命周期中都处于激活状态，另有一些基因则根据环境变化和细胞自身需求而表达，因此在细胞生命周期中有时会处于关闭状态。这种基因的不同时表达状态取决于基因的表达调控，是细胞生命活动的关键。

调控基因的信号可以来自细胞外部，也可以来自细胞内部，它们通过调控蛋白传送给基因。调控蛋白又可分为正调控蛋白(激活物)和负调控蛋白(阻遏物)两类。这些蛋白质通常都是 DNA 结合蛋白，通过改变 RNA 聚合酶与 DNA 的结合或改变 RNA 聚合酶的转录等来调节基因的转录表达。原核生物中最典型的调控模式就是操纵子。

为使基因表达调控更有效，原核生物往往将编码功能相关蛋白质的一组基因连续排列，协调控制它们的表达，这样一组彼此相邻、协同调控的基因称为操纵子(operon)。

6.6.1　操纵子的发现

如果*E. coli* 培养基中同时存在葡萄糖(glucose)和乳糖(lactose)，*E. coli* 会在几小时的快速繁殖后，出现一个大约 1 h 的生长停滞期，然后又继续快速生长，被称为“二峰生长曲线”(图 6-19)。其原因是 *E. coli* 最开始不能利用乳糖，在葡萄糖消耗完以后生长出现停滞，但在停滞期内，*E. coli* 合成积累了参与乳糖代谢的酶，从而为下一个乳糖代谢调控循环提供了物质基础。

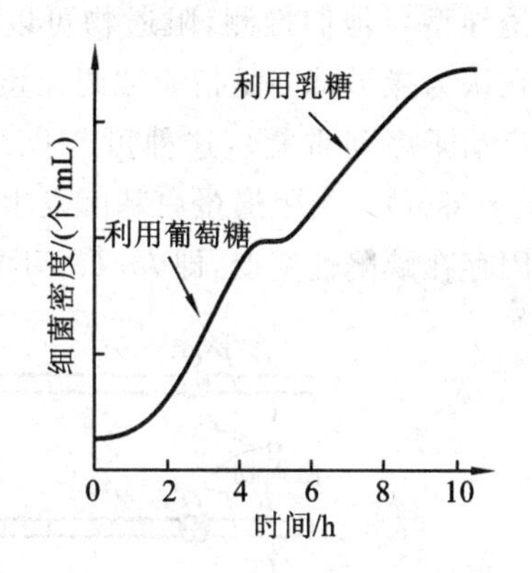

图 6-19　*E. coli* 培养的二峰生长曲线

1940 年，Monod 开始研究 *E. coli* 的乳糖代谢，观察到乳糖和其他半乳糖苷可以诱导 β-半乳糖苷酶的产生。而且 Monod 与 Cohn 在利用β-半乳糖苷酶抗体检测 β-半乳糖苷酶的含量时发现，β-半乳糖苷酶的数量在诱导过程中逐步增加。之后，研究者又发现了一些他们称为隐蔽突变体的特殊突变体，这些突变体虽然能合成β-半乳糖苷酶，但是不能在以乳糖为碳源的培养基中生长。为解释这一现象，他们用放射性标记的半乳糖苷进行研究，发现野生型菌在乳糖诱导后会摄取半乳糖苷，而这种突变型菌则不能。这些研究结果表明，在野生型细胞中，负责将培养基内的半乳糖苷转运到细胞内的酶能够与 β-半乳糖苷酶协同被诱导；而在突变体细胞内，负责编码这种酶的基因则功能丧失(y^-)(表 6-2)。

表 6-2　隐蔽突变体(*lacY*$^-$)对半乳糖苷积累的影响

基　因　型	诱　导　物	半乳糖苷的积累
Z^+Y^+	－	－
Z^+Y^+	＋	＋

续表

基因型	诱导物	半乳糖苷的积累
Z^+Y^-(隐蔽突变)	−	−
Z^+Y^-(隐蔽突变)	+	−

Monod 将这种酶命名为半乳糖苷通透酶，并最终分离纯化得到了这种酶。在这个过程中，他们还分离到了另一种蛋白质，即半乳糖苷转乙酰酶，该酶与β-半乳糖苷酶和半乳糖苷透性酶一起被诱导。至此，他们的研究共发现了3个被半乳糖苷所诱导的酶：①β-半乳糖苷酶(β-galactosidase)，是 *lacZ* 基因表达产物，可以断裂六碳糖半乳糖和葡萄糖之间的β-半乳糖苷键，使二糖乳糖分解为半乳糖和葡萄糖；②β-半乳糖苷透性酶，*lacY* 基因表达产物，负责把乳糖从细胞外转运到细胞内；③半乳糖苷转乙酰酶，*lacA* 基因表达产物，以二聚体活性形式催化乳糖的乙酰化。

Monod 还发现一些无须诱导的组成型突变体(constitutive mutant)，这些突变体总是能够合成上述3个基因的表达产物。为进一步研究这些现象，Monod 与 Jacob 合作，利用质粒构建了既携带野生型可诱导等位基因，又携带组成型等位基因的部分二倍体(merodiploid)细胞，然后把它们在缺乏乳糖的培养基上进行培养，发现可诱导等位基因为显性，表明野生型细胞可产生一种能够抑制 *lac* 基因的表达使其处于关闭状态的物质，除非 *lac* 基因被半乳糖苷诱导，否则将维持被抑制状态。这种物质也可以使组成型基因表达关闭，从而使局部二倍体也变为诱导型。他们推测，阻遏物可以和某特定 DNA 序列结合，后者称为操纵基因(operator)。现在认为操纵基因是指能被调控蛋白特异性结合的一段 DNA 序列，常与启动子基因邻近或与启动子序列重叠。这种可与操纵基因特异性结合而阻止转录的调控蛋白称为阻遏蛋白(repressor)。当阻遏蛋白基因发生突变时会影响这种特异性结合。如组成型菌株的阻遏蛋白基因存在缺陷性突变，即 *lacI*$^-$，不能编码相应的阻遏蛋白(图 6-20)。

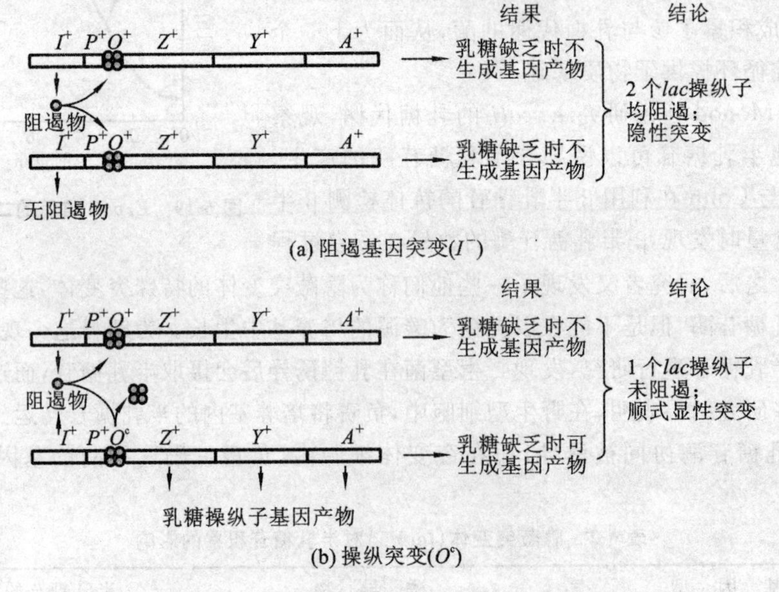

图 6-20 具有一个野生型基因和一个突变基因的部分二倍体的 *lac* 操纵基因突变对 *lac* 操纵子调控的影响

(a)I^+示野生型阻遏蛋白基因，I^-示突变型阻遏蛋白基因；(b)O^+示野生型操纵子，O^c示突变的操纵子。

操纵基因的某些突变也可以破坏它和阻遏蛋白之间的相互作用,导致组成型表达(图 6-20)。为了区别这两种组成型突变,Jacob 和 Monod 构建了一个部分二倍体细胞,方法是通过 F′质粒向自身染色体 *lac* 发生突变的细菌内引入了野生型 *lac* 基因,当染色体基因 *lacI* 发生突变时,野生型 *lacI* 基因可以补偿这种突变,部分二倍体细菌的 2 个 *lac* 操纵子仍然处于被阻遏状态,所以这种突变属于隐性突变,因为质粒上 *lacI* 基因合成的阻遏蛋白可以扩散到染色体上(图 6-20(a))。如果操纵基因发生突变则始终是去阻遏的,因此该突变属于显性突变(图 6-20(b)),研究者把 *lac* 操纵基因这种可在原位发挥作用,并影响与其在物理上相连的基因表达序列称为顺式作用元件,这样的突变就称为顺式显性(*cis*-dominant)突变,即只对同一 DNA 片段上的基因表现显性效应(拉丁语"*cis*"即"顺式",意指"在这里"),而对部分二倍体中其他 DNA 则无显性效应。研究者把阻遏蛋白这类能结合顺式作用元件调控基因表达的游离基因产物称为反式作用因子(拉丁语"*trans*"即"反式",意指"在对面")。Jacob 和 Monod 发现了这样的顺式显性突变体,并证明操纵基因的存在,他们把携带组成型操纵基因(operator constitutive)的突变体称为 O^c。

Monod 等还发现了 2 类阻遏蛋白基因发生突变后会导致 *lac* 操纵子的非诱导性,表现为顺式或反式(对部分二倍体中不同 DNA 分子具有调控作用)显性效应,这是因为 I^- 突变可导致阻遏蛋白不能与操纵基因结合,但这类突变体阻遏蛋白即使在诱导物或野生型阻遏蛋白存在的情况下,仍然保持与 2 个操纵基因的结合。随后 Bourgeois 又发现了多种其他突变体,为了与组成型阻遏蛋白突变体(I^-)相区别,而将这类突变体命名为 I^s。我们现在知道还有另一类为组成型显性突变的阻遏蛋白基因突变体(I^{-d})。发生这种突变的阻遏蛋白与 2 个操纵基因都不能结合,所以这种突变不仅仅是顺式显性突变,命名为显性负(dominant negative)效应。这两种组成型突变(I^- 和 O^c)能够以相同的方式影响 *lacZ*、*lacY* 和 *lacA* 的表达。遗传作图发现,这 3 个基因以彼此相邻的形式排列于染色体上,这些发现强烈提示操纵基因应该位于结构基因的附近。

经过一系列的实验和分析,Jacob 和 Monod 预测操纵子上存在着 2 个关键的调控元件:阻遏蛋白基因和操纵基因。缺失突变分析表明还存在着第 3 个元件(启动子),也是调控 3 个 *lac* 基因表达所必需的。而且,他们推断这 3 个 *lac* 基因(*lacZ*、*lacY* 和 *lacA*)簇集在一起组成一个调控单元,即操纵子。随后生物化学研究证实了这一假说。

6.6.2 乳糖操纵子

乳糖操纵子是一个在大肠杆菌及其他肠道菌科细菌内负责乳糖运输和代谢的操纵子。它包含 1 个调控基因(*I*)、启动子(*P*)、操纵基因(*O*)和 3 个相连的结构基因。这 3 个结构基因称为 *lacZ*、*lacY* 和 *lacA*。*lacZ* 基因长度为 3 510 bp,编码含 1 170 个氨基酸、相对分子质量为 1.35×10^8 的多肽,4 条多肽链聚合形成有活性的 β-半乳糖苷酶,其功能是催化乳糖水解为葡萄糖及半乳糖。*lacY* 基因长 780 bp,编码有 260 个氨基酸、相对分子质量为 3×10^7 的 β-半乳糖苷透性酶,这是一种在细胞膜上的转运蛋白质,促使乳糖进入细胞中。*lacA* 基因长 825 bp,编码有 275 个氨基酸、相对分子质量为 3.2×10^7 的多肽,以二聚体形成有活性的 β-半乳糖苷乙酰基转移酶,这是一种催化将乙酰基从乙酰辅酶 A 转移至 β-半乳糖苷的酶。其中,只有 *lacZ* 及 *lacY* 在乳糖的分解代谢中是必需的。

那么为什么在葡萄糖存在时 *E. coli* 细胞不能启动乳糖操纵子的表达呢?研究显示其原因在于 *lac* 操纵子受到细胞内两个系统的严格调控。首先是负调控(negative control),在缺乏乳糖的情况下，阻遏蛋白使 *lac* 操纵子处于关闭（或阻遏）状态。除了负调控，更重要的是还有正调控（positive control）。在 *lac* 操纵子中，阻遏蛋白与操纵基因解离后，还需要正调控因子——激活子（activator）的参与才能激活操纵子的表达。激活子能够对低水平的葡萄糖含量作出响应，从而激活 *lac* 操纵子的表达。但是高水平的葡萄糖会使激活子的浓度维持在较低水平，无法激活操纵基因的表达。在正、负调控系统的共同作用下，当葡萄糖处于较高水平时，即便乳糖存在，*lac* 操纵子也会处于关闭状态。这是因为 *E. coli* 细胞可以直接吸收和代谢葡萄糖，而在乳糖单独存在时 *lac* 操纵子被激活，以保证 *E. coli* 细胞在以乳糖为碳源的培养基中正常生长。

1. 乳糖操纵子的负调控

负调控是指操纵子本身一直处于打开状态，但在某种物质的作用下使其关闭。在乳糖操纵子中，调节基因 *lacI* 编码一种相对分子质量为 3.8×10^7 的多肽，当 4 个这样的多肽聚合在一起就形成了乳糖操纵子的阻遏蛋白（*lac* repressor），阻遏蛋白可以与位于启动子右侧的操纵基因结合，使操纵子处于关闭或抑制状态而不能被转录。

分析负调控解除的机制发现，*lac* 操纵子的阻遏蛋白是一种变构蛋白（allosteric protein），当其与异乳糖结合时，蛋白质构象发生改变，从而改变了该蛋白质与操纵基因的结合能力，导致阻遏蛋白从操纵基因脱落下来，解除对 *lac* 操纵子的阻遏作用，从而诱导改变 *lac* 操纵子的表达（图 6-21(b)）。异乳糖（allolactose）是乳糖的同分异构体（希腊语“allos”意为“另一个”），β-半乳糖苷酶在催化乳糖水解时还能催化部分乳糖发生重排而形成异乳糖。如图 6-22 所示，异乳糖也是由半乳糖和葡萄糖组成的，但乳糖中两种单糖通过 β-1,4-糖苷键连接，而在异乳糖中则通过 β-1,6-糖苷键连接。这存在一个问题，在 *lac* 操纵子被抑制时，没有透性酶将乳糖转运到细胞中，β-半乳糖苷酶催化反应不会发生，细菌如何获得异乳糖呢？这是因为存在调控的

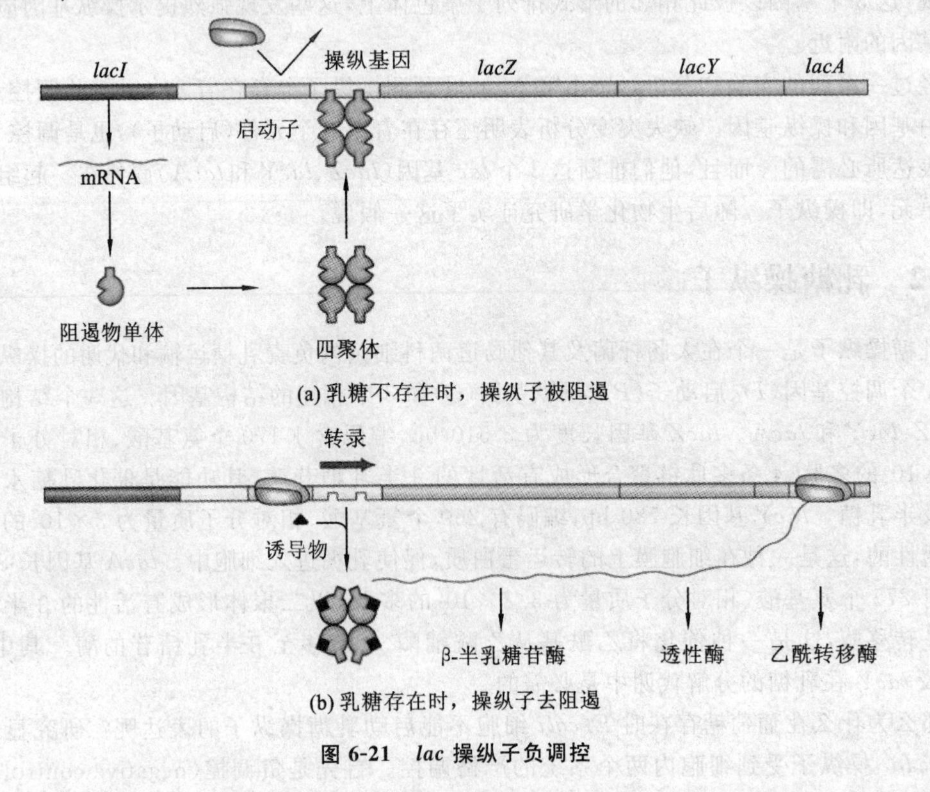

图 6-21　*lac* 操纵子负调控

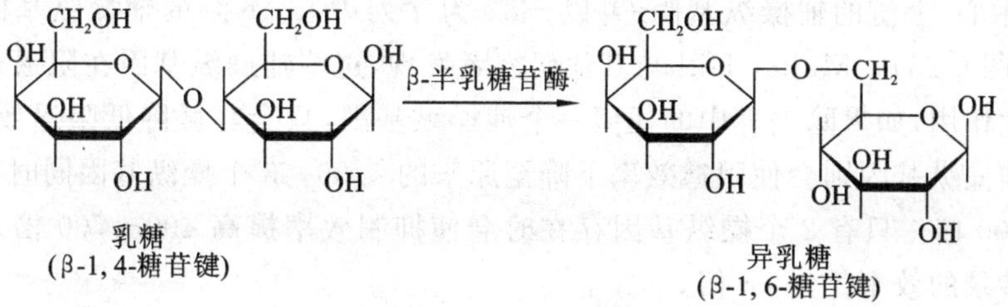

乳糖
(β-1, 4-糖苷键)

β-半乳糖苷酶

异乳糖
(β-1, 6-糖苷键)

图 6-22　乳糖与异乳糖的转换

渗漏(leaky)现象,即操纵子在被阻遏时也会有极低的本底水平表达。所以在阻遏状态下也会有极少量的异乳糖生成,又由于每个细胞中大概只有 10 个四聚体阻遏物的存在,因此只需要极少量的诱导物就可以启动 *lac* 操纵子的表达。随着 *lac* 操纵子产物的增多,会像滚雪球一样引起更多诱导物的形成。

1971 年 Pastan 等证明,即使在阻遏蛋白存在的情况下,RNA 聚合酶也能与 *lac* 启动子发生紧密结合,他们将 RNA 聚合酶、包含 *lac* 操纵基因的 DNA 分子、阻遏蛋白混合、温育后,同时添加诱导物(IPTG)和利福平(利福平能够在开放启动子复合体形成前抑制转录,但是一旦开放启动子复合体形成,利福平就会失去抑制作用),结果反应体系发生了转录事件,说明 *lac* 阻遏蛋白并不能阻止开放启动子复合体的形成,更不能阻止 RNA 聚合酶与 *lac* 启动子的结合。1987 年,Straney 和 Crothers 研究表明,RNA 聚合酶与阻遏蛋白能共同结合在 *lac* 启动子上,进一步证实了阻遏蛋白不影响 RNA 聚合与启动子的结合。他们认为阻遏蛋白能够阻止开放启动子复合体的形成,但这个假设无法解释复合体具有利福平抗性的现象。

Krummel 和 Chamberlin 提出了另一种新的解释:阻遏蛋白能够阻止转录复合体从起始到延伸状态的转换。也就是说,阻遏蛋白使 RNA 聚合酶无法完成启动子清除,只能合成较短的寡核苷酸,无法合成全转录本。Lee 和 Goldfarb 的研究印证了这一观点。他们用体外通读转录实验证实,在体外条件下阻遏蛋白不能阻止 RNA 聚合酶与 *lac* 启动子间的紧密结合。但是,在添加阻遏蛋白的条件下,流产性转录本的长度大约只有 6 nt,如果不添加阻遏蛋白,流产性转录本的长度大约为 9 nt。这个实验结果支持了 Krummel 等的观点。

上述实验结果大多是在离体的非生理条件下进行的,实验中使用的蛋白质(RNA 聚合酶、阻遏蛋白)浓度要比活体条件下的浓度高。为克服这个问题,Record 等在类似于活体条件下,开展了离体动力学研究。他们先在体外组成 RNA 聚合酶 *lac* 启动子复合体,然后分别测定了复合体独自合成流产性转录本的速率,以及在添加肝素或 Lac 阻遏蛋白的情况下合成流产性转录本的速率。研究者在反应体系中添加了在 γ-磷酸上具有一个荧光标签 UTP 的同系物 * pppU,当 * pppU被合成到 RNA 链中后,释放的带有标签的焦磷酸(* pp)能使体系中荧光强度增加,根据荧光强度变化可测定转录的速率。结果表明,在没有肝素或阻遏蛋白存在时,流产性转录本的合成维持在较高的水平上,但在竞争者存在的情况下,转录的水平就会大幅度下降。

Record 等对这些实验结果做了如下解释:聚合酶-启动子复合体与游离的聚合酶和启动子之间存在一个动态平衡,肝素通过与聚合酶结合而阻止了聚合酶与 DNA 的结合;阻遏蛋白可能是通过与邻近启动子的操纵基因结合而阻止了 RNA 聚合酶与启动子的结合。也就是说,RNA 聚合酶与阻遏蛋白之间存在竞争性抑制。

最新的研究结果证明竞争假说是正确的,同时还发现 *lac* 操纵子阻遏机制中有 3 个而不是 1 个操纵基因:在转录起始位点的上游和下游还有 2 个辅操纵基因。其中主操纵基因 O_1 以

+11 为序列中心，上游的辅操纵基因 O_3 以 -82 为序列中心，下游的辅操纵基因 O_2 以 +412 为序列中心(图 6-23)。Müller Hill 与其他研究者发现，这些辅操纵基因在阻遏过程中同样也发挥着关键性作用，如果除去其中的任何一个辅操纵基因，只会轻微降低阻遏效率，但如果同时去除 2 个辅操纵基因则会使阻遏效率下降至原来的 1/50。3 个操纵基因同时存在会使抑制效率提高 1 300 倍。只有 2 个操纵基因存在时会使抑制效率提高 400～700 倍。而主操纵基因自身抑制转录的效率仅为 18 倍。

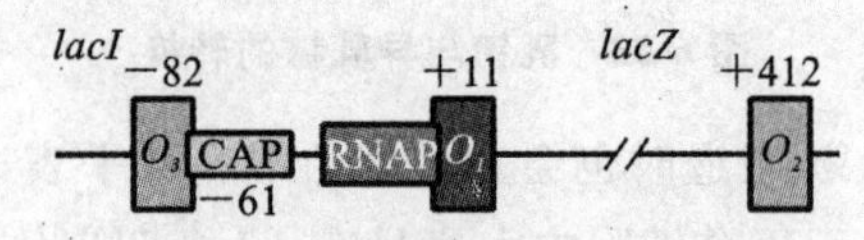

(a) *lac*调控区的遗传图谱

O_1 5′ AATTGTGAGC**G**GATAACAATT 3′
O_2 5′ AAa TGTGAGC**G**a gTAACAAc c 3′
O_3 5′ g g c aGTGAGC**G** c Aa c gCAATT 3′

(b) 3个操纵基因的序列比较

图 6-23 3 个 *lac* 操纵基因

(a)CAP 和 RNAP 分别示 CAP 和 RNA 聚合酶结合位点。CAP 是 *lac* 操纵子的正调控因子，在本章的下一节再讨论；(b)粗体 G 为序列中心，小写字母示辅操纵基因(O_2 和 O_3)与主操纵基因不同的碱基。

1996 年，Lewis 等明确了 Lac 阻遏蛋白及其与包含操纵基因序列 21 bp DNA 片段组成复合体的晶体结构，为操纵基因间的协同效应提供了结构证据。图 6-24 归纳了研究者的发现，从图中可以看出，四聚体阻遏蛋白中的 2 个二聚体能独立与 DNA 的大沟发生相互作用，而且分别与不同的操纵基因序列结合。

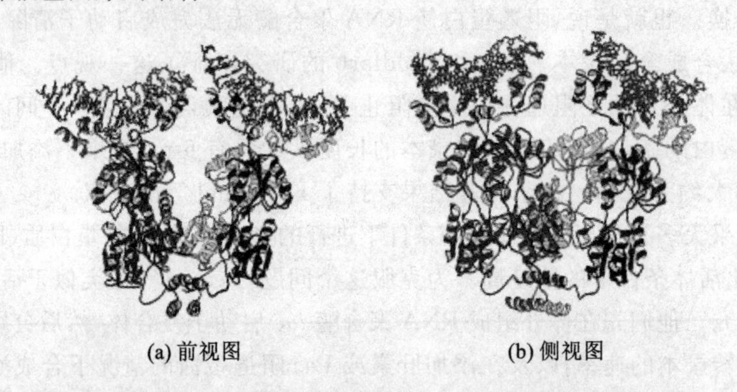

(a) 前视图　　(b) 侧视图

图 6-24 结合有 2 个操纵基因片段的 Lac 阻遏蛋白的四聚体结构

2 个阻遏蛋白二聚体在底部相互作用形成四聚体，每个二聚体含有 2 个 DNA 结合域。

2. 乳糖操纵子的正调控

E. coli 的二次生长现象表明，在葡萄糖存在的情况下，即便是有乳糖存在，*lac* 操纵子仍处于相对失活状态。*E. coli* 细胞优先选用葡萄糖作为代谢能源，而不用其他糖源，这种对碳源的选择是由葡萄糖的分解产物或代谢产物进行控制的，所以将这种调控方式称为代谢阻遏(catabolite repression)。这也提示在异乳糖与阻遏蛋白结合后 RNA 聚合酶的发动仍然需要一个正调控信号才能激活转录。很显然，*lac* 操纵子的正调控因子应该满足两个条件：一是对葡萄糖的缺乏比较敏感；二是在乳糖存在的条件下能够激活 *lac* 启动子，从而促使 RNA 聚合酶与启动子结合而转录 *lac* 操纵子中的结构基因。

（1）代谢激活蛋白　Pastan 等研究发现在葡萄糖存在的情况下，环磷酸腺苷（cyclic-AMP，cAMP）能够解除 *lac* 以及 *gal*、*ara* 等操纵子的代谢阻遏作用（*gal* 和 *ara* 操纵子分别负责半乳糖、阿拉伯糖的代谢），这表明 cAMP 对 *lac* 操纵子具有很强的正调控效应。但是进一步的研究显示，cAMP 仅是正调控因子的一部分，*lac* 操纵子的正调控因子是一个由 cAMP 和蛋白质因子两部分构成的复合体。Zubay 等发现在 *E. coli* 的无细胞粗提物中加入 cAMP，能够合成 β-半乳糖苷酶，这表明无细胞粗提物中含有 cAMP 激活结构基因表达所必需的蛋白质。Zubay 命名这种蛋白质为代谢激活蛋白（catabolite activator protein，CAP）。后来，Pastan 研究小组也发现了这种蛋白质并命名为环腺苷酸受体蛋白（cyclic-AMP receptor protein，CRP）。也就是说，CAP 和 CRP 是同一种蛋白质的不同命名，本书统一使用 CAP 这一命名。研究表明，编码 CAP 的基因位于细菌染色体的其他位点，不与 *lac* 基因连锁。CAP 因子是由两个亚基构成的二聚体，相对分子质量为 2.25×10^7，每个亚基含有一个 DNA 结合域和一个转录激活域，CAP 能被单个 cAMP 激活，对所有的葡萄糖敏感的操纵子都是正调控因子，能够促进 100 多个启动子的转录。

Pastan 发现了 CAP 突变后与 cAMP 的结合力降低至约 1/10 的一株突变体，如果 CAP-cAMP 确实是 *lac* 操纵子正调控的重要因子，那么同样添加了 cAMP 后，突变体的无细胞提取物中 β-半乳糖苷酶的合成量就应低于野生型的，实验结果证实了这一推测。而且在添加了 cAMP 的突变体无细胞提取物中重新添加野生型 CAP 后，其 β-半乳糖苷酶的合成量提高了近 3 倍，这充分证明了 CAP-cAMP 确实是 *lac* 操纵子正调控的重要因子。

（2）CAP 的作用机制　Pastan 等发现 CAP-cAMP 通过结合在激活子位点作用于 RNA 聚合酶，有助于开放启动子复合体的形成。在 CAP-cAMP 存在或不存在两种情况下，使 RNA 聚合酶与 *lac* 启动子结合，同时添加核苷酸和利福平，然后通过分析有无转录物形成判断是否形成开放启动子复合体。在缺乏 CAP-cAMP 情况下没有转录物形成，说明没有形成开放启动子复合体。在 CAP-cAMP 存在时则有转录现象发生，表明形成了具利福平抗性的开放启动子复合体。

遗传学分析表明，启动子上游 L1 区缺失突变的 *lac* 操纵子存在本底水平的转录，但不会被 CAP 和 cAMP 所促进，说明该突变体具有完整的启动子序列，但激活子结合位点发生了缺失。另一方面，不依赖于 CAP 的转录事件并不受 L1 缺失突变的影响，说明启动子序列并没有发生缺失。因此可以推断缺失序列的右末端大体上就是激活子结合位点与启动子之间的分界线。位于操纵基因上游的激活子-启动子区域包含位于上游的激活子结合位点和位于下游的启动子。CAP-cAMP 二聚体结合在上游激活子位点上，RNA 聚合酶则结合在下游启动子上（图 6-25）。

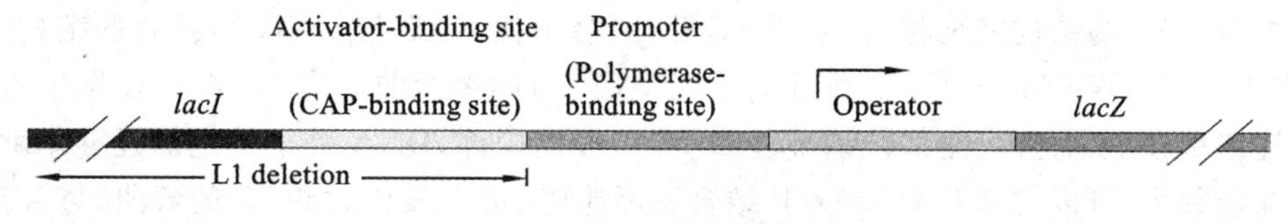

图 6-25　*lac* 调控区

分子生物学研究表明，*lac*、*gal* 和 *ara* 操纵子的 CAP 结合位点均存在 TGTGA 序列，其保守性表明该序列在 CAP 结合中有重要作用。DNA 足迹法研究也表明，CAP-cAMP 复合体的结合能够使该序列中的 G 免受甲基化修饰，证明 CAP-cAMP 复合体能够与 G 发生紧密结合。*lac* 操纵子以及其他能够被 CAP 和 cAMP 激活的操纵子都具有非常弱的启动子，这些启动子的－35盒因与保守序列差别很大，缺失了一个UP(上游)成分而不适合RNA聚合酶的结合。所以，RNA聚合酶需要CAP和cAMP的帮助。事实上，已发现存在不依赖于CAP和cAMP的*lac*强突变启动子(例如*lac UV5*启动子)。McClure等通过动力学方法研究也发现CAP-cAMP通过促进形成闭合启动子复合体而促进转录。

多个实验支持当CAP和RNA聚合酶与各自的DNA靶位点结合后，两者会通过直接接触而产生与DNA结合的协同效应。首先，在cAMP存在时，通过超速离心可以实现CAP和RNA聚合酶的共沉淀，表明彼此之间具有亲和性；其次，当CAP和RNA聚合酶与各自的DNA靶位点结合后，两者可以发生化学交联，表明CAP和RNA聚合酶彼此十分靠近；第三，DNase足迹实验结果表明，CAP-cAMP足迹与RNA聚合酶足迹相邻，表明这两种蛋白质的DNA结合位点相互靠近，当分别与DNA结合后，彼此之间就能够发生相互作用；第四，某些CAP突变会降低激活转录的效应，但不会影响与DNA的结合，其中的一些突变体其氨基酸突变位点位于CAP的激活区域I(activation region I，ARI)内，该区域被认为是CAP中与RNA聚合酶发生相互作用的区域；第五，RNA聚合酶α亚基的碳末端功能域(αCTD)可能是RNA聚合酶中与ARI发生相互作用的位点，αCTD的缺失会阻断CAP-cAMP激活转录的作用；第六，2002年，Ebright等利用X射线衍射晶体学方法证明ARI确实可以与αCTD相接触。从该复合体的晶体结构图6-26(a)中可以看出，一分子αCTD(αCTD^{DNA})单独与DNA结合，另一分子αCTD($\alpha CTD^{CAP,DNA}$)既与DNA结合，又与CAP结合。$\alpha CTD^{CAP,DNA}$显然与ARI相接触。通过对复合体结构进行详细分析，准确地确定了每个蛋白质中参与相互作用的氨基酸残基，只有一个αCTD单体与一个CAP单体结合是体内真实情况的反映(图6-26)。

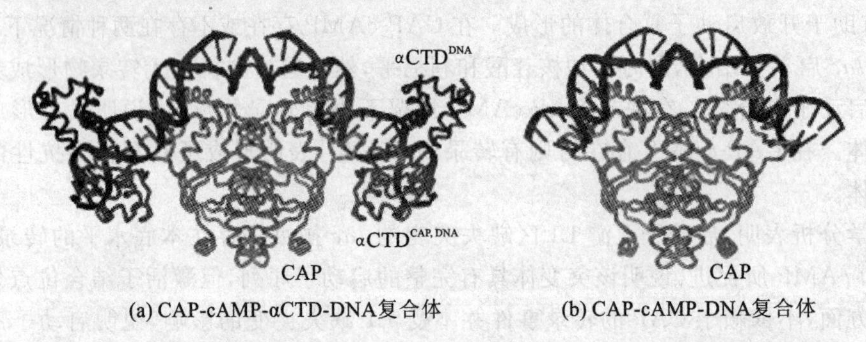

(a) CAP-cAMP-αCTD-DNA复合体　　(b) CAP-cAMP-DNA复合体

图6-26　CAP-cAMP-αCTD-DNA复合体和CAP-cAMP-DNA复合体的晶体结构

从图6-26还可以看出，当CAP-cAMP与DNA靶位点的结合会引起DNA片段产生大约100°的弯曲。1991年，Steitz等在缺少αCTD的CAP-cAMP-DNA复合体的晶体结构图像中也发现了DNA的弯曲现象。在CAP-cAMP-αCTD-DNA复合体和CAP-cAMP-DNA复合体中，DNA与CAP的结构完全相同，表明αCTD不会干扰CAP与DNA结合后的结构。实际上，早在1984年，Wu和Crothers通过电泳就发现了DNA弯曲。当DNA片段发生弯曲后，其电泳迁移率较小，而且弯曲部位越接近DNA片段的中部，DNA分子的电泳迁移率就越小。根据电泳迁移率，可以推断CAP-cAMP结合后可能使DNA发生大约90°的弯曲，与X射线衍射晶体学研究得出的100°弯曲相吻合，推测这种弯曲可能是复合体中DNA与蛋白质发生最佳互作所必需的。

Igarashi等的研究为RNA聚合酶αCTD在CAP-cAMP激活转录过程中的重要性提供了遗传学证据。他们分别用两种突变的α亚基(野生型的α亚基含有329个氨基酸残基，一种突变型α亚基缺失第256位氨基酸残基之后的序列，另一种突变型α亚基缺失第235位氨基酸残基之后的序列)和其他野生型亚基在体外重新组装成有活性的 RNA 聚合酶,然后利用重组的 RNA 聚合酶在体外转录 *lac* 操纵子。转录所使用的 RNA 聚合酶为野生型重组酶或含有突变型 α 亚基的重组酶,转录反应在 CAP-cAMP 存在或不存在两种条件下进行,RNA 聚合酶分别在 CAP-cAMP 依赖的 *lac* 启动子(*P1*)或不依赖 CAP-cAMP 的启动子(*lacUV5*)处起始转录。实验结果表明,CAP-cAMP 不能促进强启动子 *lacUV5* 的转录,说明强启动子对 CAP-cAMP 不敏感。但是,CAP-cAMP 能够使 *lac P1* 启动子的转录效率提高 14 倍。在无 CAP-cAMP 存在条件下,突变型重组酶从任一启动子处起始的转录与野生型聚合酶没有任何区别。由此可见,αCTD 并不是重组功能性 RNA 聚合酶所必需的。但 αCTD 是 CAP-cAMP 发挥促进转录功能所必需的。上述所有实验结果均表明,CAP 与 RNA 聚合酶特别是其 αCTD 发生蛋白质互作具有重要作用,提示 αCTD 缺失突变将会阻止 CAP-cAMP 对转录的激活。

根据上述结果,研究者提出了激活假说:CAP-cAMP 二聚体在与其激活位点结合的同时,能够与 RNA 聚合酶 α 亚基的 αCTD 发生结合,促进 RNA 聚合酶与启动子的结合。αCTD 与 DNA 上上游元件的结合具有功能对等效应,能够增强聚合酶与启动子的结合(图 6-27)。

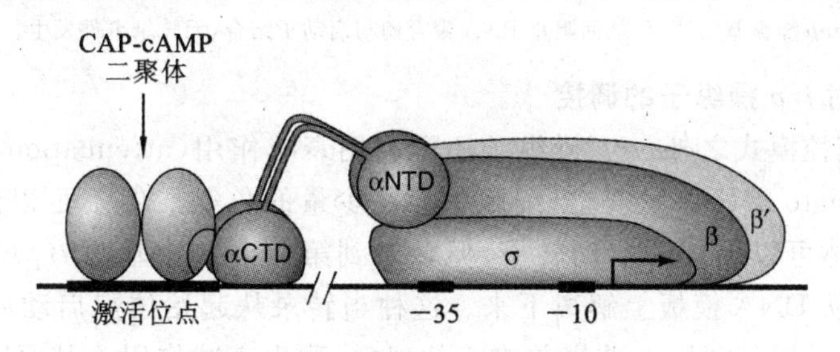

图 6-27 CAP-cAMP 激活 *lac* 操纵子转录的假设模型

6.6.3 色氨酸操纵子

色氨酸合成是细胞内最昂贵的代谢途径之一,消耗大量能量和前体物,如丝氨酸、5-磷酸核糖-1-焦磷酸(PRPP)和谷氨酰胺等,因此受到严格调控,其中色氨酸操纵子发挥着关键作用。*E. coli* 的色氨酸操纵子能够编码合成色氨酸所需要的酶,与 *lac* 操纵子一样受阻遏蛋白的负调控。两者的根本区别在于:*lac* 操纵子编码能够分解代谢底物的酶,只有当被分解的底物如乳糖存在时操纵子才被激活;而 *trp* 操纵子则编码参与底物合成代谢的酶,当底物存在时操纵子是关闭的。此外,*trp* 操纵子还具有 *lac* 操纵子所没有的衰减调控机制。色氨酸合成调控作用主要有三种方式:阻遏作用、弱化作用以及终产物色氨酸对合成酶的反馈抑制作用。

1. 色氨酸在 *trp* 操纵子负调控机制中的作用

trp 操纵子的大体结构如图 6-28 所示。5 个结构基因编码的酶能够将色氨酸前体分支酸转化为色氨酸。在 *trp* 操纵子中启动子和操纵基因位于结构基因的上游,操纵基因完全位于启动子内部。

在 *trp* 操纵子的负调控机制中,高浓度色氨酸是关闭 *trp* 操纵子的信号。色氨酸能够辅助 *trp* 阻遏蛋白与操纵基因的结合。在色氨酸缺乏时,无辅基的阻遏蛋白(aporepressor)没有活性,因而不能行使阻遏作用。当色氨酸存在时,色氨酸与无活性阻遏蛋白结合,使其构象发生改变,从而可以更紧密地结合到 *trp* 操纵基因上(图 6-28(b)),这其实是同分异构体之间的转换。无辅基阻遏蛋白与色氨酸结合构成有活性的 *trp* 阻遏物(*trp* repressor),因此,色氨酸又被称为辅阻遏物(co-repressor)。

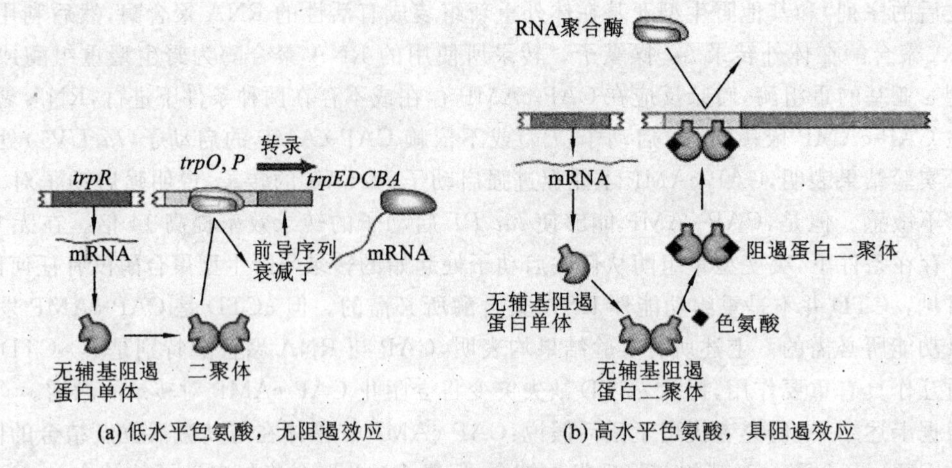

图 6-28　*trp* 操纵子的负调控

（a）去阻遏。RNA 聚合酶与 *trp* 启动子结合，起始结构基因（*trpEDCBA*）的转录；（b）阻遏。色氨酸与阻遏蛋白结合，使之与 *trp* 操纵基因结合，从而阻止 RNA 聚合酶与启动子结合，无转录事件发生。

2. 衰减作用对 *trp* 操纵子的调控

除了上述负调控模式之外，*trp* 操纵子还可利用衰减作用（attenuation）进行基因表达调控。1968 年，Imamato 等研究发现，当细胞中存在少量的色氨酸但不足以激活阻遏蛋白时，RNA 聚合酶复合体可以形成并启动转录，但转录到第一个结构基因 *trpE* 之前的引导序列处，转录复合体便从 DNA 模板上解离下来。这种当转录从起始位点启动后，RNA 聚合酶复合体在未到达结构基因编码区之前提前终止的现象，称为衰减作用。其原因是 *trp* 操纵子的阻遏作用是一个弱调控机制，这种阻遏作用要远弱于 *lac* 操纵子，即使在有阻遏物存在的情况下，*trp* 操纵子仍能发生大量的转录事件。研究发现，在只有阻遏调控机制发挥作用的衰减子突变体中，*trp* 操纵子处于完全阻遏时的转录活性为完全去阻遏时的转录活性的 1/70。而衰减作用系统可以让转录活性降低至 1/10，所以在阻遏调控系统和衰减子调控系统的共同作用下，可以使 *trp* 操纵子的转录效率从完全失活到完全激活相差 700 倍（70（阻遏）×10（衰减）＝700）。

图 6-29 显示在操纵基因和结构基因 *trpE* 之间具有 *trp* 前导区（*trp* leader）和 *trp* 衰减子（*trp* attenuator）2 个位点。前导区-衰减子的作用是在色氨酸含量相对丰余的情况下，通过促使转录的提前终止衰减或弱化 *trp* 操纵子的转录。也就是说，即使在色氨酸浓度较高时，*trp* 操纵子也能起始转录，但有 90％的转录事件在衰减子区域发生终止（图 6-29）。这是因为衰减子含有转录终止信号（终止子）——反向重复序列及其随后连续排列的 8 个 A-T 碱基对。

3. 衰减作用的失效

trp 操纵子在色氨酸缺乏时能够被激活，这意味着必然存在某种使衰减作用失效的机制。Yanofsky 猜想存在某种物质能够阻止发卡结构的形成，从而破坏终止信号，使衰减机制中止。图 6-30（a）显示，在前导区转录本的末端附近能够形成 2 个发卡结构，其中第 2 个发卡结构与其后有多个连续的 U 紧邻，含有中止信号。而且在此区域有两种形成发卡结构的方式，图 6-30概括了发卡结构形成的方式，最初的 2 个发卡结构的茎部元件分别标注为 1、2、3 和 4。第 1 个发卡结构包含元件 1 和 2，第 2 个发卡结构包含元件 3 和 4，而由第二种排列方式形成的发卡结构包含元件 2 和 3。说明元件 2 和 3 配对形成第二种发卡结构（图 6-30（b））后，就能够阻止元件 1 和 2 配对、3 和 4 配对，第二种排列方式只能形成 1 个发卡结构，分别由在第一种排列方式中形成的 2 个发卡结构各贡献一个元件组成，包括其后携带连续 U 的发卡结构，U 序

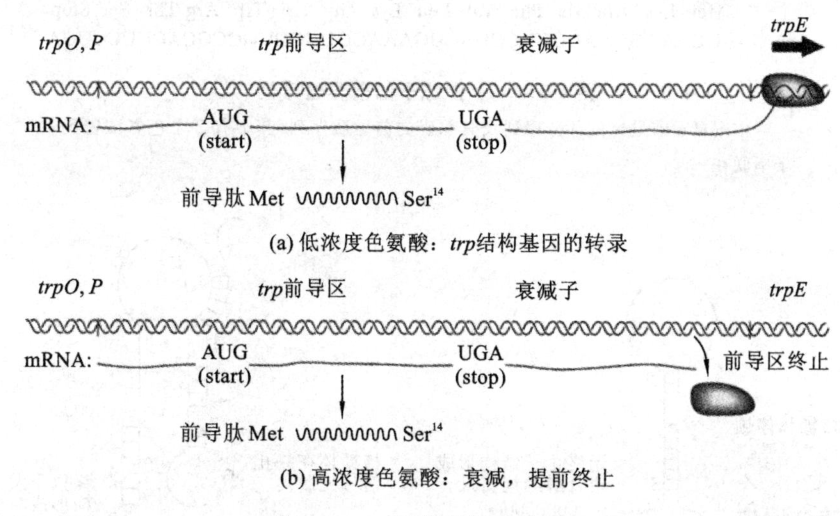

图 6-29　*trp* 操纵子的衰减作用

(a)在低浓度色氨酸条件下，RNA 聚合酶通读衰减子，结构基因也被转录；(b)在高浓度色氨酸条件下，衰减子会引起转录的提前终止，导致结构基因不能被转录。

列是终止子的关键结构(图 6-30(a))。

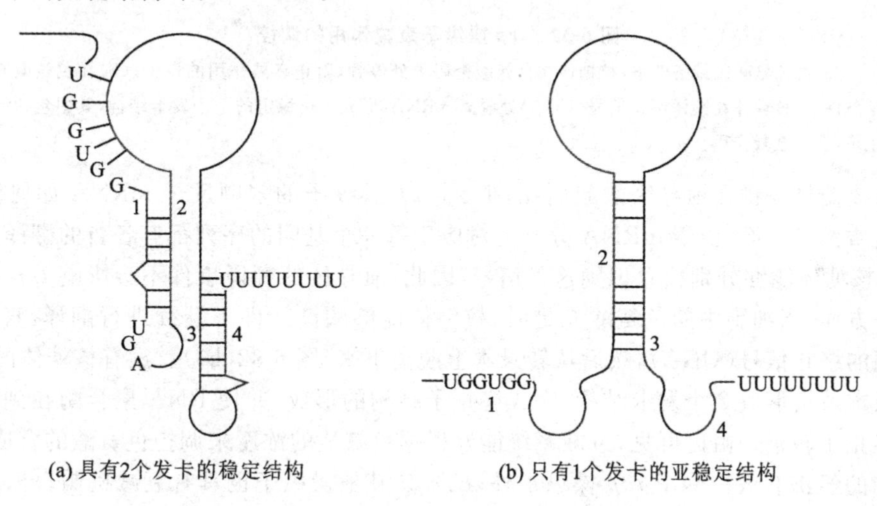

(a) 具有2个发卡的稳定结构　　(b) 只有1个发卡的亚稳定结构

图 6-30　前导区-衰减子转录本的结构

双发卡结构比单发卡结构更为稳定，那么为什么还能形成单发卡的亚稳定结构呢？从前导区的碱基序列特征中可以解答这个问题，该序列具最显著的特征是在元件 1 中存在 2 个串联在一起的色氨酸密码子(UGG)，由于色氨酸属于稀有氨基酸，在多数蛋白质中出现的频率只有1%，因此 2 个色氨酸密码子并列串联在一起的概率是非常小的(图 6-31)。在细菌中，转录和翻译是同时发生的。只要 *trp* 前导区起始转录，核糖体就会与 mRNA 结合并起始 mRNA 的翻译。如果处于色氨酸供应短缺时，核糖体在翻译前导区内的 2 个色氨酸密码子时因无法满足翻译的需要(图 6-32(a))，而在第 1 个色氨酸密码子处停顿下来。停顿下来的核糖体恰好占据了参与形成第 1 个发卡结构的元件 1，体积较大的核糖体能够有效地阻止元件 1 与元件 2 的互补配对，这就意味着 2 区和 3 区可以在 4 区还未被转录前进行配对，于是 4 区将只能保持单链状态，由于元件 3 和 4 无法形成终止子发卡结构，RNA 聚合酶就会继续向前转录，衰减作用失效，转录不会提前终止。当然，这正是生物体所需要的，因为色氨酸缺乏，需要 *trp* 操纵子高效表达。

Met Lys Ala Ile Phe Val Leu Lys Gly Trp Trp Arg Thr Ser Stop
pppA---AUGAAAGCAAUUUUCGUACUGAAAGGUUGGUGGCGCACUUCCUGA

图 6-31 *trp* 操纵子的前导区序列

本图显示前导区的部分序列及其编码的前导肽序列，其中有 2 个色氨酸密码子串联在一起。

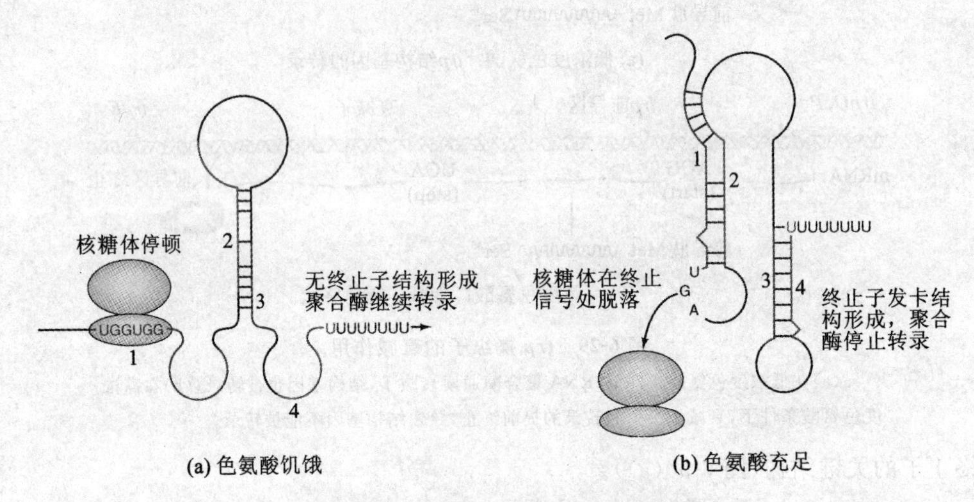

图 6-32 *trp* 操纵子衰减作用的调控

(a)在色氨酸饥饿条件下，核糖体在色氨酸密码子处停顿，阻止衰减作用的发生；(b)在色氨酸充足条件下，核糖体在翻译终止信号(UGA)处脱离 mRNA，形成比较稳定的 2 个发卡结构，其中包括终止子，发生衰减作用。

如果核糖体停顿在前导区的起始端，那么，*trp* 操纵子的多顺反子 mRNA 如何能够被翻译成蛋白质？一方面，由于 mRNA 分子上对应于每一个基因的序列都有各自的翻译起始信号(AUG)，核糖体能够分别独立识别这些信号，因此，前导区的翻译事件不会影响 *trp* 基因的翻译。另一方面，当细胞中的色氨酸充足时，核糖体能够阅读元件 1 继续进行翻译，直至元件 1 和 2 之间的终止信号(UGA)，然后从转录本上脱离下来(图 6-32(b))。没有核糖体的干扰，前导区转录本就会形成 2 个发卡结构，完成终止子结构的形成，并使 RNA 聚合酶在到达 *trp* 基因前就停止了转录。由此可见，衰减系统能够根据色氨酸的浓度来调控色氨酸的合成，保证了调控机制的经济有效。除了 *trp* 操纵子外，*E. coli* 其他操纵子也具有衰减机制。*E. coli* 组氨酸(*his*)操纵子的前导区含有连续的 7 个组氨酸密码子，以此阻止核糖体对前导区的翻译。

6.7 λ 噬菌体基因表达调控

λ 噬菌体是一种感染大肠杆菌的温和噬菌体，全基因组长约 48.5 kb，共有 46 个结构基因。λ 噬菌体有一套高效、严谨的调控体系。λ 噬菌体的裂解发育、溶源发育和溶源发育到裂解发育的诱导是研究生物分子调节的有效模型，在这个模型中已经发现了众多的正调节因子和负调节因子在转录水平或转录后调节基因的表达。

6.7.1 两种繁殖途径

λ 噬菌体在感染 *E. coli* 后有两种繁殖途径。将其基因与宿主菌染色体整合，成为 *E. coli*

基因组的一部分，噬菌体 DNA 能够随着细菌 DNA 的复制而复制，不产生子代噬菌体，并随细菌的分裂而传代。这种整合有噬菌体基因组的细菌称为溶源细菌，这一繁殖方式称为溶源途径。溶源细菌一般不会被同种噬菌体再感染，这称为免疫性。当条件适合时，在一些因素的刺激下溶源性噬菌体的基因组会脱离宿主 DNA 进入溶菌周期，从而在宿主细胞内进行基因的复制和蛋白质的表达，并最终破坏裂解宿主细胞和释放子代噬菌体，这称为诱导。λ 噬菌体在吸附感染宿主细胞后，也能利用细菌体内的环境进行基因的复制和蛋白质的表达，最终完成自身复制和子代噬菌体的释放，这一过程称为裂解途径或溶菌途径。

6.7.2　λ 噬菌体的基因组

λ 噬菌体的裂解途径与溶源途径的选择及诱导均与基因表达的调控密切相关。λ 噬菌体基因组为 48 502 bp 的环状 DNA 分子。依据所编码基因的功能，可以将 λ 噬菌体的整个基因组分为调节区、重组区、复制区和结构基因区。其中与转录调节的有关基因有 P_L、P_R、O_L、O_R、*tL*、*tR1*、*cⅠ*、*cro*、*N*、*nutR*、*nutL*、*cⅡ*、*cⅢ*、P_{RM} 和 P_{RE} 等（图 6-33）。

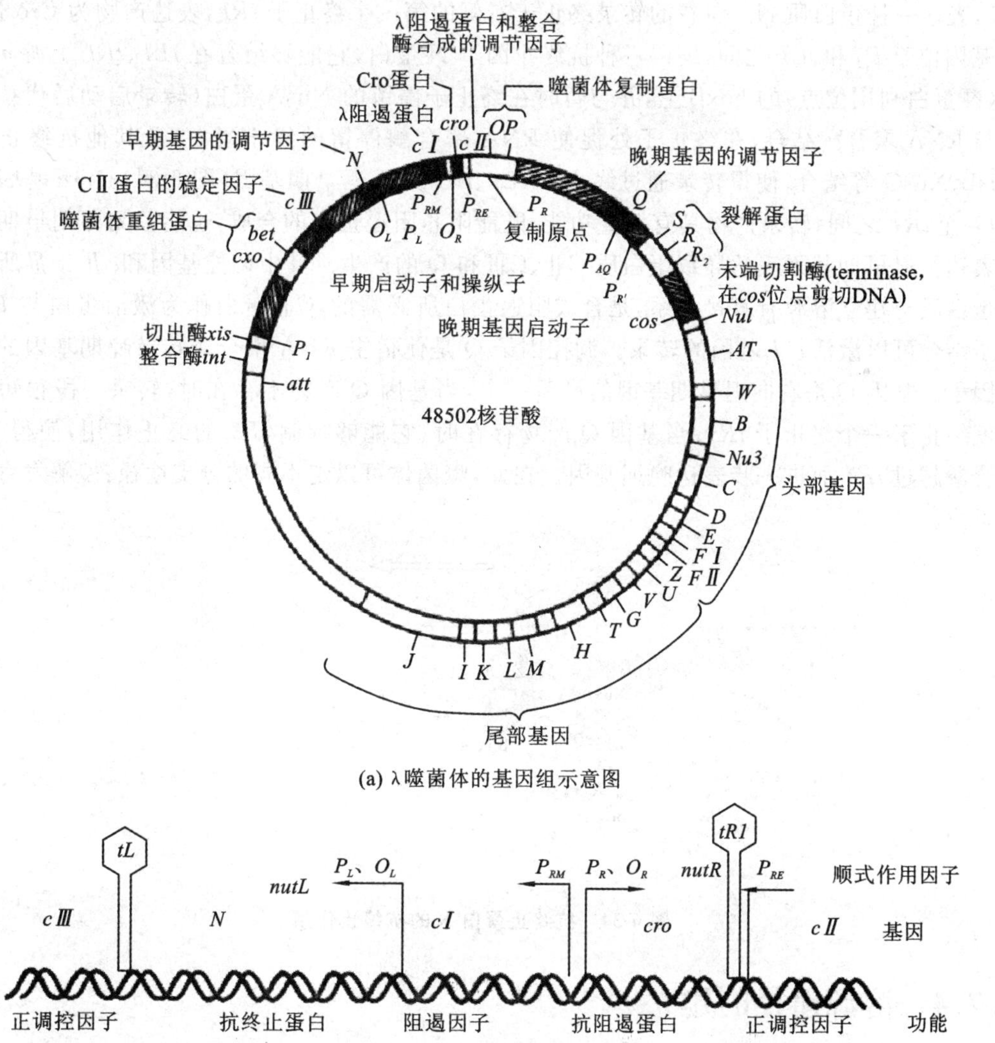

图 6-33　λ 噬菌体的基因组及参与转录调控的基因

6.7.3 两种途径共同的早期基因表达途径

λ噬菌体的裂解周期可以分为两个主要阶段：①早期感染阶段，从噬菌体 DNA 进入宿主到开始复制的这一段时期，主要合成与 DNA 复制有关（如 DNA 复制、重组和修饰）的酶类；②晚期感染阶段，从复制开始到细胞裂解释放出子代噬菌体的过程，主要合成噬菌体的蛋白质外壳。早期感染阶段噬菌体只有少数基因表达，并且严重依赖宿主的转录机构，例如 RNA 聚合酶和 σ 亚基，这些基因称为即刻早期基因(immediate early gene)。晚期感染阶段表达的基因称为迟早期基因(delayed early gene)。裂解周期受到正调控作用，即每组基因只有受到恰当的信号刺激时才能启动表达。即刻早期基因编码的调控蛋白是迟早期基因表达所必需的。当噬菌体 DNA 开始复制时，晚期基因(late gene)开始表达。晚期基因的表达需要即刻早期基因或迟早期基因的编码产物作为信号，在 λ 噬菌体中，这种调控信号是一种抗终止因子。

当 λ 噬菌体进入被感染的细胞后，启动即刻早期基因的转录。宿主的 RNA 聚合酶结合左向启动子 P_L 和右向启动子 P_R，并启动向左、右两侧的转录。向左转录终止于第一个终止子 *tL1*，表达一种蛋白质 N。向右的转录终止于右侧的第一个终止子 *tR1*，表达产物为 Cro 蛋白。*N* 基因位于 P_L 和 *tL1* 之间，编码一种抗终止因子 N 蛋白，它能够结合在 *tL1*、*tR1* 上游 *nut* 位点（N 蛋白利用位点）的 boxB 上，并与暂时在终止子停留的 NusA 蛋白（转录启动后代替 σ 因子与 RNA 聚合酶结合，在终止子处促使 RNA 聚合酶停留的终止蛋白）及其他抗终止因子 NusB、NusG 等结合，使得转录通过终止子 *tL1*、*tR1* 进入迟早期基因（图 6-34）。*cro* 基因位于 P_RO_R 至 *tR1* 之间，转录产物具有双重功能，既能阻止阻遏蛋白的合成，也能关闭即刻早期基因的表达。迟早期基因表达导致蛋白质 CⅡ、CⅢ和 Q 的产生。其中调控基因和 *cⅡ*、*cⅢ* 所表达的蛋白质与建立溶源有直接关系，是合成阻遏蛋白所必需的，CⅡ蛋白作为激活蛋白与 P_{RE} 启动子结合可以激活 *cⅠ* 基因的转录。调控因子 Q 是使宿主 RNA 聚合酶转录晚期基因的抗终止因子。基因 *Q* 是右向迟早期基因的最后一个，当基因 *Q* 产物不存在时，转录一段很短的序列就终止于一个终止子 *tR3*；当基因 *Q* 产物存在时，它能够抑制 *tR3* 的终止作用，使得 RNA 聚合酶越过 *tR3* 而进一步表达晚期基因。在此，噬菌体可以走不同的分支途径：裂解发育或溶源发育。

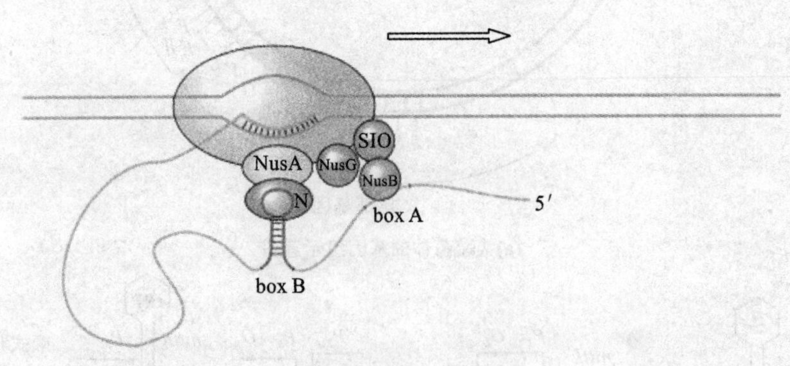

图 6-34 抗终止蛋白 N 的抗终止作用

6.7.4 溶源途径的建立

cⅠ 基因直接与维持溶源有关。*cⅠ* 基因位于 P_RO_R 与 P_LO_L 之间，编码的蛋白 CⅠ是一种

双功能蛋白，即可以通过与 *c Ⅰ* 基因两侧操纵子 O_L 和 O_R 的结合，阻止 RNA 聚合酶起始转录，也可以作为激活蛋白与 P_{RM} 启动子结合，正调控自身基因的表达。CⅠ与 O_L 结合，阻止了 RNA 聚合酶从 P_L 处起始转录，从而停止 *N* 基因及所有左向基因的表达。CⅠ与 O_R 的结合除了阻止右向基因的表达之外，还能够激活 RNA 聚合酶自 P_{RM} 向左启动转录，从而使 *c Ⅰ* 基因表达，这样阻遏蛋白和 *c Ⅰ* 基因建立起一个自主调控的正回路（又被称为阻遏蛋白维持回路），这也就是溶源态能够稳定存在的原因（阻遏蛋白 CⅠ可正调控 *c Ⅰ* 基因的表达，结果造成 O_L 和 O_R 长期被阻遏，使原噬菌体维持溶源状态）（图 6-35）。阻遏蛋白的存在也解释了免疫现象的机理：如果有第二个噬菌体的 DNA 侵入溶源细胞，已存在的阻遏蛋白立即与新基因组中的 O_L 和 O_R 结合，阻止了第二个噬菌体进入裂解周期。此外，高浓度的 CⅠ能够负调节自身，其机理是高浓度的阻遏蛋白能够与 O_R3 结合，阻止 P_{RM} 开始的转录。

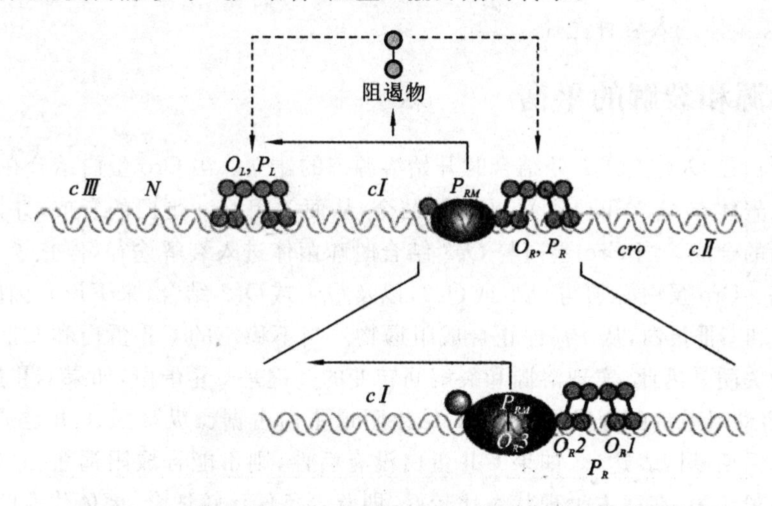

图 6-35　CⅠ蛋白激活 P_{RM} 启动子启动 *c Ⅰ* 基因，以维持溶源状态

前文已述 CⅡ和 CⅢ的存在对于溶源状态是必需的。但需要说明的是，CⅡ对于溶源状态的维持还有另一种机制：CⅡ激活位于 *Q* 基因内的启动子 PantiQ，转录形成 *Q* 基因的 mRNA 的反义链，通过与 mRNA 杂交而阻止 Q 蛋白的翻译。而 Q 蛋白的合成对于裂解也是必需的。可见，CⅠ调控 P_R、P_L 和 P_{RM} 的过程涉及多种水平的协同效应，这些协同效应使得调节因子的调控更为高效。

6.7.5　裂解途径的建立

cro 基因对于 λ 噬菌体进入裂解周期起着关键作用，其编码产物 Cro 蛋白能够阻止阻遏蛋白的合成，从而消除了建立溶源状态的可能性。Cro 蛋白形成小的二聚体，通过阻止由 P_{RM} 的转录阻止阻遏蛋白的合成，也能够抑制早期基因从 P_R 和 P_L 的表达，即当噬菌体进入裂解途径时，Cro 蛋白负责阻止阻遏蛋白的合成和抑制早期基因的表达。Cro 蛋白具有和阻遏蛋白类似的螺旋-转角-螺旋（helix-turn-helix），因而能够识别并结合相同的区域。以 Cro 蛋白与右向 O_R/P_R 的相互作用为例，Cro 蛋白对 O_R3 的亲和力要比对 O_R2 和 O_R1 的亲和力更强，所以它首先与 O_R3 结合，这个结合抑制了 RNA 聚合酶与 P_{RM} 的结合，所以 Cro 蛋白的第一个作用是阻止溶源维持回路的运行（图 6-36）。此后，Cro 蛋白与 O_R2 或 O_R1 结合，阻止 RNA 聚合酶结合 P_R，进而停止产生早期功能产物，包括 Cro 蛋白本身。由于 CⅡ蛋白不稳定，P_{RE} 的作用也被抑制，因此，Cro 蛋白的这两种作用完全阻断了阻遏蛋白的合成。由基因 *Q* 产物激活晚期基

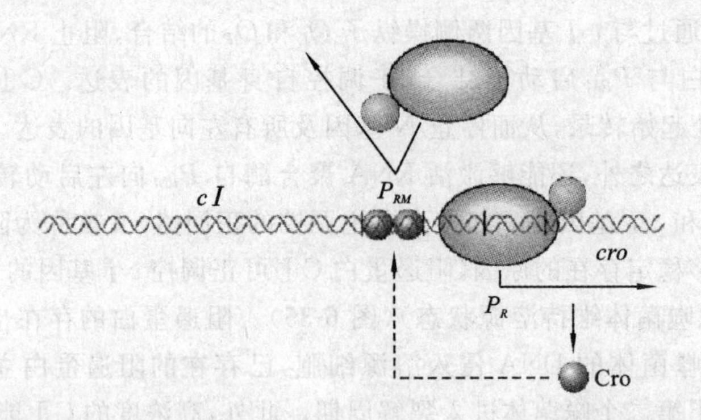

图 6-36 Cro 蛋白与 O_R3 结合抑制 RNA 聚合酶与 P_{RM} 的结合，使噬菌体进入裂解途径

因表达，这样噬菌体进入裂解途径。

6.7.6 溶源和裂解的平衡

当 Cro 蛋白在 O_L1 和 O_R1 处结合时开始溶源态的建立。当 Cro 蛋白结合在 O_R1 处，伴随着阻遏蛋白二聚体在 O_L2 和 O_R2 处的协同结合，从而关闭 Cro 蛋白的合成，并开始经由 P_{RM} 进行阻遏蛋白的合成。当 Cro 蛋白与 O_R3 结合时噬菌体进入裂解途径，停止了 P_{RM} 处开始的溶源维持回路。Cro 蛋白必须与 O_R1 或 O_R2，以及 O_L1 或 O_L2 结合，来下调基因的表达。通过停止合成 CⅡ 和 CⅢ 蛋白，从 P_{RE} 停止合成阻遏物。当不稳定的 CⅡ 蛋白和 CⅢ 蛋白降解时，阻遏物回路被关闭。因此，实现溶源和裂解间转变的关键是 CⅡ 蛋白，如果 CⅡ 蛋白是有活性的，经由 P_{RE} 启动阻遏蛋白合成是有效的，结果阻遏蛋白占据操纵基因（CⅡ 也通过阻止 Q 蛋白翻译而阻止后期基因表达）。如果 CⅡ 蛋白没有活性，则不能合成阻遏蛋白，Cro 蛋白结合操纵基因。一般认为，在宿主生理状态比较好，即营养条件比较适合，菌体代谢旺盛的情况下，CⅡ 蛋白没有活性，噬菌体倾向于进行裂解发育。而在宿主生理状态不理想的状态下，CⅡ 蛋白有活性，能够启动溶源态的建立。

6.7.7 溶源发育向裂解发育的转变

当受到紫外线照射或木瓜蛋白酶处理时，λ 噬菌体可以由溶源状态向裂解状态转变。紫外线能激活 *Rec A* 基因的表达，Rec A 蛋白或木瓜蛋白酶使处于结合态或游离的 CⅠ 蛋白降解，从而启动噬菌体的裂解过程。

6.8 σ 亚基的转换

噬菌体侵染细菌后，常会将宿主的 RNA 聚合酶等转录元件据为已有。当 T_4 噬菌体对 *E. coli* 侵染到后期时，宿主基因的转录基本已停止，而只有噬菌体基因才能转录。这种变化是因为 RNA 聚合酶自身变化引发了转录机制的改变。另外在一些细菌，如枯草杆菌的孢子发生时，也会发生由 RNA 聚合酶自身变化引起基因的表达变化，这是细菌对诸如饥饿、热激、营养缺乏等胁迫条件的响应。研究证明上述两种 RNA 聚合酶的改变主要发生在 σ 亚基上。

6.8.1 噬菌体侵染

σ亚基决定着RNA聚合酶的性质，进而决定着转录的专一性。在枯草杆菌及其噬菌体SPO1中进行的实验证明，在噬菌体侵染后期σ亚基的改变决定了转录模式的改变。

SPO1侵染的过程如下：在侵染后5 min左右，早期基因表达；侵染后5～10 min，中期基因表达启动；侵染10 min后直到侵染结束，晚期基因表达。像λ噬菌体一样，SPO1的基因转录也是由一套精密、复杂的机制进行调控的。

噬菌体并不携带自身的RNA聚合酶，所以在感染的早期必须利用宿主RNA聚合酶。枯草杆菌的RNA聚合酶与*E. coli*的很相似，其核心酶也包括五个亚基：β、β′、ω和两个α亚基。与*E. coli*的RNA聚合酶不同的是，其初级σ亚基相对分子质量为4.3×10^7，而且该聚合酶还包括一个有助于防止聚合酶结合到非启动子区域的δ亚基，其相对分子质量约2.0×10^7。

Pero等研究发现在SPO1侵染的早期，SPO1先利用宿主的全酶转录，启动一个称为基因*28*的基因表达，其产物gp28蛋白取代宿主的σ亚基(σ^{43})与宿主的核心酶结合。这个新σ亚基能使宿主的RNA聚合酶不转录宿主基因，而只转录SPO1的中期基因。在中期表达的两个噬菌体中期基因*33*和*34*的产物多肽gp33和gp34，组成一个σ亚基取代gp28与聚合酶核心结合，并使聚合酶只转录晚期基因。在此过程中，宿主核心酶没有发生变化，由σ亚基的不断替换来改变聚合酶特异性，进而识别早、中、晚期基因启动子序列的差异来指导转录。

σ亚基转换模式已经得到遗传学和生物化学两个方面的证据支持。遗传学研究发现基因*28*的突变抑制从早期向中期基因转录的转换，这验证了基因*28*产物是开启中期转录的σ亚基，而基因*33*和*34*的突变则抑制了从中期向晚期基因转录的转换。Pero等利用磷酸纤维素层析法从SPO1侵染的细胞中分离纯化出三种状态RNA聚合酶。分离出的聚合酶A中包含宿主核心酶、δ亚基及所有噬菌体编码的因子，聚合酶B中包括gp28，但缺少δ亚基，聚合酶C中也缺少δ亚基，但包括gp33和gp34。聚合酶B和C由于缺少δ亚基，不能识别DNA的启动子和非启动子区域，所以无法进行特异性转录。当将δ亚基加入聚合酶后，B酶能特异转录噬菌体晚早期基因，而C酶则能特异转录噬菌体晚期基因。

6.8.2 孢子形成

枯草杆菌在养分和其他条件适合时就可无限繁殖生长，但在饥饿或其他不利条件下会形成坚硬的芽孢(endospore)。芽孢可以在休眠状态下存活多年，直到条件适宜才会重新生长。从营养生长到芽孢形成的转变是通过一个复杂的调控机制来实现的，它关闭一些营养生长基因的转录，同时又激活产孢特异基因的转录。

研究发现，有多个新σ亚基参与了孢子形成的过程。枯草杆菌的σ亚基有σ^A、σ^F、σ^E、σ^H、σ^C和σ^K，其中除了σ^A参与营养生长期的转录外，其余5个都在孢子形成过程中有重要作用。不同的σ亚基识别不同种类的启动子。σ^A识别的启动子与*E. coli* σ亚基所识别的启动子非常相似，－10框一般为TATAAT，－35框的保守序列为TTGACA。σ^F因子首先出现在产孢过程中，它能激活其他产孢特异σ亚基基因的转录。

Sonenshein证明σ^E因子能够转录孢子发生相关基因*spoⅡD*。他首先利用作图实验找到并证实了*spoⅡD*的实际转录起点，然后在体外构建了含有σ^B、σ^C和σ^E亚基的三种不同RNA聚合酶，来转录这个基因的截短片段。由于*spoⅡD*基因的截短片段是在这个转录起点下游

700 bp 处，因此从正确起点开始的体外转录物是一个 700 bp 的中断转录物。实验证明，只有 σ^E 亚基可以产生这个转录物，而其他 σ 亚基都不能使 RNA 聚合酶识别 *spoⅡD*。相似的实验证明 σ^A 也不能识别这一启动子。Losick 小组证明 σ^E 亚基是孢子发生基因 *spoⅡG* 的产物。如果没有 σ 亚基识别孢子发生基因，如 *spoⅡD* 基因，那么这些基因就不会表达，孢子也就不会形成。

6.8.3 拥有多启动子的基因

枯草杆菌在孢子发生过程的一些基因具有被不同 σ 亚基识别的多个启动子。其中 *spoⅤG* 是一个具有两个启动子的孢子发生基因，可以被包含 σ^B 或 σ^E 亚基的 RNA 聚合酶全酶所转录。Losick 等先分离到全酶的部分组分，然后用不同的聚合酶组分对被截短的 *spoⅤG* 基因的克隆进行转录。从第一个分离峰中获得的聚合酶组分产生一个 110 nt 的中断转录物，从最后的分离峰中获得的聚合酶组分主要产生一个 120 nt 的中断转录物，而位于中间的分离组分可同时产生以上两种中断转录物。

利用另一个 DNA-纤维素层析法，Losick 等成功分离了聚合酶的两种活性组分。其中，含 σ^E 的组分只能合成 110 nt 的中断转录物，可以证明 σ^E 亚基控制着这一转录活性。他们又将经凝胶电泳纯化的 σ^E 亚基与核心酶结合，结果这种聚合酶只产生 110 nt 的中断转录物。同样一组实验也证明了 σ^B 亚基与核心酶结合后只产生 120 nt 的中断转录物。上述实验证明，*spoⅤG* 基因可以被 $E\sigma^B$ 和 $E\sigma^E$ 所转录，而且这两种酶识别的转录起始位点相隔 10 bp 的距离。通过这些起始位点，能计算出其上游的碱基对数，并且可以找出每种 σ 亚基所识别的启动子区的－10 盒和－35 盒（图 6-37）。通过与多个被同一 σ 亚基所识别的－10 盒和－35 盒序列的比较，可以确定它们的保守序列。

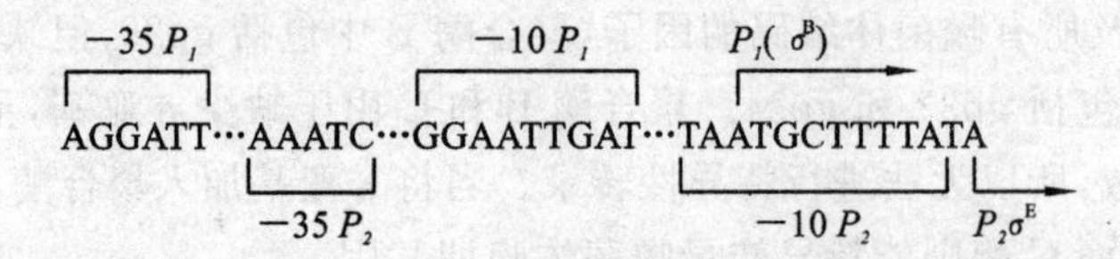

图 6-37 枯草杆菌 *spoⅤG* 的重叠启动子

P_1 表示由 σ^B 识别的上游启动子，P_2 表示由 σ^E 识别的下游启动子。

6.8.4 其他 σ 亚基的转换

当 *E. coli* 的生长条件由正常生长温度（37 ℃）升高到较高温度（42 ℃）时，即当受到热激后，正常的转录活动立即停止或降低，与此相反，有 17 种新的热激蛋白开始转录。热激蛋白可以协助细胞度过热激胁迫。*rpoH* 基因产物参与了这一转录过程的转换，它编码一个相对分子质量为 3.2×10^7 的 σ 亚基，称为 σ^{32} 或 σ^H 亚基，这里的 H 代表热激。1984 年，Grossman 小组证明 σ^H 确实是一个 σ 亚基。他们将 σ^H 与核心酶结合，发现这个复合物可以从转录起始位点开始对不同的热激基因进行体外转录。

在氮饥饿情况下，另一 σ 亚基（σ^{54} 或 σ^N）直接参与氮代谢相关基因的转录。此外，虽然革兰氏阴性菌（如 *E. coli*）并不产生孢子，但它们仍然对饥饿胁迫有相应的适应机制。在生长稳定期的 *E. coli* 细胞中，其 RNA 聚合酶的 σ 亚基一旦被 σ^S 替代后，便会使逆境抗性基因的表达在胁迫下转换。这些都是细菌应对胁迫机制的例子，细菌往往通过 σ 亚基转换其所介导的全部转录机制的改变来应对它们生存环境的变化。

6.9 逆转录

逆转录(reverse transcription)是以 RNA 为模板合成 DNA 的过程，即 RNA 指导下的 DNA 合成。此过程中，核酸合成和转录(RNA 到 DNA)过程与遗传信息的流动方向(DNA 到 RNA)相反，故称为逆转录。

1964 年，Temin 等发现鸟类 Rous 肉瘤病毒等致癌 RNA 病毒的复制行为不同于其他 RNA 病毒，这类病毒的 RNA 复制可被 DNA 合成抑制剂如氨甲蝶呤、5-氟脱氧尿苷和胞嘧啶阿拉伯糖苷等抑制，提示 RNA 肿瘤病毒的 RNA 复制过程中有一个 DNA 合成的步骤。接下来的研究中，他们又发现放线菌素 D 能抑制 RNA 肿瘤病毒的复制，而已知其可以阻断以 DNA 为模板 RNA 的合成，进一步提示 RNA 肿瘤病毒复制过程中有一个 DNA 转录成 RNA 的步骤。根据这些发现，Temin 提出了前病毒假说，即 RNA 肿瘤病毒复制需经过一个 DNA 中间体，RNA 肿瘤病毒先转变为以 DNA 形式存在的前病毒，然后转录复制成子代病毒。此 DNA 中间体可以整合到细胞 DNA 中，并伴随细胞增殖而复制传递到子代细胞。同时，前病毒还会引起细胞的癌化。这个假说与 DNA 双螺旋结构的提出者 Crick 所提出的中心法则不符，所以受到大多数生物学家的反对，而要证明这个假说就必须找到能以 RNA 为模板催化合成 DNA 的酶。

Bader 在用嘌呤霉素抑制静止期细胞的蛋白质合成时，发现在蛋白质合成被抑制的情况下，细胞仍能被一种 RNA 肿瘤病毒——Rous 肉瘤病毒所感染，这说明有关 RNA 肿瘤病毒复制的酶不是在细胞中合成的，而是由病毒带入的。随后研究者陆续在病毒颗粒中发现了 DNA 聚合酶和 RNA 聚合酶的存在。

1970 年，Temin 等分别从 Rous 肉瘤病毒和鼠白血病病毒(一种 RNA 肿瘤病毒)中找到了以 RNA 为模板催化合成 DNA 的酶——逆转录酶。逆转录现象的发现和发展完善了中心法则，促进了分子生物学和病毒学等的研究，为肿瘤的防治提供了新的线索。含有逆转录酶的病毒称为逆转录病毒(retroviruse)。研究发现，所有的 RNA 肿瘤病毒都含有逆转录病毒，但并不是所有的逆转录病毒都是 RNA 肿瘤病毒。在小鼠及人的正常细胞和胚胎细胞中也有逆转录酶，推测可能与细胞分化和胚胎发育有关。

6.9.1 逆转录酶

艾滋病病毒(HIV)是一种典型的逆转录病毒。HIV 逆转录酶是相对分子质量为 6.6×10^7 的 P66 和相对分子质量为 5.1×10^7 的 P51 两个亚基以 1∶1 组成的异二聚体。其中 P66 亚基含两个催化结构域，即聚合酶结构域和 RNase H 结构域。P51 亚基是 P66 亚基 C 末端 RNase H 结构域被蛋白酶分解后的产物。P51 亚基只含有聚合酶结构域，在 HIV 逆转录酶异二聚体中仅起辅助作用。禽类成髓细胞瘤病毒的逆转录酶由一个相对分子质量为 6.5×10^7 的 α 亚基和一个相对分子质量为 9×10^7 的 β 亚基组成。α 亚基是 β 亚基水解后的产物(图6-38)。

逆转录酶的作用是以 dNTP 为底物，以 RNA 为模板，tRNA(主要是色氨酸 tRNA)为引物，在适当浓度的 2 价阳离子(Mg^{2+} 和 Mn^{2+})和还原剂存在下，按 $5'\rightarrow3'$ 方向，合成一条与

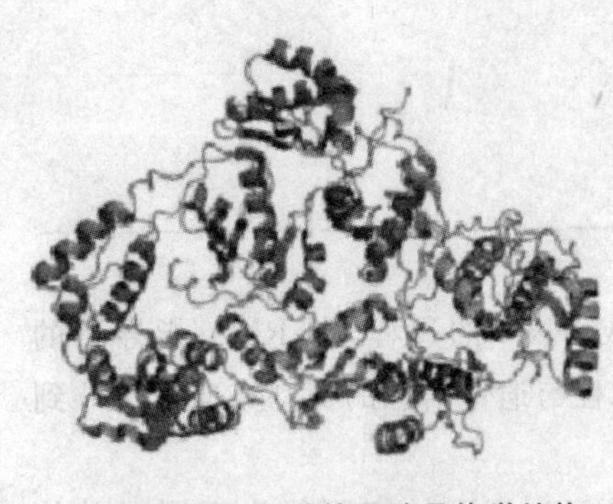

图 6-38 HIV逆转录酶晶体学结构

上方为P51亚基,下方为P66亚基。

RNA模板互补的cDNA单链,它与RNA模板形成RNA-cDNA杂交体。随后又在逆转录酶的作用下,水解掉RNA链,再以cDNA为模板合成第二条DNA链。至此,完成由RNA指导的DNA合成过程。

大多数逆转录酶都具有多种酶活性,主要包括:①DNA聚合酶活性:能以RNA为模板,催化dNTP聚合成DNA的过程。逆转录酶中不具有3′→5′外切酶活性,因此没有校正功能,所以由逆转录酶催化合成的DNA出错率比较高。②RNase H活性:由逆转录酶催化合成的cDNA与模板RNA形成的杂交分子,将RNase H从RNA的5′端水解掉RNA分子。③DNA指导的DNA聚合酶活性:以逆转录合成的第一条DNA单链为模板,以dNTP为底物,再合成第二条DNA分子。除此之外,有些逆转录酶还有DNA内切酶活性,这可能与病毒基因整合到宿主细胞染色体DNA中有关。

6.9.2 逆转录过程

在细胞质中由RNA合成双链DNA的过程分为以下步骤:

(1) 作为引物tRNA与逆转录病毒*U5*序列附近特异的引物结合位点(primer binding site,PBS)结合;

(2) 在逆转录酶的作用下合成病毒RNA的*U5*(非编码区)和*R*区(在RNA的两个末端重复区域)的互补DNA,形成DNA与RNA的杂交分子;

(3) 逆转录酶上的RNase H能将杂交分子中的RNA降解;

(4) 新合成的DNA链会跳到病毒基因组中的3′末端,并且与其*R*区配对,成为下一步DNA合成的引物;

(5) 以RNA为模板合成单链DNA(cDNA),病毒的RNA的5′末端能被RNase H降解;

(6) 以RNA的3′末端为引物,合成第二链DNA的*U3-R-U5*,然后引物tRNA被RNase H降解;

(7) 新合成的第二链DNA片段会跳到第一链的*PB*位点,并与之配对成为新的引物;

(8) 逆转录酶开始以第一链DNA为模板,合成完整的第二链DNA;

(9) 第一链与第二链的*U3-R-U5*序列区解开,第一链重复多次合成*U3-R-U5*序列,形成两端长重复序列;

(10) 双链DNA进入核内并整合进宿主DNA。

总之,逆转录酶的合成过程为:以整合在宿主DNA上的前病毒为模板,转录产生病毒的RNA,以这些RNA为模板进行翻译,产生病毒所需的蛋白质。作为病毒基因组的RNA和病毒蛋白被转运到质膜,经装配通过出芽的方式形成新的病毒颗粒。

6.9.3 逆转录现象发现的理论和实践意义

1. 对分子生物学的中心法则进行了修正和补充

经典的中心法则认为,DNA的功能兼有遗传信息的传递和表达,DNA处于生命活动的中心位置。逆转录现象说明,至少在某些生物,RNA同样兼有遗传信息传递和表达功能。因此,修正后的中心法则表示为:遗传信息从 DNA 传递给 RNA,再从 RNA 传递给蛋白质,即完成遗传信息的转录和翻译过程;也可以从 DNA 传递给 DNA,即完成 DNA 的复制过程。这是所有细胞结构的生物所遵循的法则。但在非细胞结构的生物中存在 RNA 自我复制(如烟草花叶病毒等)及在某些病毒中以 RNA 为模板逆转录成 DNA 的过程(某些致癌病毒),甚至在有些蛋白质病毒(朊病毒,如疯牛病病毒)中还存在以蛋白质直接形成蛋白质的现象(如疯牛病病毒是一种因错误折叠而形成的结构异常的蛋白质,可促使与自身具有相同氨基酸序列的蛋白质发生同样的折叠错误,从而导致大量结构异常蛋白质的形成)。

2. 在致癌病毒的研究中发现了癌基因

在人类一些癌细胞如膀胱癌、小细胞肺癌等细胞中,也分离出与致癌病毒基因相同的碱基序列,称为细胞癌基因或原癌基因。癌基因的发现为肿瘤发病机理的研究提供了很有前途的线索。

3. 在实际工作中有助于基因工程的实施

逆转录酶的发现对于遗传工程技术起了很大的推动作用,它已成为一种重要的工具酶。用组织细胞提取 mRNA 并以它为模板,在逆转录酶的作用下,合成出互补的 cDNA,由此构建出 cDNA 文库(cDNA library),从中筛选特异的目的基因,这是在基因工程技术中最常用的获得目的基因的方法。

思考题

1. 如何证明全酶以非对称方式转录 T_4 噬菌体 DNA,而核心酶能以对称方式转录 T_4 噬菌体 DNA?

2. 包含σ70 的 *E. coli* RNA 聚合酶全酶识别的一个 *E. coli* 启动子－10 盒的非模板序列为 5′-CATAGT-3′。(a)在第一位置发生的 C→T 突变是上升突变还是下降突变?(b)在最后位置发生的 T→A 突变是上升突变还是下降突变?回答并说明理由。

3. σ亚基的什么区域参与了对启动子(a)－10 盒和(b)－35 盒的识别?其遗传学证据是什么?

4. 以 *E. coli* RNA 聚合酶α亚基为例,说明怎样利用限制性蛋白水解来确定蛋白质的结构域。

5. 在全酶与 DNA 结合过程中,哪个亚基发挥了最大作用?

6. 内源性终止子的 2 个重要元件是什么?它们在转录终止中的作用是什么?

7. ρ依赖型终止子看上去像什么?在这类终止子中,ρ因子的作用是什么?

8. 画图说明 *lac* 操纵子的正、负调控机制。

9. 我们如何得知 3 个操纵基因是完全阻遏 *lac* 操纵子所必需的?如果去除 1 个辅操纵基因或 2 个均去除,将会产生怎样的影响?

10. 阐述 *E. coli trp* 操纵子负调控机制。

11. 当色氨酸饥饿时,*E. coli* 细胞如何克服 *trp* 衰减作用?

12. 枯草杆菌在孢子发生时转录转换的机制是什么?

13. 在裂解复制过程中λ噬菌体如何将转录从早期转换到晚早期,再到晚期?

14. 如果用同一个株系的λ噬菌体侵染溶源态的 *E. coli* 将会发生什么情况?你能否得到超感染菌株?如使用操纵子序列显著不同于溶源态的不同株系的λ噬菌体,其结果如何?为什么？

15. 在100%引起裂解态的λ噬菌体中，可能发生了什么突变？在100%引起溶源态的λ噬菌体中，可能发生了什么突变？

16. 如果实验中所用λ噬菌体的*N*基因失活，期望得到的细菌是什么样子？是裂解态的、溶源态的、两种都有，还是两种都没有？为什么？

参考文献

[1] Burgess R R, Travers A A, Dunn J J, et al. Factor stimulating transcription by RNA polymerase[J]. Nature, 1976, 221(5175): 43-46.

[2] Harley C B, Reynolds R P. Analysis of *E. coli* promoter sequences[J]. Nucleic Acids Res., 1987, 15(5): 2343-2361.

[3] Hsu L M. Monitoring abortive initiation[J]. Methods, 2009, 47(1): 25-36.

[4] Goldman S R, Ebright R H, Nickels B E. Direct detection of abortive RNA transcripts in vivo[J]. Science, 2009, 324(5929): 927-928.

[5] Murakami K S, Masuda S, Campbell E A, et al. Structural basis of transcription initiation: an RNA polymerase holoenzyme-DNA complex[J]. Science, 2002, 296(5571): 1285-1290.

[6] Murakami K S, Masuda S, Darst S A. Structural basis of transcription initiation: RNA polymerase holoenzyme at 4 Å resolution[J]. Science, 2002, 296(5571): 1280-1284.

[7] Nudler E, Mustaev A, Lukhtanov E, et al. The RNA-DNA hybrid maintains the register of transcription by preventing backtracking of RNA polymerase[J]. Cell, 1997, 89(1): 33-41.

[8] Nudler E, Gusarov I, Avetissova E, et al. Spatial organization of transcription elongation complex in *Escherichia coli*[J]. Science, 1998, 281(5375): 424-428.

[9] 罗伯特·维弗主编. 分子生物学[M]. 2版. 刘进元，李骥，赵广荣，等译. 北京：清华大学出版社，2007.

[10] 郑用琏. 基础分子生物学[M]. 2版. 北京：高等教育出版社，2012.

[11] J D沃森，T A贝克，S P贝尔等编著. 基因的分子生物学[M]. 6版. 杨焕明，等译. 北京：科学出版社，2009.

[12] 王镜岩，朱圣庚，徐长法. 生物化学[M]. 3版. 北京：高等教育出版社，2002.

[13] 张洪渊. 生物化学原理[M]. 北京：科学出版社，2006.

第7章 真核生物的转录及转录调控机制

根据中心法则，基因表达的完成必须通过遗传信息从DNA到RNA，然后从RNA合成蛋白质。RNA分子以DNA分子的一条链为模板，在RNA聚合酶的催化下合成，即转录。真核生物的转录过程比原核生物的复杂，有更多的酶和蛋白质因子参与。基因表达调控是生物体内调节基因表达的控制机制，是细胞中基因表达的过程在时间、空间上处于有序状态，并对环境条件的变化作出相应反应的过程，是生物体内细胞分化、形态发生和个体发育等生命过程的分子基础。真核生物的基因表达调控主要集中在转录水平。

7.1 真核生物RNA聚合酶

7.1.1 真核生物RNA聚合酶概述

20世纪60年代初，从动物、植物及微生物中分别获得了DNA指导合成的RNA聚合酶，后来通过SDS-PAGE技术分离纯化得到RNA聚合酶的各个亚基，并在离体条件下建立了它的反应系统，使得对RNA聚合酶有了较为清晰的认识。现代研究认为，RNA聚合酶是以DNA为模板，以4种核糖核苷酸为底物，沿5′-3′催化合成RNA链的酶。

原核生物细胞内只有一种RNA聚合酶，负责细胞中所有RNA的合成。真核生物的基因组远大于原核生物的基因组，其用于转录的RNA聚合酶也相对复杂。将细胞的粗提液经DEAE-Sephadex离子交换柱层析，随着盐浓度的逐渐升高，可以有3个洗脱峰出现，依据洗脱的先后顺序，分别命名为RNA聚合酶Ⅰ、RNA聚合酶Ⅱ和RNA聚合酶Ⅲ。真核生物细胞的RNA聚合酶的相对分子质量为5×10^5～7×10^5，每种聚合酶至少含有12个亚基，这些亚基的组成与原核生物RNA聚合酶的核心酶$\alpha_2\beta\beta'$相似，这三种不同的RNA聚合酶中有5个以上的亚基是相同的，每种RNA聚合酶有4～7个特异亚基。不同于原核生物的RNA聚合酶，真核生物的RNA聚合酶没有全酶和核心酶的区别，也没有类似于σ因子的蛋白质负责识别启动子，而是由一系列的转录因子协调转录起始。鹅膏蕈碱(amanitin)是真核生物RNA聚合酶的特异性抑制剂，依据对α-鹅膏蕈碱的敏感性不同，也可以区分三类RNA聚合酶，RNA聚合酶Ⅰ对α-鹅膏蕈碱不敏感，RNA聚合酶Ⅱ对α-鹅膏蕈碱较敏感，低浓度的α-鹅膏蕈碱(10^{-9}～10^{-8} mol/L)即可抑制其活性，较高浓度的α-鹅膏蕈碱(10^{-5}～10^{-4} mol/L)才可以抑制RNA聚合酶Ⅲ的活性。三种聚合酶的一般性质见表7-1。

与原核生物的RNA聚合酶一样，真核生物的RNA聚合酶参与的转录也不需要引物，RNA合成的方向也是按照碱基互补配对原则由5′→3′延伸。RNA聚合酶Ⅱ主要负责转录所有编码蛋白质的结构基因，它是最重要的真核生物的 RNA 聚合酶。

表 7-1　真核生物 RNA 聚合酶的分类和性质

聚合酶种类	存在位置	相对分子质量/10^5	主要转录产物	相对转录活性	对 α-鹅膏蕈碱敏感性
RNA 聚合酶Ⅰ	核仁	5～6	大多数 rRNA 前体	50%～70%	不敏感
RNA 聚合酶Ⅱ	核质	5.5～6.5	mRNA、snRNA 前体	20%～40%	敏感
RNA 聚合酶Ⅲ	核质	6～7	tRNA、5S RNA 前体	10%	中度敏感

由于不同的抑制剂作用于不同的 RNA 聚合酶，因此常见的转录抑制剂也可用于区分 RNA 聚合酶，一些常见的抑制剂及其作用的酶见表 7-2。

表 7-2　常见的抑制剂及其作用

抑　制　剂	抑 制 的 酶	抑制位点及作用
利福霉素	细菌全酶	结合于 β 亚基，阻止起始
放线菌素 D	RNA 聚合酶Ⅰ	结合于 DNA，阻止延伸
α-鹅膏蕈碱	RNA 聚合酶Ⅱ	结合于 RNA 聚合酶，阻止转录
链霉素	细菌核心酶	结合于 β 亚基，阻止起始

1. RNA 聚合酶Ⅰ

RNA 聚合酶Ⅰ位于细胞核的核仁内，主要负责转录 45S rRNA 的前体，经转录后加工产生 5.8S rRNA、18S rRNA 和 28S rRNA，RNA 聚合酶Ⅰ的相对活性在三类 RNA 聚合酶中最高，占总 RNA 聚合酶活性的 50%～70%，Mg^{2+} 与 Mn^{2+} 能促进其活性。RNA 聚合酶Ⅰ对 α-鹅膏蕈碱不敏感。

2. RNA 聚合酶Ⅱ

RNA 聚合酶Ⅱ由十多个亚基组成，其中，三个大的亚基与细菌的 RNA 聚合酶存在同源性，组成基本的催化装置。两个最大的亚基可能携带催化位点，另外三种亚基为三种 RNA 聚合酶的共有亚基，有三种亚基以双拷贝存在，大多数亚基是单拷贝的(图 7-1)。RNA 聚合酶Ⅱ的最大亚基的羧基末端具有七肽重复片段的特殊结构，称为羰基末端区域(carboxy-terminal domain，CTD)，该七肽重复片段组成为 Tyr-Ser-Pro-Thr-Ser-Pro-Ser，这是 RNA 聚合酶Ⅱ具有的独特序列，它们在酵母的 RNA 聚合酶Ⅱ中有 26 次重复，在小鼠的 RNA 聚合酶Ⅱ中的重复次数为 52。在 mRNA 的合成与延伸过程中，CTD 中的 Thr、Ser 可被高度磷酸化，而在转录的起始阶段 CTD 则没有发生磷酸化修饰。RNA 聚合酶Ⅱ存在于核质内，主要负责转录 mRNA 的前体分子，即核内不均一 RNA(heterogeneous nuclear RNA，hnRNA)，以及参与 hnRNA 分子剪接加工的核内小 RNA(small nuclear RNA，snRNA)转录。RNA 聚合酶Ⅱ在较高离子强度时活性较强，Mn^{2+} 可有效促进其活性，相对活性为 20%～40%。RNA 聚合酶Ⅱ对 α-鹅膏蕈碱高度敏感，低浓度的 α-鹅膏蕈碱可以抑制其活性。

3. RNA 聚合酶Ⅲ

RNA 聚合酶Ⅲ存在于核质内，负责合成 tRNA、5S RNA 和一些稳定的小分子 RNA 转录物，包括参与 mRNA 前体剪接的 U6 snRNA 及参与运输蛋白质到内质网上的信号识别颗粒(signal recognition particle，SRP)7S RNA。RNA 聚合酶Ⅲ的相对活性为 10%，在离子浓度很宽的范围内都有活性，Mn^{2+} 对其活性的促进作用最为明显，高浓度 α-鹅膏蕈碱可抑制动物

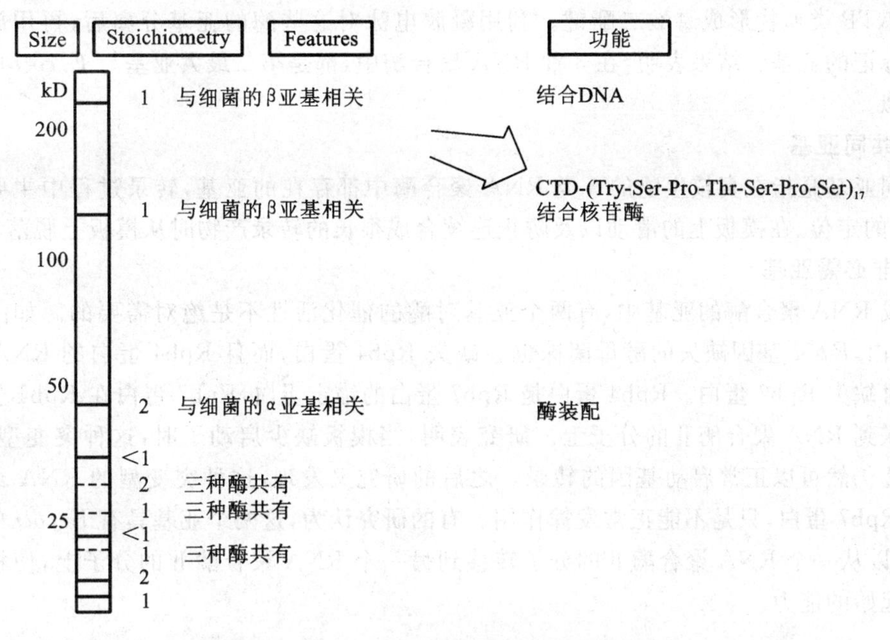

图 7-1　真核生物 RNA 聚合酶Ⅱ的亚基组成

（引自郜金荣，2007）

细胞 RNA 聚合酶Ⅲ的活性。酵母和昆虫细胞的 RNA 聚合酶Ⅲ对 α-鹅膏蕈碱不敏感。

真核生物 RNA 聚合酶的转录不需要引物的参与，RNA 的合成也是按照碱基互补配对原则，沿 5′→3′ 的方向延伸。RNA 聚合酶Ⅱ负责所有编码蛋白质的结构基因的转录，是最重要的 RNA 聚合酶，许多真核生物转录调控研究都是以 RNA 聚合酶Ⅱ为对象。

7.1.2　真核生物 RNA 聚合酶的亚基组分

真核生物的 3 类 RNA 聚合酶的组成都比原核生物的 RNA 聚合酶的复杂，每种聚合酶都是由 14～17 个亚基组成的多亚基蛋白质复合体。这 3 类 RNA 聚合酶的一般特点为：①所有真核生物的 RNA 聚合酶结构都非常复杂；②3 类 RNA 聚合酶结构具有相似性，都含有两种相对分子质量大于 100 000 的大亚基和各种小亚基。如细菌的 RNA 聚合酶一样，含有两种大亚基 β 和 β′，还有小亚基 α 和 σ。研究表明，真核生物的 RNA 聚合酶的亚基与原核生物的 RNA 聚合酶的核心酶亚基之间具有一定的相互关系，而且相互间存在较高的同源性；③3 类 RNA 聚合酶有几种共同的亚基，如酵母的 RNA 聚合酶至少有 5 种亚基是相同的，而且 3 类真核生物的 RNA 聚合酶与原核生物的聚合酶之间有较高的同源性。

依据亚基的结构与功能，真核生物的 RNA 聚合酶的亚基可分为核心亚基、共同亚基和非必需亚基 3 类。

1. 核心亚基

在结构与功能上真核生物 RNA 聚合酶的核心亚基（core subunit）与原核生物的 RNA 聚合酶核心酶相关的亚基一样，都是 RNA 聚合酶所必需的，分别与原核生物 RNA 聚合酶的 β、β′和 α 亚基同源。*E. coli* 的 β 亚基是 RNA 聚合酶催化形成磷酸二酯键的活性部位。采用类似的方法对真核生物 RNA 聚合酶活性部位进行研究，首先把 ATP 的 4-甲酰苯基-δ-酯分别与 RNA 聚合酶Ⅰ、RNA 聚合酶Ⅱ和 RNA 聚合酶Ⅲ结合，并经 $NaBH_4$ 还原后加入 α-^{32}P-UTP，结合的 ATP 类似物形成磷酸二酯键。利用凝胶电泳对这些酶的亚基分离后，再用放射自显影检测标记的亚基。结果表明，在 3 种 RNA 聚合酶中，都是第二最大亚基与 *E. coli* 的 β 亚基功能相似。

2. 共同亚基

共同亚基是指在真核生物的 3 类 RNA 聚合酶中都存在的亚基，转录过程中主要参与底物 NTP 的定位、在模板上的滑动以及防止连续合成很长的转录产物时从模板上脱落等。

3. 非必需亚基

组成 RNA 聚合酶的亚基中，有两个亚基对酶的催化活性不是绝对需要的。如酵母中的 Rpb4 蛋白，*Rpb4* 基因缺失的酵母菌株也会缺失 Rpb4 蛋白，而且 Rpb4 蛋白的 RNA 聚合酶Ⅱ也同时缺失 Rpb7 蛋白。Rpb4 蛋白是 Rpb7 蛋白的锚定蛋白，Rpb7 蛋白在 Rpb4 蛋白的作用下偶联到 RNA 聚合酶Ⅱ的分子上。研究表明，当模板缺少启动子时，这种突变型的 RNA 聚合酶Ⅱ仍然可以正常启动基因的转录。之后的研究又发现，这种突变型的 RNA 聚合酶Ⅱ不缺少 Rpb7 蛋白，只是不能正常发挥作用。有的研究认为，这两个亚基具有 *E. coli* 的 σ 因子活性，可以从一个 RNA 聚合酶Ⅱ的分子转移到另一个 RNA 聚合酶Ⅱ的分子上，使核心酶具备转录起始的能力。

7.2 真核生物的启动子

启动子是 DNA 分子上 RNA 聚合酶和基本转录因子的结合区域，它们共同组装成转录前起始复合物。真核生物编码蛋白质基因的启动子是通过直接的突变分析和与已知启动子 DNA 序列的比较分析确定的。研究结果表明，真核生物的 3 类 RNA 聚合酶有各自不同的启动子，而且它们的结构差异显著。真核基因转录的调控机制十分复杂，调控区域结构特殊，主要包括启动子区和各种调控元件。依据 3 类真核生物 RNA 聚合酶的差异，分为相应的 3 类启动子。

7.2.1 Ⅰ类启动子

Ⅰ类启动子是与 RNA 聚合酶Ⅰ结合的启动子，主要负责启动 rRNA 前体基因的转录，其转录产物经加工后生成成熟的 rRNA。rRNA 基因在每个细胞中都是多拷贝的，拷贝数从数百到 2 万，每个拷贝都具有相同的启动子序列。Robert Tjian 等通过接头分区突变分析鉴定了人类 rRNA 启动子的重要区域。Ⅰ类启动子由两个保守序列组成：一个是－45～＋20，位于转录起始点周围，称为核心启动子(core promoter)，主要任务是负责起始转录；另一个位于－180 与－107 之间，称为上游控制元件(upstream control element，UCE)，可有效增强转录效率(图 7-2)。

这两个区域的间距很重要，当两个区域之间插入或缺失碱基，都将减弱启动子的启动强度。实验表明，在启动子元件间删除 16 bp 的片段后，启动强度将下降为野生型的 40％，删除 44 bp 的片段后启动强度则变为野生型的 10％。如果在两个区域间插入 28 bp 的片段，启动子的启动强度不受影响，但当添加长度为 49 bp 时启动强度降低 70％。说明启动子区域序列的删除比插入更容易影响启动子起始转录的效率。这两个区域 GC 含量较高，序列约有 85％相同。Ⅰ类启动子结构与转录因子的结合位置见图 7-3。

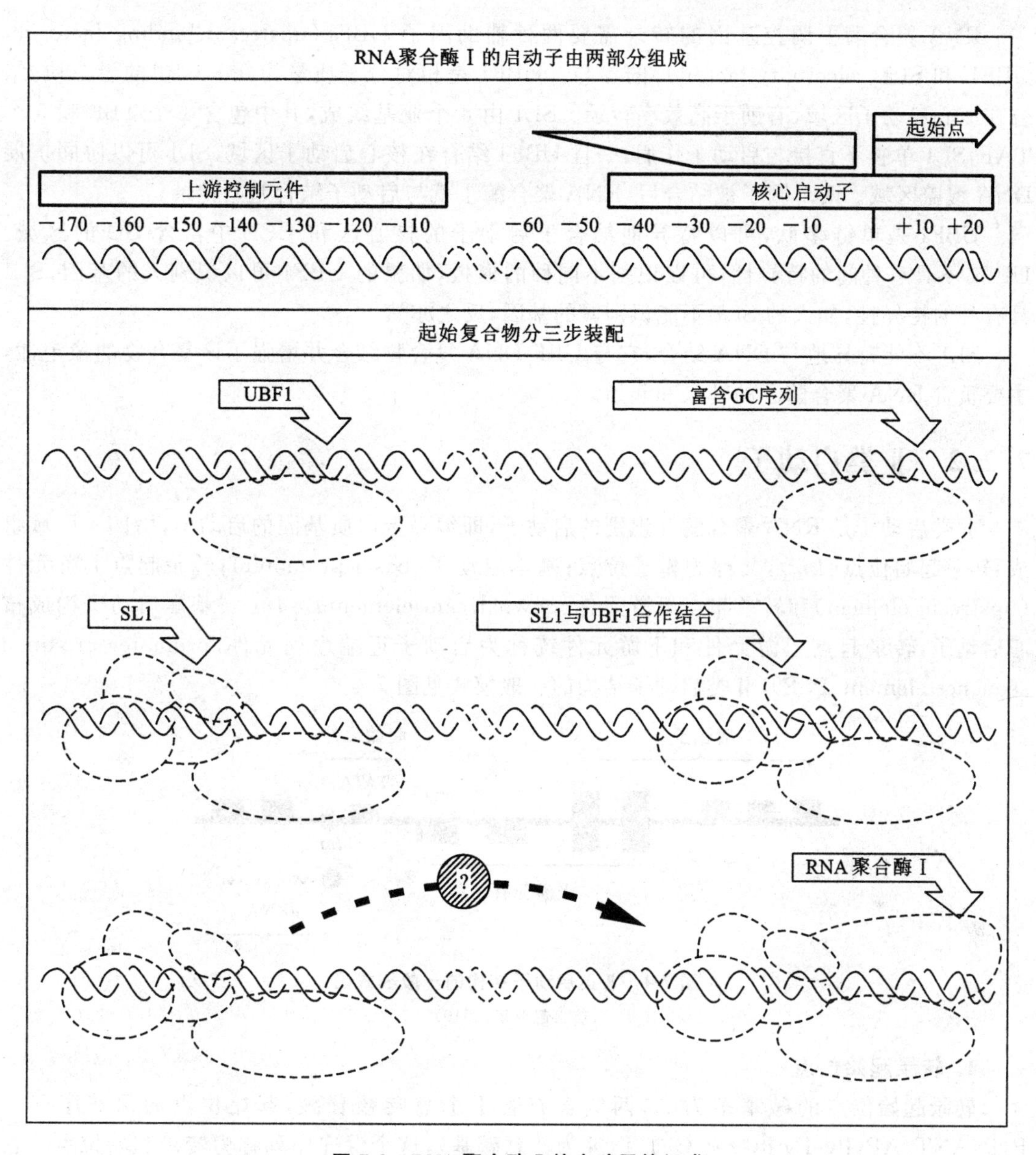

图 7-2　RNA 聚合酶Ⅰ的启动子的组成

(引自部金荣,2007)

距上游控制元件 70 bp,UBF1 可与两个区域结合,之后 RNA 聚合酶Ⅰ与核心启动子结合。

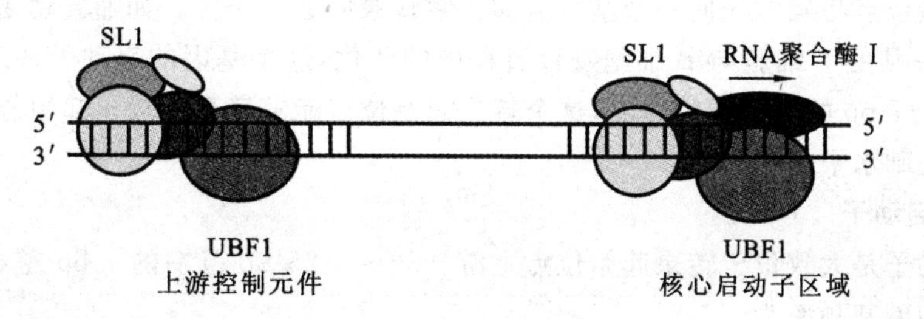

图 7-3　Ⅰ类启动子与转录因子的位置

(仿自赵亚华,2011)

RNA 聚合酶Ⅰ调控基因的转录需要两种辅助因子 UBF1(upstream binding factor 1, UBF1)和 SL1(selectivity factor 1)的参与。UBF1 是相对分子质量为 9.7×10^4 的蛋白质,结合在核心启动子区域,有助于高效率转录。SL1 由 4 个亚基组成,其中包含 1 个 TBP 和 3 个 TAF,SL1 单独不直接与启动子作用,一旦 UBF1 结合在核心启动子区域,SL1 可以协同扩展 DNA 覆盖区域。两个因子被结合后,RNA 聚合酶Ⅰ就与启动子结合起始转录。

UBF1 是单链多肽,可以特异地结合于启动子的核心区和 UCE 中富含 GC 的区域。UBF1 不具有种间的特异性,可以识别不同种的模板,如鼠的 UBF1 可以识别人的基因;SL1 具有种的特异性,如人的 SL1 不能识别鼠的基因,反之亦然。

SL1 不能特异地与 DNA 结合,它与 UBF-DNA 复合物结合并增强了该复合物的稳定性,主要负责 RNA 聚合酶Ⅰ的转录和起始。

7.2.2 Ⅱ类启动子

Ⅱ类启动子是 RNA 聚合酶Ⅱ识别的启动子,即编码蛋白质基因的启动子,由四个区域组成:转录起始位点(*Inr*),又称为帽子位点;基本启动子(basal promoter);转录起点上游元件(upstream element)和转录起点下游元件(downstream element)。*Inr* 与基本启动子构成核心启动子,转录起点上游元件和下游元件统称为启动子近端序列元件(promoter proximal sequence element,PSE),Ⅱ类启动子结构的一般模式见图 7-4。

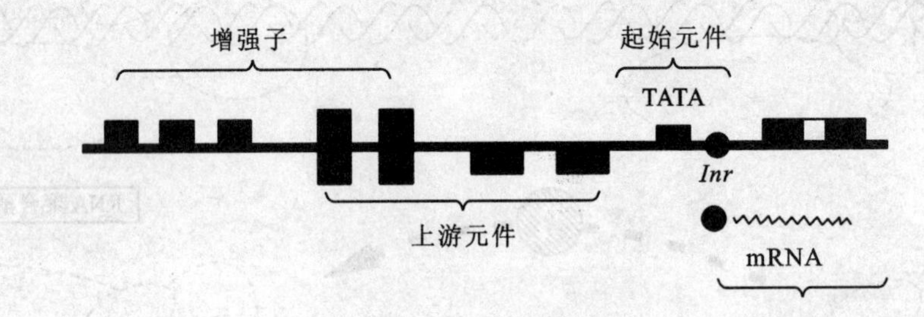

图 7-4　Ⅱ类启动子结构的一般模式图

(仿自赵亚华,2010)

1. 转录起始位点

转录起始位点的碱基多为 A,两侧含有若干个嘧啶核苷酸,起始位点的保守序列为 PyPyANT/APyPy(Py 指嘧啶 C 或 T,N 为任意碱基),这个保守序列称为转录起始位点。它与 TATA 框一起组成核心启动子,负责选择准确的起始位点和效率。具体启动位于下游的任意基因转录,只是转录效率较低,可被它上游的启动子元件或增强子所促进。

转录起始位点是确保任何一个基因能够正常转录的必备条件。如哺乳动物的末端脱氧核苷酸转移酶基因在 T 细胞与 B 细胞发育过程中的活化,这个基因的启动子缺乏 TATA 框和 UPE,但存在 17 bp 的转录起始位点,这个转录起始位点能够启动从转录起始位点序列内单一位点开始的基础水平的转录。

2. 基本启动子

基本启动子是大致位于转录起始位点上游－30～－25 bp 范围的 7 bp 左右的共有序列,其碱基组成和碱基频率为

T	A	T	A	A/T	A	A/T
82	97	93	85	6 337	83	5 037

基本启动子的保守序列都是由AT碱基组成的，称为TATA框(TATA box)，它是许多真核生物Ⅱ类启动子的核心启动子组成部分，与原核生物启动子的－10 bp序列相似程度较高。差别仅在于转录起始位点的距离不同，原核生物的转录起始位点距离为－10 bp，真核生物约为－25 bp。但是酵母的TATA框位置变化较大，在起始位点－120～－30 bp范围内变化。有两种类型基因的启动子没有发现TATA框，一类是在发育中受到调控的基因，如参与控制果蝇发育的同源异形框基因和在哺乳动物的免疫系统发育中有活性的一类基因。另一类是持家基因，该类基因在所有细胞中都表现为组成型表达，负责控制细胞内维持生命活动所必需的重要生化途径的一系列酶类。如编码合成各种核苷酸、氨基酸所必需的酶类，如腺嘌呤脱氨酶、胸苷酸合成酶和二氢叶酸还原酶等。

TATA框的作用因基因的不同而有差异，TATA框使转录因子与RNA聚合酶装配，并且决定转录前起始复合物的位置，特异表达的基因一般具有TATA框，组成型表达基因则缺少TATA框。对SV40早期启动子的研究发现，当缺失从TATA框开始向下游逐渐增加时，转录起点也随之向下游移动，并且产生不同长度的转录产物。当存在TATA框时，转录起点总是在TATA框向下游约30 bp的嘌呤位点处开始。因此，TATA框参与了基因的转录起始位点的定位，但不影响转录的效率。在含有海胆组蛋白H2A和H2B基因克隆的DNA片段中，当在*H2A*基因中插入各种缺失突变，再将DNA片段注入蛙卵母细胞中，对两个基因的转录速度进行测定时发现，野生型*H2B*基因的转录速度没有变化，而*H2A*基因的转录速度则发生了变化。

3. 转录起点上游元件

转录起点上游元件即GC box或CAAT box，位于核心启动子上游－200～－100 bp的范围内，含有多个组成启动子元件。大多数基因具有转录起点上游元件，有的基因还不止一个，具有细胞类型的特异性，其作用是控制转录的效率和特异性。真核生物Ⅱ类启动子的转录起点上游元件在位置和功能上与原核生物基因的启动子上游区域类似(图7-5)。

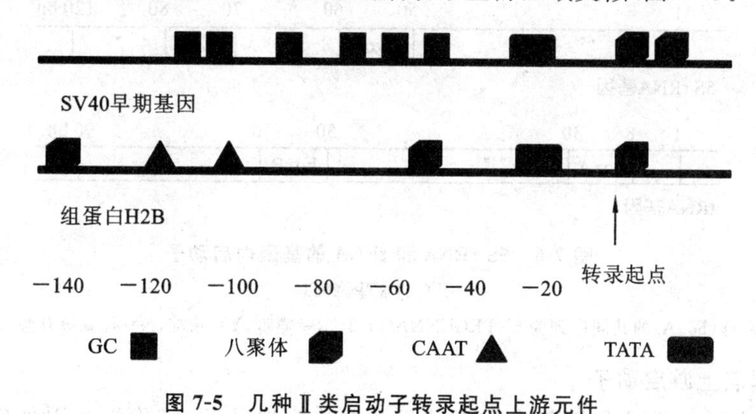

图7-5 几种Ⅱ类启动子转录起点上游元件

启动子除TATA框外，还有与其活性有关的其他区域，如位于－64～－47 bp和－105～－80 bp区域内的突变能显著降低启动子的效率。在非模板链上，这两个区的保守序列分别为GGGCGG和CCGCCC，称为GC框(GC box)。GC框存在于各类启动子中，通常位于TATA框的上游。疱疹病毒的*tk*基因启动子中，两个GC框以相反方向排列。许多基因启动子上游有GC框。在SV40早期启动子内有6个串联的GC框，当失去1个GC框时，SV40病毒的转录水平即下降为野生型的66%；当失去第2个GC框时，继续下降13%。

CAAT框(CAAT box)是最早被描述的常见启动子之一，位于转录起始点上游约－80 bp

处，其保守序列为GGGTCAATCT，是真核生物基因常有的调节区，控制着转录起始的频率。

4. 转录起点下游元件

转录起点下游元件位于起始位点下游，对转录的效率有重大影响，没有固定的特征，也不存在特定的保守序列。

对疱疹病毒(herpes virus)胸苷激酶基因研究发现，启动子区域除了TATA框之外，还有影响启动子活性的其他区域。如－64～－47 bp和－105～－80 bp区域内的突变可以显著降低启动子的效率。

7.2.3 Ⅲ类启动子

真核生物的Ⅲ类启动子为RNA聚合酶Ⅲ所识别，依据Ⅲ类启动子所处的细胞位置，可以分为三种类型：①基因内启动子；②转录起点上游启动子；③混合型启动子。

1. 基因内启动子

Ⅲ类启动子绝大多数属于基因内启动子，位于基因编码区内部，5S rRNA、tRNA的启动子均为基因内启动子。研究发现，把非洲爪蟾(*Xenopus laevis*)5S rRNA基因的转录起始点+1 bp上游的所有序列完全去除后，该基因仍能够正常转录。用核酸外切酶将非洲爪蟾5S rRNA基因的5′端上游序列不同程度切除后，仍然能够正常合成5S rRNA的产物。上述实验表明，非洲爪蟾的5S rRNA基因的启动子位于基因的内部。5S rRNA基因启动子内部存在3个敏感区，即上游顺式作用元件A框、C框和中间元件，它们碱基的改变会显著降低启动子的功能。tRNA基因中也存在两个控制元件，分别为A框和B框，在tRNA基因内发现启动子由两个约20 bp的序列组成，位于+8～+72 bp，其中A框位于+8～+30 bp，B框位于+51～+72 bp(图7-6)。基因内启动子的序列是极为保守的，5S rRNA基因的A框与tRNA基因的A框相似，在转录起始反应中执行类似的功能。

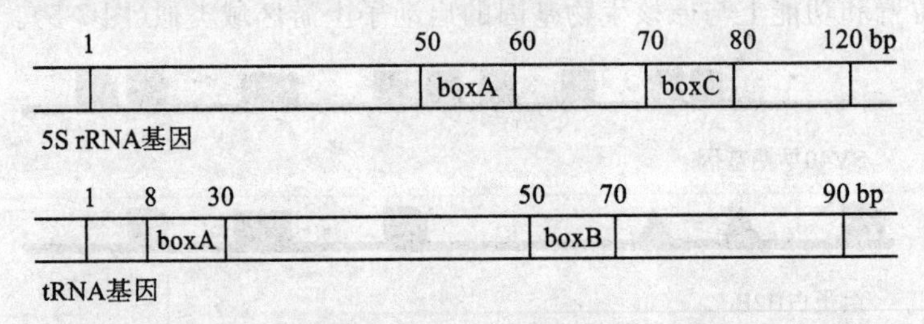

图7-6 5S rRNA和tRNA的基因内启动子

(引自赵亚华，2011)

A框(boxA)的共同序列为5′-TRGCNNAGY-3′(R=嘌呤，Y=嘧啶，N=任意核苷酸)。

2. 转录起点上游启动子

转录起点上游启动子是近年来发现的Ⅲ类非典型启动子，又称为基因外启动子。在U6 snRNA和人的7SK RNA等基因中都存在，位于转录起始点的上游。这类启动子包含4种元件：①TATA框；②近端序列元件(PSE)；③远端序列元件(DSE)；④八聚体基序元件(OCT)(图7-7)。

TATA框是RNA聚合酶Ⅲ转录基因时必需的，在序列和位置上类似于mRNA编码基因的TATA框，并且两者的序列元件在功能上可以互换。近端序列元件位于RNA聚合酶Ⅱ和聚合酶Ⅲ转录基因－60 bp附近，这类元件功能类似，但位置不同。远端序列元件位于－250 bp附近，是Ⅱ类启动子的snRNA基因和Ⅲ类基因的外在启动子共同的增强子元件。

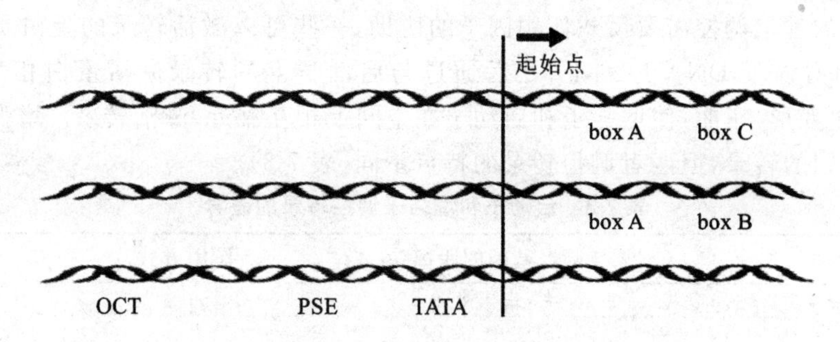

图 7-7　RNA 聚合酶Ⅲ的转录起点上游启动子

八聚体基序元件的主要功能是增加转录的效率。

3. 混合型启动子

混合型启动子是指同时具有基因内的和基因外的启动子序列元件的启动子。如海胆硒代半胱氨酸 tRNA^{Ser}基因就具有基因内和基因外混合启动子元件。它的上游启动子由 TATA 框、近端序列元件和没有鉴定的远端序列元件组成。

7.3　增强子和沉默子

7.3.1　增强子

增强子(enhancer)是指能够远距离作用调节启动子增加转录效率的 DNA 序列。增强子主要存在于真核生物的基因组中，由多个独立的特异性序列组成，基本的核心序列是由 8～12 bp 组成的，以完整的或部分的回文结构存在。1981 年，Benerji 在 SV40 病毒 DNA 中发现了第一个增强子。当把 SV40 病毒早期基因启动子上游的一段约 200 bp 的片段插入含有兔β-球蛋白基因的重组质粒中并感染成纤维细胞培养物，结果成纤维细胞产生大量的 β-球蛋白基因的转录产物，表明 SV40 病毒早期基因启动子上游的约 200 bp 的序列的插入明显增强了β-球蛋白基因的转录活性，称为增强子。增强子调控转录的作用方式与启动子不同，它可以双向增强上游和下游基因的转录效率(图 7-8)。尽管增强子对上、下游基因都能提高转录效率，但有些基因具有优先权，而且增强子具有组织特异性，并非所有细胞中都存在增强子。

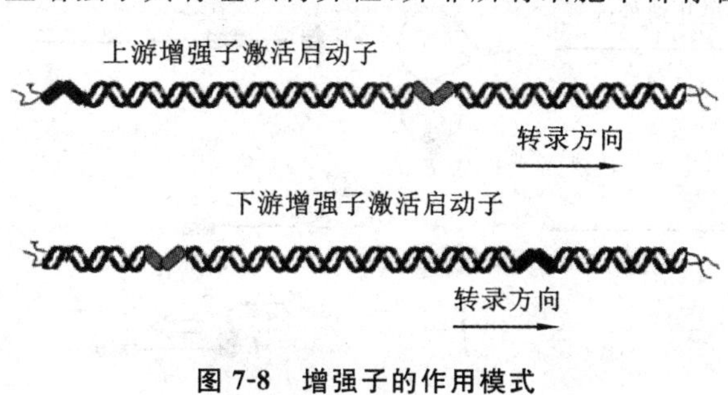

图 7-8　增强子的作用模式

增强子；启动子

增强子由两个或两个以上的增强子元件组成，每个增强子元件又由两个紧密相连的增强子单位构成。增强子最突出的特点是对转录的远程调控，其调控的距离可能在几十 kb 之外。

增强子对转录的远程调控需要反式作用因子的协助，一些可以激活转录的蛋白质因子识别增强子并结合到增强子 DNA 序列上，之后通过与启动子上的转录激活蛋白相互作用，导致 DNA 分子发生变形、扭曲，使增强子和启动子在空间上相互靠近，激活转录。增强子和启动子都可以激活基因的转录，但两者调控转录的特点不同(表 7-3)。

表 7-3　启动子和增强子调控转录的差异

调控元件	与调控基因的距离	作用方式	调控效果
启动子	近	双向	启动转录
增强子	远	单向	增强转录

增强子与启动子本质上是不同的，但很多时候难以区分和辨别。有一些基因的增强子序列与转录的起始位点接近，如 β-干扰素基因的增强子；有些增强子和启动子有重叠，如人的金属硫蛋白基因；有些基因的增强子序列还会出现在其他的基因的启动子中，如免疫球蛋白基因的八联体增强子。

增强子的作用特点如下：①增强子的转录效应明显，可使基因的转录效率提高 10～200 倍，甚至可以提高到上千倍；②增强子没有方向性，它对基因转录的促进功能与序列的方向无关；③增强子的增强效应具有组织或细胞特异性，仅对特定的转录或激活因子起作用；④增强子一般含有长度为 50 bp 的重复序列，便于与蛋白质因子结合；⑤许多增强子受外部信号的调控，如金属硫蛋白的基因启动子上游所带的增强子，可对环境中的锌、镉浓度作出反应；⑥增强子既可以位于基因的 5′ 端上游，也可位于基因内部或 3′ 下游，没有基因的专一性；⑦增强子可以实现远距离对启动子的影响和调控。

关于增强子的作用机制研究，目前有 4 种颇受关注的增强子远程作用模型：①改变拓扑结构：激活子与增强子结合，改变整个 DNA 双链的拓扑结构或形状，使之成为超螺旋，由此使启动子向着通用转录因子开放。②滑动：转录激活子结合到增强子上，沿着 DNA 序列滑动，直至遇到启动子，通过与启动子直接作用激活转录。③成环：激活子结合到增强子上，使 DNA 序列由外向内形成环，通过增强子与启动子上的蛋白质互作，从而激活转录。④易化追踪：激活子结合到增强子上后，与 DNA 的下游部分结合，使 DNA 链形成环凸，通过扩大此环凸，激活子向启动子方向移动，到达启动子位点并与启动子上的蛋白质相互作用，激活转录(图7-9)。

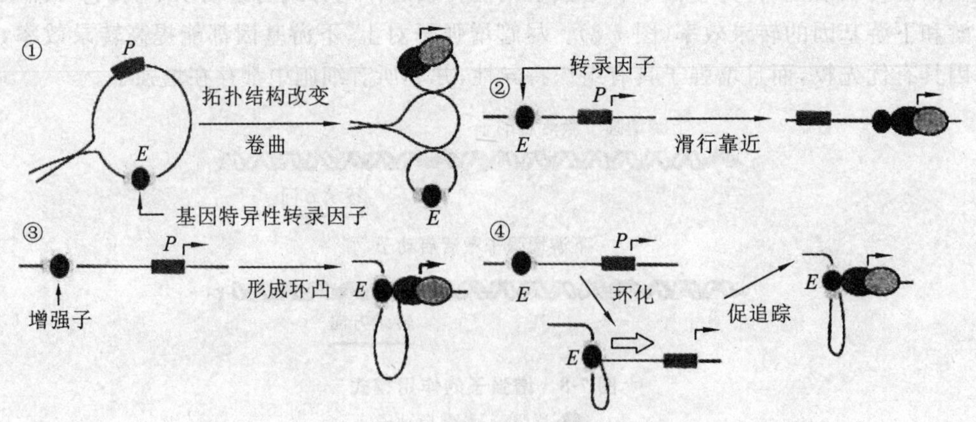

图 7-9　增强子作用的 4 种模型

(引自 Weaver，2008；赵亚华，2011)

2012年，德国海德尔堡欧洲分子生物学实验室(European Molecular Biology Laboratory，EMBL)发表了关于增强子研究的最新成果，即胚胎发育中染色质修饰特异性组合决定增强子活性。研究发现，当胚胎发育时，不同细胞中不同基因被打开以便形成肌肉、神经元和身体其他部分。在每个细胞的细胞核内部，称为增强子的基因序列发挥着类似远程控制器的作用，而且科学家已经能够精确地观察和预测何时激活真实胚胎中的每个远程控制器。EMBL的研究发现，在发育过程中，在精确的时间内，将染色质修饰(促进或阻碍基因表达的化学基团)的特异性组合放置在增强子上或者从增强子上移除，可以开启或关闭这些远程控制器(图7-10)。在发育中的多细胞胚胎里，该新方法提供了关于基因和增强子活性状态的细胞特异性信息。

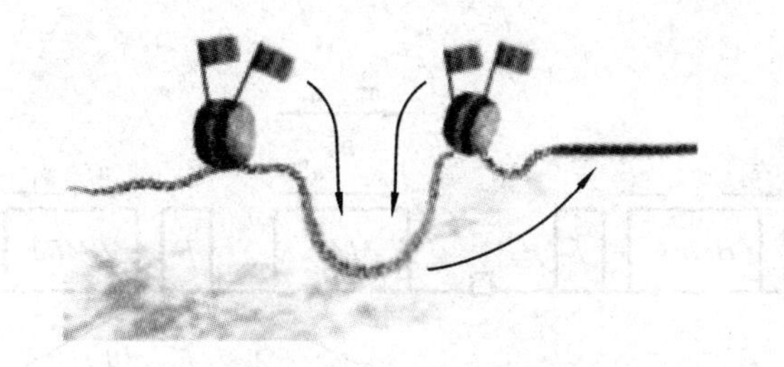

图7-10 染色质修饰与增强子

(EMBL/P. Riedinger，2012)

染色质修饰化学标记(小旗)激活远程控制器的增强子(两个向下箭头所指区域)，将一个基因(向上箭头指向区)开启或关闭。

2013年，美国怀特黑德生物医学研究所科学家发现了一套称为“超级增强子”的基因调控器，能控制、影响人类和小鼠的多种类型细胞。超级增强子富集在基因组的变异区，而这些变异区与多种疾病谱系密切相关，所以它们最终可能在疾病诊断与治疗方面发挥重要作用。虽然基因控制元素的整体数量达数百万之多，但只有几百个超级增强子控制着关键基因，赋予每个细胞本身独特的属性和功能。这些超级增强子不仅起着控制健康细胞的作用，还和病变细胞的功能与障碍调控有关。如与老年痴呆、糖尿病及许多自身免疫疾病相关的基因变异，都位于某些特殊超级增强子控制下的基因组区域。

7.3.2 沉默子

沉默子(silencer)，也称沉寂子，是能够抑制附近基因表达的DNA序列，它是基因的负调控元件，其调控基因转录的特点与增强子类似，真核细胞中沉默子的数量远小于增强子的数量。沉默子的DNA序列被调控蛋白结合后阻断转录起始复合物的形成或活化，进而阻碍基因表达活性。酿酒酵母沉默接合型座位沉默子是最早发现的沉默子。单倍体酿酒酵母有a和α两种接合型，由染色体Ⅲ上*MAT*座位中的基因控制，当该座位是*MAT*a时，接合型为a，当该座位由*MAT*a变为*MAT*α时，接合型也相应地变为α，与接合型相关的遗传信息即位于*MAT*座位两侧的*HMR*a和*HML*α座位中。尽管这两个座位含有a和α的完整基因及其启动子，但通常保持沉默而不被转录，这对于单倍体酵母表现正常的接合状态也是必需的。

目前，在真核生物、原核生物和病毒中都发现了沉默子，如在T细胞的T抗原受体基因的转录和重排中就有沉默子的存在。沉默子与增强子一样，在基因表达调控中有着重要的作用。真核生物中沉默子的数量远远小于增强子的数量，关于沉默子的研究报道相对较少。沉默子与增强子类似，也是由多个组件构成的。对酵母的*HMR-E*沉默子进行突变体研究时发现了沉默子的组件构成及相互间的关系，*HMR-E* 中至少含有 3 个与沉默子功能相关的组件，即 *A*、*B* 和 *E*，这 3 个组件协同阻遏基因的转录，而且每个组件都是蛋白质因子的结合位点，组件 *B* 和 *E* 分别与细胞内的 ABF1（autonomous replication sequence binding factor）和 RAP1（repressor-activator binding protein）结合，*A* 组件中含有 11 bp（TTTTATATTTA）的 ARS 保守序列，可以与 ACBP 蛋白结合，这 3 个组件需要相互协同才可以完成阻遏功能（图 7-11）。在其他基因中也发现了类似的沉默子结构，如在鸡溶菌酶基因的转录起始位点上游的组织特异性沉默子 S-2.4。已发现的沉默子的作用方式多数与位置和方向无关，但也有某些沉默子对位置和方向较敏感。此外，有的沉默子的作用方式具有组织特异性，有些则不具有组织特异性。

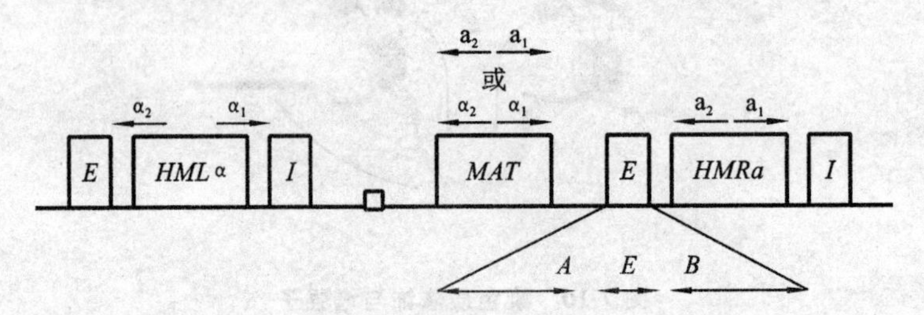

图 7-11 酵母沉默接合型座位和沉默子的组成

（仿自 Franncy A. J. M.，1992；陈妍，1998）

图示为酵母染色体Ⅲ和其接合型基因的 3 个染色体座位 *HML*、*MAT* 和 *HMR*，*HMR* 和 *HML* 座位两侧为沉默子所需的沉默子 *E* 和 *I*，沉默子 *HMR-E* 中，*B*、*E* 和 *A* 分别代表 ABF1、RAP1 的结合位点和 ARS 的保守序列。

7.4 真核生物转录及转录调控的特点

真核基因表达调控的许多基本原理与原核生物相同。主要表现在：①与原核基因的调控一样，真核基因表达调控也有转录水平调控和转录后的调控，并且也以转录水平调控最为重要；②在真核结构基因的上游和下游（甚至内部）也存在着许多特异的调控成分，并依靠特异蛋白质因子与这些调控成分的结合与否调控基因的转录。

真核生物和原核生物在基因表达调控上的主要区别首先是由两者的基本生活方式的不同所决定的。原核生物一般是自由生活的单细胞，只要环境条件合适，养料供应充分，它们就能无限生长、分裂，因此它们的调控系统主要是在特定环境中为细胞创造迅速生长的条件，或使细胞在受到损伤时能尽快得到修复。其次，原核生物的表达调控多以操纵子为单位，以开启或关闭某些基因的表达来适应环境条件的变化，在转录水平上进行调控。而真核生物在进化上比原核生物高级，有更复杂的细胞形态、致密的染色体结构、庞大的基因组，承担着十分复杂的生物学功能，例如，人类细胞基因组蕴涵 3×10^9 bp 的总 DNA，约为大肠杆菌总 DNA 的 1 000 倍，是噬菌体总 DNA 的 10 万倍左右。在多细胞尤其是高等动、植物中，随着发育和分化，出现了不同类型的细胞和组织器官，尽管它们的染色体具有相同的 DNA，但合成了不同的蛋白质。对不同序列的 mRNA 研究显示，真核细胞中有 1 万～2 万种蛋白质，另有数百种含量较低的蛋白质，在不同类型的细胞中表现不同，其中大部分是调控蛋白质或酶，这数百种不同的蛋白质虽然所占比例不大，但足以使细胞表现不同的形态和行为，并行使不同的功能。另外，真核生物基因组 DNA 中有许多重复序列，基因内部被内含子所隔开，基因之间分布着大段的非编码序列。再次，真核生物以核小体为单位的染色质结构，以及众多与 DNA 相互结合的蛋白质，成为调节基因开与关的重要因素。尤其重要的是，随着核被膜的出现，转录和翻译在时间和空间上被分隔开，转录本及翻译产物需经过复杂的加工与转运过程，由此形成了真核基因表达的多层次调控系统。总之，真核基因的表达调控，贯穿于从 DNA 到功能蛋白质的全过程，涉及基因结构的活化，转录的起始，转录本的加工、运输以及 mRNA 的翻译等多个调控点。这些都使真核生物采取了不同于原核生物的更加复杂而精细的调节策略。

在真核基因表达调控中，至少在四个方面与原核基因表达调控不同，归纳如下：

(1) 原核细胞的染色质是裸露的 DNA，而真核细胞染色质则是由 DNA 与组蛋白紧密结合形成的核小体。在原核细胞中染色质结构对基因的表达没有明显的调控作用，而在真核细胞中这种作用十分明显。

(2) 在原核基因转录的调控中，既有用激活物的调控（正调控），也有用阻遏物的调控（负调控），两者同等重要，而真核细胞中虽然也有正调控成分和负调控成分，但迄今已知的主要是正调控，且一个真核基因通常都有多个调控序列，必须有多个激活物同时特异地结合上去并协同作用，才能调节基因的转录。

(3) 原核基因的转录和翻译通常是相互偶联的，即在转录尚未完成之前翻译便已开始，而真核基因的转录与翻译在时空上是分开的，从而使真核基因的表达又多了一个层次，调控机制也更复杂，其中许多机制是原核细胞所没有的。

(4) 真核生物大都为多细胞生物，在个体发育的过程中，基因组的某些基因可能被关闭，而另一些主要的编码持家蛋白（house-keeping protein）的基因，如细胞骨架蛋白、染色体组分蛋白、核糖体蛋白、执行各类基本代谢所必需的蛋白质的基因，即持家基因（house-keeping gene），在各种细胞类型中基本上都表达，但仍处于严格调控之下，以适应不同生长发育和细胞周期的不同要求。细胞发生分化后，不同细胞的功能不同，基因表达的情况也不一样，某些基因仅特异地在某种细胞中表达，称为细胞特异性或组织特异性表达，因而具有调控这种特异性表达的机制。不同的细胞类型中，也有若干组基因在每个细胞内的数量极少，以及不同组合的基因在表达的种类和数量都不同，由此导致了分化的细胞在细胞行为、功能上的巨大差异。

概括来说，真核基因表达调控主要在 7 个层次上进行。如图 7-12 所示，7 个层次主要包括：①染色体和染色质水平上的结构变化与基因活化；②转录水平上的调控，包括基因的开放与关闭，转录效率的高和低；③RNA 加工水平上的调控，包括对初始转录产物的特异性剪接、修饰、活化、编辑等；④转录后加工产物在从细胞核向细胞质转运过程中所受到的调控；⑤翻译水平的调控，对某一种 mRNA 结合核糖体进行翻译的选择以及蛋白质合成量的控制；⑥mRNA 选择性降解的调控；⑦蛋白质合成后选择性地被激活的控制，蛋白质和酶分子水平上的剪切、活性水平的控制。

在各个不同层次中，染色体和染色质的活性、转录、转录初始产物的加工、翻译等 4 种水平上的调控是基因表达的更重要调节过程。

如前所述，真核基因表达调控过程非常复杂，这种复杂的过程还分为两种不同的时相，即短暂调控（short-term regulation）和长期调控（long-term regulation）。短暂调控所涉及的内容是基因的快速活化或封闭。与原核基因活性变化的主要区别是，真核基因的活化因素主要是激素和生长因子，而不是营养物质。真核基因的活性能在短时或瞬时被调控，致使在某一时刻与另一时刻细胞内的蛋白质组被不断重建，以适应当时细胞代谢状况的要求。长期调控则是

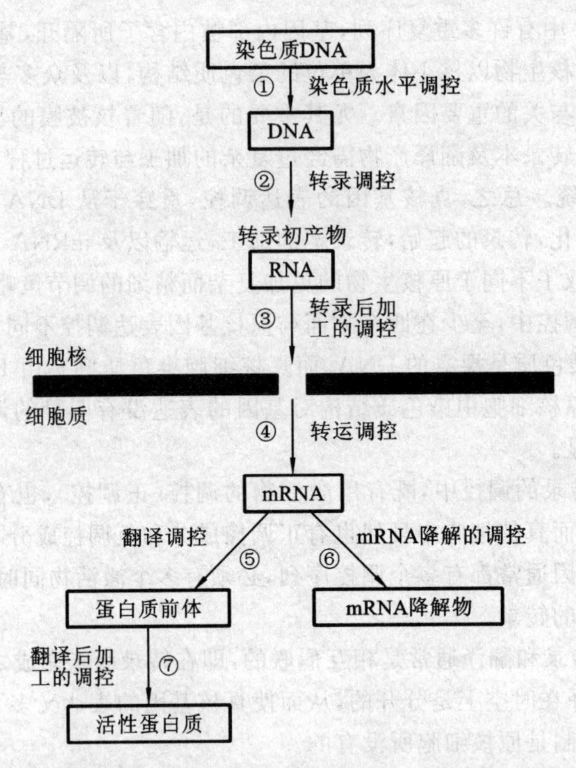

图 7-12 真核生物基因表达调控的 7 个层次

指基因被永久性地或半永久性地开启或关闭，从而不间断地、不可逆地改变细胞的生化特性。这些长期变化最终导致细胞的分化(differentiation)，成为具有特定生理功能的细胞。所以，长期调控与外界环境变化的关系不大，是生物体在发育和分化过程中，基因及基因组具有被活化或关闭的倾向，并受到程序化控制的过程。长期调控涉及非常复杂的调节机制，是真核生物细胞发育和分化所必需的过程。

7.5 转录因子

与细菌相比，真核生物的 RNA 聚合酶不能独立结合到启动子上，需要依赖称为转录因子的蛋白质引导才能发挥作用。转录因子分为两种，即通用转录因子(general transcription factor)和基因特异性转录因子(gene-specific transcription factor)，后者也称激活因子(activator)。通用转录因子可吸引 RNA 聚合酶至相应的启动子上，但程度较弱，仅支持本底水平的转录。单靠通用转录因子和三种聚合酶只能实施最小限度的转录调控，而实际上细胞对转录的调控是极为精细的。不过，通用转录因子使 RNA 聚合酶结合至相应的启动子上的作用，不仅是绝对重要的，而且由于有很多多肽的参与也是非常复杂的。本节主要介绍与三种 RNA 聚合酶及其启动子发生互作的通用转录因子。

7.5.1 通用转录因子

1. Ⅱ类因子

通用转录因子与 RNA 聚合酶结合形成前起始复合物(preinitiation complex)，只要有可被利用的核苷酸，转录便开始。两者的紧密结合也意味着一个开放启动子复合体的形成，DNA 也从转录起始子开始解链，以便让聚合酶读取。下面首先从含有聚合酶Ⅱ的前起始复合物的组装开始介绍，虽然其过程很复杂，但也是研究得最清楚的部分。只要了解了Ⅱ类通用转录因子的作用机制，Ⅰ类和Ⅲ类的机制也就比较容易理解了。

(1) RNA 聚合酶Ⅱ前起始复合物　Ⅱ类前起始复合物包括聚合酶Ⅱ和6种通用转录因子，分别为 TFⅡA、TFⅡB、TFⅡD、TFⅡE、TFⅡF 和 TFⅡH。许多研究表明，至少在体外，Ⅱ类通用转录因子与 RNA 聚合酶Ⅱ以一定的先后顺序结合到形成中的前起始复合物上。Reinberg 和 Sharp 等通过 DNA 凝胶迁移率变动、DNase 足迹实验和羟基自由基足迹实验，确定了Ⅱ类前起始复合物中各个因子的结合顺序。

图 7-13(a)显示 Reinberg 和 Greenblatt 等用 TFⅡA、TFⅡD、TFⅡB、TFⅡF 及 RNA 聚合酶Ⅱ进行凝胶迁移率变动实验的结果，表明有 4 种不同复合物存在(标示在图左侧)。当他们在含有腺病毒主要晚期基因启动子的 DNA 中添加 TFⅡD 和 TFⅡA 时，可见 DA 复合物的形成(泳道 1)。当同时添加 TFⅡB、TFⅡD 和 TFⅡA 时，可见一种新的 DAB 复合物的形成(泳道 2)。图的中间部分显示在 DAB 复合物中添加不同浓度的 RNA 聚合酶Ⅱ和 THⅡF 后的情况。在泳道 3 中是加入了标记的 TFⅡD、TFⅡA、TFⅡB、TFⅡF 全部 4 个因子，但没有 RNA 聚合酶。在这 4 个因子形成的复合物与 DAB 复合物之间未检测到差异。可见，TFⅡF 似乎不能独立结合到 DAB 上。但是逐渐增加聚合酶的量时(泳道 4～7)，两种新的复合物出现了。由此可以推测两种复合物中含有聚合酶和 TFⅡF。所以位于凝胶最上面的复合物称为 DABPol F 复合物，另一个新复合物(DBPol F)由于缺少 TFⅡA 而迁移较快。当研究者添加足量的聚合酶以致形成最大量的 DABPol F 复合物后，便开始降低 TFⅡF 的量(泳道8～11)直至降为 0。结果，DABPol F 复合物形成的量也随之减少直至消失。因此，即使含有大量聚合酶但没有 TFⅡF 时，DABPol F(或 DABPol)复合物也不能形成(泳道 12)。以上结果表明：RNA 聚合酶和 TFⅡF 因子需同时加入才能形成前起始复合物。

Reinberg 和 Greenblatt 等利用同样的凝胶迁移率变动实验测定不同因子的结合顺序，但每次都去掉一个或多个因子。最极端的例子在泳道 13 中，标记为 D。结果显示如果去掉 TFⅡD，即使所有其他因子都存在也不会形成任何复合物。这种对 TFⅡD 的依赖性支持了 TFⅡD 是第一个结合因子的假说，其他因子的结合依赖于 TFⅡD 首先与 TATA 框的结合。泳道 14 表明去掉 TFⅡB 时，仅有 DA 复合物形成，因此聚合酶和 TFⅡF 的结合需要 TFⅡB。泳道 15 表明去掉 TFⅡA 结果没有什么变化。因此，至少在体外 TFⅡA 不重要。

1992 年，Reinberg 继续研究了另外两个转录因子 TFⅡE 和 TFⅡH。图 7-13(b)证明可以从 DBPol F 复合物开始，然后依次加入 TFⅡE 和 TFⅡH，随之产生较大的复合物，并且随着每个因子的加入迁移率降低，最终在此实验中形成了前起始复合物 DBPol FEH。后 4 个泳道再次表明去掉任何一个早期因子都会阻断完整的前起始复合物的形成。

因此，各转录因子(和 RNA 聚合酶)在体外添加到前起始复合物的顺序如下：TFⅡD (或 TFⅡA＋TFⅡD)、TFⅡB、TFⅡF＋RNA 聚合酶Ⅱ、TFⅡE、TFⅡH。确定了体外大多数通用转录因子(及 RNA 聚合酶)结合到前起始复合物的顺序后，研究者将研究的重点转移到每个因子在 DNA 链上的具体结合位置。

(2) TFⅡD 的结构和功能　TFⅡD 是一个含有 TATA 框结合蛋白(TATA-box-binding protein，TBP)和 8～10 个 TBP 相关因子(TBP-associated factor，TAF，具体为 $TAF_{Ⅱ}$)的复合物。这里必须标注“Ⅱ”，因为 TBP 也参与Ⅰ类和Ⅲ类基因的转录，并且分别与Ⅰ类和Ⅲ类前

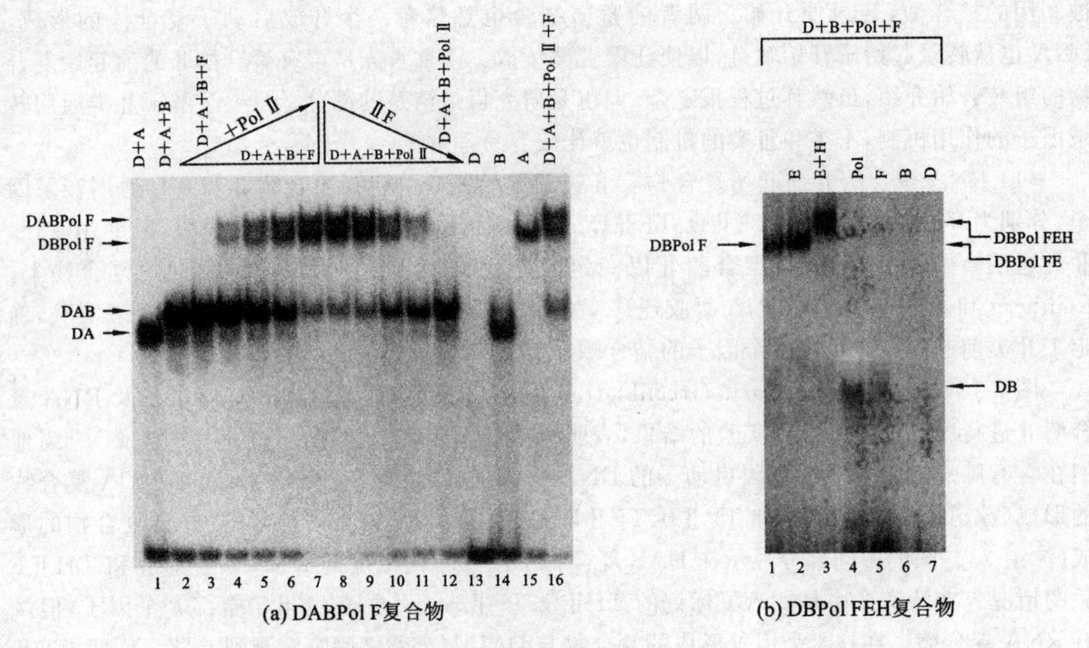

(a) DABPol F复合物　　(b) DBPol FEH复合物

图 7-13　前起始复合物的构建

起始复合物中的不同 TAF($TAF_{Ⅰ}$ 和 $TAF_{Ⅲ}$)结合。将在本章的后面讨论在Ⅰ类和Ⅲ类启动子转录中 TBP 和 TAF 的作用。现在先讨论 TFⅡD 的组分及其相应活性。

TATA 框结合蛋白(TBP)是第一个在 TFⅡD 复合物中被鉴定出来的多肽，在进化上高度保守，在酵母、果蝇、植物和人类这些相距很远的不同物种中，TATA 框结合域的氨基酸序列有 80%以上的相似性，这些区域包含该物种 TBP 蛋白 C 端的 180 个富含碱性的氨基酸。另一个进化的保守性表现在酵母 TBP 在哺乳动物通用转录因子形成的前起始复合物中也可正常发挥功能。

Tjian 小组通过 DNase Ⅰ足迹实验证明 C 端的 180 个氨基酸对 TBP 的功能非常重要。将重组的仅含 180 个 C 端氨基酸的人类 TBP 与启动子的 TATA 框结合，仍能像天然 TFⅡD 因子一样有效。

TFⅡD 中的 TBP 是如何与 TATA 框结合的呢？起初认为是像其他大多数 DNA 结合蛋白一样与 TATA 框大沟中的碱基发生特异性作用，后来证明这一推测是错误的。以 Diane Hawley 和 Robert Roeder 为首的两个小组证实，TFⅡD 中的 TBP 结合在 TATA 框的小沟中。

他们替换了 TATA 框的所有碱基，使位于大沟的基团发生改变，但小沟不变。这种设计的可行性是基于小沟中次黄苷(I)的次黄嘌呤与腺嘌呤(A)类似，胞嘧啶与胸腺嘧啶类似，但是在位于大沟中的基团完全不同(图 7-14(a))。因此，将腺病毒主要晚期基因 TATA 框的 T 换成 C，A 换成 I(TATAAAA 换成 CICⅢI，图 7-14(b))，然后通过 DNA 迁移率变动实验，检测结合到 CICI 框和标准 TATA 框上的 TFⅡD 的迁移率。如图 7-15(c)所示，CICI 框与 TATA 框具有完全相同的功能，而其他非特异性 DNA 根本不能与 TFⅡD 结合。因此，只要小沟不改变，TATA 框的碱基改变就不会影响 TFⅡD 的结合。这是 TFⅡD 与 TATA 框的小沟而非大沟结合的强有力证据。

那么 TFⅡD 如何与 TATA 框的小沟结合呢？当 Nam-Hai Chua、Roeder 和 Stephen

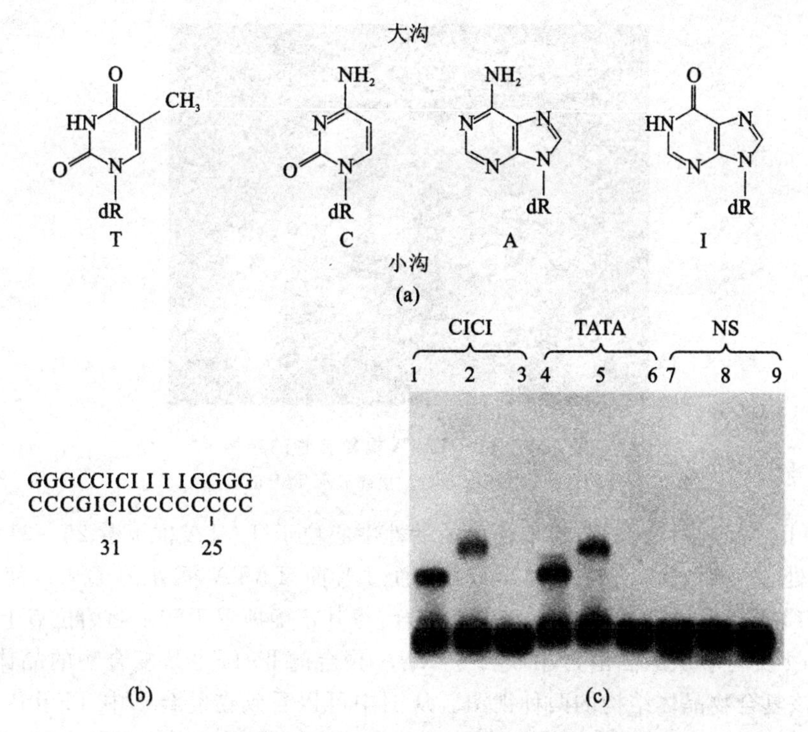

图 7-14　C 代替 T、I 代替 A 对 TFⅡD 与 TATA 框结合的影响

(a)大沟与小沟中的核苷酸结构；(b)腺病毒主要晚期启动子(MLP)的 TATA 框中 T 被 C 取代，A 被 I 取代，形成 CICI 框；(c)TBP 结合 CICI 框。用不同 DNA 片段进行凝胶迁移率变动实验，DNA 片段分别为包含 CICI 框(泳道 1～3)或正常 TATA 框的 MLP(泳道 4～6)，或不带启动子元件的非特异性 DNA(NS)(泳道 7～9)。每组的第一泳道(1、4、7)为酵母 TBP，第二泳道(2、5、8)为人 TBP，第三泳道为缓冲液。

Burley 等揭示了拟南芥 TBP 的晶体结构后，便开始试图回答这一问题。他们发现，TBP 的晶体结构像马鞍(saddle)，有两个“马镫”(stirrup)，让人自然地联想到 TBP 像马鞍固定在马背上那样结合在 DNA 上，其两侧的“镫子”使 TBP 的结构大致保持 U 形。而后，在 1993 年，Paul Sigler 小组和 Stephen Burley 小组独立解析出与人工合成小片段双链 DNA 结合的 TBP 的晶体结构，该 DNA 片段包含 TATA 框(图 7-15，彩图 2)。他们发现 TBP 并不是像马鞍那样被动地结合在 DNA 上，“马鞍”弯曲的下部与 DNA 并不十分吻合，而是沿 DNA 的长轴排开，其曲度迫使 DNA 弯曲 80°。这一弯曲伴随着 DNA 螺旋的变形使小沟张开。这一结构在 TATA 框的第一个和最后一个碱基处最明显(碱基对 1 和 2 之间、7 和 8 之间)。在这两个位点处，TBP“马镫”的两个苯丙氨酸侧链插入两个碱基对之间，引发 DNA 扭结。这一变形有助于解释为什么此处的 TATA 序列如此保守：与其他二核苷酸键相比，DNA 双螺旋中的 T-A 键相对容易断裂，由此推测 TATA 框的变形对转录起始很重要。事实上也很容易想到，DNA 小沟的张开有助于 DNA 双链的解离，这是形成开放启动子复合体的重要部分。

(3) TFⅡB 的结构和功能　在前起始复合物组装过程中，TFⅡB 结合的顺序位于 TFⅡD 和 TFⅡF/RNA 聚合酶Ⅱ之间，这一点表明 TFⅡB 作为该装置的一部分将 RNA 聚合酶置于合适位置启动转录。照此推理，TFⅡB 应该有两个结构域，分别与以上两种蛋白质结合。事实上，TFⅡB 确实有两个不同的域：N 端域(TFⅡB_N)和 C 端域(TFⅡB_C)。2004 年，Kornberg 对 TFⅡB 的结构研究发现，这两个结构域的确在连接 TATA 框处的 TFⅡD 和

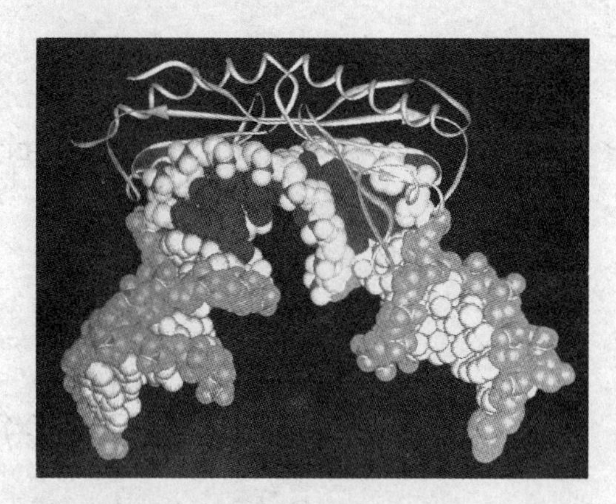

图 7-15　TBP-TATA 框复合物的结构

马鞍的长轴在纸平面上。顶部显示 TBP 的骨架。

RNA 聚合酶Ⅱ之间起桥梁作用，使聚合酶的活性中心位于 TATA 框下游 26～31 bp 处，正好是转录起始处。特别是该研究还揭示 TBP 通过弯曲 TATA 框处的 DNA，使 DNA 包绕 TFⅡB_C，而 TFⅡB_N则与聚合酶的一个位点结合，将其正确地置于转录起始位点上。

Kornberg 及同事从酿酒酵母中获得了 RNA 聚合酶Ⅱ-TFⅡB 复合物的晶体。图 7-16、彩图 3 显示该复合物晶体结构的两种视图。从图中可以看到在复合物中 TFⅡB 的两个结构域TFⅡB_C和 TFⅡB_N。TFⅡB_C与 TBP 和 TATA 框处的 DNA 作用，而被 TBP 弯曲的 DNA（在 TATA 框处）的确包裹在 TFⅡB_C和聚合酶周围。弯曲的 DNA 直接伸向位于聚合酶活性中心附近的 TFⅡB_N。

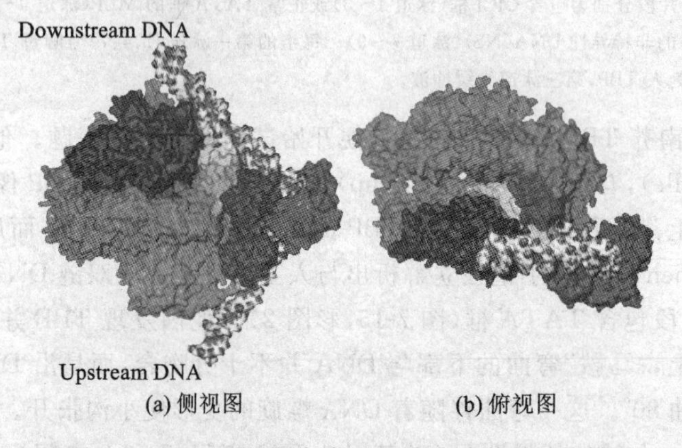

(a) 侧视图　　(b) 俯视图

图 7-16　TFⅡB-TBP-聚合酶Ⅱ-DNA 复合体的结构模型

Clamp；Wall；TFⅡB_N；Zn；Dock；TFⅡB_C；TBP

(a)和(b)显示 Kornberg 从两个独立复合物的结构所推测的结构。一个是 TFⅡB_C-TBP-TATA 框 DNA，另一个是 RNA 聚合酶Ⅱ-TFⅡB，显示两种不同视角的结构。底部的图标用以区分蛋白质及结构域。

早期研究表明 TFⅡB_N上的突变可改变转录起始位点，而目前的研究为其提供了理论依据。特别是已知在 62～66 位残基处的突变可改变起始位点。这些氨基酸位于 TFⅡB_N的指形域的一侧，与 DNA 模板链上的－8～－6 位碱基（起始位点为＋1）接触（图 7-17、彩图 4 的左上部）。而且，指尖靠近聚合酶的活性中心，并位于启动子中的起始位点（围绕起始位点）附近。

人 TFⅡB 的指尖结构含有两个能够与起始子 DNA 很好结合的碱性残基（赖氨酸），使转

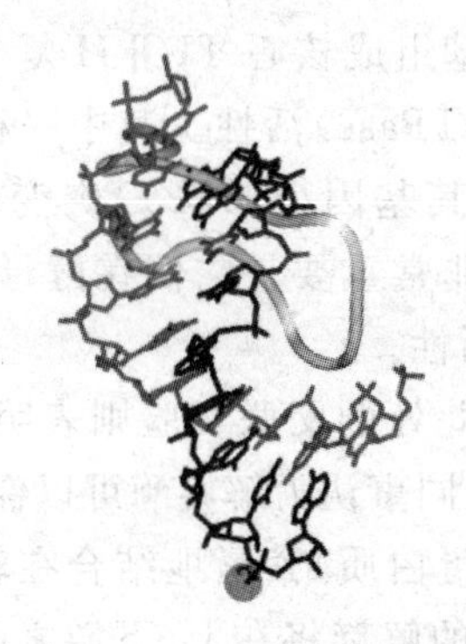
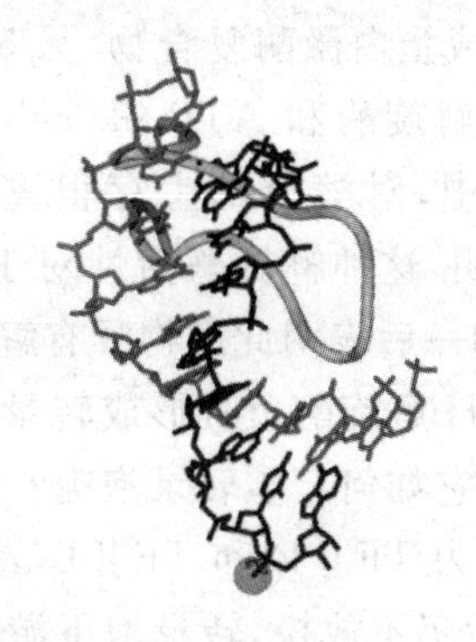

图 7-17　TFⅡB_N的 B 指结构、DNA 模板链及 RNA 产物相互作用的立体结构

TFⅡB；RNA；DNA；Mg

录起始定位于此处。但在酵母 TFⅡB 中，这两个碱性氨基酸被两个酸性氨基酸取代，且酵母启动子中没有起始子序列。这些事实可能有助于解释为什么人类前起始复合物能够在 TATA 框下游 25～30 bp 处成功起始转录，而酵母的转录起始位点则有很大变动范围（在 TATA 框下游 40～120 bp）。

Kornberg 总结认为，TFⅡB 在定位转录起始位点过程中起双重作用。首先是粗定位，通过 TFⅡB_C域在 TATA 框处结合 TBP，以及 TFⅡB_N域的指结构和相邻的锌带（zinc ribbon）结构与聚合酶结合而实现。在大多数真核生物中，这可使聚合酶置于 TATA 框下游 25～30 bp 的起始位点上。然后，当 DNA 解旋时通过 TFⅡB_N域的指结构与紧邻起始子上游的 DNA 作用而实现精确定位。值得注意的是，TFⅡB 不仅决定转录的起始位点，也决定转录的方向。这是因为它与启动子的非对称性结合，以 C 端域结合启动子上游，N 端域结合启动子下游，由此造成了前起始复合物的不对称性，进而确立了转录的方向。

相似的机制似乎也适用于古菌。古菌中转录需要一个由多亚基 RNA 聚合酶、古菌 TBP 及与真核生物 TFⅡB 同源的转录因子 B（TFB）构成的基本转录装置。2000 年，Stephen Bell 和 Stephen Jackson 研究显示，在古菌 *Sulfolobus acidocaldarius* 中转录起始位点，相对于 TATA 框的位置由 RNA 聚合酶和 TFB 决定。

（4）TFⅡH 的结构和功能　TFⅡH 是最后一个结合到前起始复合物中的转录因子。在转录起始过程中，它可能具有两个主要功能：一是使 RNA 聚合酶Ⅱ的 CTD（羰基端结构域）磷酸化，另一个是使转录起始位点的 DNA 解旋形成转录泡。

RNA 聚合酶以两种生理形式存在：ⅡA（未磷酸化的）和ⅡO（在 CTD 中有大量磷酸化的氨基酸）。未磷酸化的聚合酶ⅡA 参与前起始复合物的形成，磷酸化的聚合酶ⅡO 催化 RNA 链的延伸。Reinberg 等发现了聚合酶ⅡA 亚基的 CTD 含有磷酸化位点，TFⅡH 可使聚合酶ⅡA 中上述位点发生磷酸化。通常，TFⅡH 的蛋白激酶在 RNA 聚合酶Ⅱ的 CTD 的 Ser2 和 Ser5 添加磷酸基团，并且有时 Ser7 也被磷酸化。在启动子附近的转录复合物中的 CTD 上的 Ser5 被磷酸化，而当转录向前延伸时磷酸化位点迁移至 Ser2。即在转录中当 Ser5 去磷酸化时 Ser2 则被磷酸化。值得注意的是，TFⅡH 中的蛋白激酶只能使 CTD 上的 Ser5 磷酸化。另一个酵母中被称为 CTDK1 的激酶及后生动物（metazoan）中的 CDK9 激酶能使 Ser2 磷酸化。有时在延伸过程中，CTD 的 Ser2 的磷酸化也会被去除，引起聚合酶暂停。要使延伸继续，CTD 的 Ser2 必须重新磷酸化。

TFⅡH 无论在结构上或功能上都属于复合蛋白。它含有 9 个亚基，可分解成两个复合物，其中 4 个亚基组成蛋白激酶复合物，另 5 个亚基组成核心 TFⅡH 复合物，这一复合物具有两种独立的 DNA 解旋酶和 ATP 酶（helicase/ATPase）活性。其中一种酶活性在 TFⅡH 复合物的最大亚基中，对酵母的生存很重要，当其基因（*RAD25*）突变时，酵母不能存活。Satya Prakash 等证明，这种解旋酶活性对于转录非常重要。它们在酵母细胞中过量表达了 RAD25 蛋白，纯化均一后表明此产物具有解旋酶活性。

研究表明 TFⅡH 解旋酶负责形成转录泡，但此处的交联实验则表明它不直接使转录泡的 DNA 解旋。那么它如何产生转录泡呢？Kim 及同事认为解旋酶可以像分子"扳手"那样使下游 DNA 解旋。因为 TFⅡD 和 TFⅡB（或其他蛋白质）紧紧地结合在转录泡上游的 DNA 上，而且加入 ATP 后仍不放松，转录泡下游 DNA 的解旋将在上、下游之间产生一种张力，从而打开转录泡的 DNA。这使聚合酶起始转录并向下游移动 10～12 bp。但以前的研究表明聚合酶将在此处停顿，等待 TFⅡH 的进一步帮助，使下游 DNA 进一步扭曲以加长转录泡，最终释放停止的聚合酶从而使启动子得以清理。

Kornberg 等根据以前对 TFⅡE-聚合酶Ⅱ、TFⅡF-聚合酶Ⅱ及 TFⅡE-TFⅡH 复合物的结构研究，模拟了所有通用转录因子（TFⅡA 除外）在前起始复合物中的位置（图 7-18）。TFⅡF 第二大亚基（Tfg2）与细菌 σ 因子同源，而且在启动子上与 σ 因子几乎处于一致的位置。图中 Tfg2 上与大肠杆菌 σ 因子的 2、3 区同源的两个域已标记为"2"和"3"。TFⅡE 位于聚合酶活性中心下游 25 bp 处，以履行召集 TFⅡH 的职责。而 TFⅡH 则通过直接或间接诱导反向超螺旋行使其作为分子"扳手"的 DNA 解旋酶功能，以打开启动子区的 DNA 链。

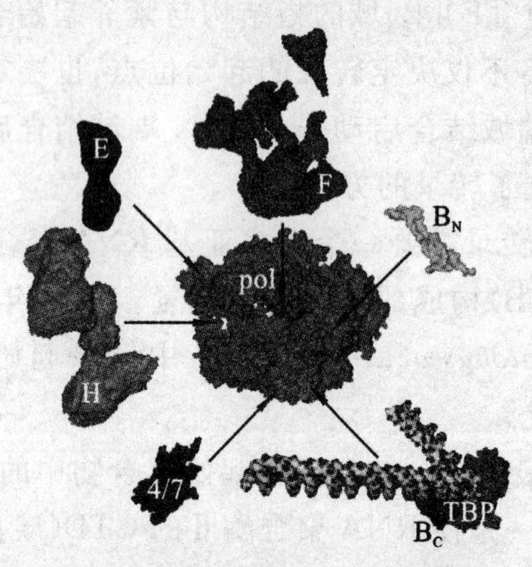

(a) 复合物单个组分的局部分解图

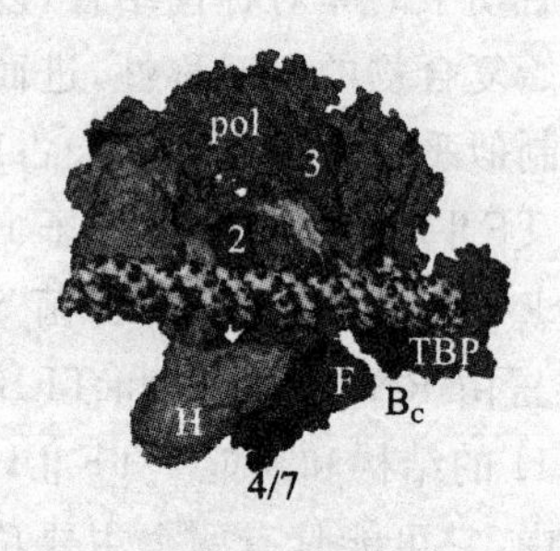

(b) 完整结构

图 7-18　Ⅱ类前起始复合物模型

4/7 表示 Rpb4 和 Rpb7，pol 表示 RNA 聚合酶的其余部分。B_N 和 B_C 分别表示 TFⅡB 的 N 末端结构域和 C 末端结构域。

（5）RNA 聚合酶Ⅱ全酶　前面讨论Ⅱ类启动子上前起始复合物的组装都是按一次一个蛋白质进行的，这种情况可能确实发生了。但有证据表明，Ⅱ类转录前起始复合物可以通过将预先形成的 RNA 聚合酶Ⅱ全酶（RNA polymerase Ⅱ holoenzyme）结合到启动子上而组装。全酶包括 RNA 聚合酶、一套通用转录因子和其他一些蛋白质。

1994 年，Roger Kornberg 和 Richard Young 实验室的研究提供了有关全酶概念的证据。两个小组分别从酵母细胞中分离到一种复合蛋白，它含有 RNA 聚合酶Ⅱ和其他多种蛋白质。Kornberg 等用抗全酶某个组分的抗体直接对整个复合物进行免疫共沉淀，获得 RNA 聚合酶Ⅱ的亚基、TFⅡF 的亚基和其他 17 种多肽。通过加入 TBP、TFⅡB、TFⅡE 和 TFⅡH，就可以完全恢复这个全酶的转录活性。此时并不需要 TFⅡF，因为它已经是全酶的一部分。

Anthony Koleske 和 Young 用一系列纯化步骤从酵母中分离出含有 RNA 聚合酶Ⅱ、TFⅡB、TFⅡF 和 TFⅡH 的全酶，只需要 TFⅡE 和 TBP 就能在体外进行精确转录，因此该全酶比 Kornberg 等分离的全酶含有更多的通用转录因子。Koleske 和 Young 在全酶中鉴定出一些中介物多肽并称其为 SRB(suppressor of RNA polymerase B)蛋白。SRB 蛋白是由 Young 及同事在遗传筛选中发现的，实验表明 SRB 蛋白对酵母最佳转录激活是必需的。此外，哺乳动物包括人的全酶已经分离出来。

(6) 延伸因子　真核生物转录调控主要发生在转录起始阶段，但至少在对Ⅱ类基因转录延伸过程中也实施了一些调控，其中涉及克服转录暂停和转录停滞。RNA 聚合酶的一个普遍特征是它并不以均一的速度转录，而是有暂停现象，有时在重新开始转录前要经历很长时间的暂停。这些暂停倾向于在特定暂停位点发生，因为这些位点的 DNA 序列使 RNA-DNA 杂合双链变得不稳定，并导致聚合酶后退，使新合成 RNA 的 3′ 端被排入聚合酶的一个孔中。如果后退仅限于几个核苷酸，则聚合酶可自行恢复转录。但如果后退距离过长，聚合酶就需要 TFⅡS因子来帮助其恢复转录。后者是一种被称为转录停滞(transcription arrest)的更严重状态，而不是转录暂停(transcription pause)。

1987 年，Reinberg 和 Roeder 发现了一个 HeLa 细胞因子，并命名为 TFⅡS。TFⅡS 能显著促进体外转录的延伸，该因子和ⅡS 同源。Reinberg 和 Roeder 在预先起始的复合物上对 TFⅡS 的活性进行了检测，他们把聚合酶Ⅱ、DNA 模板和核苷酸一起温育进行转录的起始，然后加入肝素(一种可以与 RNA 聚合酶结合的多聚阴离子，如同 DNA 一样)让其结合游离的聚合酶，以阻断新的起始，最后加入 THⅡS 或缓冲液来测定标记 GMP 掺入 RNA 的速率，结果显示 TFⅡS 显著增强了 RNA 合成的速率。

1993 年，Daguang Wang 和 Diane Hawley 发现 RNA 聚合酶Ⅱ具有内在的弱 RNase 活性，且能被 TFⅡS 激活。随后提出了 TFⅡS 重启转录停滞的假说，停滞的 RNA 聚合酶后撤太远致使新合成的 RNA 3′ 端离开酶的活性中心，并通过孔和漏斗排出；在没有 3′ 端核苷酸加入的情况下，聚合酶停止工作；TFⅡS 的存在激活了 RNA 聚合酶Ⅱ的 RNase 活性，切去新生 RNA 被排出的部分，在酶的活性中心产生了一个新的 3′ 端。

2. Ⅰ类因子

在 rRNA 启动子上的前起始复合物比前面讨论的聚合酶Ⅱ的要简单得多。此复合物中除聚合酶Ⅰ之外，只包含两个转录因子：一个为核心结合因子(core-binding factor)，在人类中称为 SL1，在其他一些生物中称为 TIF-IB；另一个是 UPE 结合因子，在哺乳动物中称为上游结合因子(upstream-binding factor，UBF)，在酵母中称为上游激活因子(upstream activating factor，UAF)。SL1(或 TIF-IB)和 RNA 聚合酶Ⅰ是基本转录激活所必需的。

UBF(或 UAF)是结合 UPE 的组装因子，通过使 DNA 剧烈弯曲帮助 SL1 结合到核心启动子上，所以也称为构架转录因子(architectural transcription factor)。人和非洲爪蟾在转录Ⅰ类基因时绝对依赖 UBF，而其他生物，包括酵母、大鼠、小鼠，在没有组装因子时也可进行部分转录。还有一些物种，如卡氏棘阿米巴变形虫(*Acanthamoeba castellanii*)几乎不依赖于组装因子。

(1) 核心结合因子　1985 年，Tjian 等在将 HeLa 细胞提取物分离成两种功能成分的过程中发现了 SL1 因子。一种成分有 RNA 聚合酶Ⅰ活性，但是不能在体外对人 rRNA 基因精确地起始转录。另外一种成分自身没有聚合酶活性，但可以指导前一组分在人 rRNA 模板上精确地起始转录。而且，转录因子 SL1 表现出物种特异性，即它可以区别人和小鼠的 rRNA 启动子。在以上实验使用的都是不纯的聚合酶Ⅰ和 SL1 因子。利用高纯度成分进行的深入研究显示，人类 SL1 因子不能独立激活人聚合酶Ⅰ与Ⅰ类启动子结合并起始转录，它需要 UBF 帮助才具有激活转录的作用。与此不同的是，阿米巴变形虫的Ⅰ类基因在无 UBF 时也可以转录。

由于无 UBF 时，用核心结合因子 SL1 进行的人Ⅰ类基因的转录效果很差，因此不宜用人类系统研究核心结合因子募集聚合酶Ⅰ结合启动子的功能。而卡氏棘阿米巴变形虫是较好的选择，它对 UPE 结合蛋白几乎没有依赖性，可以单独研究核心结合因子。Marvin Paul 和 Robert White 研究了该系统，发现核心结合因子(TIF-IB)可以召集聚合酶结合到启动子上并在合适的位置激活转录起始，而聚合酶结合 DNA 的实际序列好像与此无关。

Paul 等在 TIF-IB 结合位点和正常转录起始位点间插入或删除不同数目的碱基，制备了突变体模板。他们发现，在 TIF-IB 结合位点和正常转录起始位点之间增加或删除多至 5 个碱基时转录仍能发生，并且转录起始位点随着增加或删除的碱基数而向上游或下游移动，当增加或删除多于 5 个碱基时转录被阻断。于是 Paul 等得出结论：TIFIB 与聚合酶Ⅰ作用并将其定位于下游若干个碱基处起始转录。

实验显示聚合酶结合 DNA 的准确序列并不重要，因为在各突变 DNA 中它们不尽相同。为了确定聚合酶在各突变体中结合 DNA 的位点与 TIF-IB 结合位点之间是否有相等间距，Paul 等用野生型和不同突变体对模板进行了 DNase 足迹实验。结果表明，不同模板的足迹基本无区别，这也更加证实了无论 DNA 序列如何，聚合酶都以相同的位距结合 DNA 的结论。这与 TIF-IB 结合靶 DNA 并通过直接的蛋白质-蛋白质相互作用定位聚合酶Ⅰ的假设是一致的。聚合酶看起来与 DNA 接触，因为它扩展了 TIF-IB 形成的足迹，但这种接触是非特异性的。

(2) UPE 结合因子　人类中的 SL1 因子本身不能直接结合到 rRNA 启动子上，但经过部分纯化的 RNA 聚合酶Ⅰ制备物中的 SL1 能够做到。于是，Tjian 等开始从中寻找 DNA 结合蛋白，终于在 1988 年获得了人 UBF 的纯化产物。纯化的 UBF 由相对分子质量分别为 97 000 和 94 000 的两个多肽构成，其中，前者自身就有 UBF 活性。用高纯度 UBF 进行足迹分析发现，它与部分纯化的聚合酶Ⅰ制备物在启动子上的行为相似，即在核心元件和 UPE 的部分区段(称为位点 A)上具有相同的足迹，而 SL1 可加强此足迹，并使它扩展至 UPE 的另一部分(称为位点 B)。因此，以前实验中与启动子结合的是 UBF 而不是聚合酶Ⅰ，而 SL1 使结合变得更容易。该研究没有证实 SL1 在含 UBF 的复合物中是否与 DNA 接触，或者仅改变了 UBF 的构象使其与延伸至 B 位点的更长 DNA 接触。基于这一结果和其他结果，可以认为 SL1 本身不能结合 DNA，而 UBF 可以。但是 SL1 和 UBF 是协同性地结合，并由此产生比其各自单独结合更广的结合效应。

3. Ⅲ类因子

(1) TFⅢA　1980 年，Roeder 等发现了可以结合到 5S rRNA 基因内部启动子并激活其转录的因子，并将其命名为 TFⅢA。进一步研究表明，在 tRNA 基因转录中是不需要 TFⅢA 的，TFⅢA 只在 5S rRNA 基因转录中是必需的。TFⅢA 是第一个被发现的真核转录因子，它是 DNA 结合蛋白家族中所谓锌指(zinc finger)大类的第一个成员。锌指的实质是一个粗略指形蛋白域，含有结合在一个锌离子周围的 4 个氨基酸。在 TFⅢA 和其他典型的锌指蛋白中，4 个氨基酸由 2 个半胱氨酸和 2 个组氨酸组成，而其他一些类指形蛋白只有 4 个半胱氨酸,没有组氨酸。TFⅢA 的 9 个锌指排成一行,可以插入 5S rRNA 基因内部启动子任一边的大沟内,使特定的氨基酸与特定碱基对相互作用,形成一个紧密的蛋白质 DNA 复合物。

(2) TFⅢB 和 TFⅢC　TFⅢB 和 TFⅢC 是所有典型聚合酶Ⅲ基因转录所必需的。因为它们的活性相互依赖,所以很难分开讨论。1989 年,Peter Geiduschek 等获得了一个粗制的转录因子制备物,它结合着 tRNA 基因的内部启动子及上游区域。随后,进一步纯化得到了 TFⅢB 和 TFⅢC。

根据目前实验证据提出了转录因子参与聚合酶Ⅲ转录的作用模式(图 7-19)。首先,TFⅢC(或 TFⅢA 和 TFⅢC,对 5S rRNA 基因而言)结合到内部启动子上,接着这些组装因子帮助 TFⅢB 结合到上游区,而后 TFⅢB 帮助聚合酶Ⅲ结合到转录起始位点,最后聚合酶转录基因。在此过程中,TFⅢC(或 A 和 C)可能被除去,但 TFⅢB 保持结合,以促进后续转录。

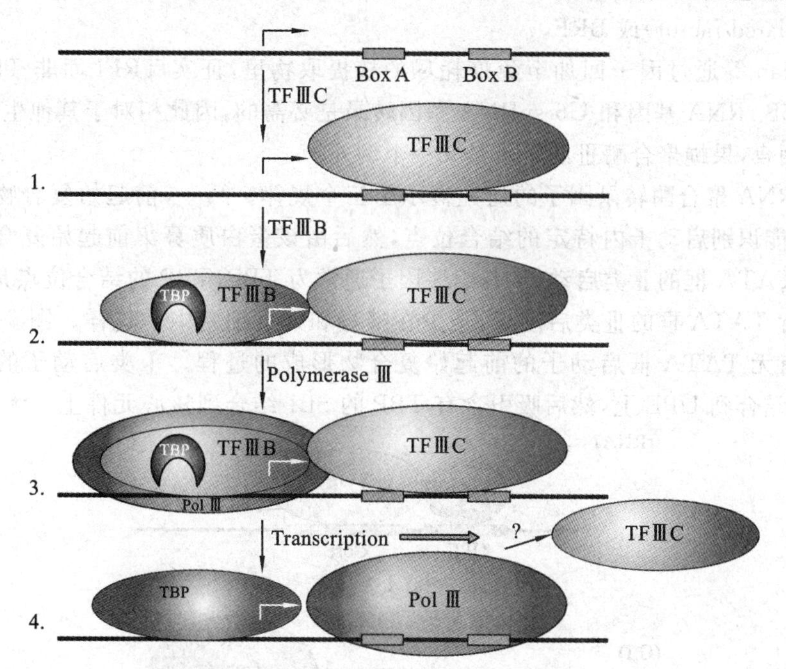

图 7-19　经典聚合酶Ⅲ启动子(tRNA 基因)上前起始复合物的组装和起始转录的假设模式

1. TFⅢC 与内部启动子的 A 框、B 框结合;2. TFⅢC 促使 TFⅢB 以其 TBP 结合转录起始位点的上游区;3. TFⅢB 促使聚合酶Ⅲ结合到起始位点,准备起始转录;4. 转录开始,聚合酶向右移动,产生 RNA。

TFⅢC 是一种很大的蛋白质,可结合 tRNA 基因的 A 框和 B 框,这已由 DNase 足迹和蛋白质 DNA 交联实验证实。有些 tRNA 基因在 A 框和 B 框之间存在内含子,但 TFⅢC 仍能结合到这两个启动子元件上,它是如何做到的呢？考虑 TFⅢC 是已知转录因子中最大且最复杂的,可能有助于理解这一问题。酵母 TFⅢC 含 6 个亚基,相对分子质量约为 600 000。电镜研究进一步表明 TFⅢC 具有哑铃形结构,两个球状区域被一个可伸缩的接头区隔开,使整个蛋白质能跨越相当长的距离。

André Sentenac 等把酵母的 TFⅢC 结合到一系列克隆的 tRNA 基因上,这些 tRNA 基因内 A 框和 B 框的间距不同。然后用透射电镜观察复合体的结构。结果显示,当 A 框和 B 框间距为零时,TFⅢC 在 DNA 上呈现一个大斑点。随着间距增加,TFⅢC 逐渐呈现出两个球状区,中间被逐渐加长的连接区隔开。因此,大体积加上伸缩力,使 TFⅢC 能以其两个球状域与两个相距很远的启动子区结合。

(3) TBP 的作用　如果 TFⅢC 对 TFⅢB 结合典型Ⅲ类基因是必需的，那么对于非典型Ⅲ类基因没有 A 框和 B 框让 TFⅢC 结合，情况又如何呢？是什么促进 TFⅢB 对这类基因的结合？由于非典型Ⅲ类基因的启动子含有 TATA 框，并且已经了解这种启动子的转录需要 TBP，因此推测 TBP 结合到 TATA 框上并将 TFⅢB 锚定在上游结合位点。

对于无 TATA 框的典型聚合酶Ⅲ类基因怎么办？已经知道 TBP 对典型Ⅲ类基因的转录是必需的，如酵母和人类的 tRNA 基因和 5S rRNA 基因。这种情况下 TBP 结合在什么部位？现在已经清楚 TFⅢB 含有 TBP 及少量 TAF 因子。在哺乳动物中，这些 TAF 因子称为 Brf1 和 Bdp1。Geiduschek 等发现，即使在最纯的 TFⅢB 里仍然有 TBP。对酵母 TFⅢB 的进一步研究，包括对其各克隆组分的重建实验，都揭示 TFⅢB 由 TBP 和两个 $TAF_{Ⅲ}$ 构成。这两种蛋白质在不同有机体中有不同命名，在酵母中因其与 TFⅡB 同源所以也被称为 TFⅡB 相关因子(TFⅡB-related factor)或 BRF。

随后，Tjian 等通过因子回加至免疫耗尽的核提取物里，证实 TRFI 而非 TBP 对果蝇的 tRNA 基因、5S rRNA 基因和 U6 snRNA 基因转录是必需的，因此相对于其他生物对 TBP 依赖的普遍性而言，果蝇聚合酶Ⅲ的转录是又一个例外。

对三种 RNA 聚合酶转录因子的研究揭示了三个规律。第一，前起始复合物的形成始于组装因子，它能识别启动子内特定的结合位点，然后由该蛋白质募集前起始复合物的其他组分。对于含 TATA 框的Ⅱ类启动子，其组装因子通常为 TBP，TBP 的结合位点是 TATA 框。这也适用于含 TATA 框的Ⅲ类启动子，至少在酵母和人类细胞中是这样。图 7-20 高度概括地展示了所有无 TATA 框启动子的前起始复合物形成的过程。Ⅰ类启动子的组装因子是 UBF，它首先结合到 UPE 上，然后吸引含有 TBP 的 SL1 结合到核心元件上。无 TATA 框的

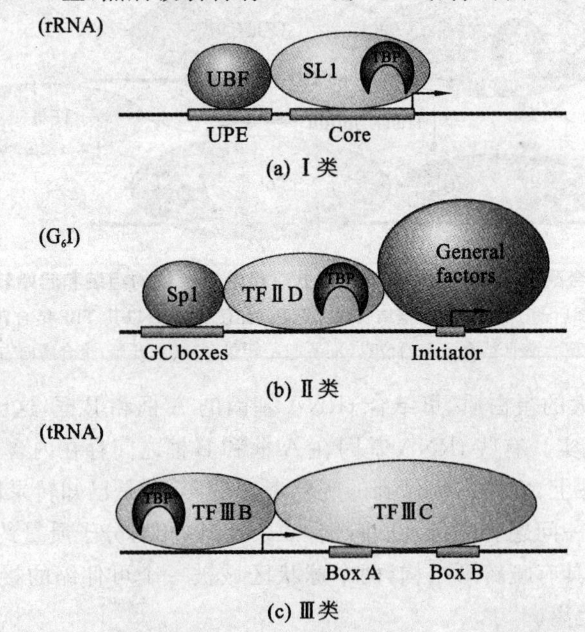

图 7-20　三种聚合酶对无 TATA 盒启动子前起始复合物的识别模型

组装因子最先结合(在Ⅰ、Ⅱ、Ⅲ类启动子上分别是 UBF、Sp1、TFⅢC)，然后吸引含 TBP 的另一个因子，该因子在Ⅰ、Ⅱ、Ⅲ类启动子分别是 SL1、TFⅡD、TFⅢB。对于Ⅰ、Ⅲ类启动子，这些复合物足以结合聚合酶起始转录，但Ⅱ类启动子除 RNA 聚合酶外还需更多通用因子。

Ⅱ类启动子至少有两种方式吸引TBP,TFⅡD中的TAF可以结合到起始位点上,或结合Sp1,Sp1已先结合到GC框上。两种方式都可以将TFⅡD锚定到无TATA框的启动子上。典型的Ⅲ类启动子遵循同样的机制,至少在酵母和人类的细胞中是这样。TFⅢC或TFⅢA和TFⅢC(对5S rRNA基因)作为组装因子结合到内部启动子上,并吸引含TBP的TFⅢB结合到起始位点的上游。果蝇细胞中前起始复合物中的TBP被TRFI取代。不能因为TBP并不总是首先结合DNA而否认它在无TATA框启动子中组装前起始复合物的重要性。一旦TBP结合上去,就将包括RNA聚合酶在内的其他因子结合到复合物中。第二,在大多数真核启动子中,TBP在形成前起始复合物中起组织者的作用。第三,TBP的专一性由与之相伴的TAF决定,TBP在与不同类型的启动子结合时是伴有不同类型的TAF的。

7.5.2 转录激活因子

通用转录因子虽然能够识别转录起始位点并指示转录方向,但它们自身只能激发很低的转录水平(本底水平的转录),而细胞中活跃基因的转录通常远远高于本底转录。要达到所需的转录增强,真核细胞另有一类与增强子(一种DNA元件)结合的基因特异性转录因子——激活因子(activator),由激活因子产生的转录激活也使细胞对其基因表达进行调控。

此外,真核DNA与蛋白质形成染色质,对于一些高度凝聚的异染色质,RNA聚合酶不能与之结合,所以不能转录。而有些常染色质尽管结构相对松弛,但因其所含基因在特定细胞中由于无合适转录激活因子的开启也不能转录,甚至某些蛋白质会隐藏启动子使其不与RNA聚合酶和通用转录因子结合而保持关闭。

1. 激活因子结构特征

转录激活因子可激活也可抑制RNA聚合酶Ⅱ的转录。它们至少都有两个基本的功能域:DNA结合域(DNA-binding domain)和转录激活域(transcripton-activating domain)。很多激活因子还具有形成二聚体的结构域,能使两个单体彼此结合形成同源二聚体(两个相同单体彼此结合)、异源二聚体(两个不同单体彼此结合)或多聚体(如四聚体)。有些激活因子甚至还具有结合像类固醇激素这种效应分子的结合位点。以下分别讨论这三种结构-功能域的实例。需要注意的是多数情况下蛋白质是一个有多种可能构象的动态分子,其中某些构象可能对结合其他分子诸如一段特定的DNA序列特别有优势,而这种结合也能稳定这些构象。

(1) DNA结合域　蛋白质结构域是指蛋白质的独立折叠单位。每种DNA结合域都有一个DNA结合模体(DNA-binding motif),是以结合特定DNA的特定形状为特征的结构域的一部分。大多数DNA结合模体可归为如下几类:

①含锌组件(zinc-containing module)。至少有三类含锌组件具有DNA结合模体的功能,它们利用一个或多个锌离子形成合适的构象,使DNA结合模体的α螺旋能进入DNA双螺旋大沟,并结合在特定的位置上。这类含锌组件包括:a. 锌指,存在于前述的TFⅢA和Sp1转录因子中;b. 锌组件,在糖皮质激素受体和其他的细胞核受体成员中发现;c. 含2个锌离子和6个半胱氨酸组件,在酵母转录激活因子GAL4及其家族成员中发现。

②同源域(homeodomain,HD)。含有约60个氨基酸,与原核生物蛋白质中(如λ噬菌体阻遏物)螺旋-转角-螺旋的DNA结合域在结构和功能上类似。HD最早发现于调控果蝇发育的激活因子同源异型框蛋白(homeobox protein),广泛存在于各类激活因子中。

③bZIP和bHLH模体。CCAAT框/增强子结合蛋白(C/EBP)、MyoD蛋白(肌细胞定向分化调控因子)及其他真核细胞转录激活因子均有一个强碱性DNA结合模体,与1~2个蛋

白质二聚化结构域(protein dimerization motif)连接,该结构域称为亮氨酸拉链(leucine zipper)和螺旋-环-螺旋模体(helix-loop-helix,HLH)。

以上所列并非详尽无遗。事实上,近来鉴定的好几种转录激活因子不能归入上述任何一类。

(2) 转录激活域　大多数激活因子具有一种转录激活域,有些具有几种激活域。目前发现的转录激活域可归为以下三种类型:

①酸性域(acidic domain)。酵母转录激活因子 GAL4 是典型代表。在由 49 个氨基酸组成的激活域中,有 11 个氨基酸为酸性氨基酸。

②富谷氨酰胺域(glutamine-rich domain)。Sp1 转录激活因子有两个这样的功能域,谷氨酰胺占该区氨基酸总数的 25%左右。其中一个功能域在 143 个氨基酸肽段中含有 39 个谷氨酰胺。此外,Sp1 还有两个转录激活域不能列入这三类的任何一类。

③富脯氨酸域(proline-rich domain)。如转录激活因子 CTF,在 84 个氨基酸组成的功能域中有 19 个是脯氨酸。

由于对转录激活域本身并不十分了解,所以对其描述只能是模糊的。例如,酸性域似乎只需要酸性氨基酸残基来发挥作用,故用"酸性团"(acid blob)来称呼这个推测无结构的域。Stephen Johnson 等已证实 GAL4 的酸性激活域在弱酸性溶液中趋向于形成一种精确的构象-β折叠。在体内弱碱性条件下,也可能生成 β 折叠,但这一点尚不明确。

(3) 转录激活因子功能域的独立性　前面介绍了几种激活因子的 DNA 结合域和转录激活域。蛋白质的这些结构域彼此独立折叠,形成特定的三维结构,独立行使功能。为了揭示其独立性,Roger Brent 和 Mark Ptashne 利用一种蛋白质的 DNA 结合域和另一种蛋白质的转录激活域构建了一种嵌合体(chimeric)。该杂合蛋白仍能作为激活因子起作用,其特异性由 DNA 结合域决定。

他们用编码 GAL4 和 LexA 两种蛋白质的基因构建了重组体。LexA 是原核生物的阻遏物,与 LexA 操纵基因结合并阻遏下游基因的转录。LexA 没有转录激活域,没有转录激活功能。他们构建了包含 GAL4 转录激活域和 LexA DNA 结合域的重组基因。为了分析重组基因所编码蛋白质产物的活性,将两个质粒转入酵母细胞。一个包含编码 LexA-GAL4 融合蛋白的重组基因,产生杂交产物。另一个包含能响应 GAL4 的启动子(*GAL1* 基因或 *CYC1* 基因启动子),并连接有大肠杆菌 β-半乳糖苷酶报告基因。GAL4 响应启动子的转录越活跃,产生的 β-半乳糖苷酶越多。通过测定 β-半乳糖苷酶的量就可检测目的基因的转录效率。

完成这一实验还需要嵌合蛋白的 DNA 结合位点。GAL4 通常可以结合到 UAS_G上游的增强子序列。但嵌合蛋白不能识别这个位点,该蛋白质只有 LexA DNA 结合域。为了诱导 *GAL1* 启动子对激活的响应,需要引入 LexA DNA 结合域的靶序列。因此,他们用 *lexA* 操纵基因替代了 UAS_G序列。值得注意的是,酵母细胞中没有 *lexA* 操纵基因,只是为了实验的目的才进行了以上操作。嵌合蛋白能激活 *GAL1* 基因的转录,图 7-28 对此做了说明。三个用于测试的质粒分别包含 UAS_G、无靶结合位点、含 *lexA* 操纵基因。转录激活因子是 LexA-GAL4(如前所述)或 LexA(作为阴性对照)。因为酵母细胞自身可产生 GAL4,它可通过 UAS_G行使转录激活作用,因此在 UAS_G存在时,无论用哪种激活因子,都可以产生大量 β-半乳糖苷酶,如图 7-21(a)所示。而缺乏靶 DNA 结合位点时,酵母细胞不产生 β-半乳糖苷酶,如图 7-21(b)所示。最后,LexA 操纵子替换 UAS_G序列,LexA-GAL4 融合蛋白激活的 β-半乳糖苷酶的表达效率是 LexA 的 500 倍,如图 7-21(c)所示。因此,用一种与 GAL4 完全无关的蛋白结合域取代 GAL4 的结合域,可产生有活性的转录激活因子。这表明 GAL4 的转录激活域和 DNA 结合域可以彼此独立地行使功能。

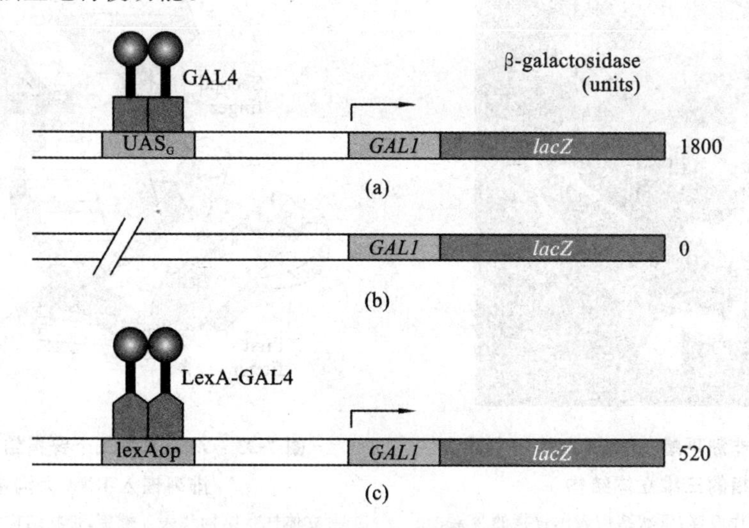

图 7-21　杂合激活因子的转录活性

(a)有 UAS_G 元件时,转录不依赖新添加的转录激活因子;(b)没有 DNA 靶结合位点时,不激活转录;(c)*lexA* 操纵基因存在时,LexA-GAL4 融合蛋白可以极大地激活基因转录。

(4) 转录激活因子 DNA 结合基序的结构　与转录激活域相比,DNA 结合域的结构研究得较清楚。X 射线晶体衍射实验显示了这种结构与靶基因之间的相互作用。此外,类似的结构分析实验已反复证明,二聚化结构域是促使蛋白质单体之间相互作用并最终形成功能性二聚体甚至四聚体的主要部分。这一点非常重要,因为 DNA 结合蛋白大多不能以单体形式结合靶基因序列,它们至少要形成二聚体才能发挥作用。

(5) 锌指结构　1985 年,Aaron Klug 注意到通用转录因子 TFⅢA 结构具有周期性的重复。由 30 个氨基酸残基组成的单元在蛋白质中重复了 9 次,每个重复序列由一对空间上彼此靠近的半胱氨酸紧随 12 个其他氨基酸,后接一对空间上彼此靠近的组氨酸构成。更重要的是这种蛋白质富锌,每个重复单元有一个锌离子。Klug 由此预测锌指结构的共同特征是,在每个重复单元中通过一对半胱氨酸和一对组氨酸与锌离子的结合来形成一种手指状的结构域。

①指形结构(finger structure)。Michael Pique 和 Peter Wright 用核磁共振波谱确定非洲爪蟾的 Xfin 蛋白(一些Ⅱ类启动子的激活因子)的锌指结构。他们发现图 7-22、彩图 5 中描述的并不像指形,或者说只是"一根粗短的手指"。他们还发现许多不同的指形蛋白具有相同构型却结合不同的特定 DNA 靶序列,因此认为此类指形结构自身并不能决定 DNA 结合的特异性。这样只能是该指形结构或相邻区域的精确氨基酸序列决定了 DNA 结合序列的特异性。Xfin 锌指结构的一个 α 螺旋(图 7-22、彩图 5 的左侧结构)包含几个碱性氨基酸,它们看起来都位于与 DNA 接触的一侧。估计 α 螺旋结构中的这些氨基酸和其他氨基酸共同决定了该蛋白质的 DNA 结合特异性。

②锌指结构与 DNA 的相互作用。图 7-23 显示 Zif268 的三个锌指均与 DNA 双螺旋大沟接触,3 个指呈 C 形弯曲,与 DNA 双螺旋的凹槽匹配。所有指都以相同角度靠近 DNA,故蛋白质 DNA 接触的几何形状极为相似。每个指与 DNA 的结合依赖于 α 螺旋内氨基酸与 DNA 大沟碱基间的直接相互作用。

图 7-22　非洲爪蟾 Xfin 蛋白的一个锌指的三维立体结构

顶部中心圆球代表锌，管状结构表示锌指的骨架。

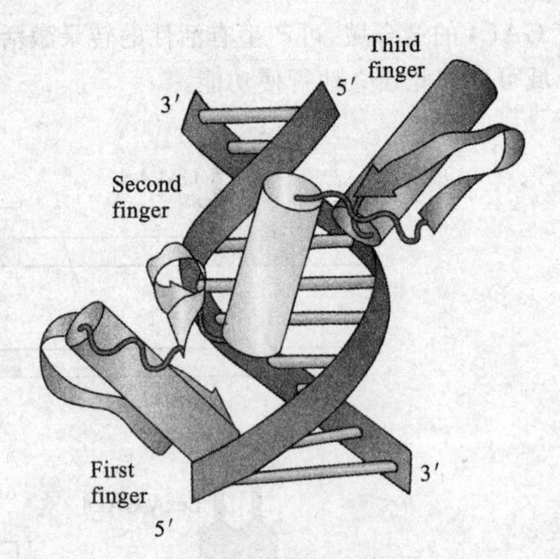

图 7-23　Zif268 的三个锌指结构呈弯曲排列嵌入 DNA 大沟中

立体柱状结构代表 α 螺旋，带状结构表示 β 折叠。

③与其他 DNA 结合蛋白的比较。对许多 DNA 结合蛋白的研究发现了一致的规律，即它们利用 α 螺旋与 DNA 大沟相互作用。我们在原核生物的螺旋-转角-螺旋域中看到许多诸如此类的例子，并且在真核生物中也存在相似的情况。在 Zif268 的结构中，β 折叠的作用是其可能与螺旋-转角-螺旋蛋白的第一个 α 螺旋功能相同，即与 DNA 骨架相结合并帮助识别螺旋定位，从而有利于与 DNA 大沟进行最佳相互作用。

Zif268 与螺旋-转角-螺旋蛋白也有不同之处。后者的每个单体只有一个 DNA 结合域，而锌指蛋白的 DNA 结合域由一套组件构成，并由多个锌指与 DNA 相互作用。这意味着此类蛋白质无须像其他 DNA 结合蛋白那样组成二聚体或四聚体后才能结合 DNA，它们自身有多个 DNA 结合域。此外，与螺旋-转角-螺旋蛋白一样，多数 DNA 结合蛋白只与 DNA 双螺旋的一条链而非两条链接触。而且对于这种特定的指形蛋白而言，大多数接触发生在氨基酸和碱基之间，而不是与 DNA 的骨架之间。

1991 年，Nikola Pavletich 和 Carl Pabo 获得含 5 个锌指结构的人 GLI 蛋白与 DNA 的共晶体结构图。它与三个锌指结构的 Zif268 蛋白形成了有趣的对比，大沟依然是 DNA 和锌指接触的位点，但其中一个锌指（锌指 1）不与 DNA 接触。另外，这两个锌指-DNA 复合物的几何形状大体相似，锌指环绕 DNA 大沟，但在特定碱基和氨基酸间不存在简单的识别“代码”。

(6) GAL4 蛋白　GAL4 蛋白是调节酵母半乳糖代谢基因的激活因子。GAL4 应答基因包括一个 GAL4 靶位点（转录起始位点上游的增强子区），这些靶位点称为上游激活序列(upstream activating sequence，UAS_G)。GAL4 以二聚体形式结合在 UAS_G 上，其 DNA 结合模体位于蛋白质的前 40 个氨基酸中，二聚化模体位于第 50～94 位氨基酸残基之间。DNA 结合模体类似于锌指，也包含锌离子和半胱氨酸残基，但其结构不同，表现在每个模体包含 6 个半胱氨酸但没有组氨酸，锌离子与半胱氨酸的比例是 1∶3。

Mark Ptashne 和 Stephen Harrison 等对 GAL4（只含前 65 个氨基酸）-DNA（人工合成的 17 bp 寡聚脱氧核苷酸）复合物进行 X 射线晶体衍射实验，揭示了蛋白质-DNA 复合物的几个重要特性，包括 DNA 结合模体的形状、如何与靶 DNA 相互作用，以及第 50～64 位氨基酸残基的部分二聚化模体。具体结构特点如下：

①DNA 结合模体。GAL4-DNA 复合体的结构如图 7-24、彩图 6 所示。每个单体的一端包含一个 DNA 结合模体，该模体包含与 2 个锌离子复合的 6 个半胱氨酸，形成双金属巯基簇。每一模体均特征性地含有一个突入 DNA 双螺旋大沟的短 α 螺旋，并在该处进行特异性相互作用。每个单体的另一端是一个利于二聚化的 α 螺旋，将在本章后面讨论。

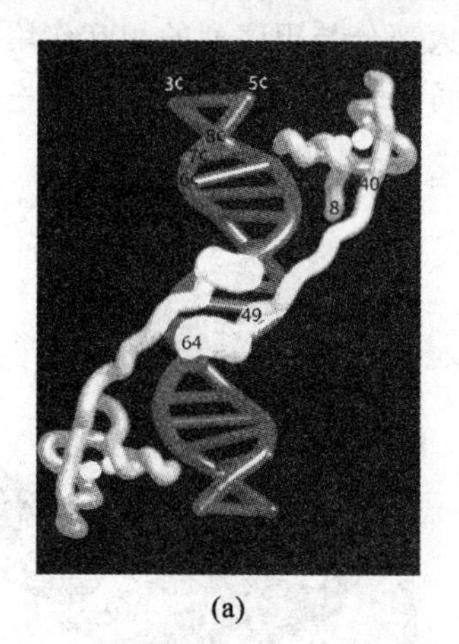

(a)

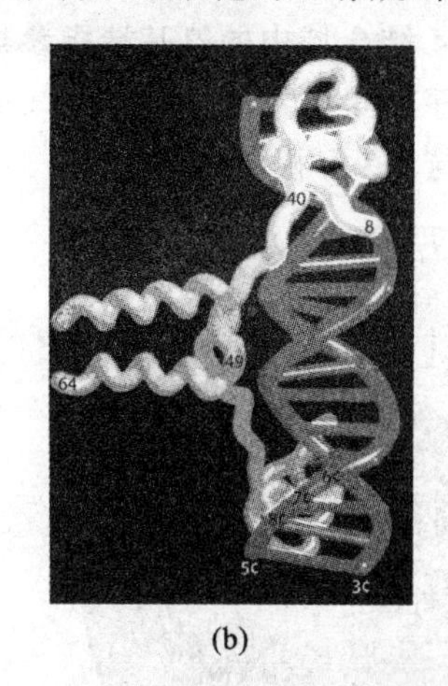

(b)

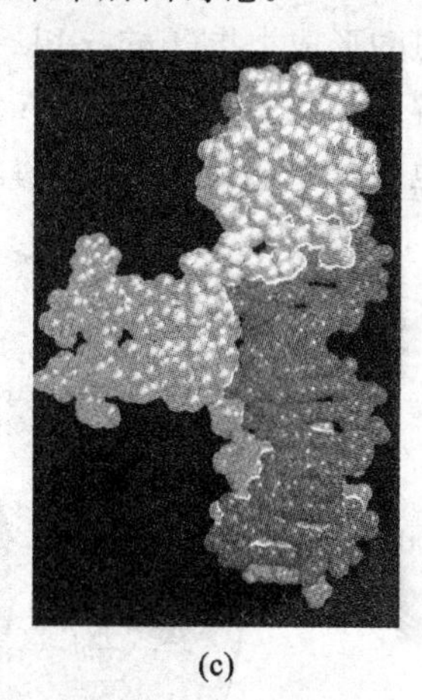

(c)

图 7-24　GAL4-DNA 复合体的三面观

(a)为沿一重对称轴观察的复合体结构。三个结构域的首尾氨基酸序号标在下部，DNA 识别模体从第 8 位氨基酸延伸至第 40 位氨基酸，接头区在第 41～49 位氨基酸。二聚化域位于第 50～64 位氨基酸。(b)为与(a)垂直的角度观察的复合体结构。在左边中部，显示大体平行的二聚化元件。(c)为与(b)角度相同的空间填充模型。两个 GAL4 单体的识别组件分别与 DNA 链的正、反面相接触。二聚化螺旋域和 DNA 小沟间有序契合。

②二聚化模体。GAL4 单体利用 α 螺旋的二聚化作用在左侧形成平行的螺旋圈，如图 7-24(b)和(c)所示。此图同时显示二聚化的 α 螺旋直指 DNA 小沟。在图 7-24 中，每个单体 DNA 识别组件和二聚化组件由一个伸展的区域相连。本章后面讨论亮氨酸拉链结构和螺旋-环-螺旋模体时还会涉及螺旋二聚化模体的其他实例。

(7) 细胞核受体作为转录激活因子　第三类含锌组件存在于细胞核受体(nuclear receptor)中。这些蛋白质与跨膜扩散的内分泌信号分子(类固醇和其他激素分子)相互作用，形成激素受体复合物并结合到增强子或激素响应元件(hormone response element)上，激活相关基因的转录。与前面所介绍的激活因子不同的是，这类激活因子必须结合一个效应分子(激素分子)才能起激活因子作用。这意味着它们必定有一个重要区域——激素结合域，实验结果也的确如此。此类激素有性激素、孕酮、糖皮质激素、维生素 D、甲状腺激素和视黄酸。上述每种激素与相应受体结合，激活特定的一组基因。

传统分类法将核受体分为以下三类：

①Ⅰ型受体(type Ⅰ receptor)。它包括类固醇激素受体，以糖皮质激素受体(glucocorticoid receptor)为代表。缺乏激素配体时，受体蛋白和其他蛋白偶联共存于细胞质中。当激素配体与Ⅰ型受体蛋白结合时，释放偶联的蛋白质，以同源二聚体形式进入细胞核，并结合到激素应答元件上。例如，糖皮质激素受体通常与热激蛋白 90(Hsp90)偶联存在于细胞质中，当它与激素配体结合后(图 7-25)，构象发生改变，并与热激蛋白解离，随后进入细胞核，激活那些受增强子(又称糖皮质激素应答元件(glucocorticoid response element，GRE))所调控的基因。

Sigler 等对糖皮质激素受体结合一种含有两个半靶位点(two target half-site)的寡核苷酸进行了 X 射线共结晶实验。该晶体结构实验揭示了蛋白质 DNA 相互作用的几个特点:①结合域二聚化,每一个单体与 DNA 靶序列半结合位点之间形成特异性结合;②每个结合模体都是包含两个锌离子的锌组件,不像典型的锌指结构那样只含一个锌离子;③每个锌离子与 4 个半胱氨酸形成类指(finger-like);④结合域中的氨基端指参与大部分与靶序列的相互作用。图 7-26 显示了识别螺旋和 DNA 靶序列间特异性氨基酸和碱基间的结合。在螺旋区外的一些氨基酸也通过 DNA 骨架中的磷酸与 DNA 相结合。

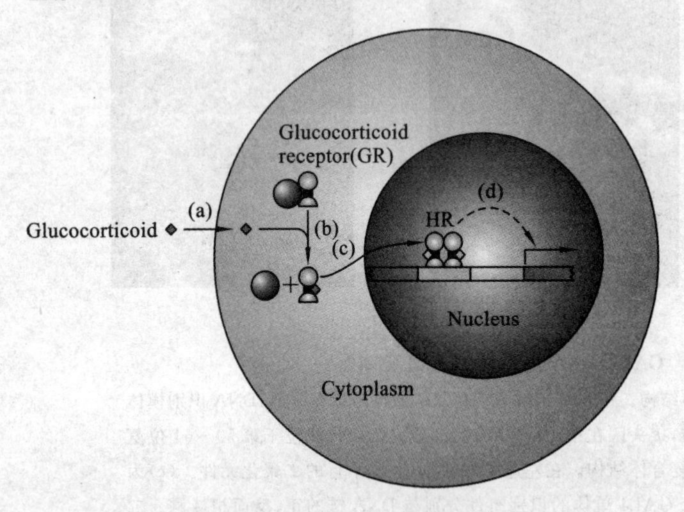

图 7-25　糖皮质激素的作用

(a)糖皮质激素通过细胞膜扩散进入细胞质;(b)糖皮质激素与受体(GR)结合,构象发生变化,释放 Hsp90;(c)激素受体复合物(HR)进入细胞核,与另一个 HR 结合成二聚体,然后与位于激素激活基因上游的激素响应元件或增强子结合;(d) HR 二聚体与增强子结合,激活相关的基因,使转录发生。

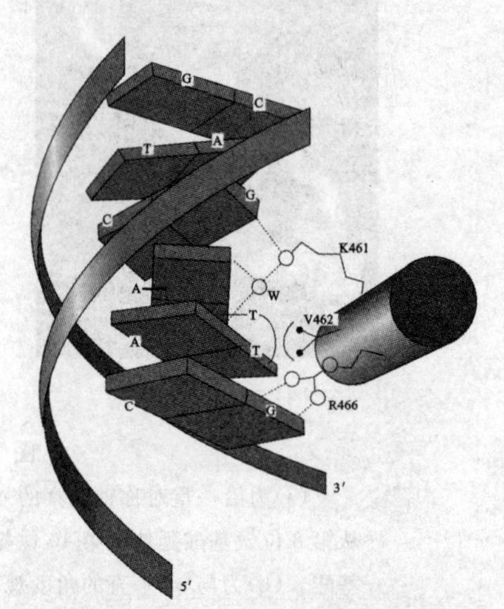

图 7-26　糖皮质激素受体 DNA-结合域的识别螺旋与其靶 DNA 间的结合

显示特异氨基酸和碱基之间的相互作用。一个水分子(W)介导 461 位赖氨酸与 DNA 的一些氢键结合。

②Ⅱ型受体。甲状腺激素受体(thyroid hormone receptor)是典型的Ⅱ型受体,存在于细胞核中,与视黄酸受体 X 组成二聚体,而其中的 X 以 9-顺式视黄酸为配体。这种二聚体在有或无激素配体时,都能结合靶序列。缺乏配体时,靶序列与Ⅱ型受体的结合会抑制转录,而结合有配体的Ⅱ型受体则会刺激转录。因此,环境条件决定了相同的蛋白质成为激活因子或抑制因子的可能性。

③Ⅲ型受体。目前对该类受体研究得还不够。由于其配体有待鉴定,因此也被称为"孤儿受体(orphan receptor)"。对此类受体的深入研究也许会将其部分或全部归属到Ⅰ型或Ⅱ型受体中。最后需注意,三种含锌 DNA 结合组件几乎都利用一个共同的模体与 DNA 靶位点相互作用,即 α 螺旋。

(8) 同源异型域　同源异型域(homeodomain)是在一类激活因子大家族中发现的 DNA 结合域,由于其编码基因的区域为同源异型框(homeobox)而得名。同源异型框最早发现于果蝇被称为同源基因的调控基因中。该基因的突变会引起果蝇肢体的异位畸形。例如,被称为触角足(antennapedia)的突变体,腿长在原来触角所在的位置。

同源异型域蛋白是 DNA 结合蛋白中的螺旋-转角-螺旋家族成员。每个同源异型域蛋白包括三个 α 螺旋,第二个和第三个螺旋形成螺旋-转角-螺旋模体,第三个螺旋具有识别螺旋的作用。但大多数同源异型域蛋白的 N 端还有一个不同于螺旋-转角-螺旋的臂,可插入 DNA 小沟。图 7-27 显示来自果蝇的一个典型同源框(由同源框基因编码)与 DNA 靶序列间的相互作用。此图为含有 Engrailed 蛋白的同源异型域对应结合位点的寡核苷酸复合物共结晶的 X 射线衍射分析结果。同源异型域蛋白与 DNA 结合的特异性较弱,需要其他蛋白质协助才能高效、专一地结合目标序列。

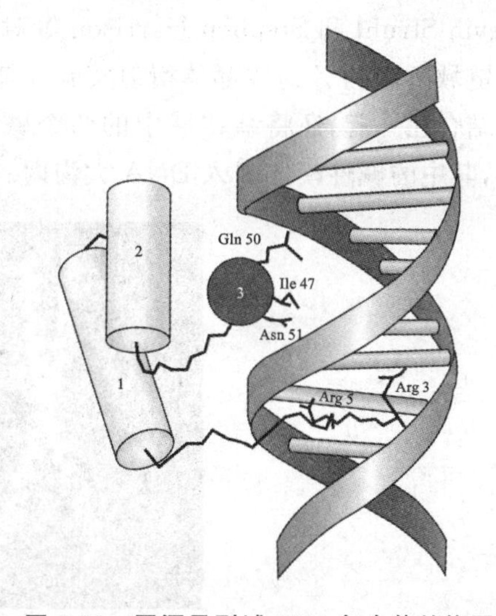

图 7-27　同源异型域-DNA 复合体结构图

标有数字的螺旋位于左边,DNA 靶序列位于右边。识别螺旋的端部(3)位于 DNA 大沟内。N 端长臂插入 DNA 小沟中,显示关键氨基酸侧链与 DNA 相互作用。

(9) 亮氨酸拉链和螺旋-环-螺旋域　如前述 DNA 结合域一样,亮氨酸拉链和螺旋-环-螺旋域(bZIP and bHLH domain)有两个功能:结合 DNA 和二聚化作用。其中,ZIP 和 HLH 分别指域中的亮氨酸拉链(leucine zipper)和螺旋-环-螺旋(helix-loop-helix)部分,是二聚化模体(dimerization motif),b 指每个域中的碱性区域,它们构成 DNA 结合模体的主体。

首先以亮氨酸拉链为例,来了解这种二聚化/DNA 结合域的结构。该域由两个多肽链组成,α 螺旋中每隔 7 个氨基酸就出现一个亮氨酸残基(或其他疏水性氨基酸),因此,这些氨基酸残基都位于螺旋的同一侧。这种排列非常有利于两个相同蛋白质单体间的相互作用,使两个 α 螺旋成为拉链的两边。

为弄清亮氨酸拉链的结构,Peter Kim 和 Tom Alber 等按照 GCN4(酵母中调节氨基酸代谢的转录激活因子)的 bZIP 域合成了一种人工多肽,并测得了其晶体结构。X 射线晶体衍射实验表明,亮氨酸拉链二聚化域像一个螺旋线圈(图 7-28)。由于氨基端至羧基端的方向一致(图 7-28(b),从左至右),从而使两个 α 螺旋形成平行结构。图 7-28(a)中的螺旋线圈直接伸出纸平面指向读者,使螺旋线圈中的超螺旋程度清晰地呈现出来。注意它与 GAL4 螺旋二聚体模体的相似之处。

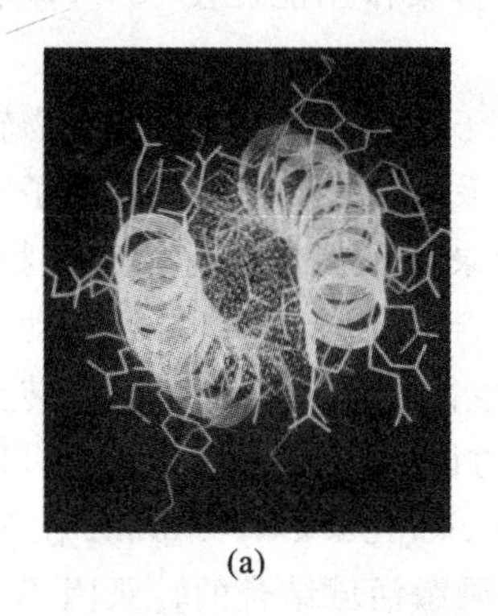

(a)

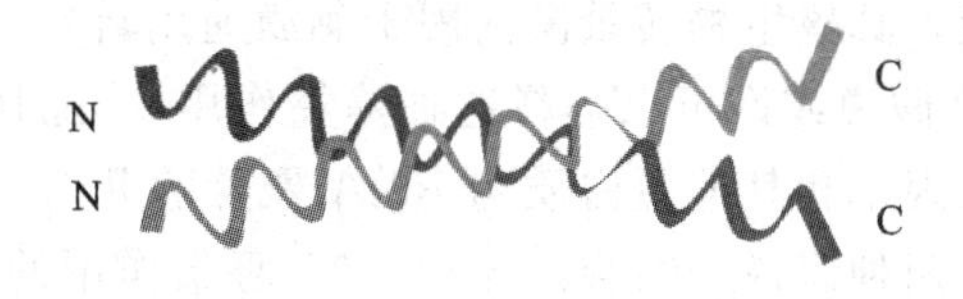

(b)

图 7-28　亮氨酸拉链结构

(a)转录激活因子 GCN4 中 33 个氨基酸肽段 X 射线晶体衍射实验。晶体沿拉链二聚体螺旋指向纸面外。(b)两个 α 螺旋组成二聚体的侧面。因为两个 α 螺旋的 N 端都在左边,因此组成一个平行的缠绕螺旋。

该晶体图主要显示未结合 DNA 的拉链结构,没有提供蛋白质与 DNA 结合的任何信息。

Kevin Struhl 和 Stephen Harrison 等对结合在 DNA 靶序列上的 GCN4 激活因子中的亮氨酸拉链域所做的 X 射线晶体衍射实验弥补了这一缺陷。图 7-29 表明,亮氨酸拉链不仅将两个单体结合在一起,还将结构域中的两个碱性区置于合适位置,恰似镊子或钳子将 DNA 紧紧抓住,其中的碱性模体嵌入 DNA 大沟内。

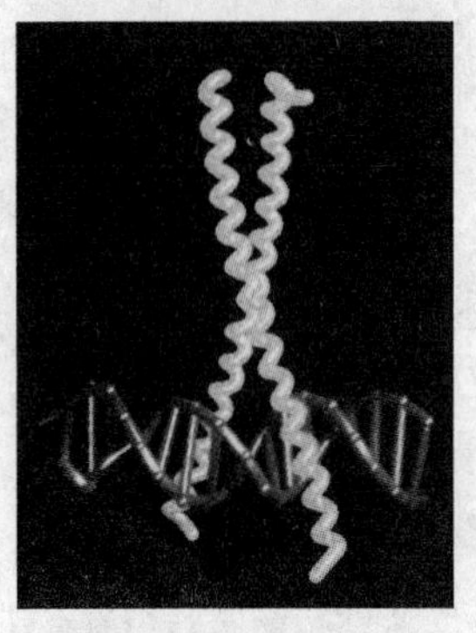

(a) DNA的侧面观

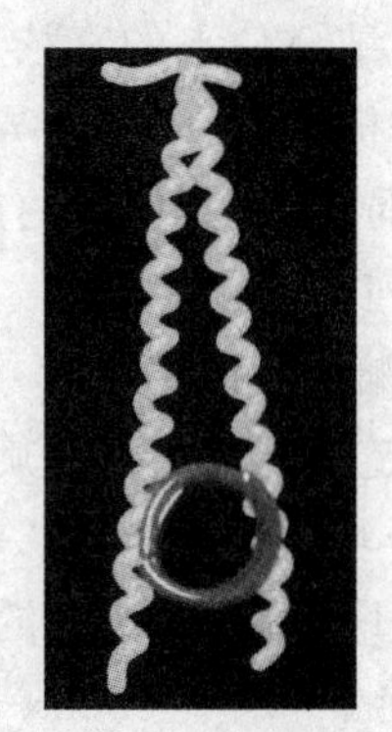

(b) DNA的端面观

图 7-29 GCN4-DNA 复合物的亮氨酸拉链模体的晶体结构

Harold Weintraub 和 Carl Pabo 等获得了激活因子 MyoD 的螺旋-环-螺旋域结合 DNA 靶位点的复合物晶体结构,与前面讨论的亮氨酸拉链 DNA 复合物结构极为相似。螺旋-环-螺旋是二聚化模体,但每个螺旋-环-螺旋域的长螺旋包含结构域的碱性区域,像亮氨酸拉链那样,碱性区与 DNA 大沟结合。

一些蛋白质,如癌基因产物 Myc、Max 都有 bHLH-ZIP 域,其 HLH 和 ZIP 模体均与一个碱性模体毗邻。bHLH-ZIP 域与 DNA 的作用方式类似 bHLH 与 DNA 的作用方式。主要差别在于 bHLH-ZIP 域可能需要额外亮氨酸拉链的作用,以确保蛋白质单体的二聚体化。

2. 转录激活因子的功能

在细菌中,RNA 聚合酶核心酶无法起始实质性的转录,而 RNA 聚合酶全酶能催化本底水平的转录。但弱启动子引发的本底水平转录常常不能满足正常的生理需求,因此细胞中的转录激活因子通过募集(recruitment)来提高转录水平。募集作用能促使 RNA 聚合酶全酶与启动子的紧密结合。

真核生物转录激活因子也募集 RNA 聚合酶与启动子结合,但不像原核生物转录激活因子那样直接。真核生物转录激活因子刺激通用转录因子及 RNA 聚合酶与启动子结合。图 7-30 中的两个假说或许可以解释这种募集作用:①通用转录因子促使前起始复合物逐步形成;②通用转录因子和其他蛋白质与 RNA 聚合酶Ⅱ全酶结合后,一起被募集到启动子上。实际情况也许是两种假说的结合。无论如何,募集作用的发生需要通用转录因子和转录激活因子的直接结合。研究结果显示,很多因子都可能是其结合的目标,但最早发现的是 TFⅡD 因子。

(1) TFⅡD 的募集作用　Keith Stringer、James Ingles 和 Jack Greenblatt 在 1990 年用一系列实验鉴定了能与疱疹病毒转录因子 VP16 的酸性转录激活域结合的转录因子。他们表达了 VP16 转录激活域和金黄色葡萄球菌(*Staphylococcus aureus*)蛋白 A 的融合蛋白,其中,葡萄球菌蛋白 A 可以专一性地与免疫球蛋白 IgG 紧密结合。将这种融合蛋白(或仅含蛋白 A)固定在 IgG 凝胶柱上,并用这种亲和层析柱筛选与 VP16 转录激活域相互作用的蛋白质。实验中,他们将 HeLa 细胞核提取物通过蛋白 A 层析柱或蛋白 A/VP16 转录激活域融合蛋白凝胶层析柱,然后用“截短转录”实验验证各种洗脱组分在体外精确转录腺病毒主要晚期基因的

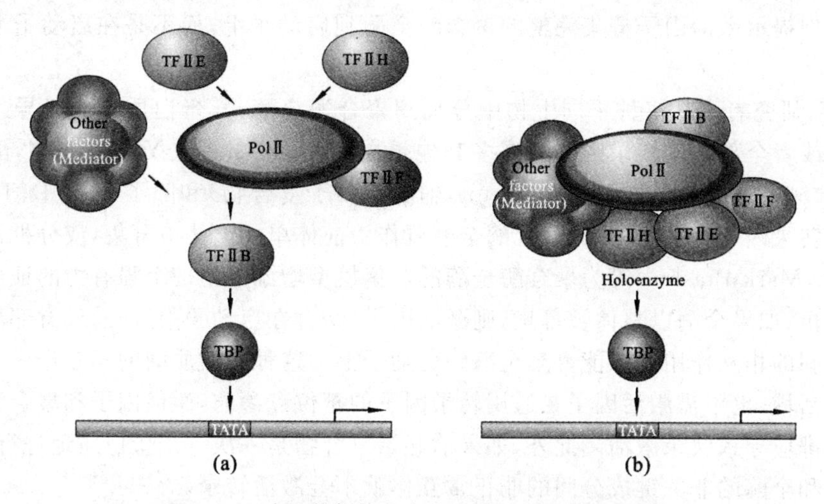

图 7-30　酵母前起始复合物组分的两种募集模型

(a)关于募集作用的传统观点。在体外，前起始复合物组分逐步形成。(b)聚合酶全酶的募集。TBP 首先与靶序列结合，然后聚合酶全酶(椭圆内)结合，形成前起始复合物。

能力。结果显示，流过蛋白 A 亲和柱的提取液仍足以支持转录，表明没有重要因子与蛋白 A 非特异性结合。但是，流过蛋白 A/VP16 转录激活域亲和柱的提取液无转录激活能力，除非将结合于亲和柱中的蛋白质重新加入。因此，某种或某些体外转录必需因子与 VP16 转录激活域发生了结合。

Stringer 等在早先的实验中发现 TFⅡD 是体外转录体系的限速因子。由此他们猜测与亲和柱结合的蛋白质是 TFⅡD。加热耗尽核提取物中的 TFⅡD，然后将结合蛋白 A 亲和柱或蛋白 A/VP16 转录激活域的亲和柱的成分加回到热处理过的核提取物中。实验表明，蛋白 A 柱的结合物不能恢复 TFⅡD 耗尽的核提取物的转录活性，而蛋白 A/VP16 转录激活域亲和柱的结合物可恢复其转录活性，说明 TFⅡD 是结合 VP16 转录激活域的因子。

为进一步验证上述结论，Stringer 等首先证明结合 VP16 转录激活域的物质在 DEAE 纤维素离子交换层析柱的表现与 TFⅡD 因子的相似，然后用 VP16 转录激活域亲和柱的结合物测试在模板转换实验(template commitment experiment)中取代 TFⅡD 的能力。先在一个模板上形成转录前起始复合物，然后加入另一个模板看是否能被转录。在该实验条件下，转录第二个模板需依赖 TFⅡD 因子。结果发现，VP16 转录激活域结合物可以将转录转换到第二个模板上，而蛋白 A 亲和柱的结合物则不具有这种功能。利用酵母细胞核提取物进行的相同实验也提供了强有力的证据，说明该实验体系中 TFⅡD 是 VP16 转录激活域的重要靶因子。

(2) 聚合酶全酶的募集　RNA 聚合酶Ⅱ能以全酶形式从真核细胞中分离出来。全酶是包含一组通用转录因子和其他多肽的复合体。前面的讨论都基于转录激活因子以每次募集一个通用转录因子的方式形成前起始复合物。但也许转录激活因子将全酶作为一个整体来募集，其他的少数因子再单独结合到启动子上。有证据表明，的确存在对全酶的募集。

1994 年，Anthony Koleske 和 Richard Young 从酵母细胞中分离出含聚合酶Ⅱ、TFⅡB、TFⅡF 和 TFⅡH，以及 SRB2、SRB4、SRB5 和 SRB6 的全酶。他们进一步证实这种全酶在 TBP 和 TFⅡE 协助下，可以在体外精确转录带有 *CYC1* 基因启动子的模板。还证明融合转录激活因子 GAL4-VP16 可以激活此全酶的转录。由于实验提供的是完整聚合酶全酶，因此，后面这一发现提示激活因子募集完整的聚合酶全酶到启动子上，而不是在启动子上一次一个地组装。

1998年，研究者已从多种不同生物中分离到聚合酶全酶，其蛋白质组成各异。有些全酶含有大多数或者全部通用转录因子和许多其他蛋白质。Koleske 和 Young 推测，酵母聚合酶全酶包含 RNA 聚合酶Ⅱ、中介物(mediator，辅激活因子复合物)和除了 TFⅡD、TFⅡE 之外的所有通用转录因子。理论上，此聚合酶全酶可作为前体单元整体被募集，或分批被募集。

1995年，Mark Ptashne 等为聚合酶全酶的募集模型增添了另一个强有力的证据。他们进行了如下分析：如果全酶以整体被募集，则激活因子(结合在启动子附近)的任意部分和全酶的任意部分之间的相互作用应该能募集全酶到启动子上。这种蛋白质间的相互作用不需激活因子的转录激活域，也不需激活因子在通用转录因子的靶位点参与，激活因子和聚合酶全酶之间的任何接触都应导致转录激活。此外，如果前起始复合物是一次一个蛋白质地进行组装，那么在激活因子和全酶的非关键成分间的非正常互作就不会激活转录。

Ptashne 等利用一次碰巧的机会验证了这些预测。他们以前曾分离到一种酵母突变体，其全酶蛋白(GAL11)中的点突变改变了单个氨基酸。他们将该蛋白质命名为 GAL11P(P 表示增效子(potentiator))，因为它对激活因子 GAL4 的弱突变型产生了很强的响应。结合生物化学和遗传学的研究方法，他们找到了 GAL11P 增效的原因是它能够与 GAL4 的二聚化域(第58～97位氨基酸)的一个区域结合。由于 GAL11(或 GAL11P)是全酶的一部分，GAL11P 与 GAL4 间的新结合可将全酶募集到 GAL4 应答的启动子上，如图 7-31 所示。之所以称这种结合为“新的”，是因为 GAL11P 参与结合的部位在正常情况下是无功能的，GAL4 参与的部位在二聚化域而不是激活域。正常情况下这两个蛋白质区域不会发生任何形式的结合。

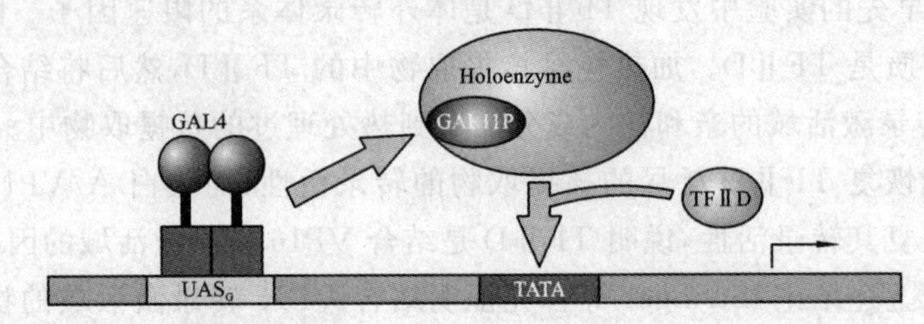

图 7-31　GAL11P 通过 GAL4 二聚化域募集聚合酶全酶的模型

在聚合酶全酶中，GAL4 的二聚化域结合 GAL11P，使聚合酶全酶与 TFⅡD 一起结合在启动子上，激活基因转录。

为验证 GAL4 第58～97位氨基酸的区域是 GAL11P 转录激活的关键部位，Ptashne 等进行了以下实验。他们克隆构建了编码 GAL4 的第58～97位氨基酸区段和 LexA 的 DNA 结合域的融合蛋白质粒，并将其与另外两种质粒一起导入酵母细胞。一个是编码 GAL11 或编码 GAL11P 的，另一个带有 LexA 的两个结合位点，位于 GAL4 启动子上游，驱动下游大肠杆菌 *lacZ* 报告基因。图 7-32 总结了该实验结果，图 7-32(a)表明当全酶含有野生型 GAL11 时，LexA-GAL4(58～97)蛋白无激活因子功能，图 7-32(b)说明了当全酶含有 GAL11P 时，LexA-GAL4(58～97)蛋白有激活因子作用。

如果激活作用确实是由于 LexA-GAL4(58～97)和 GAL11P 之间的相互作用引起，那么将 LexA 的 DNA 结合域与 GAL11 融合也应该激活转录，如图 7-32(c)所示。实际上，这样构建的载体确实有激活效应，与假设一致。因为 LexA 已经与 GAL11 共价连接了，无须再发生新的像 LexA-GAL4 和 GAL11P 之间的相互作用。

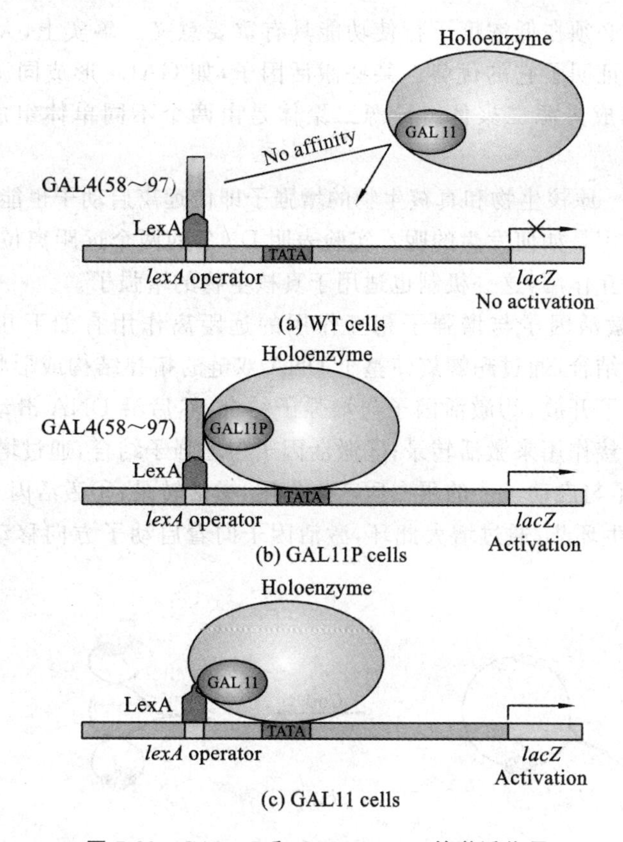

图 7-32　GAL11P 和 GAL11-LexA 的激活作用

对这些结果最简单的解释就是，至少在这一体系中，转录激活可通过募集聚合酶全酶，而非单个通用转录因子。有一种可能但不是常见的情况，即 GAL11 是一种特殊蛋白质，它的募集作用引起前起始复合物的逐步组装。我们更倾向于认为激活因子和全酶中任意组分间的相互作用都能募集全酶，并因此激活转录。Ptashne 等认为 TFⅡD 是前起始复合物的必要组分，但显然不是酵母全酶的组成部分。在该实验中 TFⅡD 可能与全酶协同结合到启动子上。

3. 转录激活因子间的相互作用

显然，通用转录因子必须相互作用以形成前起始复合物，但转录激活因子和通用转录因子间也会相互作用。如前所述 GAL4 等转录激活因子与 TFⅡD 及其他通用转录因子间的相互作用。此外，激活因子间也会相互作用以激活同一个基因。这种作用有两种发生方式：一种是单体相互作用形成蛋白二聚体，促进对单一 DNA 靶位点的结合；另一种是结合在不同 DNA 位点的特定激活因子可以协同激活同一个基因。

（1）二聚化作用　在 DNA 结合蛋白中，蛋白质单体间存在许多种作用方式。前面讨论了螺旋-转角-螺旋蛋白 γ 阻遏物，该蛋白质的两个单体间的相互作用使它们的识别螺旋刚好处在与两个 DNA 大沟相互作用的位置，而另一个螺旋转开。识别螺旋呈反向平行排列，使它们能识别具有回文序列的 DNA 靶位点的两部分。在本章前面已经介绍了 GAL4 蛋白的螺旋卷曲的二聚化域、bZIP 蛋白的相似的亮氨酸拉链及肾上腺糖皮质激素受体的环化二聚化域等内容。

蛋白质二聚体相对于单体对 DNA 结合的优势可以总结如下：蛋白质与 DNA 的结合力与结合自由能的平方呈正相关。因为自由能取决于蛋白质和 DNA 接触的数量，蛋白质二聚体取代蛋白质单体使接触次数加倍，而蛋白质和 DNA 之间的亲和力增加至原来的 4 倍。这对于大多数激活因子都必须在低浓度下行使功能具有重要意义。事实上，大多数 DNA 结合蛋白都以二聚体存在就证明了它的优势。某些激活因子，如 GAL4 形成同源二聚体；其他的如甲状腺激素受体则形成异源二聚体。异源二聚体是由两个不同单体组成的二聚体，如 Jun 和 Fos。

（2）远距离作用　原核生物和真核生物的增强子即使远离启动子也能激活相应基因的转录。这种远程调控作用是如何发生的呢？实验表明 DNA 的两个远距离位点之间环凸使与之结合的两个蛋白质相互作用，这一机制也适用于真核生物的增强子。

目前，关于转录激活因子与增强子相互作用的远距离作用有如下几种假说（图 7-33）：①激活因子与增强子结合，通过超螺旋使整个 DNA 双链的拓扑结构或形状发生改变，由此使启动子向通用转录因子开放；②激活因子与增强子结合，然后沿 DNA 滑动直至遇到启动子，并通过与启动子的直接作用来激活转录；③激活因子与增强子结合，通过增强子与启动子间的 DNA 环凸使激活因子与启动子上的蛋白质产生作用，激活转录；④激活因子结合增强子后，在其下游 DNA 链上产生环凸，通过增大此环，激活因子向着启动子方向移动，到达启动子并与之相互作用激活转录。

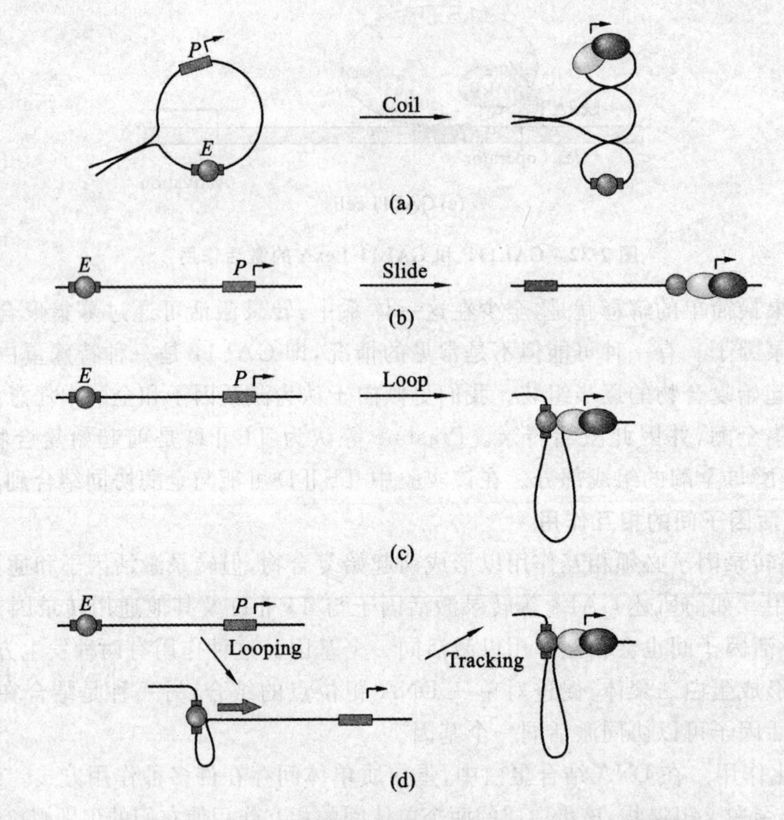

图 7-33　转录激活因子与增强子相互作用的 4 种假说

目前的实验证据支持以下两点结论：增强子不必和启动子位于同一个 DNA 分子上，但它必须在空间上与启动子足够靠近，以便结合在增强子和启动子上的蛋白质可以相互作用。这很难与超螺旋模型及滑动模型相容（图 7-33(a)和(b)），但与 DNA 环化和促追踪模型相一致（图 7-33(c)和(d)）。在连环体结构中不需要环化或追踪，因为增强子和启动子位于不同的分子上，而其蛋白质间的相互作用不需 DNA 环化作用。

(3) 复合增强子　许多基因都有一个以上的激活因子结合位点，以此应答多重刺激。每个结合在多重增强子上的激活因子都能对前起始复合物在启动子上的组装起作用，这可能是通过将增强子和启动子间的 DNA 成环外凸而实现的。

多激活因子结合位点调节一个基因的发现使我们对"增强子"一词重新定义。增强子最初被定义为一种非启动子 DNA 元件，与至少一种增强子结合蛋白一起激发邻近基因的转录。但现在增强子的定义已经朝涵盖启动子以外相邻的整个调控区方向演变。尽管采用了这种新的定义，我们仍可认为某些基因由多增强子控制。例如，果蝇黄和白基因就是由三个增强子控制的。

增强子与多个激活因子相互作用的模式实现了对基因表达的精细调控。不同激活因子的组合对不同细胞中的特定基因产生不同水平的表达。事实上，在基因附近各种增强子元件的出现或缺失使人们联想到二进制代码，元件出现为"开"，缺失则为"关"。当然，必须由激活因子来操纵开关。由于多增强子元件之间是协同作用的，因此并不是简单的添加所能够完成的。

一个可以用来描述多重激活因子作用的巧妙比喻是组合代码(combinatorial code)。特定细胞在特定时间下，所有激活因子的集合构成组合代码。如果一个基因带有一组增强子元件，每个增强子可应答一至多个激活因子，就可以阅读此代码，其结果是基因以适当的水平进行表达。

海胆 *Endo16* 基因的表达调控模型是多增强子调控的一个典型例子。*Endo16* 基因在动物早期胚胎的营养板(指后期发育中产生内皮组织，包括内脏的细胞群)发育中很活跃。他们最初测试了 *Endo16* 基因 5′-侧翼区结合核蛋白质的能力，结果发现这样的结合区很多，排布成 6 个模块，如图 7-34 所示。

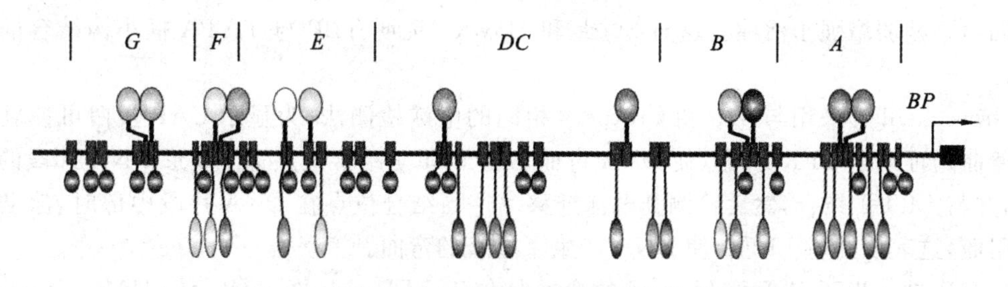

图 7-34　海胆 *Endo16* 基因多增强子模块的排布方式

大的椭圆表示激活因子，小的椭圆表示结构转录因子，两者都结合到增强子元件上；增强子呈簇状或模块排布，分别标记为 *G*、*F*、*E*、*DC*、*B* 和 *A*；长垂直线代表不同模块的区分位置；*BP* 代表基本启动子。

怎样知道与核蛋白结合的这些模块中哪些真正与基因激活有关呢？Chiou-Hwa-Yuh 和 Davidson 将这些模块单独或组合起来并与 *cat* 报告基因连接，然后导入海胆卵细胞，观察在胚胎发育中报告基因的表达模式。他们发现，报告基因在胚胎组织表达的部位和时间取决于导入的不同模块的精确组合形式。因此，这些模块(内含增强子)对不均一分布在发育胚胎中的激活因子产生应答。

也许所有元件在体外都能独立作用，但在体内是组织化的。模块 *A* 可能是唯一直接与基本转录组件相互作用的模块，其他模块都须通过模块 *A* 发挥作用。某些上游模块(如 *B* 和 *G*)通过 *A* 协同作用以激活 *Endo16* 基因在内皮细胞发育中的转录。而另一些模块(如 *DC*、*E* 和 *F*)也通过 *A* 协同阻遏非内皮细胞中 *Endo16* 基因的转录(模块 *E*、*F* 在外胚层细胞中起激活作用，而模块 *DC* 则在成骨间质细胞中起作用)。

(4) 结构转录因子　将激活因子和通用转录因子拉到一起的 DNA 环凸机制非常实用，尤其是对于结合到相距几百个碱基的不同 DNA 元件上的蛋白质。因为 DNA 的柔韧性足以产生这种弯曲。但是,许多增强子距其控制的启动子比较近,其间的DNA更像僵硬的短棒,而不是“柔韧的带子”,在此情况下,DNA环凸不会自然发生。

那么,紧密结合在一小段DNA上的激活因子和转录因子如何相互作用来刺激转录呢?如果中间有其他因子干扰促使DNA分子进一步弯曲,那它们仍能相互靠近。构架转录因子(architectural transcription factor)的主要作用是改变DNA调控区的形状,以便其他蛋白质之间能相互作用刺激转录。Rudolf Grosschedl等首先提供了一个真核生物构架转录因子的例子,人的T细胞受体α链基因(*TCRα*)的调控区含有三个位于转录起点上游112 bp以内的增强子,分别为激活因子Ets-1、LEF-1和CREB的结合位点(图7-35)。

图7-35　人的T细胞受体α链基因(*TCRα*)的调控区

在转录起点上游112 bp以内有三个增强子元件分别与Ets-1、LEF-1及CREB结合,这三个增强子以其结合的转录因子而非自己的名字来区分。

LEF-1是淋巴增强子结合因子,它结合图7-35中间的增强子,帮助激活*TCRα*基因。然而,Grosschedl等证实,LEF-1自身不能激活*TCRα*基因,LEF-1通过与增强子的小沟结合将DNA分子弯曲130°来起作用。

他们用两种方法证实了与增强子小沟的结合。首先,对增强子的6个腺嘌呤的N3(位于DNA小沟)甲基化可干扰增强子的功能。然后,将这6对A-T换成6对I-C(它们的小沟看起来相同),不减弱增强子活性。这与Stark和Hawley证明TBP与TATA框小沟结合的方法相同。

Grosschedl等采用与Wu和Crothers相同的电泳检测法(为显示CAP蛋白可使乳糖操纵子弯曲),证明了LEF-1可以使DNA弯曲。将LEF-1结合位点置于线形DNA片段的不同位置,并与LET-1结合,然后检测其电泳迁移率。当结合位点在DNA片段中部时,泳动受到很大阻滞,这表明此时LEF-1使DNA产生了显著的弯曲。

他们还进一步证实了DNA分子的弯曲是位于LEF-1上的HMG域(HMG domain)所致。HMG(high mobility group)蛋白是一类具有高迁移率的小核蛋白。为证明LEF-1的HMG域的重要性,研究人员制备了只含HMG域的纯多肽,显示此肽与全长蛋白质一样能使DNA分子弯曲130°。将迁移速率曲线外推至最大速率点(此时致弯元件(bend-inducing element)正好在DNA片段的末端)后发现弯曲发生在LEF-1的结合位点上。由于LEF-1本身不能增强转录,因此可能通过使DNA弯曲而间接发挥作用。这样就可能使其他激活因子结合启动子的基本转录装置从而增强转录。

(5) 绝缘子　增强子通过与转录激活因子结合能对距离很远的启动子产生作用。例如,果蝇*cut*基因位点的翅缘增强子与启动子相隔约85 kb。在这么远的距离,某些增强子可能与其他不相关基因靠得足够近,并产生激活作用。细胞怎样阻止这种不应有的激活呢?在高等生物中(至少包括果蝇和哺乳动物)是利用一种称为绝缘子(insulator)的DNA元件阻止附近增强子对无关基因的激活作用。

绝缘子是一种DNA元件,可屏蔽增强子对基因的激活作用(增强子屏蔽活性),或沉默子对基因的抑制作用(障碍物活性)。Gary Felsenfeld将绝缘子定义为“相邻元件相互影响的阻碍物”。当绝缘子能够保护基因免受附近增强子的激活作用时,称为增强子屏蔽性绝缘子

(enhancer blocking insulator)。当绝缘子阻止染色质浓缩对靶基因的侵蚀作用时称为阻碍物绝缘子(barrier insulator)。尽管大多数绝缘子能保护基因免受附近增强子或沉默子(silencer)的激活或抑制作用,但并非所有绝缘子都同时具有增强子屏蔽和阻碍物功能。某些绝缘子被特化为只有其中一种功能。酵母中对靠近着丝粒处的沉默子起阻碍作用的 DNA 元件就是一个只有阻碍物功能的绝缘子的典型例子。

绝缘子的作用机制目前还不清楚,但我们知道绝缘子能够定义 DNA 结构域之间的边界。因此,在增强子和启动子之间加入绝缘子可破坏原有的激活作用;同样,在沉默子和基因之间插入绝缘子会消除抑制作用。所以,绝缘子似乎是在基因区和增强子区(或沉默子区)形成一个边界,使基因不能感受到激活(或抑制)作用。

7.6 染色质结构对基因转录的影响

7.6.1 染色质水平上的转录调控与活性染色质

真核生物(除酵母、藻类和原生动物等单细胞类之外)主要由多细胞组成。每个真核细胞所携带的基因数量及总基因组中蕴藏的遗传信息量都大大高于原核生物,基因组 DNA 中还有许多的重复序列、基因内部有大量不编码蛋白质的序列、真核生物的 DNA 常与蛋白质(包括组蛋白和非组蛋白)结合形成十分复杂的染色质结构、染色质构象的变化、染色质中蛋白质的变化以及染色质对 DNA 酶敏感程度的不同等,都直接影响着真核基因的表达调控。此外,真核生物的染色质包裹在细胞核内,基因的转录(核内)和翻译(细胞质内)被核膜在时间和空间上隔开,核内 RNA 的合成与转运、细胞质中 RNA 的剪接和加工等无不扩大了真核基因表达调控的内容。

概括起来,真核基因表达调控在染色质和染色体水平上主要有染色质的结构、DNA 在染色体上的位置、基因拷贝数的变化、基因重组、基因扩增、基因丢失、基因重排、DNA 修饰等。这些变化都将导致基因活性永久或半永久性的改变。

1. 染色质的结构

在细胞核内基因组 DNA 以核小体(nucleosome)为基本结构单位形成染色质(chromatin)。核小体在 DNA 长链上的组装影响着 DNA 的复制、基因的表达和细胞周期进程。真核基因的表达受到核染色质结构和组分的影响。

在细胞核内的染色质一般有 4 种状态:①紧密压缩的状态;②被阻遏的状态;③有活性的状态;④被激活的状态。

(1) 紧密压缩的状态　巨大而细长的 DNA 分子被紧紧地压缩在细胞核内,这种结构不利于基因的表达,因此,基因处于非活性状态。

(2) 被阻遏的状态　事实上组蛋白就是染色质活性的阻遏蛋白。DNA 分子与组蛋白结合后处于被阻遏状态。

(3) 有活性的状态　只有处于活性状态的染色质,才能使基因得到表达。染色质结构发生变化,使基因处于可转录的状态,即是染色质的有活性状态。组蛋白 H1 在核小体装配中很重要,它促进核小体装配,阻碍 DNA 序列的暴露,阻止核小体的移动,对基因活性有抑制作用。研究证明,除去了 H1,能使染色质处于伸展的状态,部分基因活化而被转录。

在活性染色质中DNA结构的变化有几种方式：富含GC碱基对的序列能形成Z-DNA，这种构型能降低DNA对核心组蛋白的亲和力；DNA拓扑异构酶能够调节DNA超螺旋结构而改变其活性；许多蛋白质因子都参与染色质的活化；还有少数蛋白质能直接结合在核小体上；甚至像Sp1一样能持续地结合在持家基因的启动子上，阻止核小体的抑制作用；研究还发现，HMG-14/17是形成活性染色质、调节基因表达的重要因子。

(4) 被激活的状态　当基因DNA的启动子上结合了通用转录因子、上游元件及增强子结合序列等激活因子后，能促使RNA聚合酶等在启动子区域形成转录复合物，染色质就成为激活状态。

2. 异染色质化

自利用光学显微镜早期观察开始，科学家就发现染色体的结构并不是均一的。对染色体的早期研究将染色体区域分为两个部分：异染色质和常染色质。异染色质能被多种染料染成深色，具有更为紧密的形态；常染色质则具有相反的特征，即染色浅而具有相对伸展的结构。随着研究的深入，发现染色体的异染色质区域的基因表达量非常有限，而常染色质区域的基因表达量较高。异染色质在细胞核中处于凝聚状态，不具有转录活性。组成型异染色质在整个细胞周期一直保持压缩状态，其DNA不含有基因。兼性异染色质只在一定的发育阶段或生理条件下由常染色质凝聚而成，没有持久的活性。兼性异染色质被认为含有基因。异染色质的DNA结构高度致密，参与基因表达的蛋白质因子无法接近，故异染色质处于阻遏状态。而含有活性状态基因的DNA区域则相对疏松(常染色质)，参与表达的蛋白质因子能够结合而使基因被激活。

3. 活性染色质对DNase的敏感性

基因组不同区域的染色质被不同浓度的酶水解的特性定义为基因组DNA对酶的敏感性。染色质具有不同的DNase敏感性。在对染色质的研究中，一般用DNase Ⅰ、DNase B和微球菌核酸酶。染色质对这3种核酸内切酶处理的敏感性，能够反映染色质的转录活性。当某个组织或细胞的DNA用DNase Ⅰ水解时，绝大部分DNA都产生各种长度(约200 bp的倍数)的片段，反映了这一部分染色质发生了伸展和去压缩的构象以及核小体在染色质中是有规律排列的。

大多数染色质对DNaseⅠ有一定抗性，但在转录活化的区域，则呈现出对酶的敏感性。染色质的特定状态决定了该区段容易被DNaseⅠ酶所攻击。在生物体的不同细胞中，染色质敏感的区域表现出细胞和组织特异性。无论该基因转录活性大小，生成的mRNA多寡，该基因在这个组织或细胞中总是显示出这种活性特性。研究发现，鸡卵清蛋白100 kb的基因簇，在输卵管组织中都对DNaseⅠ有敏感性，而在不表达卵清蛋白肝细胞中，该基因簇区域不显示对DNaseⅠ的敏感性。染色质对DNaseⅠ不同的敏感性也说明了它们在结构域与功能域上的差异。

在染色质中的DNA转录活性区域或潜在活性区域核小体DNA组装较为松弛。有些特异位点用极低浓度的DNaseⅠ处理时DNA极易断裂，这些特异位点称为高敏感位点(hypersensitive site，HS)。典型的高敏感位点对DNase Ⅰ的敏感性比其他区域高上百倍。高敏感位点对其他核酸酶或化学试剂也表现出高敏感性，说明这一区域特别裸露，没有核小体结构，但可能有其他蛋白质的结合。高敏感位点与有关基因的组织和细胞表达特异性有关，一般位于有转录活性的基因启动子上游。如β-球蛋白基因家族(β-globin gene family)的基因座控制区是一个高敏感位点，而非活性的基因没有敏感位点。

人类β-球蛋白基因家族的3个染色体亚区是基因座控制区(locus control region，LCR)、

εγ 区和 δβ 区。ε 在胚胎早期表达，$^{G}\gamma$ 和 $^{A}\gamma$ 在胎儿期表达，δ 和 β 在成人期表达。εγ 区和 δβ 区只在特定的发育阶段才被激活，对 DNase Ⅰ敏感性比未活化的区域高 2～3 倍，当特定发育阶段来临，基因开始转录时，它们对 DNase Ⅰ敏感性又升高了 2～3 倍，即比未活化区域高 7～8 倍。而 LCR 在整个红细胞发育过程中都处于活性状态。

除了染色质对 DNase Ⅰ的高敏感性外，活化基因的某些区域还表现出超敏感性。人 β-球蛋白基因家族上、下游两个远侧区域就是超敏感位点。在 ε 基因上游 6～21 kb 和 β 基因下游 20 kb 分别具有 LCR。LCR 是一种远距离顺式调控元件，具有增强子和稳定活化染色质的功能，也是特异性反式调控因子的结合位点。LCR 中有 6 个 DNase Ⅰ超敏感区，它们的序列同源性强，空间分布保守。已在许多生物体的 β-球蛋白基因 5′ 端上游远端发现类似 LCR 的结构，它们是层次更高的调控元件，具有红系细胞特异性，但无发育阶段特异性。当除去 LCR，整个β-球蛋白基因家族都对 DNase Ⅰ产生抗性，同时失去了球蛋白基因家族在发育过程中的调控特性。研究还发现，LCR 中的每一个 DNase Ⅰ超敏感位点，在整个发育进程中都具有调控特性。在 5′端和 3′端 LCR 界限之内的所有基因，都具有潜在活化的可能性，推测与细胞的分化有关。

在研究转基因动物过程中发现，LCR 能使与它相连的外源基因（非球蛋白基因）也都表现出不依赖于整合位点的组织特异性表达。如果敲除 LCR，外源基因的表达就容易受整合位点影响。目前认为，LCR 能为与其相连接的基因提供可以活化的染色体环境。

概括起来，染色质对 DNase Ⅰ敏感性有五个方面：

(1) 基因的活性区域对 DNase Ⅰ的敏感性有细胞和组织特异性，只有在活跃表达的细胞中，基因才具有这种敏感性；

(2) 在染色质中的基因 DNA 对 DNase Ⅰ敏感性只能说明该基因具有被转录的潜在能力，并非一定就能转录；

(3) 染色质上对 DNase Ⅰ敏感的区域有一定界限，在某种组织内有转录潜能的区域才表现敏感性，而在该区域之外、无转录潜能的区域则缺乏敏感性；

(4) 即使是在一个基因内，各个区段对 DNase Ⅰ敏感程度也不同，在基因编码转录的多数区域表现为一般的敏感性，而在基因调控区的少数区域则显示出高度的敏感性；

(5) 组蛋白的乙酰化能使染色质对 DNase Ⅰ和微球菌核酸酶的敏感性显著增强。

4. 核基质与基因活化

在真核细胞的细胞核内，除核被膜、染色质、核纤丝和核仁外，还存在着一个以蛋白质为主的网状系统，即核基质(nuclear matrix)。许多实验证据表明，染色质结合在核基质上，而非漂浮在细胞核内。核基质是由 3～30 nm 的微纤丝构成的网络状骨架蛋白(scaffolding protein)，其主要成分包括 DNA 拓扑异构酶Ⅱ、核基质蛋白以及多种 DNA 结合蛋白，并含有少量 RNA。DNA 通过长约 200 bp 且富含 AT 的特定序列结合在核基质蛋白上。这个特定序列称为核基质结合区(matrix associated region，MAR)，它使纤维状的染色质大分子 DNA 构建成数以万计的环状结构域，两段 MAR 之间的 DNA 区域弯曲呈放射环，每个环的大小为 30～300 kb，平均 60 kb，如图 7-36 所示。核基质的网状构造是 DNA 分子复制以及 RNA 转录和加工的结构支架。

DNA 与核基质的结合具有特异性，例如，鸡卵蛋白基因与鸡卵巢细胞的核基质结合，而非与小鸡肝脏或红细胞的核基质相结合。球蛋白基因不与卵巢细胞的核基质结合，而与红细胞的核基质结合。这种特异性的结合对控制基因的表达活性有着重要的意义。

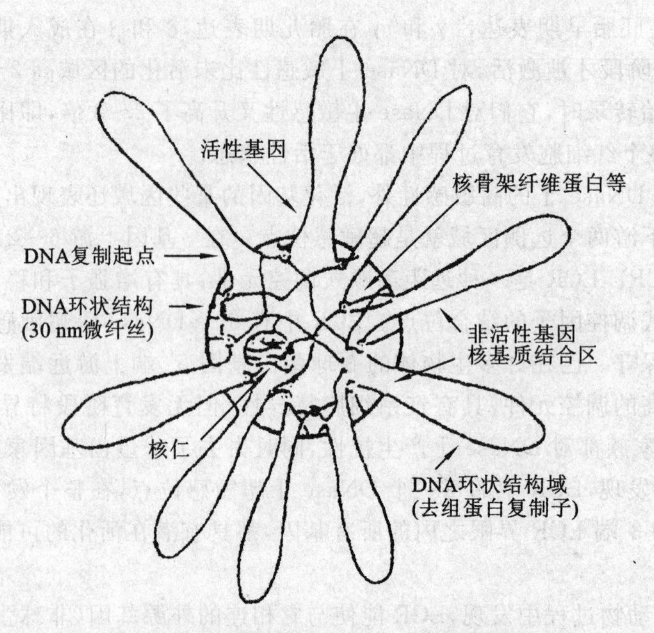

图 7-36　真核细胞核的核基质结构示意图

比较不同生物细胞系统中的核基质,发现它们有几个共同特点:①限定 DNA 环状结构域的大小,使环状结构成为相对独立的结构域与功能域,该功能域中包括一系列的转录单位以及各种特异的顺式作用元件,如称为限定子(limiter)或绝缘子的 DNA 序列等,它们或阻止激活因子,或结合抑制因子对这个功能域的调节;②各种核基质蛋白之间相互作用,控制染色质组装的疏密程度,从而调节 DNA 的复制与转录;③可能存在着基因的某种增强子元件;④可能有 DNA 复制的起始位点。

核基质结合区较为保守,一般约为 200 个富含 AT 的核苷酸区段。通过氢键、疏水力等分子间相互作用与核基质蛋白相对松散地结合,或通过共价键与核基质紧密结合。核基质蛋白主要包括不溶性的纤维蛋白网状结构、核纤层-核孔复合物、核仁以及非组蛋白,后者包括与信号转导有关的蛋白质、与基因复制和转录有关的蛋白质和酶等。

5. 基因丢失

基因丢失是指某些真核生物随着细胞的分化丢失了染色体的某些 DNA 片段的现象。某些真核生物随着细胞分化丢失了染色体的某些 DNA 片段,造成基因丢失。生殖细胞保持着全部的基因组,但早期体细胞要丢失部分 DNA 片段。许多原生动物有大核体和小核体这两种类型的细胞核。在胚胎细胞的分化时期,小核体 DNA 被切成 0.2～20 kb 的片段,之后这些片段逐步被降解。但有些片段能重复复制达上千个拷贝进入大核中。在研究两栖类的蛙卵时发现,小核体 DNA 片段有丢失现象。分别分离大核体和小核体 DNA 注入预先去除细胞核的无核蛙卵细胞中,测定其功能发现,被注入大核体的蛙卵细胞是全能的,有生长、分裂和发育的功能,而注入小核体的蛙卵细胞却无相应的功能,小核体 DNA 到底有什么功能?在进化上的意义如何?至今尚未找到答案。

对马蛔虫受精卵细胞的研究发现,它只有一对染色体,但有多个着丝粒。在发育早期,只有一个着丝粒起作用,保证有丝分裂的正常进行。在发育后期,纵裂的细胞中染色体分成许多小片段,其中的有些片段含着丝粒,而不含着丝粒的片段在细胞分裂中丢失;横裂的细胞中染色体 DNA 没有丢失。受精卵细胞第一次分裂是横裂,产生两个子细胞,第二次分裂时下面的子细胞仍进行横裂，保持原有基因组成分；而上面的子细胞却进行纵裂，丢失了部分染色体DNA。长此下去，下面的细胞保存了全套的基因组并发育成生殖细胞；其余丢失了部分染色体片段的细胞分化成了体细胞。

真核生物基因组部分 DNA 的丢失与其发育和分化的关系，仍是遗传学、发育生物学和分子生物学中有待深入研究的课题。

6. 基因扩增

基因扩增(amplification of gene)是指在基因组内特定基因的拷贝数专一性大量增加的现象。在活细胞内，基因扩增的典型实例是爪蟾卵母细胞的 rRNA 基因扩增。爪蟾的卵母细胞采取了十分特殊的基因扩增方式，以高效率扩增基因的机制。产生大量的蛋白质翻译复合体，合成其生长发育所必需的蛋白质。爪蟾的 rRNA 基因经过两次扩增使其 rRNA 基因单位放大数千倍，此时卵细胞可以合成 10^{12} 个核糖体，rRNA 占整个 RNA 的 75%。它们通过滚环式复制或 Q 形复制扩增，这些串联的 rRNA 基因 DNA(rDNA)，在卵母细胞核中形成数以千计的核仁(nucleoli)，每个核仁含有大小不等的 rRNA 的环状 DNA。而仅依靠基因组中上百个拷贝的 rRNA 基因和核糖体蛋白质基因重复单位，并不能满足卵母细胞及胚胎的发育。

在唾液细胞的多线染色体中，常染色质 DNA 序列在多线化过程中大量复制，而异染色质部分不能大量复制，致使其异染色质相对含量很低。通过测定卫星 DNA 的含量，表明它们不复制或很少复制。而常染色质在唾液细胞中能被复制 9 次之多。在果蝇基因组中特定序列也常常出现过量复制(over-replication)或复制不足(under-replication)的现象。

实际研究中选择对一定药物敏感的细胞系，使用特殊的试剂可使真核细胞的特定基因DNA 扩增。例如，在细胞系中加入甲氨蝶呤(methotrexate)，使二氢叶酸还原酶(DHFR)基因 DNA 大量扩增。这种内源性序列的扩增(相对于通过转导等方法，把外源的多拷贝串联序列整合到基因组 DNA 内而言)是由那些对一定药物敏感的细胞选择所产生的。这种用药物处理的技术称为基因组序列的选择性扩增。甲氨蝶呤是 DHFR 酶的抑制剂，可阻断叶酸代谢。当 DHFR 酶基因突变，就对甲氨蝶呤产生了抗性，在绝大多数细胞死亡情况下，只有极少数能产生大量 DHFR 的细胞存活。在这些幸存的细胞中，DHFR 基因达上千个拷贝，基因的扩增频率比自发性突变频率高很多。通过药物处理而选择性扩增的基因已达 20 多种。研究还发现，在 DHFR 基因扩增的细胞中，含有许多染色体外的成分，称为微小染色体，它们每一个都携带一到几个 DHFR 基因的拷贝。逐渐增加甲氨蝶呤的剂量，能使抗性细胞中 DHFR 基因的拷贝数逐步增加。但这些抗性细胞不稳定，当无甲氨蝶呤时，多扩增出来的 DHFR 基因逐渐消失。

7. 染色体、基因的重排

染色体重排(chromosome rearrangement)是原核生物与真核生物细胞中广泛存在的一种现象。真核生物中的染色体重排十分复杂，涉及众多的蛋白质因子。典型实例是免疫球蛋白(immunoglobulin，Ig)基因重排和酵母的接合型转换(mating type switch)。基因重排能够从分子水平上显示出生物多样性，以及显示出生物的基因组与 mRNA 复杂性之间并没有线性关系。有关基因重排的内容请参见有关章节。

7.6.2　DNA 甲基化修饰调控基因转录

1. DNA 甲基化

动物基因组 DNA 中有 2%～7%的胞嘧啶是被甲基化修饰的，形成 5-甲基胞嘧啶(^{m}C)，甲基化位点主要在 5′-CG-3′ 二核苷酸序列上。几乎所有的^{m}C 与其 3′ 端的鸟嘌呤以 5′-^{m}CpG-3′的形式存在，可占全部 CpG 的 50%～70%。卫星 DNA 一般有高度的甲基化。整个基因组都有一定程度的甲基化，当两条链上的胞嘧啶都被甲基化时称为完全甲基化；一般在复制刚完成时，子代链上的 C 呈非甲基化状态，称为半甲基化，随着子代链中的 C 被甲基化为^{m}C，半甲基化位点逐渐形成全甲基化状态。

5′-^{m}CpG-3′　5′-^{m}CpG-3′

5′-GpC^{m}-5′　3′-GpC-5′

在大多数脊椎动物 DNA 中，GC 碱基对的含量约为 40%。在一般 DNA 中，GC 碱基对形成 CpG 序列的密度约为 1/(100 bp)，有些区段 GC 碱基对形成二核苷酸序列 CpG 的密度大于 10/(100 bp)。这种富含 CpG 的区段称为 CpG 岛(CpG-rich island)，主要见于某些基因上游的转录调控区及其附近，长达 1～2 kb。在脊椎动物 DNA 中，约 20%的 GC 碱基序列形成 CpG 岛。在 CpG 岛中，GC 碱基对含量约为 60%，高于大多数 DNA 序列的 GC 含量。人类基因组大约有 75 000 个 CpG 岛。无论是否处于表达状态，大多数 CpG 岛都是非甲基化的。位于 CpG 岛所处的核小体中，组蛋白 H1 含量低，大约 50%的 CpG 岛与持家基因有关，几乎所有的持家基因都有 CpG 岛。另一半 CpG 岛存在于组织特异性调控基因的启动子中，这些基因有 40%含有 CpG 岛。CpG 岛一般在 RNA 聚合酶Ⅱ转录的基因 5′ 端区域。CpG 岛在不同的基因中，其长度都大致相同，无论该基因有多长，CpG 岛一般伸展到基因编码区的第一个外显子内。

DNA 的甲基化是一个动态修饰过程，其甲基化酶分为两类：构建性甲基化酶可对非甲基化的 CpG 位点进行甲基化修饰，此过程涉及特异性 DNA 序列的识别，它对发育早期 DNA 甲基化位点的确定具有重要作用，DNA 甲基化特征的遗传则由维持性甲基化酶实现，这种酶可在甲基化的 DNA 模板链指导下，使其互补链中对应位置上的 CpG 发生甲基化，从而使其子代细胞中具备亲代的甲基化状态。

哺乳动物发育过程中甲基化水平有明显的变化。在最初几次卵裂过程中，去甲基化酶清除来自亲代的几乎全部甲基化标记，然后大约在胚胎植入前后由构建性甲基化酶重新建立一个新的甲基化模式，此后再通过维持性甲基化酶将新模式向后代传递。

CpG 位点的甲基化可通过特殊的限制性核酸内切酶检测。*Hpa* Ⅱ识别并切割非甲基化的 CCGG 序列，但对甲基化后的^{m}CpG 则不切割；*Msp* Ⅰ能识别并切割所有的 CCGG 序列，不受甲基化的影响。因此可用 *Msp* Ⅰ来确认 CCGG 序列的存在，再以 *Hpa* Ⅱ鉴别其中的 CpG 是否发生了甲基化。利用 *Msp* Ⅰ/*Hpa* Ⅱ酶切结合杂交或 PCR 的方法分析不同 DNA 序列，可以获得 DNA 的甲基化图谱。

2. DNA 甲基化与转录抑制

甲基化对转录的抑制作用是通过甲基化的 DNA 上结合特异性转录阻遏物，或称为甲基化 CpG 结合蛋白(methylated CpG binding protem，MeCP)而起作用的。这种蛋白质能与转录调控因子竞争甲基化 DNA 结合位点。已鉴定出了两种这样的转录阻遏蛋白，即 MeCP1 和 MeCP2，它们是介导甲基化对转录抑制作用主要的结合蛋白，缺乏这些蛋白质时不能有效阻遏基因的活化。MeCP 可与含有多种甲基化的 CpG 位点结合，导致含致密甲基化的基因转录受抑制。在细胞中 MeCP2 比 MeCP1 丰富，能与只含一个甲基化 CpG 二核苷酸对的 DNA 序列结合，并聚集于富含^{m}CpG 的异染色质化区域。对 MeCP2 的研究表明，有时 DNA 甲基化比组蛋白脱乙酰化在转录的抑制上更为有效。

利用基因组印记(genomic imprinting)能够研究DNA甲基化如何影响基因的表达。20世纪80年代中期以前,人们一直认为二倍体细胞中来自父方的一套染色体与来自母方的另一套染色体在功能上是等价的。现已证实,哺乳动物某些等位基因性状的表达将由于基因的来源不同而呈现差异,甚至只表达单一亲系来源(父源或母源)的基因版本,犹如基因被打上了亲代的印记。哺乳动物基因组中含有100个以上的这类基因,亲代配子基因组中发生的不同程度的甲基化修饰,能在基因组印记中表现出来。印记模式的失真可能导致遗传疾病。亨廷顿氏舞蹈病(Huntington's chorea)是由常染色体的显性突变引起的,患者智力逐步减退且发病年龄不定。统计发现,发病年龄小的患者,其突变基因多数来自父方;而携带母方突变基因的患者发病年龄普遍推迟。DNA分析结果表明,患者中父源突变基因的甲基化程度明显低于母源基因的。基因组印记是一个可逆的过程,带有亲代基因组印记的子代个体,其自身产生的配子会因为重新修饰而消除原有印记并产生新的印记。

异染色质化能在更大范围内调节真核基因的表达,致使连锁在一起的大量基因同时丧失转录活性,从而起到遗传平衡的作用。例如,人和多数哺乳动物雌性体细胞中的两条X染色体,在胚胎早期(如1～16天的人胚胎)均呈常染色质状态,随后其中一条X染色体将随机出现异染色质化而失活,只允许另一条染色体上的基因活动。异染色质化与组蛋白H3和H4的N端有关,这些N端区域的乙酰化水平很低,在酵母细胞中可借助RAP1等序列特异性DNA结合蛋白同SIR3/SIR4等蛋白质因子相结合,并连接于核基质。N端的某些突变可消除异染色质化现象。异染色质中的CpG是被高度甲基化的,这是异染色质中基因受到持久阻遏的重要因素。

3. 甲基化影响DNA与蛋白质的相互作用

甲基化能够影响DNA与蛋白质之间的相互作用。甲基化以两种方式调控基因的表达。第一种方式是C上加5-甲基能增强或减弱DNA与蛋白质(如阻遏蛋白、活化蛋白等)之间的相互作用。当5-甲基伸入双螺旋的大沟内部,能在沟内发生特异性的DNA-蛋白质识别作用。第二种方式是C上加5-甲基使基团拥挤在DNA大沟内,导致DNA构象偏离标准的B型,螺旋扭曲的平衡转向其他构象形式(如Z-DNA结构形式的大沟能释放部分构象上的张力)。DNA构象的这些变化,能极大地改变阻遏蛋白或激活蛋白的结合能力。改变核蛋白与DNA的相互作用,使DNA形成不同的高级结构。甲基化水平的下降是启动子区域呈现DNase Ⅰ高敏感性的前提。在基因活化过程中,某些因素识别甲基化的序列,导致该基因的启动子区域去甲基化。去甲基化的启动子有利于与某种特异反式作用因子相互作用,又使启动子区域的染色质偏离正常的高级结构,变得对DNase Ⅰ高度敏感。这时基因进一步被活化,促进转录的启动。

7.6.3 组蛋白修饰对基因转录调控的影响

1. 组蛋白对基因转录的影响

组蛋白是基因活性的重要调控因子,有研究发现,当组蛋白与裸露的基因DNA混合后,能使该基因的转录停止。例如,在体细胞中,占5S rRNA基因总数98%的卵母细胞型5S rRNA基因启动子与组蛋白交联形成核小体复合物,转录受到阻遏,而只有约400个拷贝的体细胞型5S rRNA基因在卵母细胞和体细胞中都能够被转录,研究发现,在卵母细胞中没有核小体结构。

进一步在有活性的和无活性的染色质中观察组蛋白的组分及行为,发现在无活性的染色质中含有全部的5种组蛋白，而在有活性的染色质中没有组蛋白H1。当在有活性的染色质中加入组蛋白H1，使其分子比例达到每200 bp DNA段有1分子H1，则5S rRNA基因的转录明显下降。从卵母细胞和体细胞中分别纯化得到5S rRNA基因的DNA，再加入RNA聚合酶Ⅲ以及3种转录因子(TFⅢA、TFⅢB和TFⅢC)，发现能很好地转录该基因。而从卵母细胞和体细胞中温和地抽提得到的染色质，在离体条件下转录，则卵母细胞染色质中的卵母细胞型5S rRNA基因有活性，但体细胞染色质中的卵母细胞型基因没有活性。

以上研究结果说明，由于在体细胞中含有转录因子TFⅢA、TFⅢB和TFⅢC，它们能与5S rRNA基因形成前起始复合物(PIC)，但不能与卵母细胞型基因形成PIC。卵母细胞型基因DNA链能与组蛋白H1交联形成核小体，使基因转录受阻。相反在体细胞中的体细胞型基因DNA上结合的转录因子阻止核小体形成，或阻止组蛋白与DNA间的交联，使它们的基因呈活性状态。这实际上是转录因子和组蛋白H1竞争性地结合5S rRNA基因DNA，当转录因子结合于基因启动子，则基因有转录活性，否则反之。

重建染色质实验发现，组蛋白H1比核心组蛋白(H2A、H2B、H3和H4)阻遏转录的作用强。H1阻遏转录模板的活性能被转录因子拮抗，如Sp1、GAL4等因子能作为抗阻遏物(anti-repressor)，阻止H1的阻遏作用。这些转录因子还能作为转录活化因子，推测这些抗阻遏物能与组蛋白H1竞争基因DNA上的结合位点。用克隆的DNA与核心组蛋白一起保温时发现形成了核心核小体，基因活性也受到阻遏。这种重建的染色质和裸露的DNA相比，转录能力下降75%，且转录因子不能去除这种阻遏。剩余25%的转录活性可能是由于基因启动子区域并未被核小体覆盖所致。当再加入组蛋白H1，则活性转录又下降至1/100～1/25。这种阻遏作用能被活化因子(activator)所阻止。

组蛋白H1与连接DNA相结合后稳定了核小体的结构，并引导核小体进一步组装进30 nm的螺旋管中。由于核小体和染色质的凝集对H1有依赖性，故组蛋白H1能通过维持染色质的高级结构而抑制转录过程。

细胞中的多种蛋白质因子都参与染色质的重构，通过改变核小体中DNA-蛋白质的相互作用重建核小体构型，影响转录的起始或延伸。它们分别组成不同的重构复合体，一般都包含多个与蛋白质或DNA相互作用的亚基。

在启动子区域，核小体的存在能抑制转录起始，以致组蛋白长期被认为是一个转录抑制因子。由于结合了组蛋白，真核细胞的染色质从整体上被限制在非活性状态，只有解除了对转录模板的抑制它才能得到表达。染色质是否处于活化状态是决定RNA聚合酶能否行使功能的关键。这一点与原核基因的情况截然相反，在细菌细胞中仅需要改变激活蛋白和抑制蛋白的比例，便能随时调节基因的转录状态。

2. 组蛋白的乙酰化-去乙酰化对转录的影响

组蛋白的乙酰化与基因活化、染色质变化以及基因表达水平都密切相关，是一个动态过程。核小体上的核心组蛋白都能够发生乙酰化修饰。它的8个亚基上有32个潜在的乙酰化位点，在含有活性基因的DNA结构域中，乙酰化程度更高，H3和H4乙酰化程度大于H2A-H2B。H3和H4上分布着乙酰化的主要位点，对组蛋白乙酰化研究得最多的是H3和H4的Lys侧基上的ε-NH_2。研究发现，果蝇活性染色质H4的乙酰化过程只发生在Lys-5和Lys-78位，而不发生在Lys-12，说明组蛋白亚基的乙酰化是非随机性的，也可认为这是基因活性的一个标志。

组蛋白的乙酰化过程由组蛋白乙酰基转移酶(histone acetyltransferase，HAT)催化。目前已经发现了 4 种组蛋白乙酰基转移酶和 5 种去乙酰化酶(histone deacetylase,HDAC)。HAT 是一种乙酰基转移酶,催化乙酰基团从供体(乙酰-CoA)转移到核心组蛋白 N 端富含 Lys 的侧基上。参与真核生物基因转录相关的 HAT 有 Gen5、P300/CBP、TAFⅡ-250/230、PCAF 等。这些 HAT 都是存在于细胞核内的 HAT-A 型酶。HAT-A 型酶可使基因控制区域与核小体的偶联松弛,从而促进转录。HAT-B 型酶见于细胞质,将细胞质中初合成的组蛋白 H3、H4 乙酰化,并使之进入核内装配核小体,但很快地又被去乙酰化,故 HAT-B 型酶与基因转录的活性无关。

组蛋白去乙酰化酶(HDAC)是在研究鸡红细胞的细胞核基质中发现的,后来用去乙酰化的抑制剂 trapoxin 作为亲和层析的介质分离到了人的 HDAC1。发现人 HDAC1 含有 482 个氨基酸残基。进一步在人和鼠的细胞中发现了 HDAC2,它与 HDAC1 有 85%同源性。利用 EST 数据库中的 EST 作为探针,又从人成纤维细胞和 HeLa 细胞的 cDNA 文库中获得了含 428 个氨基酸残基的 HDAC3 的 cDNA。细胞内的 HDAC1、HDAC2 和 HDAC3 三者之间有一定的同源性,并具有相同的结构和功能,属于同一家族。

组蛋白的乙酰化-去乙酰化有以下生物功能:

(1) 乙酰化能促进基因转录的活性　在组蛋白特殊氨基酸残基上的乙酰化,可改变蛋白质分子表面的电荷,影响核小体的结构,从而调节基因的活性。乙酰化修饰与基因活性的典型实例是雌性哺乳动物个体的 X 染色体。Xa 和 Xi 染色体的 H4 乙酰化与其基因转录活性呈正相关。雄性个体的 Xa 染色质 H4 能乙酰化,而雌性个体 Xi 染色质 H4 只有少量乙酰化。研究认为,缺乏乙酰化能使雌性个体 X 染色体关闭转录,染色质凝聚程度增高。

(2) 组蛋白乙酰化与转录起始复合物装配　组蛋白的乙酰化作用能导致组蛋白正电荷减少,削弱了它与 DNA 结合的能力,引起核小体解聚,从而使转录因子和 RNA 聚合酶顺利结合到基因 DNA 上。组蛋白乙酰化作用还能阻止核小体装配,使染色质处于较松弛状态。近年来的研究还发现,组蛋白的乙酰化是许多转录调控蛋白相互作用的一种“识别信号”,组蛋白 H4 的乙酰化作用参与了指示和吸引 TFⅡD 到相应的启动子上,促进转录前起始复合物的装配。在细胞分裂的间期,组蛋白乙酰化程度最高,而在有丝分裂中期最低,说明乙酰化作用还参与细胞周期和细胞分裂的调控。因此,组蛋白乙酰化被认为是一种重要的细胞调控方式。

(3) 组蛋白的去乙酰化与基因沉默　核心组蛋白的 N 端暴露于核小体之外,参与 DNA 与蛋白质之间的相互作用。组蛋白乙酰化是活性染色质的标志之一,低乙酰化或去乙酰化常伴随着转录沉默,如失活的 X 染色体中 H4 组蛋白完全没有乙酰化,DNA 复制过程也伴随组蛋白的乙酰化。核心组蛋白的去乙酰化能使基因转录受到抑制,生化测定发现,在基因抑制的区域有低乙酰化组蛋白积聚。在异染色质区域 H3 和 H4 的 N 端的乙酰化水平低于整个基因组 H3 和 H4 的乙酰化平均水平,其中 H4 的 Lys16 残基的去乙酰化作用对于维持基因沉默(silencing)十分重要。HDAC 酶的抑制剂能够诱导某些基因的转录,说明 HDAC 的确与基因的抑制有关。

思考题

1. 列举真核激活因子的三类不同 DNA 结合域。
2. 列举真核激活因子的两类不同转录激活域。
3. 图示锌指结构示意图,指出指形结构中的 DNA 结合模体。

4. 什么是一般意义上的核受体功能？

5. 解释Ⅰ型和Ⅱ型核受体的区别，每种举出一个实例。

6. 反式作用因子的DNA结合结构域有哪几种？

7. 同源异型域的本质是什么？它与哪种DNA结合域最相似？

8. 列举三种模式解释增强子如何作用于相距几百个碱基以外的启动子。

9. 复合增强子有什么优势？

10. 说明如何在细胞核中鉴定转录工厂。为什么体内和体外转录都是该方法的重要部分？为什么转录工厂的存在意味着染色质环发生在细胞核中？

11. 绝缘子有什么作用？

12. 绘制模型解释如下的结果：

(1) 在增强子和启动子之间的一个绝缘子部分抑制增强子活性。

(2) 在增强子和启动子之间的两个绝缘子不抑制增强子活性。

(3) 在增强子任意一边的一个绝缘子会严重抑制增强子活性。

13. 简要概述真核基因表达调控的七个层次。

14. 真核基因表达与原核基因表达相比有什么异同点？

15. 细胞核内的染色质有哪些状态？

16. 组蛋白的乙酰化-去乙酰化有哪些生物功能？

参考文献

[1] 赵亚华. 分子生物学教程[M]. 3版. 北京：科学出版社，2011.

[2] 潘学峰. 现代分子生物学教程[M]. 北京：科学出版社，2009.

[3] 郜金荣，叶林柏. 分子生物学[M]. 2版. 武汉：武汉大学出版社，2007.

[4] 朱玉贤，李毅，郑晓峰. 现代分子生物学[M]. 3版. 北京：高等教育出版社，2007.

[5] 杨岐生. 分子生物学[M]. 2版. 杭州：浙江大学出版社，2004.

[6] 陈启民，耿运琪. 分子生物学[M]. 北京：高等教育出版社，2010.

[7] Brand A H, Breeden L, Abraham J, et al. Characterization of a "silencer" in yeast: a DNA sequence with properties opposite to those of a transcriptional enhancer[J]. Cell, 1985, 41: 41-48.

[8] Buchman A R, Kimmerly W J, Rine J, et al. Two DNA-binding factors recognize specific sequences at silencers, upstream activating sequences, autonomously replicating sequences, and telomeres in *Saccharomyces cerevisiae* [J]. Mol. Cell Biol., 1988, 8(1): 210-225.

[9] Stefan Bonn, Robert Zinzen, Charles Girardot, et al. Tissue-specific analysis of chromatin state identifies temporal signatures of enhancer activity during embryonic development[J]. Nature Genetics, 2012, 44: 148-156.

[10] 沃森，等编著. 基因的分子生物学[M]. 杨焕明，等译. 北京：科学出版社，2009.

[11] Robert F Weaver 等著. 分子生物学[M]. 郑用琏，等译. 北京：科学出版社，2013.

[12] Armache K J, Kettenberger H, Cramer P. Architecture of initiation-competent 12-subunit RNA polymerase Ⅱ. Proc. Natl. Acad. Sci. USA, 2003, 100(12), 6964-6968.

[13] Bell S P, Learned R M, Jantzen H M, et al. Functional cooperativity between transcription factors UBF1 and SL1 mediates human ribosomal RNA synthesis[J]. Science, 1988,241(4870):1192-1197.

[14] Bushnell D A, Kornberg R D. Complete, 12-subunit RNA polymerase Ⅱ at 4.1-Å resolution: Implications for the initiation of transcription. Proceedings of the National Academy of Sciences USA, 100[C]:6969-6973.

[15] Bushnell D A, Westover K D, Davis R E, et al. Structural basis of transcription: an RNA polymerase Ⅱ-TFⅡB cocrystal at 4.5 angstroms[J]. Science, 2004, 303:983-988.

[16] Chen H T, Hahn S. Mapping the location of TFⅡB within the RNA polymerase Ⅱ transcription preinitiation complex: a model for the structure of the PIC[J]. Cell, 2004, 119:169-180.

[17] Dynlacht B D, Hoey T, Tjian R. Isolation of coactivators associated with the TATA-binding protein that mediate transcriptional activation[J]. Cell, 1991, 66, 563-576.

[18] Holstege F C, Jennings E G, Wyrick J J, et al. Dissecting the regulatory circuitry of a eukaryotic genome[J]. Cell, 1998, 95:717-728.

[19] Kim Y J, Bjorklund S, Li Y, et al. A multiprotein mediator of transcriptional activation and its interaction with the C-terminal repeat domain of RNA polymerase Ⅱ[J]. Cell, 1994, 77:599-608.

[20] Kim T W, Kwon Y J, Kim J M, et al. MED16 and MED23 of mediator are coactivators of lipopolysaccharide-and heat-shock-induced transcriptional activators [J]. Proc. Natl. Acad. Sci. USA, 2004, 101:12153-12158.

[21] Meisterernst M. Transcription: mediator meets morpheus[J]. Science, 2002, 295:984-985.

[22] Meisterernst M, Roy A L, Lieu H M, et al. Activation of class Ⅱ gene transcription by regulatory factors is potentiatedby a novel activity[J]. Cell, 1991, 66:981-993.

[23] Metivier R, Penot G, Hubner M R, et al. Estrogen receptor-alpha directs ordered, cyclical, and combinatorial recruitment of cofactors on a natural target promoter[J]. Cell, 2003, 115:751-763.

[24] Pugh B F, Tjian R. Mechanism of transcriptional activation by Sp1: evidence for coactivators[J]. Cell, 1990, 61:1187-1197.

[25] Rachez C, Lemon B D, Suldan Z, et al. Ligand-dependent transcription activation by nuclear receptors requires the DRIP complex[J]. Nature, 1999, 398:824-828.

[26] Stevens J L, Cantin G T, Wang G, et al. Transcription control by E1A and MAP kinase pathway via Sur2 mediator subunit[J]. Science, 2002, 296:755-758.

[27] Thompson C M, Koleske A J, Chao D M, et al. Amultisubunit complex associated with the RNA polymerase Ⅱ CTD and TATA-binding protein in yeast[J]. Cell, 1993, 73:1361-1375.

第8章 RNA转录后加工及调控

在细胞内，由RNA聚合酶通过转录过程所得到的初级转录物(primary transcript)往往需要经过一系列的反应变化，包括RNA链的断裂、剪接和编辑，5′端与3′端的切除和特殊结构的形成，核苷酸的修饰和糖苷键的改变等过程，才能够成为有功能的成熟RNA分子。这个过程称为RNA的转录后加工过程(post-transcriptional processing)，或称为RNA的成熟过程。

8.1 mRNA的转录后加工

原核生物的mRNA转录出来之后，通常可直接进行翻译，除少数外，一般不进行转录后加工。但也有少数多顺反子mRNA需要在核酸内切酶的作用下生成较小的单位，然后再通过翻译过程指导蛋白质的合成。例如，在大肠杆菌的基因组中的核糖体大亚基蛋白L10和L7/L12与RNA聚合酶β亚基和β′亚基的基因组成一个操纵子，能够转录出一条多顺反子mRNA。在RNaseⅢ作用下，该多顺反子mRNA被切割成核糖体蛋白质mRNA和聚合酶亚基mRNA，然后分别进行翻译。将两者mRNA切开，有利于各自的翻译调控。

与原核生物不同，由于有细胞核等结构的存在，真核生物的转录与翻译过程在时间上和空间上都被分隔开来，真核生物编码蛋白质的基因所转录生成的mRNA前体不能够直接用于指导蛋白质的合成，核中产生的mRNA前体须经过一系列复杂的加工过程并转移到细胞质中才能表现出翻译功能，其转录后加工过程非常复杂。

在真核细胞核内可以分离得到一类含量很高、相对分子质量很大但很不稳定的RNA分子，它们被称为核内不均一RNA(heterogeneous nuclear RNA，hnRNA)，其中至少有一部分hnRNA可转变成细胞质的成熟mRNA。hnRNA的相对分子质量分布极不均一，其沉降系数在10 S以上，主要在30～40 S区域，有的甚至可以达到70～100 S。hnRNA平均分子长度为8～10 kb，长度变化的范围为2～14 kb，是mRNA平均长度的4～5倍。hnRNA的碱基组成与总的DNA组成类似，它们在细胞核内能够被迅速合成和降解，不同细胞类型的hnRNA的半衰期不同，从数分钟到1 h。而细胞mRNA的半衰期一般在1～10 h。

由hnRNA转变成mRNA的加工过程包括：在mRNA的5′端生成特殊的帽子结构；在mRNA的3′端加载上多聚腺苷酸poly(A)尾巴；通过RNA剪接作用，除去由内含子转录来的序列；对mRNA分子内部核苷酸进行甲基化修饰；某些mRNA前体分子还要进行RNA编辑。

8.1.1　mRNA 剪接

1977 年以前，分子生物学家们一直认为，mRNA 中的连续的线形核苷酸序列与 DNA 模板链中的连续的核苷酸序列是完全互补的。但是就在这一年，麻省理工学院的 Phillip Sharp 和纽约冷泉港实验室的 Richard Roberts、Louise Chow 等发现，mRNA 是从模板 DNA 链上的不连续部分转录而来的。起初人们猜测这种现象只是病毒基因组所特有的，但随后的研究结果表明，这种现象是普遍存在的，尤其是在真核生物细胞中。例如，当鸡卵清蛋白基因的 DNA 片段和相应的 mRNA 杂交时，就有 7 段 DNA 序列因为没有相应的 RNA 序列与之配对，形成凸环结构（图 8-1）。因此与能够指导蛋白质进行连续合成的成熟 mRNA 相比，DNA 上的基因是不连续的，中间有额外的序列间隔。这些额外的序列称为间插序列（intervening sequences），会在生成 mRNA 过程中被切除掉，而含有间插序列的基因称为断裂基因（split gene）。1978 年 Gilbert W. 将断裂基因中在转录后被除去的序列称为内含子（intron），而出现在成熟 RNA 产物中的序列称为外显子（extron）。在断裂基因中，内含子和外显子是交替排列的，将 RNA 分子中对应内含子那部分的序列切除，从而将外显子序列连接在一起的过程称为 RNΛ 剪接（RNΛ splicing）。

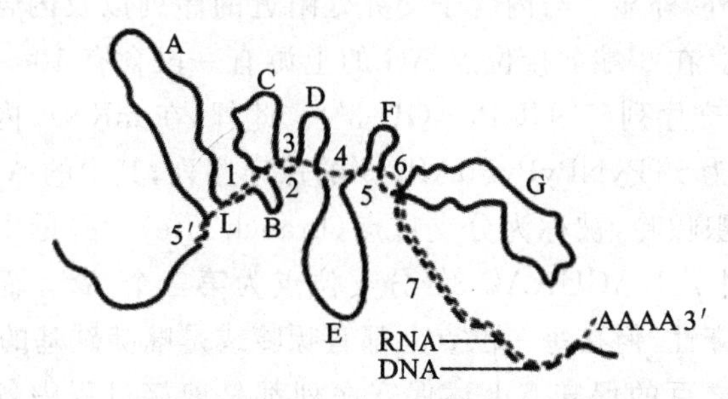

(a) 成熟鸡卵清蛋白mRNA与带有该基因的互补链DNA序列杂交示意图

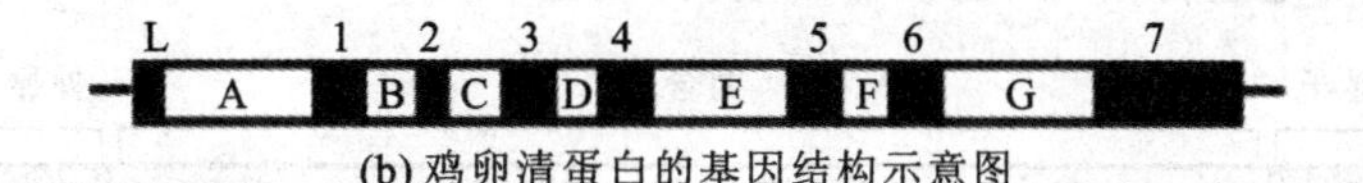

(b) 鸡卵清蛋白的基因结构示意图

图 8-1　DNA-RNA 杂交方法验证成熟 mRNA（虚线）由模板 DNA 链（实线）上的不连续部分转录而来

L 以及 1～7 表示外显子区，A～G 为内含子区。

1. mRNA 中的内含子

所有类型的真核生物基因组中都含有内含子，酵母中的内含子所占的比例较低，而在高等真核生物中，绝大部分的基因是含有内含子的断裂基因，真核生物基因平均含有 8～10 个内含子。此外，内含子也存在于线粒体、叶绿体以及细菌和噬菌体中，虽然原核生物出现内含子的概率非常低。内含子通常是无编码功能的，在 RNA 由初始转录物被加工成为最终 RNA 产物的过程中，可以被 RNA 剪接加工过程所去除。所以内含子中的突变不会对蛋白质的序列造成影响。但是，当突变发生在与剪接相关的位点上时，就会通过影响 RNA 的剪接过程，对成熟 RNA 的生成产生影响。此外，对内含子的定性也不是绝对的，有时内含子中也含有一个基因的编码序列，但这样的情况极少。

通过对不同物种的相关基因进行比对，人们发现外显子序列通常是保守的，而内含子序列的保守性则很低。这是因为编码序列通常是处于选择压力之下的。许多不利于生存的突变都会被淘汰掉,不会保留下来。而内含子由于缺少编码功能,不受到选择压力的作用,从而能够自由地积累突变,因此比外显子的进化速度快得多。但是内含子在基因中所在的位置通常是保守的。一般来说,基因家族成员具有共同的组织结构。外显子通常很短小,典型的外显子的核苷酸序列少于 300 bp,而在高等真核生物中,内含子的长度变化范围为几十 kb。目前发现有些内含子可以编码 microRNA,因此,内含子的"功能"及其在生物进化中的地位是一个引人注目的问题。

处于外显子和内含子交界处的核苷酸序列称为剪接位点(splice site),内含子两端的剪接位点可以按照内含子的方向进行确定(图 8-2)。按照内含子的方向,左边的剪接位点称为 5′剪接位点(5′-splice site),又称为左剪接位点(left site)或者供体位点(donor site);右边的剪接位点称为 3′剪接位点(3′-splice site),又称为右剪接位点(right site)或者受体位点(acceptor site)。Chambon 等分析比较了大量结构基因的内含子剪接位点,发现 mRNA 前体中内含子的两端剪接位点序列是高度保守的,这些序列结构可能是进行 mRNA 前体剪接的信号。多数细胞核 mRNA 前体中内含子的 5′剪接位点含有保守的 GU 序列,3′剪接位点含有保守的 AG 序列。因此这种保守序列模式称为 GU-AG 法则(对应于 DNA 为 GT-AG),又称为 Chambon 法则。

除了 GU 和 AG 之外,外显子与内含子交界处附近的序列以及内含子内部的部分序列也参与内含子的剪接过程。在 3′端剪接位点 AG 的上游有一段含有 10～20 个嘧啶核苷酸的区域,5′端剪接位点有一保守序列(5′-GUPuAGU-3′)。此外,在 mRNA 内含子 3′端的上游 18～50 bp 处,存在一个序列为 5′-PyNPyPyPuAPy-3′的保守序列,其中的 A 是必不可少的,是参与剪接反应所需要的特定腺嘌呤,被称为分支位点(branch site)。酵母中的分支位点序列是高度保守的,具有共有序列 5′-UACUAAC-3′(分支位点为第三个 A)。而高等真核生物中的分支位点并没有很强的保守性,但在每一位点上都有嘌呤或是嘧啶碱基的偏好性。但是,作为分支位点的腺苷酸是百分之百的保守。上述保守序列都是剪接过程中各种剪接因子的结合位点,对于有效和准确地进行 RNA 剪接非常重要。

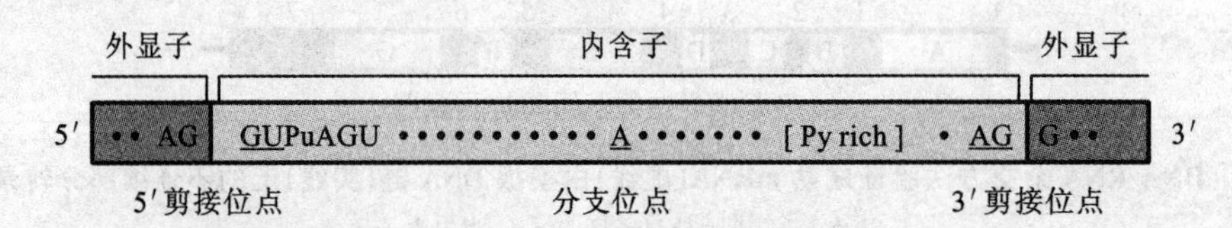

图 8-2 真核生物 RNA 前体分子中常见的内含子与外显子交界处的核苷酸序列

2. mRNA 内含子剪接机制

体外剪接系统可用来研究剪接机制。研究表明细胞核提取物能够完成 RNA 前体的剪接反应,这说明 RNA 剪接与转录过程无关。此外人们发现,RNA 剪接也与 RNA 的修饰状态无关。即使没有 5′-帽子结构和 3′-poly(A)尾巴结构,mRNA 的剪接反应也能够进行。虽然 RNA 剪接反应是独立于 RNA 转录和 RNA 修饰,但是这些过程通常是同时进行的。此外,RNA 剪接效率可能还受到其他事件的影响。

mRNA 剪接是由两步连续的转酯反应(transesterification)完成的。第一步转酯反应是由分支位点保守腺苷酸的 2′-羟基作为亲核基团,攻击 5′剪接位点上的保守鸟苷酸的磷酸基团。其结果是,左侧外显子的 3′端核糖与内含子的 5′端磷酸之间的磷酸二酯键打开,形成游离的左侧外显子和右侧的内含子-外显子分子。而内含子的 5′端通过 5′,2′-磷酸二酯键与分支点保守腺苷酸连接。这样，除了 5′，3′-骨架磷酸二酯键连接以外，保守腺苷酸还会在 2′-羟基位置上形成第三个磷酸二酯键，产生一个三叉交汇点，从而使得右侧的内含子-外显子分子形成套索结构(lariat)，或者说 Y 形结构。由于参与亲核反应的腺苷酸正好处于 Y 形结构的分叉点，因此保守腺苷酸称为分支位点。需要注意的是，体内含外显子的 RNA 并不是游离状态的，而是与 RNA 剪接装置结合在一起的。

在第一次转酯反应中，左侧外显子是离去基团。在第二步转酯反应中，左侧外显子上新游离出来的 3′-羟基反过来作为亲核基团，攻击内含子的 3′剪接位点，使得内含子的 3′剪接位点被切断，然后内含子以套索形式被释放出来，与此同时右侧的外显子与左侧的外显子连在一起。为了阐述得更加清楚，在图 8-3 中，将切割和连接反应分别表示，但实际上它们是同时发生的。然后套索被切开成线状，被切除的内含子很快被降解。

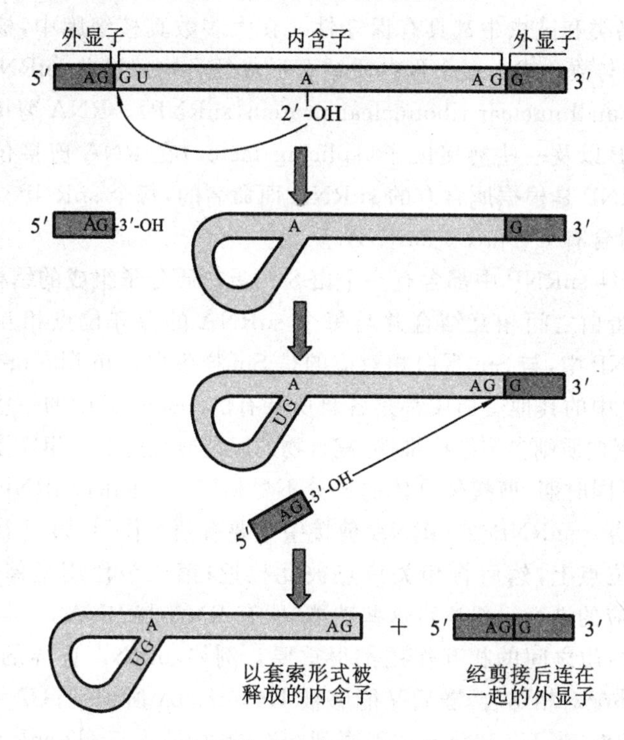

图 8-3　mRNA 前体分子中内含子的剪接反应机制

在以上两步转酯反应中，没有增加新的化学键。只是酯键由一个位置转移到了另一个位置。由原来的外显子和内含子间的两个 5′，3′-磷酸二酯键，转变为两个外显子之间的 5′，3′-磷酸二酯键和内含子本身的套索结构中的 5′，2′-磷酸二酯键。虽然这个化学过程不需要消耗能量，但是在正确组装和运行 RNA 剪接机器时，需要消耗大量的 ATP。RNA 剪接反应是单向进行的，这是因为通过 RNA 剪接反应，一个 RNA 前体分子分成了两个分子，即新的 mRNA 和套索状内含子，增加了体系的熵。另一方面，切下来的内含子会迅速降解，不能再参加逆反应。

完成 mRNA 剪接反应所需要的序列是位于 5′和 3′端剪接位点和分支位点的保守序列。大部分内含子序列的缺失都不会影响 mRNA 剪接反应的进行，这表明 mRNA 剪接反应过程不需要内含子或是外显子序列形成的特定构象。酵母中的分支位点序列是高度保守的，酵母中分支位点的突变或缺失都会阻碍剪接的进行。在高等真核生物中，分支位点序列有一定灵活性。当分支位点缺失时，可以在附近区域选择其他类似的序列来代替，这些替代序列称为隐藏位点。当替代位点发挥作用的时候，mRNA 剪接过程可以正常进行，产生与野生型相同的剪接产物。

3. 剪接体

在真核细胞核内，mRNA 剪接反应是由被称为剪接体(spliceosome)的大型分子复合物所介导的。这个复合体包含约 150 种蛋白质和 5 种 RNA，沉降常数为 50～60 S，大小与将 mRNA 翻译成蛋白质的核糖体差不多。剪接体的多数功能是由其中的 RNA 组分完成的。在高等真核生物(包括哺乳动物、植物等)中含量最高的剪接体称为主要剪接体(major spliceosome)或者 U2 依赖型剪接体(U2-dependent spliceosome)，主要剪接体中的 5 种 RNA 分别为 U1、U2、U4、U5 和 U6，属于核内小 RNA(small nuclear RNA，snRNA)，参与剪接的所有 snRNA 在动物、鸟类和昆虫中都具有保守性。在大多数真核细胞中，核内小 RNA 长度为 100～300 bp，且能够与数个或十多个蛋白质结合形成复合物。这些 snRNA-蛋白质复合物称为小核内核糖蛋白(small nuclear ribonuclear protein，snRNP)。RNA 剪接体就是由 U1、U2、U5 和 U4/U6 snRNP 以及一些剪接因子(splicing factor)在 RNA 剪接位点逐步装配而成。参与剪接反应的 snRNP 是根据所含有的 snRNA 而命名的，每个 snRNP 含有一个 snRNA 分子，而 U4/U6 则同时含有 U4 和 U6 snRNA。

U1、U2、U5 和 U4 snRNP 中都含有一个由 8 种蛋白质分子组成的结构中心，这些蛋白质称为 Sm 蛋白。Sm 蛋白之间相互结合并与每个 snRNA 的保守位点相互结合，形成 snRNP 的核心。在 U6 snRNP 中，与 Sm 蛋白相对应的是 Sm 样蛋白(Sm-like protein)。除了 Sm 蛋白以外，每个 snRNP 中的其他蛋白质都是各自所特有的。snRNP 中的一些蛋白质可能直接参与剪接反应，另一些蛋白质则参与结构维持、复合物的组装或彼此之间相互作用等过程(图 8-4)。

在剪接反应的不同时期，剪接体具体的成分不尽相同。不同的 snRNP 在不同时间进出剪接体，执行不同的任务。snRNP 在 mRNA 剪接中主要有两个作用：第一个作用是识别并结合在剪接位点和分支位点上，然后将相关位点彼此拉近；第二个作用是催化或者是帮助催化 RNA 剪切和连接反应的进行。要执行这些功能，所有 RNA 与 RNA 之间，蛋白质与蛋白质之间，以及 RNA 与蛋白质之间的相互作用都很重要。例如，mRNA 前体的 5′剪接位点能够与 U1 snRNA 碱基互补配对相结合，随后又能够被 U6 snRNA 所识别；U2 snRNA 可以与分支位点序列进行碱基配对，当 U2 和分支位点序列配对的时候，由于 U2 snRNA 中没有相应的 U 与分支位点 A 进行配对，因此分支位点 A 将从双螺旋中突出来，结果使 A 的 2′-OH 能够暴露出来，与内含子的 5′剪接位点发生反应，生成套索结构；U2 snRNA 和 U6 snRNP 之间也存在相互作用，从而使得 5′剪接位点和分支位点靠拢在一起。除了 snRNP 外，RNA 剪接体中的其他蛋白质也会参与剪接反应。例如，U2AF(U2 辅助因子)能够识别多聚嘧啶区和 3′剪接位点，并可协助分支位点结合蛋白(branch-point binding protein，BBP)结合到分支位点上。其他参与剪接反应的蛋白质还包括 DEAD 盒解旋酶蛋白，该蛋白质利用其 ATPase 活性解离特定的 RNA-RNA 相互作用，以便形成新的配对方式。正是这些相互作用以及其他类似的相互作用，加上由此所导致的重排，推动了整个剪接过程的顺利进行并且保证了其准确性。

4. mRNA 剪接反应过程

mRNA 剪接反应过程(图 8-5)可以分为两个阶段：组装阶段和催化阶段。

在组装阶段，5′剪接位点、分支序列及其相邻的富含嘧啶的区域将会被识别，然后所有的剪接元件组装成剪接体。

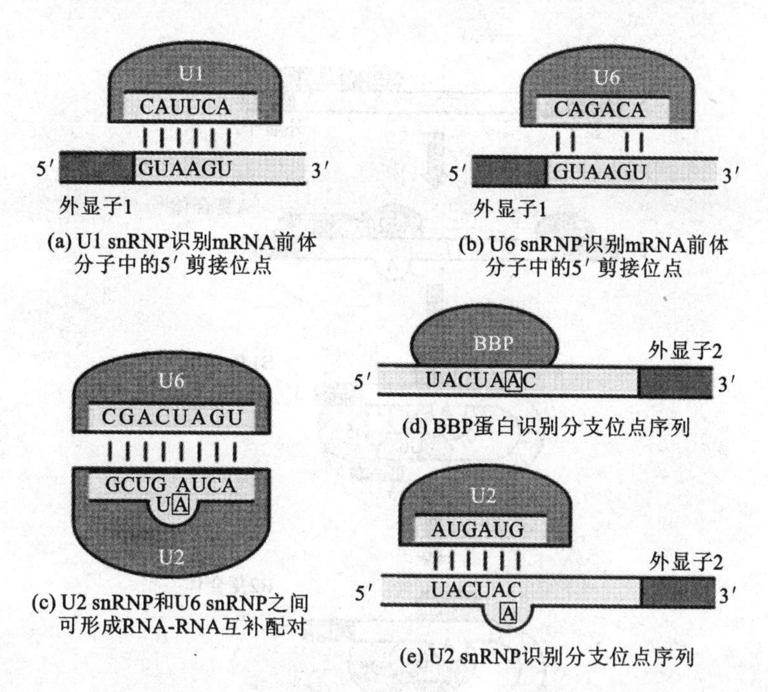

图8-4　剪接过程中出现的部分RNA-RNA以及RNA-蛋白质相互作用方式

首先，通过碱基配对作用，U1 snRNP识别并结合在mRNA前体的5′剪接位点。与此同时，U2AF的一个大的亚基(U2AF65)与分支位点下游一个富含嘧啶的区域结合，另一个小的亚基(U2AF35)直接结合在3′剪接位点的AG上。前一个亚基与BBP相互作用，协助其结合到分支位点上。以上形成的蛋白质和RNA结合体称为早期(E)复合体。

随后，在U2AF协助下，U2 snRNP取代BBP结合到分支位点，这样形成的结合物称为A复合体。U1 snRNP和U2AF都是U2 snRNP与RNA结合所需要的。U2 snRNA包含和分支位点序列互补的序列，能够与分支位点序列配对结合形成一段双螺旋RNA，由于分支位点腺苷酸不配对，所以被挤出来。这样非配对的分支位点腺苷酸可以与5′剪接位点发生反应。

随着E复合体的形成，其他的snRNP和剪接因子就会按照一定的顺序与复合体结合。U4 snRNP、U5 snRNP和U6 snRNP形成一个三聚体复合物，然后与含有U1和U2 snRNP的A复合体结合而形成B1复合体。在三聚体复合物中，U4和U6 snRNP通过其RNA组分之间的互补配对相结合，而U5 snRNP则是通过蛋白质相互作用松散结合。B1复合体的形成把3个剪接位点拉到一起。

随后，U1 snRNP离开剪接体，其在5′剪接位点的位置由U6取代。这要求U1 snRNA与mRNA前体之间的碱基配对断开，以便U6 RNA与同一区域配对。U1 snRNP的释放可引起剪接体中其他成分与5′剪接位点靠近，并排列在一起，特别是U6 snRNA。U5 snRNA也改变其位置，原先它是靠近5′剪接位点的，此时它移到了内含子序列附近。此时所形成的复合物称为B2复合体。mRNA剪接的第一阶段结束。

在mRNA剪接的催化阶段，剪接体将通过切割、连接反应去除内含子。同时，随着mRNA剪接反应的进行，剪接体中的各种元件也将被释放出来或者重新进行组装。

U4 snRNP的释放会触发催化反应的进行，这需要ATP供能。U4 snRNP离开剪接体后，U6 snRNP可以与U2 snRNP通过RNA-RNA配对发生相互作用，重排后的剪接体称为

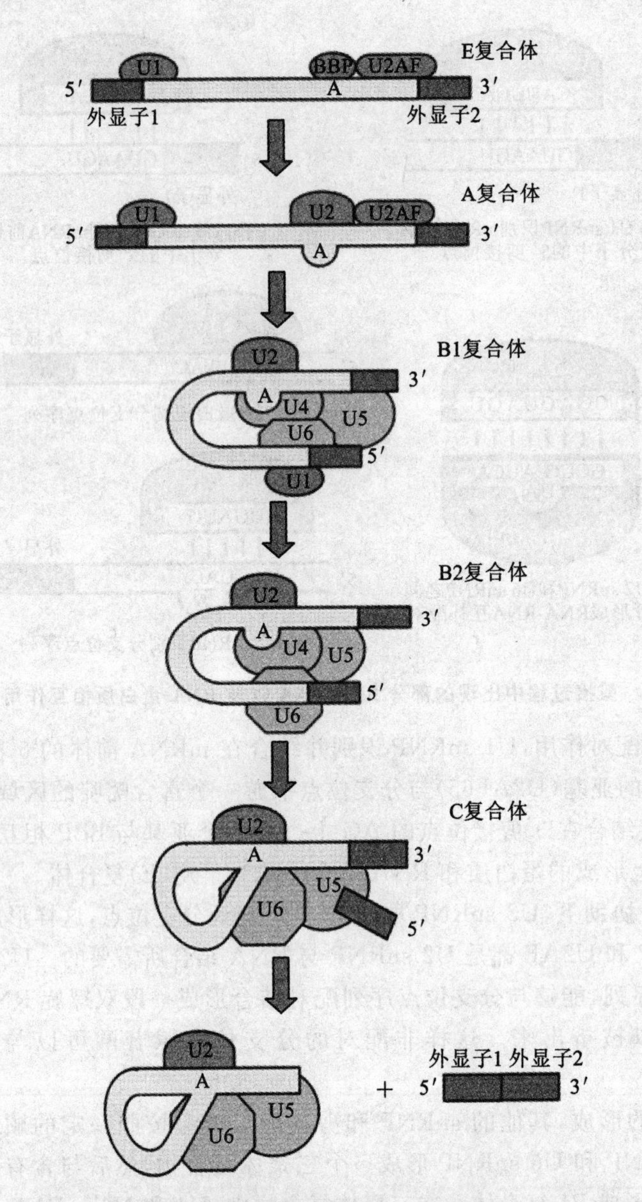

图 8-5　剪接体介导的 mRNA 前体分子的剪接反应过程

C 复合体。重排把构成活性位点的所有组分聚集到剪接体内，从而产生了活性位点。在 U4/U6 snRNP中，U6 snRNA 有一段连续核苷酸序列能与 U4 snRNA 的两组分开的序列相互结合。当 U4 snRNA 解离时，U6 snRNA 上所空出序列的一部分与 U2 snRNA 互补结合，另一部分序列则形成了分子内发夹结构。U2 和 U6 之间的结合与 U4 和 U6 间的结合是不相容的，这样 U4 snRNP 的释放控制着剪接反应的进行。因此，U4 snRNA 的功能可能是将 U6 snRNA 暂时封闭，直至需要为止。活性中心的形成，使得 mRNA 前体的 5′剪接位点与分支位点并排在一起，这样有利于突出的分支位点 A 攻击 5′剪接位点，发生第一次转酯反应。在此阶段产生催化活性中心，使得活性位点只存在于真正的剪接部位，有助于降低错误剪接的概率。

发生在 5′和 3′剪接位点之间的第二次转酯反应是由 U5 snRNP 协助完成的，其结果是把两个外显子连接在一起。最后 snRNP 和内含子从 mRNA 前体分子上释放出来，完成整个 RNA 剪接过程。起初 snRNP 仍然结合在内含子套索结构上，随着内含子的快速降解，snRNP 又进入下一轮循环。

5. mRNA 前体分子中的 AU-AC 型内含子和次要剪接体

绝大多数高等真核生物中的 mRNA 前体中的内含子是 GU-AG 型内含子（占了人类基因组剪接位点的 98%以上），需要借助前面所提到的主要剪接体加以去除。但是在这些生物体内有些 mRNA 前体中的内含子是由另一种被称为次要剪接体（minor spliceosome）或者 U12 依赖型剪接体（U12-dependent spliceosome）进行剪接的。次要剪接体中同样也存在 5 种 snRNA 分子，分别是 U11、U12、U4atac、U6atac 和 U5。其中前四个 snRNA 虽然与主要剪接体中的 U1、U2、U4、U6 不同，但是它们的功能是相似的。而 U5 在这两种剪接体中是完全一样的。

次要剪接体能够识别 mRNA 前体中一类很少见的内含子，该内含子的 5′端是 AU，3′端是 AC（对应于 DNA 则为 AT 和 AC），故称为 AU-AC 型内含子。此外，人们发现次要剪接体所识别的内含子也有一些具有 GU-AG 末端结构，但是这些内含子其他位置上的共有序列则不同于主要剪接体所识别的 GU-AG 型内含子。次要剪接体所识别的内含子的保守序列特征为 5′-$^{G}_{A}$AUCCUUU……PyA$^{G}_{C}$-3′；分支位点序列为 UCCUUPuAPy，能够与 U12 snRNA 配对。人们认为分支位点序列的差异是两种剪接体所识别的内含子之间的最大区别，因此建议将主要剪接体所识别的内含子称为 U2 依赖型内含子（U2-dependent intron），次要剪接体所识别的内含子称为 U12 依赖型内含子（U12-dependent intron），而不再用 GU-AG 型内含子和 AU-AC 型内含子进行区分。这两种类型的内含子可在很多基因组内同时存在，有时甚至出现在同一基因中。

虽然识别的剪接位点和分支位点序列不同，但是两种剪接体去除内含子的化学过程是完全一样的，说明这两种 RNA 剪接系统具有共同的进化途径。此外人们注意到，这两种 mRNA 前体中的内含子的剪接机制与Ⅱ型内含子相同，而且它们在进行剪接反应所形成的结构也是相似的。图 8-6(a)显示的是 GU-AG 型内含子在进行剪接反应时内含子、外显子和剪接反应所需要 U2 snRNA、U6 snRNA 相互作用的结构示意图；图 8-6(b)显示的是Ⅱ型内含子在剪接过程中关键部位 RNA 序列的排列情况。因此有人主张具有自我剪接能力的Ⅱ型内含子代

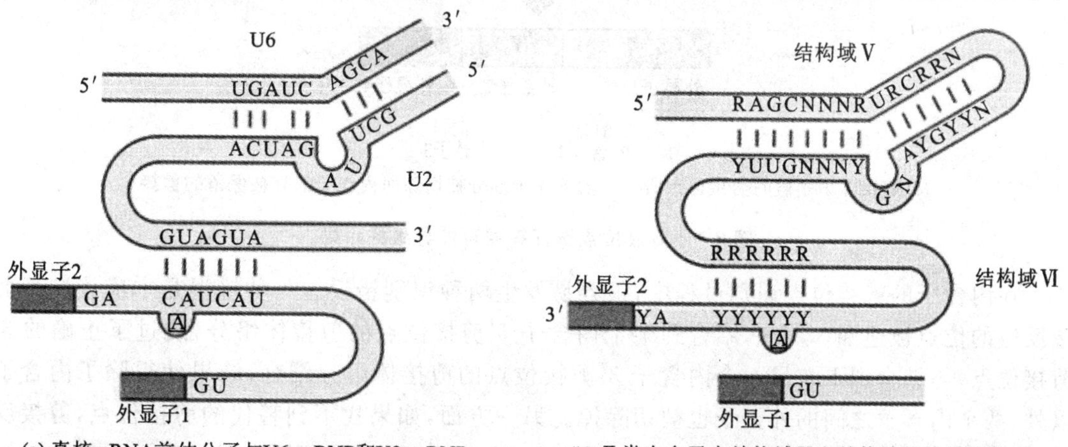

(a) 真核mRNA前体分子与U6 snRNP和U2 snRNP之间的RNA-RNA配对相关的二级结构

(b) Ⅱ类内含子中结构域Ⅴ和结构域Ⅵ的折叠方式

图 8-6　真核 mRNA 前体分子在剪接过程中形成与Ⅱ类内含子相似的二级结构

表了内含子的最原始形式。进而，AU-AC 型内含子从Ⅱ型内含子进化产生，并最终产生主流的 GU-AG 型内含子。

6. mRNA 前体分子正确进行剪接的保障机制

在剪接体组装过程中，mRNA 前体序列会被多个组分同时识别。例如，5′剪接位点首先被 U1 snRNP 识别，然后与 U6 snRNP 相结合。两者同时出错的可能性很小，从而在一定程度上防止了错误剪接的发生。虽然如此，mRNA 前体剪接位点出错的问题仍然非常严重（图 8-7）。

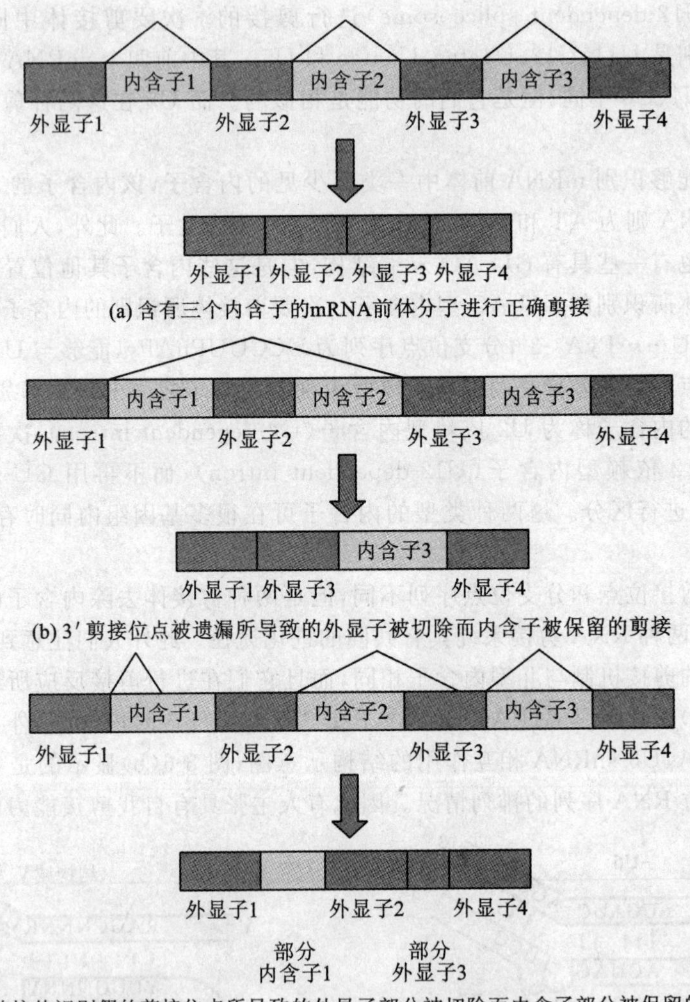

图 8-7　剪接位点选择错误可能导致的后果

在内含子的剪接位点识别过程中，很容易发生两种识别错误。一种错误是本应该进行剪接反应的位点被遗漏。例如，结合到某个内含子 5′剪接位点的剪接体组分，跳过了正确的 3′剪接位点，与结合到下游另一个内含子 3′剪接位点的剪接体组分结合，结果使得除了内含子以外，两个内含子之间的外显子也被切除掉。另一方面，如果找不到替代的剪接位点，剪接反应将不会发生，内含子序列就会出现在成熟的 mRNA 分子中，被翻译成蛋白质的一部分。第二种错误是剪接体将剪接位点邻近的非法位点错认为剪接位点，从而发生剪接错误。

那么，除了剪接位点序列和分支位点序列的保守性以外，生物体内还有没有其他的机制可以保证剪接位点识别的准确性呢？目前人们发现有两种机制可以提高剪接位点选择的准确性。

第一，在 RNA 转录合成过程中，RNA 聚合酶Ⅱ最大的亚基的末端结构域（CTD）携带多种具有 RNA 加工功能的组分，其中包括与 RNA 剪接相关的因子。所以 RNA 一经转录出来，就会在第一时间里被这些因子所识别，进行剪接位点的检查，从而确保不会将 RNA 上的剪接位点遗漏掉。当 RNA 分子上的 5′剪接位点刚刚被转录出来时，结合在 RNA 聚合酶Ⅱ上的 RNA 剪接相关因子就从 RNA 聚合酶上转移到 RNA 分子上，并与 5′剪接位点相结合，随时做好准备与那些即将结合在将要转录出来的第一个 3′剪接位点上的剪接因子相互作用。于是在后面任何竞争性 3′剪接位点被转录出来之前，剪接体就已经识别出了正确的 3′剪接位点。这种共转录式剪接体组装方式极大地减少了外显子遗漏的可能性。

第二，为了确保剪接装置是与真正的剪接位点相结合，而不是与具有与剪接位点相同序列的非法位点相结合，在体内还存在另一种机制，能够保证靠近外显子与内含子交界处的剪接位点序列，优先被剪接装置所识别，以防止使用错误剪接位点。一种富含丝氨酸和精氨酸的蛋白质（SR 蛋白）能够与外显子中的外显子剪接增强子（exonic splicing enhancer，ESE）元件结合（图 8-8）。结合到这些位点的 SR 蛋白与剪接体的组分相作用，将其引到 SR 蛋白附近的剪接位点上。因为外显子较小，一般不超过 300 bp，这样就提高了剪接体正确结合到剪接位点的可能性，而不会与离外显子较远的错误位点相结合。结合到 ESE 上的 SR 蛋白能够与识别 3′剪接位点的 U2AF 结合，并将 U1 snRNP 引导至 5′剪接位点，从而可以将它们定位在外显子两侧正确的剪接位点上，避免错误的 RNA 剪接的发生。

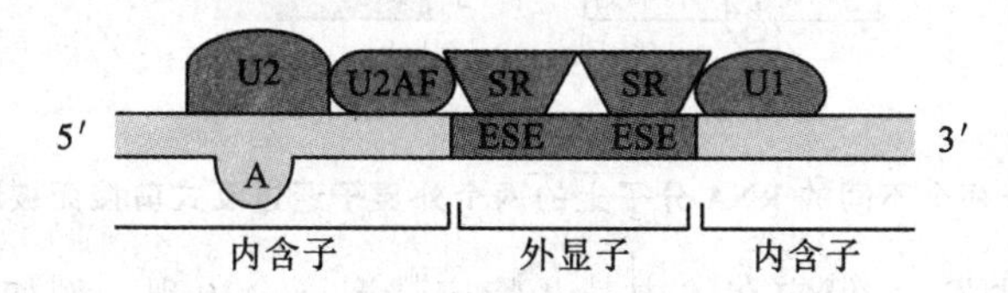

图 8-8　SR 蛋白介导的剪接位点识别机制

7. mRNA 前体分子的反式剪接

大多数情况下，RNA 剪接是一种分子内反应，只在同一个 RNA 分子上进行内含子剪接，将相邻的外显子连接在一起，是以顺式作用方式（*cis*）发生的，此种剪接方式称为顺式剪接（*cis*-splicing）。但也有另一种情况，即不同基因的外显子剪接后相互连接在一起，该剪接方式称为反式剪接（*trans*-splicing）。

在两种情况下两个 RNA 分子可以发生反式剪接的现象。一种情况是，当两个 RNA 分子中的内含子序列互补时会发生反式剪接。互补序列间的碱基配对能够产生一个 H 形分子，这个 H 形分子能够进行顺式剪接，将一条 RNA 链上的内含子两侧的外显子连接在一起；也可以进行反式剪接，将并列的 RNA 分子的外显子连接在一起。这两种剪接反应方式在体外都能够进行。另一种情况是，一条 RNA 分子含有 5′剪接位点，另一条含有 3′剪接位点。同时，这两条 RNA 分子都具有一个合适的下游序列，可以是下一个 5′剪接位点，也可以是一个剪接增强子。此种情况下，也可以进行反式剪接反应。与顺式剪接不同，在反式剪接过程中所形成的中间体不再是套索结构，而是一个 Y 形结构（图 8-9）。用去分支酶处理就可以得到两个片段。若是套索结构的话，则会得到一条片段。反式剪接现象的存在，说明左端和右端的剪接位点没有必要位于同一个 RNA 分子上。当不同的 RNA 分子非常靠近时，剪接体很可能会识别来自于不同 RNA 分子上的 5′和 3′剪接位点。

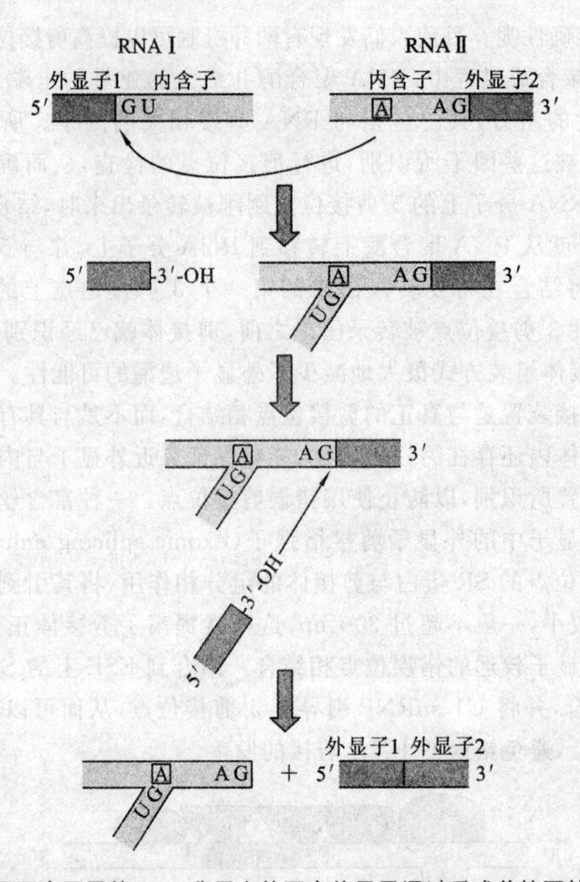

图 8-9　位于两个不同的 RNA 分子上的两个外显子通过反式剪接而被连接在一起

尽管反式剪接很少发生，但它在体内某些特定情况下会出现。例如锥虫（*Trypanosome*）中许多 mRNA 的 5′端具有相同的、长度为 35 bp 的前导序列，该前导序列并不是由 mRNA 所在的转录单位编码的，而是由基因组中其他区域所转录出来的独立 RNA 分子通过反式剪接机制加载到其他 mRNA 上。该 RNA 分子的 5′端是前导序列，前导序列的 3′下游是一个 5′剪接位点。而在其他的 mRNA 前体的序列中存在一个 3′剪接位点和分支位点序列。如果通过反式剪接把重复序列 RNA 和 mRNA 连接起来，则重复序列 RNA 的 3′区和 mRNA 的 5′区分别构成了一个内含子的 5′半区和 3′半区。当剪接发生时，35 bp 的前导序列就会被加载到 mRNA 分子上。

为反式剪接提供 5′外显子的 RNA 称为剪接前导 RNA（splicing leader RNA，SL RNA）。存在于几种锥虫的 SL RNA 具有一些共同特征：它们都能折叠成相同的二级结构；具有三个茎-环结构和一个单链区，此单链区类似于 U1 snRNA 的 Sm 结合位点，因此 SL RNA 是 Sm snRNP 中的一员，在剪接反应中可行使 U1 的功能。这样 SL RNA 实际上可以看作由一个具有 U1 功能的 snRNA 序列组成，此序列与它所识别的外显子-内含子位点相连。

SL RNA 的反式剪接反应可能代表了核内剪接装置进化的一个阶段。SL RNA 具有 5′剪接位点，保留了剪接所必要的功能，可以在无蛋白质（如 U1 snRNA 中的蛋白质）参与的情况下执行 U1 RNP 功能，这说明 5′剪接位点的识别是直接依赖于 RNA 的。

8. 可变剪接

许多断裂基因所转录生成的 RNA 前体，经剪接后，只能产生单一类型的 mRNA。但是有些基因的RNA前体能够进行可变剪接(alternative splicing),即一种基因能产生多种不同的mRNA分子,所产生的多种蛋白质即为同源体(isoform)。有时,在同一个细胞中会产生多种剪接产物。但在有些情况下,剪接过程是受调控的,以便在特定条件下发生特定的剪接方式。目前发现40%的果蝇基因和高达75%的人类基因能够进行可变剪接。其中很多基因仅产生两个剪接变异体,但在某些例子中,从单个基因所能得到的剪接变异体的数目能够达到几百个甚至几千个。

可变剪接可以有许多种方式,归纳起来有以下四种:①剪接产物缺失一个或者几个外显子;②剪接产物保留一个或者几个内含子作为外显子的编码序列;③外显子中存在着5′剪接位点或3′剪接位点,从而造成该外显子的部分缺失;④内含子中存在着5′剪接位点或3′剪接位点,从而使部分内含子变为编码序列。可变剪接的结果增加了成熟的mRNA的种类。

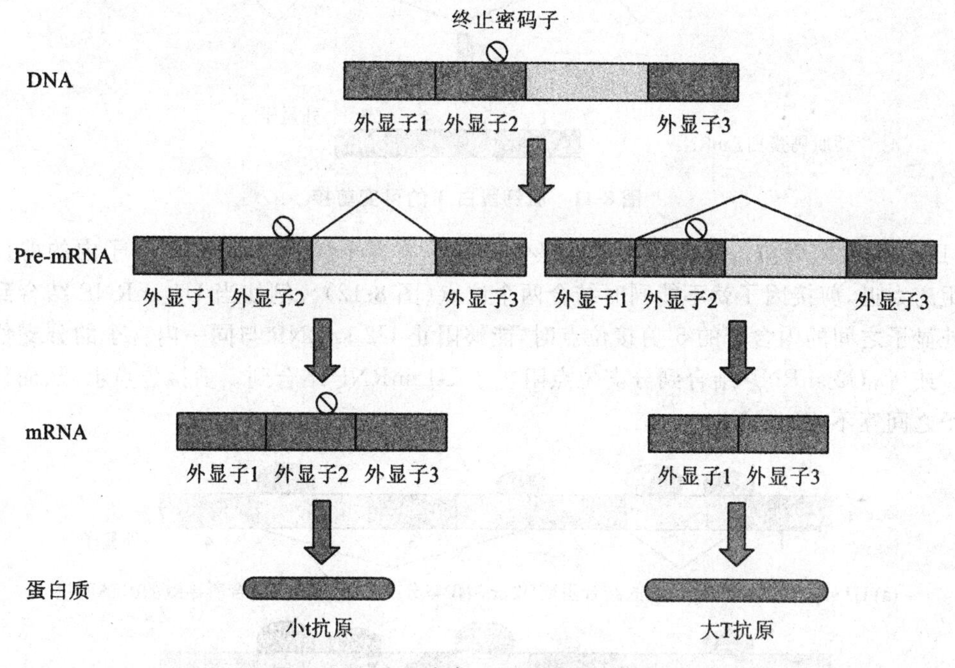

图8-10 SV40病毒T/t抗原的可变剪接

例如,猴SV40病毒的T抗原基因编码两种蛋白质:大T抗原和小t抗原。这两种蛋白质是同一mRNA前体分子的不同可变剪接的产物。T抗原基因有2个外显子,由于使用了不同的5′剪接位点,结果产生了不同的成熟mRNA。在编码大T抗原的mRNA中,两个外显子直接连接在一起,其间的内含子被完全去除。而小t抗原的mRNA是通过使用其他的5′剪接位点而形成的,它的序列中还含有部分内含子序列。由于小t抗原的mRNA所保留的部分内含子序列中有一个符合可读框的终止密码子,因此虽然小t抗原mRNA序列长度比大T抗原mRNA长些,但是小t抗原的蛋白质相对分子质量小于大T抗原的。在感染SV40的细胞中,两种抗原都会产生,但功能有所不同。大T抗原能够诱导细胞转化和缩短细胞周期,而小t抗原能够阻止细胞凋亡反应。

最常见的可变剪接形式是完整的外显子全部包含在成熟mRNA中或者全部排除在成熟mRNA之外。这种外显子称为盒式外显子(cassette exon)。例如哺乳动物肌钙蛋白T(troponin T)基因能够转录得到含有5个外显子的mRNA前体分子。该mRNA前体分子可以剪接成为两种不同的成熟mRNA,各包含4个外显子,其中有3个外显子是一样的,而另一个外显子则是两种 mRNA 各自所特有的。在人的基因组中，有大约 10%含有盒式外显子的基因具有成对的盒式外显子，而成对的两个盒式外显子中只有一个能够在剪接后的 mRNA 中保留下来，就像哺乳动物肌钙蛋白 T 中的外显子 3 和 4 一样(图 8-11)，彼此之间是相互排斥的，不存在于同一个成熟的 mRNA 分子中。目前发现有几种机制可以确保外显子能够以互不相容的方式进行剪接，即当一个外显子被选择留在成熟的 mRNA 上时，另一个则不被选择。

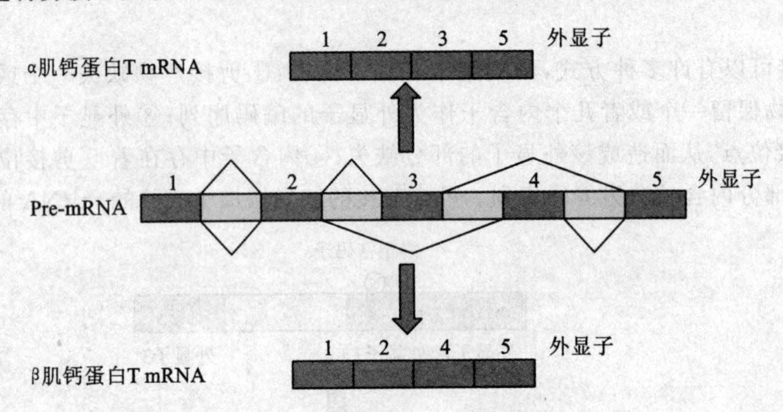

图 8-11　肌钙蛋白 T 的可变剪接

(1) 空间位阻效应　当两个可变外显子被一个内含子隔开时，如果内含子内的剪接位点彼此距离太近，剪接因子就不能同时结合两个位点(图 8-12)。例如当 U1 snRNP 结合到两个可变外显子之间的内含子的 5′剪接位点时，能够阻止 U2 snRNP 与同一内含子的分支位点的结合。或者，U2 snRNP 结合到分支位点阻止了 U1 snRNP 结合到 5′剪接位点上，从而使两个外显子之间互不相容。

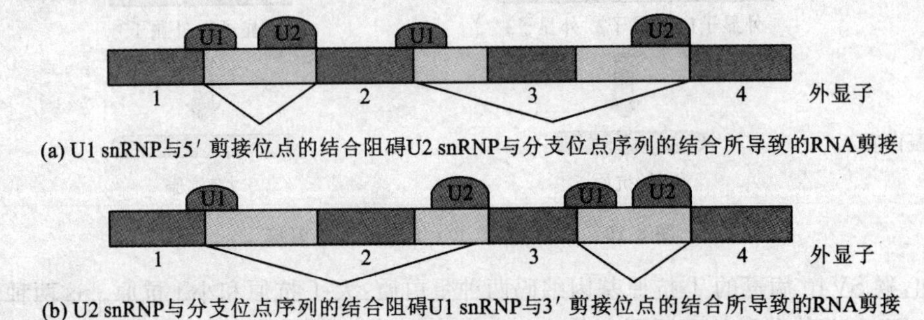

图 8-12　空间位阻效应导致的互不相容性剪接

(2) 主要剪接位点和次要剪接位点的组合使用　在真核细胞内存在 2 种 mRNA 剪接体，即主要剪接体和次要剪接体，它们能够识别不同的剪接位点。例如，主要剪接体所识别的 5′剪接位点和 3′剪接位点上的保守碱基分别是 GU 和 AG，而次要剪接体所识别的 5′剪接位点和 3′剪接位点上的保守碱基分别是 AU 和 AC。因此，通过对这些可变剪接体所识别的 5′和 3′剪接位点进行巧妙安排，也能够产生可变外显子互不相容的现象(图 8-13)。

(3) 无义介导 RNA 降解　该机制(图 8-14)是发生在剪接后水平上的。当通过可变剪接产生出含有任意一个可变外显子的 mRNA 和两个可变外显子都存在的 mRNA 时，如果包含两个可变外显子的 mRNA 由于移码效应含有提前终止密码子，该 mRNA 会被无义介导降解(nonsense-mediated decay，NMD)，从而确保只含有一个可变外显子能够存活。换言之，该机制虽然进行的不是互不相容性的可变剪接，但其结果等同于互不相容性可变剪接。

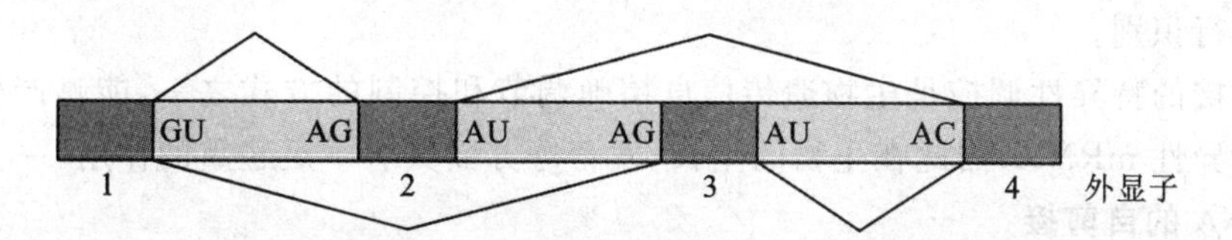

图8-13　主要剪接位点和次要剪接位点的组合使用导致的互不相容性剪接

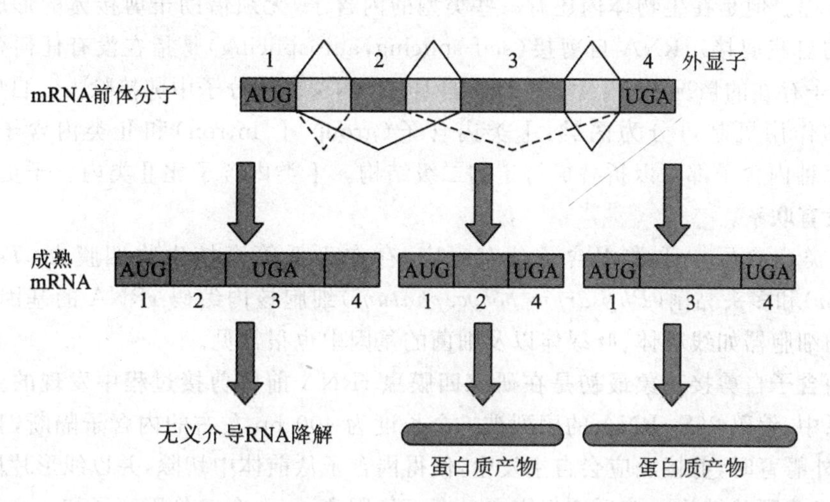

图8-14　无义介导RNA降解导致的互不相容性剪接

9. 可变剪接的调控机制

可变剪接可以通过抑制和激活两种途径进行调节。在许多mRNA前体分子中存在外显子/内含子剪接增强子(exonic/intronic splicing enhancer,ESE/ISE)或者外显子/内含子剪接沉默子(exonic/intronic splicing silencer,ESS/ISS)的特殊序列,能够与剪接调控蛋白相结合。剪接增强子能够增强该位点附近的剪接位点的剪接,而剪接沉默子的作用正好相反。这些序列和蛋白质因子对于将剪接体引导至各个外显子区域非常重要,即使没有可变剪接也如此。

前面所提到的SR蛋白就是一种能够与ESE结合的RNA剪接激活剂,能够保证可变剪接的顺利进行。此外,SR蛋白在调控可变剪接方面也有特殊作用,即在不同的条件下将剪接体引导至不同的剪接位点发挥作用。SR蛋白数量庞大,种类多样,在发育的某个阶段,或者在某种类型的细胞中,一种特定的SR蛋白的存在与否或者数量的多少,就可以决定某一特定的剪接位点是否能得到利用。SR蛋白含有两个结构域:一个是RNA识别模块,负责与RNA结合;另一个是富含Arg和Ser的RS结构域,该结构域位于肽链的C端,介导SR蛋白与剪接体蛋白的相互作用,把剪接体募集到附近的剪接位点。

多数剪接沉默子能够与不均一核糖核蛋白(heterogeneous nuclear ribonucleoprotein,hnRNP)家族成员结合。这些hnRNP虽然能够结合在RNA上,例如与一些剪接位点相结合,但是由于缺少RS结构域,无法将剪接装置招募到剪接位点上,结果造成剪接位点被封闭,阻止剪接的发生。例如多聚嘧啶区结合蛋白hnRNPI是一个存在于哺乳动物中的剪接抑制因子,它可直接结合到多聚嘧啶区,阻断剪接体的结合。此外,hnRNPI还可结合到某个外显子的两侧,使该外显子不能进入成熟mRNA中。这可能是由于该外显子两端的hnRNPI通过相互作用,使外显子突起形成环状结构,当剪接体经过时将它漏掉;或者是由于该外显子两端的hnRNPI与其他hnRNPI协同结合,将外显子所处的一段RNA覆盖起来,使得剪接体无法对该外显子进行识别。

可变剪接的特异性调控是生物遗传信息精确调节和控制的方式之一，能够产生出组织或发育阶段特异性 mRNA，因此在生物的生长、发育等方面具有举足轻重的作用。

10. RNA 的自剪接

mRNA 前体中的 GU-AG 型内含子和 AU-AC 型内含子需要在剪接体的催化帮助下才能完成剪接过程。但是在生物体内还有一些类型的内含子，无须借助于剪接体的形成就能够进行内含子的自我剪接。RNA 自剪接（self-splicing，autosplicing）是指在没有任何蛋白质或其他 RNA 分子存在的情况下，内含子可以将自身从 RNA 前体分子中剪接除去。自剪接内含子根据结构和作用机制可分为两类：Ⅰ类内含子（group Ⅰ intron）和Ⅱ类内含子（group Ⅱ intron）。每种内含子都可以折叠成特定的二级结构。Ⅰ类内含子比Ⅱ类内含子更普遍，两类之间几乎没有联系。

（1）Ⅰ类内含子　Ⅰ类内含子分布很广，存在于低等真核生物四膜虫（*Tetrahymena thermophila*）和多头黏菌（*Physarum polycephalum*）细胞核内编码 rRNA 的基因中，此外在真核生物的细胞器如线粒体、叶绿体以及细菌的基因中也很常见。

Ⅰ类内含子自剪接现象最初是在研究四膜虫 rRNA 前体剪接过程中发现的。在一些四膜虫的品系中，编码 26S rRNA 的序列被一个长度为 400 bp 左右的内含子隔断，当 35S 前体 RNA 在体外孵育时，剪接反应会自主发生，使得内含子从前体中切除，并以线形片段的形式累积，最后转变为环状结构。该反应仅需要一个一价阳离子、一个二价阳离子和一个鸟苷或鸟苷酸作为辅助因子。鸟苷酸可以是 GTP、GDP、GMP 等多种形式，但是不能被其他碱基所替代。此反应无须供给能量和酶催化，但需要鸟苷或鸟苷酸提供一个 3′-羟基基团。

Ⅰ类内含子自剪接过程包含两步转酯反应（图 8-15）。第一个转酯反应由一个游离的鸟苷或鸟苷酸（GMP、GDP 或 GTP）介导，鸟苷或鸟苷酸的 3′-羟基作为亲核基团攻击内含子 5′

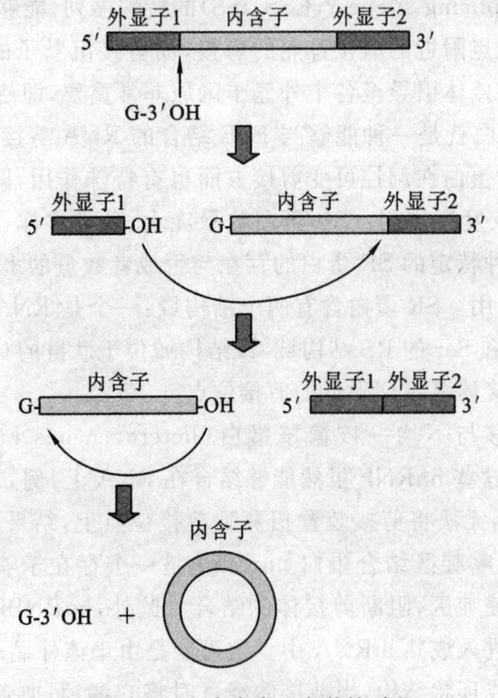

图 8-15　Ⅰ类内含子自剪接过程

端的磷酸二酯键，从上游切开 RNA 链。这个反应使鸟嘌呤与内含子相连，并在外显子的 3′端产生一个 3′-羟基。在第二个转酯反应中，上游外显子的自由 3′-羟基作为亲核基团攻击内含子 3′位核苷酸上的磷酸二酯键，使内含子被完全切开，上、下游两个外显子通过新的磷酸二酯键连接到一起。两步转酯反应是偶联在一起的，因此观察不到游离的外显子。虽然通过两步反应，就将内含子以线形的形式释放出来。但是线形的内含子常常会发生第三步转酯反应，生成环状分子，同时作为辅助因子的鸟苷或鸟苷酸被释放出来。

虽然自剪接反应的每一个阶段都是一次转酯反应，化学键之间直接进行交换，不需要能量的供给，但是由于细胞内 GTP 浓度高于 RNA 浓度，从而驱动反应向剪接内含子方向进行，同时 RNA 的二级结构的变化也阻止了逆向反应的进行。

Ⅰ类内含子的自剪接能力是 RNA 本身所具有的，内含子序列会形成特殊的二级或三级结构，使得相关基团处于合适的空间位置，有利于反应的进行。因此Ⅰ类内含子的自剪接可以在没有蛋白质存在的体外实验条件下进行。但在体内，此反应需要蛋白质协助稳定 RNA 结构。

Ⅰ类内含子的长度变化很大，其边界序列为 5′U↓……G↓3′（↓表示剪切位点）。所有的Ⅰ类内含子都能形成一个含有 9 个螺旋（P1～P9）的特征性二级结构（图 8-16），其中 P4 和 P7 螺旋是由保守序列元件配对形成的，其他配对区在不同的内含子中序列各不相同。P3、P4、P6 和 P7 螺旋共同构成一个内含子核心结构，是进行催化反应的最小区域。内含子序列内部的碱基配对对于产生核心结构是很重要的，突变将会阻止Ⅰ类内含子的剪接。内含子中可与外显子配对的序列称为内部引导序列（internal guide sequence，IGS）。最初人们认为内部引导序列的作用是通过和两个外显子近侧区域配对，将内含子两侧外显子并列排在一起，现在认为内部引导序列与剪接反应的专一性有关，而且使剪切位点的 U 处于易攻击的位置上。

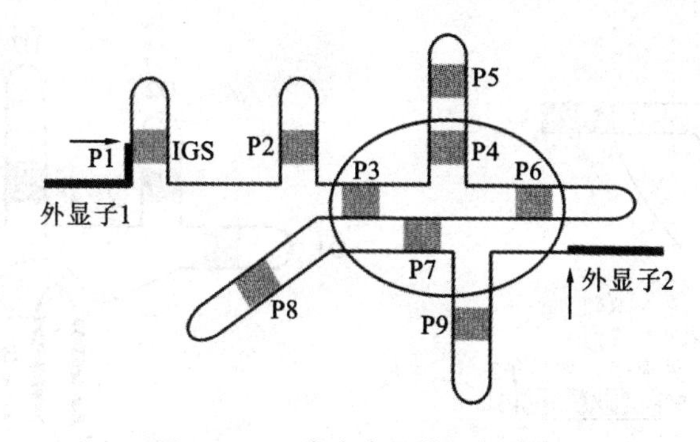

图 8-16　Ⅰ类内含子的二级结构

Ⅰ类内含子可以在不同的环境下进行自剪接反应。例如四膜虫内含子就能够在大肠杆菌中进行自剪接反应。将插入了自剪接内含子序列的β-半乳糖苷酶基因（插入位点在第 10 号密码子 3′端）转化β-半乳糖苷酶缺陷型的大肠杆菌，结果发现，大肠杆菌能够翻译得到完整的酶，使底物 X-gal 变蓝。此实验系统可以用于对自剪接内含子的结构与功能关系进行研究分析。

有些Ⅰ类内含子含有可以翻译成蛋白质的阅读框，可编码核酸内切酶，这些蛋白质的表达使 DNA 上的内含子序列具有可移动性，即可使自己插入基因组中新的位置。这些内含子的分布非常广泛，在原核生物和真核生物中都存在。

（2）Ⅱ类内含子　Ⅱ类内含子存在于某些原核生物细胞以及某些真核生物的细胞器中，属于自剪接型内含子，能够在体外没有其他成分参与的情况下，自我完成剪接过程（图 8-17）。

它与Ⅰ类内含子自剪接过程的区别在于转酯反应不需游离鸟苷酸或鸟苷的参与，而是由内含子序列内部靠近3′端的腺苷酸2′-羟基介导完成的，具有与GU-AG型内含子共同的剪接反应机制，即首先由位于内含子内部靠近3′端的腺苷酸2′-羟基作为亲核基团，对5′端外显子和内含子交界处的磷酸二酯键进行亲核攻击，切下外显子1，内含子5′端和腺苷酸的2′-羟基形成磷酸二酯键，从而产生套索结构，然后由上游外显子的自由3′-羟基作为亲核基团攻击3′端外显子和内含子交界处的磷酸二酯键，使内含子被完全切开，上、下游两个外显子通过新的磷酸二酯键相连，同时释放出套索状的内含子。提供2′-羟基的腺苷酸即为Ⅱ类内含子的分支位点。因为磷酸二酯键的数目在剪接反应前后并没有发生变化，所以该反应不需要额外提供能量。虽然Ⅱ类内含子的剪接不需鸟苷的参与，但是需要镁离子的存在。

与Ⅰ类内含子相比，Ⅱ类内含子的结构更复杂，也更保守，这也是Ⅱ类内含子的存在受到限制的重要原因之一。Ⅱ类内含子的边界序列为5′↓GUGCG……YnAG↓3′，符合GU-AG规则。Ⅱ类内含子含有6个螺旋区，其中螺旋Ⅰ有两个外显子结合位点(exon binding site，EBS)，能够与左侧外显子的内含子结合位点(intron binding site，IBS)配对。内含子二级结构(图8-18)的形成，使两个并列的螺旋区相互靠近，螺旋区5和螺旋区6被2个碱基隔离开。Ⅱ类内含子的分支点序列位于内含子3′端附近的螺旋区6上，其保守序列长度有6～12 nt，在哺乳动物中为YNCURAY(Y代表嘧啶，R代表嘌呤，N表示任意核苷酸)。该序列可和上游序列互补配对，形成茎环结构，但A不配对，其上的2′-羟基可与内含子的5′末端形成磷酸二酯键。Ⅱ类内含子的自剪接活性有赖于其二级结构和进一步折叠。

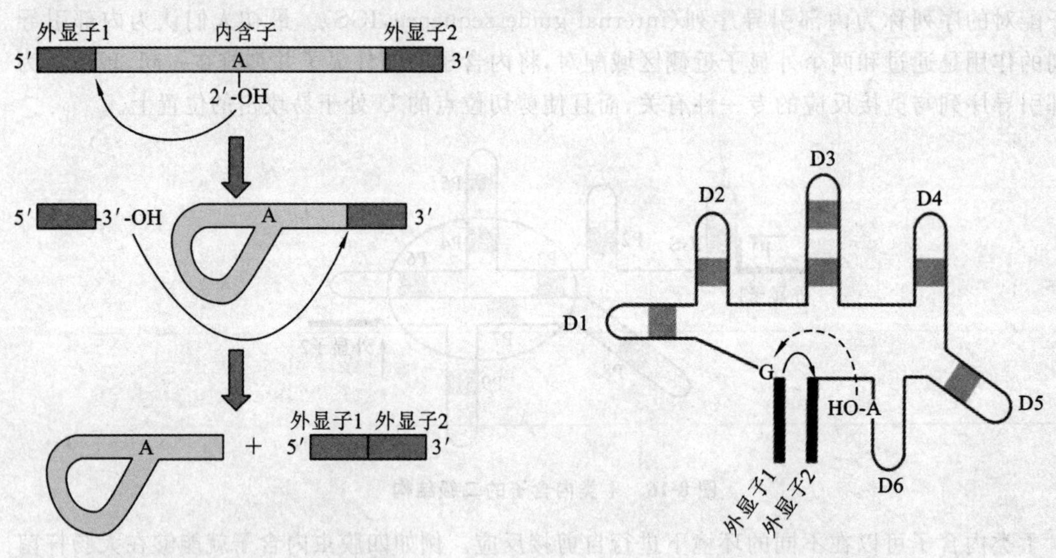

图8-17　Ⅱ类内含子自剪接过程　　　图8-18　Ⅱ类内含子的二级结构

有些Ⅱ类内含子含有可以翻译成蛋白质的阅读框，可编码与逆转座相关的蛋白质，从而通过逆转座方式使内含子成为可移动的元件。

11．其他类型的内含子

除了Ⅰ类内含子、Ⅱ类内含子以及mRNA前体分子中的GU-AG型内含子和AU-AC型内含子以外，目前人们还发现存在其他类型的内含子，如Ⅲ类自剪接内含子、双生内含子和tRNA前体内含子。

Ⅲ类自剪接内含子存在于一些生物的叶绿体中，其结构和RNA剪接机制类似于Ⅱ类自剪接内含子。但是Ⅲ类自剪接内含子序列的保守程度和二级结构的保守程度都不及Ⅱ类自剪接内含子。Ⅲ类自剪接内含子序列富含 A 和 T。

双生内含子(twintron)是指在内含子中还存在一个内含子的结构,它们可以通过连续的剪接反应加以去除。双生内含子被发现存在于某些生物的叶绿体中,此外在果蝇中也有双生内含子。双生内含子被认为是由于一个可移动的内含子插入一个已存在的内含子中形成的。当一个Ⅱ类自剪接内含子插入另一个Ⅱ类自剪接内含子时,就构成了Ⅱ型双生内含子(group Ⅱ twintron);当一个Ⅲ类自剪接内含子插入另一个Ⅲ类自剪接内含子时,就构成了Ⅲ型双生内含子(group Ⅲ twintron),此外还有由Ⅱ类自剪接内含子和Ⅲ类自剪接内含子共同构成的混合型双生内含子(group Ⅱ/Ⅲ twintron)。

tRNA 前体内含子的相关内容将在"8.3 转运 RNA(tRNA)的加工"部分进行介绍。

12. RNA 剪接与人类疾病

绝大部分的人类基因含有内含子,而且还都含有多个内含子。因此,许多导致人类疾病的点突变其实是破坏 RNA 剪接反应的核苷酸突变。据估计至少 15%的导致人类疾病的点突变与 RNA 剪接有关。一个典型的例子就是β-地中海贫血症。在这种人类遗传性疾病患者基因组中,血红蛋白的一个β-球蛋白亚基的产生发生了障碍。其中一类β-地中海贫血症是由于β-球蛋白基因的第一个内含子中出现了一个点突变,序列从 TTGGT 变成了 TTAGT,产生了一个新的 3′端剪接位点序列。结果,患者的β-球蛋白的 mRNA 前体分子的剪接主要发生在由突变产生的 3′端剪接位点而非正常的剪接位点上。除了剪接位点突变以外,破坏剪接机器本身的突变同样也会产生疾病。例如,发生在编码剪接体组分的基因上的一些突变能够导致色素性视网膜炎的发生,从而使得视网膜持续恶化,最终导致患者失明。

13. RNA 剪接的生物学意义

如果对断裂基因序列和该基因蛋白质产物序列进行比较,常常会发现断裂基因的外显子和内含子的交界处经常与该基因所编码蛋白质的结构域的边界相一致,基因的外显子与蛋白质结构域、亚结构域有着很好的对应关系。例如豆科植物的豆血红蛋白基因有 4 个外显子,正好与蛋白质的 4 个亚结构域相对应。从进化角度上讲,利用内含子序列将蛋白编码区间隔成几个外显子,使得基因与其蛋白质产物成为模块化结构的好处是显而易见的。基因结构的模块化一方面使得可变剪接成为可能,从而可以由一个基因得到多种蛋白质产物。另一方面,基因结构的模块化还能够使得生物通过外显子混编(exon shuffling)的方式产生出新的基因。例如通过外显子复制和变异,就能够产生由多个重复单位构成的蛋白质(如免疫球蛋白)。此外,相同外显子模块还可以被编码不同蛋白质的基因重复使用。例如低密度脂蛋白受体基因的部分外显子与表皮生长因子基因的外显子之间就具有进化上的亲缘关系。因为理论上讲,几乎所有的蛋白质编码序列都可以被用来进行混编,所以利用来源于不同基因的外显子,以不同的方式进行混编,几乎可以产生出无限多的组合方式,能够创造出无限多的新蛋白质。外显子混编,使得进化不必仅仅依靠点突变缓慢地进行积累,还能够以跳跃的方式进行推进,在很短的时间内就能产生大量新型蛋白质。

除了可以作为外显子的间隔区以外,内含子还具有其他的生物学功能。例如有些内含子也具有编码功能,一些具有调控功能的 micro RNA 就是由内含子所编码的;此外研究还发现,内含子还能够精确调控生物体的生成和发育。例如当通过可变剪接将 RNA 中的内含子变成成熟的 mRNA 分子中的一部分时,就会使得该 mRNA 分子滞留在细胞核内,不会进入细胞质中指导蛋白质的合成。因此,虽然内含子的存在使得生物体要先转录出内含子序列,然后将其切除，耗费不菲，但是其收益是巨大的。

8.1.2 mRNA 5′端的加工

真核生物的mRNA的5′端的修饰是在细胞核中进行的。转录起始于一个核苷三磷酸(经常是嘌呤，A或G)。第一个核苷酸保留着其5′-三磷酸基因，其3′端和下一个核苷酸的5′位点形成磷酸二酯键，转录本的起始序列可能是

$$5'\text{-ppp}^{A}/_{G}\text{NpNpNp}\cdots$$

但是当用能将RNA降解为单核苷酸的酶在体外对成熟的mRNA进行处理时，其5′端并没有像预期所希望的那样生成核苷三磷酸，而是得到了由三磷酸键连接在一起的2个核苷酸，而且末端的碱基总是一个G，它是在转录后加在原来RNA分子上的。该反应是GTP与RNA的5′-三磷酸末端之间的缩合反应，反应如下：

$$5'\text{-pppG}+5'\text{-ppp}^{A}/_{G}\text{pNpNp}\cdots\rightarrow 3'\text{-}_{OH}\text{GpppApNpNp}\cdots+\text{PPi}+\text{Pi}$$

这个新的G残基以相反方向加入RNA的末端，这种结构称为帽子结构(cap)。在加帽过程中，RNA失去5′端的第一个磷酸基团，而GTP则失去一个焦磷酸基团。在mRNA的5′端连接上鸟苷是由鸟苷转移酶催化实现的。鸟苷酸转移酶位于RNA聚合酶Ⅱ最大亚基的末端结构域(CTD)上，因此该反应是在转录起始后立刻发生的，大约在RNA合成了30个核苷酸后就开始进行了，以致在细胞核RNA中仅有痕量的初始5′-三磷酸末端存在。

帽子结构形成之后，可以发生不同程度的甲基化，甲基化酶以S-腺苷酰-L-甲硫氨酸(SAM)为甲基来源，将末端的G以及附近几个核苷酸进行甲基化。根据甲基化的程度和位点不同，可以将帽子结构分为几个不同的类型(图8-19)。

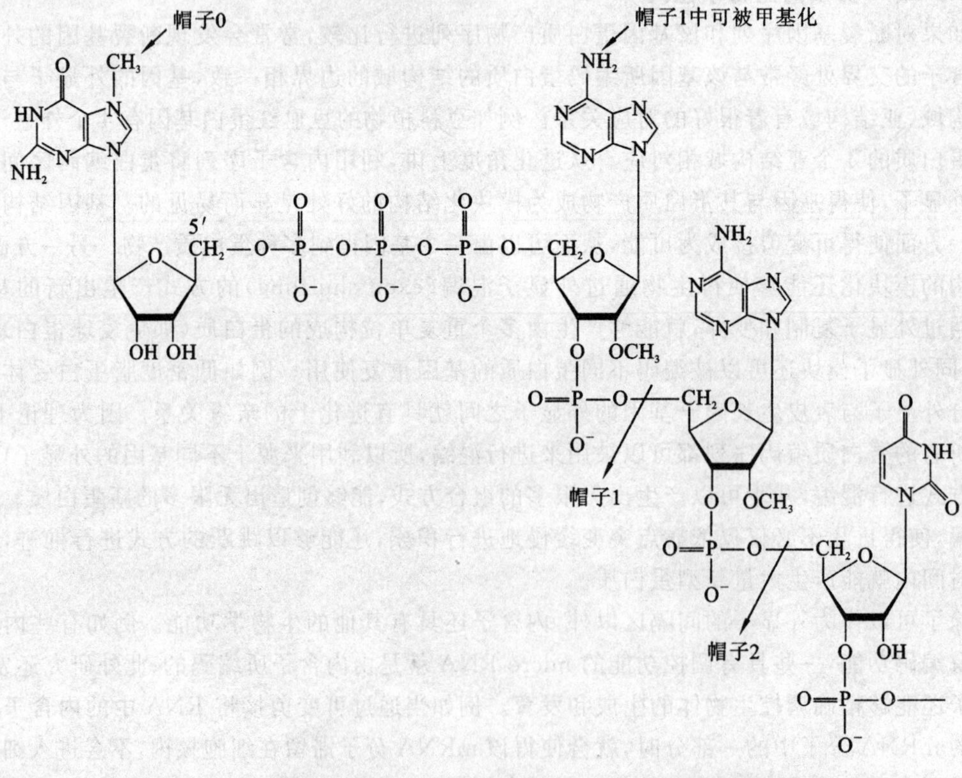

帽子0
帽子1中可被甲基化
帽子1
帽子2

图 8-19 真核生物mRNA 5′端帽子结构上的各个甲基化位点

第一种甲基化是在末端的鸟嘌呤的第 7 位加上一个甲基，仅仅拥有这样的单个甲基的帽子称为帽子 0(cap0)。这种甲基化发生在所有真核生物中，即使是在单细胞的真核生物中也会发生。负责催化这个修饰反应的酶是鸟嘌呤-7-甲基转移酶（guanine-7-methyl-transferase）。

下一步是在第二位核苷酸，也就是转录过程中所产生的第一个起始核苷酸的 2′-O 位置加上另一个甲基。此反应被另一种酶，即 2′-O-甲基-转移酶(2′-O-methyl-transferase)所催化。带有上述两个甲基的结构称为帽子 1(cap1)。除了单细胞生物以外，大多数真核生物的 mRNA 都带有这种帽子结构。此外，第二位核苷酸还可以再次发生甲基化，这是仅发生在高等真核生物中的少数事件，只有当该碱基是腺嘌呤时，而且只有腺嘌呤的 2′-O 位已经进行甲基化修饰后，再次甲基化才会发生，被甲基化的位点是 N^6 位。

在一些种类中，甲基还可以被加到 mRNA 的第三位核苷酸上，这种反应的底物是已经具有帽子 1 结构的 mRNA。第三位核苷酸的修饰，通常是核糖的 2′-羟基的甲基化。这导致了帽子 2(cap2)的生成。在所有加帽的 mRNA 中，帽子 2 只占 10%～15%。

在真核生物的 mRNA 群体中，所有 mRNA 都具有帽子结构。对于特定种类生物而言，不同类型帽子结构的相对比例是其主要特征。

5′端帽子结构的生成可防止核酸外切酶对 mRNA 的 5′端进行切割，保护正在合成的 RNA 免受降解，从而对 mRNA 起到稳定作用。用化学方法将球蛋白 mRNA 的 m^7G 去除，结果发现该 mRNA 分子的稳定性有明显的下降。有帽子结构的 mRNA 更容易被蛋白质翻译起始因子所识别，促进蛋白质的合成。研究发现呼肠孤病毒中的无 m^7G 结构的 mRNA 不能与核糖体 40S 小亚基结合形成起始复合物，说明甲基化的帽子结构可能是蛋白质合成起始信号的一部分。此外，mRNA 的 5′端的帽子结构还有助于成熟的 mRNA 从细胞核运输到细胞质中。

除了帽子结构能够进行甲基化以外，高等真核生物的 mRNA 还会发生内部甲基化，在每 1 000 bp 中，可能产生一个 N^6-甲基腺嘌呤(m^6A)。在一个典型的高等真核生物 mRNA 中，存在 1～2 个甲基腺嘌呤，这类修饰成分在 hnRNA 中就已经存在了。但有的真核生物和病毒的 mRNA 中并没有 N^6-甲基腺嘌呤的存在，似乎这个修饰成分对翻译功能不是必要的。有人推测这一修饰成分可能为 mRNA 的剪切提供信号。

8.1.3　mRNA 3′端的加工

除了组蛋白以外，真核生物成熟 mRNA 分子的 3′端通常都含有由 20～200 个腺苷酸残基所构成的多聚腺苷酸 poly(A)尾部结构。核内 hnRNA 的 3′端也存在 poly(A)序列，表明加尾过程是在核内完成的。hnRNA 中的 poly(A)尾部结构比 mRNA 的略长，平均长度为 150～200 bp。实验表明，RNA 聚合酶Ⅱ的转录产物是在 3′端切断，然后进行多聚腺苷酸化，这种现象就是 mRNA 3′端加工。

1. mRNA 3′端的加工过程

除了组蛋白基因以外，真核生物 mRNA 的 3′端都具有 poly(A)结构，3′端加工过程是与 mRNA 前体分子转录的终止相偶联的。转录的终止可以发生在对应 mRNA 3′端加工位点下游 1 000 bp 以外的位点上。RNA 聚合酶Ⅱ没有专一性的终止子序列，而是在一个相当长的终止区域内终止 RNA 的合成。当 RNA 分子上的 3′端加工位点被 RNA 聚合酶Ⅱ转录出来后，就成为了核酸内切酶切割以及随后的多聚腺苷酸化的靶点。RNA 的切割和多聚腺苷酸化由同一加工复合物负责完成。核酸内切酶的切割将转录出来的 RNA 链断裂成两个部分，前一段的 RNA 链由加工复合体负责进行 3′多聚腺苷酸化反应，后一段的 RNA 分子仍然在 RNA 聚合酶作用下进行延伸反应，但是由于切割所产生的 5′端是不受保护的，于是该段 RNA 分子被迅速降解，导致转录终止。

高等真核生物（不包括酵母）的 mRNA 具有一个共同特征，即在 poly（A）生成位点的上游 11～30 bp 区域内存在一段高度保守的 AAUAAA 序列（称为加尾信号），该序列可以被剪切多聚腺苷酸化特异性因子（CPSF）所识别并结合。AAUAAA 序列对于 RNA 的 3′端的剪切和多聚腺苷酸化都是必需的，该序列的缺失或突变会阻碍多聚腺苷酸化 3′端的产生。在 poly（A）生成位点的下游 30 bp 左右的位置有一个富含 GU（GU-rich）或是富含 U（U-rich）的区域，能够与切割刺激因子（cleavage stimulation factor，CstF）结合，两者的相互作用能够促进 CPSF 与 AAUAAA 序列的结合。

mRNA 3′端加工复合体由 CPSF、CstF 以及 poly（A）聚合酶（poly（A）polymerase，PAP）等组分构成，其中的 poly（A）聚合酶负责多聚腺苷酸化反应的进行，该酶以带 3′-羟基的 RNA 作为受体，ATP 做供体，需要有镁离子或锰离子的存在。此外，mRNA 3′端加工复合体还具有核酸内切酶活性，CPSF 中的一个相对分子质量为 73 000 的亚基（CPSF73）能够对 RNA 进行切割，产生能够进行多聚腺苷酸化反应的 3′端。

多聚腺苷酸化过程可分为两个阶段。首先，各种 3′加工组分组装成复合体，在剪切信号的下游切断 RNA，然后一个大约 10 个残基的寡聚腺苷酸序列被添加到 3′端，此过程由 poly（A）聚合酶催化完成。该反应能否进行完全依赖于 AAUAAA 序列是否存在。第二阶段，寡聚腺苷酸尾巴延长到约 200 bp 的长度，然后反应停止，复合体解离。这个反应是由 poly（A）聚合酶在其他辅助因子的帮助下完成的。

poly（A）聚合酶能够独立地进行 3′端腺苷酸残基的逐个添加，每加上一个核苷酸后它都会解离下来。然而，当 CPSF 和 poly（A）结合蛋白Ⅱ（poly（A）binding protein Ⅱ，PABP Ⅱ）存在时，它就能以不间断的方式延伸寡聚腺苷酸链。虽然 poly（A）尾巴是由 poly（A）聚合酶所合成出来的，但是 poly（A）聚合酶本身不能够控制 poly（A）尾巴的长度。poly（A）尾巴的长度是由 PABP Ⅱ所控制的。PABP Ⅱ能够按比例地结合到 poly（A）尾巴上，以某种方式把 poly（A）聚合酶的作用限制在仅添加 200 个左右腺苷酸残基。当 mRNA 从细胞核内进入细胞质之后，poly（A）尾巴将会与 poly（A）结合蛋白Ⅰ（poly（A）binding protein Ⅰ，PABP Ⅰ）相结合。PABP Ⅰ不仅能够保护 mRNA 免受 3′→5′核酸外切酶的降解，还能够与结合在 mRNA 5′端的翻译起始因子 EIf4G 相互作用，使得 mRNA 的 5′端和 3′端相互靠近，同时包含在一个蛋白复合体中。

2. RNA 3′末端多聚腺苷酸化的功能作用

多聚腺苷酸化（图 8-20）是 mRNA 功能非常重要的决定因素。

首先，多聚腺苷酸化有助于成熟的 mRNA 从细胞核输送到细胞质中。腺苷类似物 3′-脱氧腺苷是多聚腺苷酸化的特异性抑制剂。加入该抑制剂时，并不会影响 hnRNA 的转录，但可阻止细胞质中出现新的 mRNA，表明多聚腺苷酸化对 mRNA 的成熟是必要的。

其次，poly（A）尾巴的存在能够提高 mRNA 的稳定性。mRNA 的降解速度与其 3′端 poly（A）序列的长度相关。研究发现，若将 mRNA 的 poly（A）序列去除，则 mRNA 的降解速度会大大提高，半衰期大大缩短。这种 mRNA 的衰减必将导致蛋白质合成量的减少。此外，当 mRNA 由细胞核转移到细胞质中时，其 poly（A）尾部经常有缩短现象的发生。由此可见，poly

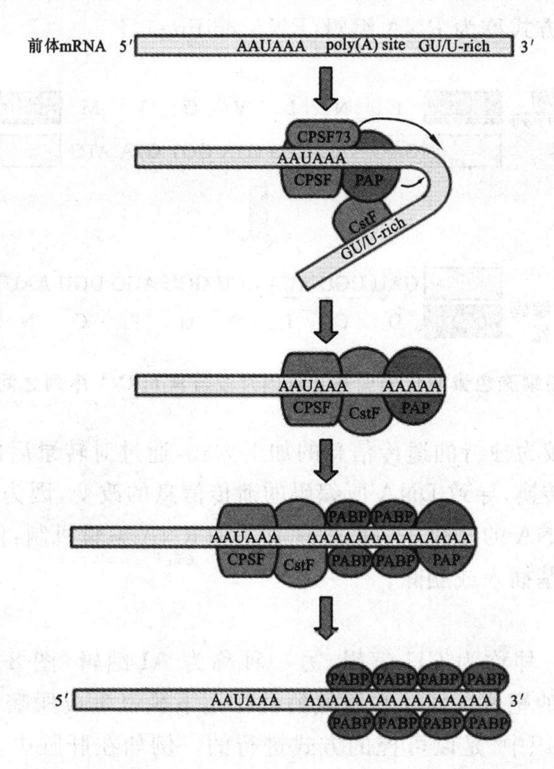

图 8-20 真核生物 mRNA 3′端多聚腺苷酸化过程以及相关蛋白质因子

(A)尾巴至少可以起某种缓冲作用,防止核酸外切酶对 mRNA 信息序列的降解作用。

第三,poly(A)结构对蛋白质翻译也有调节作用。借助于结合在 poly(A)上的 PABP Ⅰ与翻译起始因子 EIf4G 的相互作用,poly(A)尾巴能够促进蛋白质翻译起始复合物的形成,从而促进翻译的起始。由于 mRNA 的 3′端是和 5′端挨在一起的,所以当进行蛋白质翻译合成的核糖体在 mRNA 的 3′端终止合成并解体时,被释放的亚基又会很快地在附近的 mRNA 的 5′端重新组装起来,开始新一轮蛋白质合成,从而提高了核糖体的利用效率。

poly(A)结构的存在具有重要的应用价值。mRNA 的 poly(A)区域可以和 Oligo(U)或者 Oligo(T)配对,这个反应可以用于对 mRNA 进行分离。例如可将 Oligo(U)或者 Oligo(T)固定化在一个固相支持物上,当总 RNA 通过支持物时,只有带有 poly(A)结构的 mRNA 被保留在支持物上,而其余没有 poly(A)结构的 tRNA、rRNA、snRNA 和其他物质则不被保留。然后通过破坏 poly(A)与 Oligo(U)或者 Oligo(T)之间的相互作用,可以将 mRNA 单独洗脱下来。该方法已经成为了常规的研究手段。

8.1.4 RNA 编辑

1986 年 Benne R. 等在研究锥虫线粒体 DNA 时发现,其细胞色素氧化酶亚基Ⅱ基因(*cox* Ⅱ)与酵母或人源基因相比存在一个移码突变,然而其基因产物的功能又是正常的。通过比对锥虫基因序列与其成熟 mRNA 序列,结果发现成熟 mRNA 序列在移码突变位点附近有 4 个不被基因 DNA 编码的额外尿苷酸(图 8-21 中有下划线的 U 表示插入的尿嘧啶),正好更正了基因的移码突变。由于基因组中没有另外一种基因或者外显子可以编码这种新序列,其剪接机制也没有发生任何变化,因此人们认为这些尿苷酸是在转录中或转录后插进去的,并将这种改变 RNA 编码序列的方式称为 RNA 编辑(RNA editing)。

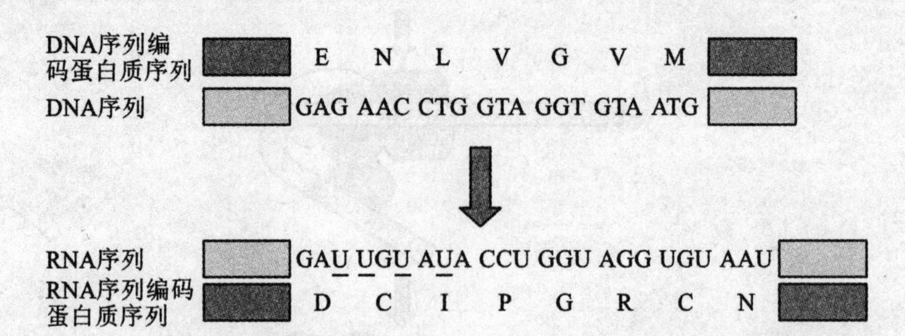

图 8-21 锥虫细胞色素氧化酶亚基Ⅱ基因片段与其 mRNA 序列之间的序列比对

RNA 编辑是一种较为独特的遗传信息的加工方式,通过对转录后的 RNA 分子进行核苷酸残基的插入、删除或转换,导致 DNA 所编码的遗传信息的改变,因为经过编辑的 mRNA 序列发生了不同于模板 DNA 的变化。目前发现有两种 RNA 编辑机制:位点特异性脱氨基作用和引导 RNA 指导的碱基插入或删除。

1. 脱氨编辑

脱氨编辑有两种:一种称为 CU 编辑,另一种称为 AI 编辑(图 8-22)。CU 编辑是指在 mRNA 中,一个胞嘧啶的靶位点能够在脱氨酶的作用下脱氨生成尿嘧啶的过程,这种现象只是发生在某些细胞或组织中,是以可控的方式进行的。例如在肝脏中,载脂蛋白 B 基因可以转录产生完整的 mRNA 分子,翻译产生相对分子质量为 512 000 的蛋白质产物;而在小肠中,该基因的蛋白质产物相对分子质量为 250 000 左右。研究发现,产生这种现象的原因是在小肠中,CU 编辑使得该基因的 mRNA 分子中的第 2 153 位密码子从编码谷氨酰胺的 CAA 突变为终止密码子 UAA,结果造成该蛋白质截短体的出现。进行 CU 编辑的复合物的催化亚基,类似于细菌中的胞苷脱氨酶,能够对大多数的胞嘧啶发挥作用,但是编辑复合物中还含有一个附加的 RNA 结合区域,可专一性地识别靶位点,确保了 CU 编辑是发生在 RNA 分子特定位点上的。

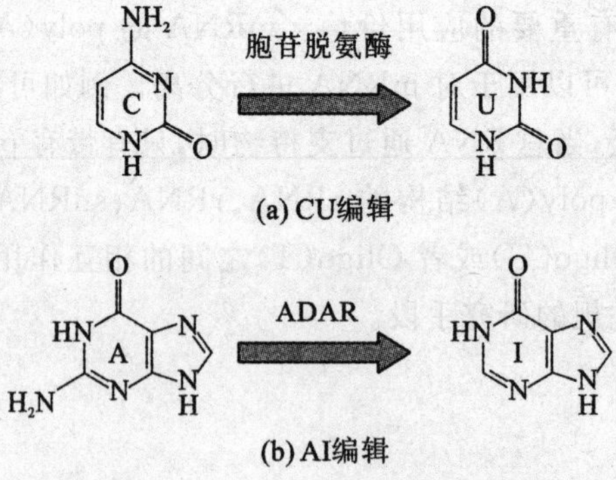

胞苷脱氨酶

(a) CU编辑

ADAR

(b) AI编辑

图 8-22 两种脱氨编辑反应机制

AI 编辑由作用于 RNA 的腺苷脱氨酶(adenosine deaminase acting on RNA,ADAR)所催化,将 RNA 分子中的腺嘌呤转变为次黄嘌呤。由于次黄嘌呤的配对行为与鸟嘌呤的相似,可以与胞嘧啶进行碱基配对,因此当发生了 AI 编辑之后,就相当于将 A 转变为了 G,使得蛋白质序列发生了改变。大鼠脑谷氨酸受体通道蛋白有 6 个亚基,其中 3 个亚基的 mRNA 能发生

AI 编辑，使一个谷氨酰胺的密码子变成精氨酸的密码子，从而改变了该通道 Ca^{2+} 的通透性。如果不发生这种编辑，大脑的发育会受到严重损伤。进行 AI 编辑的 ADAR 能够特异性识别编辑位点的茎环结构，具有很强的位点专一性。

2. 引导 RNA 指导的碱基插入或删除

除了单碱基编辑以外，RNA 编辑还有另外一种形式，可以对 RNA 序列进行程度更深的改变。人们发现在锥虫线粒体中的细胞色素氧化酶Ⅲ mRNA 中，来自于原始基因的遗传信息只占成熟 mRNA 的 45%，而 55%的遗传信息都需要通过 RNA 编辑才能产生。将基因组 DNA 序列和 mRNA 序列进行比较发现，在 mRNA 分子中，每隔不到 7 个核苷酸就会有单个或多个尿嘧啶的插入或者缺失。图 8-23 列出了锥虫细胞色素氧化酶Ⅲ的部分 mRNA 序列。其中，大写 T 表明该 T 所对应的尿嘧啶通过 RNA 编辑在 mRNA 中被删除，有下划线的小写 u 代表该尿嘧啶在 DNA 中未编码，是通过 RNA 编辑插入 mRNA 中。这种 RNA 编辑方式称为引导 RNA(guide RNA)指导的碱基插入或删除。在 SV5 和麻疹副黏病毒的基因中，人们发现它们的 mRNA 也有相似的变化，在 mRNA 中有鸟嘌呤插入现象的发生。

———uAuAuGuuuuGuuGuuuAuuAuGuGAuuAuGGuuuuGuuuuuuAuuG

GTUAuuuuuuAGAuuuAuuuAAuuuGuuGAuAAAuACAuuuuAUUUGuuU

GuuAGuGGuuuAuuuGuuAAuuuuuuuGuuuuGuGUUUUGGuuuAGGuu

uuuuuGuuGTTUUGuuGuuuuGuAuuAuGAuuGAGuuuGuuGuuuGTTTT

GuuuuuuGuuuuuGuGAAACCAGuuAUGAGAGTTUUUGCAuuGuuAu———

图 8-23　锥虫细胞色素氧化酶Ⅲ mRNA 部分序列

引导 RNA 是一段短的 RNA 分子，长度为 40～80 bp，与被编辑的 RNA 分子之间具有序列互补性，能够进行碱基配对。引导 RNA 是被用来作为模板，通过指导核苷酸的插入和删除，改变被编辑的 RNA 序列。引导 RNA 的 5′端是一个锚定序列(anchor sequence)，可以与被编辑的 mRNA 上的一小段序列互补结合；引导 RNA 的 3′端是进行 RNA 编辑的模板，指导尿嘧啶的插入或删除过程。引导 RNA 所指导的 RNA 编辑通常是从 mRNA 的 3′端开始，向 5′端进行，可以通过不断重复的方式对 mRNA 进行编辑(图 8-24)。在每一轮编辑过程中，mRNA 上已被编辑的区域将在下一轮的编辑反应中，作为锚定序列的互补序列，与引导 RNA 互补结合，使得引导 RNA 能够对 mRNA 序列进行连续编辑。一条引导 RNA 可以负责在不同位置上插入或删除多个尿嘧啶。另外，有时会有几种不同的引导 RNA 在同一条底物 RNA 分子的不同区域发挥作用。

尿苷的编辑由 20S 酶复合物所催化的，该酶复合物含有一个核酸内切酶、一个尿苷酰转移酶(terminal uridyltransferase，TUT)、一个 3′→5′尿苷特异性核酸外切酶和一个 RNA 连接酶(图 8-25)。当它与引导 RNA 结合后，引导 RNA 与编辑前的 RNA 分子配对，在将要插入或删除尿嘧啶的对应位置处会形成突出的单链环状结构，与环状结构相对的底物 RNA 分子就会被核酸内切酶切开，然后在尿苷酰转移酶作用下以 UTP 为底物，将尿苷酸残基连接到 mRNA 切口的 3′端上，或者在 3′→5′尿苷特异性核酸外切酶作用下，将底物 RNA 切口处没有配对的尿苷酸残基切除，然后 RNA 连接酶将断裂的底物 RNA 分子重新连接在一起。目前研究表明，每次反应中只加入一个尿苷酸残基，而不是成组加入。这个反应可以连续进行，尿苷

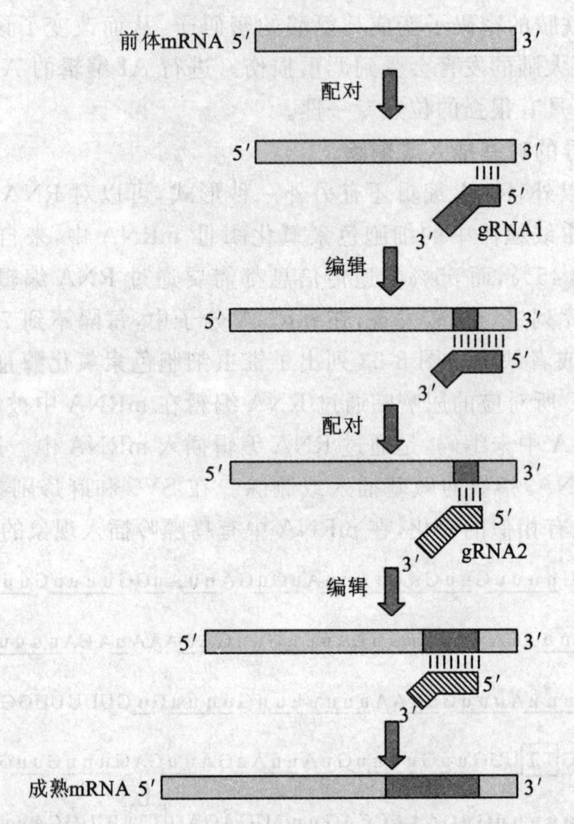

图 8-24　引导 RNA 指导的碱基插入或删除的 RNA 编辑过程

酸残基加入后检测引导 RNA 与底物 RNA 之间的互补性，如果互补则保留新加入的尿苷酸残基，不互补则去除，从而逐渐生成正确的编辑序列。

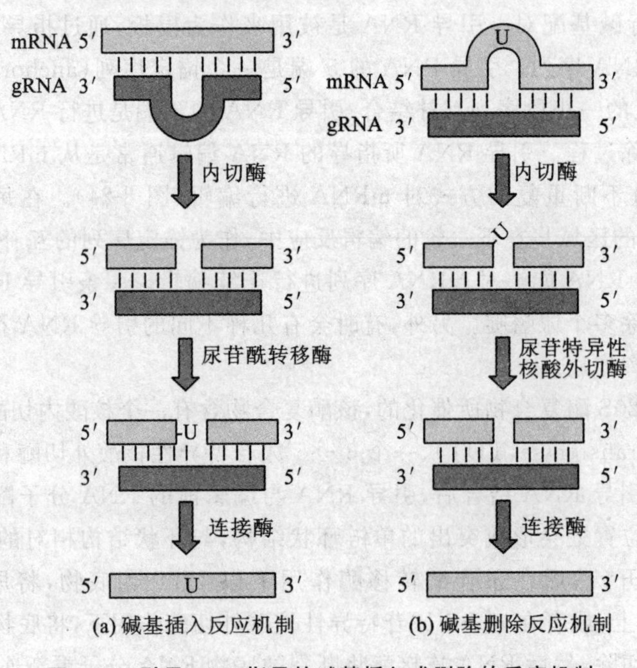

图 8-25　引导 RNA 指导的碱基插入或删除的反应机制

3. RNA 编辑的生物学意义

RNA 编辑具有很重要的生物学意义。首先，RNA 编辑可以消除移码突变等基因突变的危害，可以恢复有些基因在突变过程中所丢失的遗传信息，例如锥虫细胞色素氧化酶Ⅲ的一半以上的遗传信息都可借引导 RNA 加以补足。RNA 编辑为何能够恰好纠正基因突变带来的损害呢？有人认为 RNA 原来就是多变的，它能在分子内和分子间产生种种重排和修饰反应。如果 RNA 众多变异中的一种恰好挽救了基因突变引起的危害，自然选择就将这种变异固定下来，最终进化成为 RNA 编辑。其次，RNA 编辑增加了基因产物的多样性，由同一基因转录物经编辑可以表达出多种具有不同功能的蛋白质。再次，RNA 编辑可以构建或去除起始密码子和终止密码子，是基因调控的一种重要方式。此外，RNA 编辑扩充了遗传信息，能使基因产物获得新的结构和功能，有利于生物的进化。

8.1.5　mRNA 的转运

1. mRNA 的出核转运

细菌没有细胞核结构，所有的 RNA 都在同一个环境中合成并发挥作用，因此不需要进行 RNA 转运。而在真核细胞里，由于膜结构的存在，转录和翻译过程在时空上是相分离的，一旦 mRNA 在细胞核内完成加工过程，就会被蛋白质包装好，以核糖核蛋白的形式从细胞核输出到细胞质中指导蛋白质合成。

mRNA 从细胞核进入细胞质的过程是一个受到精细调控的过程。这是因为加工成熟的 mRNA 只是细胞核内全部 RNA 的一小部分，如果其他 RNA 分子，如损伤或加工错误的 RNA、剪接下来的内含子进入细胞质中，将会对细胞产生致命的危害。mRNA 的转运受到 mRNA 结合蛋白的调控。从开始转录时刻起，mRNA 分子就与多种蛋白质结合在一起，包括与帽子生成相关的蛋白质、RNA 剪接因子、介导多聚腺苷酸化的蛋白质等，其中有一些蛋白质在完成任务后会与 mRNA 相分离，而有些蛋白质，如某些 SR 蛋白，一直与 mRNA 相结合。此外，在 mRNA 转运前，还会有其他蛋白质的加入。这些蛋白质决定了 mRNA 被转运的命运。与 mRNA 不同，其他不需要进行转运的 RNA 分子不但缺少转运所需蛋白质，而且往往还携带能够阻止 RNA 转运的蛋白质，从而使得这些 RNA 滞留在细胞核内。决定 RNA 是转运出细胞核还是滞留在细胞核内不是由单独某一种蛋白质决定的，而是由一组蛋白质决定的。

mRNA 是通过核膜上核孔复合体（nuclear pore complex，NPC）进入细胞质中的。与 RNA 相结合的一些蛋白质携带细胞核跨膜转运信号，能够被转运受体所识别。在转运受体的帮助下，RNA 以主动运输的方式通过核孔离开细胞核。当进入细胞质后，与 mRNA 相结合的蛋白质组分就会解离下来，重新进入细胞核中，与下一个 mRNA 结合，重复转运过程。

2. mRNA 的细胞质定位

进入细胞质中的 mRNA 需要和核糖体结合指导蛋白质合成。大多数 mRNA 可能是在随机的位置进行翻译，不过人们发现有些 mRNA 是在特定位置进行翻译，例如在酵母出芽分裂时，ASH1 mRNA 会被定向地运至芽孢处。mRNA 的定位机制大体有以下三种。

（1）扩散及定点锚定　mRNA 以扩散方式分布于细胞中，但在特定区域被一些因子捕获，并锚定在此处。

（2）降解及定点保护　mRNA 可以自由扩散，但除了特定位点以外，位于其他部位时会被降解。

（3）主动运输　mRNA 能够被特异性地转运到它翻译的位置上，该机制是最常见的定位机制，需要细胞骨架系统和蛋白马达分子的参与。

mRNA 定位机制彼此之间并不排斥，许多 mRNA 的定位是多种机制协同作用的结果。

人们认为 mRNA 定位的主动运输过程可能是这样的：首先，mRNA 在细胞核内就可能与细胞质定位蛋白相结合，当 mRNA 通过核糖核蛋白形式通过核孔进入细胞质后，参与核转运的 RNA 结合蛋白与 mRNA 相分离，而细胞质定位蛋白则或是仍然与 mRNA 相结合，或是被细胞质中识别 mRNA 上定位信号的蛋白质取代，介导定位；然后，mRNA 蛋白复合物与蛋白马达分子相结合，后者可沿着细胞骨架移动，将 mRNA 运送到目的地；被运输的 mRNA 蛋白复合物的体积相当大，可能由上百个 mRNA 分子及其结合蛋白所组成，其中还包含一些翻译抑制因子，阻止 mRNA 在运输途中进行翻译，到达目的地后 mRNA 才被激活进行翻译；当 mRNA 被运送到目的地后，具有锚定作用的蛋白质因子发挥作用，防止 mRNA 扩散。不同的 mRNA 所依赖的细胞骨架系统可能不同，所需要的转运和锚定蛋白也可能不同，有些 mRNA 的蛋白质产物就能够起到锚定作用。

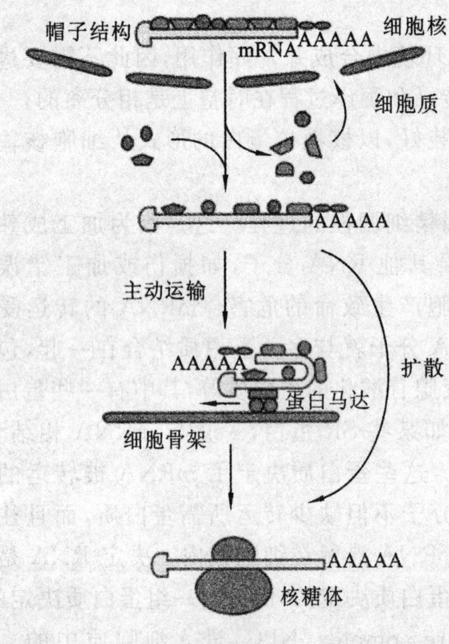

图 8-26　mRNA 的出核转运和细胞质内运输

mRNA 定位是由 mRNA 分子中定位信号序列与相应的反式作用因子之间的相互作用介导的。大多数的 mRNA 的定位信号序列位于 3′非翻译区，但也有的定位信号序列位于 5′非翻译区甚至编码序列中。定位信号序列可以以多拷贝的形式或者多种定位信号序列并存的形式存在于一个 mRNA 分子中，这些顺式作用元件在功能上可能具有重叠性和协同性，也可能是按照时间顺序依次发挥功能作用。

mRNA 定位信号序列能够被 mRNA 定位反式作用因子所识别，这些反式作用因子既可以和 mRNA 结合，又能够通过直接或间接的方式与肌球蛋白、驱动蛋白、动力蛋白等蛋白马达分子结合，从而介导 mRNA 在细胞质内进行运输（图 8-26）。因为 mRNA 定位信号序列也被称为 zipcode，因而有人将反式作用因子称为 ZBP (zipcode binding protein)。

8.1.6　mRNA 的降解

与 DNA 相比，RNA 稳定性较差，其主要原因是在细胞内存在大量的核酸酶，能够促进 RNA 的降解，次要原因是构成 RNA 的核糖比构成 DNA 的脱氧核糖多出一个 2′-羟基，从而提高了核酸分子的化学反应活性。核酸酶可分为核酸内切酶和核酸外切酶两类。核酸内切酶可以通过对 RNA 分子中特定序列或者特定结构的识别，对 RNA 内部位点进行切割。核酸外切酶则可以从 RNA 的末端移除核苷酸，根据降解 RNA 方向的不同，可以将核酸外切酶分为 3′→5′核酸外切酶和 5′→3′核酸外切酶。有些核酸外切酶与底物 RNA 结合之后，能够持续性地降解 RNA，而有些核酸外切酶每次与底物 RNA 的结合只能移除一个或者几个末端核苷酸。

不同的 RNA 的稳定性各不相同。rRNA 和 tRNA 较为稳定，其更新率较低；mRNA 则很不稳定，其更新率非常高。不同的 mRNA 需要以不同速率进行降解，其半衰期可相差 100 倍以上。对于一个仅是细胞短暂需要的 mRNA 来说，其半衰期只有数分钟，甚至几秒钟。而如果细胞对基因产物是恒定需求，其 mRNA 将在细胞的许多世代中都是稳定的。脊椎动物细胞 mRNA 的平均半衰期约为 3 h，细胞每一世代中各类 mRNA 周转次数大约为 10 次。细菌 mRNA 的半衰期大约只有 1.5 min，以适应快速生长和对环境作出快速反应的要求。细胞内某一 mRNA 的丰富程度是由该 mRNA 的合成速率和降解速率共同决定的，其中降解速率是重要的决定性因素。

1. 原核细胞中的 mRNA 的降解

大肠杆菌 mRNA 的持续性降解是在核酸内切酶与 3′→5′核酸外切酶的联合作用下进行的，该过程是一个多步反应过程(图 8-27)。首先 mRNA 的 5′末端的焦磷酸基团被去除，产生仅含有单个磷酸基团的 mRNA 5′末端。该末端能够促使核酸内切酶 E(RNase E)在靠近 5′末端的位置对 mRNA 进行切割，使得上游 RNA 片段产生 3′-羟基末端，而下游 RNA 片段产生 5′-磷酸末端。该反应使得单顺反子 mRNA 失去了指导蛋白质合成的能力。上游 RNA 片段随即被具有 3′→5′核酸外切酶活性的多聚核苷酸磷酸化酶（polynucleotide phosphorylase，PNPase)降解成核苷酸，而下游的带有 5′-磷酸的 RNA 可以被核酸内切酶再次切割。随着核酸内切酶与 3′→5′核酸外切酶的联合作用沿着 mRNA 的 5′→3′方向持续进行，mRNA 可以被迅速地降解掉。

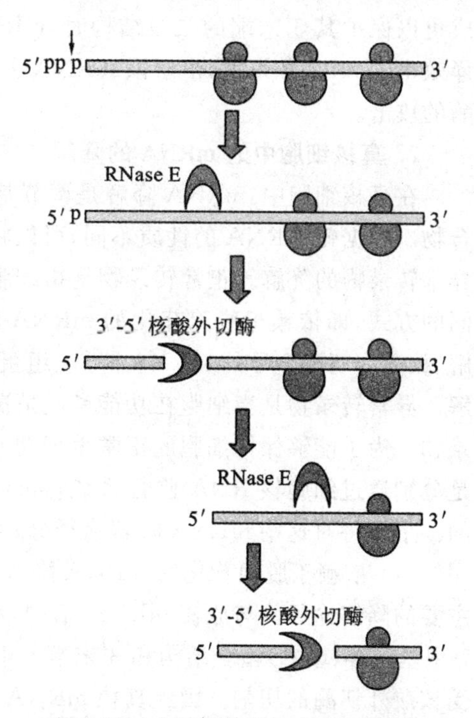

图 8-27　大肠杆菌中的 mRNA 降解

大肠杆菌中的 3′→5′核酸外切酶不能够对双链区域发挥作用。因此，如果 mRNA 的 3′末端存在茎环结构，mRNA 的 3′末端会受到保护，免受 3′→5′核酸外切酶的攻击。此外，当核酸内切酶 E 切割所产生的上游 RNA 片段能够形成稳定二级结构时，也会阻碍 3′→5′核酸外切酶的降解作用。但是对于 PNPase 来说，当茎环结构的 3′末端存在长度为 7～10 bp 的单链区域时，PNPase 仍可以对双链区进行降解。

在大肠杆菌中，Rho 非依赖性转录终止会使得所转录出来的 RNA 的 3′末端形成带有 3′单链的茎环结构。由于单链太短，因此 PNPase 无法从 3′末端对此 RNA 进行降解。但是在大肠杆菌细胞内存在一种 poly(A)聚合酶(PAP)，该酶能够在 mRNA 的 3′末端加上一段较短的 poly(A)序列(10～40 bp)，从而使得这些 mRNA 能够被降解。对于末端能够形成特别稳定二级结构的 RNA 片段来说，可以通过多次的多聚腺苷化和核酸外切酶消化进行处理。因此与真核生物细胞不同，细菌 mRNA 的多聚腺苷化具有促进 RNA 降解的功能。

在降解 RNA 过程中，核酸内切酶 E 和 PNPase 以及其他蛋白质共同形成了一个多蛋白复合体，即降解体(degradosome)。其中，核酸内切酶 E 具有双重功能，其 N 端结构域具有核酸内切酶活性，C 端结构域则作为一个平台能够与其他组分相结合。降解体中还包括解旋酶，可以促使 RNA 底物双链解开，使之能被 PNPase 作用。

除了核酸内切酶 E 和 PNPase 以外，大肠杆菌内的其他核酸酶对 RNA 降解也有一定的作用。核酸内切酶E的失活，能够减小RNA的降解速率，但不能完全阻止RNA降解的进行。PNPase的突变同样不会影响mRNA的稳定性。这些事实说明，细胞内有多种核酸酶参与RNA降解过程，这些核酸酶具有功能上的冗余性。然而只有PNPase和核酸内切酶R才能够降解含有稳定二级结构的RNA片段，PNPase和核酸内切酶R的双缺失将导致含有二级结构的mRNA片段在细胞内积累。

不同mRNA分子彼此之间存在着巨大的稳定性差异，其原因是多方面的，但有两个因素最为重要。首先，不同的mRNA分子对于核酸内切酶的敏感性不同，特别是当mRNA能够形成可以保护其5′末端的二级结构时，mRNA具有较高的稳定性。其次，对于某些具有较高翻译效率的mRNA来说，由于该mRNA上结合有较多的核糖体，也能够保护mRNA免受核酸酶的攻击。

2. 真核细胞中的mRNA的降解

在真核细胞中，mRNA降解是调节基因表达的一个重要环节，涉及许多细胞内因子和复合物。根据靶mRNA的性质不同，可以将真核细胞的mRNA降解分为正常转录物的降解和异常转录物的降解。正常转录物是指细胞产生的有正常功能的mRNA，其降解主要有5种不同的方式，即依赖于脱腺苷化的mRNA降解、不依赖于脱腺苷化脱帽反应引发的mRNA降解、核酸内切酶介导的mRNA降解、组蛋白mRNA的降解以及microRNA介导的mRNA降解。异常转录物是指细胞在功能紊乱情况下或是由于转录错误所产生的不具有正常功能的转录物。为了能够保持细胞的正常生理功能，这些异常转录物需要及时进行清理。异常转录物是分别通过细胞核RNA监督系统(surveillance system)和细胞质RNA监督系统进行降解的。下面将对这些mRNA降解途径分别进行介绍。

(1) 依赖于脱腺苷化的mRNA降解　依赖于脱腺苷化的mRNA降解途径是正常转录物主要的降解途径。与原核mRNA不同，绝大多数真核mRNA两端存在修饰成分，即5′末端7-甲基鸟苷(m^7G)帽子结构和3′末端poly(A)尾巴结构，这些结构的存在可以保护mRNA不受核酸外切酶的切割。因此真核mRNA的降解需要解除这些结构对mRNA的保护作用。细胞内大多数mRNA降解都是去腺苷化依赖型降解，即降解是由poly(A)尾巴结构被去除引起的。在酵母中，新合成出来的mRNA的poly(A)的长度为70～90 bp，哺乳细胞的mRNA的poly(A)的长度大约为200 bp，poly(A)上结合有poly(A)结合蛋白，对mRNA的3′末端有一定的保护作用。

当mRNA由细胞核进入细胞质后，在脱腺苷化酶(或称为poly(A)核酸酶)作用下，poly(A)的长度会逐渐缩短。目前在酵母和哺乳细胞中发现多种脱腺苷化酶，如PAN2/3复合物、CCR4-NOT复合物等。PAN2/3复合物是依赖于PABP的脱腺苷化酶，可将新生mRNA的poly(A)修剪成60～80 bp长。然后再由CCR4-NOT复合物对其余poly(A)序列进行快速降解，直至将poly(A)缩短到10～15 bp长。CCR4-NOT复合物是由9个蛋白质所构成的大型复合物，其中的CCR4具有核酸外切酶活性，能够持续性降解核苷酸序列。该复合物还能够参与转录激活等其他基因表达过程，从而将RNA转录和mRNA降解等过程整合在一起。在真核细胞中也存在其他的脱腺苷化酶，但其功能尚不清楚。

poly(A)尾巴的移除能够引发两种不同的mRNA降解方式：5′→3′降解和3′→5′降解。

①5′→3′降解：当在脱腺苷化酶作用下，3′末端的poly(A)尾巴被降解到只剩下10～12个腺苷酸残基时，会引发mRNA的5′末端的脱帽反应，该反应由脱帽酶(decapping enzyme)复合物所催化完成。在酵母中，脱帽酶复合物是由Dcp1和Dcp2所构成的二聚体；在哺乳细胞

中，脱帽酶复合物由 Dcp1 和 Dcp2 的同源蛋白以及其他蛋白质构成。脱帽酶能够去除 mRNA 5′末端的 7-甲基鸟苷，并能够产生 5′-单磷酸 RNA 末端，该末端可以作为 5′→3′核酸外切酶 XRN1 的底物，使得 mRNA 能够被 XRN1 持续性地快速降解。

正常情况下，处于翻译状态下 mRNA 不容易发生脱帽反应。mRNA 的 5′帽子结构可以与真核翻译起始因子 eIF4F 相结合，从而保护帽子结构免受脱帽酶的作用。但是为什么 3′末端 poly(A)结构的去除会促进脱帽反应的发生呢？这是因为在翻译过程，结合在 mRNA 的 5′末端的翻译起始复合物需要与结合在 poly(A)上的 PABP 发生相互作用，而 poly(A)的降解会引起 PABP 的释放，从而减弱了 eIF4F 与帽子结构之间的相互作用，结果导致帽子结构容易暴露出来，被脱帽酶识别并切除。

还有许多其他蛋白质参与到脱帽反应过程中。例如当 PABP 丢失后，一个由 Lsm1～Lsm7 所构成的七聚体结合在残余的寡聚腺苷酸序列上，该复合物是脱帽反应所需要的。此外，还有一些蛋白质被发现与脱帽反应相关，但具体功能尚未详细阐明。

②3′→5′降解：依赖于脱腺苷化的 mRNA 降解还有另一种方式，即当 poly(A)被去除后，mRNA 直接从 3′→5′方向进行降解。3′→5′降解是由具有 3′→5′核酸外切酶活性的外切酶体(exosome)和一些辅助蛋白介导完成的。外切酶体存在于真核细胞和古细菌中，是一个环状结构的蛋白复合体，含有一个由 9 个亚基所组成的核心，在核心表面上还结合有一个或几个辅助蛋白亚基。外切酶体与细菌中的降解体相似，其核心亚基在结构上类似于 PNPase。最近研究表明，该复合物也具有内切酶活性，但该活性在 mRNA 降解中的作用还不清楚。外切酶体不仅存在于细胞质中，也存在于细胞核内，参与异常转录物的降解过程。3′→5′降解结束后，残留在寡核苷酸链上的 5′末端的帽子将被清道夫脱帽酶(scavenger decapping enzyme) DcpS 降解。

两种依赖于脱腺苷化的 mRNA 降解方式(图 8-28)，即 5′→3′降解和 3′→5′降解的相对重要性尚不清楚，虽然在酵母中前者是主要方式。这两种方式具有一定的冗余性，仅有少数 mRNA 是只依赖其中一种方式进行降解的。

mRNA 的降解是发生在 P 小体(processing body，P-body)中的。在真核细胞中，许多未翻译的 mRNA 能够与蛋白质组装成 mRNA 核糖核蛋白(mRNP)，并在细胞特定位点聚集成小颗粒。P 小体散布在整个细胞质中，可在光学显微镜下被观察到。随着研究的深入，越来越多的 P 小体组分被鉴定出来，其中许多组分都是与蛋白翻译抑制、mRNA 降解相关的因子、酶和复合物。PABP 一般不存在 P 小体中，表明在 mRNA 进入 P 小体之前，mRNA 的 poly(A)结构就已经被去除。P 小体具有动态性质，可受到细胞的蛋白翻译和 mRNA 降解状态影响，能够随着周围环境的变化增加或减少体积和数量，甚至可以消失。当蛋白翻译起始被抑制或是 mRNA 降解受阻时，P 小体的数量会增加，体积会增大。不是所有的 P 小体中 mRNA 都注定被降解，有些 mRNA 可以从 P 小体中被释放出来指导蛋白质的合成，但是具体机制不详。目前尚不清楚在正常情况下是否所有的 mRNA 都需要在 P 小体中进行降解。人们推测，P 小体的存在可以使得与 mRNA 降解相关的酶类被局限在某一有限的空间内，从而使得 mRNA 降解更安全、更有效率。

(2) 不依赖于脱腺苷化的由脱帽反应引发的 mRNA 降解　有少数 mRNA 可以不经过脱腺苷化反应而直接进行脱帽(图 8-29)，即在 mRNA 仍然存在很长的 poly(A)尾巴时就能够进行脱帽反应。脱帽反应发生后，通过 5′→3′核酸外切酶 XRN1 对 mRNA 进行降解。为了能够绕过脱腺苷化步骤，该途径需要能够在没有 Lsm 蛋白复合体的帮助下，招募脱帽装置并抑制

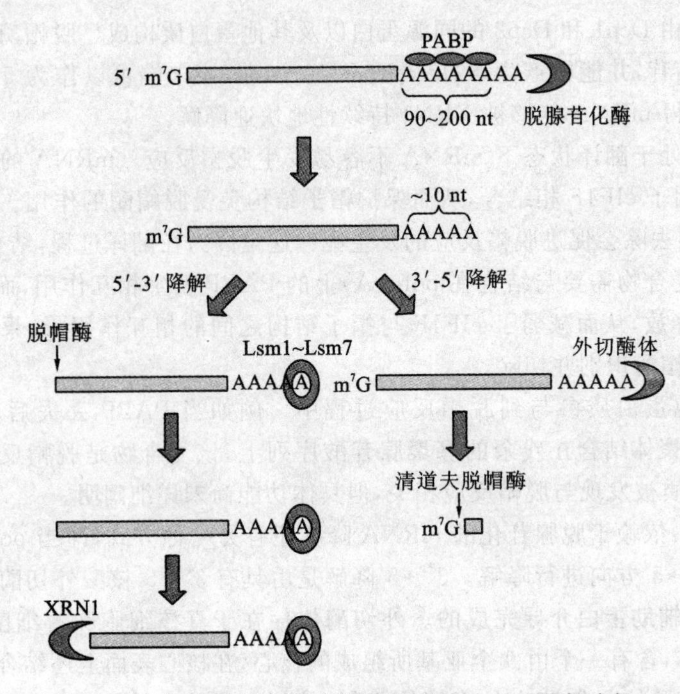

图 8-28　真核细胞中依赖于脱腺苷化的 mRNA 降解途径

帽子结构与 eIF4F 的结合。编码的核糖体蛋白 S28 的 RPS28B mRNA 就是采取这种降解途径。RPS28B mRNA 的 3′-UTR 区域内存在一个茎环结构，可以与 S28 结合，从而能够招募脱帽增强元件(decapping enhancer)，促使 mRNA 的 5′末端发生脱帽反应。

(3) 核酸内切酶介导的 mRNA 降解　真核生物 mRNA 还可以直接通过核酸内切酶水解切割引发 mRNA 降解(图 8-30)。当 mRNA 被核酸内切酶切割之后，所产生的 3′末端产物由 XRN1 介导进行 5′→3′降解，5′末端产物由外切酶体介导进行 5′→3′降解，而残留在 5′末端的帽子结构将被清道夫脱帽酶去除。目前，一些能够对 mRNA 进行特异性切割的核酸内切酶已经被鉴定出来。该途径的代表是酵母的细胞周期蛋白 CLB2 mRNA，该 mRNA 仅在有丝分裂结束时进行降解。能够对 CLB2 mRNA 进行切割反应的核糖核酸酶 MRP 主要存在于细胞核和线粒体中，参与 RNA 的加工过程。但是在有丝分裂后期，MRP 进入细胞质内，可对 CLB2

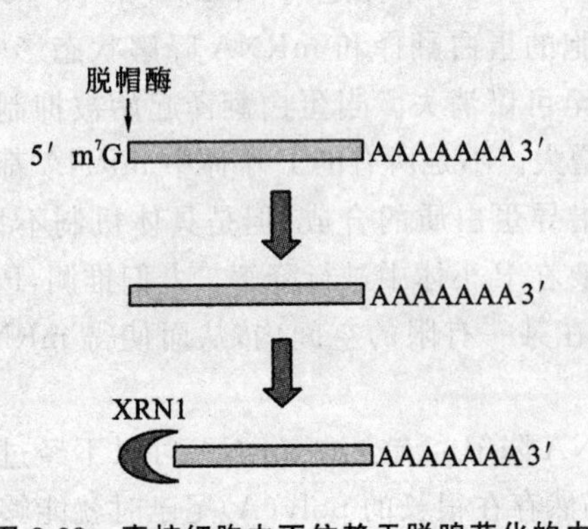

图 8-29　真核细胞中不依赖于脱腺苷化的由脱帽反应引发的 mRNA 降解途径

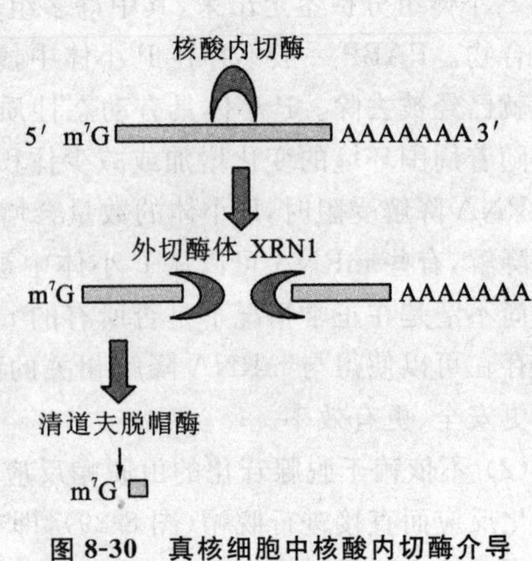

图 8-30　真核细胞中核酸内切酶介导的 mRNA 降解途径

mRNA 进行降解。

(4) 组蛋白 mRNA 的降解　由于 DNA 复制需要大量的组蛋白,因此组蛋白 mRNA 会在细胞周期的 S 期大量积累,然后在 S 期末期迅速降解。组蛋白的 mRNA 没有 poly(A)尾巴结构,但在其 3′末端存在具有转录终止功能的茎环结构,这一特点与许多细菌 mRNA 相类似。组蛋白 mRNA 的降解(图 8-31)也与细菌 mRNA 降解有着惊人的相似之处。在真核细胞内存在一种聚合酶,其结构与细菌 poly(A)聚合酶相似,但与细菌 poly(A)聚合酶不同的是,该聚合酶能够在 mRNA 的 3′末端加上一段寡聚尿苷酸序列,该序列可以代替 poly(A),成为 Lsm 蛋白复合物和/或外切酶体的结合位点,从而能够使组蛋白 mRNA 如同具有 poly(A)尾巴结构的 mRNA 一样,进行 mRNA 降解反应。

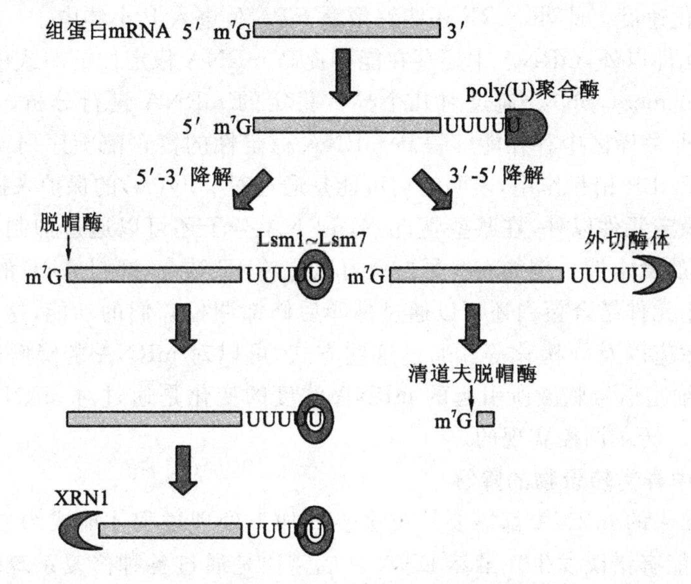

图 8-31　真核细胞中组蛋白 mRNA 降解途径

(5) microRNA 介导的 mRNA 降解　microRNA 是由 miRNA 基因转录产生的小 RNA 分子,它能够和一些蛋白质因子组装成 RNA 诱导沉默复合物(RNA-induced silencing complex,RISC),并能够通过碱基配对作用与靶 mRNA 上的短序列(19～21 bp)结合。在 microRNA 介导下,靶 mRNA 分子将会直接被降解或翻译抑制。由于 microRNA 是基因表达的产物,因此靶 mRNA 的降解可受到 miRNA 基因转录的调控。目前已发现有上千个 microRNA 可能参与到 mRNA 降解过程中,因此,由 microRNA 介导降解的 mRNA 数量可能是巨大的。该降解途径将在“8.5 microRNA”部分进行详细叙述。

在 5 种正常转录物降解途径中,依赖于脱腺苷化的 mRNA 降解途径是 mRNA 主要的降解途径,其他途径则是必要的补充,主要起到调节作用。

3. 真核细胞中 mRNA 降解的调控

目前发现 mRNA 分子内存在许多顺式序列元件,能够影响 mRNA 的稳定性。这些序列元件主要存在于 3′末端非翻译区,但也存在于 mRNA 的其他位置上,通过自身或者与细胞内反式作用因子的相互作用,能够影响 mRNA 的稳定性。

不稳定元件(destabilizing element,DE)是一类被最广泛研究的 RNA 序列元件。将不稳定元件引入一个具有较高稳定性 mRNA 中,将导致该 mRNA 快速降解。但研究发现,去除 mRNA 中一个不稳定元件并不一定能够提高该 mRNA 的稳定性,表明 mRNA 中可能存在多个不稳定元件。此外,不稳定元件的作用效果还会受到 mRNA 中其他序列元件的影响,因此不稳定元件的存在并不能保证在所有情况下都能够降低 mRNA 的稳定性。

代表性的不稳定元件是 AU-rich 元件(AU-rich element,ARE),目前发现高达 8%的哺乳动物的 mRNA 的 3′末端非翻译区存在 ARE 元件。ARE 有多种序列形式,其中一种是由单拷贝或者多拷贝形式的 AUUUA 构成,另一种不含有 AUUUA 序列,但富含尿苷酸残基。目前许多具有序列特异性和组织特异性的 ARE 结合蛋白(ARE-binding protein)已经被鉴定出来,许多 ARE 结合蛋白能够与外切酶体、脱腺苷化酶、脱帽酶等 mRNA 降解因子相互作用,表明 ARE 能够通过 ARE 结合蛋白招募 mRNA 降解因子,促进 mRNA 降解的发生。有一些 ARE 序列甚至能够直接与外切酶体相结合。研究发现,许多 mRNA 的 ARE 能够提高 mRNA 的脱腺苷化速度。此外,ARE 还能够帮助 mRNA 进入 P 小体中。

除了不稳定元件以外,mRNA 中还存在能够提高 mRNA 稳定性的顺式序列元件,即稳定元件(stabilizing element,SE)。通过对几个异常稳定的 mRNA 进行分析,人们发现在这些 mRNA 的 3′末端非翻译区中存在能够提高 mRNA 稳定性的富含嘧啶序列,结合在此序列上的蛋白质能够与 PABP 相互作用,表明它们可能是通过对 poly(A)的保护来提高 mRNA 的稳定性。除了借助稳定元件以外,在某些情况下,mRNA 分子还可以通过抑制不稳定元件的活性,从而提高自身的稳定性。例如有些蛋白质可以与 ARE 结合,抑制 ARE 的去稳定作用。

许多顺式作用元件结合蛋白还可以通过翻译后修饰调控它们的功能,这些修饰包括磷酸化、甲基化、变构效应以及异构化等。通过这些方式,可以对 mRNA 的降解速率进行精确调节。几乎 50%的细胞信号刺激所引起的 mRNA 浓度的变化是通过对 mRNA 的稳定性调控实现的,而不是通过转录调控实现的。

4. 真核细胞中异常转录物的降解

所有新合成出来的 mRNA 都需要经过多步的加工处理过程才能成为成熟的 mRNA 分子。在此期间,可能有错误发生。虽然 DNA 合成错误是通过各种修复系统对所合成出来的 DNA 分子直接进行修复,但是对于 RNA 来说,有缺陷的 RNA 将直接被降解掉。这一过程是由存在于细胞核和细胞质中的 RNA 监督系统负责的,RNA 监督系统的功能是识别和摧毁有缺陷的 RNA 分子。

(1) 细胞核 RNA 监督系统　在细胞核中,核内外切酶体负责去除有缺陷的 RNA 分子。核内外切酶体的核心结构与细胞质的外切酶体几乎完全相同,但结合不同的蛋白辅助因子。核内外切酶体具有 3′→5′核酸外切酶活性,可以降解有缺陷的 RNA 分子。核内外切酶体具有多种生物学功能,除了能够降解异常转录物外,还能够对一些非编码 RNA(snRNA、snoRNA 和 rRNA)进行转录后加工。在一些能够识别特定的 RNA 序列或者特定 RNA/RNP 结构的蛋白复合物帮助下,核内外切酶体能够与底物 RNA 分子结合。

在酵母中,TRAMP 蛋白复合物负责识别被错误加工或者错误折叠的 RNA 分子,它能够通过以下三种方式影响 RNA 降解:①TRAMP 直接与外切酶体相互作用,提高后者的核酸外切酶活性;②TRAMP 包含一个解旋酶,可以打开底物 RNA 分子的二级结构,促使 RNA 结合蛋白从 RNA 上解离下来,从而有利于 RNA 降解过程的进行;③它能够在底物 RNA 的 3′末端添加一个短的 poly(A)序列,使底物 RNA 更容易被降解。这一点类似于 poly(A)序列在细菌 mRNA 降解中的作用。它们之间的相似性表明,存在于细菌、古细菌和真核生物中的 RNA 降解系统具有相同的祖先,多聚腺苷酸化的最初作用可能是促进 RNA 降解,但在真核细胞中进化成为具有稳定 mRNA 的功能。

许多由三种真核 RNA 聚合酶所合成出来的异常转录物都能够被 TRAMP 所识别，但目前还未找到这些异常转录物所具有的共性。针对 TRAMP 的作用机制，研究者提出了一个竞争动力学模型，该模型认为那些未能迅速被加工处理、未能迅速组装成最终核糖核蛋白形式的 RNA，将会在 TRAMP 的介导下被外切酶体所降解。该模型将时间作为控制因素，因此不需 RNA 监督系统对具体的 RNA 缺陷特征进行特异性识别。

目前已经发现两类异常转录物需要在细胞核内进行降解。一类是未进行剪接或异常剪接的 mRNA 前体分子。在这些 mRNA 前体分子上仍然结合有剪接体组分，直到 RNA 被外切酶体降解或直到正确的 RNA 剪接反应完成，剪接体组分才会从 RNA 上脱落下来。剪接体介导的 RNA 剪接反应与外切酶体介导的 RNA 降解反应彼此之间是竞争关系，如果 mRNA 前体分子不能有效地进行剪接和包装，将会增加被外切酶体降解的风险，但是异常剪接的 mRNA 前体分子的识别机制目前尚不清楚。

第二种类型的异常转录物是由于转录异常所产生的缺少 poly(A)尾巴结构的 mRNA 前体分子。这些异常转录物可以被 TRAMP 的一个组成部分（TRF4）添加上一段 poly(A)序列，然后被外切酶体快速降解。

(2) 细胞质 RNA 监督系统　虽然许多异常转录物能够被核内 RNA 监督系统降解，但仍有些异常转录物能够进入细胞质中，这些异常转录物的缺陷只有在翻译过程中才能够被发现。目前发现细胞质 RNA 监督系统可以检测到三种翻译水平上的 mRNA 缺陷，并能够通过无义介导的 mRNA 降解（nonsense-mediated decay，NMD）、Non-stop 降解（Non-stop decay，NSD）和 No-go 降解（No-go decay，NGD）等方式将有缺陷的 mRNA 快速降解。

① 无义介导的 mRNA 降解（NMD）：含有提前终止密码子（premature termination codon，PTC）的 mRNA 能够被 NMD 方式降解。除了基因的无义突变能够产生含有 PTC 的 mRNA 以外，RNA 聚合酶的合成错误、RNA 剪接错误、特定的可变剪接都能够由正常的基因序列产生出含有 PTC 的 mRNA 分子。据估计，将近 50％可以进行可变剪接的 mRNA 能够产生出至少一种含有 PTC 的剪接产物。大约 30％疾病相关基因能够转录生成含有 PTC 的 mRNA。含有 PTC 的 mRNA 将会翻译生成 C 末端截短的多肽链，这些 C 末端截短体很可能不具有正常的生物学功能，因此对机体有害。目前发现所有的真核生物都含有 NMD 降解通路，它的核心蛋白复合物 Upf1、Upf2、Upf3 是高度保守的。

在哺乳动物细胞中，异常转录物所具有的典型特征是含有外显子连接的复合物（exon junction complex，EJC），它是 RNA 剪接的残留标记物，位于每个外显子连接处上游 20～24 bp 位置上。大部分的高等真核生物基因的 3′非翻译区都不含有内含子，所以在真正的终止密码子下游一般不存在剪接位点。对于正常的 mRNA 来说，所有 EJC 都位于编码区内，在第一轮翻译过程中，这些结合在 mRNA 上的 EJC 将被核糖体取代。对于异常转录物来说，在第一轮翻译过程之后，PTC 下游仍然存在 EJC，能够与 Upf2、Upf3 结合。而 Upf1 和一个激酶可以与停留在 PTC 位点上的核糖体结合，确切地说是与释放因子复合物结合。通过 PTC 位点上的复合物与 PTC 位点下游的 EJC 之间的相互作用，起始靶 mRNA 的降解。

大多数酵母基因不含有内含子，因此酵母的 PTC 的检测机制不同于哺乳动物。对于含有 PTC 的 mRNA 来说，PTC 位点下游的 3′非翻译区的长度要大于正常 mRNA 的 3′非翻译区的长度，因而长度异常的 3′非翻译区被认为是 NMD 降解信号，其原因可能与 PABP 有关，因为如果在 PTC 附近区域连接上一个 PABP，mRNA 将不再进入 NMD 降解途径。这种与 RNA 剪接无关的 PTC 识别机制同样也存在于果蝇、线虫、植物和某些哺乳动物的 mRNA 中。

除了异常转录物以外，一些正常的 mRNA 也会通过 NMD 方式进行降解。Upf1 水平的降低将导致这些 mRNA 在细胞内积累。能够被 NMD 降解的正常 mRNA 包括编码硒蛋白的 mRNA(硒代半胱氨酸使用的密码子是终止密码子 UGA)、具有较长 3′非翻译区的 mRNA 以及数目不详的可变剪接产物。目前还无法确定究竟哪些正常 mRNA 能够通过 NMD 方式进行降解，NMD 可能是半衰期很短的 mRNA 的一个重要的快速降解途径。

② Non-stop 降解(NSD)：NSD 的靶 mRNA 是缺乏终止密码子的 mRNA。由于缺少终止密码子，核糖体将沿着 poly(A)序列一直进行翻译，并可能停留在转录物的 3′末端。NSD 能防止这类异常蛋白质的产生，还能促进核糖体的释放。NSD 需要 SKI 蛋白的参与。Ski7 蛋白能够与停滞在转录物 3′末端的核糖体的 A 位点结合，从而将核糖体从 mRNA 上释放出来。然后 Ski7 蛋白将其他 SKI 蛋白和外切酶体招募到 mRNA 上，导致 mRNA 发生 3′→5′降解。NSD 也可以在没有 Ski7 蛋白存在下进行。当核糖体进入 poly(A)尾巴时，会将 PABP 取代下来，从而导致转录物易于脱帽。发生脱帽反应之后，由 5′→3′核酸外切酶对 mRNA 进行降解。

③ No-go 降解(NGD)：有一些 mRNA 能够形成稳定的二级结构或者含有稀有密码子序列，当这些 mRNA 进行翻译时，核糖体有可能短暂或长期停滞在这些 mRNA 分子的编码区中。NGD 能够将这些 mRNA 进行降解，并将被束缚的核糖体释放出来。该途径涉及两种蛋白质：Dom34 和 Hbs1，分别是释放因子 eRF1 和 eRF3 的同源蛋白。NGD 首先检测 mRNA 上停滞的核糖体，然后由核酸内切酶对停滞位点附近的 mRNA 进行切割，所产生的 5′片段和 3′片段将由外切酶体和 XRN1 进行降解。Dom34 可能具有核酸内切酶活性，因为它的一个结构域与核酸酶结构相似。

8.2 核糖体 RNA(rRNA)的加工

8.2.1 原核生物 rRNA 的加工

在原核生物中，rRNA 的基因与某些 tRNA 的基因组成混合操纵子，共同进行转录。大肠杆菌共有 7 个 rRNA 的转录单位，它们分散在基因组的各处，名为 *rrnA*～*rrnG*，它们在染色体上并不紧密连锁。rRNA 序列是保守的，每个转录单位由 16S rRNA、23S rRNA、5S rRNA 以及一个或几个 tRNA 的基因所组成(图 8-32)。但不同的转录单位中的 tRNA 的数量、种类以及位置都不固定。4 个 *rrn* 基因座在 16S 和 23S 之间的转录间隔序列(transcribed spacer, TS)中含有一条 tRNA 基因，其他的 *rrn* 基因座在此区域内则包含两条 tRNA 基因。此外在 3′端 5S rRNA 的基因之后还可能有 1 个或 2 个 tRNA 基因。每个转录单位中含有等比例的 16S、23S、5S rRNA，因为这些 rRNA 是等比例地存在于核糖体中，因此串联转录单位保障了它们的等量关系。

rRNA 的基因原初转录物约含 6 500 bp，相对分子质量为 2.1×10^{6}，沉降常数为 30S，5′末端为 pppA。经断链成为 rRNA 和 tRNA 的前体，然后进一步加工成为成熟的 rRNA 和 tRNA。由于在原核生物中 rRNA 的加工往往与转录同时进行，因此不易得到完整的前体。

rRNA 前体的加工是由核酸内切酶 RNaseⅢ和 RNase E 负责的。RNaseⅢ的识别部位为特定的 RNA 双螺旋区。在 30S 前体 RNA 中，16S rRNA 和 23S rRNA 的两侧序列能够互补配对，形成茎环结构。RNaseⅢ可以对茎部进行交错切割，产生 16S rRNA 和 23S rRNA 的前

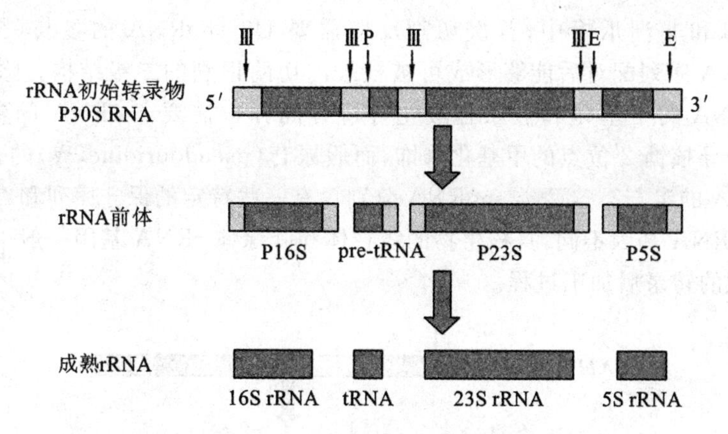

图 8-32　大肠杆菌 rRNA 前体的加工

Ⅲ：RNaseⅢ；P：RNase P；E：RNase E

体 P16S 和 P23S。5S rRNA 的前体 P5S 是在 RNase E 作用下产生的，RNase E 可识别 P5S 两端序列所形成的茎环结构。P5S、P16S 和 P23S 生成之后，再由核酸酶切除这些前体分子两端的多余附加序列。不同细菌 rRNA 前体的加工过程并不完全相同，但基本过程类似。

除了进行切割以外，原核生物 rRNA 加工过程中还会发生甲基化修饰反应。甲基化位点可以是碱基，也可以是核糖，其中 2′-甲基核糖是常见的甲基化修饰成分。16S rRNA 大约含有 10 个甲基，23S rRNA 大约含有 20 个甲基，其中 N^4，2′-O-二甲基胞苷（m^4Cm）是 16S rRNA 所特有的修饰成分。一般 5S rRNA 中无修饰成分，不进行甲基化反应。

8.2.2　真核生物 rRNA 的加工

真核生物核糖体的小亚基含有一条 16～18S rRNA，大亚基除 26～28S rRNA 和 5S rRNA 以外，还含有一条 5.8S rRNA。在 DNA 链上 rRNA 基因成簇排列，由 16～18S、5.8S 和 26～28S rRNA 基因构成一个转录单位，彼此被间隔区分开，由 RNA 聚合酶Ⅰ转录生成一条长的 rRNA 前体。在不同生物中该 rRNA 前体分子大小不同，在哺乳类动物中为 45S rRNA 前体，而在酵母中为 37S rRNA 前体。与原核细胞情况不同，真核生物的 5S RNA 是与其他 rRNA 基因分开转录的。在真核生物中 5S rRNA 基因也是成簇排列的，中间被非转录区所间隔。5S rRNA 由 RNA 聚合酶Ⅲ负责转录，经过适当加工后，与 28S rRNA 和 5.8S rRNA 以及相关蛋白质一起参与核糖体大亚基的组装。18S rRNA 与相关蛋白质则构成了小亚基，然后它们通过核孔再转移到细胞质中进行核糖体的装配。

成熟 rRNA 是通过切割和修整反应从前体释放出来的。尽管作用顺序可能不同，但在所有真核生物中，反应基本上类似：rRNA 的 5′末端大多由切割反应直接产生，而 rRNA 的 3′末端大多由切割以及随后的 3′→5′修整反应产生。

真核生物 rRNA 在成熟过程中也可被甲基化，其甲基化程度高于原核生物 rRNA 的甲基化程度。例如，哺乳类细胞的 18S rRNA 和 28S rRNA 分别含有大约 43 个和 74 个甲基，约有 2%的核苷酸能够被甲基化修饰，是细菌 rRNA 甲基化程度的 3 倍。除了甲基化以外，真核生物 rRNA 还会发生假尿苷酸化，将 RNA 分子中的特定的尿苷酸残基转变为假尿苷酸残基。在脊椎动物的 rRNA 中含有约 100 个假尿苷残基。

真核 rRNA 的加工和修饰过程需要核仁小 RNA（small nucleolar RNA，snoRNA）的参

与。例如在酵母和非洲爪蟾中，首次切割反应需要 U3 snoRNA 的参与(图 8-33)。推测 snoRNA 和 rRNA 序列配对后能够形成可被核酸内切酶识别的二级结构。除了 rRNA 的切割过程以外，rRNA 的甲基化和假尿苷酸化等过程同样也需要 snoRNA 的参与：C/D 型的 snoRNA 能够介导核糖 2′位点的甲基化修饰，而假尿苷(pseudouridine，Ψ)的合成则需要 H/ACA 型 snoRNA 的参与。这两类 snoRNA 分别含有一些特定的保守序列和二级结构特征。

与细胞核 rRNA 基因不同，真核生物的线粒体和叶绿体 rRNA 基因一般采取与原核生物 rRNA 基因相似的转录后加工过程。

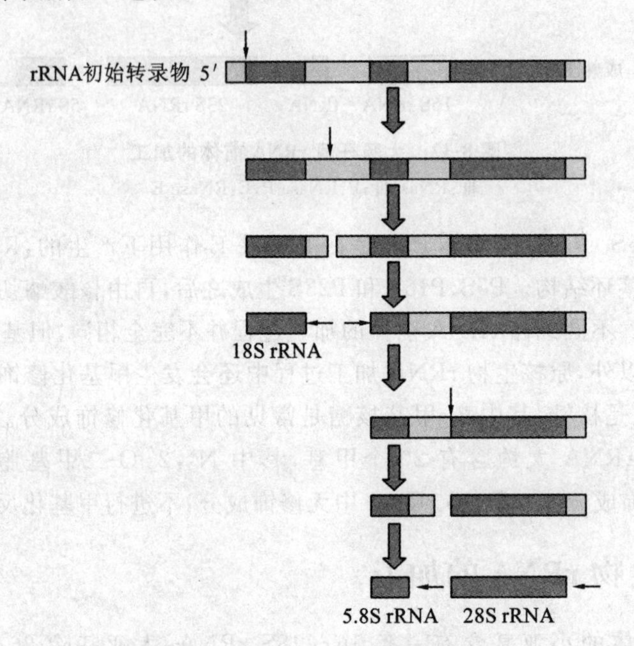

图 8-33　酵母细胞 rRNA 前体的加工

8.3　转运 RNA(tRNA)的加工

8.3.1　原核生物 tRNA 的加工

原核的 tRNA 基因大多成簇存在，其初始转录本多为多顺反子，也就是几个 tRNA 分子串联在一起，这可分为以下三种情况：串联的 tRNA 分子都是相同的；串联的 tRNA 分子是不同的；由 tRNA 和 rRNA 串联组成。此外，还有少数的 tRNA 前体是单顺反子。

原核 tRNA 前体的加工(图 8-34)可分为以下三个阶段。

第一阶段，由核酸内切酶对 tRNA 初始转录物进行切割，产生成熟的 tRNA 5′末端。

与 DNA 限制性核酸内切酶不同，RNA 核酸内切酶不能识别特异的一级序列，它所识别的是加工部位的三维空间结构。在大肠杆菌中，切断 tRNA 5′末端的核酸内切酶是 RNase P。差不多所有大肠杆菌及其噬菌体 tRNA 前体都是在该酶作用下切出成熟的 tRNA 5′末端的，因此 RNase P 称为 tRNA 的 5′末端成熟酶。

第二阶段，在核酸内切酶、核酸外切酶以及 tRNA 核苷转移酶作用下产生成熟的 tRNA

的 3′末端。

加工 tRNA 前体 3′末端的序列需要其他的核酸内切酶参与，例如 RNase F，它能够在 tRNA 3′末端下游不远处切断前体分子。为了得到成熟的 3′末端，需要有核酸外切酶对由 RNase F 切割所产生的 3′末端进行进一步修剪，从前体 3′末端逐个切去附加序列，直至 tRNA 的 3′末端。负责修剪的核酸外切酶可能主要为 RNase D。因此 RNase D 被认为是 tRNA 的 3′末端成熟酶。

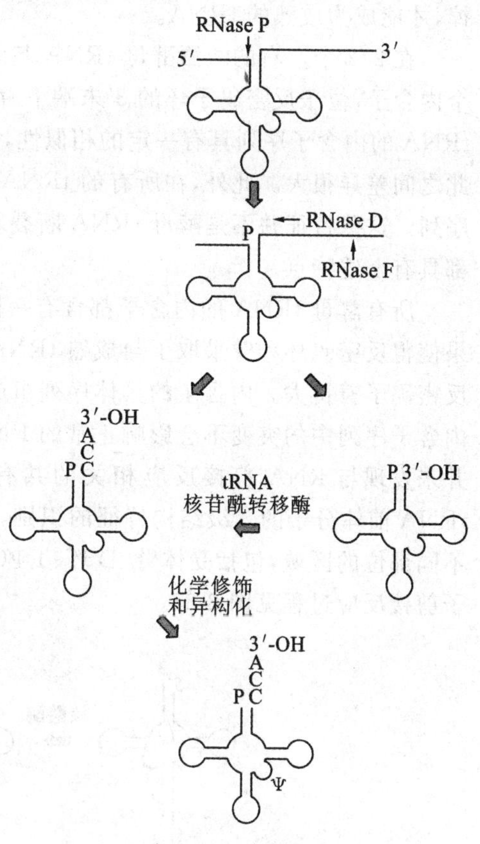

图 8-34　原核生物 tRNA 的加工成熟过程

无论是真核生物还是原核生物，所有成熟 tRNA 分子的 3′末端都有 CCA_{OH} 结构，它对于接受氨酰基的活性是必要的。细菌的 tRNA 前体存在两类不同的 3′末端序列：一类是其自身含有 CCA 三核苷酸序列，位于成熟 tRNA 序列与 3′末端附加序列之间，当附加序列被 RNase D 切除后即可暴露出来；另一类其自身并不含有 CCA 序列。当 tRNA 前体的 3′末端附加序列被切除后，必须外加 CCA 序列。在 tRNA 的 3′末端添加 CCA 序列，是在 tRNA 核苷转移酶（nucleotidyl transferase）催化下进行的，由 CTP 和 ATP 供给胞苷酸和腺苷酸。

成熟的 tRNA 分子中存在许多修饰成分，tRNA 的修饰范围很大，可以从简单的甲基化到整个嘌呤环的重排。tRNA 分子的任何部分都可以发生修饰反应，例如氨基酸臂上 5′末端的 4-硫尿苷(4tU)，D 臂上的 2-甲基鸟苷(2mG)以及 TΨC 臂上的假尿苷(Ψ)等，在 tRNA 中存在着 50 多种修饰碱基。tRNA 修饰酶具有高度特异性，每一种修饰核苷都由相应的修饰酶催化其生成。

8.3.2　真核生物 tRNA 的加工

真核生物 tRNA 基因的数目远多于原核生物 tRNA 基因的数目。例如，大肠杆菌基因组中约有 60 个 tRNA 基因，而人体细胞则有 1 300 个。真核生物 tRNA 的前体分子是单顺反子，但成簇排列，彼此之间被间隔区所分开。tRNA 基因由 RNA 聚合酶Ⅲ转录，转录产生出长度为 100 bp 左右的 tRNA 前体分子，沉降系数为 4.5S 或稍大。成熟的 tRNA 分子的长度为 70～80 bp，沉降系数约为 4S。

真核 tRNA 前体分子在 tRNA 的 5′末端和 3′末端都有附加的序列，需借助核酸内切酶和核酸外切酶加以去除。与原核生物类似的 RNase P 可切除 5′末端的附加序列。3′末端附加序列的切除需要多种核酸内切酶和核酸外切酶的作用。真核 tRNA 前体分子的 3′末端不含有 CCA 序列，需要借助核苷转移酶在 tRNA 的 3′末端引入 CCA 序列，胞苷酰基和腺苷酰基分别由 CTP 和 ATP 供给。真核生物 tRNA 分子中同样也存在修饰碱基，这些修饰成分由特异的修饰酶催化。除含有修饰碱基外，真核生物 tRNA 分子中还含有 2′-O-甲基核糖，其含量约占核苷酸的百分之一。许多真核生物 tRNA 前体分子还含有内含子序列，需要将这部分序列切掉，才能成为成熟的 tRNA。

在 272 个左右的酿酒酵母 tRNA 基因中，有 59 个是断裂基因，每个断裂基因都只含有一个内含子，位于反密码子环的 3′末端下游。内含子序列长度不一，为 14～60 bp。功能相同的 tRNA 的内含子序列具有一定的相似性，但是，代表着不同氨基酸的 tRNA 中的内含子序列彼此之间差异很大。此外，在所有的 tRNA 内含子中并没有发现与 RNA 剪接反应相关的共有序列。这些特征并不是酵母 tRNA 断裂基因所特有的，植物和动物的细胞核中的 tRNA 基因都具有上述特点。

所有酵母 tRNA 的内含子都含有一段与 tRNA 反密码子互补的序列，序列互补配对的结果使得反密码环和臂采取了与成熟 tRNA 分子不同的构象形式，即反密码子碱基配对使正常反密码子臂扩大。内含子的具体序列组成和长度对 RNA 剪接并无很大影响。大多数发生在内含子序列中的突变不会影响正常的 RNA 剪接反应的进行。由于在所有的 tRNA 内含子中并未发现与 RNA 剪接反应相关的共有序列，人们认为 tRNA 内含子的剪接依靠的是对 tRNA 前体分子的二级结构特征的识别，而不是对内含子一级序列特征的识别。tRNA 分子不同部位的区域，包括受体臂、D 环、TΨC 环和反密码子环对于剪切都是重要的。tRNA 内含子剪接反应过程见图 8-35。

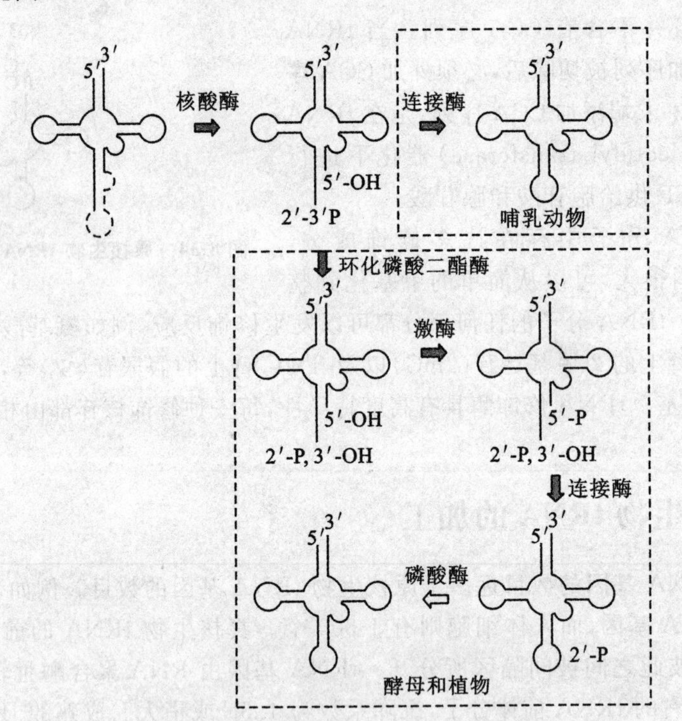

图 8-35　tRNA 内含子剪接反应过程

在大多数去除内含子的 RNA 剪接反应中，RNA 链的切割和连接反应是协同进行的。但是 tRNA 内含子的剪接反应过程采取的是另一种反应机制，切割和连接是两个独立的反应过程。具体的反应过程如下：

首先是底物的识别和切割，由一个特殊的核酸内切酶对 tRNA 前体中的内含子序列两端进行切割，将内含子切除。在此反应中，不需要能量的供给。切割反应产生了两个 tRNA 的半分子和一个线状的内含子。每个切割反应都会生成两个末端，即 5′末端和 3′末端。和其他核酸内切酶所进行的切割反应不同，此处切割反应所产生的 5′末端是 5′-羟基，3′末端是 2′，3′-环状磷酸基团。去除内含子之后，两个 tRNA 半分子经过碱基配对形成一种类似 tRNA 的结构。

在 tRNA 内含子的剪接反应的第二阶段，即将两个 tRNA 半分子连接在一起的反应中，哺乳动物中的反应过程与酵母和植物中的反应过程有所不同。在酵母和植物中，tRNA 半分子中的 2′，3′- 环状磷酸基团将在环化磷酸二酯酶的作用下打开，生成具有 2′-磷酸基团和 3′-羟基的产物。而通过切割反应所生成的 5′-羟基则需要在激酶的作用下被磷酸化，生成 5′-磷酸，然后才能在连接酶的作用下和相邻的 3′-羟某连接生成磷酸二酯键，形成完整的多聚核苷酸链。此时剪接位点上形成的是正常的 5′，3′-磷酸二酯键。但是剪接位点处的核苷酸仍然还有一个额外的 2′-磷酸基团，这个多余的基团需要在磷酸酶的作用下去除。

哺乳细胞中的反应过程则与酵母和植物中的反应过程有些差异。连接酶将 RNA 的 2′，3′-环状磷酸基团直接与 5′-羟基末端相连，形成正常的 5′，3′-磷酸二酯键，而不产生额外的 2′-磷酸基团。

8.4 RNA 干扰

很多年前，分子生物学家就开始利用反义 RNA（antisense RNA）抑制活细胞内特定基因的表达。其原理是通过反义 RNA 与 mRNA 的互补结合，阻止后者进行翻译。该方法通常是有效的，但随后人们发现有义 RNA 也能够阻断基因的表达。进一步研究表明，双链 RNA（dsRNA）比单独存在的有义或反义 RNA 具有更好的抑制效果，有义和反义 RNA 能发挥作用的主要原因是样品中存在少量的 dsRNA。实际上是 dsRNA 在抑制基因表达中发挥着最主要的作用。人们将通过 dsRNA 介导特异性降解靶 mRNA，从而导致转录后水平的基因沉默现象（post transcriptional gene silencing，PTGS）称为 RNA 干扰（RNA interference，RNAi）。RNAi 现象存在于线虫、真菌、植物、脊椎动物等各种生物中，是生物保持基因组完整性，抵御外来核酸入侵或抑制转座子活性的手段。RNAi 现象曾有多种称谓，除了动物中的 RNAi 外，还有植物中的共抑制（cosuppression）和转录后基因沉默、真菌中的猝灭（quelling）以及 RNA 介导的病毒抗性等。目前人们将这些现象统称为 RNAi。

8.4.1 RNAi 的分子机制

细胞内的 dsRNA 有多种来源方式，例如基因组中反向重复序列的转录、有义和反义 RNA 单链的同时合成并结合在一起、RNA 病毒入侵、RNA 依赖的 RNA 聚合酶对单链 RNA 模板的转录、人工注射等事件的发生，均能导致细胞内出现 dsRNA 分子。由这些 dsRNA 所诱发的 RNAi 过程可分为起始和效应两个阶段。

1. 起始阶段

细胞质中的 dsRNA 首先在核酸内切酶作用下被切割成为小干扰 RNA（small interfering RNA，siRNA）。催化此反应的核酸内切酶被称为 Dicer，属于 RNaseⅢ家族成员，广泛分布在真核生物中。Dicer 是一个功能保守的蛋白质，但是不同物种的 Dicer 结构略有差异。典型的 Dicer（如人源 Dicer）的 N 端是 RNA 解旋酶结构域，随后是 Argonaute 蛋白家族的 PAZ 结构域，在 C 末端是 2 个 RNaseⅢ结构域和 1 个双链 RNA 结合结构域。两个 RNaseⅢ结构域，分别负责切割底物RNA两条链中的一条。PAZ结构域能够识别并结合在dsRNA的末端，PAZ结构域和RNaseⅢ结构域之间的距离决定了Dicer所切割下来的siRNA的长度。酵母中的Dicer不具有PAZ结构域，且仅含有一个RNaseⅢ结构域，该Dicer能够形成同源二聚体，两个单体的RNaseⅢ结构域之间的距离决定了所产生的siRNA的长度。与典型的Dicer不同，酵母中的Dicer不能够从dsRNA末端进行切割，而是能够与dsRNA任意位置结合，切割出一定长度的siRNA。

Dicer能够序列非依赖性地对任何dsRNA进行切割(图8-36)，由Dicer切割所生成的小干扰RNA有时称为短干扰RNA(short interfering RNA)或沉默RNA(silencing RNA)，长度为21～25 bp，单链末端分别为5′-磷酸和3′-羟基，每条单链的3′末端均有2个突出的未配对的核苷酸。

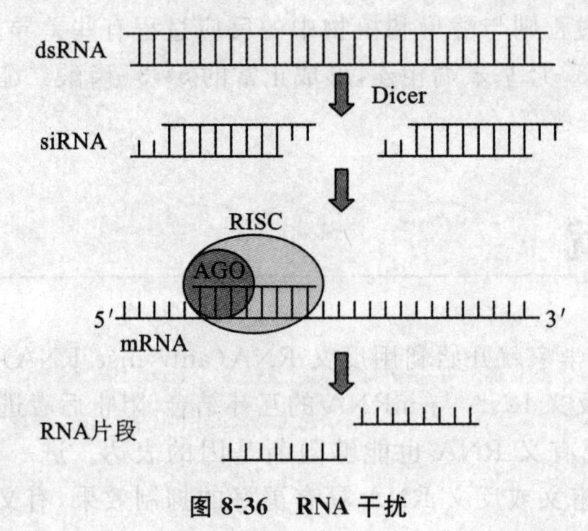

图8-36　RNA干扰

2. 效应阶段

在此阶段，由Dicer切割所产生的siRNA将与一个蛋白复合物结合形成一种能够特异性降解与siRNA同源的靶mRNA的RNA诱导沉默复合物(RNA-induced silencing complex，RISC)。RISC中的siRNA双链解开，形成一条向导RNA链(guide RNA)和一条搭载RNA链(passenger RNA)。向导RNA链使RISC具有特异性，而搭载RNA链则被释放出来丢弃。在向导RNA链引导下，RISC被引导至含有与向导RNA序列互补的靶RNA上，通过核酸内切酶，自siRNA中点位置将靶mRNA切断，所产生的mRNA碎片就会在其他核酸酶的作用被降解掉。当将一个mRNA分子切断后，RISC又去和下一个对应的mRNA分子结合，对其进行降解。经过多次循环，RISC就能在很短的时间内将细胞内的靶mRNA浓度降低到极低的水平，甚至能够完全抑制该基因的表达。

除了siRNA之外，RISC还含有许多蛋白质，包括Argonaute蛋白家族的一个成员，该蛋白被认为是RISC复合物的核心成分。真核Argonaute蛋白可以分为两类：AGO型和PIWI型。其中AGO型Argonaute与siRNA和microRNA功能相关，而PIWI型Argonaute则与piRNA功能相关。在人的细胞中存在4种AGO型Argonaute，其中只有Ago2能够对靶RNA进行切割，由其余Ago蛋白所构成的RISC则是通过抑制翻译或者促进靶RNA进行脱腺苷化降解等方式抑制基因的表达。

与Dicer一样，Ago2也含有PAZ结构域和RNase结构域。PAZ结构域能够特异性地识别向导RNA链的3′末端。当向导RNA通过碱基配对结合到靶RNA上时，这一复合体的构造恰好使得靶RNA位于RNase结构域的活性部位中，使靶RNA链易于被剪切。剪切部位靠近向导 RNA 与靶 RNA 所形成的二聚体的中央，大约在向导 RNA 的 5′末端第 10 个和第 11 个核苷酸之间。由于 Ago2 负责剪切 mRNA，因此 Ago2 经常被称做“切片机”(slicer)，mRNA 的剪切又被称为“切片”。

在上述 RNAi 作用过程中，会产生许多短的 RNA 单链分子，包括正义 RNA 短链和反义 RNA 短链，在某些物种中，例如线虫、真菌、植物中，这些短的 RNA 单链分子，还可以作为引物，与互补序列结合，然后在 RNA 依赖的 RNA 聚合酶(RNA-dependent RNA polymerase，RdRP)作用下，进行 RNA 的合成。例如反义 RNA 单链分子就可以和 mRNA 单链结合，然后进行 RNA 合成，从而能够产生出新的 dsRNA。这些新合成出来的 dsRNA 又可在 Dicer 切割作用下产生出新的 siRNA，然后这些 siRNA 既可以降解 mRNA，又可以继续扩增。经过若干次合成-切割循环，沉默信号会不断放大，使得 RNAi 效应具有高效性，只需要很少量的 dsDNA 就足以导致靶基因表达几乎彻底关闭。尽管目前还未在哺乳动物细胞中发现有 RdRP 依赖的 RNAi 作用方式的存在，但是由于每个 RISC 可以对许多个 mRNA 进行切割，因此在哺乳动物细胞中，RNAi 仍具有高效性。

8.4.2　RNAi 现象的生物学意义

RNAi 在生物体抵御外来病毒的侵害方面有着重要的作用，可能是其最原始的生物功能之一。dsRNA 是许多病毒的遗传物质，即使在单链 RNA 病毒感染的细胞中也发现有病毒特异性 dsRNA 的存在。当病毒侵染生物体后可诱发 RNAi 现象的发生，封闭病毒生存和繁殖所需要的基因，产生抗病毒效应。

RNAi 也是阻止某些转座子在基因组中进行转座所需要的。转座子在所有的真核生物中都存在。转座子末端反向重复序列的转录可以形成具有茎环结构的 RNA，其中的茎为双链结构，可以引发 RNAi 的发生。而当 RNAi 相关基因缺失或突变时，转座子可能被激活，从而产生高水平的自发突变。因此，RNAi 不仅能够通过抵抗病毒来保护细胞，还可以通过抑制转座子来保证细胞基因组的完整性。

此外，人们发现 RNAi 也与异染色质的形成有关。在酵母着丝粒区域偶发转录所产生的正向转录物和反向转录物之间的碱基配对，会触发 RNAi，继而募集组蛋白甲基转移酶，后者使组蛋白 H3 第九位的赖氨酸发生甲基化，组蛋白 H3 会募集异染色质化所需因子，导致异染色质化的产生。在植物和哺乳动物中，这一过程还伴随有 DNA 甲基化的发生。

除了其天然功能外，RNAi 对于生命研究者来说是一个强有力的研究工具，因为通过 RNAi 技术，只要简单地将目的基因相对应的 dsRNA 引入细胞中，就能够随心所欲地阻遏该基因的表达，这一操作比产生基因敲除生物的过程要方便许多。因此，RNAi 技术一出现就成为探索基因功能的重要研究手段。此外，这一技术也受到生物技术产业的关注，被认为在基因治疗、品种改良等方面具有巨大的应用前景。

8.5　microRNA

microRNA(miRNA)是真核生物中发现的一类含量丰富的非编码小 RNA。典型的功能性 miRNA 长 21 bp 或 22 bp，其长度变化范围为 19～25 bp。miRNA 能够通过降解 mRNA 或者阻碍 mRNA 翻译，达到抑制基因表达的目的。

8.5.1 miRNA 的生成机制

miRNA 由细胞自身基因组所编码。在 DNA 上，编码 miRNA 的序列具有多种存在形式，它可以是内含子，可以位于基因之间的间隔处，也可以以多顺反子的形式存在。miRNA 初始转录物(pri-miRNA)长度为 300～1 000 bp，会形成一些茎环结构，其中配对的区域并不一定能完美配对。多数情况下，组成茎部的两条“臂”都产生功能性 miRNA，每一条都有它自己的一组靶基因。miRNA 和靶 RNA 的结合是通过“种子残基”(seed residue)的相互作用启动的。对于长度为 22 bp 的 miRNA 来说，“种子残基”通常是指 miRNA 中第 2 到第 9 个核苷酸之间的序列。该序列与靶基因高度互补，是识别靶基因最有效的区域。

miRNA 是由 pri-miRNA 经过两步剪切反应而产生的(图 8-37)。首先，pri-miRNA 在核酸内切酶 Drosha 作用下进行第一次加工，在茎环结构两侧的茎部进行切割，从而产生出具有发夹结构的 miRNA 前体(pre-miRNA)，其长度为 70～90 bp。Drosha 是 RNaseⅢ酶家族的成员，该酶与另一种必需的特异性蛋白亚基(在一些生物体中称为 Pasha，在另一些生物体中则称为 DGCR8)一起形成微加工复合物(microprosessor complex)。

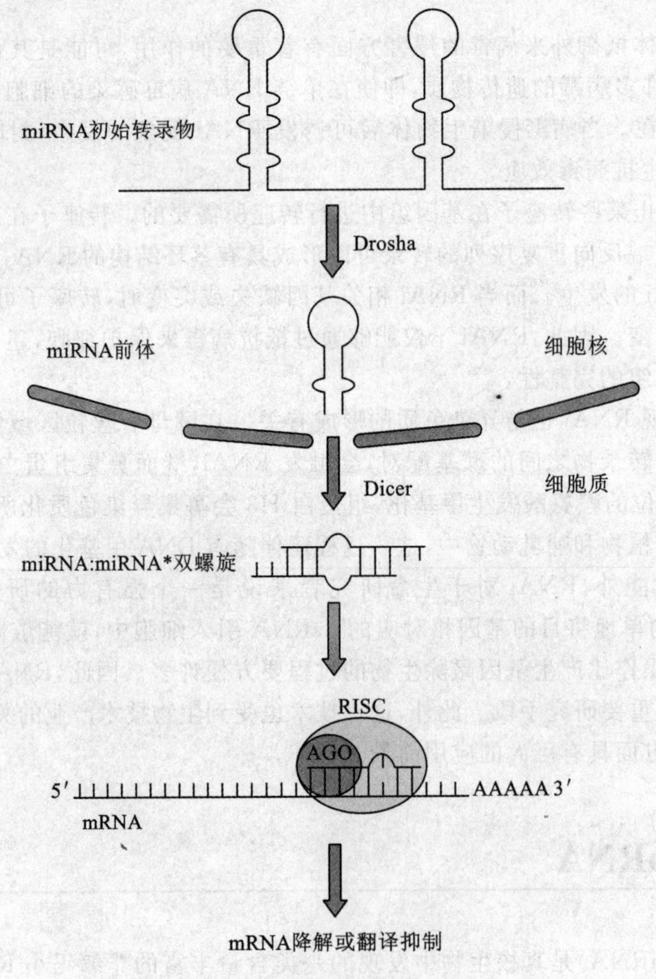

图 8-37 miRNA 的产生过程

pri-miRNA 中的碱基配对的茎部通常长约 33 bp，环部大小可变(通常 10 bp 左右)。茎部可以被分为两个功能片段：一个约 11 bp 的茎下部区和一个约 22 bp 的茎上部区。经过微加工复合物的切割，可以得到由茎上部区和环部所组成的具有发夹结构的 pre-miRNA，其末端为 5′-磷酸和 3′-羟基，其 3′末端有 2 个突出的未配对的核苷酸。Drosha 及其所构成的微加工复合物存在于细胞核中，因此 pri-miRNA 的切割反应是在细胞核内进行的，所产生的 pre-miRNA 将通过核孔进入细胞质中。

产生 miRNA 的第二步剪切反应，即由 pre-miRNA 生成成熟 miRNA 的过程是在核酸内切酶 Dicer 作用下完成的，该过程与 dsRNA 生成 siRNA 过程相似。Dicer 切割 pre-miRNA 的双链茎部形成双链形式的 miRNA。与 siRNA 不同，许多情况下，双链形式的 miRNA 中的两条单链之间并不是完美配对的。

8.5.2　miRNA 作用机制

miRNA 能够与 Argonaute 等蛋白质结合，产生出携带单链 miRNA 的 RISC 复合物，通过与目标基因 mRNA 碱基配对的方式来控制其他基因的表达。miRNA 主要通过两种机制控制 mRNA 的表达：一种机制与 siRNA 作用机制相同，即通过 RISC 的核酸内切酶活性，在与 miRNA 配对处切断靶 mRNA，进而导致靶 mRNA 的降解；另一种机制是通过抑制靶 mRNA 翻译，控制靶基因的表达。动物 miRNA 倾向于同靶 mRNA 的 3′非翻译区发生不完全碱基配对，进而抑制靶 mRNA 的蛋白翻译过程。然而，动物 miRNA 同靶 mRNA 的完全或不完全碱基配对也可能导致 mRNA 的降解。植物 miRNA 则倾向于同靶 mRNA 发生完全或几乎完全的碱基配对，从而导致靶 mRNA 被切割裂解，尽管也存在阻断翻译的方式。因此人们认为，miRNA 两种作用机制的选择取决于 miRNA 和 mRNA 之间的碱基配对的程度，碱基配对的程度越高，越有可能促使靶 mRNA 被切割裂解。

目前发现，当 RISC 在 miRNA 指导下与靶 mRNA 结合之后，可通过以下几种方式在翻译水平上影响基因表达：

(1) RISC 能够阻止核糖体前进，甚至会造成核糖体提前从 mRNA 分子上脱落下去，从而阻止蛋白质合成的延伸阶段的进行；

(2) 在 RISC 的介导下，核糖体所合成出来的新生肽链能够被蛋白酶所降解；

(3) RISC 中的 Argonaute 蛋白能够和翻译起始因子竞争与 mRNA 的 5′帽子结构相结合，从而抑制翻译的起始；

(4) RISC 中的 Argonaute 蛋白能够阻止核糖体大亚基与结合在 mRNA 分子上的核糖体小亚基相结合；

(5) 在 RISC 的介导下，mRNA 的 3′末端的 poly(A)结构会被降解，阻止 mRNA 的 5′末端和 3′末端结合在一起形成闭合环状结构；

(6) RISC 促使 mRNA 发生脱腺苷化和脱帽反应，使得 mRNA 进入 mRNA 降解途径。

虽然翻译抑制是最常见的 miRNA 生理功能，但在有些情况下，miRNA 也可导致翻译激活。例如 RISC 和 miRNA 在脆性 X 相关蛋白 FXR1 的帮助下，能够激活肿瘤坏死因子 α 的 mRNA 进行翻译。

miRNA 在各个物种间具有高度进化保守性，在茎部的保守性最强，在环部可以允许存在更多的突变位点。这种保守性可能与其功能有着密切关系。多数 miRNA 不是分散分布的，而是几个 miRNA 由一个 pri-miRNA 加工而来。有些 miRNA 在各个发育阶段都有表达，不具有组织和细胞特异性，但多数 miRNA 是在特定时间、特定组织细胞内进行表达，在组织发育中起着重要的作用。miRNA 与许多重要的生命过程相关，包括发育、造血、凋亡、增殖甚至肿瘤的发生。

思考题

1. 真核生物 RNA 聚合酶Ⅱ所转录合成出来的 RNA 初始转录物需要经过哪些加工才能成为可以指导蛋白质合成的成熟 mRNA？

2. 阐述顺式剪接和反式剪接的区别。

3. 试分析自剪接内含子和 tRNA 前体内含子的异同。

4. 什么是可变剪接？其生物学意义是什么？

5. 什么是 RNA 编辑？其生物学意义是什么？

6. 假如你发现某一基因在脑组织中和在肌肉组织中的蛋白质产物相对分子质量差异较大，而一些实验证据表明该现象可能是由可变剪接或是 RNA 编辑造成的，请设计实验加以确定。

7. 简述 SnRNA 在 mRNA 剪接反应过程中的作用。

8. 简述 mRNA 的帽子结构的形成过程和作用。

9. 简述 mRNA 的 poly(A)结构的形成过程和作用。

10. 简述正常 mRNA 的降解过程。

11. 简述有缺陷 mRNA 的降解过程。

12. 简述Ⅰ、Ⅱ类内含子的剪接特点。

13. 试比较原核生物 tRNA 和真核生物 tRNA 的 RNA 加工过程的异同。

14. 简述真核生物 rRNA 的 RNA 加工过程。

15. 试比较 siRNA 和 miRNA 产生过程和作用方式的异同，它们的生物学意义是什么？

参考文献

[1] 王镜岩，朱圣庚，徐长法．生物化学[M]. 3 版. 北京：高等教育出版社，2002.

[2] 朱玉贤，李毅，郑晓峰，等. 现代分子生物学[M]. 4 版. 北京：高等教育出版社，2013.

[3] 沃森 J D，贝克 T A，贝尔 S P，等. 基因的分子生物学[M]. 6 版. 杨焕明，等译. 北京：科学出版社，2009.

[4] Krebs J E，Goldstein E S，Kilpatrick S T. Lewin's Genes X(影印版)[M]. 北京：高等教育出版社，2010.

[5] 徐晋麟，徐沁，陈淳. 现代遗传学原理[M]. 3 版. 北京：科学出版社，2011.

[6] Karp G. Cell and Molecular Biology：Concepts and Experiments[M]. 6th ed. New York：John Wiley & Sons Inc.，2009.

[7] Allison L A. Fundamental Molecular Biology(影印版)[M]. 北京：高等教育出版社，2008.

第9章 蛋白质翻译与调控

在细胞内，mRNA水平的基因表达状况并不能完全代表蛋白质水平，蛋白质的翻译和调控作为转录后调控的重要方式，是基因表达调控和蛋白质功能实现的另一控制环节。对蛋白质合成的调控不仅局限于转录过程，翻译阶段也有一部分调节作用。本章将介绍蛋白质合成过程以及调控机制。

9.1 遗传密码的使用

遗传密码(genetic code)又称密码子、遗传密码子或三联体密码(triplets)。它是指信使RNA(mRNA)分子上从5′端到3′端方向，由起始密码子AUG开始，每三个核苷酸组成的三联体。遗传密码决定肽链上每一个氨基酸和各氨基酸的合成顺序，以及蛋白质合成的起始、延伸和终止。

9.1.1 遗传密码的性质

1. 密码子的破译

密码子的破译是研究蛋白质合成的基础和必经途径。在整个密码子的破译过程中，蛋白质体外合成的实验起了非常重大的作用。其基本原理是以大肠杆菌(可以活跃进行蛋白质合成)制备无细胞提取液作为合成体系，利用放射性同位素标记(^{3}H、^{14}C、^{35}S)的氨基酸研究氨基酸掺入蛋白质中的情况。这种方法证明了蛋白质的合成需要3种RNA，即tRNA、rRNA和mRNA的参与。但是，这个体外合成过程只进行几分钟便逐渐减慢以至停止。这是由于在提取液中存在降解mRNA的酶，使mRNA分解，如果加入新的mRNA于已停止合成蛋白质的提取液，合成又将重新开始。这不但证明蛋白质的合成需要mRNA作为模板，而且表明用已停止合成蛋白质的提取液，加入不同的mRNA，便可以获得mRNA是如何编码蛋白质合成的信息。

1962年，科学家用大肠杆菌提取液进行体外合成实验，加入细菌病毒f2的RNA，结果合成了一个与天然的f2外壳蛋白完全相同的蛋白质，其氨基酸顺序完全一样。这便证明在体外条件下，可以准确地按照mRNA的遗传信息合成相应的蛋白质。此后，人们进行的多个蛋白质体外合成实验证明了微生物和高等生物细胞蛋白也能在体外合成。

Nirenberg在1964年发现，即使没有蛋白质合成所需的全部因子存在，特异的氨酰-tRNA分子也可以与核糖体-mRNA复合物结合。例如，多聚U与核糖体形成的复合物只与苯丙氨酰-tRNA结合。而多聚C与核糖体的复合物则只与脯氨酰-tRNA结合。而且，这个特异结合并不需要长的 mRNA 分子，只要一个短的三核苷酸序列就足够了。例如，加入三核苷酸序列 UUU 可与苯丙氨酰-tRNA 结合，而 AAA 则可与赖氨酰-tRNA 特异地结合于核糖体。用已知碱基顺序的三核苷酸序列进行实验，便可以测知各种不同氨基酸的密码子。但是，用这个方法还未能确定全部氨基酸的密码子，因为有些三核苷酸序列与氨酰-tRNA 的结合率较低，以致无法确定哪一个密码子对应于哪个氨基酸。

在应用三核苷酸技术的同时，Khorana 用有机化学与酶学技术相结合的方法合成了已知顺序的含 2、3、4 种碱基的共聚物，此方法的发明和使用大大加速了遗传密码子的破译过程。通过 Nirenberg 的三核苷酸结合技术和 Khorana 的重复顺序技术，1966 年将遗传密码完全破译。遗传密码子的详情信息列于表 9-1。

表 9-1 遗传密码子表

	U	C	A	G	
U	UUU(Phe/F)苯丙氨酸	UCU(Ser/S)丝氨酸	UAU(Tyr/Y)酪氨酸	UGU(Cys/C)半胱氨酸	U
	UUC(Phe/F)苯丙氨酸	UCC(Ser/S)丝氨酸	UAC(Tyr/Y)酪氨酸	UGC(Cys/C)半胱氨酸	C
	UUA(Leu/L)亮氨酸	UCA(Ser/S)丝氨酸	UAA 终止	UGA 终止	A
	UUG(Leu/L)亮氨酸	UCG(Ser/S)丝氨酸	UAG 终止	UGG(Trp/W)色氨酸	G
C	CUU(Leu/L)亮氨酸	CCU(Pro/P)脯氨酸	CAU(His/H)组氨酸	CGU(Arg/R)精氨酸	U
	CUC(Leu/L)亮氨酸	CCC(Pro/P)脯氨酸	CAC(His/H)组氨酸	CGC(Arg/R)精氨酸	C
	CUA(Leu/L)亮氨酸	CCA(Pro/P)脯氨酸	CAA(Gln/Q)谷氨酰胺	CGA(Arg/R)精氨酸	A
	CUG(Leu/L)亮氨酸	CCG(Pro/P)脯氨酸	CAG(Gln/Q)谷氨酰胺	CGG(Arg/R)精氨酸	G
A	AUU(Ile/I)异亮氨酸	ACU(Thr/T)苏氨酸	AAU(Asn/N)天冬酰胺	AGU(Ser/S)丝氨酸	U
	AUC(Ile/I)异亮氨酸	ACC(Thr/T)苏氨酸	AAC(Asn/N)天冬酰胺	AGC(Ser/S)丝氨酸	C
	AUA(Ile/I)异亮氨酸	ACA(Thr/T)苏氨酸	AAA(Lys/K)赖氨酸	AGA(Arg/R)精氨酸	A
	AUG(Met/M)甲硫氨酸；起始	ACG(Thr/T)苏氨酸	AAG(Lys/K)赖氨酸	AGG(Arg/R)精氨酸	G
G	GUU(Val/V)缬氨酸	GCU(Ala/A)丙氨酸	GAU(Asp/D)天冬氨酸	GGU(Gly/G)甘氨酸	U
	GUC(Val/V)缬氨酸	GCC(Ala/A)丙氨酸	GAC(Asp/D)天冬氨酸	GGC(Gly/G)甘氨酸	C
	GUA(Val/V)缬氨酸	GCA(Ala/A)丙氨酸	GAA(Glu/E)谷氨酸	GGA(Gly/G)甘氨酸	A
	GUG(Val/V)缬氨酸	GCG(Ala/A)丙氨酸	GAG(Glu/E)谷氨酸	GGG(Gly/G)甘氨酸	G

2. 密码子的特性

(1) 遗传密码的连续性　遗传密码的翻译是连续的，两个密码之间没有任何分隔，也就是说连续阅读没有标点，称为遗传密码子的连续性。因此，阅读密码时应从一个正确的起点开始，一个不漏地连续阅读，直至碰到终止信号为止。若从某处插入或删去一个碱基，就会使该部位以后的密码发生连锁变化。增减非 3 倍数量碱基对的基因突变常常是致死的。

(2) 遗传密码的简并性　许多氨基酸都是由多个密码子编码的，这称为简并性。例如，UUU 和 UUC 编码苯丙氨酸，UCU、UCC、UCA、UCG、AGU 和 AGC 编码丝氨酸。事实上，在三联体密码子中的前两个核苷酸相同时，第三个核苷酸则既可以是胞嘧啶和尿嘧啶，也可以是腺嘌呤或鸟嘌呤，而仍是编码同一个氨基酸。但并不是所有的简并性都体现为前两个核苷酸相同，例如亮氨酸可由 UUA 和 UUG 编码，也可由 CUU、CUC、CUA 或 CUG 编码，它们分别由两种 tRNA 与之结合。

(3) 密码子的变偶性 tRNA 上的反密码子(anticodon)与 mRNA 密码子配对时,密码子的第一位、第二位碱基是严格的,而第三位碱基可以有一定的变动,这一现象被称为变偶性(wobble)。密码子与反密码子相互作用的复杂情况,表明密码子的前2个碱基在决定其专一性中是起主要作用的。第三个碱基(变偶碱基)对专一性也起一定作用,但因其与反密码子中的相应碱基结合较弱,在蛋白质合成时这种 tRNA 便能以较快速度与密码子解离,而有利于加快蛋白质的合成。

(4) 密码子的不重叠性 任何两个相邻的密码子没有共用的核苷酸。后来虽在某些噬菌体中发现核酸的同一碱基序列可以编码不同的蛋白质,但因其长碱基序列分割成三联体的方式,即可读框不同,就每种读码方式而言,密码子彼此仍没有共用的核苷酸。如 CATCATCATCAT 因可读框不同可以读成 CAT CAT CAT CAT、C ATC ATC ATC AT 或 CA TCA TCA TCA T。

(5) 密码子的通用性 遗传密码的通用性是指各种低等和高等生物,包括病毒、细菌及真核生物,基本上共用同一套遗传密码。

(6) 密码子使用具有偏向性 某些密码子的使用不是随机的,在不同物种同一氨基酸对密码子的使用具有偏向性。如在大肠杆菌中即发现,有些密码子被反复使用,而有些则几乎不被使用。

3. 起始密码子和终止密码子

(1) 起始密码子 密码子 AUG 是与 N-甲酰甲硫氨酰-tRNA 结合的密码子,在原核生物中启动蛋白质的合成,所以称为起始密码子。起先人们发现有一种专门携带 N-甲酰甲硫氨酰的 tRNA($tRNA_f^{Met}$),因此推想,它会识别与甲硫氨酸的密码子 AUG 不同的另一种密码子。但是,将 $tRNA_f^{Met}$ 进行顺序分析,却发现它的反密码子与运载甲硫氨酸的 $tRNA_m^{Met}$ 一样,即 3′-UAC-5′。也就是说,$tRNA_f^{Met}$ 和 $tRNA_m^{Met}$ 都是与 AUG 配对的。那么,如何区别这两种 tRNA 的配对呢?这是由蛋白质合成的因子决定的,因为只有 fMet-$tRNA_f^{Met}$ 才能和起始因子 IF2 结合以生成 30S 起始复合物;也只有 fMet-$tRNA_m^{Met}$ 才能与延长因子 EF-Tu 结合。这样,虽然它们共用一个密码子 AUG,但甲酰甲硫氨酸只能在多肽链合成起始时掺入,而甲硫氨酸则只能在多肽链延长时掺入肽链内部。随后又发现,fMet-$tRNA_f^{Met}$ 还可以与 GUG 密码子结合。在大肠杆菌内,GUG 作为起始密码子的频率只有 AUG 的 1/30。GUG 原是缬氨酸的密码子。GUG 与 $tRNA_f^{Met}$ 的反密码子 3′-UAC-5′配对,便意味着有一种新的变偶。因为在这里,不是密码子的第三个(3′末端)碱基而是第一个(5′末端)与反密码子发生变偶。对这种异常变偶的一个可能的解释是,根据 $tRNA_f^{Met}$ 的顺序分析,邻近反密码子 3′末端的碱基是未经修饰的腺嘌呤,而不是在差不多所有其他 tRNA 中都存在的体积巨大的烷基化衍生物。不仅如此,甚至 UUG 和 CUG 有时也具有起始密码子的作用,但其频率则比 GUG 更低。

(2) 终止密码子 密码子 UAA、UGA 和 UAG 并不编码任何氨基酸,称为无义密码子,起着终止肽链合成的作用,因此,又称为终止密码子。所有这3个密码子均是作为肽链终止的密码子,它们在蛋白质合成中起着终止肽链延长的作用。

4. 遗传密码的突变

遗传信息的突变可由多种情况引起,并会产生多种形式的改变。如碱基的插入、缺失、易位等,导致基因组的 DNA 顺序发生变化,称为突变(mutation)。

(1) 突变分类 突变有两种情况:当一个编码氨基酸的密码子发生改变,使这个密码子编码出另一个"错误"的氨基酸,这便称为错义突变(missense mutation)。如果肽链终止无义密码子改变为有义密码子，或有义密码子改变为无义密码子，便称为无义突变(nonsense mutation)。如果只有1个碱基改变，称为点突变(point mutation)。由于终止密码子只有3个，而编码氨基酸的密码子有61个，因此通常发生错义突变，而无义突变出现的概率较小。

(2) 抑制基因突变　由突变产生的有害效果常可由第二次突变而使之恢复原来的性状，这也称为抑制或校正(suppression)。这种第二次突变可以是简单地把第一次突变所改变了的核苷酸顺序变回原来状态。但有些情况则较为复杂，它是在染色体的另一位点或另一个基因发生突变而消除了或抑制了第一次突变的效果，这称为抑制基因突变(suppressor mutation)。抑制基因突变可分为基因内抑制(intragenic suppression)和基因间抑制(intergenic suppression)两种类型。两种类型的抑制均可以使由于第一次突变所产生的失活蛋白质回复至原来的活性(或部分活性)的蛋白质，但两者的机理则不同。

基因内抑制是在同一基因内发生第二次突变，从而抑制或校正第一次突变所产生的伤害，这种可被基因内抑制所回复的第一次突变，常是由插入或缺失单个核苷酸引起的。

基因间抑制比基因内抑制的情况更复杂，它是由于在另一基因发生突变而产生抑制的，这个基因称为抑制基因(suppressor gene)。抑制基因的作用并不是改变第一次突变基因上的碱基顺序，而是由其他方式产生抑制效应的。

5. 遗传密码的改变

在密码破译的研究中，当用体外蛋白质合成系统研究密码子时，无论所用的无细胞提取液是来源于细菌还是高等生物，加入多聚U总是得出多聚苯丙氨酸肽链，加入多聚C则总是得出多聚脯氨酸，加入多聚A得出多聚赖氨酸。这似乎意味着遗传密码从低等生物到高等生物中都是通用的。但是，Barrell等在1979年发现，在人线粒体中AUA密码子是编码甲硫氨酸而不是异亮氨酸，UGA不是作为终止密码子而是编码色氨酸。此后，许多研究发现，在多种生物中有些密码子与通用密码不同，这些非通用的密码子在多种生物体中均有发现，而且主要是在线粒体的遗传密码中发现的。这些遗传密码的自然变化可分为2种类型：一类是终止密码子UGA、UAA和UAG改变为编码氨基酸的密码子，这在多种生物的线粒体遗传系统、一些原生动物的核质系统以及一些原核生物的遗传系统中均有发现；另一类是改变有义密码子的编码意义，即编码的氨基酸与通用密码列出的不同，它存在于线粒体的遗传系统中。

(1) 线粒体的遗传密码　线粒体DNA中密码子的改变比较常见，如许多种生物的终止密码子UGA变为编码Trp的密码子，而在牛、鼠等动物中的AGA和AGG则改变为终止密码子。AUA在一些动物和酵母中作为Met的密码子，AUA、AUU和AUC也作为鼠线粒体基因的起始密码子。在高等植物线粒体内，则用另一密码子变异体来编码Trp，例如，玉米的线粒体中的细胞色素氧化酶亚基Ⅱ的基因中即含有3个CGG密码子，用以编码Trp。

根据变偶假说，至少要有32种tRNA才能与64个密码子配对。但在脊椎动物线粒体中只发现22种tRNA，提示有一套不同的变偶规律，保证22种tRNA与64个密码子配对。在非混合型密码子族(密码子头2个碱基相同，第三个不同)中，只用一个tRNA与之配对，其反密码子的第一个(变偶)碱基为U，这个U可能与4个密码子第三个碱基配对，也可能根本不配对。另一些tRNA识别第三个碱基为A或G的密码子，或为U或C的密码子。这样，所有tRNA可以识别2或4个密码子。由于线粒体的tRNA可以识别2个密码子，在通用密码中的终止密码子UGA便改变为编码Trp，Ile的密码子AUA改变为编码Met。

线粒体tRNA的结构也与非线粒体的不同。例如，常缺少GTΨCRA顺序。D环和TΨC环中的一些核苷酸也发生变化。在非线粒体tRNA的三叶草形结构中，TΨC环总是含7个核苷酸，但线粒体 tRNA 可含 3～9 个。此外，线粒体的一种丝氨酸 tRNA 完全缺少 D 臂。这表明线粒体 tRNA 结构及其与核糖体的相互作用方式，均与非线粒体的不同。

(2) 非线粒体的遗传系统　除线粒体外，在非线粒体的遗传系统中也发现有密码的改变。例如，原核生物 *Mycoplasma capricolum* 的 UGA 密码子编码 Trp。在纤毛原生动物嗜热四膜虫(*Tetrahymena thermophila*)中，UAA 和 UAG 不是终止密码子，却编码 Gln。

(3) 编码的位点专一性变异　在一些遗传系统中观察到在特定位点的密码变异，包括用无义密码子来编码氨基酸，以及非三联体的翻译。例如，在大肠杆菌中的甲酸脱氢酶是一种硒蛋白，含有硒代半胱氨酸(selenocysteine，Se-Cys)。它是由基因 *fdhF* 编码的，其结构基因含 715 个密码子。实验证明其肽链的第 140 个氨基酸是由 UGA 编码的 Se-Cys。在哺乳动物中也发现 UGA 编码 Se-Cys。另一个例子是大肠杆菌的释放因子 2(RF-2)的基因，它的第 26 个密码子是 UGA(原是终止密码子)，但在此这个密码子发生移码，解读为 4 个碱基的 UGAC，编码为 Asp(Asp 的通用密码子是 GAC)。以后即按这个新的(＋1)框架进行翻译。一般来说，在绝大多数情况下各种生物仍是用通用的标准密码，只在少数情况下出现密码子的变异。这也是地球上的生物在遗传背景上具有同源性的例证。

6. 重叠基因与重叠密码

由于 DNA 的密码子是连续的，在密码子之间没有间断，这样，一条 DNA 链便可以有 3 个解读框架，编码出 3 条不同的多肽链。但大多数的 DNA 只用其中一个框架，编码出一条多肽链。而且，一般说来各个基因也是不重叠的。但是这个一般规律有时也有例外。在一些病毒中发现同一 DNA 碱基顺序可以编码出两条不同的多肽链。这是由于有些基因可以完全埋藏在另一个基因之内。这表明一段 DNA 顺序有多个功能。例如，1976 年 Barrell 等发现，在噬菌体 ΦX174 环形的单链 DNA 中，*E* 基因的 237 个核苷酸完全包含在含有 456 个核苷酸的 *D* 基因之内，但它们的解读框架不同。1977 年 Sanger 又发现 *B* 基因的 260 个核苷酸完全位于含 1 546 个核苷酸的 *A* 基因之内。此外，又发现另一个 *K* 基因则跨越在 *A* 基因和 *C* 基因之间。基因 *E* 与基因 *D* 共用一段相同的碱基顺序，但解读框架不同。以后在多种病毒 DNA 中也发现有类似情况，如噬菌体 λ、猿猴病毒 40(SV40)，以及 RNA 噬菌体 Qβ 和 Q17、噬菌体 GA 等。

9.1.2　tRNA

1. tRNA 的结构

1956 年 Francis Crick 曾预言在蛋白质的合成过程中可能存在着一种转接器分子(adaptor molecule)，这种转接器分子后来被证实为 RNA 分子，现在称之为转运 RNA(transfer RNA，tRNA)。tRNA 在将密码的信息及排列转换为多肽链中的氨基酸序列的过程中起着中心及桥梁的作用。这种桥梁作用既是实体的，也是信息的，因为它们能把 mRNA 和多肽结合在一起，并保证多肽链的合成是按照所提供的氨基酸的顺序进行的。tRNA 的这种双重功能与它的结构是统一的。现在已从各种不同生物中测定 350 多种 tRNA 的核苷酸顺序。所有 tRNA 都是单链分子，长度大约是 80 个核苷酸残基。tRNA 的二级结构呈三叶草形，由 4 个臂和 4 个环组成，其中可变环含有 5～21 个核苷酸残基(图 9-1)。

X 射线结晶学阐明 tRNA 的三级结构是一个紧密的 L 形分子(图 9-2)，远离的残基间由氢键和疏水区之间相互作用维持了稳定。接受臂是由 tRNA 5′末端与 3′末端的碱基配对形成的。所有 tRNA 3′末端的 CCA 是不成碱基配对的，它在原核生物 tRNA 生物合成中有两种

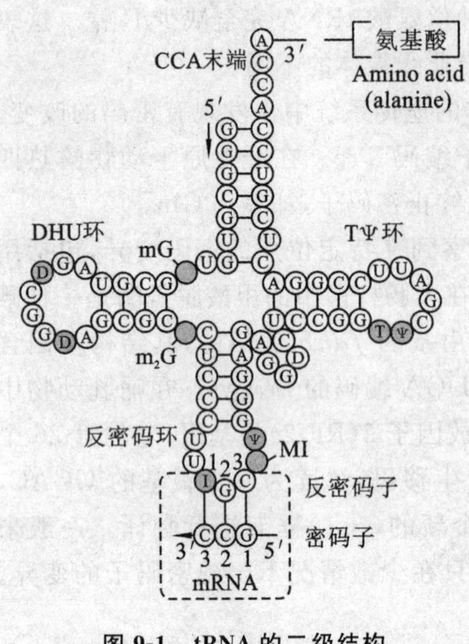

图 9-1　tRNA 的二级结构

（引自朱玉贤，2007）

情况：一类是其自身有 CCA 三核苷酸，它们位于成熟 tRNA 序列与 3′末端附加序列之间，当加工切除附加序列后便显露出来；另一类则是其自身并无 CCA 序列，它是在切除 3′末端附加序列后，由 tRNA 核苷酰转移酶（nucleotidyltransferase）催化进行，并由 CTP 与 ATP 供给胞苷酰基与腺苷酰基。对于真核生物，其 CCA 序列的形成，则与原核生物后者的形成相同。tRNA 3′末端的 A 残基是氨酰 -tRNA 合成酶反应时接受氨基酸的部位，这样在三级结构上氨基酸的接受位点就远离反密码子。这使得氨酰基靠近肽酰转移酶，而反密码子（anticodon）则与小亚基上的 mRNA 密码子配对。CCA 序列对原核生物延伸因子 EF-Tu 和 GTP 识别荷载的 tRNA，以及随后将氨酰-tRNA 运入核糖体的 A 位点起重要作用。CCA 序列的修饰，例如，插入 C 残基，或是用 U 代替倒数第二个 C，都会减弱与 EF-Tu 的相互作用。由此想到，延伸因子对 -CCA末端的空间结构，以及 3′末端的 A 与氨酰基团的—NH_3^+ 具有识别作用。

所有生物的 tRNA 所特有的结构特征是许多各异的修饰核苷，包括单纯的碱基或核糖残基的甲基化，以及非常复杂的取代。

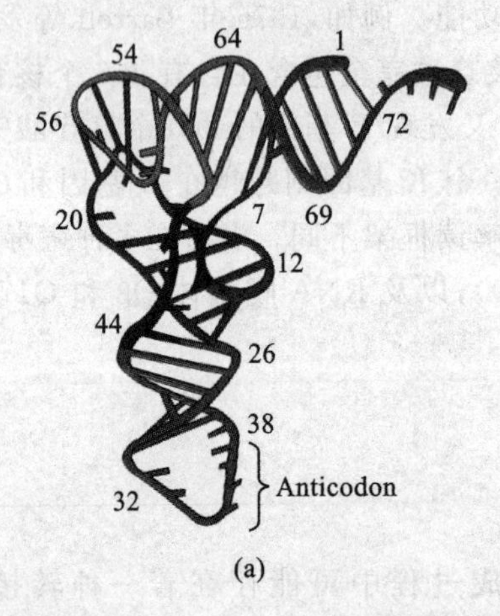

(a)

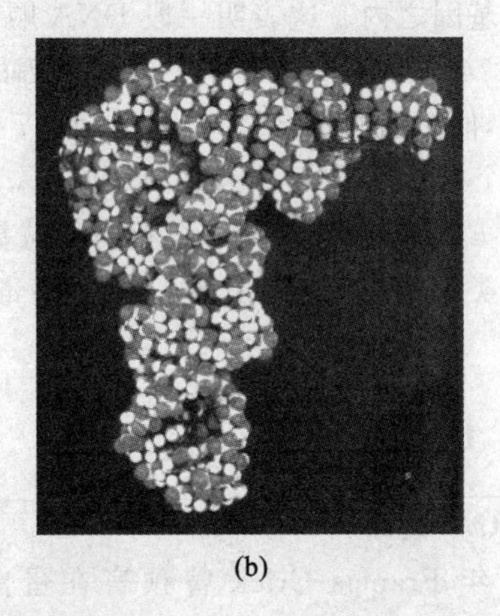

(b)

图 9-2　tRNA 的三级结构

2. tRNA 的功能

转录过程是信息从一种核酸分子（DNA）转移到另一种结构上极为相似的核酸分子（RNA）的过程，信息转移依赖于碱基配对。翻译阶段遗传信息从 mRNA 分子转移到结构极不相同的蛋白质分子，信息足以能被翻译成单个氨基酸的三联密码子形式，在这里起作用的是 tRNA 的解码机制。根据 Crick 的接合体假说，氨基酸必须与一种接合体接合，才能被带到 RNA 模板的恰当位置上正确合成蛋白质。所以，氨基酸在合成蛋白质之前必须通过 AA-tRNA 合成酶活化，在消耗 ATP 的情况下结合到 tRNA 上，生成有蛋白质合成活性的 AA-tRNA。同时，AA-tRNA 的生成还涉及信息传递，因为只有 tRNA 上的反密码子能与 mRNA 上的密码子相互识别并配对，而氨基酸本身不能识别密码子，只有结合到 tRNA 上生成 AA-tRNA，才能被带到 mRNA-核糖体复合物上，插入正在合成的多肽链的适当位置上。

相关实验证明模板 mRNA 只能识别特异的 tRNA 而不是氨基酸。^{14}C 标记的半胱氨酸与 $tRNA^{Cys}$ 结合后生成 ^{14}C-半胱氨酸-$tRNA^{Cys}$，经 Ni 催化可生成 ^{14}C-Ala-$tRNA^{Cys}$，再把 ^{14}C-Ala-$tRNA^{Cys}$ 加进含血红蛋白 mRNA、其他 tRNA、氨基酸以及兔网织红细胞核糖体的蛋白质合成系统中，结果发现 ^{14}C-Ala-$tRNA^{Cys}$ 插入了血红蛋白分子通常由半胱氨酸占据的位置上，这表明在这里起识别作用的是 tRNA 而不是氨基酸。

3. tRNA 的种类

(1) 起始 tRNA 和延伸 tRNA　能特异地识别 mRNA 模板上起始密码子的 tRNA 称为起始 tRNA，其他的 tRNA 统称为延伸 tRNA。起始 tRNA 具有独特的、有别于其他所有 tRNA 的结构特征。原核生物起始 tRNA 携带甲酰甲硫氨酸，真核生物起始 tRNA 携带甲硫氨酸。原核生物中 Met-$tRNA_f^{Met}$ 必须首先甲酰化生成 fMet-$tRNA_f^{Met}$ 才能参与蛋白质的生物合成。

(2) 同工 tRNA　由于一种氨基酸可能有多个密码子，因此有多个 tRNA 来识别这些密码子，即多个 tRNA 代表一种氨基酸，我们将几个代表相同氨基酸的 tRNA 称为同工 tRNA (cognate tRNA)。在一个同工 tRNA 组内，所有 tRNA 均专一于相同的氨酰-tRNA 合成酶。同工 tRNA 既要有不同的反密码子以识别该氨基酸的各种同义密码子，又要有某种结构上的共同性，能被 AA-tRNA 合成酶识别。所以说，同工 tRNA 组内肯定具备了足以区分其他 tRNA 组的特异构造，保证合成酶能准确无误地加以选择。到目前为止，科学家还无法从一级结构上解释 tRNA 在蛋白质合成中的专一性。有证据说明，tRNA 的二级结构和三级结构对它的专一性起着举足轻重的作用。

(3) 校正 tRNA　在蛋白质的结构基因中，一个核苷酸的改变可能使代表某个氨基酸的密码子变成终止密码子(UAG、UGA、UAA)，使蛋白质合成提前终止，合成无功能的或无意义的多肽，这种突变称为无义突变，而无义突变的校正 tRNA 可通过改变反密码子区校正无义突变。错义突变是由于结构基因中某个核酸的变化使一种氨基酸的密码变成另一种氨基酸的密码。错义突变的校正 tRNA 通过反密码子区的改变把正确的氨基酸加到肽链上，合成正常的蛋白质。如某大肠杆菌细胞色氨酸合成酶中的一个甘氨酸密码子 GGA 错义突变成 AGA (编码精氨酸)，指导合成错误的多肽链。甘氨酸校正 tRNA 的校正基因突变使其反密码子从 CCU 变成 UCU，它仍然是甘氨酸的反密码子，但不结合 GGA 而能与突变后的 AGA 密码子结合，把正确的氨基酸(甘氨酸)放到 AGA 所对应的位置上。

校正 tRNA 在进行校正过程中必须与正常的 tRNA 竞争结合密码子，无义突变的校正 tRNA 必须与释放因子竞争识别密码子，错义突变的校正 tRNA 必须与该密码的正常 tRNA 竞争，这些都会影响校正的效率。

4. 反密码子

在 tRNA 链上有三个特定的碱基，组成一个反密码子，反密码子与密码子的方向相反。反密码子按碱基配对原则识别 mRNA 链上的密码子。一种 tRNA 分子常常能够识别一种以上的同义密码子，这是因为 tRNA 分子上的反密码子与密码子的配对具有摆动性，配对的摆动性是由 tRNA 反密码子环的空间结构决定的。反密码子 5′末端的碱基处于 L 形 tRNA 的顶端，受到的碱基堆积力的束缚较小，因此有较大的自由度。tRNA 分子中含有较多的修饰碱基。位于反密码子中的其他位置的修饰碱基均会对密码子和反密码子的作用产生影响。

9.1.3 氨酰 tRNA 合成酶

氨酰 tRNA 合成酶(aminoacyl tRNA synthetase,aaRS)是一类催化特定氨基酸或其前体与对应 tRNA 发生酯化反应而形成氨酰-tRNA 的酶。由于每一种的氨基酸与 tRNA 的连接都需要专一性的氨酰-tRNA 合成酶来催化,因此氨酰 tRNA 合成酶的种类与标准氨基酸的数量一样都为 20 种。氨酰-tRNA 合成酶的作用是将氨基酸接合于 tRNA,所以它必须同时能够专一地与氨基酸的侧链基团以及与 tRNA 相结合。原核生物含有 20 种氨酰-tRNA 合成酶,每一种合成酶对一种氨基酸专一,但可以和该氨基酸的多个同工受体 tRNA 结合。但也有例外,如在大肠杆菌中只有一种 $tRNA^{Lys}$,但有 2 种赖氨酸的氨酰-tRNA 合成酶。在真核生物内,细胞质、叶绿体和线粒体内的氨酰-tRNA 合成酶是不同的。现已对多种不同来源的合成酶进行提纯,并对 22 种酶进行了氨基酸测序。

各种氨酰-tRNA 合成酶的四级结构有很大差异,可以是单体(α)、二聚体(dimer)(α2)和同型或异型四聚体(α4 或 α2β2),其多肽链长度为 300～900 个氨基酸残基,其中一些较长的肽链是由较短的肽链在氨基端延长而成的,其延长部分似乎与其催化功能无关。高等真核生物的氨酰-tRNA 合成酶的一个特点是形成特殊的聚集物(aggregate),可以形成相对分子质量高达 10^6 的由 11 条多肽链组成的复合物;有些复合物结合于内质网,有些则游离于细胞溶质中。由大肠杆菌分离出的氨酰-tRNA 合成酶按其初级结构和三级结构以及反应机制的差异可分为两类,每类有 10 种酶,这个分类也适用于其他经研究过的生物。它们都含有 3 个区域,即催化域(ATP 和氨基酸结合位点)、tRNA 受体螺旋结合域和 tRNA 反密码子结合域。此外,多聚态的合成酶还有一个寡聚形成区域。催化域是一个大的区域,在其中插入 tRNA 受体螺旋结合域。第一类合成酶具有一个 N 末端催化域,它是一个称为核苷酸结合折叠(nucleotide-binding fold)的基序(motif),由平行的 β 折叠和 α 螺旋交替排列组成。在催化域中有两个短的氨基酸序列,称为“署名序列”(signature sequence),形成 ATP-结合位点的一部分。tRNA 受体螺旋结合域以及酶的 C 末端的其他两个区域均视不同的酶而有很大差异。第二类合成酶的催化域有 3 个相同的序列,其活性位点含一个由多个 α 螺旋包围着的大的反平行 β 折叠。插入催化域的受体螺旋结合域的结构也视不同的酶而异。反密码子结合域在 N 末端。

氨酰-tRNA 合成酶也必须识别正确的 tRNA。现已知合成酶蛋白是在 L 形 tRNA 的侧面与之结合的,而且两类合成酶结合的侧面不同,它们是分别在相对的侧面结合的。具体地说,第一类酶(如 Gln-tRNA 合成酶)是在 tRNA 的 D 环侧结合(图 9-3),识别其受体臂的小沟(minor groove),反密码子环在另一端。而第二类酶(如 Asp-tRNA 合成酶)则在另一侧与 tRNA 接触,识别其可变环和受体臂的大沟(major groove)。由于 tRNA 的受体臂和反密码子臂(anticodon arm)是和合成酶紧密接触的,因此,对 tRNA 的识别也是在这两部位。利用突变的方法,改变 tRNA 的个别碱基,然后测定合成酶对它的识别能力,可以了解哪些核苷酸是与识别有关的。据现在所知,这些识别位置为数不多,一般只有 1～5 个。如 Ala-tRNA 合成酶的识别位置只是在受体臂上的 G3 · U70 bp 上。而且,每一种合成酶对 tRNA 的识别位置均不相同,没有一般的规律。由于氨酰-tRNA 合成酶对 tRNA 的识别在蛋白质的正确合成中的重要性,因此,有人称之为“第二遗传密码”。

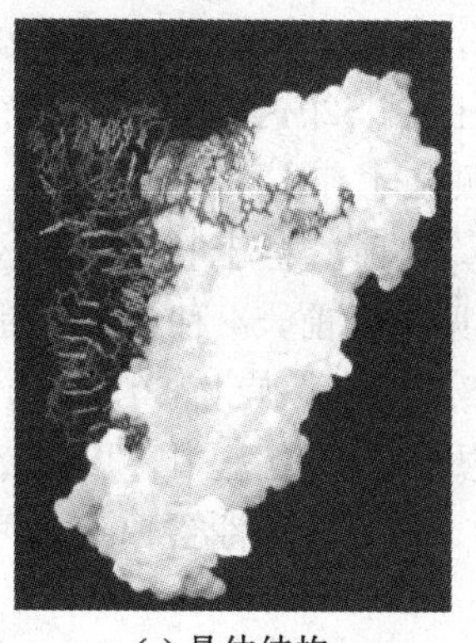

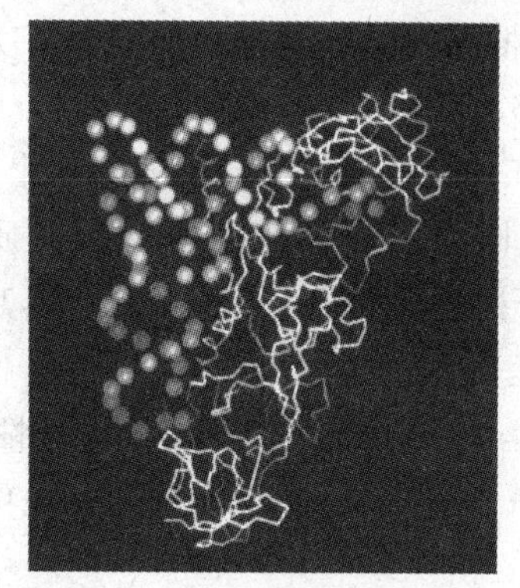

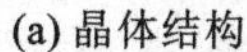
(a) 晶体结构　　(b) 模式图

图 9-3　大肠杆菌的 Gln-tRNA 合成酶的晶体结构和模式图

小球代表磷原子。

9.2　核糖体

核糖体是细胞内一种核糖核蛋白颗粒（ribonucleoprotein particle），主要由 RNA（rRNA）、蛋白质构成，其功能是按照 mRNA 的指令将氨基酸合成蛋白质多肽链，所以核糖体是细胞内蛋白质合成的分子机器。

9.2.1　核糖体的结构与功能

目前，研究最为清楚的核糖体是大肠杆菌的核糖体。一个迅速生长的大肠杆菌细胞内有约 15 000 个核糖体，每个核糖体的相对分子质量略小于 3×10^6，大约占细菌细胞总质量的 1/4。所以，在总的细胞合成物质中有相当大部分是用于制造核糖体。在单个核糖体上每次只能合成一条多肽链。在最适条件下，合成一条含 400 个氨基酸的多肽链（相对分子质量约为 4×10^4）约需 10 s。合成好了的多肽链便被释放，游离的核糖体立即用于另一轮蛋白质的合成。

利用超速离心与其他分离技术已经解析了核糖体组分的化学结构。从形状上看，真核生物细胞质的核糖体与原核生物的核糖体一样都是由大、小 2 个亚基组成的（图 9-4）。大亚基的大小约为小亚基的 2 倍。2 个亚基均含有 RNA 和蛋白质。在大肠杆菌内，RNA 和蛋白质的比例约为 2∶1，在其他许多生物体中则为 1∶1。大、小亚基均含有大量的不同蛋白质。小亚基（30S）由 1 种 RNA（16S，1 542 个核苷酸）和 21 种蛋白质组成，大亚基（50S）由 2 种 RNA（23S，2 904个核苷酸和 5S，120 个核苷酸）和 34 种蛋白质组成。核糖体中 3 种 RNA 的序列已经测出，核糖体大、小亚基的相对分子质量分别是：小亚基蛋白质共 350×10^6，16S rRNA 为 500×10^6，两者之和为 850×10^6；大亚基蛋白质为 460×10^6，23S rRNA 与 5S rRNA 为 990×10^6，共为 $1\ 450\times10^6$。故核糖体总相对分子质量是 $2\ 300\times10^6$。

大肠杆菌小亚基上的 21 种蛋白质分别以 S1～S21 表示，大亚基上的 34 种蛋白质分别以 L1～L34 表示。在字母 S 与 L 后面的数码则表示蛋白质在双向电泳系统中的迁移率。这样，从小亚基得到的移动最慢的蛋白质即为 S1。

核糖体的大亚基中 L7 和 L12 的氨基酸数目与序列完全相同，只是 L7 的 N 端为乙酰丝氨酸，而 L12 的 N 端是丝氨酸。蛋白质 L8 是 L7/L12 和 L10 分子组成的大分子蛋白质，这个蛋白质可能由于与核糖体内部的功能性结合有关，当分离核糖体时，这个复合物有时也不分开。此外，蛋白质 L26 实际上是小亚基 30S 颗粒上的蛋白质 S20，当 70S 颗粒解离时，S20 可离开 30S 颗粒并且与 50S 颗粒相结合，一般每 5 个 50S 颗粒才有 1 个 L26 分子，所以在核糖体中，S20 即为 L26，这样大肠杆菌核糖体的蛋白质共有 54 种。至于核糖体中蛋白质的数目，除 L7/L12具有 4 个拷贝外，每一种蛋白质只有 1 个拷贝。目前，54 种核糖体蛋白质全序列均已测出，得知小亚基大多数蛋白质是球状蛋白，带有 28%的 α 螺旋与 20%的 β 折叠。小亚基中，除 S1、S2 与 S6 是酸性蛋白质外其他均为碱性蛋白质。在大亚基中，只有 L7 与 L12 是酸性蛋白质，其他均为碱性蛋白质。目前认为，荷负电荷的 RNA 与碱性蛋白质之间的相互作用有利于核糖体的稳定。

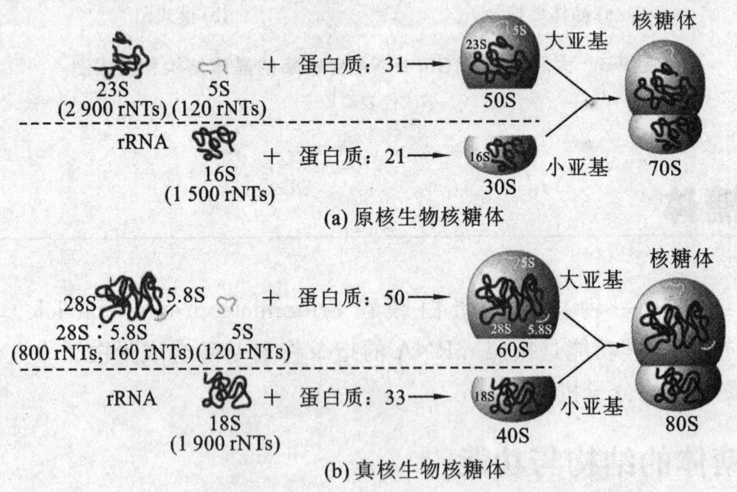

图 9-4 原核生物和真核生物核糖体组成示意图

真核生物细胞器的核糖体则与细胞质的核糖体有所不同。比如叶绿体的核糖体与细菌核糖体大小相近，但它们的 RNA 比例要比细菌的大，而植物线粒体中的核糖体则比它周围的细胞质的核糖体略小。低等真核生物（如真菌）核糖体比细菌的大，但是，哺乳动物的线粒体或两栖类动物的线粒体中的核糖体显得更小，总共只有 60S，其中 RNA 的相对分子质量也比较小。在真核生物的细胞质中，核糖体常常与细胞骨架——一种纤维状的基质结合在一起。在有些真核细胞中，核糖体与内质网膜结合在一起（图 9-5）。尽管核糖体在细胞内的存在方式可以不同，但其共同特点是承担着蛋白质合成任务的核糖体在细胞中不是自由存在的，而总是直接或间接地与细胞结构结合在一起。

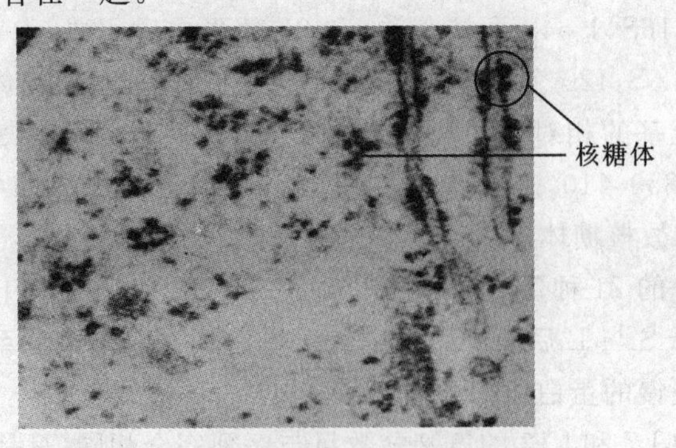

图 9-5 电镜下的核糖体

圆圈内的黑色颗粒为结合到内质网上的核糖体。

无论是原核生物还是真核生物，均可从细胞中分离出 3 种形式的核糖体，即完整核糖体颗粒、核糖体亚基和多聚核糖体(polysome)。细胞内蛋白质的生物合成正是通过这些核糖体循环进行的。在细胞质中，大多数核糖体以非活性的稳定状态单独存在。只有少数与 mRNA 一起形成多聚核糖体。在多聚核糖体中，其大小变化，一般视 RNA 链的长短及核糖体的组装紧密程度而异，后者显然与核糖体在一个特定的基因的开端起始的频率有关，而这又随核糖体的结合位点不同而异。一般一条 mRNA 的最大利用率是每 80 个核苷酸有 1 个核糖体(图 9-6)。

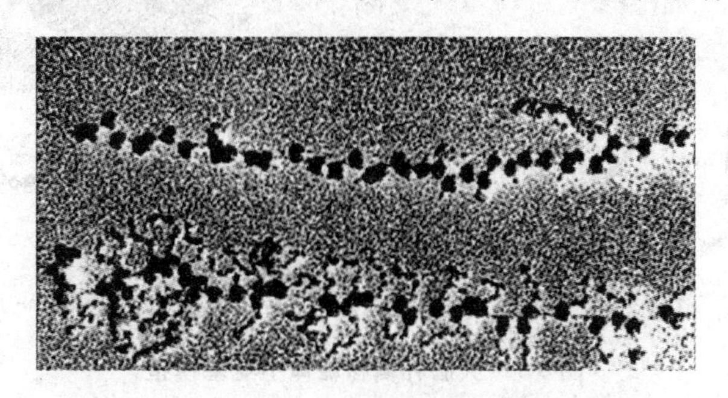

图 9-6　电镜下的多个核糖体与 mRNA 的结合

9.2.2　核糖体核糖核酸(rRNA)

核糖体核糖核酸(rRNA)是核糖体的组成部分。它们对于核糖体的自身组装和活力表现起着重要作用。综合运用现代生物学、化学和物理学技术测定，得知每一个细菌核糖体中均有 2 个大的(16S、23S)rRNA 和 1 个小的(5S)rRNA 分子。它们是整合的组分，一旦去除便会使核糖体结构完全瓦解。由此可知，rRNA 的功能是和核糖体蛋白质相互作用以维持核糖体的三维结构。另外，rRNA 还直接参加 mRNA 与核糖体小亚基的结合以及亚基间的联合。体外重组实验表明，核糖体蛋白质本身无蛋白质合成活性，缺少部分核糖体蛋白质也不会导致核糖体的失活，rRNA 在蛋白质合成中起着决定性的作用，这一点已被越来越多的研究所证实。

在细菌核糖体中，小亚基中的 16S rRNA 链长为 1 542 个核苷酸；作为大亚基一个组分的 23S 则含有 2 904 个核苷酸。此外，每一个大亚基还有一个很短的 5S rRNA，含有 120 个核苷酸。所有 3 种 rRNA 均为单链，其鸟嘌呤和胸腺嘧啶以及腺嘌呤和尿嘧啶均不相等。虽然如此，还是有足够等价的碱基对，使得在同一条链上许多碱基对形成氢键，生成像在 tRNA 中的发夹结构。rRNA，特别是大的 rRNA 分子中，有多个螺旋区和环区组成的区域，每个区域大概是在结构上和功能上相对独立的单位。

9.2.3　核糖体大、小亚基模型

细菌核糖体的小亚基的模型如图 9-7 所示。平台可能是密码子与反密码子相互作用的位点，通过区域包括有 16S rRNA 的 3′末端，N^6-二甲基腺嘌呤核苷酸 1518 与 1519，以及由 Shine-Dalgarno 序列为前导的 mRNA 起始密码子序列。在平台上还发现了 S6、S11、S15、S18 蛋白质，它们与 mRNA 结合有关。蛋白质 S3、S10、S14 与 S19 则和依赖于聚(U)的 $tRNA^{Phe}$ 的结合有关。

核糖体的大亚基具有清晰的轮廓(图 9-8)，包括 3 个特征：L1 脊、中央突起、L7/L12 茎。中央突起由蛋白质 L27、L18 与 5S rRNA 组成。茎由 2 个 L7/L12 二聚体与位于它的底部的

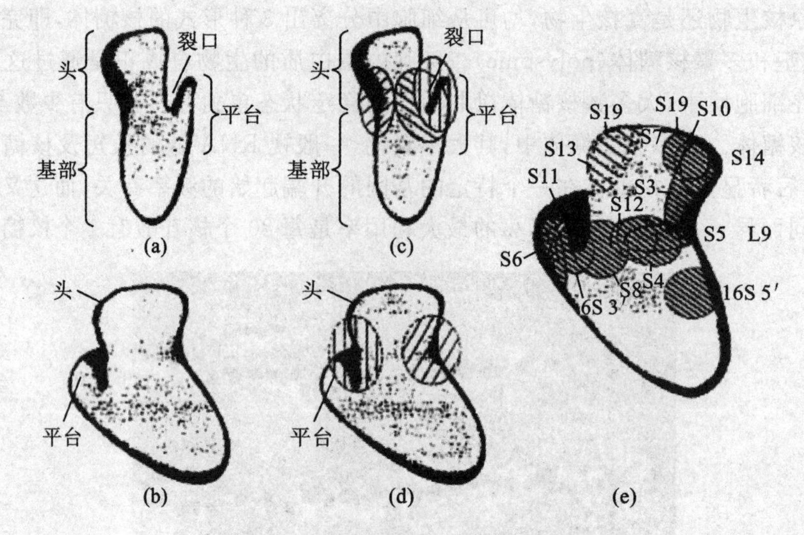

图 9-7　大肠杆菌核糖体小亚基模型

(引自阎隆飞等,1997)

(a)与(b)是小亚基在常规电镜下显示出的头、裂口、平台主要特征的模型;(c)与(d)显示出起始因子 IF1、IF2、IF3 以及延伸因子 EF-G 和 EF-Tu 的结合位点;(e)是 16S rRNA 3′末端与 5′末端及一些小亚基蛋白质定位。

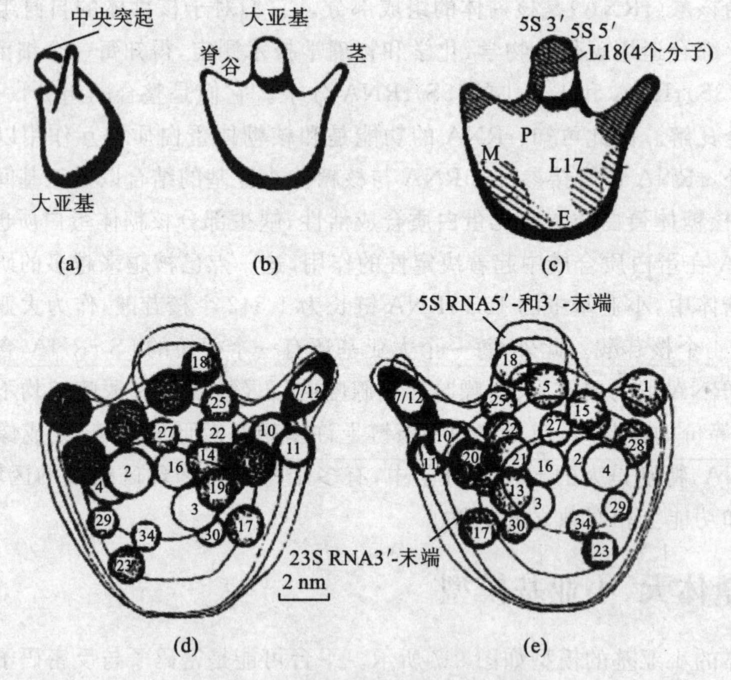

图 9-8　大肠杆菌核糖体大亚基模型

(引自阎隆飞等,1997)

L10 组成。肽酰转移酶活性位点定位于中央突起与脊之间。茎部的功能与核糖体移位有关。新生肽链的出口位点位于 P 位点对面,膜结合位点定位在蛋白质 L19 的区域。利用 X 射线衍射对 5S rRNA 的研究证实,L5、L18、L25 是与 5S rRNA 结合的蛋白。5S rRNA 与 L18 结合位点分别是 23、24、51、54、56、64、67 位的 G(甘氨酸)。L18 的 18～25 氨基酸的序列(Leu-

Gln-Glu-Leu-Gly-Ala-Thr-Arg)是识别5S rRNA的结构域。5S rRNA的A66、G67(A:丙氨酸。G:甘氨酸),与L18的Gln19间通过形成氢键使5S rRNA与L18相互作用。核糖体组分的异源重组实验发现原核生物的L5、L18、L28不能与酵母5S rRNA结合,但它们的L18和L25能与酵母5.8S rRNA结合。

9.3　翻译过程

蛋白质是生命形式的重要表现者,是生命活动的重要物质基础,是生命活动的重要承担者,所以蛋白质需要不断地进行代谢和更新。蛋白质的生物合成过程的第一步是翻译过程,即根据遗传密码的中心法则,将成熟的信使RNA分子(由DNA通过转录而生成:蛋白质一级结构的信息最终是储存在DNA的一级结构中的)中"碱基的排列顺序"(核苷酸序列)解码,并生成对应的特定氨基酸序列的过程。多肽链的合成是一个复杂的过程,包括氨基酸的活化、翻译的起始、肽链的延伸和翻译的终止四个过程。本章从翻译的各个阶段详细讲述蛋白质的翻译过程。

9.3.1　氨基酸的活化

现已知氨基酸是不能直接与模板相结合的,氨基酸在被转运到模板之前必须与接合体相连接,这个接合体就是tRNA。氨基酸与tRNA连接形成氨酰-tRNA即是氨基酸的激活,它是在细胞质内进行的。每一种氨基酸以共价键连接于一种专一的tRNA,这个过程需要消耗ATP,形成的氨酰键是一个高能键,使生成的复合物被激活。这个高能氨酰-tRNA的键能(氨酰键)可用于较低能量的肽键的形成。将氨基酸接合于tRNA以形成氨酰-tRNA的激活反应是在氨酰-tRNA合成酶的催化作用下进行的,关于氨酰-tRNA合成酶已经在9.1.3小节做了阐述。

氨酰-tRNA合成酶催化氨基酸活化的反应分两步进行。氨基酸先被氨酰-tRNA合成酶活化,生成氨酰腺苷酸(AA-AMP),其中氨基酸的羧基是以高能键连接于腺苷酸上,同时放出焦磷酸。在正常情况下,AA-AMP中间物仍然紧密地结合在酶上,直到与该氨基酸专一的tRNA分子碰撞时为止。随后,同一酶将氨基酸转移至tRNA的末端腺苷酸残基上。

氨酰tRNA合成酶所催化反应的反应式如下:

①氨基酸+ATP ⟶ 氨酰-AMP+PPi

②氨酰-AMP+tRNA ⟶ 氨酰-tRNA+AMP

总反应式:氨基酸+tRNA+ATP ⟶ 氨酰-tRNA+AMP+PPi

总反应的平衡常数接近于1,自由能降低极少。这说明tRNA与氨基酸之间的化学键是高能酯键,高能键的能量来自ATP的水解。这个键水解时的标准自由能变化为−30.51 kJ/mol。由于反应中形成的PPi水解成正磷酸,对每个氨基酸的活化来说,净消耗的是2个高能磷酸键。因此,此反应是不可逆的。不同氨酰-tRNA合成酶对氨基酸的专一性是不同的,有些是高度专一的,只与一种氨基酸结合,有些则同时能与正确氨基酸结构相近的氨基酸结合。然而,虽然tRNA有时能结合上这些类似物,但是由于存在校正(proofreading)机制,最终却不能生成稳定的氨酰-tRNA。

校正包括两个阶段,这两个阶段均需要相关tRNA(cognate tRNA)参与。第一阶段的校正是当相关 tRNA 与不正确的氨基酸结合时，即将已生成的不正确的氨酰-AMP 水解掉，如甲硫氨酸、异亮氨酸、缬氨酸的氨酰-tRNA 合成酶即是如此。第二阶段的校正是当不正确的氨基酸转移至 tRNA 上时，由 tRNA 在其结合位点识别其结构错误而将之水解掉。上述两个阶段的校正均要求相关 tRNA 的参与。甚至在形成氨酰-AMP 之前，tRNA 也起着引发校正的作用。例如，大肠杆菌的 Ile-tRNA 合成酶同时可以催化缬氨酸与 AMP 结合，但当加入 tRNAIle 时，Val-AMP 便发生水解。这说明相关 tRNA 在校正氨基酸结合中的重要作用。

9.3.2 翻译的起始

翻译的起始必须具备两个重要前提：一是产生氨酰-tRNA，即将氨基酸负载到 tRNA 上；二是核糖体大、小亚基的解离。氨酰-tRNA 的合成由两步反应完成，并均由氨基酸 tRNA 合成酶催化。第一步反应是氨基酸的活化，由氨基酸与 ATP 反应生成氨酰-AMP 和焦磷酸。第二步反应由氨酰-AMP 与 tRNA 反应形成氨酰-tRNA 和 AMP。催化氨酰-tRNA 合成的氨酰-tRNA 合成酶具有高度的特异性。自然界中只有 20 种氨酰-tRNA 合成酶，各对应一种氨基酸。

1. 原核生物翻译的起始

(1) N-甲酰甲硫氨酸　N-甲酰甲硫氨酸是细菌蛋白质氨基末端的第一个氨基酸。在核糖体上进行的蛋白质合成是从氨基末端开始，逐步加上一个个氨基酸，在羧基端终止。所有细菌蛋白质合成的氨基端的第一个氨基酸都是 N-甲酰甲硫氨酸(fMet)，这是一个被修饰的甲硫氨酸，在其氨基末端连接上一个甲酰基。该氨基酸只能用于蛋白质合成的起始阶段。由于不存在游离的氨基，从而防止了它在肽链延伸时插入内部。这个甲酰基是在甲硫氨酸连接于 $tRNA_f^{Met}$ 接合体上以后，通过酶促反应加上去的。甲酰基的供体是 N^{10}-甲酰四氢叶酸，催化该反应的酶称为转甲酰酶。

并非所有甲硫氨酰-tRNA 分子都可以甲酰化。大肠杆菌细胞内有两种类型的 $tRNA_f^{Met}$，一类是可以甲基化的 $tRNA_f^{Met}$，一类是不能甲基化的 $tRNA_m^{Met}$。只有 $tRNA_f^{Met}$ 上的甲硫氨酸可以甲酰化，对 $tRNA_f^{Met}$ 和 $tRNA_m^{Met}$ 分析显示出，两者具有相同的反密码子顺序，但它们编码的氨基酸不同。$tRNA_f^{Met}$ 和 $tRNA_m^{Met}$ 主要由以下三点不同：①氨基酸臂 3′末端第 5 个碱基在 $tRNA_f^{Met}$ 是 A，它与 $tRNA_f^{Met}$ 5′末端 C 不配对；在 $tRNA_m^{Met}$ 相对应的位置是 C，它可以与 5′末端的 G 形成配对；②TΨC 环上，$tRNA_f^{Met}$ 是 TΨC，在 $tRNA_m^{Met}$ 相对应的位置是 G；③反密码子环上，$tRNA_f^{Met}$ 反密码子 3′末端邻位碱基是 A，在 $tRNA_m^{Met}$ 相对应位置是烷基化的 A。实验发现，只有甲酰甲硫氨酰-$tRNA_f$ 能够和蛋白质的起始因子及 30S 核糖体亚基结合，形成起始复合物，而甲硫氨酰-$tRNA_m$ 只能与延伸因子结合，将甲硫氨酸掺入肽链的中间。

(2) 起始密码子的正确选读　细菌内蛋白质合成的起始是从核糖体小亚基 30S 与 fMet-$tRNA_f^{Met}$ 和一个 mRNA 分子形成复合物开始的。然后 50S 亚基参加进去，形成有功能的 70S 核糖体。每一个 mRNA 上有一个与核糖体结合位点，以合成一条独立的多肽链。每一位点内的核苷酸的顺序是使 mRNA 分子在蛋白质合成开始之前在核糖体上先行正确定位。

核糖体是如何辨别在一个基因起始密码子 AUG 和编码内部甲硫氨酸的密码子呢？早在 1975 年，Shine-Dalgarno 等就这一问题提出了一种很吸引人的假设来解释起始密码子的识别。他们见到几种细菌 16S rRNA 3′末端顺序为：5′-PyACCUCCUA-3′。其中 Py 可以是任何嘧啶核苷酸，它可以和 mRNA 中距离 AUG 顺序 5′末端约 10 个碱基处的一段富含嘌呤的间隔顺序 AGGA 或 GAGG(此区域称为 Shine-Dalgarno(SD)序列)互补。现认为正是由这样的配对将 AUG(或 GUG、UUG)密码子带到核糖体的起始位置上。进一步支持 Shine-Dalgarno 假设的证据来自于通过其他细菌核糖体进行 R17A 蛋白合成效率的研究。测定了 6 种细菌 16S rRNA 分子 3′末端顺序,发现碱基配对区的长度和强度(G-C 对和 A-U 对的比值)是不同的。不同核糖体合成 A 蛋白的量与碱基对区的稳定性有关,这表明起始频率的主要因素取决于 mRNA-16S rRNA 碱基配对的强度。

虽然 Shine-Dalgarno 序列是识别 AUG(或 GUG、UUG)起始密码子的基本条件,但并非充分条件,现在已经知道 Shine-Dalgarno 顺序还会靠近不作密码子使用的 AUG 三联体。此外,起始作用(translation initiation)还必须有另一些 mRNA 的碱基顺序发挥作用。在前导序列的上游,mRNA 与核糖体之间可能提供了识别信号,以保证这个 Shine-Dalgarno 序列在合适的起始复合体构象内,或在整个核糖体的结合域内。整个 mRNA 分子的折叠以及 30S 核糖体蛋白质(如 S1、S4、S18、S21)对核糖体与 mRNA 的结合也起到某些作用。多肽链的延伸一旦开始,16S rRNA-mRNA 的碱基对便要在一定程度上解离,使松开的 mRNA 可以在核糖体表面上自由移动。当核糖体沿着 mRNA 移动时,它必须暂时地破坏双螺旋发夹区域(这些区域是许多游离 mRNA 区段的特征),这样便创造出可以正确选择氨酰-tRNA 前体的反密码子的单链区域。

(3) mRNA 翻译的方向　当 mRNA 分子的起始区域正确地结合上一个核糖体后,在蛋白质合成中,它总是以固定的方向移动,即由其 5′末端向 3′末端的方向。开始解读的一端,即 5′末端,是最先指导蛋白质进行合成的一端。这样,mRNA 在 DNA 模板上合成过程中,核糖体可以连接在一条未完成的 mRNA 上。如果与此相反,多肽合成是朝 mRNA 的 3′→5′方向进行的话,那么,相应于一条完整的多肽链的 mRNA 必须先完成,然后核糖体才能连接上去。蛋白质合成朝 mRNA 的 5′→3′方向进行,意味着在迅速生长的细菌细胞中,不与核糖体连接的长段 mRNA 通常是不存在的。

(4) 起始因子　蛋白质合成的启动必须有起始因子的参加。起始因子是一类参与蛋白质生物合成起始的可溶性蛋白质因子。蛋白质合成的起始要生成核糖体 · mRNA · tRNA 三元复合物,也称起始复合物。复合物必须在起始因子帮助下才能完成。目前已知原核生物起始因子有 3 种,即 IF1、IF2 和 IF3。这 3 种起始因子连接于 30S 亚基上,GTP 使这个结合稳定。GTP 可能直接被 IF2 结合。IF1 是一个小的碱性蛋白,它能增加其他 2 个起始因子的活性。有些原核生物不具相当于 IF1 的起始因子,在这些生物中,蛋白质合成的起始可以只在 IF2 和 IF3 参与下进行。

已经证实,IF1 与 16S rRNA 的结合位点分别是 G529、G530、A1429 与 A1493。足迹分析表明 IF1 与氨酰-tRNA 在 16S rRNA 上的识别位点相同,这提示 IF1 在翻译起始时可代替氨酰-tRNA 暂时封闭核糖体的氨酰-tRNA 接受位(A 位点),起到协调 30S 亚基功能的作用。另外,IF1 是一个 G 蛋白,在核糖体亚基聚合时,具有活化 GTP 酶的作用。

IF2 有两种分子形式:IF2a 与 IF2b。两者是同一个 mRNA 的翻译产物。IF2b 的起始密码位于 IF2a 的+471 核苷酸处。巯基是 IF2 活性所必需的,IF2 磷酸化以后活性不变。IF2 的功能是通过生成 IF2 · GTP · fMet-$tRNA_f^{Met}$ 三元复合物,在 IF3 的存在下,使起始 tRNA 与核糖体小亚基结合。IF2 与 fMet-$tRNA_f^{Met}$ 间作用的专一性非常严格,用于延伸的氨酰-tRNA 甚至非甲酰化的 Met-$tRNA_f^{Met}$ 均不能与 IF2 结合或结合得很不稳定。IF2 具有很强的 GTP 酶活性,在肽链合成起始时催化 GTP 水解。

IF3 是具备双功能的蛋白质,它至少有两种分子形式:IF3α 和 IF3β,后者比前者只少 N 端

6 个氨基酸残基。IF3 对 mRNA 与核糖体的结合很严格，它与 16S rRNA 相互作用位点在 700 与 790 环，840 茎与 1500 连接区，其中 700 与 790 环与肽酰-tRNA 接受位点（P 位点）邻近。IF3 能通过促使未翻译的前导序列与 16S rRNA 的 3′-末端碱基配对，让核糖体识别天然 mRNA 上的特异的启动信号，又能刺激 fMet-$tRNA_f^{Met}$ 与核糖体结合在 AUG 上。另外，IF3 能使 30S 亚基形状发生细微的变化，以阻止其与 50S 大亚基缔合。fMet-$tRNA_f^{Met}$ 和 mRNA 连接于 IF・30S・GTP 聚集体上。在结合时，fMet-$tRNA_f^{Met}$ 与 IF2-GTP 复合物紧密接触。30S 复合物一旦完全形成，IF3 即释放出来，以后 50S 参加进来，并引起 GTP 水解和释放其他两个起始因子，最后的复合物称为 70S 起始复合物。简略过程见图 9-9。

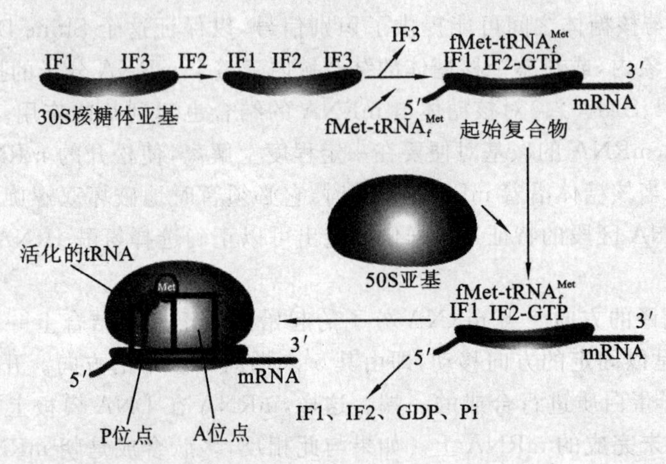

图 9-9　原核生物起始复合物的形成过程

2. 真核生物翻译的起始

真核生物的起始过程与原核生物有几种区别：①真核生物蛋白质合成起始于甲硫氨酸而不是甲酰甲硫氨酸。起始 tRNA 携带非甲酰化的甲硫氨酸，一般写作 $tRNA_i^{Met}$；②真核生物 mRNA 没有 SD 序列，不以 SD 序列特征来确定核糖体应该在什么位置开始翻译。由于这两个明显的差异，真核生物翻译的起始机制不同于原核生物，对起始因子的要求也不同。

真核生物蛋白质合成的起始过程可分为三个步骤：

（1）43S 前起始复合物的形成　在起始因子 eIF3 的作用下，80S 核糖体解聚为 40S 和 60S 亚基。eIF3 并有防止这 2 个亚基再结合的作用。另一因子 eIF4C（eIF1A）也有助于这个解聚。起始因子 eIF2 与 GTP 形成稳定复合物，后者与 $tRNA_i^{Met}$ 形成三元复合物，再与 40S 亚基形成 43S 前起始复合物。

（2）mRNA 的结合　在起始因子 eIF4A、eIF4B、eIF4E 和 ATP 的参与下，43S 与 mRNA 结合。eIF4A 有使 mRNA 二级结构解旋的作用。eIF4B 则有结合 mRNA 并识别起始密码子 AUG 的作用。上述的 eIF3 也参与 40S 三元复合物与 mRNA 结合的作用。eIF4E 或称“帽子结合蛋白Ⅰ”（cap binding protein，CBPⅠ），起与 mRNA 帽子结合的作用。另有 eIF4F，又称 CBPⅡ，实际是包括 CBPⅠ和 eIF4A 和一种相对分子质量为 2.2×10^5 的蛋白质（P220）。此外还有 eIF6，与 60S 亚基结合使核糖体保持在解聚状态。由 40S 亚基、Met-$tRNA_i^{Met}$ 和一些起始因子组成的前起始复合物在 mRNA 的 5′-帽子处或其附近与之结合，然后沿着 mRNA 滑动，直至遇上第一个 AUG 密码子。这个过程由戴帽复合体结合蛋白（CBP）促进，并消耗 ATP，使 mRNA 的 5′端二级结构解旋，使它呈线状穿过 40S 亚基颈部的通道。CBP 是在 mRNA 的 5′端识别帽子结构的，以后 eIF4A 和 eIF4B 也参与沿着 mRNA 的解旋。43S 前起始复合物与 mRNA 的结合，是在帽子结构下游 50～100 个核苷酸范围内。据 Kozak 等的研究，大多数起始密码子的合适“上下文”为 CCACCAUGG。在 43S 前起始复合物沿 mRNA 向 3′端方向移动时，遇到合适的“上下文”，即停止移动。起始密码子 AUG 的识别可能是通过与 tRNA 上的反密码子配对的作用。eIF2 也参与这个识别的作用，以后便形成 48S 前起始复合物。

(3) 80S 起始复合物的形成　48S 前起始复合物在形成之后，再与核糖体的 60S 大亚基结合，最后便形成 80S 起始复合物(图 9-10)。在另一起始因子 eIF5 的作用下与 eIF2 键合的 GTP 被水解，并释放出 eIF2-GDP、Pi 和 eIF3。其他起始因子也释放 P 位点，之后甲硫氨酸与另一氨酰-tRNA 形成二肽酰-tRNA。

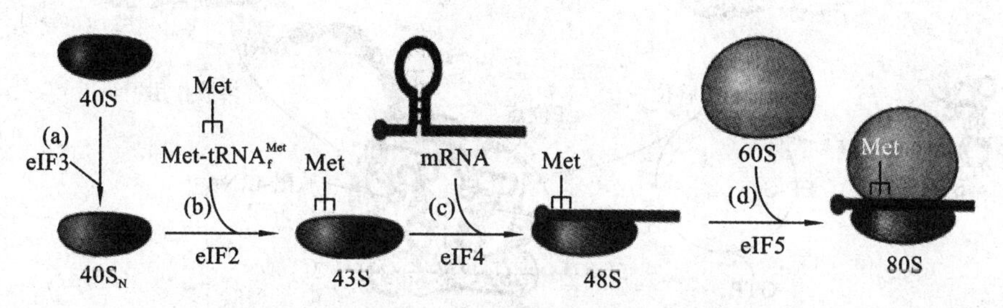

图 9-10　真核生物翻译起始复合物的形成

9.3.3　翻译的延伸

1. 多肽链合成的方向

1961 年，Howard Dintzis 验证了多肽链合成是沿 N 端至 C 端方向进行的。他在研究分离的兔网织红细胞(未成熟血细胞)中 α-球蛋白和 β-球蛋白的合成时获得了这一结论。

2. 延伸的分子机制

(1) 原核生物肽链的延伸　从起始阶段形成的起始复合物可以接受第二个氨酰-tRNA，以形成蛋白质第一个肽键。在第二个氨酰-tRNA 进入 A 位点之后，便形成一个肽键，并产生出一个连接于第二个氨基酸的 tRNA 上的二肽，然后便发生移位，肽酰-tRNA 和与之结合的 mRNA 密码子协同转移至 P 位点。这个氨基酸加成过程一再重复，每次加上一个氨基酸，直至形成一条完整的多肽链(图 9-11)。肽链的延伸要求有延伸因子 EF-Tu 和 EF-Ts 参与。EF-Tu 的作用是帮助氨酰-tRNA 进入 A 位点。EF-Tu 先与 GTP 结合，此时它处于活性状态。此 EF-Tu · GTP 二元复合物(EF-Tu · GTP complex)与氨酰-tRNA 形成 EF-Tu · GTP · 氨酰-tRNA 三元复合物。此三元复合物进入核糖体被水解，生成无活性的 EF-Tu · GDP 被释放出。EF-Tu 是大肠杆菌内最丰富的蛋白质，每个细胞约含 100 000 个分子，与 tRNA 分子数约相等。

(2) 真核生物肽链的延伸　真核生物的肽链延伸与原核生物相似，只是延伸因子 EF-Tu 和 EF-Ts 被 eEF1 取代，而 EF-G 则被 eEF2 取代。在真菌中，还要求第三个因子，即 eEF3 的参与，以维持其翻译的准确性。延伸因子 eEF1 是个多聚体蛋白质，大多数由 α、β、γ、δ 四个亚基组成。eEF1α 的相对分子质量是 50 000，作用与 EF-Tu 相似，与 GTP 和氨酰-tRNA 形成复合物，并把氨酰-tRNA 传递给核糖体。在每一轮循环中，GTP 在 eEF1α 从核糖体上释放之前被水解。eEF1β 具鸟苷酸交换活性，作用与 EF-Ts 相似，eEF1γ 常与 eEF1β 形成复合物，增加后者的 GDP-GTP 交换功能。在脊椎动物中还有 eEF1δ，它与 eEF1β 具同源性。这样，eEF-

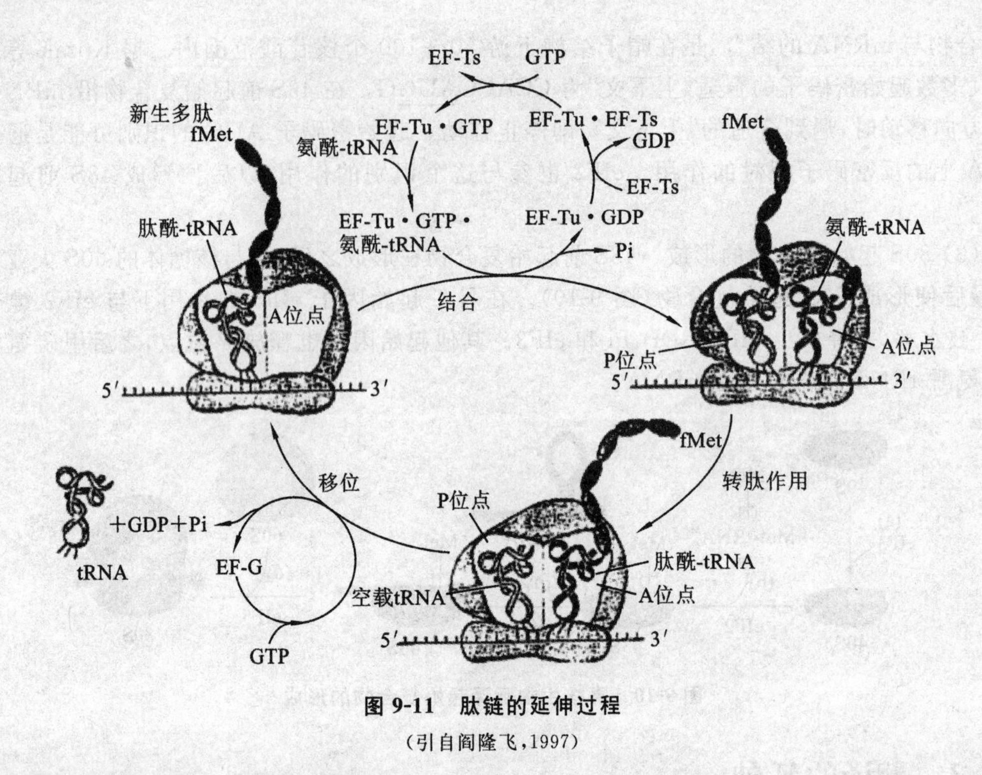

图 9-11　肽链的延伸过程

（引自阎隆飞，1997）

1αβγδ 复合物就包含两个蛋白质交换因子，而在原核生物中只有 EFTs 一个交换因子。延伸因子 eEF-2 是个单体蛋白，相对分子质量约 10^5，相当于原核生物中的 EF-G，催化 GTP 水解，使氨酰-tRNA 从 A 位点转移至 P 位点。eEF2 可以与核糖体形成高亲和力与低亲和力两种形式的复合物，前者相当于转位前状态，后者相当于转位后状态，并且在后者中，其 GTP 酶活性被激活。eEF2 可与 GDP 形成稳定的二元复合物，与 GDP 的结合力比与 GTP 力的结合高 10 倍。eEF2 近氨基端的 Thr56・Thr58 残基被磷酸化后，会使延伸速率降低，从而达到调控目的。

延伸因子 eEF3 是在真菌中发现的，是一条相对分子质量为 $1.2\times10^5\sim1.25\times10^5$ 的多肽链，可结合 GTP，也能水解 GTP 与 ATP，eEF3 在翻译的校正阅读方面起重要作用。在酵母核糖体上存在一个引入位点（introductory site）Ⅰ，由 eEF3 介导，使 eEF1α・GTP・氨酰-tRNA 三元复合物先结合到该位点上，然后以密码依赖的方式进入 A 位点，这样使得正确的 tRNA 进入得到保证。eEF3 的 ATP 酶活性可能与氨酰-tRNA 在核糖体上位点之间移动有关。

9.3.4　翻译的终止

蛋白质合成的终止需要两个条件：一个是应存在能特异地提出多肽链延伸应予停止的信号，也即终止密码子；另一个是有能解读链终止信号的蛋白质释放因子。终止密码子是被一种称为释放因子（release factor，RF）的蛋白质解读的。已知在大肠杆菌中，释放因子 RF1 能识别终止密码子 UAG 和 UAA，而 RF2 则识别 UGA 和 UAA。每种释放因子先与 GTP 形成活性复合物，这个复合物再与终止密码子相结合，形成三元复合物，并且改变肽酰转移特异性。有释放因子存在时，肽酰转移酶催化肽基部分与水结合，而不是与游离氨基酰-tRNA 结合。这样，肽酰转移酶便将 P 位点上的肽基转移至水中，即水解 P 位点上 tRNA 与肽链之间的键，随着便是新生肽链与最后一个脱酰基tRNA离开了核糖体。已知RF具有依赖核糖体的GTP酶活性,催化GTP水解,使RF与核糖体解离。在大肠杆菌中,还有一种释放因子,即RF3,它本身无识别终止密码子的功能,但可以增加RF1和RF2的活性。现知核糖体结合与释放RF1和RF2都要受到RF3的刺激作用,后者可以与GTP和GDP相互作用。肽链合成终止后,50S核糖体亚基即释放。此时有一个被称为核糖体释放因子(ribosome-releasing factor,RRF)参与。在RRF的作用下,核糖体与mRNA分离,同时携带最后一个脱酰基-tRNA与终止因子脱落,RRF起上述作用时,还必须有GTP和肽链延伸因子EF-G的存在。经过这一步骤,核糖体又可供重新合成另一条多肽链之用。

1. 终止密码子

细胞中通常不含能识别终止密码子的tRNA。在遗传密码表中有3个终止密码子。当核糖体在mRNA上遇到其中任一终止密码子时,肽链的延伸即停止,这3种密码子及其别名是:UAG为琥珀型密码子,UAA为赭石型密码子,UGA为蛋白石型密码子。当突变产生一个终止密码子时,可导致正常的蛋白质提前终止。

2. 释放因子

释放因子(RF)是识别终止密码子引起完整的肽链和核糖体从mRNA上释放的蛋白质。真核生物细胞的因子称为eRF。

(1) 翻译终止需要终止释放因子　有别于氨基酸的各种密码子的是,没有一个终止密码子具有相应的tRNA。终止密码子是直接被蛋白质因子识别的。当终止密码子进入核糖体的A位点时,无相应的氨酰-tRNA或非酰基化的tRNA与之结合,而由释放因子在GTP存在下识别终止密码子,结合于A位点上。释放因子的结合导致了肽基转移酶被激活,催化P位点上的tRNA与肽链之间的酯键水解,使肽基与水分子结合。至此,多肽链的合成终止。新生的肽链和最后一个非酰基化的tRNA从P位点上释放下来。70S核糖体解离成30S和50S亚基,再进入新一轮的多肽合成。

(2) 释放因子的种类　细菌中有3类释放因子(RF1、RF2、RF3)。在大肠杆菌中,当终止密码子进入核糖体上的A位点后,即被释放因子识别。RF1识别UAA和UAG,RF2识别UAA和UGA,RF-3不识别终止密码子,只起辅助因子的作用,能激活另外两个因子。当释放因子识别在A位点上的终止密码子后,存在于大亚基上的肽酰基转移酶专一活性转变成了酯酶活性,以水解新合成的肽链。释放因子RF3是一种依赖于核糖体的GTPase,结合GTP,帮助其他两种RF因子结合于核糖体。RF3具有类似于EF-Tu・tRNA・GTP三元复合物的蛋白质部分的结构,RF1和RF2类似于tRNA的结构和大小。所以,RF1和RF2与tRNA竞争结合核糖体,像tRNA一样识别密码子。真核生物只有一种释放因子eRF,它可以识别三类终止密码子。在人、爪蟾、酵母和小的有花植物拟南芥中,eRF都有非常类似的肽链结构。

(3) 释放因子的结构　原核细胞的RF1识别密码子UAG、UAA,RF2识别UGA、UAA,而真核细胞的eRF1能识别三种终止密码子。细胞内存在两类在终止反应中能释放肽链的释放因子。第Ⅰ类释放因子是RF1/2和eRF1。近年来根据晶体结构衍射研究和计算机辅助分析发现,在结构上,第Ⅰ类释放因子与tRNA具有相似性。它们必定能与mRNA上的密码子直接作用。第Ⅱ类释放因子是密码子非特异性的RF3和eRF3。它们作为转运蛋白,具有GTPase活性,能促进第Ⅰ类释放因子的活性。这两类因子协同作用,共同完成翻译的终止反应。其中第Ⅰ类释放因子能识别终止密码子,促进肽酰-tRNA酯键水解,阻止翻译过程中的错误阅读等,起着至关重要的作用。比较第Ⅰ类释放因子的结构同源性发现,RF1/2和eRF1

有 7 个氨基酸的保守区。RF1/2 的高度保守区的氨基酸与延伸因子 EF-G 的Ⅲ、Ⅳ、Ⅴ结构域高度同源，其立体结构均与 tRNA 的空间结构类似，EF-G 的Ⅲ、Ⅳ、Ⅴ结构域分别对应于 tRNA 分子的反密码子环、氨基酰接受臂和 TψC 臂。而 eRF-1 的结构域 1 对应于 tRNA 的反密码子环，结构域 2 对应于 tRNA 的氨基酰接受臂，结构域 3 对应于 tRNA 的可变环。

3. 异常翻译终止的处理

导致异常翻译终止的 mRNA 可分为以下两类：①引发提前终止的“无义”突变。②有些 mRNA（非终止 mRNA，non-stop mRNA）缺乏终止密码子，可能是 mRNA 合成时在终止密码子的上游就停止了，核糖体翻译时通过了这些非终止 mRNA 然后停滞。这两种翻译终止都会对细胞的生存造成危害，无论是提前终止翻译还是停滞的核糖体都会产生完整的蛋白质，对细胞产生不利影响。

9.4 蛋白质折叠翻译

多肽链线状合成以后，必须经过折叠才能形成具有正确二级与三级空间构象和生物学功能的成熟蛋白质。蛋白质折叠（protein folding）是指多肽链经过疏水塌缩、空间盘曲、侧链叠集等行为形成蛋白质的天然构象，同时获得生物活性的过程。蛋白质折叠是多肽链从无规卷曲（去折叠态）折叠到三维功能结构（天然态）的生物物理过程。这一过程是在能量上有利的相互作用指导下按照一定的途径进行的。

Anfinsen 等在体外进行了一个 RNase A 的变性和复性实验（Anfinsen 实验，图 9-12）：在温和的碱性条件下，8 mol/L 的浓脲和大量巯基乙醇能使 4 对二硫键完全还原，整个分子变为无规则卷曲状，酶分子变性；透析去除脲，在氧的存在下，二硫键重新形成，酶分子完全复性，二硫键中成对的巯基都与天然构象中一样，且具有与天然酶晶体相同的 X 射线衍射花样。Anfinsen 实验结果表明，RNase A 在复性过程中，不是随机地尝试所有可能的构象，而是自发地选择了 105 种二硫键中最正确的一种配对方式重新折叠成具有活性的天然构象。

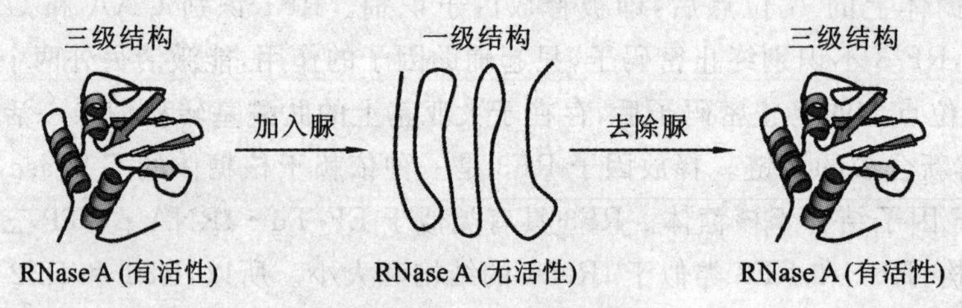

图 9-12 Anfinsen 实验

（仿自 Sylvain W. Lapan，王勇，2008）

Anfinsen 根据牛胰 RNase A 在不需其他任何物质帮助下，仅通过去除变性剂（尿素）就使其恢复天然结构的实验结果，提出了“自组装热力学假说”：多肽链的氨基酸序列包含了形成其热力学上稳定的天然构象所必需的全部信息。该假说得到了许多体外实验的证明，有许多蛋白，尤其是一些小相对分子质量的蛋白质，在体外可进行可逆的变性和复性。

但是，不是所有的蛋白质都具有“自组装（self-assembly）”能力。当蛋白质没有进行正确折叠时，就有可能发生一些不同的相互作用，蛋白质就可能形成与最终构象不同的错误构象，而这类蛋白质就不能进行自组装，它们获得正确结构需要其他辅助因子的参与，并伴随有 ATP 的水解。因此，Ellis 于 1987 年提出了蛋白质折叠的“辅助性组装学说”：蛋白质多肽链的正确折叠和组装并非都能自发完成，在相当多的情况下需要其他蛋白质分子的帮助，这类帮助蛋白包括分子伴侣(molecular chaperone)与折叠酶(foldase)。

9.4.1　分子伴侣

分子伴侣是帮助新生肽链折叠、组装、跨膜定位和成熟为活性蛋白的一类蛋白质分子的总称。1987 年 Lasky 首先提出了分子伴侣的概念。他将细胞核内能与组蛋白结合并能介导核小体有序组装的核质素(nucleoplasmin)称为分子伴侣。分子伴侣在保证蛋白质的正常折叠中具有非常重要的作用(表 9-2)。

表 9-2　分子伴侣的功能

名　称	生 物 功 能
核质素	卵中核小体组装和拆卸
Hsp 60 家族	新生肽链转运和折叠
Hsp 70 家族	新生肽链转运和折叠
DnaJ	和 Hsp70 及 GrpE 协同作用
GrpE	和 Hsp70 及 DnaJ 协同作用
SecB	细胞多肽转运
信号识别颗粒	新生肽链转运
前导肽	蛋白水解酶折叠
PapD	细菌鞭毛组装
Lim	细菌脂肪酶折叠

1. 分子伴侣的特点和功能

(1) 分子伴侣一定不是最终组装完成的蛋白质结构的组成部分，这一特点与酶的特征相似。但分子伴侣与酶不同，主要表现如下：

① 分子伴侣对靶蛋白没有高度专一性，同一分子伴侣可以促进空间结构、性质和功能都不相关的蛋白质的折叠。

② 催化效率低，有些分子伴侣需要水解 ATP 提供能量。

③ 有些分子伴侣可通过阻止蛋白质的错误折叠发挥作用，但不能促进蛋白质的正确折叠，而有些分子伴侣则可以促进蛋白质的正确折叠。

④ 具有功能多样性。有些分子伴侣还具有协助蛋白质转运、寡聚蛋白的装配、蛋白质降解、调节转录和复制功能。

⑤ 具有进化保守性。

(2) 分子伴侣能介导蛋白质的正确折叠，但并不含有蛋白质正确折叠的信息，它是通过结合于蛋白质暴露的反应表面，阻止这些反应表面与其他区域相互作用而产生不正确构象。另外，当细胞质中的蛋白质密度很大，“大分子积聚”使折叠蛋白聚集时，分子伴侣可以保护正在折叠的蛋白质，避免其他蛋白质对其造成的负面影响。

(3) 分子伴侣能识别和稳定新合成的部分多肽链的构象，参与新生肽链的折叠与装配。在蛋白质合成过程中，分子伴侣可以通过与新生多肽链反应表面结合，控制活性表面的可接近性，来抑制新生多肽链的错误折叠或分子间的相互作用。

(4) 分子伴侣具有识别错误蛋白质构象的能力。当蛋白质变性时(尤其是热变性时)，新的区域会被暴露，并可与其他区域发生相互作用产生错误的折叠。分子伴侣可以识别这些错误折叠的蛋白质，并帮助其复性或介导其降解。

(5) 分子伴侣参与蛋白质的跨膜转运。分子伴侣可帮助蛋白质在入膜前保持未折叠的柔性结构，而当蛋白质通过膜后，需要另一种分子伴侣帮助其折叠为成熟的蛋白质构象，该过程与新生多肽链刚从核糖体上合成时需要分子伴侣的情况相同。

(6) 分子伴侣可协助寡聚蛋白质亚基的装配和四级结构的形成。

(7) 分子伴侣可以识别(recognizing)、滞留(retaining)和靶向作用(targeting)于错误折叠的蛋白质，促进这些蛋白质聚集或降解，阻碍其正常定位，防止它们干扰细胞的正常功能。

2. 分子伴侣系统

细胞内存在两类主要的分子伴侣系统，一类是 Hsp70 系统，另一类是具有寡聚复合体结构的分子伴侣素系统(chaperonin system)，也有文献称之为伴侣蛋白系统。后者又可以分为两类：Hsp60(GroEL)/ Hsp10(GroES)存在于所有的有机体中，Ⅱ类(TRiC)只存在于真核生物的细胞质中。

(1) Hsp70 系统　Hsp70 系统包括 Hsp70(细菌中称为 DnaK)、Hsp40(细菌中称为 DnaJ)和 GrpE。Hsp 是热激蛋白(heat shock protein)的简称，在温度升高时，它们会大量产生，以尽量减少热变性对蛋白质的损害。很多热激蛋白都是分子伴侣。

Hsp70 家族在细菌、真核生物的细胞质、内质网、叶绿体和线粒体中都有发现。典型的 Hsp70 具有两个结构域：N 端的 ATP 酶结构域和 C 端的底物(蛋白质)结合结构域。Hsp70 与 ATP 结合时，与底物的结合和解离都相当迅速，但与 ADP 结合时，反应非常缓慢。Hsp70 这两种状态的转换受 Hsp40(DnaJ)和 GrpE 调节。Hsp40 先与底物结合，然后通过其 J 结构域与 Hsp70 结合，激活 Hsp70 的 ATP 酶活性。伴随着 ATP 的水解可驱动多肽链的构象变化。ATP 水解后产生的 ADP 与 Hsp70 形成的复合物形式与蛋白质底物一直结合，直到 GrpE 将 ADP 取代，导致 Hsp40 释放和随后的 Hsp70 释放。接着，ATP 与 Hsp70 结合，随着蛋白质的链延长，结合到下一个位点，继续下一轮循环。因此，Hsp70 系统介导的蛋白质折叠是经过多次循环的结合与解离完成的(图 9-13)。

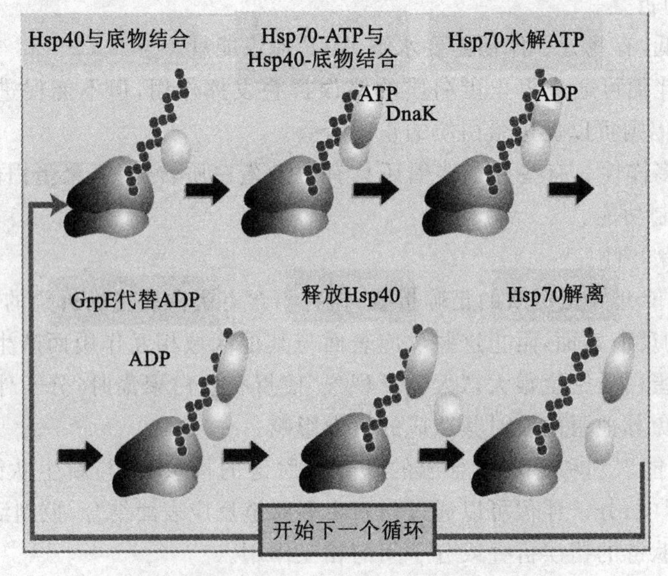

图 9-13　Hsp70-ATP 与 Hsp40-底物间的相互作用

(仿自 Benjamin Lewin，2007)

Hsp70 如何识别新生的或变性的蛋白质的呢？在成熟蛋白质内部有一些疏水核心基序，大约相隔 40 个氨基酸就出现一次，新生的或变性的蛋白质都会将该基序暴露出来，而 Hsp70 可以识别并与之结合，阻止其本身的错误折叠或与其他蛋白质的相互作用。

(2) 分子伴侣素系统　分子伴侣素系统由一个很大的类似一个圆柱体的寡聚复合体组成，它们就像一个容器将未折叠的蛋白质插入其中，完成折叠后再将成熟的蛋白质释放出来。下面以 Hsp60/Hsp10 系统为例对其结构和功能进行简要介绍。

Hsp60 在大肠杆菌中称为 GroEL，由 14 个亚基组成的反向堆积在一起的两个七聚体环组成，它们背靠背相连形成了一个中空的双圆柱体，而空腔中有规律地分布着一些疏水基团，形成一个活性空腔。Hsp10(大肠杆菌中称为 GroES)亚基组成的七聚体形成一个拱顶结合于中央空腔的上方，封住圆柱结构的一个开口。与 GroES 相连接的 GroEL 环区称为近端环(proximal GroEL)，不相连接的称为远端环(distal GroEL)。GroEL/GroES 结构相对分子质量约为 10^6，约相当于核糖体的小亚基。GroEL 能与许多未折叠的蛋白质(底物)结合，底物可以是变性蛋白质，也可以是其他分子伴侣转运来的新生蛋白质。底物的结合与折叠过程需要 ATP 的水解。

9.4.2　折叠酶

折叠酶(foldase)是一类可以帮助细胞内新生多肽链折叠为具有生物学功能形式的蛋白酶。某些蛋白质折叠的限速步骤是共价键的异构化，需要相应的折叠酶进行催化。目前了解最多的是蛋白质二硫键异构酶(protein disulfide isomerase，PDI)及肽酰脯氨酰顺反异构酶(peptidyl-prolyl *cis-trans* isomerase，PPI)。

PDI 催化蛋白质中二硫键的形成、还原和异构化反应，是依赖二硫键的蛋白质折叠的关键酶。真核生物的 PDI 主要位于内质网，在内质网的氧化环境中催化折叠过程新生肽链的二硫键的氧化以及不正确二硫键的异构化，加快蛋白质折叠的速度。在细菌中 PDI 的类似物是 Dsb 家族，位于细菌外周质(periplasm)。

PPI 广泛分布于各种生物体及各种组织中，多数定位于细胞质，但也存在于大肠杆菌的外周质、红色面包霉的线粒体基质、酵母与果蝇和哺乳动物的内质网。PPI 可以催化脯氨酰之前的 C—N 肽键发生 180°反转，加速短程的脯氨酰肽键顺反异构化，同时不涉及新共价键的形成和断裂，是纠正 X—Pro 肽键(X 指任一种非 Pro 残基)不正确异构化过程中的关键酶。

9.5　蛋白质转运

细胞质核糖体合成的蛋白质可分为两类：一类为非膜结合型蛋白(non-membrane bound protein)，由游离核糖体合成，合成后被释放到细胞质中，一部分蛋白质以准可溶的形式游离于细胞质中，另一部分蛋白质与细胞质中的大分子结构结合，例如微丝(filament)、微管(microtubule)和中心粒(centriole)等；另一类为膜结合型蛋白(membrane-bound protein)，由游离核糖体和膜结合核糖体合成，蛋白质在翻译结束后或翻译过程中，在特定的定位信号指导下特异性地运输到(或穿过)核膜、细胞器膜、细胞质膜，进入细胞核、细胞器、细胞膜，或分泌到细胞膜外。膜结合型蛋白插入或跨越生物膜的过程称为蛋白质的定向输送或蛋白质转运(protein translocation)。

能够定向输送的蛋白质均含有一段或几段特殊的氨基酸序列，用于引导蛋白质进入细胞特定的位置，这些氨基酸序列称为信号序列(signal sequence)或信号肽(signal peptide)。

定位到细胞不同位置的信号序列有不同的氨基酸组成和分布规律，如表 9-3 所示。

表 9-3　代表性蛋白质的信号序列

蛋白质名称	定位	信号序列	信号序列位置
人胰岛素原	细胞外	MALWMRLLPLLALLALWGPDPAAA	N 端
蛋白质二硫键异构酶	内质网腔	KDEL	C 端
细胞色素 c 氧化酶亚基Ⅳ	线粒体	MLSLRQSIRFFKPATRTLCSSRYLL	N 端
细胞色素 c1	线粒体	MFSNLSKRWAQRT LSKSFYSTATGAAS KSGKLTEKLVTAG VAAAGI TAST LLYA DSLTAEA	N 端
SV40 VP1	细胞核	APTKRKGS	中间
过氧化氢酶	过氧化物酶体	SKL	C 端

注：下划线标注的为碱性氨基酸，阴影标注的为疏水氨基酸。

蛋白质的定向输送除了需要信号序列以外，还需要一系列识别和利用信号序列的其他生物分子。根据这些生物分子与信号序列相互作用机制的不同，蛋白质定向输送的途径可分为两条：共翻译转运途径(co-translational translocation)和翻译后转运途径(post-translational translocation)。

9.5.1　共翻译转运

共翻译转运是指蛋白质在翻译过程还没有结束时就开始启动了定向输送。通过共翻译转运途径运输的蛋白质包括内质网蛋白、高尔基体蛋白、细胞膜蛋白、溶酶体蛋白和分泌蛋白等。合成这些蛋白质的核糖体结合在内质网上，使新生肽链能在翻译的过程中进入膜内。与核糖体结合的内质网区域称为粗面内质网(rough ER)，为一种层状结构，而没有结合核糖体的区域称为光面内质网(smooth ER)，是一种管状结构。定位于内质网的蛋白质将停留在内质网膜中，而其他蛋白质则从内质网进入高尔基体，然后被引导入溶酶体、分泌小泡或细胞膜等目的地。

1. 信号肽

共翻译转运由新生肽链的信号序列(信号肽)指导。信号肽(signal peptide)是存在于跨膜蛋白 N 端长度为 13～36 个残基的以疏水氨基酸为主的一段短肽序列，可作为定位信号指导蛋白质运输到正确位置，定位结束后通常被特异的信号肽酶切除。信号肽有时也称为信号序列、前导序列。在信号肽中有一个由 10～15 个疏水氨基酸组成的疏水内核心(hydrophobic core)和一个蛋白酶(信号肽酶)切割位点。在疏水内核心上游(靠近 N 端)常常带有 1 个或数个带正电荷的氨基酸，靠近蛋白酶切割位点处常常带有数个极性氨基酸，离蛋白酶切割位点最近的那个氨基酸往往带有较短侧链的 Ala 或 Gly(图 9-14)。

如果将信号肽连接在球蛋白的 N 端也可使球蛋白进入内质网，而不是停留在细胞质中。该实验表明，信号肽的存在足以导致细胞质中的多肽链进入内质网。信号肽能够使正在翻译的核糖体结合在内质网膜上，因此与膜的最初结合是由信号肽引发的。在进入内质网后，信号

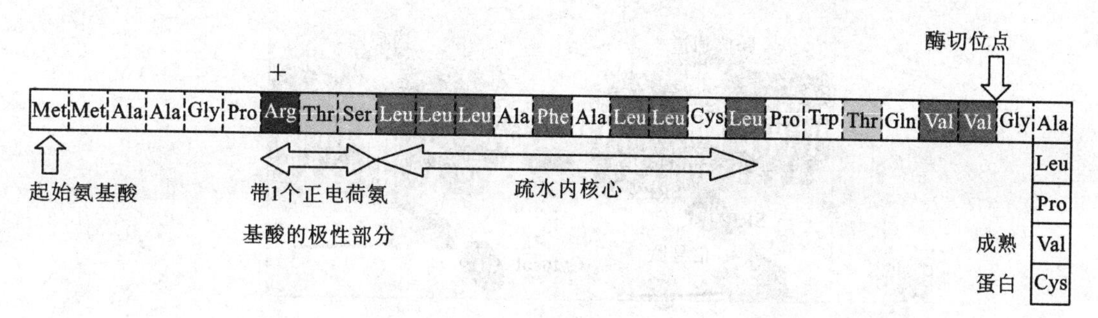

图 9-14 牛生长素(bovine growth hormone)N 端信号肽

(仿自 Benjamin Lewin,2007)

肽就会被信号肽酶切除,不存在于成熟的蛋白质中。

2. 信号肽识别颗粒、SRP 受体和易位子

(1) 信号肽识别颗粒(signal recognition partical,SRP) SRP 是一种存在于细胞质中的 11S 的核糖核蛋白复合物,它的作用是识别信号序列,并将核糖体引导到内质网上。SRP 包括 6 个蛋白质(SRP54、SRP19、SRP68、SRP72、SRP14 和 SRP9,图 9-15)和一条 305 个碱基的 7S RNA。7S RNA 为 SRP 提供结构骨架,没有它的存在蛋白质不能组装。SRP54 能与底物蛋白质的信号肽结合,并具有 GTP 水解酶活性,为将信号肽插入膜通道提供能量;SRP68-SRP72 二聚体参与对 SRP 受体的识别;SRP9-SRP14 二聚体负责翻译的停止;SRP19 参与 SRP 的组装。SRP 既能与共翻译转运的蛋白质的信号肽序列结合,还能与膜上的 SRP 受体蛋白质结合。

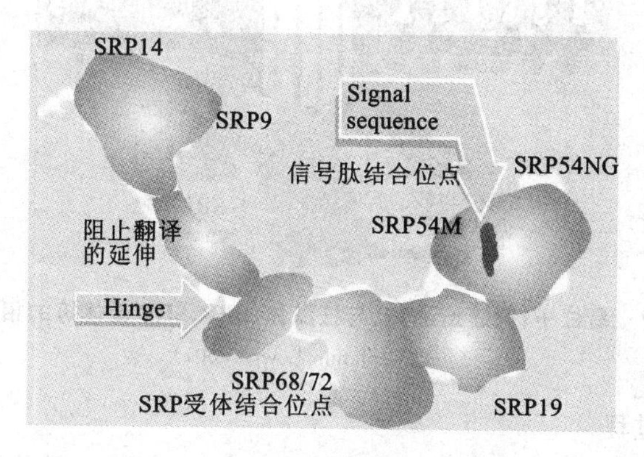

图 9-15 SRP 的蛋白质成分及其功能

(仿自 Benjamin Lewin,2007)

(2) SRP 受体 SRP 受体(SRP receptor)是 SRP 在内质网膜上的受体蛋白,它能够与结合有信号肽的 SRP 牢牢地结合,使正在合成蛋白质的核糖体停靠到内质网上来,因此又称为停靠蛋白(docking protein,DP)。SRP 受体是一个二聚体,包括亚基 SRα(相对分子质量为 72 000)和 SRβ(相对分子质量为30 000)。β 亚基是一种膜整合蛋白,存在于内质网上,α 亚基的氨基端锚定 β 亚基上,其余大部分肽链伸入细胞质中。SRP 受体的细胞质区域与核酸结合蛋白质相似,含有许多带正电荷的残基,用于识别 SRP 中的 7S RNA。SRP 受体和 SRP 都能结合并水解 GTP,用于释放 SRP 及促进肽链进入跨膜通道(图 9-16)。

(3) 易位子(translocon) 易位子是指内质网膜上的蛋白质通道,由跨膜蛋白组成。Sec61 复合体是易位子的主要成分,是一个圆柱形的寡聚体,每个寡聚体包括 3～4 个由 Secα、

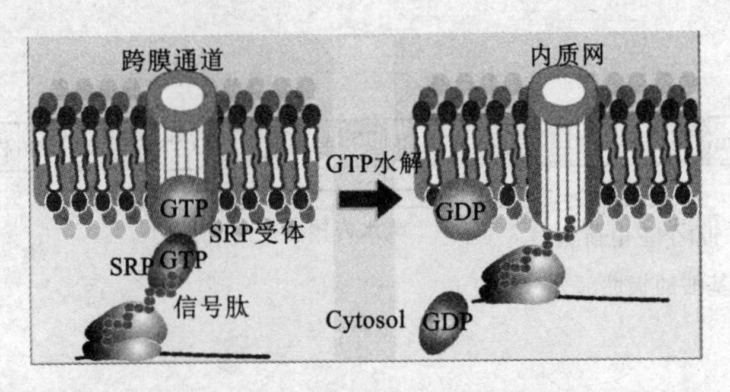

图 9-16　SRP 与 SRP 受体的相互作用伴随着 GTP 的水解

(仿自 Benjamin Lewin,2007)

Secβ、Secγ 三种跨膜蛋白组成的异源三聚体。当信号序列进入易位子时，核糖体结合 Sec61 复合体能够形成一个封闭结构，打开跨膜通道。有的蛋白质转运需要更复杂的易位子装置，除 Sec61 复合体外，还需要 Bip 分子伴侣、TRAM、ATP 的供应等（图 9-17）。Bip 分子伴侣可阻止蛋白质返回细胞质，TRAM 能与新生多肽链相交联，激发蛋白质的转运。

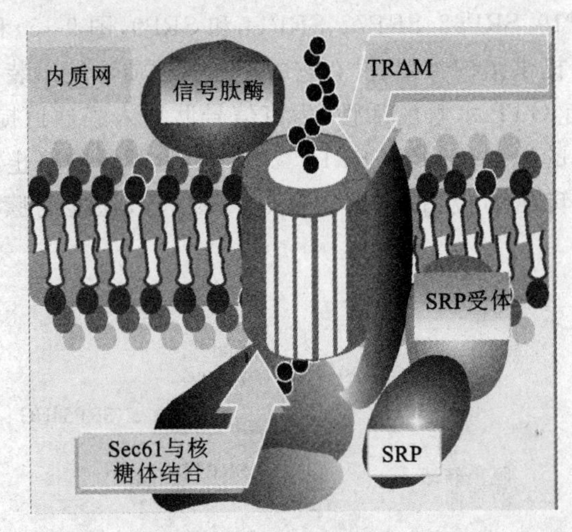

图 9-17　易位子(跨膜通道)及与核糖体、SRP、SRP 受体等的相互作用

(仿自 Benjamin Lewin,2007)

3. 共翻译转运的过程

共翻译转运途径需要信号肽、信号识别颗粒（SRP）、SRP 受体、易位子和信号肽酶之间的相互作用。蛋白质的共翻译转运可简单地分为两个步骤：首先，带有新生肽链的核糖体与膜结合；随后新生肽链进入并穿过膜上的通道。但实际上，这是一个非常复杂的过程，如图 9-18 所示。

共翻译转运主要过程如下。

（1）SRP 首先识别并结合新生肽链 N 末端的信号肽，并导致蛋白质的翻译停止，此时大约合成了 70 个氨基酸；翻译的暂停可防止蛋白质亲水基团的积累而阻碍跨膜过程。

（2）SRP 与内质网膜上的 SRP 受体结合，将携带新生肽链的核糖体转运到膜上，同时释放信号肽序列，翻译继续进行。

（3）当新生多肽从核糖体转移至内质网时，跨膜通道（易位子）打开，信号肽序列进入跨膜通道并向内质网腔移动。

（4）信号肽被存在于内质网膜内腔侧上的信号肽酶切除，新生肽链以去折叠的状态通过

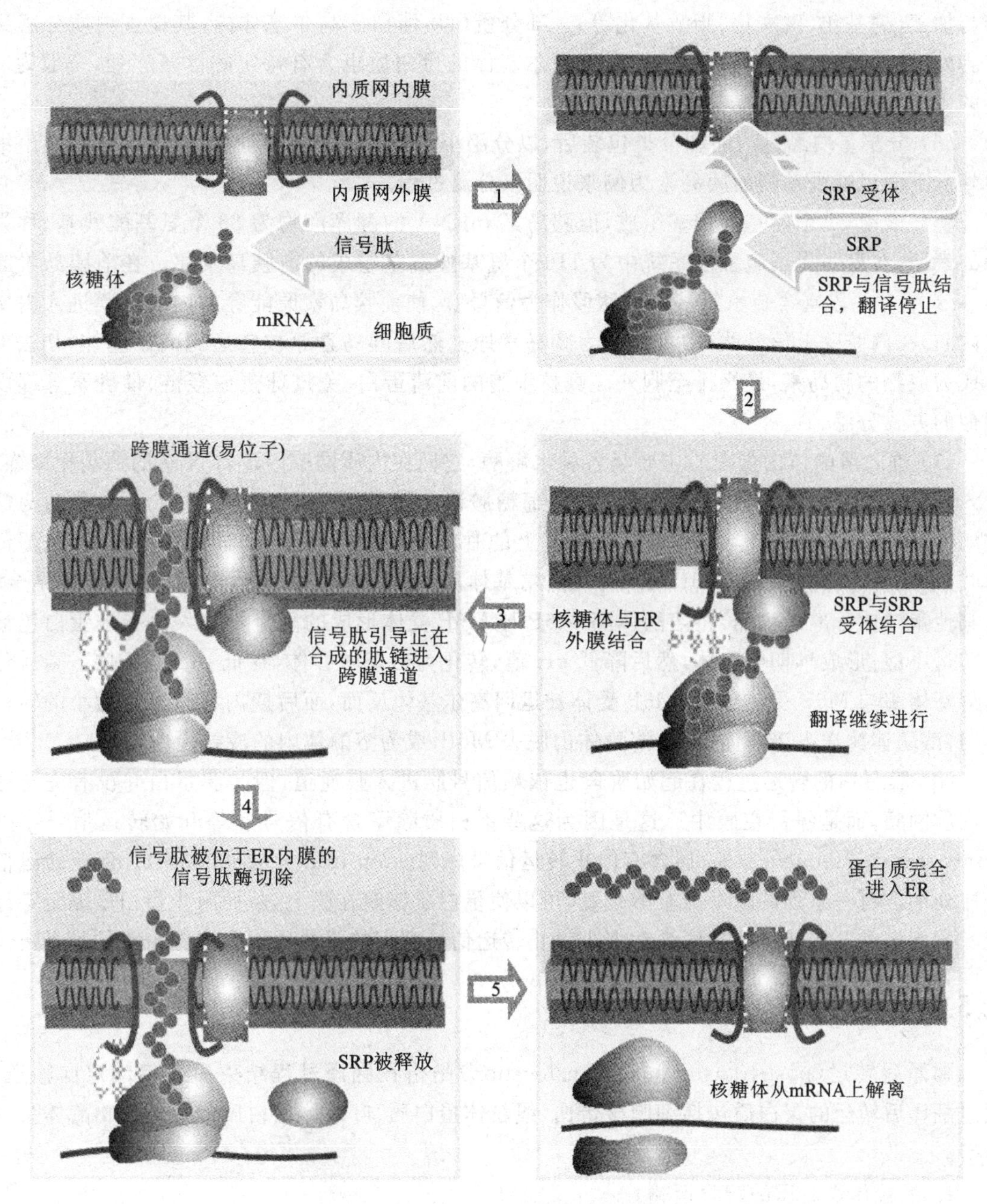

图 9-18 蛋白质共翻译转运的过程

(仿自 Benjamin Lewin,2007)

跨膜通道进入内质网腔,进行初步的加工(糖基化、羟基化、脂酰基化以及二硫键的形成等)和正确的折叠和装配,错误折叠的蛋白质将通过反转运途径(类似于共翻译转运的逆过程)运回细胞质被降解;内质网蛋白则滞留于内质网内。滞留于内质网内腔的蛋白质在C端含有一段滞留信号序列,多数脊椎动物为KDEL四肽,酵母为HDEL或DDEL,如果去除该信号将被分泌到细胞外,如果将该信号加在溶菌酶的C末端,则不被分泌而是停留在内质网内。滞留于内质网膜上的蛋白质在C端也有一段滞留信号序列KKXX(X指任一种氨基酸残基),特征是含有两个连续的赖氨酸残基。

(5) 非内质网蛋白均通过内质网出芽形成的运输小泡转运到高尔基体,进行一系列的修饰与加工(糖基化、磷酸化、脂酰基化等)。部分蛋白质滞留于高尔基体内,其他蛋白质分泌到细胞外(分泌蛋白)或进入溶酶体。滞留高尔基体的蛋白质也含有特定的信号序列,一般为C端的YQRL序列。

(6) 分泌蛋白经过浓缩和分类包装后,以分泌小泡的形式与质膜融合,经胞吐作用排出细胞外。下面以哺乳动物的胰岛素为例来说明该分泌过程。

胰岛素由51个氨基酸残基组成,但胰岛素mRNA的翻译产物为86个氨基酸残基,称为胰岛素原,在麦胚无细胞翻译系统中为110个氨基酸残基组成的前胰岛素原。在前胰岛素原的N末端有一段富含疏水氨基酸的肽段作为信号肽,使前胰岛素原能穿越内质网膜进入内质网内腔,在内腔壁上信号肽被水解,成为胰岛素原。然后胰岛素原被转运到高尔基体,切去C肽成为成熟的胰岛素,最终排至胞外。真核细胞的前清蛋白、免疫球蛋白轻链、催乳素等都以相似的方式分泌。

(7) 进入溶酶体的蛋白质主要是各种水解酶,它们在内质网腔内进行N端的糖基化修饰,进入高尔基体顺面的扁囊后,在N-乙酰葡萄糖胺磷酸转移酶(phosphotransferase)和葡萄糖胺酶(glucosaminidase)作用下,蛋白质糖基上的甘露糖残基被磷酸化,同时去除N-乙酰葡萄糖胺,形成甘露糖-6-磷酸(M6P)末端,与高尔基体反面(成熟面)的扁囊上的M6P受体结合,与其他蛋白质分离并浓缩,将溶酶体酶-M6P与M6P受体形成的复合物包入由衣被蛋白包被的转运小泡,形成早期内吞体,然后降低pH值,转化为后期内吞体,在低pH值条件下磷酸化的溶酶体酶与M6P受体分离,M6P受体被运回高尔基体反面,而后期内吞体分裂为小的转运体,将溶酶体酶送入溶酶体中,在溶酶体内脱去M6P,成为溶酶体内的成熟蛋白。

(8) 膜蛋白的转运过程在起始阶段也依赖信号肽进入膜通道,但是膜蛋白并没有完全通过内质网膜,而是停留在膜中。这是因为这些蛋白质除了含有信号肽等开始转运信号序列(start transfer sequence)外,还含有停止转运信号序列(stop transfer sequence)。停止转运信号序列中含有一系列的疏水氨基酸残基,可以使蛋白质锚定在膜上,从而阻止蛋白质完全穿过膜。含有多个开始转运信号序列和多个停止转运信号序列的蛋白质称为多次跨膜的膜蛋白。

9.5.2 翻译后转运

翻译后转运(post-translational translocation)是指在翻译过程结束后再启动定向输送。通过翻译后转运的蛋白质包括细胞核蛋白、线粒体蛋白质、叶绿体蛋白质和过氧化物酶体蛋白质等。

1. 线粒体蛋白质的跨膜运输

通过线粒体膜的蛋白质在转运之前多以前体形式存在,它由成熟蛋白质和N端延伸出的一段导肽(leader peptide)共同组成。导肽是需要进入线粒体的蛋白质在N端的信号序列,存有线粒体蛋白质定位的必要信息。导肽能介导蛋白质前体与线粒体膜之间的相互作用,使蛋白质前体穿过线粒体膜。

含导肽的前体蛋白首先被线粒体表面的受体识别,然后以去折叠的松散结构通过线粒体膜上的通道,导肽被线粒体膜内腔侧的导肽水解酶水解,其余部分折叠为成熟的蛋白质。蛋白质的去折叠和再折叠需要分子伴侣参与。线粒体外的Hsp70蛋白负责伸展肽链由细胞质到线粒体表面的转运,线粒体内的Hsp70蛋白可促进蛋白质穿过通道,Hsp60蛋白只在线粒体基质中起作用。线粒体蛋白质前体的跨膜转运需要ATP水解提供能量。

2. 叶绿体蛋白质的跨膜运输

叶绿体前体蛋白质在 N 末端的定位信号称为转运肽(transit peptide),是叶绿体蛋白质转运的必要成分。分子伴侣在转运过程中起重要的辅助作用。在叶绿体膜上具有相应的转位因子复合体,负责叶绿体蛋白的识别和转运。在外膜上负责转运的蛋白质复合体称为 OEP(outer envelope membrane protein)或 TOC(translocator of outer envelope membrane of chloroplasts),内膜上负责转运的蛋白质复合体称为 IEP(inner envelope membrane protein)或 TIC(translocator of inner envelope membrane of chloroplasts),它们协同完成线粒体蛋白质向基质的运输。

3. 过氧化物酶体蛋白质的跨膜运输

过氧化物酶体(peroxisome)仅具有单层膜,含有一种或多种依赖黄素的氧化酶和过氧化氢酶。过氧化物酶体内所有的酶均由细胞质基质合成的蛋白质完成折叠,然后在信号序列的引导下进入过氧化物酶体。前体蛋白质中定位于过氧化物酶的信号序列,称为过氧化物酶体定向序列(peroxisome targeting sequence,PTS),主要有两类:PTS1 为 C 端的三肽序列 Ser-Lys-Leu,PTS2 为 N 端或内部的九肽序列 Arg/Lys-Leu/Ile-XXXXX-His/Gln-Leu(X 为任一种氨基酸残基)。在细胞质基质中存在 PTS 的识别蛋白,在过氧化物酶体的膜上存在跨膜通道,通过协同作用运输到过氧化物酶体内。

4. 核蛋白的转运机制

运输到细胞核内的蛋白质包括组蛋白、DNA 聚合酶、RNA 聚合酶、转录因子、核糖体蛋白等,这些蛋白质统称为核蛋白。核蛋白的转运与线粒体蛋白、叶绿体蛋白差异很大,主要表现在:以完全折叠好的蛋白质状态被输送;细胞核定位信号(nuclear localization sequence,NLS)可位于核蛋白的任何部位,且运输完成后不被切除。NLS 通常由一簇或几簇碱性氨基酸残基组成,暴露于折叠后的核蛋白表面。NLS 序列发生突变将阻止核蛋白进入细胞核,在非核蛋白上连接 NLS 序列也可使其进入细胞核。

核蛋白通过核膜上的核孔复合物(nuclear pore complex,NPC)进入细胞核。NPC 是一个多蛋白复合体,由胞质环(cytoplasmic ring)、核质环(nucleoplasmic ring)、转运体(transporter)、轮辐(spoke)等组成一个外径 120 nm、八重对称的篮网状结构,其中心为直径 10 nm 的亲水通道。胞质环和核质环统称为同轴环(coaxial ring),同轴环外有 8 个辐射臂(radial arm)相连(图 9-19,彩图 7)。辐射臂可将核孔复合物锚定在核膜中。

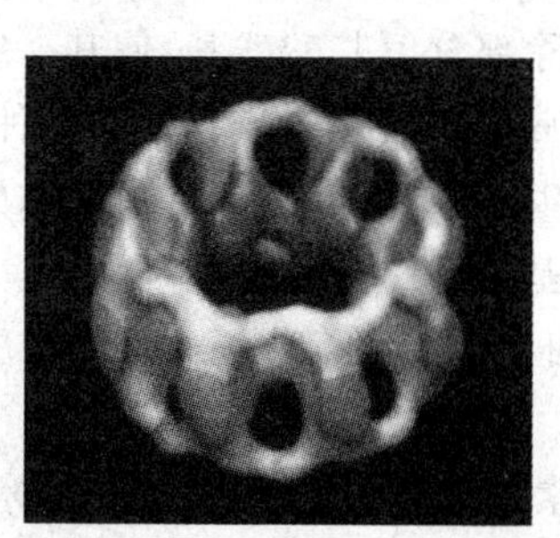

(a) 核孔复合物的八重对称结构模型

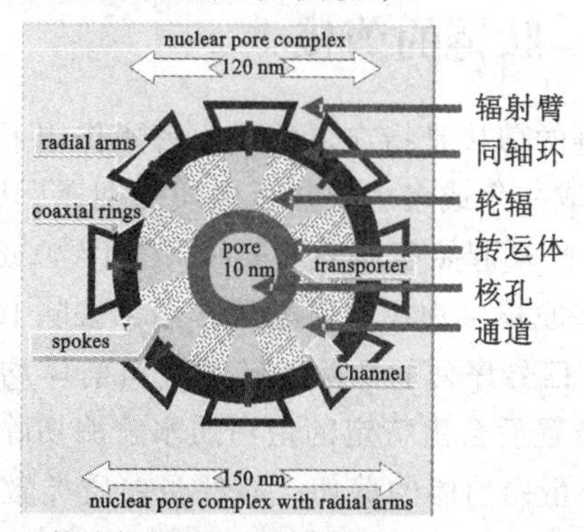

(b) 核孔复合物的大小和结构组成

图 9-19　核孔复合物的八重对称结构模型和结构组成

(仿自 Benjamin Lewin,2007)

NPC有分子筛作用，可允许相对分子质量小于50 000的小分子物质以自由扩散的方式通过，但相对分子质量大于50 000或直径大于10 nm的大分子物质则必须在细胞质内特定的输入蛋白(importin)的介导下，以主动运输的方式进入细胞核。输入蛋白也称为核转运因子，由Imp-α和Imp-β两个亚基组成，其中Imp-α负责识别和结合核蛋白表面的NLS，Imp-β负责与NPC的相互作用。经典的核蛋白转运途径即是依赖Imp-α/β二聚体的蛋白质入核机制。主要过程如下。

(1) Imp-α/β二聚体依赖Imp-α与待输送核蛋白表面的NLS之间的相互作用进行识别和结合。

(2) 核蛋白与Imp-α/β二聚体的复合体依赖Imp-β与NPC的相互作用结合到NPC胞质环的纤维上。

(3) 在NPC蛋白和其他辅助蛋白的协同作用下，核蛋白-Imp-α/β复合体通过NPC进入细胞核。

(4) 核蛋白·Imp-α/β复合体与细胞核内的Ran-GTP结合，释放核蛋白。Ran是一种GTP/GDP结合蛋白，Ran-GDP存在于细胞质中，可促进核蛋白与Imp-α/β稳定结合，Ran-GTP存在于细胞核内，可促进核蛋白·Imp-α/β复合体解离，使核蛋白在细胞核内释放。

(5) Imp-α在细胞核内输出素的协助下运回细胞质，与Imp-β装配为二聚体参加下一轮运输过程。

(6) Imp-β在Ran-GTP辅助下运回细胞质，与Ran结合的GTP水解，为核蛋白·Imp-α/β复合体进入细胞核内提供能量，同时Ran-GDP进入细胞核内重新转换为Ran-GTP，开始下一次循环。

9.6 蛋白质翻译后修饰

蛋白质翻译后修饰(post-translational modification，PTM)是指肽链合成以后进一步加工成为有生理活性蛋白质的过程。新生肽链的加工主要包括3种方式：肽链的剪接、氨基酸残基的修饰及蛋白质折叠和组装。蛋白质的折叠和组装前面已有叙述，下面主要介绍肽链的剪接和氨基酸残基的修饰。

9.6.1 肽链的剪接

肽链的剪接是指在蛋白质水解酶作用下，特定地切除部分氨基酸残基，使其一级结构发生改变，形成一个或多个成熟蛋白质的翻译后加工过程。常见的剪接方式有如下几种。

(1) N端起始氨基酸fMet(原核生物)或Met(真核生物)的切除　通常由氨肽酶来催化进行。有些原核生物在脱甲酰酶作用下去除fMet的甲酰基，而在N端保留Met。

(2) 信号序列的切除　转运蛋白前体均含有一段用于定位的信号序列，这些序列在运输到指定位置后会由特定的蛋白质水解酶切除。

(3) 蛋白前体的剪切　有些蛋白质类激素，如胰岛素、甲状旁腺素、生长激素等，在初合成时是无活性的蛋白原或酶原的形式，需要经过蛋白水解酶切除部分肽段后才能具有生理活性。如前胰岛素原在内质网内切除信号肽后成为胰岛素原，由一条连续的A链(21个氨基酸残基)-C链(33个氨基酸残基)-B链(31个氨基酸残基)组成，然后转运到胰岛细胞的囊泡中后，由蛋白水解酶切去C链,剩余的A链和B链通过3个二硫键连接为成熟的胰岛素。

(4) 蛋白质剪接　蛋白质剪接是指切除前体蛋白中间部分肽段,然后将两侧的肽段再通过新的肽键连接起来的过程。其中被切除的部分肽段称为内含肽(intein),两侧被连接起来的肽段称为外显肽(extein),分别相当于前体mRNA中的内含子(intron)和外显子(exon)。蛋白质剪接可自发进行,内含肽具有自我催化功能,其两端的保守序列可激活剪切位点的肽键断裂和外显肽之间肽键的形成。

9.6.2 氨基酸残基的修饰

许多蛋白质可以进行不同类型化学基团的共价修饰,修饰后可以表现为激活状态,也可以表现为失活状态。不同的氨基酸残基的修饰可以协同作用,共同控制蛋白质的稳定性,调控蛋白质的生物学功能。

1. 磷酸化和脱磷酸化

磷酸化(phosphorylation)多发生在成熟蛋白质的丝氨酸、苏氨酸和酪氨酸残基的羟基上,在蛋白激酶催化作用下,将ATP的γ磷酸基转移到蛋白质特定位点。脱磷酸化(dephosphorylation)是磷酸化的逆过程,由磷酸水解酶催化。蛋白质的磷酸化和脱磷酸化是生物体内调节酶活性的重要方式,几乎涉及生物体的所有生理和病理过程。磷酸化后的蛋白质可以增加或降低它们的活性。例如:促进糖原分解的磷酸化酶,无活性的磷酸化酶b经磷酸化以后,变成有活性的磷酸化酶a。而有活性的糖原合成酶a经磷酸化以后变成无活性的糖原合成酶b,共同调节糖原的合成与分解。

2. 糖基化

在糖基转移酶的催化作用下,在蛋白质特定氨基酸残基上共价连接寡糖链的过程,称为蛋白质的糖基化(glycation)。糖基化是蛋白质转运过程的必需步骤,并且糖基化的蛋白(糖蛋白)在免疫保护、细胞分裂、细胞生长、细胞识别和炎症发生等生物过程中起着重要作用。

氨基酸残基与寡糖连接的方式有N型连接和O型连接两种,分别称为N型糖基化和O型糖基化。

N型糖基化起始于内质网,多由脂质载体-多萜醇磷酸(dolichol phosphate)将核心寡糖(由N-乙酰葡萄糖胺、甘露糖和葡萄糖形成的14糖)直接转移到蛋白质基序Asn-X-Ser/Thr(X是除脯氨酸外所有氨基酸残基)的Asn残基侧链。N型连接的核心寡糖链在内质网和高尔基体内会受到进一步的修饰,切除或添加部分糖分子。

O型糖基化多发生于邻近脯氨酸的丝氨酸或苏氨酸残基的羟基上,以逐步添加单糖的形式形成寡糖链。细胞核和细胞质中的O型糖基化是在丝氨酸或苏氨酸残基上连接N-乙酰葡萄糖胺,高尔基体内的O型糖基化起始于在丝氨酸或苏氨酸残基上连接N-乙酰半乳糖胺、N-乙酰葡萄糖胺、甘露糖、海藻糖等的还原端。对于进入高尔基体的分泌蛋白和膜结合蛋白来说,O型糖基化发生于N型糖基化和蛋白质折叠之后,在高尔基体的顺面完成。

3. 羟基化

结缔组织的胶原蛋白和弹性蛋白的脯氨酸和赖氨酸残基,可由位于粗面内质网的三种氧化酶,即脯氨酰-4-羟化酶、脯氨酰-3-羟化酶和赖氨酰羟化酶,氧化为羟脯氨酸和羟赖氨酸。羟脯氨酸和羟赖氨酸是维持结缔组织结构稳定性的重要因素。

4. 甲基化

在甲基转移酶催化下,将S-腺苷甲硫氨酸的甲基转移到蛋白质赖氨酸或精氨酸的侧链上，或对天冬氨酸或谷氨酸侧链的羧基进行甲基化形成甲酯的形式，可对蛋白质进行甲基化(methylation)修饰。甲基化对调控蛋白质功能和重要生命过程具有重要意义。如组蛋白的甲基化与转录和异染色体的形成有关，蛋白质甲基化异常或甲基转移酶发生突变常会导致疾病的发生。

5. 乙酰化

乙酰化(acetylation)主要发生在蛋白质的N端。组蛋白N端赖氨酸的乙酰化由组蛋白乙酰转移酶催化，而去乙酰化由组蛋白去乙酰酶催化。在核小体中，组蛋白N端赖氨酸在生理条件下带正电荷，可与带负电荷的DNA或相邻的核小体发生相互作用，导致核小体构象紧凑及染色质的高度折叠，而组蛋白N端赖氨酸的乙酰化可以减弱组蛋白与DNA之间的相互作用，导致染色质构象松散，有利于转录因子的接近和结合，促进基因转录；组蛋白N端赖氨酸的去乙酰化则抑制基因转录。

6. 脂酰基化

长链脂肪酸通过O原子或S原子与蛋白质共价结合可形成脂蛋白(lipoprotein)。如蛋白质分子中的半胱氨酸残基的侧链巯基可被棕榈酰化，甘氨酸残基可被豆蔻酰化。脂蛋白是一类膜结合蛋白，蛋白质的脂酰基化(esterification)可帮助脂蛋白在细胞膜上的定位，脂肪酸链能够与生物膜保持良好的相容性，有助于脂蛋白发挥生物学功能。

另外，还有泛素化(下面有详细介绍)、腺苷酸化、生物素化、羧基化、酰胺化、硫辛酸化、硫酸化、瓜氨化、脱氨化等多种蛋白质修饰形式，用于调节蛋白质的结构和功能。

9.7 蛋白质降解

蛋白质降解是生命的重要过程，对于维持细胞的稳态，清除基因突变、热或氧化胁迫造成的错误折叠的蛋白质，防止形成细胞内凝集，以及适时终止不同生命时期调节蛋白的生物活性具有重要意义。另外，蛋白质的过度降解也是有害的，蛋白质的降解必须受到空间和时间上的控制。

在真核细胞中主要有两种蛋白质降解途径：一种是溶酶体途径，另一种是非溶酶体途径，主要有泛素-蛋白酶体途径(ubiquitin-proteasome pathway，UPP)、胞液蛋白酶降解途径和线粒体蛋白酶等。

9.7.1 溶酶体途径

溶酶体是真核细胞内重要的细胞器，属于内膜系统的组分。它内含60多种酸性水解酶，能够分解蛋白质、核酸、多糖及脂类等。溶酶体降解蛋白质是一条非特异性途径，细胞内90%的长寿蛋白以及一部分短寿蛋白都是在溶酶体中降解的。蛋白质等大分子在溶酶体的酸性环境中被相应的酶降解，然后通过溶酶体膜的载体蛋白运送至胞液的代谢库。

溶酶体途径主要与表面膜蛋白和胞吞的胞外蛋白质的降解相关，而在正常状态下的胞液蛋白质的正常转运过程中并不发挥主要作用。

9.7.2 泛素-蛋白酶体系统及其功能

真核细胞内蛋白质的降解主要依赖于泛素-蛋白酶体途径。该途径参与和调控多种细胞生理和代谢活动，也可用于维持与基因表达有关的一些调控蛋白在细胞内的动态平衡，从而调控基因的表达。以色列的阿龙·切哈诺沃(Aaron Ciechanover)、阿夫拉姆·赫什科(Avram Hershko)和美国的欧文·罗斯(Irwin Rose)，2004 年被授予诺贝尔化学奖，以表彰他们为发现和阐明蛋白质经泛素-蛋白酶体途径的选择性降解所作出的杰出贡献。

泛素-蛋白酶体降解途径包括两个主要阶段：第一阶段为泛素与蛋白底物的相互作用，底物蛋白质的赖氨酸残基侧链 ε-氨基被多聚泛素化修饰；第二阶段为蛋白酶体对底物的降解，并释放出泛素分子(可再次参与循环)。

1. 泛素和泛素样蛋白

泛素(ubiquitin，Ub)，也称为泛蛋白，是一种广泛存在于真核细胞和组织中的小肽，它的主要功能是标记底物蛋白质从而参与蛋白质降解和功能调控。泛素由 76 个氨基酸组成，立体结构外形犹如蝌蚪，具球状头部，由 5 个 β 折叠和 1 个 α 螺旋组成，N 末端在头部的中间，有一条尾巴，尾部的末端即是肽链的 C 端(RGG，Arg-Gly-Gly)。泛素在真核生物中具有高度保守性，人类和酵母的泛素有 96%的相似性。

泛素样蛋白(ubiquitin-like protein，UBL)是指原核、真核生物中具有泛素样折叠结构的蛋白质，可以通过共价结合的方式修饰其他蛋白质，但序列相似性差异很大。

2. 蛋白质的泛素化

蛋白质的泛素化(ubiquitination)是指泛素 C 端的甘氨酸残基通过酰胺键与靶蛋白的赖氨酸残基的 ε-氨基结合，对特异的靶蛋白进行泛素化修饰的过程。蛋白质的泛素化直接影响蛋白质的活性和细胞定位，并参与细胞信号传导、基因表达、细胞分裂和分化等过程的调节。

蛋白质的泛素化是一个三酶级联反应(图 9-20)。

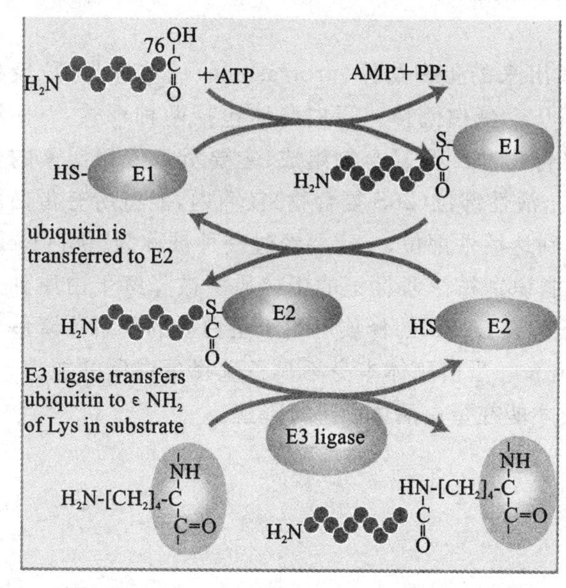

图 9-20　蛋白质的泛素化过程

(仿自 Benjamin Lewin，2007)

(1) 泛素激活酶(ubiquitin-activating enzyme)E1 水解 ATP 并将一个泛素分子腺苷酸化，这个泛素分子通过 C 端的甘氨酸残基被转移到 E1 的活性中心的半胱氨酸残基上，并伴随着第二个泛素分子的腺苷酸化；细胞内只有单一的 E1 基因，利用不同的转录起始点产生 E1a 和

E1b，发挥不同的作用。

（2）被腺苷酸化的泛素分子接着被转移到泛素结合酶 E2（也称为泛素载体蛋白 ubiquitin-carrier protein）的半胱氨酸残基上；E2 有多种基因，酵母有 13 种 E2 基因。哺乳动物细胞至少有 25 种 E2 基因。大多数 E2 有一个相对分子质量为 1.4×10^4～1.6×10^4 的核心，不同 E2 的核心有 35％的同源性，E2 核心参与 E2 与 E3 的结合。

（3）泛素-蛋白连接酶 E3（ubiquitin-protein ligase）催化泛素分子从 E2 转移到靶蛋白赖氨酸残基的—NH_2 上。E3 由多种亚基组成，广泛存在于细胞质、细胞核和细胞器中，既可以是可溶性蛋白，也可以是膜结合蛋白。E3 种类繁多，除了对不同的 E2 有选择作用外，对底物蛋白质也有特异性。因此，是 E3 使泛素-蛋白酶体的蛋白质降解系统具有了底物特异性。

泛素化修饰可分为多聚泛素化修饰和单泛素化修饰。通过泛素 K48（赖氨酸残基 48）形成的多泛素化（至少 4 个泛素分子）识别的底物蛋白质可被 26S 蛋白酶体迅速降解，而单泛素化或其他赖氨酸残基形成的多泛素化修饰一般不引起底物蛋白质的降解，而参与蛋白质的活性调控。需要注意的是，靶蛋白必须被至少 4 个泛素分子修饰（即以多泛素链的形式修饰靶蛋白）才能被蛋白酶体识别并降解。

在细胞内还存在 ISG15（interferon-stimulated gene 15）、SUMO（small ubiquitin related modifier）、NEDD8（neural precursor cell expressed developmentally downregulated gene 8）等多种类泛素（ubiquitin-like，UBL）分子。与 K48 多泛素化修饰不同，类泛素化修饰并不直接介导底物蛋白质的降解，而是通过影响底物蛋白质与其他蛋白质的相互作用、细胞内定位来调控其功能。SUMO 修饰的过程与泛素化相似，也需要特有的 E1（SAE1/SAE2）、E2（UBC9）和 E3，而 SUMO 蛋白酶（SENP）可介导其逆向过程，进行去类泛素化修饰。

3. 蛋白酶体

1979 年由 Goldberg 等首先分离出来的蛋白酶体（proteasome）也被称为“垃圾处理厂”。通常一个人体细胞内大约含有 30 000 个蛋白酶体。蛋白酶体包括两种形式：20S 复合物和 26S 复合物。26S 复合物又由 20S 复合物和 19S 复合物组成，主要负责依赖泛素的蛋白质降解途径。26S 复合物是一种筒状结构，活性部位（20S 复合物）在筒内，能将所有蛋白质降解成含 7～9 个氨基酸的小肽。蛋白质要到达活性部位，一定要经过一种被称为“锁”（lock）的帽状结构（19S 复合物），而这个帽状结构能识别被泛素标记的蛋白质。被降解蛋白质到达活性部位后，泛素分子在去泛素酶的作用下解离，ATP 的释放可用于蛋白质的降解。降解后的多肽从蛋白酶体筒状结构另一端被释放出来。蛋白酶体本身不具备选择蛋白质的能力，只有被泛素分子标记而且被 E3 识别的蛋白质才能在蛋白酶体中进行降解。

9.7.3 胞液蛋白酶降解途径

1. 钙蛋白酶系统

钙蛋白酶（calpain）是细胞内依赖于 Ca^{2+} 的中性蛋白酶，在组织受伤、坏死和自溶过程中发挥重要作用，当细胞受损和胞液 Ca^{2+} 升高时，这些胞液蛋白酶被活化。在动物细胞中，钙蛋白酶主要负责肌原纤维中的蛋白质降解，肌纤维被降解后骨骼肌的剪切力降低，肉的嫩度提高，是对肉品质起重要作用的一种依赖钙离子的蛋白酶。

2. 胱天蛋白酶水解途径

细胞凋亡（apoptosis）是由基因控制的细胞自主有序的死亡。对于哺乳动物来说，虽然细胞凋亡受多个因子调控，但细胞的凋亡最终由胱天蛋白酶(caspase)家族执行。胱天蛋白酶的活性部位为极保守的半胱氨酸(cysteine)及特异性切割底物的天冬氨酸(aspase)，故简称caspase。目前至少发现了该家族的 11 种成员(caspase 1～caspase 11)，它们以酶原的形式存在于正常细胞中，一旦细胞凋亡启动，便被激活。

9.7.4　线粒体蛋白酶

线粒体蛋白酶系统中不含有泛素，但含有一种依赖 ATP 的 Lon 蛋白酶。Lon 蛋白酶对线粒体的功能起着重要的调控作用，包括呼吸链蛋白复合体的组装、异常和受损伤蛋白质的降解、线粒体 DNA 完整性的维持等。Lon 蛋白酶也存在于原核生物的细胞质和真核生物的过氧化物酶体中，在细菌细胞中参与异常或受损伤的蛋白质和短暂调控蛋白的降解，在过氧化物酶体中参与过氧化氢的分泌和氧化应激调节。Lon 蛋白酶的水平和活性与衰老和疾病密切相关。

9.8　翻译水平调控

翻译水平的调控主要有两个方面：根据细胞状态决定是否翻译，即翻译起始的调控；根据mRNA、tRNA 和 rRNA 的结构、稳定性和功能发挥情况决定如何翻译，即翻译过程的调控。

9.8.1　翻译起始的调控

蛋白质合成的起始是指在模板 mRNA 编码区 5′端形成核糖体-mRNA-起始 tRNA 复合物，并将(甲酰)甲硫氨酸放入核糖体 P 位点。

1. 原核生物翻译起始的调控

(1) SD 序列　原核生物 mRNA 的翻译能力主要受控于 5′端的 SD 序列，SD 序列与 16S rRNA 3′端相应序列的配对控制原核生物翻译的起始。控制能力越强，翻译起始频率越高；控制能力越弱，翻译起始频率越低。SD 序列的微小变化就会导致翻译效率百倍或千倍的差异。

(2) 密码子　mRNA 采用的密码系统影响翻译速度。稀有密码子所占的比例越高，对应的 tRNA 丰度越低，翻译的速度越慢。

(3) mRNA 的二级结构　原核生物有约 66%的核苷酸以双链的二级结构形式存在。原核生物可通过 mRNA 二级结构的变化，影响核糖体 30S 亚基与 mRNA 的结合，进行翻译水平的基因表达调节。

(4) 重叠基因对翻译的影响　重叠基因最早在大肠杆菌噬菌体 ΦX174 中发现，用不同的阅读方式得到不同的蛋白质，丝状 RNA 噬菌体、线粒体 DNA 和细菌染色体上都有重叠基因存在。*Trp* 操纵子由 5 个基因(*trpE*、*trpD*、*trpC*、*trpB*、*trpA*)组成，在正常情况下，操纵子中 5 个基因产物是等量的，但 *trpE* 突变后，其邻近的 *trpD* 产量比下游的 *trpB*、*trpA* 产量要低得多。研究 *trpE* 和 *trpD* 以及 *trpB* 和 *trpA* 两对基因中核苷酸序列与翻译偶联的关系，发现 *trpE* 基因的终止密码子和 *trpD* 基因的起始密码子共用一个核苷酸(图 9-21)。由于 *trpE* 的终止密码子与 *trpD* 的起始密码子重叠，*trpE* 翻译终止时核糖体立即处在起始环境中，这种重叠的密码子保证了同一核糖体对两个连续基因进行翻译的机制。

trpE：苏氨酸-苯丙氨酸-终止密码子

ACU UUC UGA UGG CU

AUG GCU

trpD：起始密码子-丙氨酸

图 9-21 *Trp* 操纵子中的重叠基因

2. 真核生物翻译起始的调控

(1) 核糖体对起始密码子的正确识别　真核生物蛋白质翻译起始时，40S 核糖体亚基及起始因子首先与 mRNA 模板的近 5′端结合，然后向 3′端移动，“扫描”起始密码子。发现起始密码子后，40S 亚基与 60S 亚基形成 80S 起始复合物。这就是真核生物蛋白质翻译起始的“扫描模式”。核糖体正确识别起始密码子并控制翻译起始的能力，主要控制蛋白质合成的起始和频率。

(2) 隐蔽 mRNA(masked RNA)　有一类真核生物 mRNA，它能与专一性的蛋白质结合而不能被核糖体识别，不能启动蛋白质的翻译，只有当存在某种诱导因子或激活因子时，这类 mRNA 才能被活化，开始翻译 mRNA。例如，种子中的 mRNA 直到萌发时才翻译，海胆卵 mRNA 直到受精时才表达。这些储存在真核细胞内的 mRNA 有时称为隐蔽 mRNA，用于控制 mRNA 翻译的起始。

(3) 翻译起始因子的磷酸化调控　真核生物翻译的起始因子有 eIF1、eIF2、eIF2A、eIF2B、eIF3、eIF4A、eIF4E、eIF4F、eIF4G、eIF5、eIF6 等。这些起始因子的活化主要通过磷酸化进行调节。目前了解得比较清楚的是 eIF2 和 eIF4E。

eIF2B 是一种鸟嘌呤核苷酸交换因子，它能够将 eIF2-GDP 转换为 eIF2-GTP，活化 eIF2，然后 eIF2-GTP 与甲硫氨酰 tRNA 结合，起始蛋白质的合成。当细胞受到病毒感染、遇到营养贫乏或胁迫环境条件时，会激活某种激酶，使 eIF2 磷酸化，抑制了 eIF2B 将 eIF2-GDP 转换为 eIF2-GTP，限制了 eIF2-GTP 的形成，阻断了蛋白质的翻译。但 eIF2 的磷酸化并不都是抑制蛋白质合成的起始。当酵母在缺乏氨基酸的培养基中，eIF2 的磷酸化可增强与合成氨基酸相关的基因的 mRNA 的翻译，使酵母维持自身必需的蛋白质优先合成，适应环境的需要。

eIF4E 是帽端结合蛋白，结合于 mRNA 的 5′端帽子结构。eIF4G 通过 eIF3 与核糖体相连。eIF4E 和 eIF4G 是 eIF4F 的两个核心亚基，它们之间的相互作用可将核糖体富集于 mRNA 的 5′端帽子结构，形成翻译预起始复合物。磷酸化的 eIF4E 与帽子结构的亲和力是未磷酸化形式的 4 倍，因此 eIF4E 的磷酸化促进翻译起始。

4E 结合蛋白(4E-binding protein，4E-BP)与 eIF4G 的 N 端具有相同的氨基酸序列，可以竞争性地抑制 eIF4G 与 eIF4E 间的相互作用。正常情况下，在胰岛素、分裂素的调节下，4E-BP 被磷酸化，从而丧失与 eIF4E 的结合能力，释放 eIF4E，使 eIF4E 与 eIF4G 相连，促进翻译起始的激活。但是，遭遇病毒感染后，会使 4E-BP 去磷酸化，增强与 eIF4E 的结合能力，抑制翻译的起始。

(4) mRNA 非编码区对翻译起始的影响　mRNA 的 5′非编码区(untranslated region，UTR)一般位于 5′端帽子结构之后。如果 5′UTR 存在稳定的茎环(发卡)二级结构，能够阻止核糖体 40S 亚基从 5′端帽子结构向 3′端的移动，抑制核糖体预起始复合物沿着 mRNA 的运动，干扰对起始密码子的扫描。5′UTR 二级结构的稳定性和与帽子结构、起始密码子的距离，决定着对翻译起始的作用程度。

(5) 起始密码子的位置及其侧翼序列影响翻译起始的效率　对于动物和植物来说，起始密码子上游－3 位为 A 和下游＋4 位为 G 才能进行有效翻译。真核生物 mRNA 序列上通常有多个 AUG，核糖体小亚基必须正确识别起始密码子，一旦识别错误则干扰蛋白质的翻译，而起始密码子的侧翼序列对于正确起始密码子的定位具有重要的指导意义。

9.8.2　mRNA 的稳定性与翻译调控

1. 原核生物 mRNA 的稳定性

为适应快速变换的环境，原核生物繁殖速度非常快，因此原核生物 mRNA 的稳定性远低于真核生物，半衰期仅为 0.5～50 min。影响原核生物 mRNA 稳定性的主要因素如下。

(1) mRNA 分子自身回折产生茎环结构，可阻碍核酸外切酶而保护 mRNA。但是，如果茎环结构位于 5′UTR，也可能干扰核糖体与 mRNA 的结合，抑制翻译的起始。

(2) 核糖体与 mRNA 的结合可起到保护 mRNA 的作用，提高 mRNA 的稳定性。

(3) 大肠杆菌 mRNA 的 3′UTR 区域有一种高度保守的反向重复序列（inversive sequence，*IR*），有 500～1 000 个拷贝，可协助 mRNA 形成茎环结构，防止核酸酶的降解，增强 mRNA 的稳定性。

2. 真核生物 mRNA 的稳定性

真核生物 mRNA 的稳定性（半衰期）对蛋白质翻译有非常重要的影响。mRNA 半衰期的微弱变化可能在短时间内使 mRNA 的丰度发生 1 000 倍甚至是更大的变化。mRNA 稳定性的调节比其他基因表达机制更快捷、更经济。影响真核生物 mRNA 稳定性的主要因素如下。

(1) 5′端帽子结构　真核生物 5′端帽子结构有 2 个重要功能：①保护 5′端免受磷酸化酶和核酸酶的作用，避免 mRNA 被降解，增强 mRNA 的稳定性；②提高在真核蛋白质合成体系中 mRNA 的翻译活性。如果细胞内的脱帽酶被 mRNA 中的序列元件激活，则有可能导致 mRNA 的降解。

(2) 5′非翻译区(5′UTR)　5′UTR 参与原癌基因 mRNA 稳定性的调控。正常的 *C-myc* 基因的 mRNA 不稳定，半衰期仅为 0～15 min，但去掉其 5′UTR 保留正常的编码区、3′UTR 及 poly(A)时，mRNA 的半衰期比正常的 mRNA 延长了 3～5 倍。这种突变的 *C-myc* 基因的 mRNA，会使淋巴结细胞产生超量的 C-myc 蛋白，使细胞异常增殖而导致癌变。

(3) 编码区　真核基因的编码区同样也参与对 mRNA 稳定性的调节。β-微管蛋白 mRNA 编码的 N 端四肽，在微管单体过量时可激发其 mRNA 迅速降解。

(4) 3′非翻译区(3′UTR)　3′UTR 区域存在的反向重复序列(*IR*)，有时称为 mRNA 稳定子(mRNA stabilizer)，这些 *IR* 形成的茎环结构具有促进 mRNA 稳定性的作用，其机理是稳定的茎环结构既能阻碍逆转录酶通过，也可抵御 3′→5′核酸外切酶的降解，加强了 mRNA 3′端的屏蔽作用。

3′UTR 区域存在的富含 AU 的序列元件（ARE），有时称为 mRNA 不稳定子（mRNA destabilizer），核心序列为 AUUUA。ARE 元件普遍存在于一些哺乳动物短寿命 mRNA 中，如编码生长因子的 mRNA 和 *C-fos* 基因的 mRNA。

(5) poly(A)尾　真核生物 mRNA 的 poly(A)尾可增强 mRNA 的稳定性。这是因为 poly(A)结合蛋白（PABP）与 poly(A)形成的复合物，可保护 mRNA 免受核酸酶降解。poly(A)尾越长，mRNA 的稳定性也越强，如细胞质中 poly(A)尾巴的长度多随着 mRNA 滞留时间的延长而逐渐缩短，一些短寿命 mRNA 的 poly(A)的缩短速度更快。理论上来讲，poly(A)剩下不足 10 个 A 时，PABP 就无法与 poly(A)结合，mRNA 便开始降解。

(6) 5′端与3′端的相互作用可提高mRNA稳定性　5′端的帽子结合蛋白CBP和3′端poly(A)结合蛋白PABP之间的相互作用不但能促进高效的翻译起始,也具有维持mRNA完整性的重要作用。在酵母和哺乳动物mRNA降解时,poly(A)首先降解,PABP从mRNA上释放,然后5′端帽子结构被脱帽酶Dcp1p、Edc3p、Dcp2p、Dhh1p、Lsm1p切掉,整个mRNA也迅速被5′→3′RNA核糖体外切酶Xrn1p降解。PABP从mRNA上的释放使5′端帽子结构易受攻击,是因为PABP能增强eIF4F的亚基eIF-4G和帽子结构的结合,形成闭合环状的形式,这种构象可以保护5′端帽子结构不被Dcp1p切掉,同时核糖体也可在环状的mRNA上启动持续的翻译。

(7) mRNA翻译产物　有些mRNA的稳定性受自身翻译产物的调控,这是一种自主调控。如细胞周期依赖性的组蛋白基因,在S期组蛋白mRNA达高峰期,以偶联新合成的DNA形成核小体。一旦DNA复制减缓、终止,与DNA结合结束后剩余的组蛋白就与其编码基因的mRNA 3′端区域结合,使3′端对一种或多种核酸酶变得更敏感,引发mRNA迅速降解,组蛋白mRNA的转录、翻译也随之减慢、停止。

除上述因素之外,mRNA稳定性还与核酸酶、病毒侵染及胞外因素有关。

9.8.3　严谨反应

严谨反应(stringent response),又称应急反应,是指细菌在氨基酸饥饿时发生的rRNA、tRNA基因及核糖体蛋白基因停止转录等一系列反应,通过关闭大量的代谢过程来抵御不良营养条件,维持其基本的生存。当饥饿时,细菌rRNA和tRNA的合成减少到原来的1/20～1/10,mRNA的合成约下降2/3,核苷酸、糖和脂类的合成量也下降,蛋白质降解速度加快。科学上,把培养基中营养缺乏,蛋白质合成停止后,RNA合成也趋于停止的这种现象称为严谨控制(rel^+);反之,则称为松散控制(rel^-)。

任何一种氨基酸的缺失或能够使任何一种氨酰-tRNA合成酶失活的突变都足以引发应急反应。这一系列事件的触发器是核糖体A位点上空载tRNA(uncharged tRNA)的存在。正常情况下,只有氨酰-tRNA在EF-Tu作用下才能存在于A位点,但当没有相应于一个密码子的氨酰-tRNA时,空载tRNA进入,从而阻止了核糖体的进一步前进,并引起严谨反应。

发生严谨反应时,有两种异常核苷酸大量增加,分别是鸟苷四磷酸(ppGpp)和鸟苷五磷酸(pppGpp),有时合起来记为(p)ppGpp。在层析时,这两种核苷酸在放射性自显影图上记录的斑点,称为魔斑,其中鸟苷四磷酸(ppGpp)称为魔斑Ⅰ,鸟苷五磷酸(pppGpp)称为魔斑Ⅱ。魔斑是典型的小分子效应物,它们能与目标蛋白结合,改变其活性。

在大肠杆菌中,有2种蛋白质参与了环境胁迫下魔斑的积累:RelA和SpoT。

RelA,称为魔斑合成酶((p)ppGpp synthetase),有时也称为应急因子(stringent factor),是一种核糖体结合蛋白,主要功能是合成魔斑。当菌体处于氨基酸饥饿时,空载的tRNA进入核糖体的A位点后,由于无法形成新的肽键,这时在50S亚基蛋白质L11协助下RelA便以ATP和GTP/GDP为底物合成魔斑。在氨基酸缺乏时,rel^+菌能合成魔斑,而rel^-菌则不能合成魔斑。rel^-菌也称为松弛型突变体(relaxed mutants),突变位点就存在于*relA*基因,因此,氨基酸缺乏不再引起严谨反应。

图9-22展示了(p)ppGpp合成的途径。RelA催化该合成反应,其中ATP将一个磷酸基团传给GTP或GDP的3′端。RelA酶更多地以GTP为底物,因此pppGpp是主要产物。pppGpp可被许多种酶转化成ppGpp,其中翻译因子EF-Tu和EF-G能完成去磷酸化反应。

ppGpp 是严谨反应的一般效应物。(p)ppGpp 的每一轮合成都引发空载 tRNA 从 A 位点的释放，因此(p)ppGpp 的合成是对空载 tRNA 浓度的连续反应。

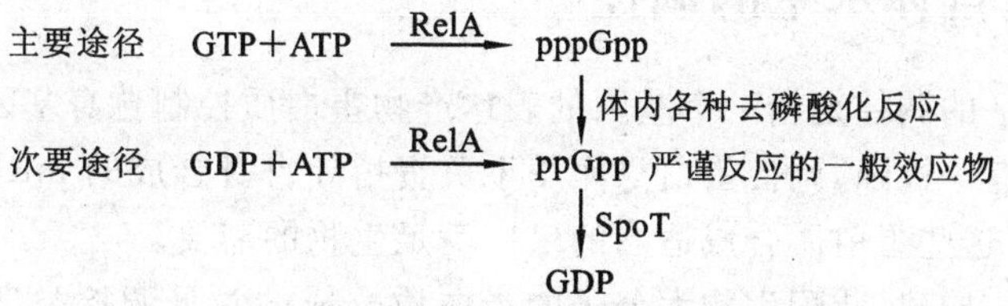

主要途径　GTP+ATP —RelA→ pppGpp
　　　　　　　　　　　　　　↓ 体内各种去磷酸化反应
次要途径　GDP+ATP —RelA→ ppGpp 严谨反应的一般效应物
　　　　　　　　　　　　　　↓ SpoT
　　　　　　　　　　　　　GDP

图 9-22　魔斑(pppGpp 和 ppGpp)的合成和降解过程

SpoT 是一种双功能酶，既具有魔斑合成酶活性，又具有水解酶活性，当环境胁迫解除时，SpoT 的水解酶活性使得 ppGpp 迅速降解，应激反应迅速停止。SpoT 突变会提高 ppGpp 的浓度，使细菌生长变得非常缓慢。

魔斑主要通过参与调控 DNA 的复制、RNA 的转录以及蛋白质的翻译，直接或间接地抑制或激活某些特定基因的表达，从而使微生物在不良的外界环境条件下得以生存。

9.8.4　反义 RNA 调控

反义 RNA(antisense RNA)是指与目的 DNA 或 RNA 序列互补的 RNA 片段，其长度一般不到 200 个核苷酸。由于这类反义 RNA，经常通过与目的 mRNA 的核糖体结合位点、起始密码子和部分 N 端的密码子结合来抑制 mRNA 的翻译，因此，这类 RNA 也称为干扰 mRNA 的互补 RNA(mRNA-interfering complementary RNA，micRNA)。

1. 反义 RNA 在原核生物中的作用

反义 RNA 最早是在大肠杆菌的 Col E1 质粒中发现的，通过反义 RNA 控制 mRNA 翻译是原核生物基因表达调控的一种重要方式。反义 RNA 主要通过与碱基配对与目的 mRNA 形成 RNA-RNA 二聚体来发挥作用，在原核生物中主要通过三种方式来调控翻译。

(1) 与 mRNA 的 5′端翻译起始区的核糖体的结合位点 SD 序列互补结合，干扰核糖体与 mRNA 的识别与结合，阻止翻译的起始。

(2) 在 DNA 复制时，反义 RNA 与引物 RNA 结合，抑制 DNA 复制的起始。

(3) 与 mRNA 的 5′端互补结合，形成双螺旋结构，阻止 RNA 的转录。

2. 反义 RNA 在真核生物中的作用

反义 RNA 也广泛存在于各类真核生物中，主要通过以下四个方面起作用。

(1) 影响 mRNA 前体的拼接　体外实验结果表明，反义 RNA 分子对人 β 球蛋白 mRNA 前体分子的拼接有明显的抑制作用，抑制的程度与反义 RNA 的序列长度、浓度、作用位置相关。

(2) 影响 mRNA 的转移　真核生物 mRNA 前体在细胞核中转录形成后，经过加工成 mRNA，再转运至细胞质中被转译。发现某些反义 RNA 可与真核 mRNA 分子的 5′端结合，阻止这种转移的发生，从而影响相应基因的表达。

(3) 影响 mRNA 分子的修饰　在鸡胚肌组织中发现 poly(U) RNA 能与鸡肌球蛋白重链 mRNA 的 poly(A)部分互补结合，干扰 mRNA 分子 3′端的分子修饰，使 mRNA 的转录和翻译受阻。

(4) 影响 mRNA 分子的稳定性　反义 RNA 与目的 mRNA 互补结合，形成的双链 RNA

(dsRNA)可以成为 RNase Ⅲ的底物,从而被 RNase Ⅲ降解,干扰 mRNA 的稳定性。

9.8.5 蛋白质自体水平的调控

蛋白质自体水平的调控是指一个基因的表达产物蛋白质控制自身基因的翻译表达。自体水平调控的特点是专一性强,调控蛋白只作用于负责指导自身合成的 mRNA。这种自体水平的协调控制,保证了这些蛋白质合成适当的量以满足生物的需要。

自体调控是参与构建、装配生物大分子的蛋白质合成的常见调控类型。组成核糖体的蛋白质有 50 多种,它们的合成需要严格保持与 rRNA 相适应的水平。当有过量的核糖体游离蛋白质存在时,它们就可以引起它自身及有关蛋白质合成的阻遏。这种在翻译水平上的阻遏作用称为翻译阻遏。核糖体蛋白质通过与自身的 mRNA 翻译起始控制部位结合,影响翻译的进行。

释放因子 RF2 的合成也是通过自体水平调控的。RF2 的结构基因共编码 340 个氨基酸,但密码子并不是连续排列的,第 25 位密码子和第 26 密码子之间多了一个 U,这个 U 可以与第 26 位密码子(编码天冬氨酸)的前两个核苷酸组成终止密码子 UGA,而被 RF2 识别。在细胞内 RF2 充足的条件下,核糖体 A 位进入第 25 个密码子后,RF2 就与此后的 UGA 结合,终止 RF2 的合成,释放只有 25 个氨基酸的短肽,不具有 RF2 的生物学活性。如果细胞内 RF2 不足,核糖体会以+1 的移码机制将第 26 位密码子译成天冬氨酸,并完成整个 RF2 的翻译。因此,RF2 的合成是按照其自身在细胞内的丰度在自体水平上进行调节的。

T_4 噬菌体蛋白质 32(protein 32,P32)的合成也是自体调控的。当噬菌体感染的细胞存在单链 DNA 时,P32 与单链 DNA 结合,在遗传重组、DNA 修复和 DNA 复制过程中发挥重要作用,当缺乏单链 DNA 时,P32 会出现剩余,这时 P32 可通过与其自身 mRNA 的核糖体结合位点附近的富含 AT 区域结合,阻止翻译的起始而停止 P32 蛋白的合成。P32 蛋白也可以与其他基因的 mRNA 结合,但亲和力远远小于与其自身 mRNA 的结合,而 P32 蛋白与其自身 mRNA 结合的亲和力又明显低于与单链 DNA 结合的亲和力。因此,当 P32 蛋白的浓度小于 10^{-6} mol/L 时,它与单链 DNA 结合,当 P32 蛋白的浓度大于 10^{-6} mol/L 时,与其自身的 mRNA 结合,当浓度更大时,可与有一定亲和力的其他 mRNA 结合。

思考题

1. 简述遗传密码子的特性。
2. 什么是变偶假说?简述其主要内容。
3. 简述 tRNA 的二级结构及三级结构的结构特征。
4. 什么是反密码子?简述反密码子的特性和作用。
5. 原核生物和真核生物核糖的构成各是怎样的?
6. 简述原核生物和真核生物核糖体大、小亚基的形态特征。
7. 简述氨基酸的活化工程。
8. 简述原核生物翻译的起始过程。
9. 简述真核生物翻译的起始过程。
10. 比较原核生物和真核生物翻译起始过程的异同。
11. 简述翻译过程中肽链的延伸过程。

12. 简述正常情况下的原核生物翻译的终止过程。

13. 什么是分子伴侣和折叠酶？简述其种类和功能。

14. 简述新生多肽链折叠的4种理论模型。

15. 什么是蛋白质的共翻译转运途径和翻译后转运途径？它们分别转运真核生物的哪类蛋白质？分析并比较它们的转运机制。

16. 简述分泌蛋白的Sec转运过程。

17. 什么是核孔复合物？简述依赖Imp-α/β二聚体的蛋白质入核机制。

18. 蛋白质翻译后修饰都有哪些主要类型？简述其中3种修饰的主要功能。

19. 什么是泛素和泛素化？简述 泛素-蛋白酶体系统及其功能。

20. 在蛋白质的质量控制方面，蛋白质降解有哪些生物学意义？

21. 比较原核生物和真核生物的翻译水平调控基因表达的主要方式。

22. 什么是魔斑？在细菌体内，它(们)是如何合成和降解的？

23. 什么是反义RNA？简述它在原核生物和真核生物中的作用。

24. 什么是蛋白质自体水平的调控？它有何生物学意义？

参考文献

[1] 阎隆飞，张玉麟. 分子生物学[M]. 北京：中国农业大学出版社，1997.

[2] 徐令，彭朝辉. 基因的分子生物学[M]. 北京：中国科学出版社，1992.

[3]. 朱玉贤，李毅，郑晓峰. 分子生物学[M]. 3版. 北京：高等教育出版社，2007.

[4] 王镜岩，朱圣庚，徐长发. 生物化学(下册)[M]. 3版. 北京：高等教育出版社，2002.

[5] Benjamin Lewin. Gene Ⅷ[M]. 余龙，江松敏，赵寿元，等译. 北京：科学出版社，2007.

[6] R M 特怀曼著. 高级分子生物学要义[M]. 陈淳，徐沁，等译. 北京：科学出版社，2000.

[7] 杨建雄. 分子生物学[M]. 北京：化学工业出版社，2009.

[8] Sylvain W Lapan，王勇. An Introduction to Molecular Biology with Chinese Translation(英汉对照分子生物学导论)[M]. 北京：化学工业出版社，2008.

[9] P C Tuener，A G Mclennan，A D Bates，等. Molecular Biology(影印版)[M]. 北京：科学出版社，2005.

[10] Matthias W Hentze，Andreas E Kulozik. A perfect message：RNA surveillance and nonsense-mediated decay[J]. Cell，1999，96(3)：307-310.

[11] 王艳，柴宝峰，梁爱华. 肽链释放因子识别终止密码子的机制[J]. 中国生物化学与分子生物学报，2010，26(1)：22-29.

第10章 基因组学与后基因组学

10.1 基因组学

基因组(genome)和基因组学(genomics)这两个名词来自于德语“genom”,基因组学的概念是由美国遗传学家 Tom Roderick 于 1986 年在美国马里兰州召开的绘制人类基因组图谱的会议上正式提出。与此同时,*Genomics* 杂志问世。20 世纪 90 年代,随着基因组学的发展和对基因组功能研究的深入,人类基因组计划和模式生物的基因组计划先后启动。

10.1.1 人类基因组计划简介

人类基因组计划(Human Genome Project,HGP)是一项规模宏大的国际合作研究项目,其宗旨在于破译蕴藏在人类基因组中的遗传信息。人类基因组计划与“曼哈顿”原子弹计划和“阿波罗”计划并称为 20 世纪的三大科学计划,也足以证明其计划工程之浩大及意义之重要。此项目由美国能源部(Department of Energy,DOE)于 1985 年率先提出并形成“人类基因组计划”草案。1986 年遗传学家 McKusick V. 定义了从整个基因组层次研究遗传的科学,并称之为“基因组学”(genomics)。1990 年美国能源部与国立卫生研究院(NIH)联合正式启动人类基因组计划的研究,预计在 15 年内投入至少 30 亿美元进行人类全基因组的物理定位和 DNA 测序分析。英国、法国、德国和日本等国相继加入人类基因组计划,中国也于 1999 年 9 月积极参加到这项研究计划中,承担了其中 1%的任务,即人类 3 号染色体短臂约 3 000 万个碱基对的测序任务。中国是参加这项研究计划的唯一发展中国家,并因此跻身世界科技研究前列。

2000 年 6 月 26 日人类基因组工作草图完成。截至 2004 年,人类基因组计划的测序工作已经基本完成(92%),人类基因组中所含基因的预计数目从先前的 50 000～100 000 个调整为约 25 000 个。其中,约占基因组 8%的异染色质区和部分高度重复的 DNA 序列因技术难度大不能进行测序,不包含在人类基因组计划的任务中。

人类基因组计划推动了各种模式生物的基因组研究,国际基因组合作组织相继开展了大肠杆菌、酵母、线虫、果蝇和小鼠五种生物基因组测序的工作,并建立了相应的序列数据库,并称之为人类的五种“模式生物”。

10.1.2 人类基因组计划的目标和意义

HGP 揭开了人类自然科学史上的新篇章,也是生命科学研究又一个重要的里程碑。其首要目标是测定组成人类基因组的 3×10^9 bp 的序列，绘制人类基因组的全部基因图谱（包括遗传图谱、物理图谱、序列图谱和基因图谱），破译人类基因组的全部遗传信息。最终目的是探索生命的奥秘、了解物种的起源与进化、揭示生物的生长发育规律、认识种属之间和个体之间存在差异的起因、认识疾病产生的机制以及长寿与衰老等生命现象，为疾病的诊断和治疗提供科学依据。

人类基因组计划的意义如下。

（1）科学发现　人类基因组计划的启动是规模化解读人类的遗传信息，揭开人类奥秘的基础，取得重要的科学发现包括：①确定人类基因组中约 3 万个编码基因的序列及其在基因组中的物理位置，研究其功能；了解转录和剪接调控元件的结构与位置，从整个基因组结构的宏观水平上了解基因转录与转录后调节。②从整体水平上了解染色体结构，包括各种重复序列以及非转录"框架序列"的大小和组织；了解各种不同序列在形成染色体结构、DNA 复制、基因转录及表达调控中的影响与作用；研究染色体空间结构对基因调节的作用，在前期发现序列相距较远的两个基因可能在整个染色体的空间结构上处于较好的调控位置基础上，从三维空间的角度来研究真核基因的表达调控规律。③发现与 DNA 复制、重组等有关的序列，确定人类基因组中转座子、反转座子和病毒等插入序列，研究 DNA 突变、重排和染色体断裂等与疾病相关的分子机制，包括遗传性疾病、遗传易感性疾病、放射性疾病甚至感染性疾病引发的分子病理学改变及其进程。④研究个体染色体之间的多态性。

（2）应用价值及贡献　基因组计划对影响人类健康的首要因素——疾病问题尤为关注，作出的重要贡献如下。①对医学的贡献：获得人类疾病相关基因的信息，如亨廷顿舞蹈症、遗传性结肠癌和乳腺癌等一大批单基因遗传病致病基因的发现，为这些疾病的基因诊断和基因治疗奠定了基础。②对生物技术的贡献：开发基因工程药物，如分泌蛋白（多肽激素等）及其受体药物的开发；推动诊断和研究试剂产业，如基因和抗体试剂盒、诊断和研究用生物芯片、疾病和筛药模型的建立。③对制药工业的贡献：与组合化学和天然化合物分离技术结合，建立高通量的受体、酶结合实验和以基因组信息为基础的药物设计方案与路线，开展基因产物的高级结构分析、预测和模拟。

10.1.3　人类基因组计划的主要研究内容

HGP 的主要任务是解析人类基因组的 DNA 测序，通过测序技术绘制四张图谱，包括如图 10-1 所示的遗传图谱、物理图谱、序列图谱和基因图谱。HGP 旨在阐明人类基因组编码的所有基因，测定基因的位置，认识基因的序列与功能，进而从整体水平上破译人类遗传信息。

1. 遗传图谱（genetic map）

遗传图谱又称连锁图谱（linkage map），是利用分子标记将基因定位在染色体上形成的图谱，它是以具有遗传多态性（在一个遗传位点上具有一个以上的等位基因，在群体中的出现频率皆高于 1%）的分子标记为"路标"，以遗传距离（在减数分裂事件中两个位点之间进行交换、重组的百分率，1%的重组率称为 1 cM）为图距绘制的基因组图。遗传图谱的意义在于：利用 6 000余个遗传标记把人的基因组分成 6 000 多个区域，使得连锁分析法可以找到某一致病的或表现型的基因与某一标记邻近（紧密连锁）的证据，这样可把这一基因定位于这一已知区域，再对基因进行分离和研究。随着 DNA 分析技术的建立，人类获得了大量新的遗传标记。

（1）第 1 代 DNA 遗传标记——限制性片段长度多态性（restriction fragment length polymorphism，RFLP）　早期使用的经典遗传标记是蛋白质多肽性标记，例如乳酸同工酶标

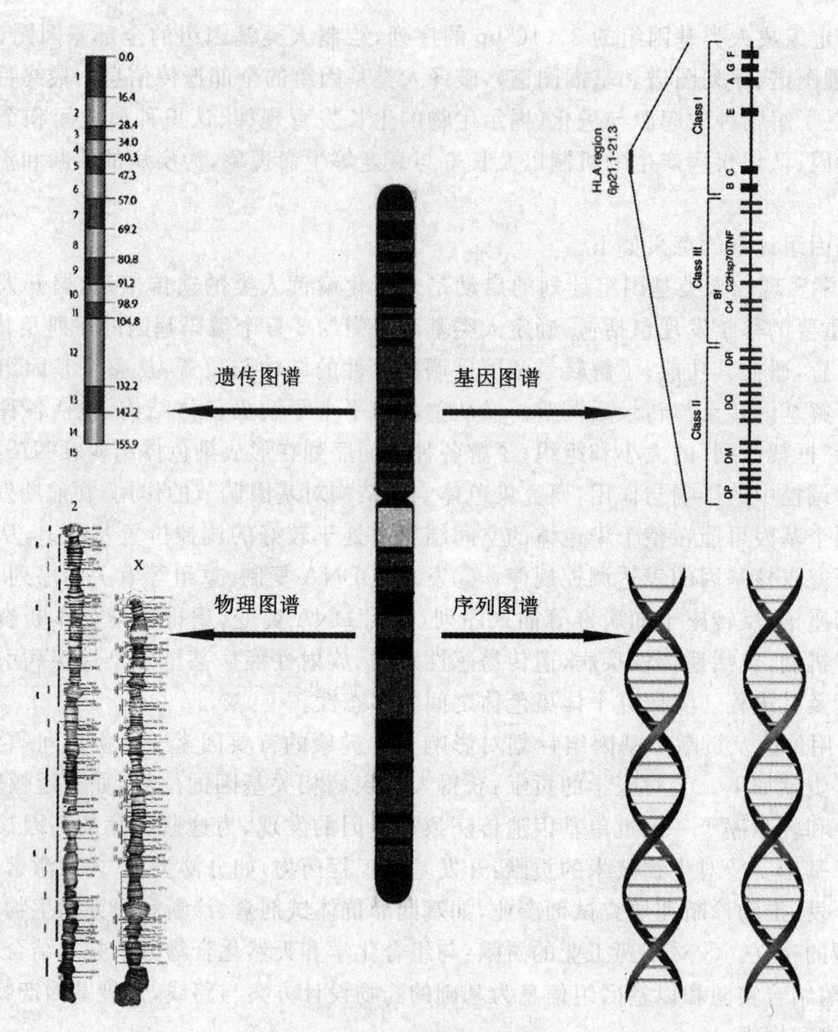

图 10-1　HGP 的四张图谱

(修改自 *Science*,1996)

记,红细胞的 ABO 血型位点标记,白细胞的 HLA 位点标记。20 世纪 70 年代中后期出现的限制性片段长度多态性(RFLP)是用限制性核酸内切酶特异性切割 DNA 链,由于酶切位点碱基序列的微小变异可造成酶切片段长度的差异,通过凝胶电泳可显现为限制性片段长度多态性。利用片段多态性标记信息与疾病表型性状之间的关系进行连锁分析,可将致病基因定位在某标记位点附近。虽然 RFLP 方法曾经广泛用于 DNA 差异研究,但 RFLP 方法也有其自身局限性,如仅涉及一个或少数几个核苷酸的突变,每次酶切只产生少量的片段,所提供的多态性信息量有限,这大大限制了 RFLP 方法的应用。

(2) 第 2 代 DNA 遗传标记——DNA 串联重复序列　人类基因组中存在大量 DNA 重复序列,其中大约有 10%的 DNA 重复序列是串联重复序列,卫星 DNA 是典型的代表。按重复单位的长短,DNA 重复序列可分为小卫星 DNA 和微卫星 DNA。小卫星 DNA(minisatellite DNA)是 1985 年发现的 DNA 重复序列,其单位长度为 15～65 个核苷酸。1989 年发现了由 2～6个核苷酸串联重复形成的微卫星 DNA(microsatellite DNA),由于其重复单位小,又称短串联重复序列(short tandem repeat,STR 或 simple sequence length,SSL)。人类基因组 DNA 中的 STR 具有长度多态性,通常多态性片段长度范围为 100～300 bp,由不同数目的核心序列串联重复排列而成。在人类基因组 DNA 中平均每 6～10 kb 的距离就有一个 STR 位点,不同人体基因组卫星 DNA 重复单位的数目有较大差别,使得等位基因片段长度多态特征显得极为复杂。因此,由 STR 提供的不同长度片段可以作为 DNA 遗传标记。人类基因组中的遗传多态性大多表现在 DNA 重复序列上,多态性与高频率是 STR 最突出的优点。

(3) 第 3 代 DNA 遗传标记——单核苷酸多态性(SNP)　1996 年麻省理工大学的 Lander E. S. 提出 SNP 遗传标记系统,与 DNA 串联重复序列标记的最大区别是不涉及核酸长度的变化,而只是体现了核苷酸碱基的变异。SNP 是指在基因组水平上由于单个核苷酸的转换或颠换所引起的 DNA 序列多态性,通常称为第 3 代遗传标记。根据 SNP 在基因中的位置,可分为基因编码区 SNP(coding-region SNP,cSNP)、基因周边 SNP(perigenic SNP,pSNP)以及基因间 SNP(intergenic SNP,iSNP)。由单个碱基替换产生的差异形成的 SNP 广泛分散于基因组中,在人类基因组中可达到 1 000 万个,平均约每 300 bp 就有一个 SNP。

2. 物理图谱(physical map)

人类基因组的物理图谱是将基因组中已知核苷酸序列的 DNA 片段,即序列标签位点(sequence-tagged site,STS)作为指示标记,以碱基对(bp,base pair)作为基本测量单位,测定并绘制的基因组图谱,它提供了构成基因组的全部基因的排列和间距的信息。绘制物理图谱的目的是把有关基因的遗传信息及其在每条染色体上的相对位置线性而系统地排列出来。DNA 物理图谱是顺序测定的基础,也可理解为指导 DNA 测序的蓝图。DNA 物理图谱的制作方法有多种,这里选择一种常用的简便方法——标记片段的部分酶解法,来说明物理图谱的制作原理。

用酶解法测定 DNA 物理图谱包括两个基本步骤:①完全酶解:选择合适的限制性核酸内切酶将待测 DNA 链(已经标记放射性同位素)完全降解,降解产物经凝胶电泳分离后进行自显影,获得的图谱能够反映组成该 DNA 链的酶切片段的数目和大小。②部分酶解:对待测 DNA 的一条链进行末端标记使其带上示踪同位素,然后用上述相同酶部分降解该 DNA 链,即通过控制反应条件使 DNA 链上该酶的切口随机断裂,而避免所有切口断裂的完全降解发生。部分酶解产物同样进行电泳分离及自显影。比较上述两步的自显影图谱,根据片段大小及彼此间的差异即可推断酶切位点在 DNA 链上的位置以及酶切片段的排列顺序。

完整的物理图谱应包括人类基因组的不同载体 DNA 克隆片段重叠克隆群,大片段限制性核酸内切酶切点图,DNA 片段或特异 DNA 序列(STS)的路标图,以及基因组中广泛存在的特征型序列(如 CpG 序列、Alu 序列、isochore)等的标记图。人类基因组的物理图谱是以染色体的区、带、亚带,或以染色体长度的百分率来确定分子标记位点,在分子水平上与序列图谱达成统一。

3. 序列图谱(sequence map)

随着遗传图谱和物理图谱的完成,测序就成为最重要的工作。人类基因组的核苷酸序列图是分子水平上最高层次的、最精细的物理图,测序总长度约 1 m,由 30 亿个核苷酸组成的全序列是人类基因组计划中最明确、最艰巨的任务。目前的人类基因组全序列来自于几个代表性的人类个体,该序列在理论上代表了全人类的基因组信息,可以为任何种族、个体提供遗传疾病的基因诊断、治疗的理论和信息基础。绘制序列图谱实际上就是进行 DNA 测序,包括制备 DNA 片段化及碱基分析、DNA 信息翻译的多个过程。

应用于大规模测序的基本策略包括逐个克隆法和后期改进的全基因组鸟枪法。

(1)逐个克隆法序列分析技术　该技术首先对基因组大片段进行文库构建,再利用连续克隆系中酵母人工染色体(yeast artificial chromosome,YAC)或细菌人工染色体(bacterial artificial chromosome,BAC)克隆载体技术排定的克隆逐个进行亚克隆测序并进行组装。此项技术也是HGP公共领域测序计划的策略之一。

(2)全基因组鸟枪法序列分析技术　美国Celera公司改进的基因组DNA测序技术为全基因组鸟枪法序列分析技术,是在一定作图信息基础上,绕过大片段连续克隆系的构建而直接将基因组分解成小片段随机测序,再利用计算机进行序列组装与拼接。

现在采用的真核基因组序列分析技术大多为Clone contig法或靶标鸟枪法(directed shot gun)。Clone contig法首先用稀有内切酶把待测基因组降解为数百kb以下的片段,再分别测序,而靶标鸟枪法则根据染色体上已知基因或遗传标签的位置来确定部分DNA片段的排列顺序,再逐步确定各片段在染色体上的相对位置。

4. 基因图谱(gene map)

基因图谱是在识别基因组所包含的蛋白质编码序列的基础上绘制的结合有关基因序列、位置及表达模式等信息的图谱。在人类基因组中鉴别出占据2%～5%长度的全部基因的位置、结构与功能,最主要的方法是通过基因的表达产物mRNA回溯到染色体的位置。

所有生物性状都是由结构或功能蛋白质决定的,而已知的所有蛋白质都是由mRNA编码的,这样可以把mRNA通过逆转录酶合成cDNA或称为表达序列标签(expressed sequence tag,EST)的cDNA片段,也可根据mRNA的信息人工合成cDNA或cDNA片段,然后,再用这种稳定的cDNA或EST作为“探针”进行分子杂交,鉴别出与转录有关的基因。用poly(A)互补的寡聚T或克隆载体的相关序列作为引物对mRNA尾端的几百bp进行测序得到EST。

基因图谱的意义在于它能有效地反映在正常或受控条件中表达的全基因的时空图。通过这张图可以了解某一基因在不同时间、不同组织、不同水平的表达,也可以了解一种组织中不同时间、不同基因中不同水平的表达,或某一特定时间、不同组织中的不同基因、不同水平的表达。

10.1.4　解码基因的科学——基因组学

基因组学是研究生物基因组和如何利用基因的一门学科。该学科提供基因组信息以及相关数据系统,用于概括涉及基因作图、测序和整个基因组功能分析的遗传学分支,试图解决生物、医学和工业领域的重大问题。

基因组学的研究内容包括:以全基因组测序为目标的结构基因组学,以基因组结构比较为目标的比较基因组学;以基因功能鉴定为目标的功能基因组学,又被称为后基因组(post-genome)研究,成为系统生物学的重要方法。

1. 结构基因组学(structural genomics)

结构基因组学是继人类基因组之后又一个国际性大科学热点,主要目的是试图在生物体的整体水平上(如全基因组、全细胞或完整的生物体),利用实验方式(X射线晶体学、核磁共振谱学和电子显微学),结合同源建模(homology modelling)测定出全部蛋白质分子、蛋白质-蛋白质、蛋白质-核酸、蛋白质-多糖、蛋白质-蛋白质-核酸-多糖、蛋白质与其他生物分子复合体的精细三维结构,以获得一幅完整的、能够在细胞中定位以及在各种生物学代谢途径、生理途径、信号传导途径中全部蛋白质在原子水平的三维结构全息图。结构基因组学重视快速、高通量(high throughput)的蛋白质结构测定。

2. 比较基因组学(comparative genomics)

比较基因组学是基于基因组图谱和 DNA 测序，对已知的基因和基因组结构进行比较，进而了解基因的功能、表达机理和物种进化的学科。利用模式生物基因组与人类基因组之间编码顺序和结构上的同源性，克隆人类疾病基因，揭示基因功能和疾病分子机制，阐明物种进化关系以及基因组的内在结构。

(1) 种间比较基因组学　由于不同的生物在进化上具有相互关联性，因此对一种生物相关基因的研究和认识可以为其他生物基因的研究提供有价值的信息。对不同亲缘关系的生物基因组间的比较使研究人员认识到生物学机制的普遍性，因此，比较基因组学为研究人类及高等生物的复杂生理、病理过程提供了理论依据和实验模型。通过对不同物种的基因组序列进行比较，能够鉴定出编码序列、非编码调控序列及物种特有的序列，也可以了解不同物种在核苷酸组成和基因顺序方面的异同，进而得到基因定位、进化关系等方面的信息。

比较基因组学以进化理论作为理论基石，当在两种以上的基因组间进行序列比较时，实质上就得到了序列在系统发生树中的进化关系。基因组信息的增多使得在基因组水平上研究分子进化、基因功能成为可能。但由于生物基因组中有 1.5%～14.5%的基因与“横向迁移现象”有关，即基因可以在同时存在的种群间迁移，这样就会导致与进化无关的序列差异。因此在系统发生分析中需要建立比较完整的生物进化模型，以避免基因转移和欠缺合适的多物种共有保守序列的影响。

(2) 种内比较基因组学　同种群体内不同个体之间基因组存在大量的核苷酸多态性，正是这种基因组序列的差异构成了不同个体与群体对疾病的易感性和对药物与环境因子不同反应的遗传学基础。

人类基因组序列的 0.1%～0.2%在人种、人群和个体之间存在 DNA 序列的差异，截至 2012 年 11 月国际千人基因组计划在 *Nature* 期刊上发布了 1 092 人的基因数据中鉴别出了 3 800万个 SNP 的位点，这个图谱将有助于预测某些疾病发生的可能性以及施以最佳治疗方案，在实现基于基因的个体化医疗目标的征途上迈出了重要的一步。

在全基因组测序和基因芯片技术发明前，受限于基因组内高通量 DNA 拷贝数检测手段，人们对全基因组范围内的拷贝数多态性(copy number polymorphism，CNP)数量和分布知之甚少。2004 年，全球内数个“人类基因组计划”研究基地意外地发现，表型正常的人群中，不同的个体间在某些基因的拷贝数上存在差异，一些人丢失了大量的基因拷贝，而另一些人则拥有额外、延长的基因拷贝，研究人员称这种现象为“基因拷贝数多态性”。正是由于 CNP 才造成了不同个体间在疾病、食欲和药效等方面的差异。

3. 功能基因组学(functional genomics)

功能基因组学又称为后基因组学(post-genomics)，它利用结构基因组所提供的信息和产物，发展和应用新的实验手段，通过在基因组或系统水平上全面分析基因的功能，使得生物学研究从对单一基因或蛋白质的研究转向对多个基因或蛋白质进行系统的研究。这是在全基因组序列测定的基础上，从整体基因水平动态地研究基因及其产物在不同时间、空间、条件的结构与生物学功能的关系及活动规律的学科。其研究内容包括基因功能发现、基因表达分析及突变检测。采用的手段包括经典的减法杂交、差示筛选、cDNA 代表差异分析以及 mRNA 差异显示等，以及用于基因全面系统分析的新技术，包括基因表达的系列分析(serial analysis of gene expression，SAGE)、cDNA 微阵列(cDNA microarray)、DNA 芯片(DNA chip)和序列标志片段显示(sequence tagged fragments display)和微流控芯片技术等。

10.1.5 模式生物的基因组学

1. 大肠杆菌基因组(*E. coli* genome)

大肠杆菌基因组是目前研究最清楚的基因组，估计大肠杆菌基因组含有 3 500 个基因。大肠杆菌存在很多种不同的菌株，而不同菌株之间的基因组大小有细微差别，笼统地说，大肠杆菌基因组包含 4.6 Mb。从人体肠道内分离出来的 K12 和 B 型良性大肠杆菌菌株是两种重要的实验用菌株，其中，大肠杆菌 K12 菌株 MG1655 和 W3110 于 1996—1997 年完成测序。长期用于医学研究和在工业上用于生产蛋白质的大肠杆菌 B 菌株 REL606 和 BL21(DE3)于 2009 年完成测序。1999—2001 年完成了致病性大肠杆菌 O157：H7EDL933 和 SAKAI 菌株的基因组测序。2011 年德国等多个国家暴发 EHEC 疫情，研究人员在离子流个人化操作基因组测序仪(PGM)和新一代测序技术(NGS)的帮助下几个月内完成了大肠杆菌 O104：H4 的基因组测序。

2. 酵母基因组(yeast genome)

酿酒酵母是最简单的真核生物，其基因组是第一个完成测序的真核生物基因组，全基因组的测序工作完成于 1996 年。该基因组全长 12.1 Mb，共有 6 294 个编码基因，其中，仅有约 4%的编码基因含有内含子。另有约 140 个 rRNA、40 个 snRNA(small nuclear RNA)和 275 个 tRNA 基因。

2012 年酿酒酵母(*D. bruxellensis*) Y879 菌株(CBS2499)的 13.4 Mb 基因组序列测序工作完成，研究人员对该酵母食品相关特性的遗传学背景和进化史进行了分析，发现 *D. bruxellensis* 具有一些独立复制的 ADH 和类 ADH 的基因，可能负责包括乙醇和一系列芳香化合物的产酒代谢。

3. 果蝇基因组(*Drosophila* genome)

果蝇基因组的测序工作于 2000 年完成，发现了 13 600 个编码基因。其中部分基因与人类的基因非常相似。研究发现，在果蝇的遗传物质里找到了人类的致癌基因或者潜在的、在变异情况下参与癌症发生的癌基因(oncogene)。2007 年研究人员完成了 12 种果蝇基因组的对比研究，揭示了进化过程在果蝇基因组上留下的痕迹。研究发现果蝇基因组的不同区域进化速度也不相同，进化最快的是与果蝇味觉和嗅觉、解毒和代谢、性别和繁殖以及免疫性和防御相关的基因。这表明，果蝇基因的进化很大程度上是适应环境变化和性别选择的结果。

4. 拟南芥基因组(*Arabidopsis thaliana* genome)

拟南芥具有目前已知植物中最小的基因组，2000 年由国际拟南芥基因组合作联盟联合完成测序，这是第一个被测序的植物基因组。拟南芥基因组由 5 对染色体组成，全长约为 115.4 Mb，包含约 2.6 万个基因，编码约 2.5 万种蛋白质。2013 年研究人员对 152 株拟南芥进行了全基因组甲基化图谱分析，针对单甲基化多态性(single methylation polymorphisms，SMPs)即单核苷酸的甲基化位点的多态性，发现了一些序列为差异甲基化的区域(differentially methylated regions，DMRsC)。

近年来，随着分子生物学研究技术的不断发展与成熟，以及其他学科的不断融合与渗透，基因组学的研究也取得了迅速的发展和进步，除了在以上的模式生物中开展了基因组序列研究之外，科学家还在水稻、线虫、斑马鱼和小鼠等模式生物中进行了高通量的基因组 DNA 测序和基因组功能的分析。这些模式生物基因组学的发展为解剖学、生理学、病理学及遗传学的研究带来了便利。

10.2 转录组学

10.2.1 转录组学的概念

转录组学(transcriptomics)是一门在整体水平上研究细胞中基因转录的状态及转录调控规律的科学。广义的转录组(transcriptome)是指从一种细胞或者组织的基因组所转录出来的RNA的总和,包括编码蛋白质的mRNA和各种非编码RNA(rRNA、tRNA、snoRNA、snRNA、miRNA和其他非编码RNA等)。狭义的转录组是指所有参与翻译蛋白质的mRNA总和。这些转录本和所编码的蛋白质在不同细胞生理状态下(如干细胞和分化细胞)和不同病理状态下(如癌细胞和病毒感染细胞)的分布和功能的关联性是基因调控和功能研究的重要基础。转录组谱可以提供任何条件下全部基因表达的信息,并据此推断相应未知基因的功能,揭示特定调节基因的作用机制。

简而言之,转录组学是从RNA水平研究基因表达的情况。转录组即一个活细胞所能转录出来的所有RNA的总和,是研究细胞表型和功能的一个重要手段。

1. 转录组学的产生与发展

转录组学是从已有的一些技术和领域发展而来的,包括蛋白质组学、基因组学和环境科学。自从20世纪90年代中期以来,随着微阵列技术被用于大规模的基因表达水平研究,转录组学研究技术作为一门新技术开始在生物学前沿研究中崭露头角,并逐渐成为生命科学的研究重点。原因有很多,至少包括了以下几个基本原因。①蛋白质组和基因功能的系统性研究对转录组信息的需求不断增加,蛋白质组研究需要更多的转录组信息,由于通过单一的蛋白质组数据不足以清楚地鉴定基因的功能,因此蛋白质组的数据需要转录组的研究结果加以印证。②作为广义转录组重要组成部分的非编码转录单元研究不断发展,其概念和分子机制都在不断更新,使基因网络调控的研究进一步复杂化。③局限于技术障碍(主要是DNA测序),转录组的深度挖掘进展缓慢,过去常用取样量仅仅是预期数据(50万到100万)的1% ～ 2%,一直没有形成主流发展方向和提炼出重要的科学问题。随之而来的将是更加深入的转录组研究,科学命题将会非常多。随着新一代高通量测序技术运用到转录组研究中,提供的数据量呈现爆炸式的扩增,极大地拓宽了转录组研究所解决的科学问题范围。④以细胞为主体的转录组研究将取代粗框架的以组织或器官为主体的研究,而且会细化到不同的生理和病理状态。⑤转录组是系统生物学研究的一个基本部分,它上承基因组,下接蛋白质组,又与细胞的功能和代谢过程息息相关。

2. 转录组学的主要研究方法和基本原理

就研究目的而言,转录组研究可分为两个基本阶段:一是细胞内基因转录本的发现;二是细胞间和细胞在不同状态下已知转录本表达差异的研究。尽管人类基因组的序列已知,理论上是可以用基因组序列(如所有外显子的代表序列)来探求基因表达和绘制基因表达谱,但实际上低表达基因的研究还是受到基因微阵列方法的限制,很难得到可信的结果,而且很多基因还没有得到很好的功能诠释。因此,理解各种用于转录组研究的技术和方法对转录组数据的理解十分必要。

目前进行转录组研究的技术主要包括如下三种:①基于杂交技术的微阵列技术;②基于

Sanger 测序法的 SAGE 和 MPSS(massively parallel signature sequencing)技术;③基于新一代高通量测序技术的转录组测序。各种转录组研究技术均有各自的特点,具体原理如下。

(1) 基于杂交技术的微阵列技术　微阵列芯片以高密度阵列为特征,主要是在遗传学研究中发展起来的。微阵列分为 cDNA 微阵列和寡核苷酸微阵列,微阵列上密布有大量已知部分序列的 DNA 探针,微阵列技术就是利用分子杂交原理,使同时被比较的标本与微阵列杂交,通过检测杂交信号强度及数据处理,把它们转化成不同标本中特异基因的丰度,从而全面比较不同标本的基因表达水平差异,微阵列技术是一种探索基因组功能的有力手段。

基于分子杂交原理的 DNA 芯片技术只适用于检测已知序列,却无法捕获新的 mRNA。细胞中 mRNA 的表达丰度不尽相同,通常细胞中有不到 100 种的高丰度 mRNA,其总量占总 mRNA 的一半左右,另一半 mRNA 由种类繁多的低丰度 mRNA 组成。因此,由于杂交技术灵敏度有限,对于低丰度的 mRNA,微阵列技术难以检测,也无法捕获到目的基因 mRNA 表达水平的微小变化。

(2) 基于 Sanger 测序法的 SAGE 和 MPSS 技术　SAGE 是以 Sanger 测序为基础用来分析基因群体表达状态的一项技术。其原理是利用一种 DNA 聚合酶来延伸结合在待定序列模板上的引物。直到掺入一种链终止核苷酸为止。每一次序列测定由一套四个单独的反应构成,每个反应含有四种脱氧核苷酸三磷酸(dNTP),并混入限量的一种不同的双脱氧核苷三磷酸(ddNTP)。由于 ddNTP 缺乏延伸所需要的 3′-OH 基团,使延长的寡核苷酸选择性地在 G、A、T 或 C 处终止。终止点由反应中相应的双脱氧而定。每一种 dNTP 和 ddNTP 的相对浓度可以调整,使反应得到一组长几百至几千碱基的链终止产物。

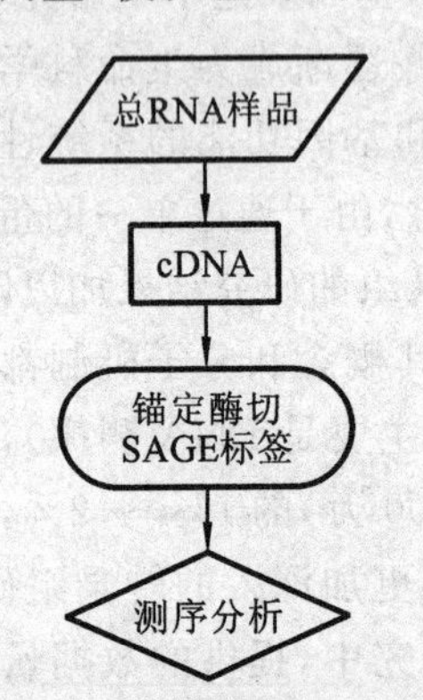

图 10-2　SAGE 技术路线图

SAGE 技术路线见图 10-2,首先是提取实验样品中的 RNA,并逆转录成 cDNA,随后用锚定酶(anchoring enzyme)切割双链 cDNA,接着将切割的 cDNA 片段与不同的接头连接,通过标签酶酶切处理并获得 SAGE 标签,然后 PCR 扩增连接 SAGE 标签形成的标签二聚体,最后通过锚定酶切除接头序列,以形成标签二聚体的多聚体并对其测序。SAGE 可以在组织和细胞中定量分析相关基因表达水平。在基因的差异表达谱研究中,SAGE 可以获得完整的转录组学图谱以及发现新的基因并鉴定其功能、作用机制和通路等。

MPSS 是一种基于磁珠(bead)和接头(adaptor)连接和解码的复杂技术,测定结果短,多用于转录组测序,测定基因表达量,它是 SAGE 的改进版。MPSS 技术首先是提取实验样品 RNA,并逆转录为 cDNA,接着将获得的 cDNA 克隆至具有各种 adaptor 的载体库中,并将 PCR 扩增克隆至载体库中的不同 cDNA 片段,然后在 T_4 DNA 聚合酶和 dGTP 的作用下将 PCR 产物转换为单链文库,最后通过杂交将其结合在带有 anti-adaptor 的微载体上进行测序。MPSS 技术对于功能基因组研究非常有效,能在短时间内捕获细胞或组织内全部基因的表达特征。MPSS 技术是鉴定致病基因并揭示该基因在疾病中的作用机制等的重要工具。

(3) 基于新一代高通量测序技术的转录组测序　自从 2005 年第二代测序设备投入使用以来,第二代测序技术对基因组学的研究产生了巨大的影响,已被广泛运用到基因组测序工作之中。转录组测序也被称为全转录组鸟枪法测序(whole transcriptome shot gun sequencing,WTSS),简称 RNA-seq,就是把 mRNA、smallRNA 和 non-coding RNA 全部或者其中一些用高通量测序技术进行测序分析。其原理是把高通量测序技术应用到由 mRNA 逆转录生成的 cDNA 上，从而获得来自不同基因的 mRNA 片段在特定样本中的含量，这就是 mRNA 测序或 mRNA-seq，同样原理，各种类型的转录本都可以用深度测序技术进行高通量检测，统称为 RNA-seq(图 10-3)。

随着高通量测序技术的迅猛发展，转录组研究从以前的微阵列技术、SAGE 及 MPSS 技术的低通量模式切换至 RNA-seq 的高通量模式。作为蛋白质组研究的基础，RNA-seq 可以识别比蛋白组高一至两个数量级的基因，从而帮助科学家构建完整的基因表达谱和蛋白质相互作用网络。RNA-seq 对于真核生物的基因表达调控、癌症等疾病的发生机制和新治疗方案确定、遗传育种等方面的研究具有不可估量的潜力。

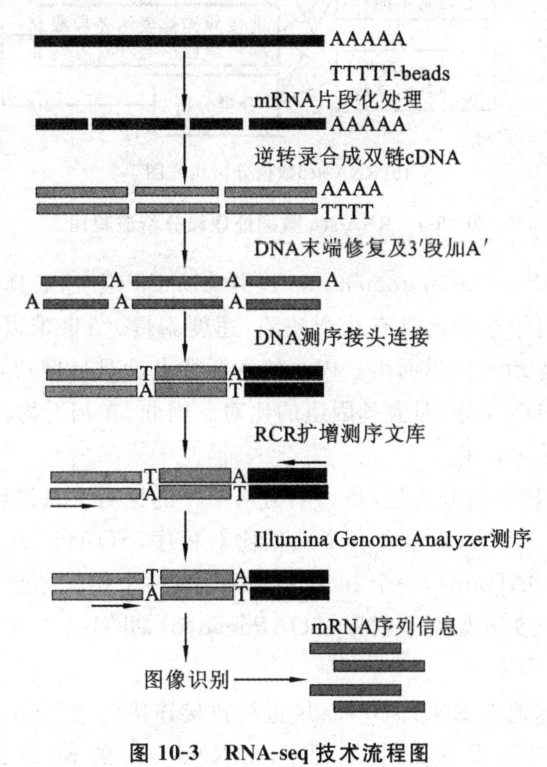

图 10-3　RNA-seq 技术流程图

10.2.2　转录组学数据分析工具

1. 转录组学数据分析流程

随着包括人类在内的多种模式生物的基因组测序的完成，人们开始了对整个基因组的转录调控及基因组发挥功能动态机制的系统研究、转录组的研究，能更好地利用已有的大量数据阐明基因表达调控的信息。因此，转录组测序的数据分析以及相关软件的发掘成为目前功能基因组学的研究焦点(图 10-4)。

2. 转录组学使用的分析工具

高通量 RNA 测序有助于从整体水平描绘转录组的图像，实现样本内所有基因及其亚型的完整注释和定量。然而，对测序之后获得的数据进行分析才是真正的挑战，因为在 RNA-seq 之后，还需要一些强大的计算工具，才能绘制出完整的转录组图谱。由于 RNA-seq 数据生成的不断改善，现有计算工具的发展也有着很大差异。

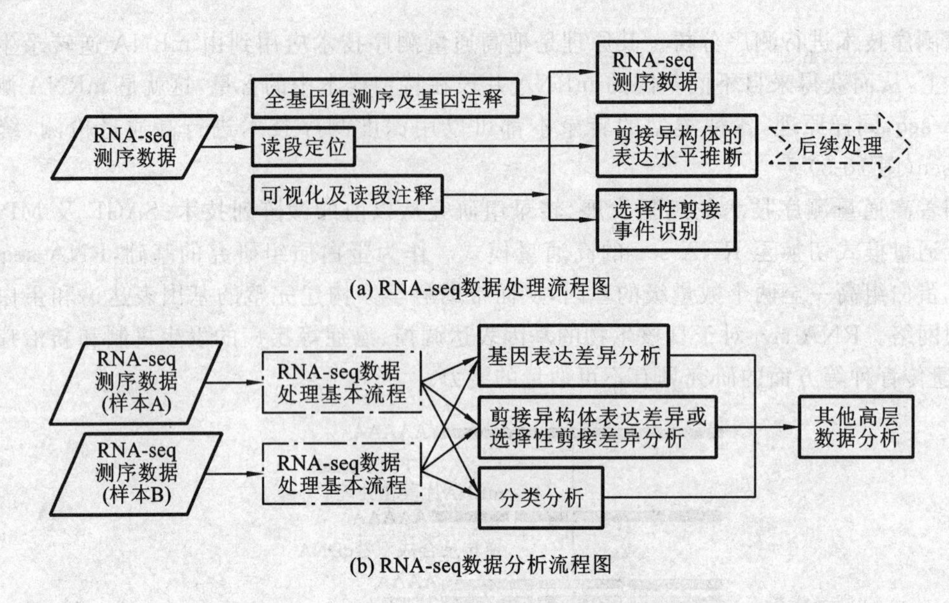

图 10-4　RNA-seq 数据处理和分析流程图

Blat，全称 the BLAST-like alignment tool，类 BLAST 比对工具，由 W. James Kent 于 2002 年开发。Blast 相对于这种比对有几个缺陷：速度偏慢、结果难以处理、无法表示出包含内含子的基因定位，于是 Blat 应运而生。Blat 的主要特点就是速度快，输出结果简单易读，适用于比较小的序列（如 cDNA 等）对大基因组的比对。因此，在相近物种的同源性分析和 EST 分析中，Blat 得到了广泛的应用。

SOAP，全称为短寡核苷酸分析包，是一个为从单一的比对工具演化成为下一代测序数据提供数据分析的软件包。当前，它包含一个新型比对程序（SOAPaligner/soap2），一个重测序一致性序列建造程序（SOAPsnp），一个 indel 搜寻程序，一个结构差异扫描程序（SOAPsv）和一个短序列片段 reads 从头开始组装程序（SOAPdenovo），并且现在补充加入了一个 GPU-加速的比对程序（SOAP3/GPU）。

TopHat 是一个快速地将 RNA-seq reads 进行拼接连接图谱（splice junction mapping）的程序。它使用超快的高通量短 reads 比对程序，将 RNA-seq 的 reads 比对到哺乳动物大小基因组上，然后分析 mapping 结果来鉴别 exons 之间的 splice junctions。

Cufflinks 组装转录本，估计它们的丰度，并且检测 RNA-Seq 样品中的差异表达和调控。它接受比对的 RNA-seq reads 并且组装这些 alignments 到尽量少的转录本分组里。然后 Cufflinks 根据每个基因的 reads 支持数来估计这些转录本的相关丰度，其中将文库制备的 protocol 的误差也考虑在内。

目前，新一代测序被广泛应用在转录组测序等领域，针对新一代测序数据分析的生物信息学算法和软件开发不仅是推动新一代测序技术更加迅速发展的重要动力，更为众多生物学研究者提供了方便的分析工具，以促进利用新技术解决重大的生物学问题。

10.2.3　转录组学的应用

随着第二代测序技术的迅猛发展，其高通量、快速、低成本的特点尤其在转录组测序方面显示出的极大潜力使其越来越多地受到生物学研究者的青睐，并成为解决生物学问题的首选方法。转录组是连接基因组遗传信息与生物功能(蛋白质组)的必然纽带,同时相对于真核生物全基因组测序来说,转录组测序得到的序列不含有内含子及其他非编码序列。因此,转录组测序有着无可比拟的高性价比优势。

研究基因组结构的复杂性及遗传语言的基本规律,更需要对测序所得的海量数据进行精准且全面的揭示和分析,于是生物信息学便成为一门迅速兴起的交叉学科,它位于生物、计算机、数学等多个领域的交叉点上,不断深入探索碱基序列数据背后的生物学意义。目前转录组测序及分析技术可以解决新基因的深度发掘、低丰度转录本的发现、转录图谱绘制、可变剪接的调控、代谢途径确定、基因家族鉴定及进化分析等各方面的问题。转录组研究是基因功能及结构研究的基础和出发点,已经被广泛应用于生物学、医学、农学等许多领域。目前,转录组测序数据正在用于人类、斑马鱼等多种模式生物的功能基因组注释。

1. 转录组学在生物医学研究中的应用

在真核生物中,掌握转录组的动态变化对研究转录调控的复杂性以及转录调控对表型的影响至关重要。哺乳动物庞大的基因组及其复杂性给其转录组研究带来严峻挑战。

转录组学在生物医学中已有较为广泛的应用。到目前为止,研究者对 HEK 细胞系和 B 细胞系进行转录组高通量测序,经生物信息学分析,50%的序列比对到了单拷贝的基因组位置,其中 80%的位置与已知外显子相匹配,66%带 poly(A)尾的转录本比对到已知基因,34%没有注释到具体的基因组位置。对基因的差异表达进行分析,发现 55 个基因在淋巴细胞中过表达,271 个基因在 B 细胞系中高度活跃。

在对单个细胞的转录组研究中,研究人员仅对一个小鼠卵裂球细胞的 mRNA-seq 进行检测分析,发现了相对微阵列技术多出 75%(5 270)的表达基因,并确定了 1 753 个前所未知的剪切位点。这种单细胞 mRNA-seq 检测将大大提高我们对单个细胞在哺乳动物发育中转录复杂性的分析能力,尤其是胚胎发育早期和干细胞这类在体内罕见的细胞群。转录组高通量测序使直接全面探索人类转录组的复杂性和动态性成为可能。该研究的细胞内和细胞间选择性剪接的对比研究,以及对基因表达的同步分析是前所未有的,其研究成果远超出现有哺乳动物基因组注释图。

大鼠是非常重要的模式生物,被广泛应用于毒理学、精神病学、细胞生物学等众多领域的研究之中。在这些研究领域中,作为基因功能的第一表现形式,针对转录组水平的研究是其应用优势最为显著的方向。在毒理学的研究方面,GEO 数据库中已记录的实验数据集为 652 个,远多于小鼠的 160 个。就大鼠的转录注释情况而言,除 RGD 手工注释和 Ensembl 的自动注释以外,MAQCⅡ32 中 AceView 也对大鼠基因进行了自动化注释。在这几种注释系统中对大鼠和小鼠进行比较可以发现,目前已注释的大鼠转录组远少于小鼠转录组,转录本的注释数目差一倍以上。据此,对于大鼠进行高通量的转录组测序研究,并重建转录组结构注释,有望将大鼠基因组功能及转录组的认识提高到一个全新水平,进而从剪接位点到功能注释的多个水平上为大鼠转录组水平研究提供更加完整的数据资源。但是目前这些数据很不完善,还具有很大的提升空间。

迄今为止,对转录组中单个碱基差异的分析涉及甚少,尤其是植物。在过去的几十年里,水稻因其农业价值而被广泛研究,研究者运用 RNA 高通量双向深度测序技术,首次展现了水稻 8 个组织部位的转录本表达图谱全貌,并且能够精确检测到非常低丰度的转录产物,获得相当完善的全新转录本、外显子、非编码区。高通量测序技术极大地丰富了水稻转录组信息,帮助研究者更全面地认识转录本的多样性和复杂性,拓展了未来农业研究的领域。

近年来研究人员采用转录组高通量测序技术对拟南芥进行可变剪接分析，发现42%以上具有内含子的基因具备可变剪接形式，这个数据远远高于EST测序方法(20%～30%)。可变剪接转录本多数具有提前终止密码子(PTC)，PTC可作为无义介导的mRNA降解监控机制(NMD)的靶标，或通过调控非预期剪接和转录机制(RUST)来调控功能转录本水平。该研究还发现在不同环境因素胁迫下，PTC及相关剪接变体的相对比例会随之发生转变。研究成果还提示，与动物体内类似，NMD和RUST同样在植物体内的基因表达中广泛存在并扮演非常重要的角色。

2. 转录组学在微生物研究中的应用

白色念珠菌是一种感染人类的主要真菌病原体，通过表面黏膜感染扩大疾病范围，也可通过血液传播，引起系统性感染从而引发多种疾病，通常危及生命。研究人员通过对9种不同环境下的白色念珠菌转录组进行高通量测序，定量覆盖所有被测区域，构建了不同条件下的白色念珠菌转录组高分辨率图谱，确定了602个新的转录活跃区域，以及众多不在目前基因组中所标注出的内含子。有趣的是，这些转录活跃区域的表达受特定环境调控。研究人员将获得的数据进行了聚类分析和功能富集分析，并用实时荧光定量PCR的方法对其中的41个基因(包括26个新转录本和15个已注释转录本)进行了验证。这种综合性的转录分析方法不仅显著增加了对白色念珠菌现有基因组信息的注释，也为更全面地了解这一重要真核病原体发病的分子机制提供了必要的佐证和框架。

简而言之，这类研究证明了用RNA深度测序的方法分析病原菌与宿主之间的相互作用和病原菌的转录组比以前使用的方法要更加完整和全面。把RNA深度测序技术应用到用细胞溶解型病原菌或非细胞溶解型病原菌侵染不同类型的细胞(包括休眠细胞)的研究中，将会有很大的科研空间和科研价值。

3. 转录组学在人类疾病中的应用

在癌变和其他复杂疾病发生和发展过程中，细胞内的基因表达模式会发生显著变化。如果您是临床医生或者从事相关研究的科学家，希望快速全面掌握您感兴趣的癌症或者其他疾病发生中基因表达模式的改变，对该疾病的诊断和治疗提供重要解决策略；那么，RNA-seq可以通过对照正常样本和疾病样本中表达模式发生显著变化的基因并进行功能分析，将快速提供正确答案。在细菌和病毒侵染时，细胞内的基因表达模式也会发生显著变化。这些变化对机体的抗感染功能至关重要。

2010年7月，有研究者利用转录组测序技术分析了15例前列腺癌样本的结果，发现其中有两例前列腺癌样本的ETS基因没有发生融合，进一步的研究表明存在于Raf信号途径中的*BRAF*和*RAF1*基因会发生融合现象，同时利用q-PCR和FISH技术验证了上述现象的存在。此项成果证明了RAF信号途径在一系列癌症如前列腺癌、胃癌和黑色素瘤发病过程中起到了非常重要的角色，同时研究成果也表明了RAF信号途径中的融合基因有潜力成为抗肿瘤治疗与抗肿瘤药物筛选的靶标。

4. 转录组学在农业中的应用

在植物的正常生长，抗旱、抗逆以及优良品系培育等过程中细胞的基因表达模式会发生显著变化。RNA-seq可以通过对照正常样本和感兴趣样本中表达模式发生显著差异的基因，快速全面掌握具有重要功能的基因，推动相关农业应用研究的进程。

RNA-seq是最近发展起来的利用高通量测序技术进行转录组分析的一种技术，可全面、快速地获得特定细胞或组织在某一状态下的几乎所有的成熟mRNA和ncRNA。相对于传统的基因芯片技术，RNA-seq 技术不需要针对已知序列设计探针，即可检测细胞或组织的整体转录水平。RNA-seq 技术具有更灵敏的数字化信号、更高的通量以及更广泛的检测范围。在疾病的机制研究以及疾病治疗领域，RNA-seq 技术作为一个有力的工具已经被广泛使用。

新一代高通量测序技术的应用面非常广，RNA-seq 只是其中一个方面。除此之外，基因组的从头测序和重测序、染色质免疫沉淀测序（ChIP-seq）、甲基化测序（Methyl-seq）等技术都同样有着广泛的应用。尤其是用 ChIP-seq 研究蛋白质与 DNA 的相互作用，能够得到高分辨率的转录因子结合数据和组蛋白修饰等表观遗传学数据。发展有效的生物信息学方法，将 ChIP-seq 数据与 RNA-seq 得到的转录组数据进行综合分析，将大大推进人们对复杂的基因转录调控系统的认识。

10.3　蛋白质组学

2003 年，科学家们提前完成了人类基因组 DNA 测序计划，并向全世界公布了人类基因组序列图谱，在揭示基因组的精细结构的同时，也凸显出基因数量的有限性和基因结构的相对稳定性，这与生命现象的复杂性和多变性之间存在着巨大的反差。这种反差促使人们认识到：基因只是遗传信息的载体。要研究生命现象，阐释生命活动的规律，只了解基因组的结构是远远不够的，这也使得人们对于生命活动的直接执行者——蛋白质的重要性有了更深刻的理解，因此，对蛋白质的数量、结构、性质、相互关系和生物学功能进行全面和深入的研究，成为生命科学研究的迫切需要和重要任务。一个以“蛋白质组”（proteome）为研究重点的生命科学新时代——后基因组时代已悄然到来。

10.3.1　蛋白质组学研究的概念

随着后基因组时代的到来，蛋白质组研究越来越受到国内外科学工作者的密切关注，并以特有的思维方法和技术手段在解决生物学重大问题上开始显示出强大的威力。可以相信，随着蛋白质组研究的不断深入，它在揭示生长、发育、凋亡、分化、信号传导和代谢调控等生命活动的规律上将会有新的突破，对探讨重大疾病的发生机制、疾病的诊断防治和新药开发将提供重要的理论基础。

“蛋白质组”一词的英文是 proteome，它是由 proteins 和 genome 两个词组合而成，意思是 proteins expressed by a genome，即基因组表达的蛋白质。广义上讲，蛋白质组是指“一个细胞或一个组织基因组所表达的全部蛋白质”。它是对应于一个基因组的所有蛋白质构成的整体，而不是局限于一种或几种蛋白质。由于同一基因组在不同细胞、不同组织中的表达情况各不相同，即使是同一细胞，在不同的发育阶段、不同的生理条件甚至不同的环境影响下，其蛋白质的存在状态也不尽相同。因此，蛋白质组是一个在空间和时间上动态变化着的整体。

蛋白质组学（proteomics）是指应用各种技术手段来研究蛋白质组的一门新兴学科，其目的是从整体的角度分析细胞内动态变化的蛋白质组成成分、表达水平与修饰状态，了解蛋白质之间的相互作用与联系，揭示蛋白质功能与细胞生命活动的基本规律。要对“全部蛋白质”进行研究是非常困难的，功能蛋白质组学（functional proteomics）的提出解决了这一难题，其研究对象是功能蛋白质组，即细胞在一定阶段或与某一生理现象相关的所有蛋白质，它是介于对个别蛋白质的传统蛋白质化学研究和以全部蛋白质为研究对象的蛋白质组学研究之间的层次，并把目标定位在蛋白质群体上，这一群体可大可小，从局部入手研究蛋白质组的各个功能亚群体，以便将来把多个亚群体组合起来，逐步描绘出接近于生命细胞的“全部蛋白质”的蛋白质组图谱。功能蛋白质组学的研究为实际运作带来方便，人们可利用现有的技术手段来研究蛋白质组这一极限群体中的各蛋白质功能亚群，从理论和技术上使“全部蛋白质”为研究对象的蛋白质组学这一抽象概念具体化，使研究者们更易于从时间、空间及量效动态方面整体、深入地研究生理状态下同一组织细胞在不同发育阶段、不同个体间或同一基因组在不同组织细胞间，病理情况下同一疾病的不同发展阶段的蛋白质表达模式和功能模式的变化，揭示一些重要的生命现象和一些重大疾病的发生发展规律。当然，随着蛋白质组研究的不断发展，蛋白质组学的概念也将不断发展和深化。

10.3.2 蛋白质组学的产生与发展

20世纪中期以来，随着DNA双螺旋结构的提出和蛋白质空间结构的X射线解析，生命科学研究进入了分子生物学时代。20世纪90年代初期，美国生物学家提出并实施了人类基因组计划，一些低等生物的DNA序列已被阐明，人类基因组DNA序列的框架图已经绘制完成。在这样的形势下，生命科学已进入后基因组时代，生命科学研究的重点已从揭示生命所有遗传信息转移到在整体水平上对生物功能的研究。这种转向的第一个标志就是产生了一门称为“功能基因组学”的新学科。其主要任务是解析和综合大量的遗传信息，阐明基因遗传信息与人类生命活动之间的联系。

基因的功能是通过其产物mRNA和蛋白质来体现的。但mRNA水平的基因表达状况并不能完全代表蛋白质水平的状况，mRNA与蛋白质之间的相关系数仅为0.4～0.5，蛋白质才是生命功能的主要执行者，由于它存在着翻译后的加工修饰、转移定位、构象变化、蛋白质与蛋白质及蛋白质与其他生物大分子相互作用等自身特点，因此难以从DNA和mRNA水平得到解答，从而促使人们从组织或细胞内整体蛋白质的组成、表达和功能模式去研究生命活动的基本规律。自1994年澳大利亚学者Williams和Wilkins首先提出与基因组相对应的“蛋白质组”概念，并开始从整体蛋白质水平研究生命现象以来，蛋白质组研究在国际上进展十分迅速，不论是基础理论，还是技术方法，都在不断地进步和完善。许多种细胞的蛋白质组数据库已经建立，相应的国际互联网站也层出不穷，众多的医药公司在巨大财力的支持下和商业利益的诱惑下纷纷加入蛋白质组研究领域，发表的相关研究论文逐年成倍增长。1996年澳大利亚建立了世界上第一个蛋白质组研究中心（Australia Proteome Analysis Facility，APAF）。在政府部门的大力支持下，丹麦、加拿大也先后成立了蛋白质组研究中心。1997年召开了第一次国际蛋白质组学会议，预测21世纪生命科学的重心将从基因组学转移到蛋白质组学，为生命科学和医药学领域的研究带来了新的生机。1998年在美国旧金山召开了第二届国际蛋白质组学会议，参加者大都来自于各大药厂和公司。1999年1月在英国伦敦举行了应用蛋白质组会议。1999年5月在日本召开的国际电泳会议上，约1/3的论文与蛋白质组有关。

目前，中国国家自然科学基金委员会关于蛋白质组重大项目的研究已经启动，肿瘤蛋白质组研究也已列入我国“973”和“863”项目。中国科学院上海生物化学研究所、中国军事医学科学院、湖南师范大学、中南大学湘雅医学院等单位相继开展了蛋白质组研究。可以相信，在不久的将来，“人类蛋白质组计划”必将启动，而且规模比“人类基因组计划”会更大，产生的影响也更深远，将是继基因组研究之后的又一“大科学”。

10.3.3　蛋白质组学的主要技术方法概述

蛋白质组学主要涉及两个方面的内容：一是研究蛋白质组的组成成分，即蛋白质组表达模式的研究；二是研究蛋白质组的功能，即蛋白质组功能模式的研究。目前主要集中在蛋白质组表达模式方面。蛋白质组表达模式研究的主要技术有双向凝胶电泳和以质谱为代表的蛋白质鉴定技术及生物信息学。

1. 蛋白质的分离和鉴定

迄今为止，双向凝胶电泳是高通量分离蛋白质的主要方法。这项技术起源于 20 世纪 70 年代，其要点是先对蛋白质样品进行一次聚丙烯酰胺等电聚焦，按照净电荷量的差别对蛋白质进行第一次分离。然后沿着与等电聚焦电泳条带垂直的方向，进行 SDS-聚丙烯酰胺凝胶电泳，按照分子大小的差别对蛋白质进行第二次分离。通过合适的染色方法，在聚丙烯酰胺凝胶平面上形成一个二维的蛋白质斑点图谱。一般来说，双向电泳可以在一块凝胶上分辨出 2 000 种蛋白质，很熟练的技术人员用最好的凝胶甚至能分辨出 11 000 种蛋白质。

图 10-5(a)为蛋白质双向电泳原理的示意图，(b)为一个实验结果的照片。通过对比不同组织(如正常组织和病理组织)蛋白质提取物的双向电泳图谱，找出有差异的斑点，进行蛋白质结构的研究，是蛋白质组学的常用方法。不过这一技术路线的实验周期较长，得到清晰的双向电泳图谱，需要反复摸索条件，技术难度较大。近些年提出用色谱和凝胶电泳组合来代替双向电泳，可以在一定程度上降低技术难度，但分辨率有待进一步提高。

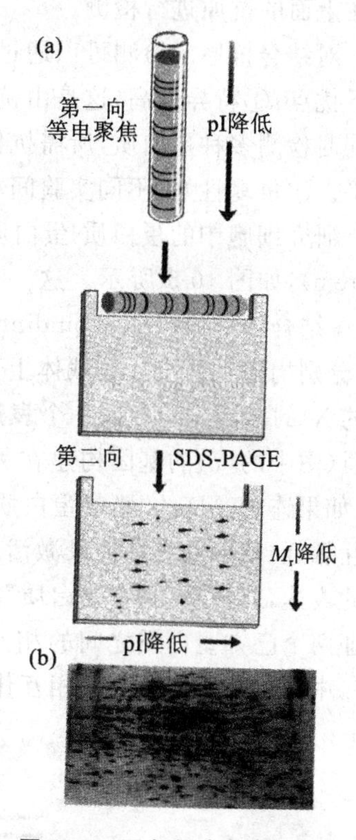

图 10-5　双向凝胶电泳示意图

(引自杨建雄，2009)

2. 蛋白质的序列分析

从双向电泳图谱中选择的目标蛋白质斑点可以从凝胶中切割出来，用蛋白质水解酶消化成多个多肽片段，用质谱仪进行序列分析。目前常用两种方法：基质辅助激光解析离子化飞行质谱(matrix-assisted laser desorption ionization time of flight mass spectrometry，MALDI-TOF MS)和电喷雾离子化串联质谱(electrospray ionization-tandem mass spectrometry，ESI-tandem MS)。前者可获得多肽片段质量的信息，后者可获得多肽片段氨基酸序列的详细资料。虽然这两种方法的离子化方式不同，但其分析原理都是在磁场中运动的带电粒子，由于其质量与携带电荷的比值不同、以不同的速度和偏转角度穿过磁场，按一定的次序进入监测器，由此来判断粒子的质量和特性。

用质谱法分析蛋白质的序列，灵敏度和分辨率高，只需要微量的样品即可完成。特别是 ESI-tandem MS 可以同时进行肽段的分离和序列分析，由于不需要分离肽段，分别用 Edman 降解法测序，再进行拼接，大大提高了蛋白质测序的效率，适合于对蛋白质序列进行高通量的研究。

3. 蛋白质功能的研究

研究蛋白质功能的一项重要技术是蛋白质芯片技术(protein microarray technique)，其要点是：在固相支持物表面高密度密集排列探针蛋白质点阵，当待测蛋白质与其反应时，可特异性地捕获样品中的靶蛋白质，然后通过检测系统对靶蛋白质进行定性及定量分析。随着标记技术和检测技术的进步，及探针标记物的多样化，蛋白质芯片技术已日益广泛地应用于蛋白质组学的各个领域。蛋白质芯片技术具有高效率、高通量、高灵敏度等优点。

蛋白质抗体芯片是将能和不同抗原特异性结合的多种抗体高密度地固定在玻片或其他载体上，将待测样品加到芯片表面，经过洗脱把非特异性结合的蛋白质洗掉，然后对特异性地结合在上面的抗原进行检测。

对结合抗原的检测可以通过质谱、荧光、显色等直接或间接地进行。抗体蛋白质芯片具有以下优点：①特异性高，这是由抗原抗体之间的特异性结合决定的。②高通量，在一次实验中可同时检测多种蛋白质，所需抗体量少，花费少，检测时间短。③敏感性较高，可达到 ng/L 级水平。④重复性好，不同实验间相同两点之间的变异小于 10%。

研究细胞中的蛋白质-蛋白质相互作用，常用的方法是酵母双杂交系统（yeast two-hybrid system），如图 10-6 所示。这一方法的要点是，将转录激活因子如酵母转录因子 GAL4 的 DNA 结合功能域（DNA binding domain，BD）和转录激活结构域（activation domain，AD）分开，分别构建在两个质粒载体上，将 BD 与作为“诱饵蛋白质”（bait protein）的已知蛋白质（图中的 X）的基因构建在同一个表达载体上，而 AD 与称为“猎物蛋白质”（prey protein）的待检蛋白质（图中的 Y）的基因构建在另一个表达载体上。将两个质粒同时转入带有报告基因的酵母，如果连着 AD 的“猎物蛋白质”能够与连着 BD 的“诱饵蛋白质”结合，GAL4 的 AD 和 BD 相互靠近，就能够发挥转录激活因子的作用，启动报告基因的表达。因此，若能检测出报告基因的表达，就说明“猎物蛋白质”能够与“诱饵蛋白质”相互作用。酵母双杂交系统不仅可用于验证两个已知蛋白质之间的相互作用，或找寻它们相互作用的结构域，还可以用来从 cDNA 文库中筛选与已知蛋白质相互作用的蛋白质基因。

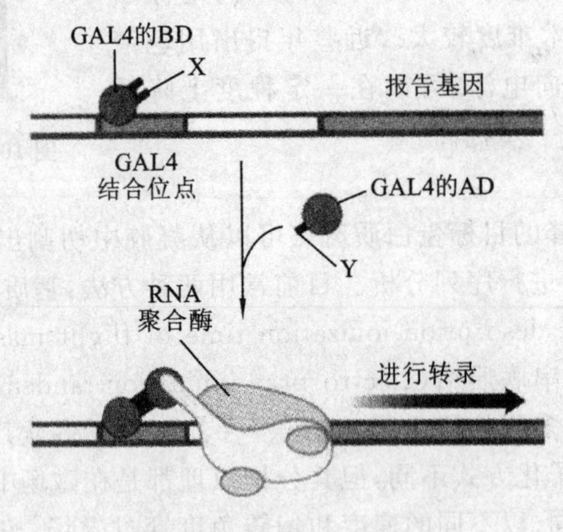

图 10-6　酵母双杂交系统

（引自杨建雄，2009）

研究蛋白质功能的另一项重要技术是荧光蛋白融合技术，荧光蛋白是一类具有发光功能的蛋白质，以绿色荧光蛋白（green fluorescent protein，GFP）为代表，此外，还有红色荧光蛋白和蓝色荧光蛋白等。存在于水母、水螅和珊瑚等腔肠动物体内的发光蛋白质就是一种典型的 GFP，由 238 个氨基酸残基组成，相对分子质量为 2.7×10^4，可以在紫外或蓝光的激发下发出绿色荧光。GFP 与外源基因偶联时，一般不影响外源蛋白质的结构和功能，并可在活细胞内长时间存在，其荧光强度与蛋白质含量成正相关。因此 GFP 与蛋白质偶联后，可以在活细胞或生物体内动态观察目标蛋白质的表达、分布和变化，进而探讨其生物学功能。如果用两种或两种以上蛋白质的基因分别构建荧光定位载体，然后转染细胞，观察它们单独存在和共同存在时的表达分布，就可知这两种或多种蛋白质是否存在细胞共定位。荧光蛋白融合技术操作简单，便于动态观察。日裔美籍科学家下村修（Osamu Shimomura）、美国科学家 Martin Chalfie 和华裔美籍科学家钱永健因研究绿色荧光蛋白和多色荧光蛋白标记技术荣获了 2008 年的诺贝尔化学奖。

免疫荧光（immuno fluorescence）技术是根据抗原抗体反应的原理，先用荧光素标记已知的抗原或抗体，制成荧光标记物，再用这种荧光标记物作为分子探针，检查细胞或组织内的相应抗原（或抗体）。免疫荧光技术分为直接法、间接法和补体法。以不同的荧光素标记不同的蛋白质，可以同时观察两种或两种以上蛋白质的分布情况，包括它们的共同定位分布。

荧光技术与共聚焦显微镜结合使用，能更加有效地实现细胞定位。共聚焦激光扫描显微镜的共聚焦系统，利用点光源代替传统光学显微镜的场光源，使探测点和照明点共轭，从而有效地抑制了同一聚焦平面上测量点的杂散荧光，同时也可抑制来自样品非聚焦平面的荧光，由此可获得生物样品的高反差、高分辨率和高灵敏度的二维图像。共聚焦激光扫描显微镜同时还具备纵向分辨能力，可对细胞及组织进行无损伤光学切片，获得样品的系列光学切片及样品中不同深度、不同层面的信息，然后通过其三维重建和三维显示功能，显示样本的空间结构和蛋白质的空间定位。

10.4　生物信息学

生物信息学（bioinformatics）是从 20 世纪 80 年代末开始，随着人类及模式生物的基因组测序数据迅猛增加而逐渐兴起的一门新兴学科，是生物科学与计算机科学，以及应用数学等多门学科相互结合而形成的交叉学科。生物信息学是利用计算机对生命科学研究中的生物信息进行存储、检索和分析的科学。它将大量系统的生物学数据与数学和计算机科学的分析理论和实用工具联系起来，通过对生物学实验数据的获取、加工、存储、检索与分析，解释数据所蕴涵的生物学意义。

生物信息学研究主要是利用计算机存储核酸和蛋白质序列，研究数学算法，编写相应的软件对序列进行分析、比较和预测，从中发现规律。其研究平台一般由数据库、计算机网络和应用分析软件三大部分组成。随着人类基因组计划的顺利实施，人们的注意力已从基因组测序转向对基因表达的功能产物进行分析，即对蛋白质组进行结构与功能的分析，因此蛋白质组信息学已成为当前生物信息学面临的主要课题。

10.4.1　生物信息学数据库

目前，已经有美国的 GenBank、欧洲的 EMBL 和日本的 DDBJ 等国际性 DNA 数据库，用户可以通过光盘或其他存储媒体以及 Internet 获得数据库中的序列，包括最新的序列（图 10-7、图 10-8）。蛋白质的一级结构也建立了相应的数据库，如国际蛋白质序列数据库 PIR、欧洲管理的 SWISS-PROT，以及 OWL、NRL3D 和 TrEMBL 等，蛋白质片段数据库有 PROSITE、BLOCKS、PRINTS 等，三维结构数据库有 PDB、NDB、BioMagResBank 和 CCSD

等，与蛋白质结构有关的数据库还有 SCOP、CATH、FSSP、3D-ALI 和 DSSP 等。美国国立图书馆生物技术信息中心（National Center for Biotechnology Information，NCBI）的 Entrez 不但有序列数据库，还有大量的文献信息（图 10-9）。除了这些主要的大型数据库之外，还有相对较小的专门性数据库，如 Gen-ProEc 为大肠杆菌基因和蛋白质数据库。这些信息各异的数据库，由 Internet 连接，构成了极其复杂的、规模巨大的生物信息资源网络。

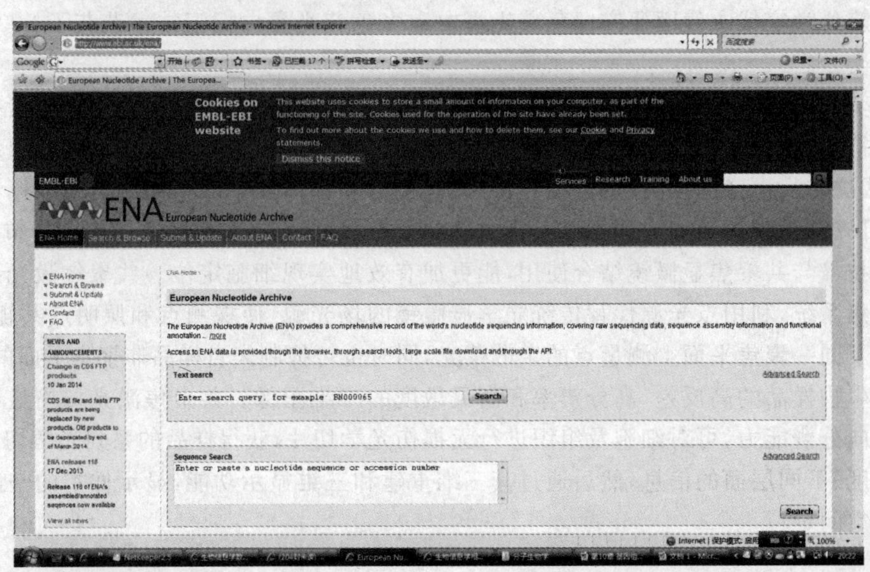

图 10-7　欧洲生物信息学研究所(EBI)的 EMBL 核酸序列数据库

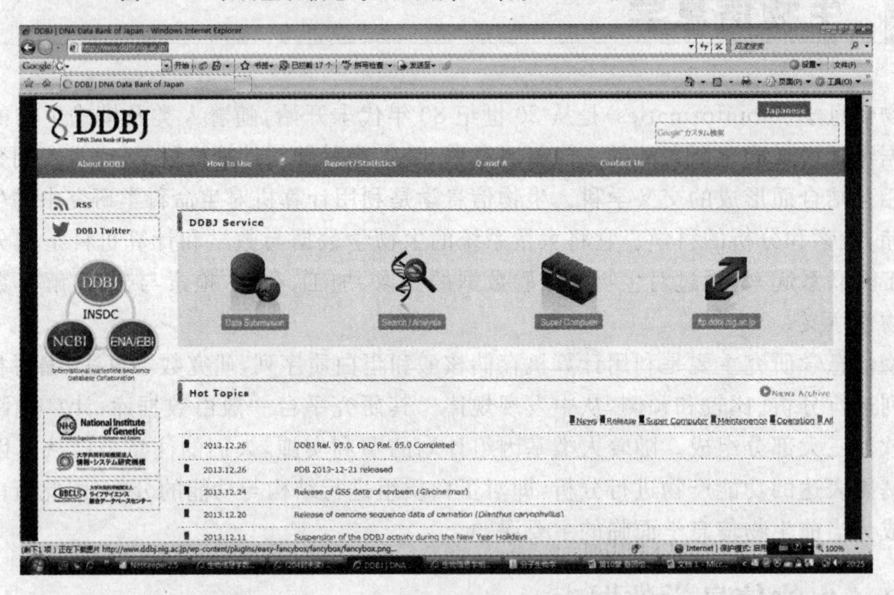

图 10-8　日本的 DDBJ 数据库

数据库的建立使基因组或蛋白质组学研究产生的大量数据从输入、存储、加工至调取，均能进行迅速和有效的控制。计算机网络实现了数据库之间的联系和数据的全球化。应用分析软件能够对大规模的已知数据进行分析，如序列相似性分析、电泳成像及图谱分析等，还能够以已知数据为基础，对未知数据进行预测，如用 DNA 序列预测蛋白质序列，用蛋白质序列预测其结构和功能等。

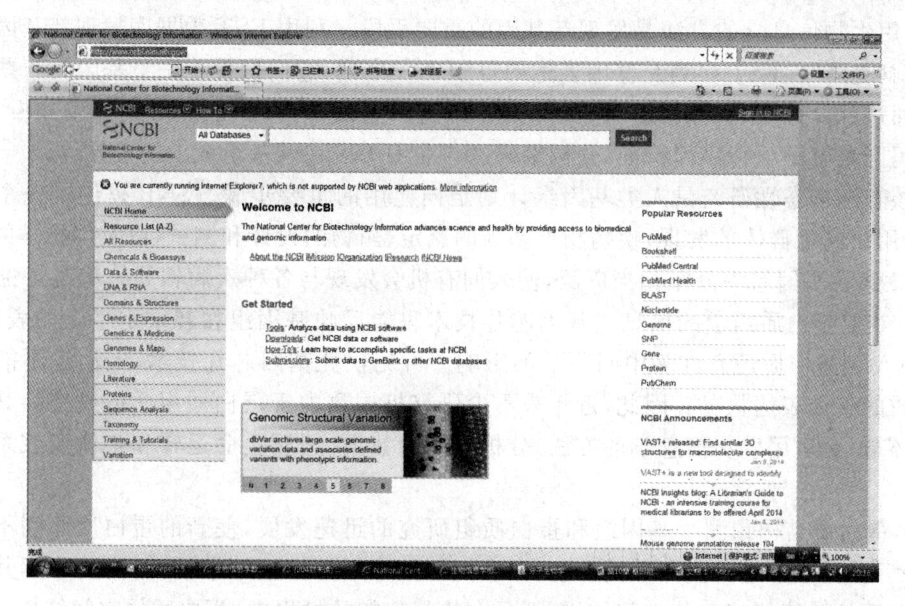

图 10-9　美国国立图书馆生物技术信息中心 NCBI 网页

生物信息学伴随着生命科学的发展而发展，其数据库的建立和应用软件的开发日益成熟，已广泛应用于包括蛋白质组学在内的各个领域，同时基因组学和蛋白质组学的研究也依赖于生物信息学的辅助。比如，在双向凝胶电泳后，首先通过成像和图像处理获得双向凝胶电泳图，然后既可以直接通过网络进入双向凝胶电泳图库进行检索，也可以通过分析软件获取不同生理或病理条件下双向凝胶电泳图的改变，及目标蛋白质斑点的参考等电点 pI 和相对分子质量。如果要进一步鉴定某些蛋白质斑点，需要将相应蛋白质点切割、消化后进行质谱分析。质谱分析的结果需要应用软件分析处理，然后不论是肽指纹图谱还是肽序列标签，都必须对相应数据库进行检索，才能获得所需蛋白质的鉴定资料。之后如果需要进行更深入的功能研究，还可利用数据库和应用分析软件进行二级结构预测和功能预测。

10.4.2　生物信息学的目标和任务

基因组学研究的直接结果是获得大量的数据，对这些数据进行分析，确定基因的功能，分析蛋白质复杂的结构、繁杂的种类和多样的相互作用，对生物信息学是很大的挑战。

生物信息学的研究目标是破译隐藏在 DNA 序列中的遗传语言，揭示基因组信息结构的复杂性及基因表达的规律，认识生命活动的基本规律，以及生命的起源、进化、遗传和发育的本质，揭示生理和病理过程的分子基础，为人类疾病的诊断、预防和治疗，以及农业科学提供合理有效的方法和途径。

目前生物信息学的主要任务有以下几点。

(1) 获取各种生物的完整基因组序列　测序仪的采样、分析、碱基读出、载体识别、拼接与组装、填补序列间隙、重复序列标识、读框预测、基因标注等都依赖于生物信息学的软件和数据库。这是一个信息收集、整理、管理、处理、维护、利用和分析的过程，包括建立国际基本生物信息库和生物信息传输的国际互联网系统，建立生物信息数据质量的评估与检测系统，生物信息的在线服务，以及生物信息的可视化等。

(2) 发现新基因和新的单核苷酸多态性位点　发现新基因是当前国际上基因组学研究的

热点，使用生物信息学的方法是发现新基因的重要手段。利用EST数据库发现新基因称为基因的“电脑克隆”。EST序列是基因表达的短cDNA序列，它们携带着完整基因的某些片段的信息。通过计算分析，从基因组DNA序列中确定新基因编码区，已经形成许多分析方法，如分析编码区具有的独特序列特征，分析编码区与非编码区在碱基组成上的差异等。

单核苷酸多态性研究是人类基因组计划走向应用的重要步骤。SNP提供了一个强有力的工具，用于高危群体的发现、疾病相关基因的鉴定、药物的设计和测试，以及生物学的基础研究等。SNP在基因组中分布相当广泛，使人们有机会发现与各种疾病相关的基因突变。

(3) 获取蛋白质组学的信息　基因芯片技术只能反映基因组在转录水平上的表达情况，而从RNA到蛋白质还有许多中间环节的影响。可见仅凭基因芯片技术，人们还不能最终掌握蛋白质的整体表达状况。因此，近年来不少研究机构致力于蛋白质组学的研究。其中的一个重要环节，是运用生物信息学的方法，分析海量的数据，还原生命运转和整体调控系统的分子机制。

(4) 蛋白质结构预测　基因组和蛋白质组研究的迅速发展，使新的蛋白质序列不断涌现出来。然而，要了解这些蛋白质的功能，只有氨基酸序列是远远不够的，还需要了解其空间结构。蛋白质的功能依赖于其空间结构，而且在执行功能的过程中，蛋白质的空间结构会发生改变。目前，除了通过X射线衍射晶体结构分析、多维核磁共振波谱分析和电镜二维晶体三维重构等物理方法获得蛋白质的空间结构外，还可以通过计算机辅助预测蛋白质的空间结构。一般认为，蛋白质的折叠类型只有数百到数千种，远远小于蛋白质所具有的自由度数目，而且蛋白质的折叠类型与其氨基酸序列具有相关性。因此有可能直接从蛋白质的氨基酸序列，通过计算机辅助预测其空间结构。随着蛋白质结构数据库信息的日益丰富，氨基酸序列与蛋白质空间结构相关性研究的日益深入，人们有可能在不远的将来，能够用计算机预测多数已知氨基酸序列的空间结构。

(5) 生物信息分析技术与方法的研究　为了适应生物信息学的飞速发展，其研究方法和手段必须得到提高。①开发有效的能满足大尺度作图和测序需要的软件、数据库和若干数据库工具，以及电子网络等远程通讯工具。②改进现有的理论分析方法，如统计方法、模式识别方法、复性分析方法、多序列比对方法等。③创建适用于基因组信息分析的新方法、新技术，发展研究基因组完整信息结构和信息网络的方法，发展生物大分子空间结构模拟、电子结构模拟和药物设计的新方法和新技术。

10.4.3　生物信息学的工作方式

生物信息学主要是利用计算机和网络开展研究工作，其研究方法离不开计算机方法和技术的运用，比如数据库、软件、算法、分布式计算等。数据库，顾名思义就是数据的集合，也是生物信息学工作的出发点。目前，多数人都是通过互联网来访问远程数据库系统。

随着数据库的界面越来越友好，数据库查询等操作已经变得很容易。软件则是用户面向的主要操作对象，一般生物信息学软件的获得主要有以下几种方法。①利用现有的免费或商业软件，安装在本地计算机上进行使用。免费软件通常可以在互联网上找到、下载，但服务上不及商业软件那样及时、便利。商业软件的好处是有相应的安装与维护，使用时有相应的说明可以参照进行，但费用比较昂贵。对于免费软件，在安装使用之前最好先阅读软件作者编写的帮助文档或使用说明之类的文件，以免安装使用过程中走弯路。②通过互联网浏览器程序、软件客户端程序或E-mail(电子邮件)程序向远程服务器发送计算请求，软件服务器端程序将在远程服务器上进行计算,然后将计算结果返回至互联网浏览器程序或者软件客户端程序,以及通过电子邮件方式返回服务器端运算结果。③自己动手编写程序。真正在研究工作中,会发现任何现成的软件都会有这样或那样的不足。这时可以自己动手,或者与计算机工作人员进行合作,开发新的软件以弥补现有软件的不足。算法,顾名思义就是解决问题的计算方法,由于它比较抽象、枯燥,而且是隐含在软件之中,一般人并不关心,在此不做详细讨论。

10.4.4　蛋白质组信息学概述

由于蛋白质组学是从蛋白质的整体水平进行研究,这就决定了蛋白质组研究产生的数据具有高信息量的特点,比如那满天星似的双向凝胶电泳图谱。为了有效而快速地对研究数据进行分析,生物信息学正在成为人们解决问题的新工具。因此,蛋白质组学与生物信息学的相互交叉、融合就显得格外引人注目。

1. 蛋白质组信息学的兴起

前已述及,人类基因组计划是生物信息学产生和发展的主要动力之一。因此,通常谈及的生物信息学指的是其狭义概念,即基因组信息学。目前基因组信息学的研究领域主要集中在以下几个方面:大规模基因组测序中的信息分析;新基因和新 SNP 的发现与鉴定;非编码区信息结构分析;遗传密码起源与生物进化的研究;完整基因组的比较研究;生物大分子的结构模拟与药物设计;生物信息学分析方法的研究等。随着人类基因组计划的不断推进,生命科学已步入后基因组时代。

蛋白质组研究正是后基因组计划中的一个重要组成部分,由于蛋白质组研究高信息量的特点,其对生物信息学的需求正在不断增大,故围绕蛋白质组研究而展开的生物信息学研究也正在逐渐兴起,包括对蛋白质组研究的实验数据进行获取、加工、存储、检索与分析等。另外,对蛋白质组研究的分析也导致了新的方法学问题,从数学角度来看并不是简单的 NP 问题、动力系统问题或不确定问题,而是基因表达的网络问题,故需要发展新的方法和工具。因此,围绕蛋白质组研究而开展的蛋白质组信息学可视为生物信息学的一个新的分支。

2. 蛋白质组信息学的研究内容

目前蛋白质组研究采用的实验方法主要有双向电泳、质谱、蛋白质微量测序、酵母双杂交等。因为生物信息学是通过对生物学的实验数据进行获取、加工、存储、检索与分析,进而达到揭示数据中所蕴涵的生物学意义的目的,故生物信息学在蛋白质组研究中的应用将主要围绕双向电泳、蛋白质测序等实验技术进行生物信息的获取、加工等。

具体而言,大致有以下几个方面:对双向电泳结果进行图像分析,从中寻找出疾病与生理状态下表达有差异的蛋白质斑点、构建双向电泳图谱数据库;参与对双向电泳凝胶中的蛋白质斑点的鉴定,包括单独或综合运用质谱数据、氨基酸测序结果、氨基酸组成分析结果等数据查询数据库以鉴定蛋白质;辅助大规模的酵母双杂交技术分析蛋白质之间的相互作用,包括构建细胞内巨大的蛋白质相互作用网络(huge protein network)以及对蛋白质相互作用进行功能分析(function analysis)等(图 10-10);对蛋白质结构与功能进行大规模的分析,有人称之为计算蛋白质组学(computational proteomics),这是蛋白质组信息学的又一项重要内容。

3. 蛋白质组信息学展望

随着蛋白质组研究的不断深入,蛋白质组研究已出现技术平台与信息处理一体化的趋势,例如早期蛋白质组研究采用的双向凝胶电泳、图像分析、蛋白质鉴定等技术都是分开的。目前已有多家公司推出了整合实验和信息处理一体化的平台,如 Invertigator、Rosetta、Netgenics

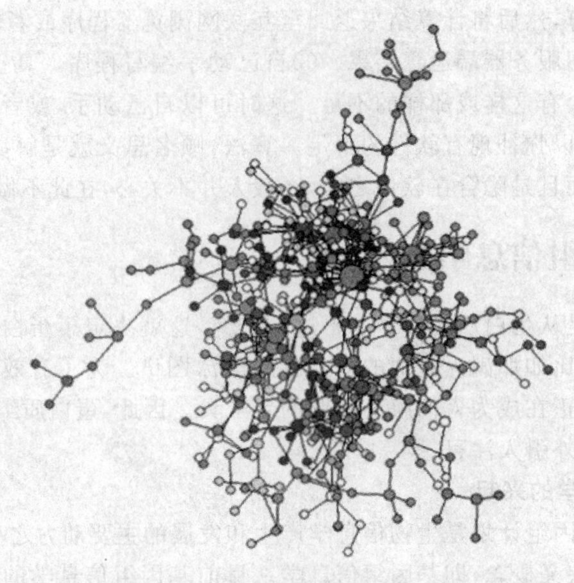

图 10-10 蛋白质相互作用网络

等。同时蛋白质组研究对生物信息学的要求也在不断提高。随着数据量的迅猛增加，数据库容量正在不断加大，造成数据库维护成本不断攀升；数据量快速增长同时导致数据分析任务的急剧加重，需要开发出功能越来越强大而使用越来越简单的分析软件，这些都使得个人、单个的研究所和大学力不从心。为此，蛋白质组信息学出现了产业化的趋势，越来越多的免费软件转化为商业化软件；同时越来越多的计算机制造商或软件开发商以单独或合作的方式加入这一新兴的研究领域。需要引起注意的是，虽然生物信息学是解决信息迷宫(information labyrinth)的一剂良方，但它并非万能灵药，因此不能指望用它来解决所有的生物学问题，最终仍需要用实验的方法来追踪或验证我们的理论假设。

思考题

1. 简述人类基因组计划的科学意义与应用价值。
2. 简述人类基因组计划的研究内容。
3. 列举几种常用转录组学分析方法，试述其原理。
4. 简要介绍转录组学产生与发展。
5. 概述功能基因组学和蛋白质组学的研究方法、发展现状及其发展前景。
6. 简要说明生物信息学的含义、发展现状和发展前景。

参考文献

[1] Yadav S P. The wholeness in suffix -omics, -omes, and the word om[J]. Journal of biomolecular techniques, 2007, 18(5): 277.

[2] DeLisi, Charles. Meetings that changed the world: Santa Fe 1986: Human genome baby-steps[J]. Nature, 2008, 455(7215): 876.

[3] Altshuler D M, Durbin R M, Abecasis G R, et al. An integrated map of genetic

variation from 1 092 human genomes[J]. Nature,2012,491(7422):56-65.

[4] Jeong H,Barbe V,Lee C H,et al. Genome sequences of *Escherichia coli* B strains REL606 and BL21(DE3)[J]. J. Mol. Biol. ,2009,394(4):644-52.

[5] Goffeau A,Barrell B G,Bussey H,et al. "Life with 6000 genes"[J]. Science,1996, 274(5287):546,563-567.

[6] Piskur J,Ling Z H,Marcet-Houben M,et al. The genome of wine yeast Dekkera bruxellensis provides a tool to explore its food-related properties[J]. Int. J. Food Microbiol. , 2012,157(2):202-209.

[7] Drosophila 12 Genomes Consortium. Evolution of genes and genomes on the *Drosophila* phylogeny[J]. Nature,2007,450,203-218.

[8] Schmitz R J,Schultz M D,Urich M A,et al. Patterns of population epigenomic diversity[J]. Nature,2013,495(7440):193-198.

[9] 冯作化. 医学分子生物学[M]. 北京:人民卫生出版社,2005.

[10] Guojie Zhang,Guangwu Guo,Xueda Hu,et al. Deep RNA sequencing at single base-pair resolution reveals high complexity of the rice transcriptome[J]. Genome Res. , 2010,20:646-654.

[11] Vincent M Bruno,Zhong Wang,Sadie L Marjani,et al. Comprehensive annotation of the transcriptome of the human fungal pathogen *Candida albicans* using RNA-seq[J]. Genome Res. ,2010,20:1451-1458.

[12] 陈竺,强伯勤,方福德. 基因组科学与人类疾病[M]. 北京:科学出版社,2001.

[13] 郝柏林,张淑誉. 生物信息学手册[M]. 上海:上海科学技术出版社,2000.

[14] 贺林. 解码生命——人类基因组计划和后基因组计划[M]. 北京:科学出版社,2000.

[15] 陈主初,梁宋平. 肿瘤蛋白质组学[M]. 长沙:湖南科学技术出版社,2002.

[16] 杨建雄. 分子生物学[M]. 北京:化学工业出版社,2009.

[17] 郜金荣,叶林柏. 分子生物学[M]. 修订版. 武汉:武汉大学出版社,2007.

[18] 黄诒森,张光毅. 生物化学与分子生物学[M]. 2 版. 北京:科学出版社,2008.

[19] 赵亚华. 分子生物学教程[M]. 3 版. 北京:科学出版社,2011.

[20] 杨荣武. 分子生物学[M]. 南京:南京大学出版社,2007.

[21] 王曼莹. 分子生物学[M]. 北京:科学出版社,2006.

[22] 朱玉贤,李毅. 现代分子生物学[M]. 3 版. 北京:高等教育出版社,2002.

[23] 杨岐生. 分子生物学[M]. 杭州:浙江大学出版社,2004.

[24] 沃森等著. 基因的分子生物学[M]. 杨焕明,等译. 北京:科学出版社,2005.

第11章 分子生物学技术基础

分子生物学研究之所以从20世纪中叶开始得到高速发展，最主要的原因之一就是现代分子生物学研究方法的不断更新和进步。分子生物学研究方法是现代生物学在分子水平上进行研究的重要技术手段，是现代生物技术的主要标志，已经成为生物、医学等领域极其有用的研究工具。分子生物学研究方法包括细胞工程技术、基因工程技术、DNA测序技术、DNA芯片技术、酶工程技术等。在现代分子生物学研究方法中，重组DNA技术是其最重要的成就之一，也是基因工程的核心技术。本章将重点介绍几种在分子水平研究上应用十分广泛和有效的分子生物学研究方法。

11.1 载体

载体(vector)是将外源目的DNA导入受体细胞，并能进行自我复制和增殖的工具，也称运载体。要让一个从甲生物细胞内取出来的基因在乙生物体内进行复制或表达，首先得将这个基因送到乙生物的细胞内，能将外源基因送入细胞的工具就是载体。根据功能不同，载体分为克隆载体和表达载体。为使插入的外源DNA序列被扩增而特意设计的载体称为克隆载体。具有使插入的外源DNA序列转录翻译成多肽链的载体称为表达载体。根据来源和功能不同，载体又可分为质粒载体、噬菌体载体、黏粒载体、人工染色体载体等。

11.1.1 载体的基本要求

克隆载体通常是由质粒、噬菌体、病毒或一段染色体DNA改造而成。细菌和真菌的克隆载体常用质粒来构建，噬菌体往往作为构建基因文库等有特殊要求的载体，动、植物的基因载体更多是用病毒或染色体构建。

作为克隆载体应具备的基本条件如下：①至少有一个复制起点，能在受体细胞中自我复制，是一个复制子；②至少应有一个便于筛选的遗传标记基因，以指示载体或重组DNA分子是否进入宿主细胞；③含有多种限制性核酸内切酶的单一识别序列即多克隆位点(multiple cloning sites，MCS)，以供外源基因插入；④除保留必要的序列外，载体应尽可能小，以便于导入细胞和进行繁殖；⑤使用安全，在宿主细胞内部不产生有害性状，不进行重组，不产生转移；⑥含有适当的拷贝数，方便外源基因在宿主细胞内的大量扩增。此外，根据不同的目的还有各种特殊的要求。

构建载体时，通常需要选择适当的质粒、噬菌体、病毒或染色体复制子作为起始物质，删除其中的非必需序列，然后插入或融合选择标记序列。最常用的选择标记是对抗生素的抗性基因，如抗氨苄青霉素（*Amp*ʳ）、抗四环素（*Tet*ʳ）以及抗卡那霉素（*Kan*ʳ）等，另外还可以利用某些能够产生显示反应的基因作为筛选标记基因，如通过β-半乳糖苷酶活性筛选的蓝白斑筛选法。

11.1.2　常用的基因克隆载体

1. 质粒载体

质粒（plasmid）是细胞中的染色体或核 DNA 以外能够自主复制的较小的 DNA 分子。大部分质粒都是闭环结构，少数的质粒具有线形结构。质粒存在于许多细菌以及酵母菌等生物中，乃至于植物的线粒体等细胞器中。质粒并不是宿主生长所必需的，但可以赋予宿主某些抵御外界环境因素不利影响的能力，通常带有某些抗性基因。天然质粒的 DNA 长度从数千 bp 至数十万 bp 不等。

质粒之所以能够作为基因克隆载体，是由于以下几点：①质粒 DNA 是一个独立的复制子；②有抗性基因作为筛选标记；③具有多种内切酶的单酶切位点；④质粒相对分子质量小，拷贝数高，容易制备。

pSC101 质粒是第一个成功地用于克隆实验的大肠杆菌质粒载体（图 11-1），长度为 9.09 kb，有抗四环素（*Tet*ʳ）筛选标记，属于低拷贝的天然型质粒载体。有 *Hind* Ⅲ、*Eco*R Ⅰ、*Bam*H Ⅰ、*Sal* Ⅰ、*Xho* Ⅰ、*Pvu* Ⅰ、*Sma* Ⅰ 7 种限制性核酸内切酶酶切位点，其中在 *Hind* Ⅲ、*Bam*H Ⅰ、*Sal* Ⅰ 3 个位点克隆外源 DNA，都会导致 *Tet*ʳ 基因失活。然后对该天然的载体进行了进一步的改造，包括删除非必需序列、引入标记基因、减少酶切位点等。1977 年成功构建出至今仍在广泛应用的克隆载体 pBR322（图 11-2），其长度为 4 361 bp，有抗氨苄青霉素和抗四环素的两个筛选标记基因，24 个多克隆位点，其中 9 个会导致 *Tet*ʳ 基因失活（如 *Bam*H Ⅰ、*Hind* Ⅲ、*Sal* Ⅰ），3 个会导致 *Amp*ʳ 基因失活（*Sca* Ⅰ、*Pvu* Ⅰ、*Pst* Ⅰ）。

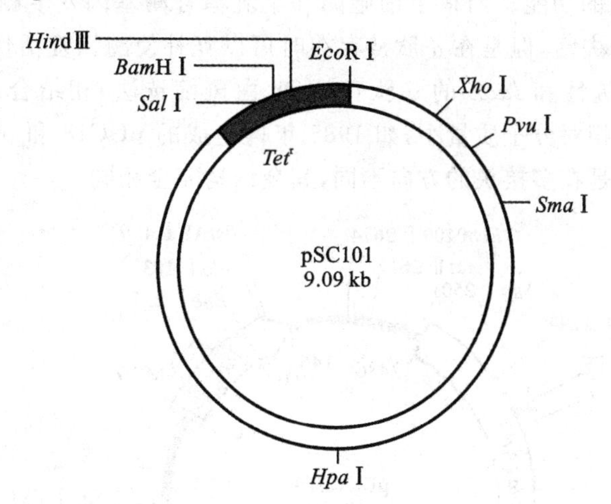

图 11-1　质粒载体 pSC101

随着克隆载体的不断发展，一些相对分子质量小、拷贝数多、具有多种特殊性能的载体相继产生。1982 年 J. Messing 和 J. Vieria 在 pBR322 质粒的基础上构建出了 pUC 系列的质粒载体，该载体集中了当时载体的诸多优点。它长度约 2.7 kb，由四个部分组成：①来自 pBR322 的复制起点（*Ori*）；②来自 pBR322 的氨苄青霉素的抗性基因（*Amp*ʳ），但其上失去了克隆位点；③大肠杆菌β-半乳糖苷酶基因（*lacZ*）的启动子及编码α-肽链的 DNA 序列，此结构称为 *lacZ* 基因；④位于 *lacZ* 基因中的靠近 5′端的一段多克隆位点（MCS）区段，但它（多克隆

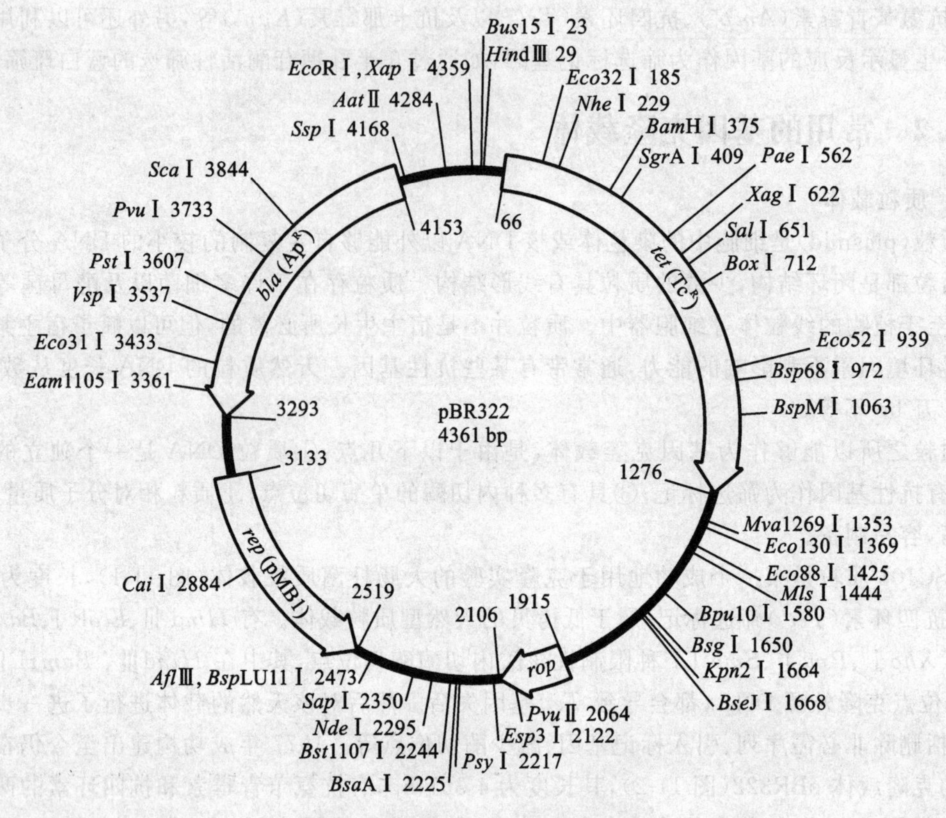

图 11-2 质粒载体 pBR322 载体

位点)并不破坏该基因的功能。当宿主细胞的β-半乳糖苷酶基因发生删除突变,缺失 N 端的一段氨基酸序列,使酶失活,但是在α-肽链存在时可以互补使酶恢复活性。因此,该质粒载体可以利用氨苄青霉素抗性和 *lacZ* 的α肽互补(蓝白斑筛选法)相结合进行筛选重组 DNA。pUC 系列的质粒载体相对分子质量小,如 1985 年构建成的 pUC18 和 pUC19(图 11-3),全长 2 686 bp,两者差别只是在多接头的方向不同,其余结构完全相同。

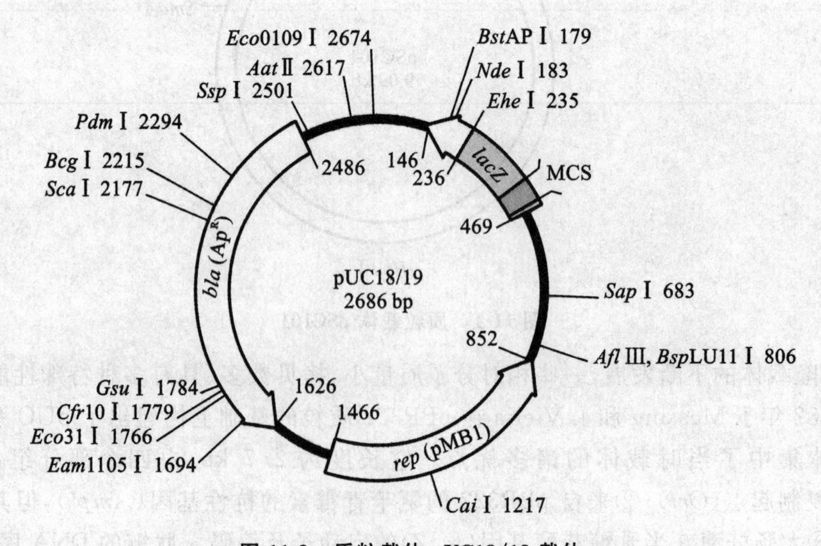

图 11-3 质粒载体 pUC18/19 载体

2. λ 噬菌体载体

噬菌体(bacteriophage)是一类细菌病毒的总称，它本身是一种核蛋白，核心是一段 DNA(线形)，结构上有一个蛋白质外壳和尾巴，尾巴上的微丝可以把噬菌体的 DNA 注入细菌内。噬菌体 DNA 被开发成为基因工程的有用载体，源于其高效率的感染性，能使外源基因高效导入受体细胞，而且其自主复制繁殖性能使外源基因在受体细胞中高效扩增。目前最广泛应用的是一些温和型噬菌体，如 λ 噬菌体，这些噬菌体除了是独立的复制子之外，成熟的噬菌体颗粒的蛋白质外壳，为重组 DNA 的体外包装提供了有利条件。

λ 噬菌体由外壳包装蛋白和 λ-DNA 组成。λ-DNA 在噬菌体中是线状 DNA 分子，全长为 48.502 kb 的双链 DNA，含 60 多个基因，其中有 1/3 的区域是其裂解性生长的非必需区，这一区段的缺失，或在此区段中插入外源 DNA，并不影响噬菌体的增殖，这就是 λ 噬菌体可作为基因载体的依据。在 DNA 两端各有 12 bp 的 5′单链突出(5′-GGGCGGCGACCT-3′)，彼此序列互补，被称为 *cos* 位点(cohesive end site)，它是包装时的切割信号(图 11-4)。

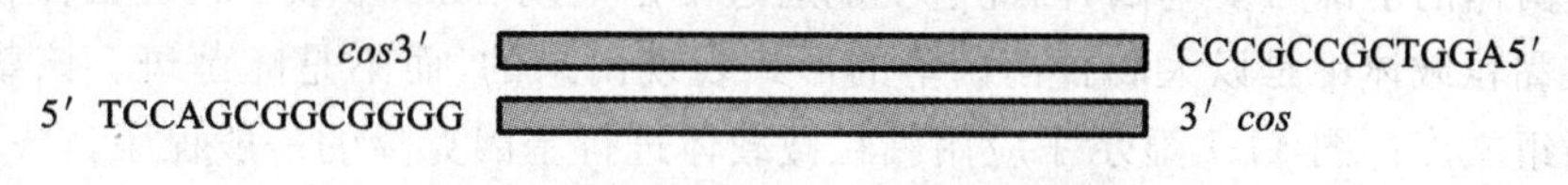

图 11-4　λ 噬菌体 DNA 结构示意图

野生型 λ 噬菌体基因组较大(48.5 kb)，酶切点过多。它有 5 个 *Bam*H Ⅰ位点(G↓GATCC)，6 个 *Bgl* Ⅰ位点(A↓GATCT)，5 个 *Eco*R Ⅰ位点(G↓AATTC)。野生型只能接纳一定长度的 DNA，一般仅为 48.5 kb×5%=2.425 kb 的 DNA。而且重组的 λ-DNA 分子难于直接导入宿主细胞，需通过体外包装成病毒颗粒，然后以感染的方式注入细胞。因此，若要构建理想的 λ 噬菌体载体，必须在野生型的基础上进一步改造，包括切去部分非必需的区域、除去多余的限制性核酸内切酶切割位点、插入可供选择的标记基因和建立体外包装系统。

λ 噬菌体载体可分为插入型(图 11-5)和置换型(图 11-6)两种，前者将线形载体利用单个限制酶切开后，即可将外源基因片段与载体两臂连接；后者需要切除载体的一个片段，再将外源基因与之替换。无论是前者还是后者，携带外源基因后重组的 DNA 总长度应为 λ 噬菌体 DNA 的 78%～105%，病毒外壳蛋白才能将其装配成病毒颗粒。

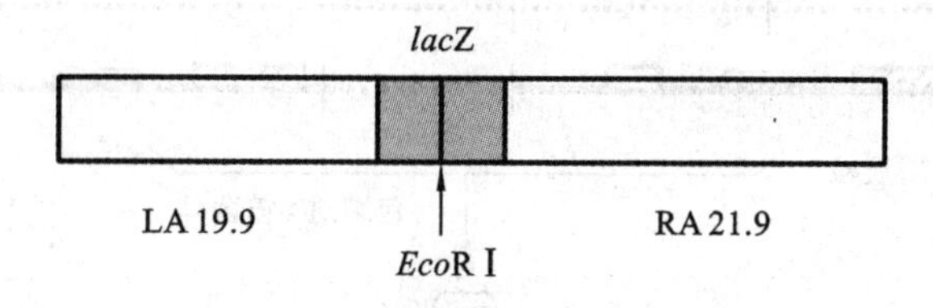

图 11-5　λ 噬菌体插入型载体 Charon 16A 的形体图

该载体中有一个 *lacZ* 基因(β-半乳糖苷酶基因)，其编码序列中有一个 *Eco*R Ⅰ限制位点供外源 DNA 片段插入，左臂(LA)和右臂(RA)的长度均以 kb 为单位。

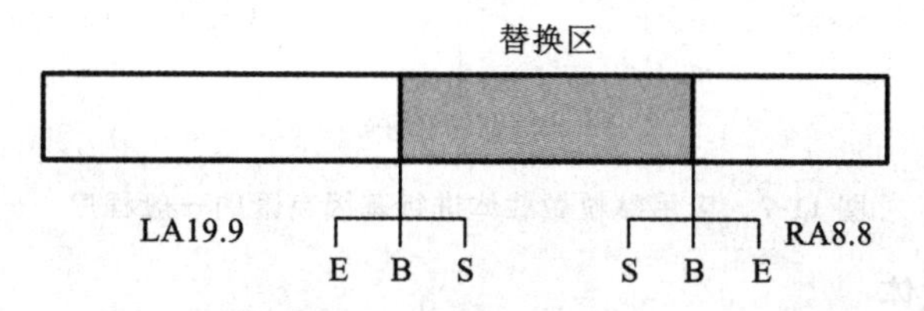

图 11-6　λ 噬菌体替换型载体 EMBL4 的形体图

λEMBL4 噬菌体可替换区段长 13.2 kb，两侧有反向多聚衔接物包围(E=*Eco*R Ⅰ，B=*Bam*H Ⅰ，S=*Sal* Ⅰ)，左臂(LA)和右臂(RA)的长度均以 kb 为单位。

λ噬菌体作为载体的优点如下：λ-DNA可在体外包装成噬菌体颗粒，能高效转染大肠杆菌；λ-DNA载体的装载能力为25 kb，远远大于质粒的装载量；重组λ-DNA分子的筛选较为方便；重组λ-DNA分子的提取较为简便；λ-DNA载体适合克隆和扩增外源DNA片段，但不适合表达外源基因。

3. 黏粒载体

黏粒（cosmid）载体也称柯斯质粒载体、黏粒。这是一类用于克隆大片段DNA的载体，它是由λ噬菌体的*cos*位点及质粒（plasmid）重组而成的载体。黏粒载体大小一般在5～7 kb，带有质粒的复制起点、克隆位点、选择性标记以及λ噬菌体用于包装的*cos*位点等，因此该载体既可以像质粒一样在宿主细胞中扩增，又可以像噬菌体一样进行体外包装，并利用噬菌体感染的方式将重组DNA导入受体细胞。黏粒载体可以承载40 kb左右的外源DNA片段，不带外源DNA片段的载体因为包装下限而不能被包装，具有很强的选择性。由于黏粒克隆载体并不含有λ噬菌体的全部必要基因，因此它不能通过溶菌周期，无法形成子代噬菌体颗粒。外源片段克隆在黏粒载体中是以大肠杆菌菌落的形式表现出来的，而不是噬菌斑。该载体常被用于构建基因组文库。图11-7显示了应用黏粒做载体进行基因克隆的一般程序。

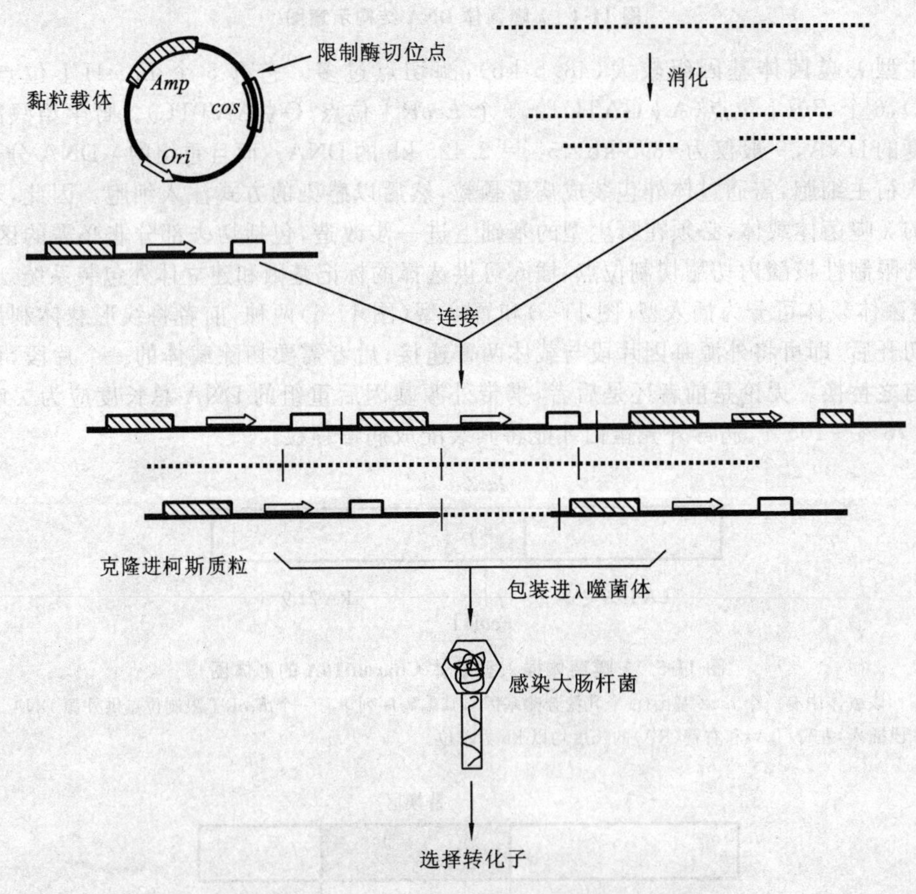

图11-7　应用黏粒做载体进行基因克隆的一般程序

4. 人工染色体载体

人工染色体载体（artificial chromosome vector）是利用染色体的复制元件来驱动外源DNA片段复制的载体，包括细菌人工染色体（BAC）载体、P1人工染色体（PAC）载体以及酵母人工染色体(YAC)载体等。实际上它是一种穿梭克隆载体,含有质粒克隆载体所必备的第一受体(大肠杆菌)源质粒复制起始位点(ori),还含有第二受体(如酵母菌)染色体 DNA 着丝点、端粒和复制起始位点的序列,以及合适的选择标记基因。与其他的克隆载体相比,人工染色体克隆载体的特点是能容纳长达 1 000 kb甚至 3 000 kb 的外源 DNA 片段。

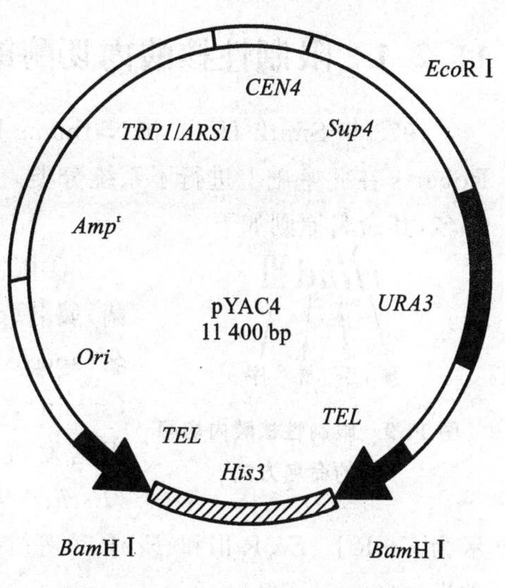

图 11-8　酵母人工染色体模式图

酵母人工染色体(yeast artificial chromosome, YAC)是一类酵母穿梭载体(图 11-8),可以接受 350～400 kb 的外源 DNA 片段。其主要结构包括:①两个可在酵母菌中利用的选择基因,*URA3* 和 *TRP1*(色氨酸合成基因);②酵母菌着丝粒序列(centromere4, *CEN4*);③一个自主复制序列(*ARS1*);④两个来自嗜热四膜虫(*Tetrahymenna thermophila*)的末端重复序列(*TEL*),以保持重组 YAC 为线状结构;⑤在两个末端序列中间,有一段填充序列(*His3*),以便 pYAC4 在细菌细胞中稳定扩增;⑥Amp 抗性及细菌质粒复制起点(*Ori*);⑦一个 *Eco*R Ⅰ 克隆位点,该位点位于酵母菌 *Sup4* tRNA 基因内。

11.2　核酸酶

核酸酶是能够水解核酸分子中磷酸二酯键的酶类的总称,如核酸内切酶、核酸外切酶、限制性内切酶等。限制性内切酶是基因克隆中重要的工具酶,能识别双链 DNA 分子中特异核苷酸序列的核酸酶,可在识别序列内部或两侧切割双链 DNA 分子。例如,*Eco*R Ⅰ 可以识别 GAATTC 序列,在 GA 之间进行切割:

5′-G|AATTC-3′
3′-CTTAA|G-5′

限制性内切酶从核酸链中间水解 3′,5′-磷酸二酯键,将核酸链切断,被切断的 DNA 双链分子都产生 5′-磷酸基和 3′-羟基末端。

限制性内切酶主要存在于原核生物中,大多数来自于细菌体内。1970 年 Smith H. O. 和 Wilcox K. W. 从流感嗜血杆菌(*Hemophilus influenzae*)中首次分离出特异切割 DNA 的限制性内切酶,简称限制酶。在限制酶作用下,侵入细菌的外源病毒 DNA 分子便会被切割成不同大小的片段,从而抵御外源 DNA 分子的入侵。在细菌体内,限制酶的作用是降解外源 DNA,因为自身 DNA 的酶切位点经甲基化而受到保护。细菌体内除了具有限制酶之外,还存在一种对自身 DNA 起修饰作用的甲基化酶,修饰酶对底物的识别和作用位点与限制酶是相同的,但只是使 DNA 链甲基化而不是切开 DNA 链。经过修饰酶甲基化的 DNA 不会被限制酶识别,从而使得限制酶对这种修饰过的 DNA 不再起作用。因此,限制性内切酶与甲基化酶共同构成了细菌的限制-修饰(R-M)系统。在一些 R-M 系统中,限制性内切酶和修饰酶是两种不同的蛋白质,它们各自独立行使自己的功能;而在另外一些系统中,两种功能由同一种限制-修饰酶的不同亚基,或是同一亚基的不同结构域来执行。

11.2.1 限制性核酸内切酶的命名原则

1973 年 Smith H. O. 和 Nathams D. 首次提出了限制性核酸内切酶的命名原则，1980 年 Roberts 在此基础上进行了系统分类。总规则是以限制性核酸内切酶来源的微生物学名进行命名，其命名原则如下。

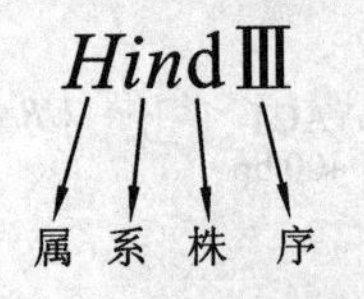

图 11-9 限制性核酸内切酶的命名方式

①限制性核酸内切酶第一个字母代表该酶的微生物（宿主菌）属名（genus），需大写、斜体；②第二、三个字母代表微生物种名（species），需小写、斜体；③第四个字母代表寄主菌的株或型（strain）；④如果从一种菌株中发现了几种限制性核酸内切酶，即根据发现和分离的先后顺序用罗马字母表示。如大肠杆菌（*Escherichia coli*）R 株中分离到几种限制性核酸内切酶，分别表示为 *Eco*RⅠ、*Eco*RⅡ和 *Eco*RⅤ等。*Eco*RⅠ读作 *Eco*R one，*Eco*RⅡ读作 *Eco*R two，以此类推。

限制性核酸内切酶标记为 R（通常省略不写），修饰性甲基化酶标记为 M。图 11-9 以从流感嗜血杆菌 d 株的分离出的第三种限制性核酸内切酶为例来说明命名原则。

11.2.2 限制性核酸内切酶的分类

根据限制性核酸内切酶的识别切割特性、催化条件及是否具有修饰酶活性等特点，主要分为Ⅰ型、Ⅱ型、Ⅲ型三大类。

1. Ⅰ型限制性核酸内切酶

Ⅰ型限制性核酸内切酶是第一个被发现的，由 3 种不同亚基构成，是兼具甲基化酶修饰活性和依赖于 ATP 的限制性核酸内切酶活性的复合功能酶，它能识别和结合于特定的 DNA 序列位点，进而随机切断在识别位点以外的 DNA 序列。这类酶的作用需要 Mg^{2+}、ATP 和 S-腺苷酰甲硫氨酸作为催化的辅助因子，在 DNA 降解时伴随有 ATP 的水解，即具有核酸内切酶、甲基化酶、ATP 酶和 DNA 解旋酶四种活性；在 DNA 链上的识别和切割位点不一致，没有固定的切割位点，一般在识别位点外的 1 kb 至几个 kb 处随机切割，不产生特异片段。

2. Ⅱ型限制性核酸内切酶

Ⅱ型限制性核酸内切酶只由一条肽链构成，Ⅱ型限制性核酸内切酶限制-修饰系统（R-M 系统）分别由限制性核酸内切酶和甲基化酶两种不同的酶组成，仅需 Mg^{2+} 作为催化反应的辅助因子，它能识别和切割双链 DNA 的特异顺序，产生特异的 DNA 片段，切割 DNA 特异性最强，且就在识别位点范围内切断 DNA，是分子生物学中应用最广的限制性核酸内切酶。通常在重组 DNA 技术提到的限制性核酸内切酶主要指Ⅱ型酶而言。

3. Ⅲ型限制性核酸内切酶

Ⅲ型限制性核酸内切酶与Ⅰ型酶相似，是多亚基蛋白质，既有内切酶活性，又有修饰酶活性，但在 DNA 链上有特异切割位点，切断位点在识别序列周围的 25～30 bp 范围内，酶促反应除 Mg^{2+} 外，也需要 ATP 供给能量。Ⅰ、Ⅲ型限制性核酸内切酶对重组 DNA 技术无重要价值。

三种限制性核酸内切酶的特性比较见表 11-1。

表 11-1　三种限制性核酸内切酶的特性

特　　性	Ⅰ型	Ⅱ型	Ⅲ型
1. 限制修饰活性	双功能的酶	限制酶和修饰酶分开	双功能酶
2. 内切酶的蛋白质结构	3 种不同亚基	单一成分	2 种亚基
3. 限制辅助因子	ATP、Mg^{2+} 和 S-腺苷甲硫氨酸	Mg^{2+}	ATP、Mg^{2+} 和 S-腺苷甲硫氨酸
4. 切割位点	距特异性位点 5′端至少 1000 bp	位于识别位点上	特异性位点 3′端 25～30 bp 处
5. 特异性切割	不是(随机)	是	是
6. 基因克隆中的作用	无用	非常有用	用处不大

11.2.3　Ⅱ型限制性核酸内切酶的特性

由于Ⅱ型限制性核酸内切酶有严格的识别、切割顺序，因而它被广泛地应用在基因工程中。它的特性如下。

(1) 识别双链 DNA 分子中 4～8 bp 的特定序列　例如，*Alu* Ⅰ识别 4 bp 序列为 AGCT；*Eco*R Ⅰ识别 6 bp 序列为 GAATTC；*Not* Ⅰ识别 8 bp 序列为 GCGGCCGC。

一般来说，识别 4 bp 序列的酶比识别 8 bp 序列的酶切割产生更小的 DNA 片段，因为短序列比长序列在 DNA 中随机出现的概率更大。特定的限制性核酸内切酶，识别序列是固定的，其切割 DNA 的次数也很容易计算出来：假定组成核酸的四种碱基是随机分布的，那么识别序列每个位置上的四种碱基出现的概率是相同的，因此，一个识别 4 bp 序列的限制性核酸内切酶，每隔 $4^4=256$ bp 就应该发生一次切割。同理，识别 6 bp 序列的限制性核酸内切酶，每隔 $4^6=4\ 096$ bp 就会发生一次切割；识别 8 bp 序列的限制性核酸内切酶，每隔 $4^8=65\ 536$ bp 就会发生一次切割。因此，识别序列越长，在 DNA 上的切割位点就越少。

(2) 大部分酶的切割位点在识别序列内部或两侧　例如，*Eco*R Ⅰ在识别序列内部 G、A 之间进行切割：

5′-G ↓ A-A-T-T-C-3′
3′-C-T-T-A-A ↑ G-5′

*Sau*3A Ⅰ在识别序列两侧进行切割：

5′- ↓ G-A-T-C-3′
3′-C-T-A-G ↑ -5′

Ⅱ型限制性核酸内切酶切割双链 DNA 产生 2 种不同的切口：黏性末端与平末端。两条多聚核苷酸链上磷酸二酯键断开的位置是交错的，对称分布在识别序列中心位置两侧，切割后使 DNA 片段末端的一条链多出一个或几个核苷酸，同具有互补核苷酸的另一 DNA 片段末端可以黏结，这样的 DNA 片段称为黏性末端。黏性末端有两种类型：3′黏性末端和 5′黏性末端。两条多聚核苷酸链上磷酸二酯键断开的位置处在识别序列的对称结构中心，切割后产生的 DNA 片段末端的是平齐的，称为平末端。

Pst Ⅰ等产生的 3′黏性末端：

↓
5′-G-C-T-C-T-G-C-A-G-G-A-G-3′
3′-C-G-A-G-A-C-G-T-C-C-T-C-5′
↑

⇩

5′-G-C-T-C-T-G-C-A-OH…………P-G-G-A-G-3′
3′-C-G-A-G-P…………OH-A-C-G-T-C-C-T-C-5′

*Eco*RⅠ等产生的5′黏性末端：

↓
5′-G-C-T-G-A-A-T-T-C-G-A-G-3′
3′-C-G-A-C-T-T-A-A-G-C-T-C-5′
↑

⇩

5′-G-C-T-G-OH…………P-A-A-T-T-C-G-A-G-3′
3′-C-G-A-C-T-T-A-A-P…………HO-G-C-T-C-5′

*Pvu*Ⅱ等产生的平末端：

↓
5′-G-C-T-C-A-G-C-T-G-G-A-G-3′
3′-C-G-A-G-T-C-G-A-C-G-T-C-5′
↑

⇩

5′-G-C-T-C-A-G-OH……P-C-T-G-G-A-G-3′
3′-C-G-A-G-T-C-P……OH-G-A-C-G-T-C-5′

(3)识别切割序列呈典型的旋转对称型回文结构　例如，*Eco*RⅠ和*Sau*3AⅠ的识别序列：

*Eco*RⅠ　5′-GAA-TTC-3′
3′-CTT-AAG-5′

*Sau*3AⅠ　5′-GA-TC-3′
3′-CT-AG-5′

11.3 克隆基因技术

限制性核酸内切酶的发现以及质粒等作为载体的应用，共同推动了DNA体外重组技术的发展，使基因的分子克隆成为可能。基因克隆是指通过无性繁殖的操作而获得某个基因的大量完全相同的片段的过程。基因克隆技术建立于20世纪70年代初期，该技术包括了一系列的工作。美国斯坦福大学的伯格(P. Berg)等于1972年把一种猿猴病毒SV40的DNA与λ噬菌体DNA用*Eco*RⅠ消化，再用T_4 DNA连接酶把这两种DNA分子连接起来，于是产生了一种新的重组DNA分子，从此产生了基因克隆技术。1973年，科恩(S. Cohen)等把一段外源DNA片段R-6-5 DNA与质粒pSC101连接起来，构成了一个重组质粒，并将该重组质粒转入大肠杆菌筛选转化子，第一次完整地建立起了基因克隆体系。

11.3.1　基因克隆程序

整个基因克隆程序可概括为：分、切、连、转、选。“分”是指分离载体 DNA 和欲克隆的目的 DNA 片段；“切”是指用相同的限制性核酸内切酶切开载体，及切割目的 DNA 片段，从而使两者含有相同的酶切末端，以便于连接；“连”是指用 DNA 连接酶将目的 DNA 同载体 DNA 连接起来，形成重组 DNA 分子；“转”是指通过一定的方法将重组 DNA 分子送入宿主细胞中进行复制和扩增；“选”则是从宿主群体中挑选出携带重组 DNA 分子的个体。基因克隆表达技术又称为分子克隆、基因的无性繁殖、DNA 重组技术以及基因工程等，它最基本的特点是分子水平上的操作和细胞水平上的表达。

11.3.2　基因克隆技术

基因克隆从诞生至今 40 多年的时间里，得到了快速的发展。各种克隆技术应运而生，并且在不断地发展和完善，满足了不同研究的需要。

1. 基因组文库法

对于高等真核生物而言，基因组 DNA 十分庞大，基因可达数万个且组成结构复杂，除编码序列，还有非编码序列及调控序列，基因间还存在大量的间隔序列和重复序列。因此，单个目的基因在整个基因组中所占的比例极其微小，除少数例外，绝大多数基因难以直接分离得到。为了解决这个难题，一种可行的方法应运而生，即基因组文库法。基因组文库法是一种直接从基因组中分离目的基因的方法。所谓基因组文库(genomic library 或 gene bank)，是指汇集某一基因组所有序列的重组 DNA 群体。一个生物体的基因 DNA 用限制性核酸内切酶部分酶切后，将酶切片段插入载体 DNA 分子中，所有这些插入了基因组 DNA 片段的载体分子的集合体，将包含这个生物体的整个基因组，将这些载体导入受体细菌或细胞中，这样每个细胞就包含了一个基因组 DNA 片段与载体重组 DNA 分子，经过繁殖扩增，许多细胞一起包含了该生物全部基因组序列，就构成了该生物体的基因组文库。该方法增加了成功分离目的基因的可能性。

一个理想的基因组 DNA 文库应具备下列条件：①重组克隆的总数不宜过大，以减轻筛选工作的压力；②载体的装载量最好大于基因的长度，避免基因被分隔；③克隆与克隆之间必须存在足够长度的重叠区域，以利于克隆排序以及克隆片段易于从载体分子上完整卸下；④重组克隆能稳定保存、扩增、筛选。

构建基因组文库的步骤包括：①供体 DNA 片段的制备(包括总 DNA 的分离纯化，选择适当的限制性核酸内切酶进行酶切，电泳分离特定大小的 DNA 片段)；②载体 DNA 片段的制备(包括 DNA 的分离纯化及酶切)；③供体与载体 DNA 连接(要提高重组频率，应注意连接反应体系中的总 DNA 浓度和两种 DNA 分子的物质的量比)；④利用体外包装系统将重组 DNA 包装成完整的噬菌体颗粒；⑤以重组噬菌体颗粒侵染大肠杆菌，形成大量噬菌斑，从而形成含有整个 DNA 的重组 DNA 群体，即基因组文库。

文库的大小可以根据下面的公式计算：

$$N=\ln(1-P)/\ln(1-f)$$

式中，N 为一个基因组文库应该包含的克隆总数，P 为所期望的靶基因在文库中出现的概率，

f 为平均插入片段长度与基因组 DNA 总长度之比。

例如，人的单倍体 DNA 总长为 2.9×10^9 bp，基因组文库中克隆片段的平均大小为 15 kb，则构建一个完备性为 0.9 的基因组文库至少需要 45 万个克隆；而当完备性提高到 0.9999 时，基因组文库至少需要 180 万个克隆。

构建基因组文库最常用的是 λ 噬菌体（克隆能力为 15～20 kb）和限制性核酸内切酶部分消化法。图 11-10 显示了用 λ 噬菌体作为克隆载体构建基因组文库的过程。具备了基因组文库，就可以用适当的目的基因片段做探针，利用高密度的噬菌斑或菌落原位杂交技术，从大量的噬菌斑或菌落中筛选出含有目的基因的重组体的噬菌斑或菌落，再经过扩增提取其中的重组体，最后即可获得所需要的目的基因片段。

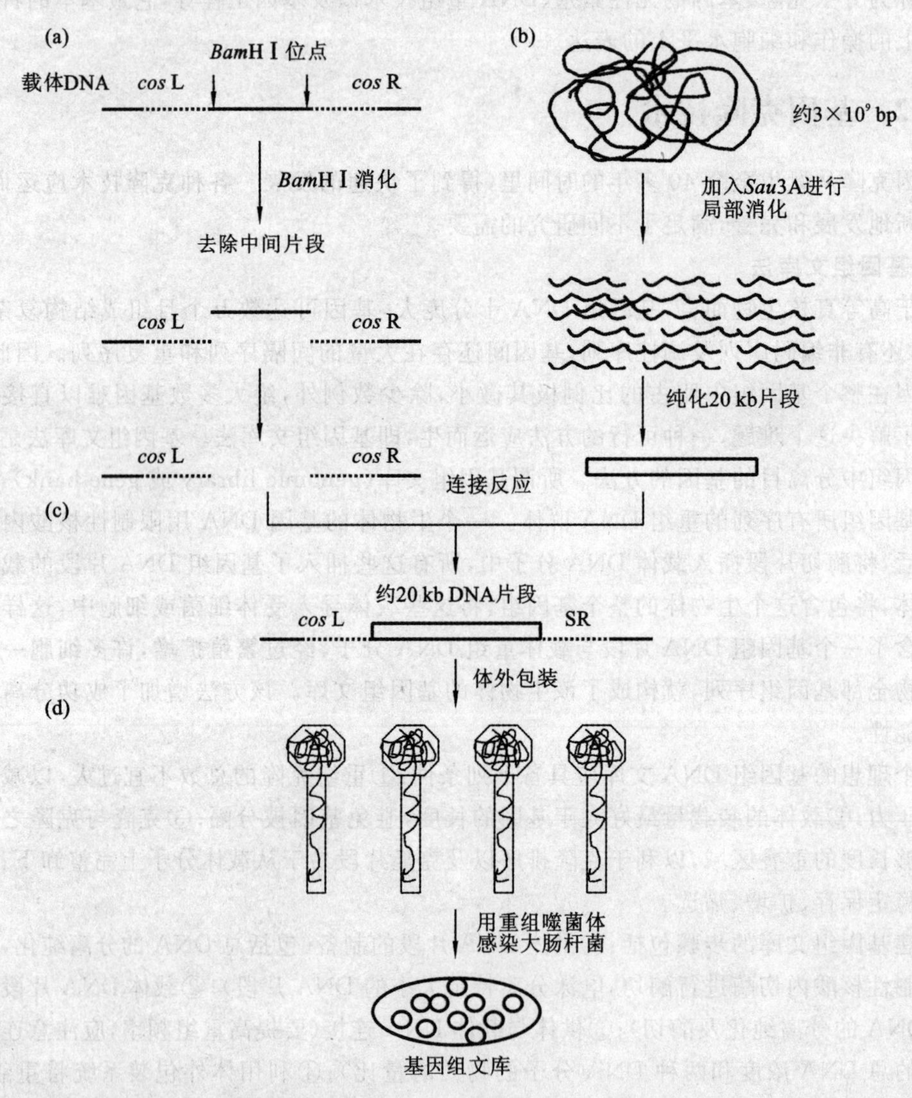

图 11-10　*Sau*3A 限制性酶切真核生物基因组 DNA 并利用 λ 噬菌体构建基因组文库的过程示意图

(a)载体 DNA 片段的制备；(b)真核基因改造 DNA 片段的制备；(c)体外连接载体 DNA 片段及基因组 DNA 片段的反应；(d)体外包装；(e)感染大肠杆菌细胞。B＝*Bam* Ⅰ末端；S＝*Sau*3A 末端。

2. cDNA 文库法

所谓 cDNA 文库，是指汇集以某种生物成熟 mRNA 为模板逆转录而成的 cDNA 序列的重组群体。由于 cDNA 来自逆转录的 mRNA，不含冗余序列，通过特异性探针筛选 cDNA 文库，可以较快地分离到相关基因。由于 RNA 分子很容易被降解，在自然状态下难以被扩增，因此通常将其逆转录成稳定的 DNA 双螺旋（completmentary DNA，cDNA），再插入可以自我复制的载体中。一个高质量的 cDNA 文库代表了生物体某一器官或者组织 mRNA 中所含有的全部或者绝大部分遗传信息。

构建 cDNA 文库的一般操作程序如下。

(1) 总 RNA 的提取　细胞中总的 RNA 包括 mRNA、rRNA、tRNA 以及一些小 RNA（sRNA）。总 RNA 的提取方法有很多，目前实验室常用的方法是异硫氰酸胍-苯酚抽提法。Trizol 试剂是直接从细胞或组织中提取总 RNA 的试剂，主要由苯酚和异硫氰酸胍组成。它在破碎和溶解细胞时能保持 RNA 的完整性，裂解细胞并释放出 RNA，酸性条件使 RNA 与 DNA 分离，加入氯仿后离心，样品分成水样层和有机层。RNA 存在于水样层中，收集上面的水样层后，通过异丙醇沉淀来获得 RNA。

RNA 的浓度和纯度可以通过测定其 OD_{260} 和 OD_{280} 来判断。OD_{260} 为 1 时相当于浓度为 40 μg/mL，当 OD_{260}/OD_{280} 值在 1.8～2.0 时，表示提取的 RNA 的纯度较好，若样品中有蛋白质或酚污染，则两者比值明显低于 1.8。

(2) mRNA 的纯化　真核细胞的 mRNA 分子最显著的结构特征是具有 5′端帽子结构和 3′端的 poly(A)尾巴。绝大多数哺乳类动物细胞 mRNA 的 3′端存在 20～30 个腺苷酸组成的 poly(A)尾，这种结构为真核 mRNA 的提取提供了极为方便的选择性标志。mRNA 的分离方法较多，其中以寡聚(dT)-纤维素柱层析法最为有效。此法利用 mRNA 3′端含有 poly(A)的特点，在 RNA 流经寡聚(dT)纤维素柱时，在高盐缓冲液的作用下，mRNA 被特异地结合在柱上，当逐渐降低盐的浓度时或在低盐溶液和蒸馏水的情况下，mRNA 被洗脱，经过两次寡聚(dT)纤维柱后，即可得到较高纯度的 mRNA。目前有许多商业化试剂盒可用于 mRNA 的纯化，如 Promega PolyAT tract mRNA 分离系统分离含有 poly(A)的 mRNA，该方法将用生物素标记的寡聚(dT)引物与细胞总 RNA 共温育，加入与微磁球相连的抗生物素蛋白，用磁场吸附通过寡聚(dT)引物与抗生物素蛋白及强力微磁球相连的 mRNA(图 11-11)。

(3) cDNA 双链的合成(图 11-12)　cDNA 链的合成包括第一条链和第二条链 cDNA 的合成。第一条链的合成是以 mRNA 为模板，在逆转录酶的作用下逆转录生成 cDNA，常用的引物有三种：Oligo(dT)、随机引物以及基因特异引物。合成了 cDNA 第一条链后，cDNA 与 mRNA 形成杂交双链，将杂交链中的 mRNA 降解，然后以 mRNA 降解过程中产生的小片段为引物，在 DNA 聚合酶Ⅰ或其大片段 Klenow 片段的作用下合成 cDNA 第二条链，最后通过 DNA 连接酶的作用连接成完整的 DNA 链。

(4) cDNA 与载体连接　cDNA 分子的长度一般在 0.5～8 kb，常用的质粒载体和噬菌体载体都可以满足要求。cDNA 分子与载体连接形成重组载体分子时，两者需要有相同的酶切末端，而对于不能满足要求的 cDNA 分子，可以利用末端转移酶加尾或用 T_4 DNA 连接酶在 3′端和 5′端加上适当的接头。

(5) 噬菌体的包装及转染或质粒的转化　通过此过程，可形成大量噬菌斑或菌落，从而形成以某生物成熟 mRNA 为模板逆转录而成的 cDNA 序列的重组群体即 cDNA 文库。

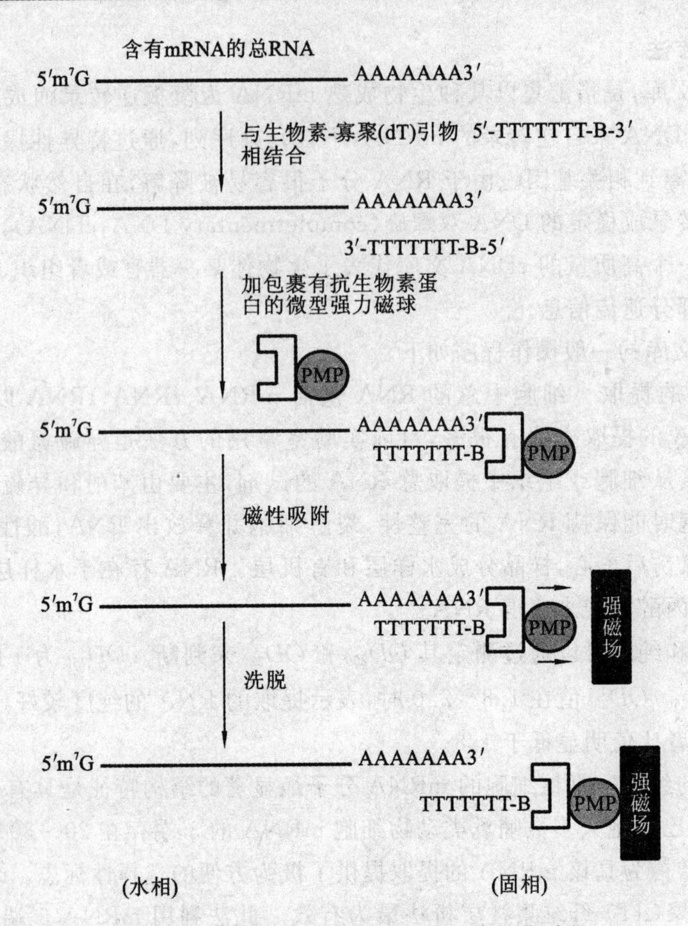

图 11-11　PolyAT tract mRNA 的分离纯化过程

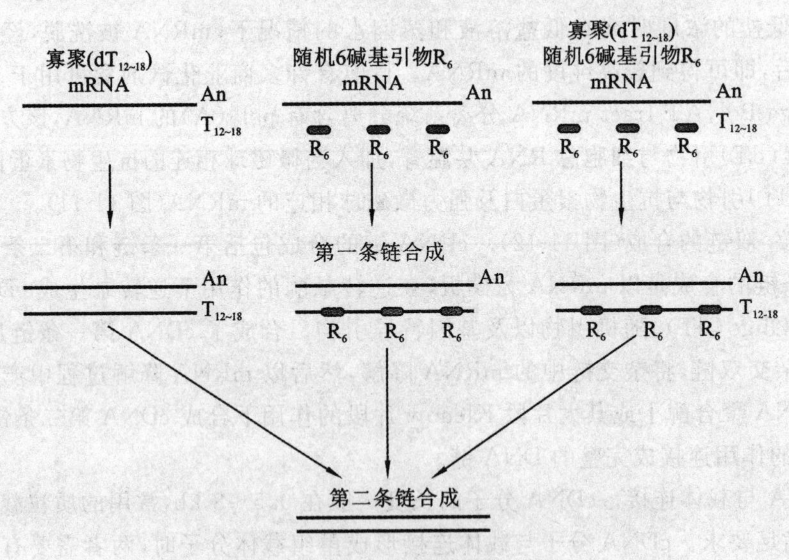

图 11-12　cDNA 双链合成示意图

3．转座子标签法克隆基因

基因标签法克隆植物组织中的基因是较为常用的一种方法，T-DNA 和转座子均可作为基因标签。转座子最早由美国的细胞遗传学家 McClintock 在玉米中发现，转座子是染色体上一段可移动的 DNA 片段，它可从基因组的一个位置跳到另一个位置。转座子不仅可以在本基因组中转座，也可以插入其他基因组中，并引起该基因的失活，进而诱导产生表型突变型。然后构建一个对应于突变株的基因组文库，用作标签的转座子作为探针从基因组文库中筛选含有该转座子的 DNA 序列的克隆，进而以该 DNA 序列为探针从野生型的基因组文库中获得完整的基因，这就是转座子标签法克隆基因。由于插入的转座子 DNA 序列就像在基因组上贴了一张标签，因此被称为转座子标签。转座子标签技术是克隆未知产物基因的有效方法。目前常用于转座子标签的植物转座子主要有玉米的 *Ac/Ds*、*Mu*、*Spm/En*、金鱼草的 *Tam1*、拟南芥的 *Tph1*、水稻的 *Tos17* 等。

转座子标签法不但可以通过上述转座突变分离基因，而且当转座子作为外源基因通过农杆菌介导等方法导入植物时，还会由于 T-DNA 整合到染色体中引起插入突变，并进而分离基因，因此大大提高了分离基因的效率。

转座子标签法的主要步骤如下：①构建含转座子的质粒载体，把已分离得到的转座子与选择标记一起整合到适当的质粒基因中；②采取农杆菌介导、基因枪等适当的转化方法把转座子导入目标生物体；③转座子在目标生物体内初步定位；④转座子插入突变体的鉴定及分离，对于自主性转座子导入的转化植株，在后代会产生突变体，对非自主性转座子导入的转化植株，需要同含有转座酶的基因的植株进行杂交，在后代中产生分离和鉴定突变体植株；⑤对突变体进行遗传分析，并对突变基因进行克隆。

基于 Southern 方法分离基因是转座子标签法分离植物基因的常用方法。通过有性杂交的方法筛选和鉴定得到纯合的突变体，构建该类型的突变体的一个核基因文库，然后将转座子用同位素标记做探针，从该核基因文库中筛选出同源的转座子。由于转座子是插入目的基因中，因而同时也把该目的基因（或基因片段）筛选出来，将目的基因经亚克隆获得的片段再标上同位素作为探针，去筛选一个用正常的未突变的植株作为材料构建的核基因文库，获得完整的正常目的基因。玉米中 *o-2P* 突变基因就是用 Southern-based 方法克隆出来，这是一个控制玉米醇溶蛋白的一个基因。

利用转座子标签法构建突变群体，分离克隆基因，有较多的优点。第一，不需要知道基因的产物以及基因的表达特点；第二，转座序列能够被切除，可以产生回复突变，因此不仅可以据此确认真正由转座子引起的突变，还可以进一步验证突变基因的功能；第三，转座子的转座多发生在其邻近位点，可以用来标记感兴趣的基因；第四，通过不断跳动产生新的突变；第五，不同转座株系可自交、杂交，产生较大的含有不同插入位点的转座子群体，有利于克隆多个基因。当然转座子标签法也有自身的缺点，比如借助传统杂交、自交使研究年限相对较长，同时转座酶必须很好地表达才能使转座事件发生，也才有可能产生突变体。然而，对于一些遗传转化体系不大成熟的物种而言，利用转座子标签法构建突变体库，进行基因的分离、克隆和功能的验证仍然是一个相对较好的方法。

4. cDNA 末端快速扩增技术

cDNA 末端快速扩增（rapid amplification of cDNA ends，RACE）技术，是一种以 PCR 反应为基础，应用通用引物和特异引物从低丰度转录本中快速扩增已知 cDNA 片段旁侧 5′和 3′末端丢失序列的技术，又被称为单边 PCR（one-sided PCR）或锚定 PCR（anchored PCR）。在 cDNA 克隆时常出现丢失末端序列的现象，尤其 cDNA 的 5′末端的不完整，这可能是由于在 cDNA 克隆过程中，逆转录酶没有沿 mRNA 模板合成全长的 cDNA 第一条链而造成的；偶尔也会出现 3′末端缺失的克隆。该技术可以根据克隆 RNA 的位置分为 cDNA 3′末端快速扩增

(3′-end amplification of cDNAs,3′-RACE)和 cDNA 5′末端快速扩增(5′-end amplification of cDNAs,5′-RACE)。该方法实验周期短、技术步骤简单、敏感性高,同时可免去接触同位素对人体的危害。因此,RACE 技术已成为克隆未知基因全长 cDNA 序列的常用手段。

3′-RACE 是利用 mRNA 3′末端天然存在的 poly(A)尾作为 PCR 扩增的通用引发点,以 Oligo(dT)和一个接头(带有酶切位点的固定序列)组成的接头引物(adaptor primer,AP)来逆转录模板 mRNA 得到加接头的第一条负链 cDNA,再用 RNase 降解模板 mRNA,并纯化 cDNA 第一条链,然后用基因特异性引物(gene specific primer,GSP)与少量第一链负链 cDNA 退火并延伸,产生互补的第二条正链 cDNA 片段。然后利用基因特异引物和含有部分接头序列的通用扩增引物(universal amplification primer,UAP)或删节的通用扩增引物(abridged universal amplification primer,AUAP)分别作为上游引物和下游引物,通过 PCR 反应获得已知信息区和 poly(A)尾之间的未知 3′-mRNA 序列。图 11-13 为 3′-RACE 过程示意图。

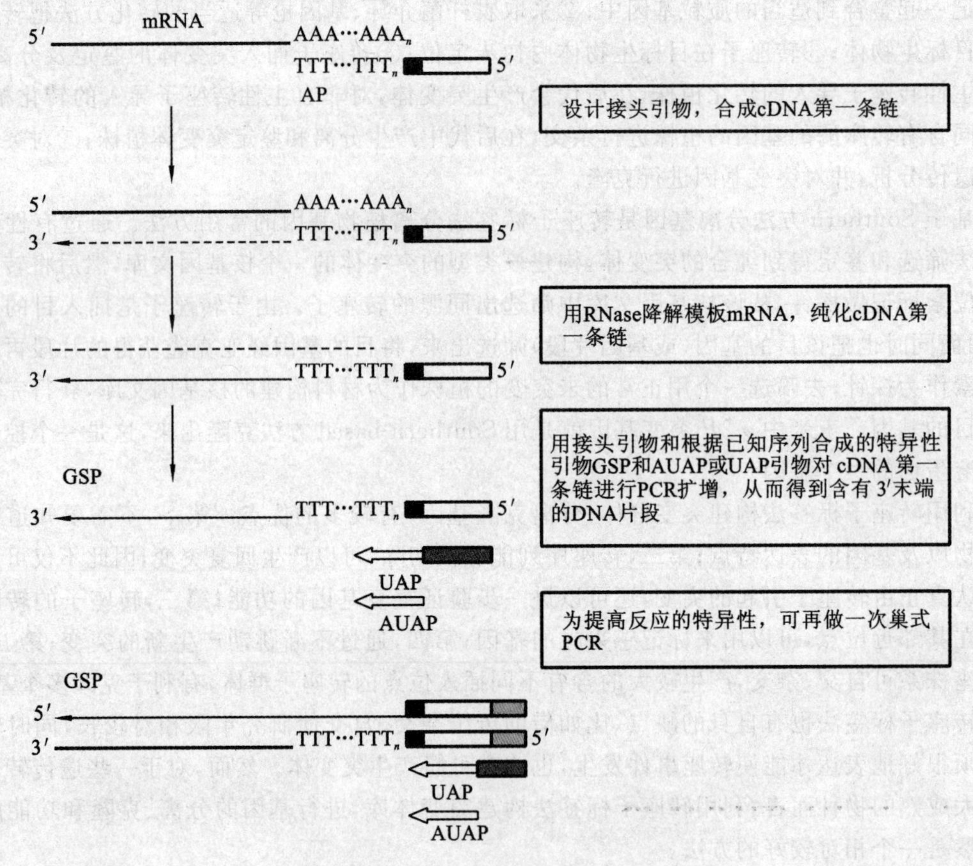

图 11-13 3′-RACE 原理示意图

5′-RACE 是一种从低拷贝信息中分离和克隆 5′-mRNA 末端未知序列的方法,其原理与 3′-RACE 相似,首先利用一个靠近 5′末端区域序列对应的基因特异引物 GSP1 在逆转录酶的作用下对 mRNA 进行逆转录得到第一链 cDNA,用 RNase 降解模板 mRNA,并纯化 cDNA 第一条链;再用脱氧核糖核苷酸末端转移酶(TdT)对 cDNA 的 3′末端进行同聚物加尾,如 poly(C),以加接头的 Oligo(dG)为引物合成 cDNA 第二条链,然后利用基因特异引物 GSP2 和通用接头引物经 PCR 反应扩增出未知 mRNA 的 5′端。图 11-14 为 5′-RACE 过程示意图。

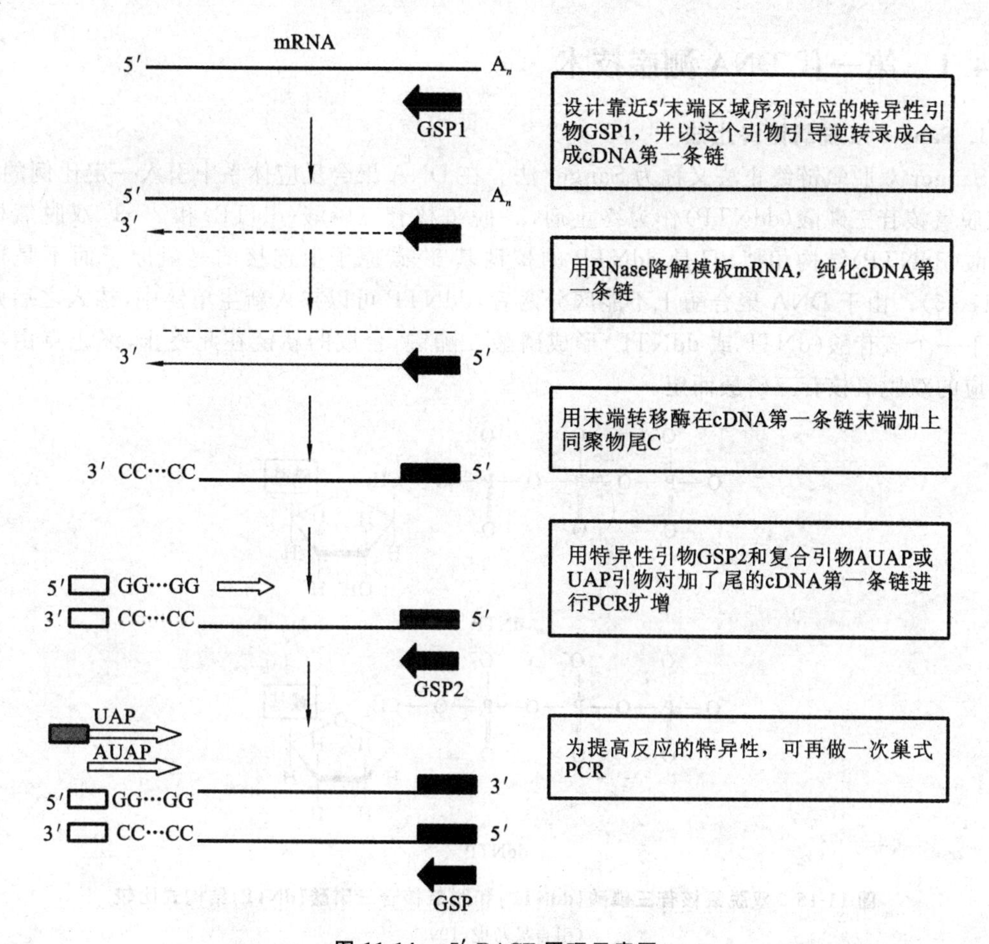

图 11-14　5′-RACE 原理示意图

通过 5′-RACE 或 3′-RACE 得到的 cDNA 双链可以用限制性核酸内切酶酶切和 Southern blot 分析并克隆。最佳的克隆方法是同时使用一个切点在接头序列上的限制酶和一个切点在扩增区域内的内切酶，这是因为大部分非特异性扩增的 cDNA 产物由于不能被后一个内切酶酶切而不会被克隆，这样就会大大提高克隆的选择效率。最终，利用两个有相互重叠序列的 5′-RACE 或 3′-RACE 产物来获得全长 cDNA，或者分析 RACE 产物的 5′-RACE 或 3′-RACE 末端序列合成相应引物，通过 PCR 反应扩增出全长 cDNA。

11.4　DNA 测序技术

DNA 测序技术是分子生物学研究中最常用的技术，它的出现极大地推动了生物学的发展。生物的 DNA 碱基序列蕴藏着全部遗传信息，破解这些生命天书，对于阐明生命活动的秘密无疑是至关重要的。对生物基因组进行完全测序，是基因组学研究的重要方向，也是生命科学研究的核心领域。20 世纪 70 年代 Sanger 发明了双脱氧链终止法，同一时期 Maxam 和 Gilbert 报道了通过化学降解测定 DNA 序列的方法；20 世纪 90 年代初出现的荧光自动测序技术将 DNA 测序带入自动化测序的时代。这些技术统称为第一代 DNA 测序技术。

11.4.1 第一代 DNA 测序技术

1. Sanger 双脱氧链终止法

Sanger 双脱氧链终止法又称为 Sanger 法。在 DNA 聚合反应体系中引入一定比例的 2′,3′-双脱氧核苷三磷酸(ddNTP)作为终止剂,2′-脱氧核苷三磷酸(dNTP)和 2′,3′-双脱氧核苷三磷酸(ddNTP)结构相似,只是 ddNTP 的核糖基 3′-碳原子上连接的是氢原子而不是羟基(图 11-15)。由于 DNA 聚合酶Ⅰ不能区分两者,ddNTP 可以掺入新生单链中,掺入之后则不能与下一个核苷酸(dNTP 或 ddNTP)形成磷酸二酯键,合成的新链在此终止,终止点由反应中相应的双脱氧核苷三磷酸而定。

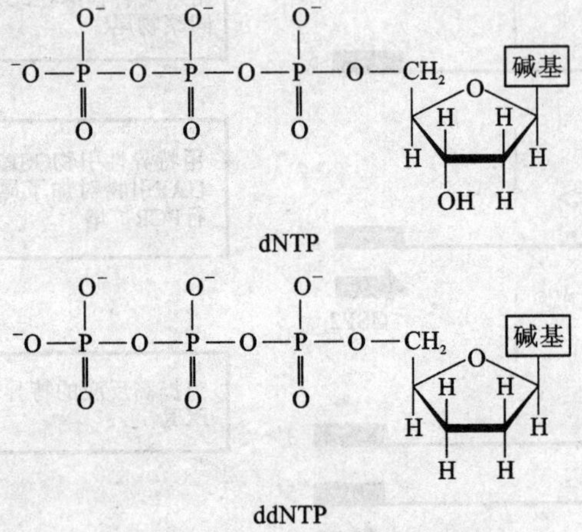

dNTP

ddNTP

图 11-15 双脱氧核苷三磷酸(ddNTP)和脱氧核苷三磷酸(dNTP)结构式比较

(引自吴乃虎,1998)

在 4 个反应管中,同时加入一种待测序的 DNA 模板、引物(经放射性同位素标记)、DNA 聚合酶Ⅰ、四种脱氧核苷三磷酸(dTTP、dATP、dGTP、dCTP),并且在 4 个管子中分别加入不同的 2′,3′-双脱氧核苷三磷酸(ddNTP:ddTTP、ddATP、ddGTP、ddCTP)。经过反应之后,将会产生不同长度的 DNA 片段混合物,它们具有相同的 5′末端,带有 ddNTP 的 3′末端。反应终止后,分 4 个泳道进行凝胶电泳,分离长短不一的核酸片段,长度相邻的片段相差一个碱基。经过放射自显影后,根据片段 3′末端的双脱氧核苷,便可依次阅读合成片段的碱基排列顺序(图 11-16)。

2. 化学降解法

化学降解法也称 Maxam-Gilbert 法。自 Maxam、Gilbert 初次提出以来,其实验方案基本上没有变化。化学降解法与 Sanger 双脱氧链终止法不同,需利用一些特殊的化学试剂对原 DNA 进行化学降解。不同的化学试剂,分别作用于 DNA 序列中的 4 种不同碱基。这些碱基经过处理之后,它们在核苷酸序列中形成的糖苷键连接变弱,因此很容易从 DNA 链上脱落下来,造成 DNA 链在碱基缺失处的断裂。

首先对待测 DNA 链末端进行放射性标记,再通过 5 组(也可以是 4 组)相互独立的化学反应分别得到部分降解产物,其中每一组含有不同的特定化学试剂,特异性地针对某一种或某一类碱基进行切割,只要严格地控制反应条件,就可以使各组中的 DNA 单链分子在特定的碱基位点上发生降解,并使其断裂。因此,产生 5 组(或 4 组)不同长度的放射性标记的 DNA 片

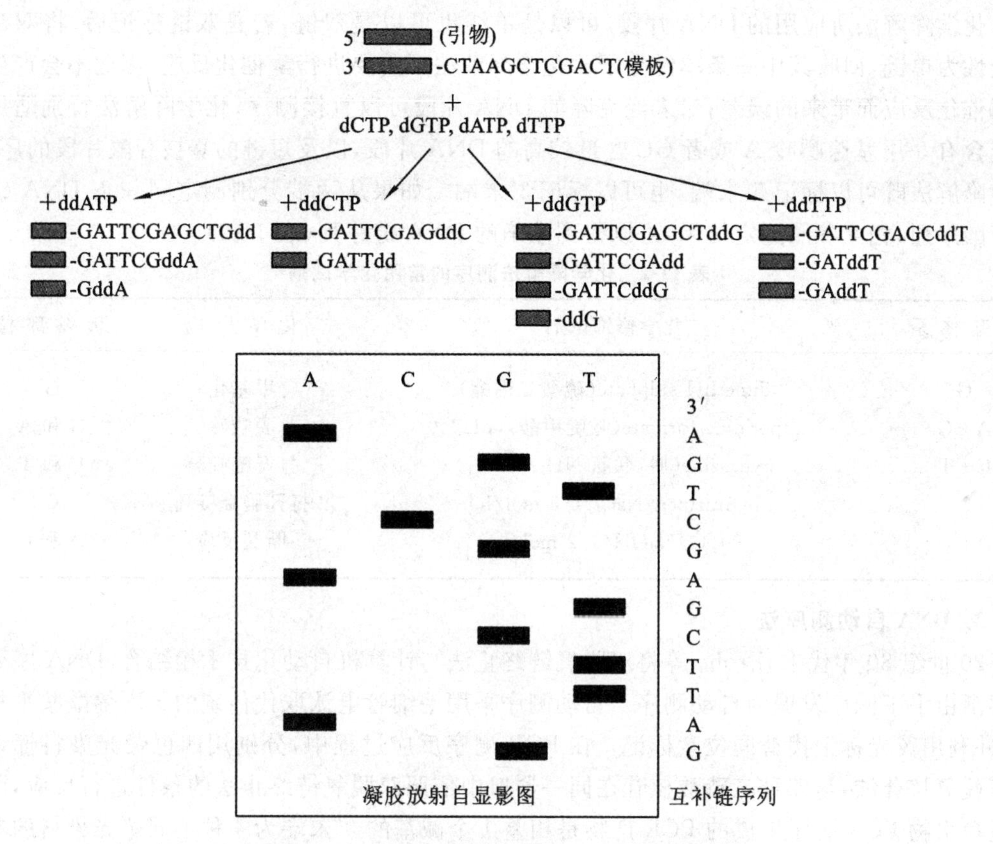

图 11-16　Sanger 双脱氧链终止法测序示意图

段，每组中的每个片段都有放射性标记的共同起点，但长度取决于该组反应针对的碱基在原样品 DNA 分子上的位置。此后各组反应物通过聚丙烯酰胺凝胶电泳进行分离，通过放射自显影检测末端标记的分子，并直接读取待测 DNA 片段的核苷酸序列。测序原理如图 11-17 所示。

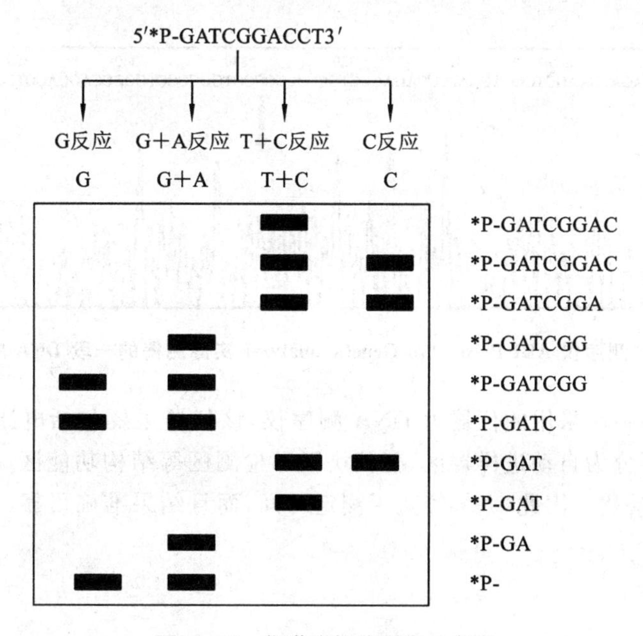

图 11-17　化学降解法测序示意图

化学降解法所应用的DNA片段，可以是单链也可以是双链，若是双链标记后，将双链分子变性为单链，回收其中一条单链分子。化学降解法不需要进行酶催化反应，因此不会产生由于酶催化反应而带来的误差；对未经克隆的DNA片段可以直接测序；化学降解法特别适用于测定含有5-甲基腺嘌呤A或者GC含量较高的DNA片段，以及短链的寡核苷酸片段的序列。化学降解法既可以标记5′末端，也可以标记3′末端。如果从两端分别测定同一条DNA链的核苷酸序列，相互参照测定结果，可以得到准确的DNA链序列（表11-2）。

表11-2　化学降解法测序的常用化学试剂

碱基体系	化学修饰试剂	化学反应	断裂部位
G	dimethyl sulphate（硫酸二甲酯）	甲基化	G
A+G	piperidine formate（哌啶甲酸），pH2.0	脱嘌呤	G和A
C+T	hydrazine（肼，联氨 $NH_2 \cdot NH_2$）	打开嘧啶环	C和T
C	hydrazine+NaCl（1.5 mol/L）	打开胞嘧啶环	C
A>C	90 ℃，NaOH（1.2 mol/L）	断裂反应	A和C

3. DNA自动测序法

20世纪80年代末，Probe等将双脱氧链终止法与计算机自动化技术相结合，DNA序列测定逐渐由手工测序发展为自动测序。自动测序采用毛细管电泳取代传统的聚丙烯酰胺平板电泳，并利用荧光标记代替同位素标记。在PCR测序反应过程中，分别用四色荧光染料标记四种双脱氧核苷酸，与四种三磷酸核苷在同一器皿中依照双脱氧链终止法的条件进行反应，因此通过单引物PCR测序生成的PCR产物是相差1个碱基的3′末端为4种不同荧光染料的单链DNA混合物。然后将PCR产物在一根毛细管内进行凝胶电泳，结果这条泳道上出现一系列带有不用荧光颜色的图谱，其中每一种荧光颜色代表一种碱基对应的核苷酸（图11-18、彩图8）。分析软件可自动将不同荧光转变为DNA序列，从而达到DNA测序的目的。分析结果能以凝胶电泳图谱、荧光吸收峰图或碱基排列顺序等多种形式输出。

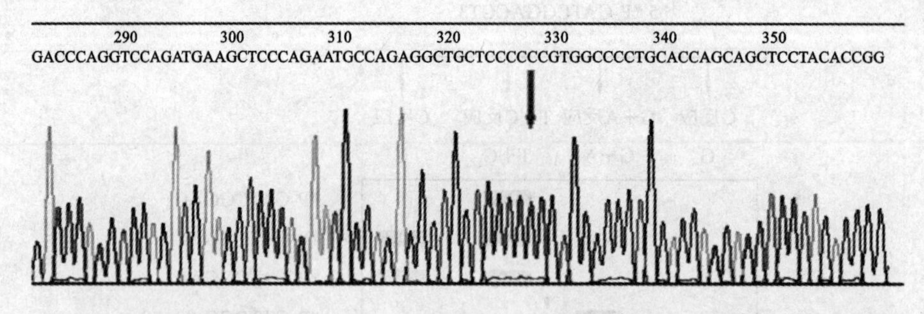

图11-18　测序仪ABI Prism 310 Genetic analyzer实际测得的一段DNA序列结果

DNA自动测序中所采用的仪器为DNA测序仪，该仪器主要包括电泳系统、激光器和荧光检测系统，大致可分为自动进样器区、凝胶块区和检测区等结构功能区，实现了灌胶、进样、数据收集分析的自动化。因此，大大缩短了测定时间，而且结果准确可靠，是目前较好的测序方法。

11.4.2　第二代 DNA 测序技术

过去 30 多年,DNA 测序技术取得了跨越式发展,在第一代测序技术的基础上逐渐发展出第二代和第三代测序技术。第二代测序技术的核心思想是边合成边测序(sequencing by synthesis),即通过捕捉新合成的末端的标记来确定 DNA 的序列,主要包括 Solexa 测序、Solid 平台、454 测序、HeliScope 遗传分析系统等,这些测序技术的产生使得 DNA 测序进入了高通量、低成本的时代。

11.4.3　第三代 DNA 测序技术

目前,人们正致力于第三代测序技术即直接测序技术的研究,测序速度和精度将得到更大的提升。第三代测序技术非常优越,主要表现如下。

(1) 它实现了 DNA 聚合酶内在自身的反应速度,一秒可以测 10 bp,测序速度是化学降解法测序的 2 万倍。

(2) 它实现了 DNA 聚合酶内在自身的延续性(也就是 DNA 聚合酶一次可以合成很长的片段),一个反应就可以测非常长的序列。二代测序现在可以测到上百个碱基,而三代测序现在就可以测几千个 bp。这为基因组的重复序列的拼接提供了非常好的条件。

(3) 它的精度非常高,达到 99.9999%。

此外,它还有两个应用是第二代测序所不具备的。第一个是直接测 RNA 的序列。既然 DNA 聚合酶能够实时观测,那么以 RNA 为模板复制 DNA 的逆转录酶也同样可以。RNA 的直接测序,将大大降低体外逆转录产生的系统误差。第二个是直接测甲基化的 DNA 序列。实际上 DNA 聚合酶复制 A、T、C、G 的速度是不一样的。以正常的 C 或者甲基化的 C 为模板,DNA 聚合酶停顿的时间不同。根据这个不同的时间,可以判断模板的 C 是否甲基化。

11.5　聚合酶链式反应

聚合酶链式反应(polymerase chain reaction)简称 PCR,它是一种体外酶促合成,扩增特定基因或 DNA 序列的技术。霍拉纳(Khorana)等在 1971 年最先提出体外扩增核酸的设想。美国 PE-Cetus 公司的科学家凯利·班克斯·穆利斯(Kary Banks Mullis)于 1985 年发明了此项技术,并荣获 1993 年度诺贝尔化学奖。PCR 技术模拟生物体内 DNA 的复制,在体外实现了对特定 DNA 序列的快速扩增,能够在数小时内将目标序列扩增百万倍以上。该技术操作方便快捷、特异性强、产量高、重复性好,已广泛应用于生物学、医学、考古学等各个领域的基因研究和分析。随着 PCR 技术的不断发展和延伸,在常规 PCR 的基础上又衍生出各种不同的 PCR 技术,如逆转录 PCR(RT-PCR)技术、实时荧光定量 PCR(real-time fluorescent quantitative PCR,FQ-PCR)技术、多重 PCR(mutiplex PCR)技术等。

11.5.1　标准 PCR

1. PCR 技术原理

PCR 技术的原理并不复杂,主要依据 DNA 半保留复制的机理以及体外 DNA 分子在不同温度下可变性和复性的性质。在微量离心管中，加入适量的缓冲液、Mg^{2+}、微量的模板DNA、四种脱氧核苷酸(dNTPs)、耐热性DNA聚合酶和一对合成DNA的引物(标准PCR反应体系如表11-3所示)，通过高温变性、低温退火和中温延伸三个阶段的循环合成DNA。

表11-3　标准PCR(100 μL)反应体系

试　剂	加　入　量
10×扩增缓冲液	10 μL
4种dNTP混合物	各200 μmol/L
引物	各10～100 pmol
模板DNA	0.1～2 μg
Taq DNA聚合酶	2.5 U
Mg^{2+}	1.5 mmol/L
加双蒸水或三蒸水至	100 μL

整个PCR的反应过程如图11-19所示。第一阶段为DNA变性即DNA模板的解链，在高温(95℃左右)条件下，双链DNA模板之间的所有氢键断开，分离为长的单链，且在中性情况下，DNA的完整性仍能很好保存；第二阶段为低温退火即复性，在低温(55℃左右)条件下，短链引物分子与模板单链按照碱基互补配对的原则进行特异性的结合，产生双链区；第三阶段为中温延伸即新链DNA的合成，在中温(72℃左右)条件下，DNA聚合酶从引物处开始，以dNTP为反应原料，在体外进行半保留复制，合成与模板链互补的新的DNA链，迅速产生与目标序列完全相同的复制品。首次循环引物从3′端开始延伸，延伸片段的5′端为人工合成引物是特定的，3′端没有固定的终止点，长短不一；第二个循环引物与新链结合，后者5′端序列是固定的末端，意味着5′端的序列就成为此次延伸片段3′端的终止点。n个循环后由于多数扩增产物受到所加引物5′端的限定，产物的序列是介于两种引物5′端之间的区域，引物本身也是新生DNA链的一部分。每一次循环使特异区段的基因拷贝数放大一倍，使得DNA扩增量

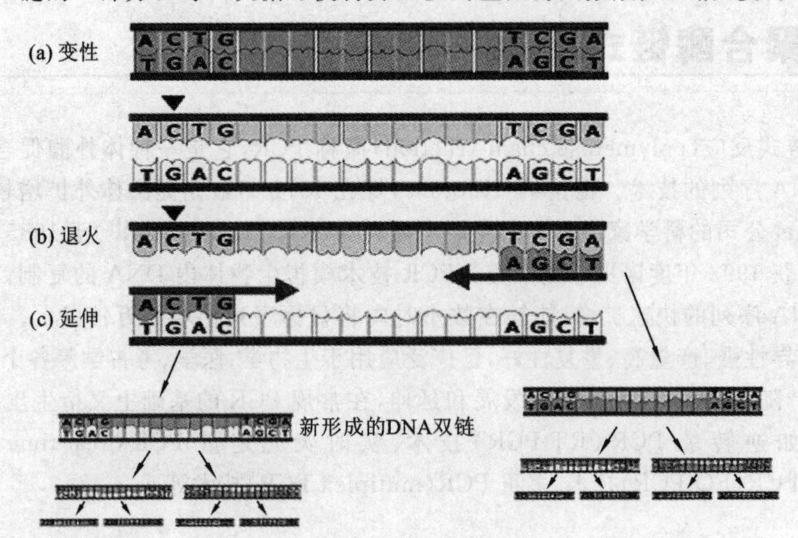

图11-19　聚合酶链式反应(PCR)过程图

(a)当加热到95 ℃左右时，DNA双链将分解成单链。(b)当温度降低到55 ℃左右时，引物将退火到特定区域。(c)当温度升到72 ℃左右时，在Taq酶的作用下，合成新的DNA链。

呈指数上升，经多次循环(一般为 30～40 个循环)之后，两引物结合位点之间的 DNA 区段的拷贝数理论上为 2^n(图 11-20)。但是，实际实验中，PCR 扩增产物量会受 DNA 聚合酶活性以及非特异性产物等因素的影响而达不到理论数值。反应最终的 DNA 扩增量可用 $Y=(1+X)^n$ 计算，Y 代表 DNA 片段扩增后的拷贝数，X 表示平均每次的扩增效率(理论值为 100%)，n 代表循环次数。

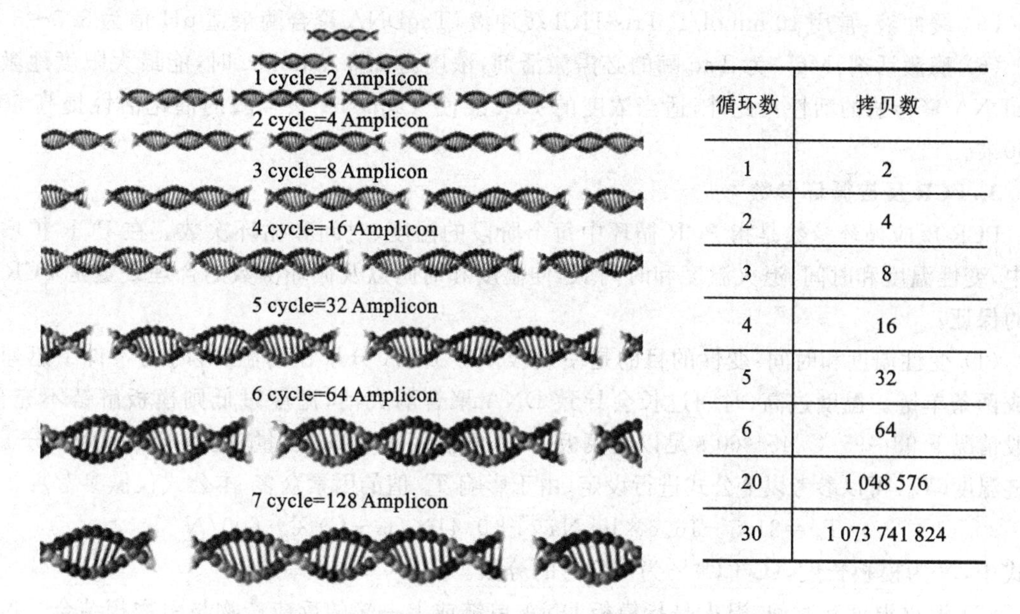

循环数	拷贝数
1	2
2	4
3	8
4	16
5	32
6	64
20	1 048 576
30	1 073 741 824

图 11-20　PCR 指数扩增时循环次数与 DNA 产物数量比较

2. PCR 扩增反应要素

(1) 模板：PCR 反应模板可以是单链或双链的 DNA，也可以是 mRNA 逆转录产生的 cDNA 链。PCR 反应的特异性由引物决定，因此对模板 DNA 的纯度要求不高，但是应避免一些酶制剂如核酸酶、DNA 酶抑制剂等物质的污染。PCR 反应所需模板量极低，通常在纳克(ng)级就能够扩增出特定的 DNA 序列。PCR 反应模板的取材较为广泛，例如从血液、陈旧的血痕、毛发、精斑、考古样品等提取的 DNA 均可以作为模板。

(2) 引物：PCR 引物是一对与待扩增的 DNA 序列两端互补的寡核苷酸片段。引物的长度一般以 15～30 bp 为宜，引物太短会影响 PCR 的特异性，引物过长会增加成本和引物的 T_m 值。四种碱基最好随机分布，引物中 G+C 比例以 40%～60% 为最佳。两条引物间或引物内部应避免互补，特别是 3′端的互补，以避免形成引物二聚体或引物自身形成发卡结构。引物与非特异性序列的同源性不能超过 70% 或不能有连续 8 个碱基互补，否则导致非特异性扩增。

在合成新链时，DNA 聚合酶将单核苷酸添加到引物的 3′端，因此 3′端一定要与模板 DNA 严格互补配对，其末尾最佳碱基应选择 G 和 C。5′端最多可游离十几个碱基，可以修饰(如加限制酶位点、引入突变位点、做标记、加短序列-起始或终止密码子等)。在 PCR 反应中，引物终浓度一般为 0.2～1.0 μmol/L。引物过多会产生错误引导或产生引物二聚体，过低则降低 PCR 的产量。

(3) 底物：脱氧核苷酸 dNTPs(dATP、dCTP、dGTP 和 dTTP)是目标 DNA 序列扩增的原料。在 PCR 反应汇总四种 dNTP 浓度应相同，一般浓度为 50～200 μmol/L，不均衡底物浓度会提高错配率。此外，底物浓度过高会抑制 DNA 聚合酶的活性，过低则影响扩增产量。

(4) DNA 聚合酶：最初的 DNA 聚合酶是从大肠杆菌中提取的 DNA 聚合酶Ⅰ的 Klenow 片段，该酶在 DNA 变性温度下容易失活，所以在 PCR 问世初期，在每一循环结束时补充新酶。1988 年，Saik 等在水生栖热菌(*Thermus aquaticus*)中分离出热稳定聚合酶，此酶命名为 TaqDNA 聚合酶。TaqDNA 聚合酶的最适温度为 75～80 ℃，合成速率约为每个酶分子 150 bp/s，即使在 70 ℃，延伸速率也可达 60 bp/s 以上。普通 PCR 一般选择 72℃作为延伸温度。

(5) 缓冲液：常用 10 mmol/L Tris-HCl 缓冲液，TaqDNA 聚合酶最适 pH 值为 8.3～8.8。

(6) 酶激活剂：Mg^{2+} 为 Taq 酶的必需激活剂，浓度为 2.0 mmol/L 时，能最大限度地激活 TaqDNA 聚合酶的活性。此外，适当浓度的 KCl 能使 TaqDNA 聚合酶的催化活性提高 50%～60%。

3. PCR 反应循环参数

PCR 反应循环参数是指 PCR 循环中每个阶段的温度、时间和循环次数。在 PCR 扩增反应中，变性温度和时间、退火温度和时间、延伸温度和时间以及循环次数的合理设定是 PCR 成功的保证。

(1) 变性温度和时间：变性的目的是使模板双链 DNA 分子在高温、短时的条件下迅速解链成两条单链。温度过高、时间过长会导致 DNA 聚合酶失活，温度过低则模板解链不充分。一般情况下 93～95 ℃，45～60 s 足以使模板 DNA 解链。对于 GC 含量较多的模板 DNA 分子的解链温度(T_m)可以参考以下公式进行设定(由于影响 T_m 值的因素众多，本公式仅做参考)：

$$T_m = 81.5 - 16.6 \times \lg[Na^+] + 0.41 \times (G+C)\% - 600/N$$

公式中，N 为模板长度，(G+C)%为 GC 对的分数。

(2) 退火温度和时间：退火是指模板 DNA 单链或上一轮的反应产物与引物相结合。退火温度受引物长度、碱基组成及浓度的影响。一般情况下，引物的退火温度比其解链温度低 5～10 ℃，退火时间为 1 min。

对于低于 20 bp 的引物的 T_m 值的计算公式为：

$$T_m = 4℃ \times (G+C)\% + 2℃ \times (A+T)\%$$

引物长度为 20 bp 以上时 T_m 值的计算公式为：

$$T_m = 81.5 + 0.41 \times (G+C)\% - 600/L$$

其中 L 为引物长度，(A+T)%为 AT 对的分数，(G+C)%为 GC 对的分数。

$$复性温度 = T_m - (5\sim10\ ℃)$$

(3) 延伸温度和时间：引物延伸温度取决于 DNA 聚合酶的最适温度。如用 TaqDNA 聚合酶，一般用 70～75 ℃。在 72 ℃时，1 min 延伸时间足以合成 2 kb 的序列。延伸时间受靶序列的长度、浓度和延伸温度的影响，一般为 1～3 min。靶序列越长、浓度越低、延伸温度越低，则所需的延伸时间越长；反之，所需的延伸时间越短。

(4) 循环次数：靶 DNA 的浓度决定了 PCR 反应的循环次数，通常的循环次数为 25～40。循环次数越多，非特异性产物也会随之增多，表 11-4 显示了一个标准 PCR 反应中不同靶分子数所需的适宜循环次数。

表 11-4　不同靶分子数所需的适宜循环次数

靶分子数	循环次数
3×10^5	25～30
5×10^4	30～35
1×10^3	35～40

PCR技术应用广泛，主要应用在以下几个方面。

（1）遗传病和某些疑难病的诊断以及孕妇的产前检查。

（2）病原体检测。

（3）法医和刑侦鉴定。PCR可灵敏检测出亲属间的亲缘关系，并对生物残留的痕量样品进行鉴定，因此，对刑侦极为有用。

（4）癌基因的检查。

（5）基因探针的准备。

（6）基因组测序、染色体巡视。

（7）cDNA文库的构建。

（8）基因突变的分析和定位诱变。

（9）DNA重组。

（10）基因的分离和克隆。

11.5.2　逆转录PCR

在原核生物中可以直接用PCR扩增DNA片段，但是扩增真核生物基因时，大多数需从mRNA开始，经逆转录成cDNA后，再进行PCR扩增，这一过程称为逆转录PCR（reverse transcription-polymerase chain reaction，RT-PCR）。逆转录PCR技术综合了cDNA合成与PCR扩增技术。

1. 逆转录PCR的基本原理

提取组织或细胞中的总RNA，以其中的mRNA作为模板，采用Oligo（dT）、随机引物或特异性引物利用逆转录酶逆转录成cDNA，再以cDNA为模板在DNA聚合酶的作用下进行PCR扩增（图11-21）。

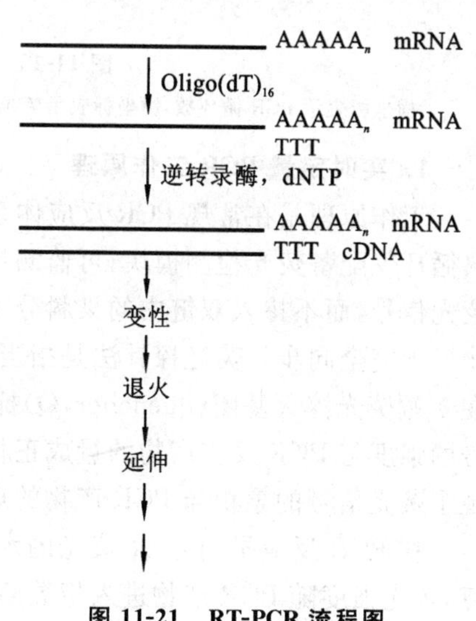

图11-21　RT-PCR流程图

2. 逆转录PCR的应用

目前逆转录PCR技术已经成为RNA水平的基本分析技术，在基因转录研究中得到广泛应用。其中最常用于以下两个方面。

（1）基因转录产物的定性与定量检测：相对传统的检测方法，如Northern杂交、斑点杂交等而言，RT-PCR的精确度更高，且样品用量显著减少。利用RT-PCR对难检测的基因进行相应的检测与研究更易获得成功。另外，还能同时分析多个差别基因的转录。在植物方面，RT-PCR常常用于研究环境胁迫对植物基因表达的影响，以及在特定的环境或生长阶段中植物体不同部位基因表达的差异性。

（2）基因转录中剪切与拼接方式的检测：如果RT-PCR引物确定了mRNA片段，根据其是否包含某个外显子，将产生两种差别DNA片段，进而在凝胶电泳图谱上显示出迁移率不同的条带。因为转座子涉及特定的DNA序列及转座酶识别位点，用RT-PCR方法可以较精确地研究转座过程的分子机制。

11.5.3 实时定量 PCR

常规的 PCR 技术敏感性极高，扩增产物总量的变异系数高达 30%，因此只能对终点产物进行定性分析，且操作过程中存在易污染而使得假阳性率高等缺点，使其应用受到一定的限制。随着分子生物技术的迅猛发展，实时定量 PCR（real-time quantitative polymerase chain reaction，real-time PCR）技术于 1996 年由美国 Applied Biosystems 公司推出，该技术实现了 PCR 从定性到定量的飞跃。这项技术是指在 PCR 反应体系中加入荧光染料或荧光基团，利用荧光信号来实时监测整个 PCR 进程，随着反应时间的进行，监测到的荧光信号的变化可以绘制成一条扩增曲线（图 11-22），最后通过标准曲线对未知模板浓度进行定量分析。

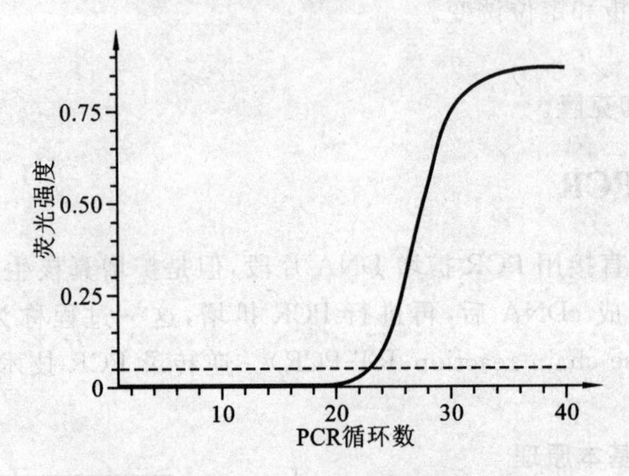

图 11-22 荧光强度与 PCR 循环数的关系

横坐标表示 PCR 循环数，纵坐标表示荧光强度，代表 PCR 产物量。随着 PCR 循环数的增加，荧光强度增加。

1. 实时定量 PCR 工作原理

工作原理是在常规 PCR 反应体系中添加荧光染料或荧光探针，而用于常规 PCR 的专门热循环仪配备荧光检测模块，可监测扩增时的荧光。荧光染料能特异性掺入 DNA 双链，发出荧光信号，而不掺入双链中的染料分子不发出荧光信号，从而保证荧光信号的增加与 PCR 产物增加完全同步。荧光探针法是指当标记在探针的 5′端荧光报告基团（reporter，R）未被标记在 3′端荧光淬灭基团（quencher，Q）抑制时，可检测到报告基团的荧光信号。检测到的荧光信号的强度与 PCR 反应产物的量成正相关，即每扩增一条 DNA 链，就有一个荧光分子形成，实现了荧光信号的累积与 PCR 产物的形成完全同步。

在 PCR 反应早期，产生荧光的水平不能明显地区分于本底信号，但随着 PCR 反应的进行，荧光强度随 PCR 产物进入指数期、线性期和最终的平台期。因此，可以在 PCR 反应处于指数期的某一点上来检测 PCR 产物的量，并且由此来推断模板最初的含量。实验首先需要设定一定的荧光信号的域值（threshold）。荧光阈值以 PCR 反应的 15 个循环的荧光信号作为荧光本底信号，一般荧光阈值定义前 3～15 个循环的荧光信号的标准偏差的 10 倍。如果检测到荧光信号超过域值，就被认为是真正的信号，它可用于定义样本的域值循环数 C_t，C 代表 cycle，t 代表 threshold。其含义是在 PCR 循环过程中，荧光信号开始由本底值进入指数增长阶段的拐点所对应的循环次数（图 11-23）。即每个反应管内的荧光信号到达设定阈值的时刻，C_t 值取决于阈值。模板 DNA 起始含量越高，C_t 值越小；反之越大。样品中的 DNA 的含量（lg 浓度）与循环数呈线性关系，利用已知起始模板 DNA 含量的标准品可作标准曲线，只要获得未知样品的 C_t 值，即可从标准曲线上计算出该样品 DNA 的绝对含量（图 11-24）。此外，还可以同时扩增未知样品基因片段和一个内源性管家基因片段，测得两者的 C_t 值之差(ΔC_t)，不需要标准曲线，而是运用数学公式来计算相对量。先假设每个循环增加一倍的产物数量，在 PCR 反应的指数期得到 C_t 值来反映起始模板的量，1 个循环($C_t=1$)的不同相当于起始模板数 2 倍的差异，即 PCR 扩增效率的理论值为 2(实际扩增效率小于 2)。然后计算两者表达丰度的相对比值 $n=2^{\Delta C_t}$。

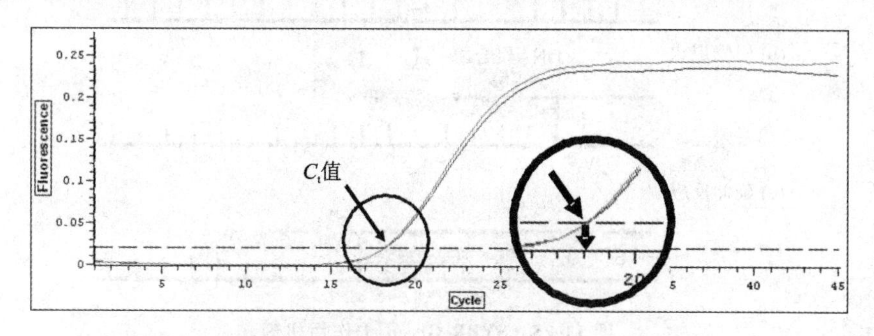

图 11-23　荧光阈值与扩增曲线的交点即为 C_t 值

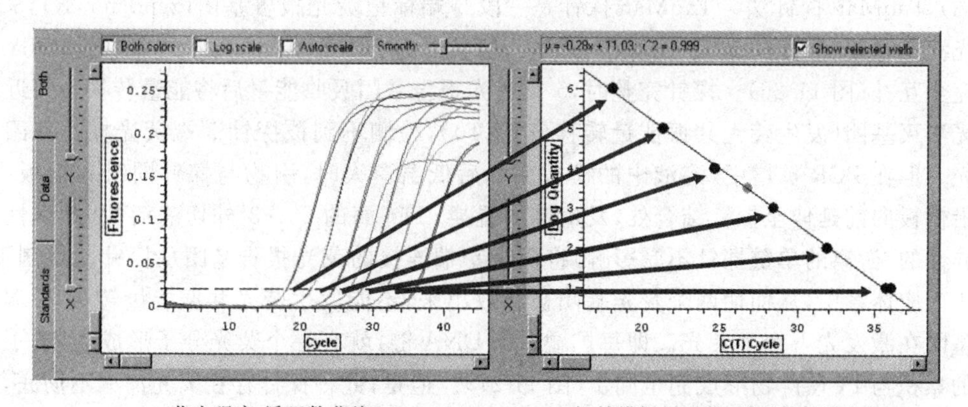

荧光强度-循环数曲线　　　　初始模板量对数-循环数标准曲线

图 11-24　利用实时定量 PCR 法中的标准曲线法分析位置样品目的基因的绝对表达量

绝对定量分析用于确定未知样本中某个核酸序列的绝对量值，即通常所说的拷贝数。相对定量用于测定一个测试样本中目标核酸序列与校正样本中同一序列表达的相对变化。校正样本可以是一个未经处理的对照者或者是在一个时程研究中处于零的样本。

2. 实时定量 PCR 分类

目前实时定量 PCR 所使用的荧光化学检测方法分为两大类：扩增序列非特异性检测和特异性检测方法。扩增序列非特异性检测方法如 DNA 结合染色法，这种检测方法的基础是利用与 DNA 结合的荧光分子；扩增序列特异性检测方法是在 PCR 反应中利用标记荧光基因的特异寡核苷酸探针来检测产物，包括 TaqMan 探针法、分子信标法、荧光标记引物法、杂交探针法等。

(1) DNA 结合染色法　SYBR Green Ⅰ是一种常用的 DNA 结合荧光染料，其激发波长为 520 nm。它游离在溶液中时，不发出荧光，一旦掺入 DNA 双链，便发出强烈的荧光。在 PCR 反应体系中，加入过量 SYBR Green Ⅰ荧光染料，随着新的目的 DNA 片段的合成，SYBR Green Ⅰ荧光染料特异性地掺入 DNA 双链后，发射荧光信号(图 11-25)。荧光染料的优势在于它能监测任何 dsDNA 序列的扩增，不需要探针的设计，使检测变得简便，同时也降低了检测的成本。然而正是由于荧光染料能和任何 dsDNA 结合，因此它也能与非特异的 dsDNA（如引物二聚体）结合，使实验容易产生假阳性信号。

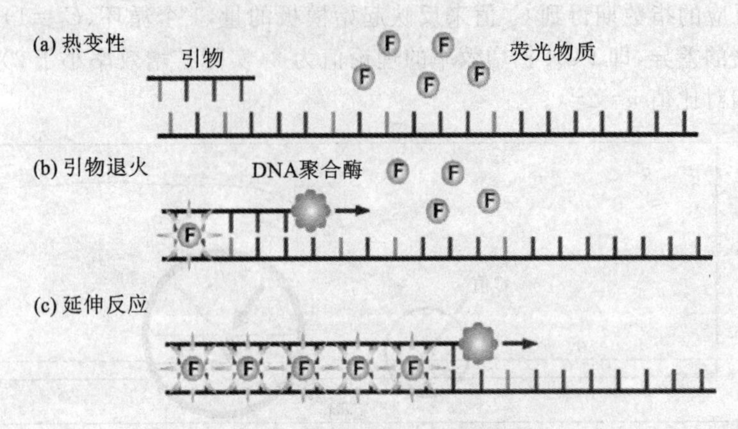

图 11-25　SYBR Green Ⅰ 作用机理

（2）TaqMan 探针法　TaqMan 探针是一段 5′端标记荧光报告基团（reporter，R），3′端标记荧光淬灭基团（quencher，Q）的寡核苷酸，一般长度为 50～150 bp，其序列与模板 DNA 中的一段完全互补（图 11-26）。探针完整时，5′端荧光报告基团吸收能量后将能量转移给邻近的 3′端荧光淬灭基团（发生荧光共振能量转移（FRET）），检测不到该探针 5′端荧光报告基团发出的荧光。但在 PCR 扩增中，溶液中的模板变性后低温退火时，引物与探针同时和模板结合。引物沿模板向前延伸至探针结合处，发生链的置换，Taq 酶的 5′→3′外切酶活性（此活性是双链特异性的，游离的单链探针不受影响）将探针 5′端连接的荧光报告基团从探针上切割下来，游离于反应体系中，从而使两个荧光基团被释放出来，不能发生荧光共振能量转移，3′端荧光淬灭基团在激发光下产生荧光。即每扩增一条 DNA 链，就有一个荧光分子形成，实现了荧光信号的累积与 PCR 产物形成完全同步（图 11-27）。但是，此种探针存在荧光淬灭不彻底，且需两次修饰，本底值较高，成本较高等问题。针对这些问题，TaqMan 探针法进行了进一步的改良，产生了 TaqMan 探针-MGB 探针，该探针长度可缩短到 13 bp。在探针的 3′端采用了非荧光性的淬灭基团，吸收报告基团的能量后并不发光，大大降低了本底信号的干扰。在非荧光性的淬灭基团之前还增加了 MGB（minor groove binder）分子，MGB 提高了探针的 T_m 值，使较短的探针同样能达到较高的 T_m 值，降低了成本；并且短探针的荧光报告基团和淬灭基团的距离更近，淬灭效果更好，荧光背景更低，提高了信噪比。

图 11-26　TaqMan 探针结构示意图

（3）分子信标法　该方法是一段茎-环发夹结构的单链 DNA 分子，环部与靶 DNA 序列互补，为 15～35 bp，茎部由 GC 含量较高的与靶 DNA 无序列同源性的互补序列构成，约 8 bp，探针的 5′端与 3′端分别标记荧光报告基团和荧光淬灭基团（图 11-28）。当分子信标处于自由状态时，由于探针两端的碱基互补配对，形成发夹结构，使分别带有荧光报告基团与荧光淬灭基团的两个末端相互靠近，由于荧光共振能量转移的作用，荧光信号被淬灭。当有靶序列存在时，分子信标与靶序列结合，使分子信标被拉直成链状结构，5′端与 3′端分离，此时荧光报告基

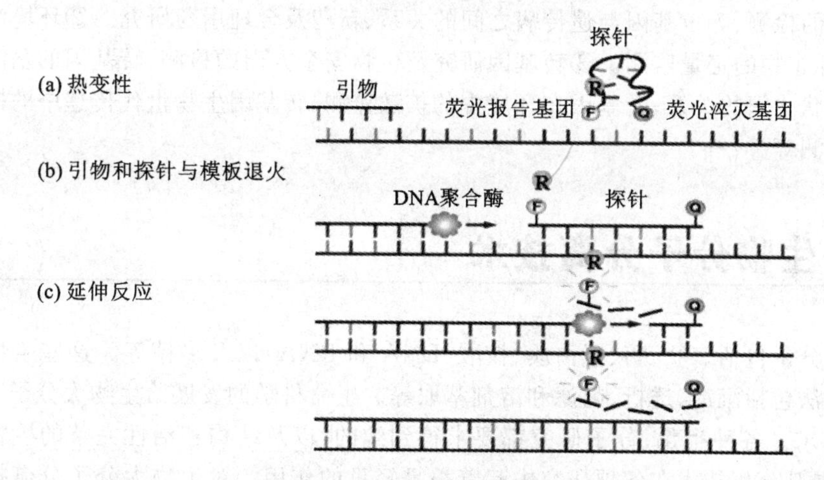

图 11-27　TaqMan 探针作用机理

团不能被淬灭，当荧光基团被激发时可检测到荧光(图 11-29)。随着每次扩增产物的积累，荧光强度增加，可反映出每次扩增末扩增产物积累的量。理论上，只有当分子信标与靶分子完全互补配对时，才可以检测到荧光，特异性比常规等长的寡核苷酸探针更明显。

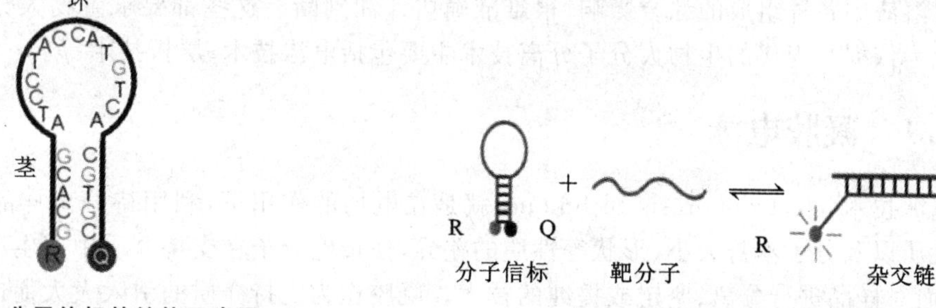

图 11-28　分子信标的结构示意图

图 11-29　分子信标的作用机理

(4) 荧光标记引物法　该技术通过在发卡结构的引物上标记一个荧光报告基团和一个荧光淬灭基团，利用与分子信标相同的原理获得与扩增产物量的增加成比例的荧光信号。它把荧光基团标记的发夹结构的序列直接与 PCR 引物相结合，从而使荧光标记基团直接掺入 PCR 扩增产物中。虽然荧光标记引物法和 DNA 结合染色法一样仅靠引物专一性来保证产物的专一性，不过由于荧光标记在引物上而不会受到引物二聚体的干扰，因而专一性自然优于 DNA 结合染色法。

(5) 杂交探针法　使用两个特异的探针，一个探针的 3′端标记有供体荧光基团，另一个探针的 5′端标记有受体荧光基团。在 PCR 反应中模板退火时，两个探针同时与扩增产物杂交，并形成头尾结合的形式，使两个荧光基团的距离非常接近，两者产生荧光共振能量转移(此作用与上述水解探针的方式相反)，使得受体荧光基团发出荧光；当两个探针处于游离状态时，无荧光产生。反应中运用了两个探针，增加了方法的特异性，但是成本也随之增加。

3. 实时定量 PCR 的优点与应用

实时定量 PCR 具有的优点：具有引物和探针的双重特异性，特异性大为提高；该技术敏感度高，稳定性较强；通过荧光信号的检测对样品初始模板浓度进行定量，批内及批间差异小，精密度高；自动化程度高；环境封闭，不会引起污染，无后处理等。实时定量 PCR 目前已被广泛应用于与生命健康息息相关的各个领域，例如：①医学临床中的定量与定性研究：病原微生物引起的疾病的检测、等位基因与遗传病之间的关系、新药及合理用药研究。②环境污染与毒理检测:生物标志物的定量监测。③转基因研究及生物安全方面的检测:转基因的基因拷贝数与受体生物性状之间的关系、转基因在环境中的扩散监测、转基因生物世代传递中的拷贝数及表达量变化监测等。

11.6 生物分子分离技术

生物大分子包括多肽、酶、蛋白质、核酸(DNA 和 RNA)以及多糖等。这些生物大分子传统的分离方法包括沉淀、透析、超滤和溶剂萃取等。生命科学的发展给生物大分子分离技术提出了新的要求。各种生化、分子研究都要求得到纯的,以及结构和活性完整的生物大分子样品,这就使得其分离技术在各项研究中起着举足轻重的作用。对生物大分子分离技术的研究和开发也就应运而生。生物大分子的制备具有以下主要特点:生物材料的组成极其复杂;许多生物大分子在生物材料中的含量极微,分离纯化的步骤繁多,流程长;许多生物大分子一旦离开生物体内的环境就极易失活(因此分离过程中如何防止其失活,就是生物大分子提取制备过程最困难之处);生物大分子的制备几乎都是在溶液中进行的,温度、pH 值、离子强度等各种参数对溶液中各种组成的综合影响,很难准确估计和判断。这些都要求生物大分子的分离技术以此为依据。现代的生物大分子分离技术主要包括电泳技术、层析技术等。

11.6.1 凝胶电泳

电泳技术(electrophoresis technique)就是在电场的作用下,利用待分离样品中各种分子带电性质以及分子本身大小、形状等性质的差异,使带电分子在支持介质中产生不同的迁移速度,从而对样品进行分离、鉴定或提纯的技术。凝胶作为支持介质的引入大大促进了电泳技术的发展,使电泳技术成为分析蛋白质、核酸等生物大分子的重要手段之一。琼脂糖凝胶电泳(agar gel electrophoresis,AGE)和聚丙烯酰胺凝胶电泳(polyacrylamide gel electrophoresis,PAGE)是目前常用的两种凝胶电泳。凝胶电泳兼有分子筛和电泳的双重效果。

将某种分子放到特定的电场中,它就会以一定的速度向适当的电极移动,如 DNA 和 RNA 多聚核酸链,在生理条件下呈多聚阴离子,把这些核酸分子放置在电场中,它们会向正电极的方向以一定的速度移动。我们把该分子在电场作用下的迁移速度称为电泳的迁移率。它与电场强度以及电泳分子所携带的净电荷数成正比,而与分子的摩擦系数成反比。摩擦系数是分子大小、极性、介质的黏度系数。电泳分子的空间构型对迁移率的影响也很大,比如质粒分子,迁移率的大小顺序为:共价闭合环状 DNA(covalently close circular DNA,ccc DNA,超螺旋构型)>lDNA(linear DNA,质粒的两条链均断裂,线形分子)>ocDNA(open circular DNA,开环 DNA,它的双链中的一条保持完整的环状结构,另一条单链上有一到几个切口)。因此,根据电泳分子大小的不同、构型及形状的差异以及所带净电荷量的多少,便可以通过电泳将核酸或蛋白质分子混合物中的各种成分彼此分离。

凝胶电泳通常使用琼脂糖凝胶和聚丙烯酰胺凝胶两种介质。琼脂糖是一种从红色海藻产物琼脂中提取出来的聚合链线形分子。含有不同浓度的琼脂糖的凝胶构成的分子筛的网孔大小不同,适于分离不同浓度范围的核酸分子(表 11-5)。凝胶浓度越小,孔径越大,允许通过的电泳分子的相对分子质量越大;凝胶浓度越大,孔径越小,允许通过的电泳分子的相对分子质量越小。经化学修饰后熔点降低的琼脂糖称为低熔点琼脂糖，其机械强度无明显变化，主要用于 DNA 的限制酶原位消化、DNA 片段回收以及 DNA 片段的分离。与琼脂糖凝胶电泳相比，聚丙烯酰胺凝胶的孔径较小，可以分辨较小相对分子质量的 DNA 片段(表 11-6)。聚丙烯酰胺凝胶由丙烯酰胺(Acr)在 N,N,N′,N′-四甲基乙二胺(TEMED)和过硫酸铵(AP)的催化下聚合形成长链，并通过交联剂 N,N′-亚甲双丙烯酰胺(Bis)交叉连接而成，其网孔的大小由 Acr 与 Bis 的相对比例决定。

表 11-5　琼脂糖凝胶浓度与 DNA 分离范围

琼脂糖凝胶浓度/(%(g/mL))	线状 DNA 分子的有效分离范围/bp
0.5	1000～30000
0.7	800～12000
1.0	500～10000
1.2	400～7000
1.5	200～3000
2.0	50～2000

表 11-6　聚丙烯酰胺凝胶浓度与 DNA 分离范围

聚丙烯酰胺凝胶浓度/(%(g/mL))	线状 DNA 分子的有效分离范围/bp
3.5	1000～2000
5.0	80～500
8.0	60～400
12.0	40～200
15.0	25～150
20.0	6～100

核酸电泳后，需经染色后才能显现出带型，最常用的是溴化乙锭(ethidium bromide,EB)染色法，其次是硝酸银染色法(银染法)。

溴化乙锭是一种荧光染料，含有一个可以嵌入核酸分子堆积碱基缝隙之间的三环平面基团。它与核酸分子的结合几乎没有碱基序列特异性。这种基团的固定位置和它与碱基的限定距离，使得染料与 DNA 结合在一起，在高离子强度的饱和溶液中，大约每 2.5 bp 插入一个溴化乙锭分子。在 260 nm 波长下，被 DNA 吸收的和透射到染料上的 UV 辐射，或者 300 nm 波长和 360 nm 波长处被结合染料自身所吸收的辐射，都是在可见光谱的橘红色范围内以 590 nm 波长辐射出来的。一般的做法是把溴化乙锭(0.5 μg/mL)加到凝胶和电泳缓冲液中，也可以在电泳的时候凝胶中不加溴化乙锭，等电泳结束之后再用溴化乙锭对 DNA 染色，即在室温下，把电泳凝胶放在含有溴化乙锭(0.5 μg/mL)的电泳缓冲液(或水)中浸泡一定的时间，最后将电泳标本放置在紫外线下观察，可以灵敏而快捷地检测出凝胶介质中 DNA 的谱带位置。由于溴化乙锭只能与核酸分子结合而不能与凝胶介质结合，所以其荧光强度与核酸的含量成正比。

银染法是指染色液中的银离子可与核酸形成稳定的复合物，然后用还原剂如甲醛使银离子还原成银颗粒，可以将核酸带染成黑色。银染法灵敏度比溴化乙锭染色法高，但是 DNA 不易回收。

11.6.2 双向凝胶电泳

双向聚丙烯酰胺凝胶电泳技术(two-dimensional polyacrylamide gel electrophoresis,2D-PAGE)作为一种分离和检测复杂生物体系中蛋白质的方法,于1975年首次提出。该方法是目前常用的并且是唯一的一种能够连续在同一块胶上分离数千种蛋白质的方法,被广泛应用于生物学研究的各个方面。2D-PAGE技术由等电聚焦(isoelectric focusing,IEF)电泳和十二烷基硫酸钠-聚丙烯酰胺凝胶电泳(sodium dodecylsulphate polyacrylamide gel electrophoresis,SDS-PAGE)两个单向聚丙烯酰胺凝胶电泳组合而成。在第一向电泳后再在与第一向垂直的方向上进行第二向电泳。目前,双向聚丙烯酰胺凝胶电泳大都是第一向为等电聚焦电泳,第二向为SDS-聚丙烯酰胺凝胶电泳。

等电聚焦电泳的分离原理是在凝胶中通过加入两性电解质形成一个pH值梯度,两性物质在电泳过程中会被集中在与其等电点(pI)相等的pH值区域内,从而得到分离。蛋白质是两性分子,在不同的pH值缓冲液中表现出不同的带电性,因此,在电流的作用下,在以两性电解质为介质的体系中,不同等电点的蛋白质会聚集在介质上不同的区域(等电点)而被分离。SDS-聚丙烯酰胺凝胶电泳是以相对分子质量的不同来分离蛋白质分子的,蛋白质与十二烷基硫酸钠(SDS)结合形成带负电荷的蛋白质-SDS复合物,由于SDS是一种强阴离子去垢剂,所带的负电荷远远超过蛋白质分子原有的电荷量,能消除不同分子之间原有的电荷差异,从而使得凝胶中电泳迁移率不再受蛋白质原有电荷的影响,而主要取决于蛋白质相对分子质量的大小,其迁移率与相对分子质量的对数呈线性关系。等电点与相对分子质量是蛋白质2个独立的参数,两者互不相关,因此在最后的凝胶上可获得分辨率很高的蛋白质二维图谱。理论上利用2D-PAGE可以分别出5 000~10 000个蛋白质组分。

2D-PAGE技术作为蛋白质组学的关键技术之一,近年来发展非常迅速,在高通量分离和分析方面的进展,为蛋白质组学的研究奠定了有效的技术平台。但是该技术在特殊蛋白质(极酸和极碱,过大和过小,难溶和极低丰度蛋白质)的分辨率、检出灵敏度及鉴定的自动化等方面还有待进一步提高和完善。

图11-30为湖南烙铁头蛇毒蛋白组分的双向电泳图谱,共83个蛋白质组分被检测出来。其中大约90.00%的蛋白质的相对分子质量分布在$(15\sim45)\times10^3$,大约72.29%的蛋白质等电点(pI)在4.0~7.0。烙铁头蛇是世界上剧毒的蛇种之一,其所携带的毒素能导致严重的机体损伤。通过对烙铁头蛇毒的蛋白组学研究,获得其蛇毒蛋白质组分的表征特点,为后续进一步研究各组分的结构和潜在功能奠定基础,既可以提出新的治疗方案,又可以为新的药理应用提供宝贵资源。

11.6.3 层析技术

层析法又称色层分析法或色谱法(chromatography),它是在1903—1906年由俄国植物学家M. Tswett首先系统提出来的。他将叶绿素的石油醚溶液通过$CaCO_3$管柱,并继续以石油醚淋洗,由于$CaCO_3$对叶绿素中各种色素的吸附能力不同,色素被逐渐分离,在管柱中出现了不同颜色的谱带或称色谱图(chromatogram)。Martin和Synge为层析技术的进一步发展作出了重大贡献。他们首先提出了色谱塔板理论,这是在色谱柱操作参数基础上模拟蒸馏理论,以理论塔板来表示分离效率,定量地描述、评价层析分离过程;其次,他们提出了远见卓识的预

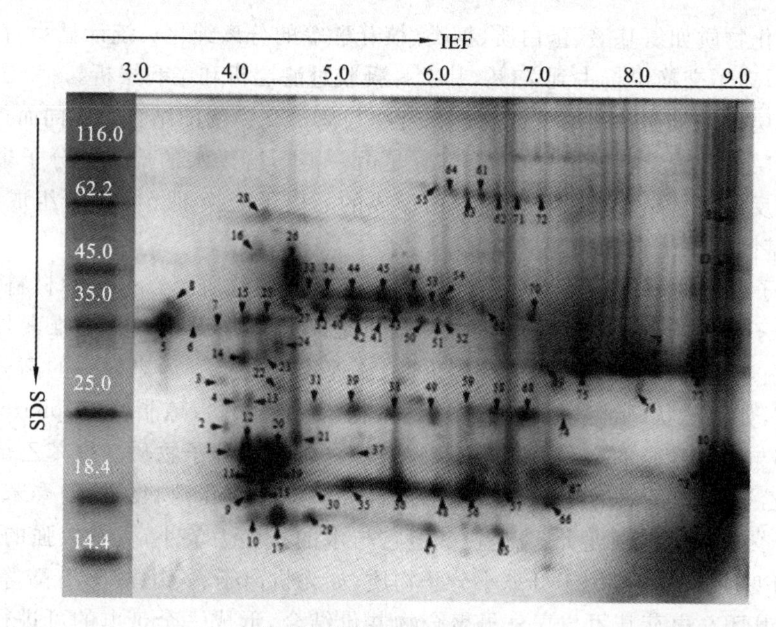

图 11-30　烙铁头蛇毒蛋白组分的双向电泳图谱

言，预见了气相色谱和高效液相色谱的产生。如今的色层分析法经常用于分离无色的物质，已没有颜色这个特殊的含义。但色谱法或色层分析法的名称仍沿用下来，现在简称为层析法或层析技术。

层析法是一种基于被分离物质的物理、化学及生物学特性的不同，使它们在某种基质中移动速度不同而进行分离和分析的方法。比如利用物质在溶解度、吸附能力、立体化学特性及分子的大小、带电情况及离子交换、亲和力的大小及特异的生物学反应等方面的差异，使其在流动相与固定相之间的分配系数（或称分配常数）不同，达到彼此分离的目的。固定相是层析的一个基质。它可以是固体物质（如吸附剂、凝胶、离子交换剂等），也可以是液体物质（如固定在硅胶或纤维素上的溶液），这些基质能与待分离的化合物发生可逆的吸附、溶解、交换等作用。在层析过程中，推动固定相上待分离的物质朝着一个方向移动的液体、气体或超临界体等，都称为流动相。在柱层析技术中一般称其为洗脱剂，薄层层析时称为展层剂。可以用分配系数来表示物质在固定相和流动相中的分配特性，它是层析中分离纯化物质的主要依据。分配系数代表了一定的条件下，某种组分在固定相和流动相中含量（浓度）的比值，常用 K 来表示。

$$K=C_s/C_m$$

其中 C_s 是固定相中的浓度，C_m 是流动相中的浓度。

层析根据不同的标准可以分为多种类型：根据固定相基质的形式分类，层析可以分为纸层析、薄层层析和柱层析；根据流动相的形式分类，层析可以分为液相层析和气相层析；根据分离的原理不同分类，层析主要可以分为吸附层析、分配层析、凝胶过滤层析、离子交换层析、亲和层析等。

1. 离子交换层析

离子交换层析（ion exchange chromatography，IEC）是以离子交换剂为固定相，依据流动相中的组分离子与交换剂上的平衡离子进行可逆交换时的结合力大小的差别而进行分离的一种层析方法。1848 年，Thompson 等在研究土壤碱性物质交换过程中发现了离子交换现象。20 世纪 50 年代，离子交换层析进入生物化学领域，应用于氨基酸的分析。目前已经被广泛地应用于各种生化物质如氨基酸、蛋白质、糖类、核苷酸等的分离纯化。统计显示，在蛋白质的分离纯化方案中，离子交换层析占到75%，其次为凝胶过滤层析和亲和层析。

离子交换层析是依据各种离子或离子化合物与离子交换剂的结合力不同而进行分离纯化的。离子交换层析的固定相是离子交换剂，它是由一类不溶于水的惰性高分子聚合物基质通过一定的化学反应共价结合上某种电荷基团形成的。离子交换剂由三部分组成：高分子聚合物基质、电荷基团和平衡离子。

(1) 高分子聚合物基质　离子交换剂的高分子聚合物基质可以由多种材料制成，最早应用于生物大分子分离纯化中的高分子聚合物基质是纤维素(cellulose)，纤维素具有高度的亲水性，能与蛋白质有很好的相容性，但有容量低、流速慢等缺点。后来较多的高分子聚合物基质被开发出来，如以球状纤维素(Sephacel)、葡聚糖(Sephadex)、琼脂糖(Sepharose)为基质的离子交换剂都与水有较强的亲和力，适合于分离蛋白质等大分子物质。聚苯乙烯离子交换剂(又称为聚苯乙烯树脂)是以苯乙烯和二乙烯苯合成的具有多孔网状结构的聚苯乙烯为基质。聚苯乙烯离子交换剂机械强度大、流速快。但它与水的亲和力较小，具有较强的疏水性，容易引起蛋白质的变性。故一般用于分离小分子物质，如无机离子、氨基酸、核苷酸等。

(2) 电荷基团　电荷基团与高分子聚合物共价结合，形成一个带电的可进行离子交换的基团。根据与基质共价结合的电荷基团的性质，可以将离子交换剂分为阳离子交换剂和阴离子交换剂。阳离子交换剂的电荷基团带负电，可以交换阳离子物质。根据电荷基团的解离度不同，又可以分为强酸型(带磺酸的基团，$R-SO_3H$)、中等酸型(含磷酸基团或亚磷酸基团，$R-PO_3H_2$)和弱酸型(带羧基和酚基的树脂，R－COOH 或 R－苯环－OH)三类。这些交换剂在交换时，氢离子为外来的阳离子所取代，如下式所示：

$$R—COOH + Na^+ \longrightarrow R—COONa^+ + H^+$$

它们的区别在于其电荷基团完全解离的pH值范围，强酸型离子交换剂在较大的pH值范围内电荷基团完全解离，而弱酸型完全解离的pH值范围则较小，如羧甲基在pH值小于6时就失去了交换能力。阴离子交换剂的电荷基团带正电，可以交换阴离子物质。此类交换剂是在基质骨架上引入季铵($—N^+(CH_3)_3$)、叔胺($—N(CH_3)_2$)、仲胺($—NHCH_3$)和伯胺($—NH_2$)基团后构成的。

同样根据电荷基团的解离度不同，又可分为强碱性(含季铵基)、弱碱性(含叔胺、仲胺基)及中强碱性(既含强碱性基团又含弱碱性基团)三种阴离子交换剂。它们与溶液中的离子进行交换时，反应式为：

$$R—N^+(CH_3)_3OH^- + Cl^- \longrightarrow R—N^+(CH_3)_3Cl^- + OH^-$$

$$R—N(CH_3)_2 + H_2O \longrightarrow R—N^+(CH_3)_2H \cdot OH^-$$

$$R—N^+(CH_3)_2H \cdot OH^- + Cl^- \longrightarrow R—N^+(CH_3)_2H \cdot Cl^- + OH^-$$

表11-7显示了离子交换剂中常用的高分子聚合物基质以及搭配的电荷基团(配基)，表11-8为离子交换剂中常用的电荷基团。

表11-7　用于蛋白质制备的离子交换层析介质

名　称	骨架结构	配　基
Bier Gel A	琼脂糖	DEAE,CM
Cellulose	纤维素	DEAE,CM,SE,P
Ceranic HyperD	—	Q,S,DEAE,CM
Fraclogel EMD	交联聚甲基丙烯酸酯	TMAE,DEAE,DMAE,COO$^-$,SE

续表

名　称	骨架结构	配　基
Macro Prep	聚甲基丙烯酸酯	Q,DEAE,CM,S
Matrex Cellufine	珠状交联纤维素	Q,DEAE,CM
Mini	亲水性聚醚类	Q,S
Mono	亲水性聚醚类	Q,S
Sephadex	交联葡聚糖	QAE,DEAE,CM,SP
Sepharose Fast Flow	交联琼脂糖	Q,DEAE,ANX,CM,SP
TSK Gel	G5000 亲水胶	DEAE,Q,SP

表 11-8　离子交换剂中常用的电荷基团

配基	结　构	pK_a	分　类	简　称
硫酸基	$-OSO_3H$	<2	强酸	S
磺酸基	$-(CH_2)_nSO_3H$	<2	强酸	SM(n=1),SE(n=2),SP(n=3),SB(n=4)
磷酸基	$-OPO_3H_2$	<2,<6	中等酸性	P
羧酸基	$-(CH_2)_nCOOH$	3.5～4.2	弱酸	CM(n=1)
叔胺基	$-(CH_2)_nN^+(CH_3)_2$	8.5～9.5	弱碱	DEAE(n=2)
季铵基	$-(CH_2)_nN^+R_3$	>9	强碱	Q,QAE

(3) 平衡离子　平衡离子是结合于电荷基团上的相反离子，它能与溶液中其他的离子基团发生可逆的交换反应。阳离子交换剂的平衡离子带正电，能与带正电的离子基团发生交换作用；阴离子交换剂的平衡离子带负电，与带负电的离子基团发生交换作用。

下面以阴离子交换剂为例，简单介绍离子交换层析的基本分离过程。

阴离子交换剂的电荷基团带正电，装柱平衡后，与缓冲溶液中的带负电的平衡离子结合。待分离溶液中可能有正电基团、负电基团和中性基团。加样后，负电基团可以与平衡离子进行可逆的置换反应，而结合到离子交换剂上。而正电基团和中性基团则不能与离子交换剂结合，随流动相流出而被去除。通过选择合适的洗脱方式和洗脱液来实现分离，如增加离子强度的梯度洗脱。随着洗脱液离子强度的增加，洗脱液中的离子可以逐步与结合在离子交换剂上的各种负电基团进行交换，而将各种负电基团置换出来，随洗脱液流出。与离子交换剂结合力小的负电基团先被置换出来，而与离子交换剂结合力强的需要较高的离子强度才能被置换出来，这样各种负电基团就会按其与离子交换剂结合力从小到大的顺序逐步被洗脱下来，从而达到分离目的。

各种离子与离子交换剂上的电荷基团的结合是由静电力产生的，是一个可逆的过程。结合的强度与很多因素有关，包括离子交换剂的性质、离子本身的性质、离子强度、pH 值、温度、溶剂组成等。离子交换层析就是利用各种离子本身与离子交换剂结合力的差异，并通过改变离子强度、pH 值等条件改变各种离子与离子交换剂的结合力而达到分离的目的。离子交换剂的电荷基团对不同的离子有不同的结合力。一般来讲，离子价数越高，结合力越大；价数相同时，原子序数越高，结合力越大。如阳离子交换剂对离子的结合力顺序为：$Li^+ < Na^+ < K^+ < Rb^+ < Cs^+$；$Na^+ < Ca^{2+} < Al^{3+} < Ti^{4+}$。蛋白质等生物大分子通常呈两性，它们与离子交换剂的结合与它们的性质及 pH 值有较大关系。以用阳离子交换剂分离蛋白质为例，在一定的 pH 值条件下，等电点 pI<pH 的蛋白质带负电，不能与阳离子交换剂结合；等电点 pI >pH 的蛋白质带正电，能与阳离子交换剂结合，一般 pI 越大的蛋白质与离子交换剂结合力越强。但由于生物样品的复杂性以及其他因素影响，一般生物大分子与离子交换剂的结合情况较难估计，往往要通过实验进行摸索。

2. 凝胶过滤层析技术

凝胶过滤层析(gel filtration chromatography)又称凝胶层析(gel chromatography)，也称为凝胶排阻层析(gel exclusion chromatography)、分子筛层析(molecular sieve chromatography)、凝胶渗透层析(gel permeation chromatography)等。它是以多孔性凝胶填料为固定相，按分子大小顺序分离样品中各个组分的液相色谱方法。1959 年，Porath 和 Flodin 首次用一种多孔聚合物——交联葡聚糖凝胶作为柱填料，分离水溶液中不同相对分子质量的样品，称为凝胶过滤。1964 年，Moore 制备了具有不同孔径的交联聚苯乙烯凝胶，能够进行有机溶剂中的分离，称为凝胶渗透层析(流动相为有机溶剂的凝胶层析一般称为凝胶渗透层析)。随后这一技术得到不断的完善和发展，目前广泛地应用于生物化学、高分子化学等领域。

凝胶层析是依据分子大小这一物理性质进行分离纯化的。凝胶层析的固定相是惰性的珠状凝胶颗粒，凝胶颗粒的内部具有立体网状结构，形成很多孔穴。当含有不同分子大小的组分的样品进入凝胶层析柱后，各个组分就向固定相的孔穴内扩散，组分的扩散程度取决于孔穴的大小和组分分子大小。比孔穴孔径大的分子不能扩散到孔穴内部，完全被排阻在孔外，只能在凝胶颗粒外的空间随流动相向下流动，它们经历的流程短，流动速度快，所以首先流出；而较小的分子则可以完全渗透进入凝胶颗粒内部，经历的流程长，流动速度慢，所以最后流出；而分子大小介于两者之间的分子在流动中部分渗透，渗透的程度取决于它们分子的大小，所以它们流出的时间介于两者之间，分子越大的组分越先流出，分子越小的组分越后流出。这样样品经过凝胶层析后，各个组分便按分子从大到小的顺序依次流出，从而达到了分离的目的。图 11-31 显示了凝胶层析原理。

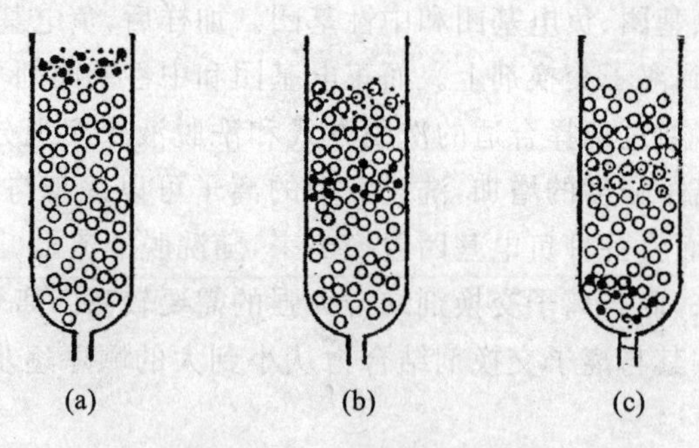

图 11-31 凝胶层析原理

凝胶的种类很多，常用的凝胶主要有葡聚糖凝胶(dextran)、聚丙烯酰胺凝胶(polyacrylamide)、琼脂糖凝胶(agarose)以及聚丙烯酰胺和琼脂糖之间的交联物。另外，还有多孔玻璃珠、多孔硅胶、聚苯乙烯凝胶等。凝胶必须是化学惰性的，化学性质要稳定，凝胶上没有或只有极少量的离子基团，要具有足够的机械强度。

(1) 葡聚糖凝胶　商品名称为 Sephadex，在水溶液、盐溶液、碱溶液、弱酸溶液以及有机溶液中都是比较稳定的，可以多次重复使用。Sephadex 有各种颗粒大小(一般分为粗、中、细、超细)可以选择，一般粗颗粒流速快，但分辨率较差；细颗粒流速慢，但分辨率高。要根据分离要求来选择颗粒大小。Sephadex 的机械稳定性相对较差，它不耐压，分辨率高的细颗粒要求流速较慢，所以不能实现快速而高效的分离。

(2) 琼脂糖凝胶　商品名称为 Sepharose 或 Bio-Gel A，琼脂糖是从琼脂中分离制得的。这种凝胶的优点是孔径大，排阻极限高，对样品的吸附作用很小，另外，琼脂糖凝胶的机械强度和孔穴的稳定性都很好。但是分辨率低，不耐高温。

(3) 聚丙烯酰胺凝胶　商品名称为 Bio-gel P，是一种人工合成的凝胶，以丙烯酰胺为单位，由甲叉双丙烯酰胺交联而成。交联剂越多，孔隙度越小。聚丙烯酰胺凝胶在水溶液、一般的有机溶液、盐溶液中都比较稳定。聚丙烯酰胺凝胶在酸中的稳定性较好，但在较强的碱性条件下或较高的温度下，聚丙烯酰胺凝胶易发生分解。

凝胶过滤层析的两大主要用途如下。①脱盐：高分子(如蛋白质、核酸、多糖等)溶液中的低相对分子质量杂质，可以用凝胶层析法除去，这一操作称为脱盐。②用于分离提纯：凝胶层析法已广泛用于酶、蛋白质、氨基酸、多糖、激素、生物碱等物质的分离提纯。凝胶对致热原有较强的吸附力，可用来去除无离子水中的致热原制备注射用水。此外还可用于测定高分子物质的相对分子质量，以及高分子溶液的浓缩。

凝胶过滤层析的分离条件温和，蛋白质不易变性，收率高，重现性好；工作范围广，分离相对分子质量的覆盖面大(几百到数百万)；设备简单，易于操作，周期短，可连续使用许多次(几百次甚至几千次)。

3. 亲和层析

亲和层析(affinity chromatography)是利用生物分子间专一的亲和力而进行分离的一种层析技术，也称生物亲和或生物特异性亲和色谱。1910 年有人利用不溶性淀粉选择吸附、提纯淀粉酶，这是最早的基于生物特异性进行分离纯化的实例。但由于技术上的限制，没有合适的固定配体，所以在实验中没有广泛的应用。20 世纪 60 年代末，溴化氰活化多糖凝胶并偶联蛋白质技术的出现，解决了配体固定化的问题，使得亲和层析技术得到了快速的发展。亲和层析是利用生物分子所具有的特异的生物学性质——亲和力来进行分离纯化的。由于亲和力具有高度的专一性，因此亲和层析的分辨率很高，是分离生物大分子的一种理想的层析方法。

生物分子间存在很多特异性的相互作用，如我们熟悉的酶与底物(包括酶的竞争性抑制剂和辅助因子)、抗原与抗体、激素与受体、核酸中的互补链、多糖与蛋白复合体等，它们之间都能够专一而可逆地结合，这种结合力就称为亲和力。由于亲和层析利用的是生物学特异性而不是依赖于物理化学性质，因而非常适合于分离低浓度的生物产品。亲和层析的分离原理简单地说，就是通过将具有亲和力的两个分子中一个固定在不溶性基质(也称为载体，常用的基质有交联葡聚糖、琼脂糖、聚丙烯酰胺、多孔玻璃珠等)上，利用分子间亲和力的特异性和可逆性，对另一个分子进行分离纯化。被固定在基质上的分子称为配体，配体和基质是共价结合的，构成亲和层析的固定相，称为亲和吸附剂。亲和层析时首先选择与待分离的生物大分子有亲和力物质作为配体，例如分离酶可以选择其底物类似物或竞争性抑制剂为配体，分离抗体可以选择抗原作为配体等。并将配体共价结合在适当的不溶性基质上，如常用的 Sepharose-4B 等。将制备的亲和吸附剂装柱平衡，当样品溶液通过亲和层析柱的时候，样品中对配基有亲和力的物质便借助静电作用、疏水作用、金属配位作用、氢键作用和弱共价键作用，以及结构互补效应等吸附到固定相上；而其他杂质不能与配体结合，仍在流动相中，并随洗脱液流出，这样层析柱中就只有待分离的生物分子。通过适当的洗脱液将其从配体上洗脱下来，就得到了纯化的待分离物质。

根据配基与生物大分子作用体系不同，可以把亲和层析分为以下四种类型。

(1) 生物亲和层析(BAFC)　生物亲和层析是利用自然界中存在的生物特异性相互作用物质对的亲和层析。通常具有较高的选择性，典型的物质对有酶-底物、酶-抑制剂、激素-受体等。

(2) 免疫亲和层析(IAFC)　以抗原抗体中的一方作为配基，亲和吸附另一方的分离系统，称为免疫亲和层析。由于抗体与抗原作用具有高度的专一性，所以许多典型的亲和层析纯化蛋白质的过程已经使用了单克隆抗体(简称单抗)作为亲和配基。

(3) 金属离子亲和层析(IMAC)　金属离子亲和层析是利用金属离子的配合或形成螯合物的能力吸附蛋白质的分离系统。目的蛋白质表面暴露的供电子氨基酸残基，如组氨酸的咪唑基、半胱氨酸的巯基和色氨酸的吲哚基，十分有利于蛋白质与固定化金属离子结合，这也是IMAC用于蛋白质分离纯化的唯一依据。金属离子如锌离子和铜离子，能很好地与组氨酸的咪唑基及半胱氨酸的巯基结合。含有不同数量这些基团的蛋白质可以通过金属离子亲和层析得到分离。

(4) 拟生物亲和层析(BMAFC)　拟生物亲和层析是利用部分分子相互作用，模拟生物分子结构或某特定部位，以人工合成的配基为固定相吸附目的蛋白质的亲和层析。例如，染料亲和层析(DAFC)和氨基酸亲和层析，包括多肽亲和层析(AALA)。

亲和层析技术的最大优点在于利用它对粗提液进行一次简单的处理，便可得到所需的高纯度的活性物质，该技术不但能用来分离一些在生物材料中含量极微的物质，而且可以分离那些性质十分相似的生化物质。但亲和层析也有一些缺点，如配基与载体偶联条件苛刻，亲和吸附剂通用性差等。

11.7 核酸杂交

核酸分子杂交(nucleic acid molecular hybridization)技术是1968年由华盛顿卡内基学院的Roy Britten及其同事发明的，指互补的核苷酸序列通过Watson-Crick碱基配对形成稳定的杂合双链分子的过程，是从核酸分子混合液中检测DNA或RNA分子的特定序列(靶序列)的传统方法。能够杂交形成杂种分子的不同来源的DNA分子，其亲缘关系较为密切；反之，其亲缘关系则比较疏远。因此，DNA/DNA的杂交作用，可以用来检测特定生物有机体之间是否存在亲缘关系，而形成DNA/DNA或DNA/RNA杂种分子的这种能力，可以用来揭示核酸片段中某一特定基因的位置。

核酸杂交方法是通过毛细管作用或电导作用将凝胶中DNA或RNA在相同位置原封不动地转移并固定到滤膜上(也称为核酸印迹转移)，与其互补的单链DNA或RNA探针用放射性或非放射性标记，在膜上杂交时，探针通过氢键与其互补的靶序列结合，洗去未结合的游离探针后，经放射自显影或显色反应检测特异结合的探针。这一过程通常在一支持膜上进行，因此又称为核酸印迹杂交(nucleic acid blot hybridization)。根据检测样品的不同，它又被分为DNA印迹杂交(Southern blot hybridization)和RNA印迹杂交(Northern blot hybridization)。常用的滤膜有尼龙滤膜、硝酸纤维素滤膜、叠氮苯氧甲基纤维素滤纸(DBM)和二乙氨基乙基纤维素滤膜(DEAE)等。在核酸杂交中选用哪一种滤膜，是由核酸的特殊性、分子大小和在杂交过程中所涉及的步骤的多寡、敏感性等参数决定的。如硝酸纤维素滤膜在早期由于不能滞留小于 150 bp 的 DNA 片段，又不能同 RNA 结合，在使用上受到一定的限制。1980 年 G. E. Smith 等发现，应用 1 mol/L 的醋酸铵和 0.2 mol/L 的 NaOH 缓冲液代替 SSC 缓冲液，可改善硝酸纤维素滤膜对小片段 DNA 的滞留能力；随后 P. S. Thomas 报道，经变性之后的 RNA，也可十分容易地转移到硝酸纤维素滤膜上去。

核酸杂交作为一项基本技术，因具有很高的灵敏度和高度的特异性，已广泛地应用于克隆基因的筛选、酶切图谱的制作、基因组中特定基因序列的定性与定量检测和疾病的诊断等方面。

11.7.1　分子标记及示踪技术

1. 分子标记

1974 年，Grozdicker 等在鉴定温度敏感表型的腺病毒 DNA 突变体时，利用限制性核酸内切酶酶解后得到 DNA 片段的差异，首创了 DNA 分子标记(DNA molecular marker)。通常所说的分子标记是以个体间遗传物质内核苷酸序列变异为基础的遗传标记，以检测生物个体在基因或基因型上所产生的变异来反映基因组之间差异，是 DNA 水平遗传多态性的直接反映。广义的分子标记是指可遗传的并可检测的 DNA 序列或蛋白质分子。DNA 分子标记是根据基因组 DNA 丰富的多态性而发展起来的可直接反映生物个体 DNA 水平差异的一类新型的遗传标记，它是继形态学标记、细胞学标记、生化标记之后最可靠的遗传标记技术。

DNA 分子标记具有很多优越性，如揭示 DNA 的变异；在生物发育的不同阶段，不同组织的 DNA 都可用于标记分析；基因组变异极其丰富，分子标记的数量几乎是无限的；大多数分子标记为共显性，对隐性性状的选择十分便利；表现为中性，不影响目标性状的表达，与不良性状无连锁；检测手段简单、迅速等。随着分子生物学技术的发展，DNA 分子标记技术已广泛应用于遗传育种、基因组作图、基因定位、物种亲缘关系鉴别、基因库构建、基因克隆等方面。

分子标记经历了短短几十年的迅速发展后，日趋成熟，现已出现几十种分子标记技术。根据不同的核心技术基础，DNA 分子标记技术大致可分为三类：第一类以 Southern 杂交为核心，如 RFLP；第二类以 PCR 技术为核心，如 RAPD、SSR、AFLP、STS、SRAP、TRAP 等；第三类以 DNA 序列(mRNA 或单核苷酸多态性)为核心，如 EST 标记、SNP 标记等。

(1) 限制性核酸内切酶片段长度多态性标记(restriction fragment length polymorphism, RFLP)　RFLP 是一种以 DNA-DNA 杂交为基础的第一代遗传标记。RFLP 用作分子标记的基本原理是由于不同个体基因型中内切酶位点序列由碱基插入、缺失、重组或突变等造成不同，利用特定的限制性核酸内切酶识别并切割不同生物个体的基因组 DNA，得到大小不等的 DNA 片段，所产生的 DNA 数目和各个片段的长度反映了 DNA 分子上不同酶切位点的分布情况。通过凝胶电泳将 DNA 片段按各自的长度分开，通过 Southern 印迹法，将这些大小不同的 DNA 片段转移到硝酸纤维素膜或尼龙膜上，再用经同位素或地高辛标记的探针与膜上的酶切片段分子杂交，最后通过放射性自显影显示杂交带，即检出限制性片段长度多态性。它所代表的是基因组 DNA 在限制性核酸内切酶消化后产生片段在长度上差异。

RFLP 分为两种类型：一类是由于限制性核酸内切酶位点上发生了单个碱基突变而使这一限制性位点发生丢失或获得而产生的多态性，也称为点多态性(point polymorphism)。这类多态性实际上是双态的，即有(+)或无(-)。另一类是由于 DNA 分子内部发生较大的顺序变化所致，这一类多态性又可以分成两类：第一类是由于 DNA 顺序上发生突变如缺失、重复、插入所致；第二类是由于高变区(highly variable region)内串联重复顺序的拷贝数不同所产生的，其突出特征是限制性核酸内切酶识别位点本身的碱基没有发生改变，改变的只是它在基因组中的相对位置。高变区是由多个串联重复顺序组成的，不同的个体高变区内所串联重复的拷贝数相差悬殊，因而高变区的长度变化很大，从而使高变区两侧限制性核酸内切酶识别位点的固定位置随高变区的大小而发生相对位移。

(2) 随机扩增多态性 DNA 标记(random amplified polymorphic DNA，RAPD)　RAPD 是一种不需预先知道 DNA 序列信息的检测核苷酸序列多态性的方法，其原理是以碱基顺序随机排列的寡核苷酸单链(8～10 bp)为引物，以组织中分离出来的基因组 DNA 为模板进行扩增。随机引物在基因组 DNA 序列上有其特定结合位点，一旦基因组在这些区域发生 DNA 片段插入、缺失或碱基突变，就可能导致这些特定结合位点的分布发生变化，从而导致扩增产物的数量和大小发生改变，表现出多态性。用琼脂糖凝胶电泳分离扩增产物，溴化乙锭染色后可在紫外光下显现出基因组相应区域 DNA 的多态性。与 RFLP 相比，RAPD 方便易行，DNA 用量少，设备要求简单，不需 DNA 探针，设计引物也不需要预先进行序列分析，不依赖于种属特异性和基因组的结构，合成一套引物可以用于不同生物基因组分析，用一个引物就可扩增出许多片段，并且不需使用同位素，安全性好。但因为引物较短导致退火温度较低，易产生错配，故实验的稳定性和重复性差，且为显性标记，不能区分纯合子和杂合子。

RAPD 标记技术利用单引物扩增多个基因位点使其在一定程度上对反应条件要求较高，在一定程度上限制了其应用。序列特征化扩增区域标记(sequenced characterized amplified region，SCAR)通过对产生的 RAPD 片段克隆和测序，设计一对互补于原来 RAPD 片段两端序列的二十四聚体的引物，扩增原来模板 DNA，产生 SCAR-DNA 片段。相对于 RAPD，SCAR 由于使用更长的引物和更高的退火温度而具有更高的可靠性和可重复性，对反应条件不敏感，且可以将显性 RAPD 标记转变为共显性的 SCAR 标记，从而提高遗传作图效率。此外，还有任意引物 PCR 标记(arbitary primer-PCR，AP-PCR)技术和 DNA 扩增指纹(DNA amplified fingerprinting，DAF)技术，前者使用 20 bp 或 30 bp 的任意引物随机扩增基因组 DNA，后者用 5 bp 或 8 bp 的任意引物随机扩增基因组 DNA。这些技术彼此相似，都能提供 DNA 的多态性信息，用于遗传图谱构建或基因定位等。

(3) 简单重复序列标记(simple sequence repeat，SSR)　简单重复序列标记，或称微卫星序列标记(microsatellite sequence，MS)或短串联重复标记(short tandem repeat，STR)，是均匀分布于真核生物基因组中的简单重复序列，由 2～6 个核苷酸的串联重复片段构成，由于重复单位的重复次数在个体间呈高度变异性并且数量丰富，因此微卫星标记的应用非常广泛。按重复基序的长度可将串联重复序列分为卫星 DNA(基序 100～300 bp)、小卫星 DNA(基序 10～60 bp)、微卫星 DNA(基序 1～6 bp)和中卫星 DNA(由不同大小串联重复序列组成)等。微卫星是由 DNA 复制或修复过程中 DNA 滑动、错配或者有丝分裂、减数分裂期姐妹染色单体不均等交换引起的。微卫星的突变率在不同物种、同一物种的不同位点或同一位点的不同等位基因间存在很大差异。尽管微卫星 DNA 分布于整个基因组的不同位置，但其两端序列多是保守的单拷贝序列，根据这两端的序列设计一对特异引物，通过 PCR 技术将期间的核心微卫星 DNA 序列扩增出来，利用电泳分析技术就可以得到其长度的多态性。

SSR 具有高度重复性、丰富的多态性、共显性、高度可靠性等优点，但由于其需要对所研究物种的一系列微卫星位点进行克隆和测序分析，以便设计相应的引物，这是非常费时、费力和代价昂贵的工作，因而给它的利用带来了一定困难。随后发展的简单重复序列间区标记(inter-simple sequence repeat，ISSR)，或称锚定简单重复序列标记(anchored simple sequence repeat，ASSR）克服了SSR标记的缺点。在SSR序列的3′端或5′端加上一个2～4 bp的随机核苷酸，形成微卫星DNA的锚定引物，在PCR反应中，锚定引物可引起特定位点退火，导致与锚定引物互补的间隔不太大的重复序列间DNA片段进行扩增。所扩增的inter SSR区域的多个条带通过电泳可分辨，呈现出扩增带的多态性。该方法不需知道DNA序列即可用锚定引物扩增。

（4）扩增片段长度多态性标记（amplified fragment length polymorphism，AFLP）　AFLP是RFLP与PCR相结合的产物，其原理是先用两种限制性核酸内切酶（低频剪切酶和高频剪切酶，识别位点分别为6 bp和4 bp）双酶切基因组DNA产生不同大小的DNA片段，酶切产物与双链人工接头连接，作为扩增反应的模板DNA，然后以人工接头的互补链为引物进行预扩增，最后在接头互补链的基础上添加1～3 bp选择性核苷酸做引物对模板DNA再进行选择性扩增，电泳分离获得的DNA扩增片段，根据扩增片段长度的不同检测出多态性。AFLP的独特之处在于所用的专用引物在不知道DNA信息的前提下就可对酶切片段进行PCR扩增。AFLP结合了RFLP和RAPD两种技术的优势，具有DNA需要量少、分辨率高、稳定性好、效率高的优点。但它的技术费用很高，对DNA的纯度和内切酶的质量要求很高。

（5）表达序列标签（expressed sequence tag，EST）标记　EST的原理是将mRNA逆转录成cDNA并克隆到载体构建成cDNA文库后，大规模随机挑取cDNA克隆，对其3′端或5′端进行测序，一般长为300～500 bp，得到的序列与数据库中已知序列比对，从而获得对生物体生长发育、繁殖分化、遗传变异、衰老死亡等生命过程的认识。EST标记分为两类：一是以分子杂交为基础，用EST本身作为探针和经过酶切后的基因组DNA杂交而产生；二是以PCR为基础，按照EST的序列设计引物对植物基因组特殊区域进行PCR扩增而产生。

EST作为表达基因所在区域的分子标签，因编码DNA序列高度保守而具有自身的特殊性质，与来自非表达序列的标记（如AFLP、RAPD、SSR等）相比更可能穿越家系与种的限制，在亲缘关系较远的物种间比较基因组连锁图和比较质量性状信息特别有用。另外，EST标记直接与一个表达基因相关，因此它部分反映了基因组的结构及不同组织中基因的表达模式，且大量的EST累积可建立一个新的数据库，为表达基因的鉴别等研究提供大量信息。同样，对于一个DNA序列缺乏的目标物种，来源于其他物种的EST也能用于该物种有益基因的遗传作图，加速物种间相关信息的迅速转化。

（6）单核苷酸多态性标记（single nucleotide polymorphism，SNP）　SNP是指在基因组中同一位点的不同等位基因之间仅有个别核苷酸的差异或只有小的插入、缺失产生的DNA序列多态性，它是人类可遗传的变异中最常见的一种，占所有已知多态性的90％以上。SNP在人类基因组中广泛存在，平均每500～1 000 bp中就有1个，估计其总数可达300万个甚至更多。

在基因组DNA中，任何碱基均有可能发生变异，因此SNP既有可能在基因序列内，也有可能在基因以外的非编码序列上。总的来说，位于编码区内的SNP（coding SNP，cSNP）比较少，因为在外显子内，其变异率仅为周围序列的1/5，但cSNP在遗传性疾病研究中具有重要意义，适合于对复杂性状与疾病的遗传解剖以及基于群体的基因识别等方面的研究。

（7）相关序列扩增多态性标记（sequence related amplified polymorphism，SRAP）和目标区域扩增多态性标记（target region amplified polymorphism，TRAP）　SRAP技术的原理是通过设计一对特异的引物对基因组的外显子、内含子和启动子区域进行PCR扩增，扩增产物通过电泳分析后显现出因个体不同及物种的内含子、启动子和间隔序列不同而产生DNA多态性。SRAP 上游引物长 17 bp,其中 5′端的前 10 bp 是一段没有任何特异性的填充序列,和紧接着它的 CCGG 序列共同组成核心序列,在 3′端有 3 个选择碱基。下游引物长 18 bp,其中核心序列包括 11 bp 的填充序列和 AATT 特异性序列,在 3′端同样有 3 个选择碱基。上游引物中的 CCGG 序列可与开放阅读框区域中的外显子特异性结合,下游引物中的 AATT 序列特异结合于富含 AT 区的内含子和启动子。这样的上下游引物可以同时对外显子、内含子和启动子区域进行特异性扩增。SRAP 作为一种新型的分子标记,具有如下优点:多态性高,呈高频率的共显性,能提供更多的遗传信息,DNA 需要量少,对 DNA 纯度要求低,与 AFLP 相比,不用酶切、连接、预扩等步骤,同时 SRAP 扩增产物检测可以用变性聚丙烯酰胺凝胶,也可以用非变性聚丙烯酰胺凝胶和琼脂糖凝胶等。

TRAP 标记是以 EST 的序列设计引物,对基因组特殊区域进行 PCR 扩增而产生的分子标记技术。其原理是利用两个长度为 16～20 bp 的固定引物和一个随机引物进行组合,固定引物主要是根据从 EST 数据库中选择的所需序列来设计,随机引物的设计与 SRAP 引物设计方法相似,可与内含子或外显子进行配对。以目标区域为模板,可扩增出围绕目标候选基因的序列,产生 TRAP 多态性。TRAP 与 RAPD、ISSR、AFLP 及 SRAP 等标记的不同主要在于 TRAP 的固定引物设计时需要知道所研究植物的 EST 序列信息,但相对于 RAPD、AFLP 等标记,TRAP 标记具有操作简单、重复性好、多态性高、效率高等优点(图 11-9)。

表 11-9 常用分子标记技术特性的比较

标记类型	RFLP	RAPD	SSR	ISSR	AFLP	EST	SNP	SRAP	TRAP
DNA 用量	5～10 μg	1～100 ng	50～120 ng	25～50 ng	1～100 ng	1～100 ng	≥50 ng	20～30 ng	20～30 ng
DNA 质量	高	低	中高	低	高	高	高	低	低
基因组分布	低拷贝编码序列	整个基因组	整个基因组	整个基因组	整个基因组	功能基因区	整个基因组	整个基因组	整个基因组
可测基因座位数	1～3	1～10	多数 1	1～10	20～200	2	2	—	—
遗传特点	共显性	显性	共显性	共显性/显性	共显性/显性	共显性	共显性	共显性	共显性
多态性	中等	较高	高	较高	较高	高	高	高	高
引物类型	—	9～10 bp 随机引物	14～16 bp 特异引物	16～18 bp 特异引物	16～20 bp 特异引物	AS-PCR 引物	24 bp 寡核苷酸引物	17～18 bp 特异引物	16～20 bp 固定和随机引物
技术难度	高	低	低	低	中等	高	高	低	低
同位素	常用	不用	可不用	不用	常用	不用	不用	不用	不用
可靠性	高	中等	高	高	高	高	高	高	高
耗时	长	短	短	短	中等	长	长	短	短
实验成本	高	较低	中等	较低	较高	高	高	较低	较低

注:表中“—”指未找到数据或不需使用。

2. 示踪技术

示踪技术是利用放射性核素或稀有稳定核素作为示踪剂对研究对象进行标记的微量分析方法。1912 年 G. C. DE 赫维西首先使用同位素示踪技术,20 世纪 30 年代随着重氢同位素和人工放射性核素的发现,同位素示踪方法开始大量应用于生命科学、医学、化学等领域。同位素示踪一方面使人们的观察和识别本领提高到分子水平,另一方面广泛应用于地球环境的各类问题,甚至包括其他星球是否有生命存在之类的问题,为人们认识世界开辟了一个新的途径。

放射性同位素和稳定性同位素都可作为示踪剂(tracer),利用放射性同位素不断地放出特征射线的核物理性质,就可以用核探测器随时追踪它在体内或体外的位置、数量及其转变等;稳定性同位素虽然不释放射线,但可以利用它与普通相应同位素的质量之差,通过质谱仪、气相色谱仪、核磁共振仪等质量分析仪器来测定。放射性同位素作为示踪剂,有灵敏度高,测量方法简便易行,能准确地定量,准确地定位及符合所研究对象的生理条件等特点。稳定性同位素作为示踪剂其灵敏度较低,可获得的种类少,较昂贵,其应用范围受到限制。常用的放射性同位素为^{3}H、^{14}C、^{32}P、^{35}S、^{125}I等,其中以^{32}P和^{35}S应用最多,其具体特性见表 11-10。

表 11-10　常用的放射性核素种类及特性

核　　素	半 衰 期	射线类型	射线平均能量/MeV
^{3}H	12.33 年	β	0.005
^{14}C	5730 年	β	0.05
^{32}P	14.28 天	β	0.695
^{35}S	87.4 天	β	0.055
^{45}Ca	165 天	β	0.10
^{59}Fe	44.6 天	β	0.12
^{125}I	60.2 天	β、γ	0.0037

(1) 同位素示踪　同位素示踪也称同位素标记法,指化合物中的某一稳定核素被其放射性同位素置换,借助同位素原子来研究有机反应历程的方法,如用^{3}H取代化合物中的^{1}H。同位素用于追踪物质运行和变化过程时,称为示踪元素,用示踪元素标记的化合物,其化学性质不变。同位素示踪所利用的放射性核素(或稳定性核素)及它们的化合物,与自然界存在的相应普通元素及其化合物之间的化学性质和生物学性质是相同的,只是具有不同的核物理性质,因此可用同位素作为一种标记,制成含有同位素的标记化合物(如标记食物、药物和代谢物质等)代替相应的非标记化合物。

放射性同位素标记法在生物化学和分子生物学领域应用极为广泛,它对于揭示体内和细胞内理化过程的秘密,阐明生命活动的物质基础起到了极其重要的作用。近几年来,同位素标记技术又有许多新发展,如双标记和多标记技术、稳定性同位素标记技术、活化分析、电镜技术、同位素技术与其他新技术相结合等。这些技术的发展,使生物化学从静态进入动态,从细胞水平进入分子水平,阐明了一系列重大问题,如遗传密码、细胞膜受体、RNA-DNA 逆转录等,使人类对生命基本现象的认识开辟了一条新的途径。

(2) 非同位素示踪(非放射性示踪)　非同位素示踪作为同位素示踪(标记)的替代方法,比放射化学技术更敏感,危险性更小,而且还更加经济,因此已被广泛使用。非同位素示踪可分为直接非同位素检测和间接非同位素检测。

①直接非同位素检测:在这类检测系统中,核酸探针直接用荧光染料标记,荧光染料包括荧光素、德克萨斯红或罗丹明、镧系元素螯合剂(铕)、吖啶酸酯、碱性磷酸酶或辣根过氧化物酶等。采用比色法、化学发光法、生物发光法、时间分辨荧光测定技术或能量转移/荧光淬灭等技术进行检测。用荧光化合物制剂直接标记核酸为自动化 DNA 测定奠定了基础,使分子生物

学发生了革命性的变化。然而，由于酶(如碱性磷酸酶)直接偶联需先获得纯化产物，较昂贵，而且由于大量带电荷加合物的存在，酶直接标记的探针可非特异性且紧密地结合于某些类型的膜。由于存在这些问题，直接非同位素检测技术应用逐渐减少，而间接检测技术已经成为 Southern 杂交、Northern 杂交和原位杂交中靶核酸定位的主导的非放射性检测方法。

②间接非同位素检测：在非同位素标记方法中，核酸中正常情况下不存在的化学基团或复合物通过酶学、光化学或合成反应与探针结合，当探针与靶核酸杂交后，探针上的修饰基团可通过适当的指示系统而被检测到。由于报道酶并非直接结合于探针而是通过桥联反应结合(如链亲和素-生物素)，因而这类非放射性检测被称为间接系统。

非同位素示踪方法检测更迅速、探针更稳定、成本更低。但是，几乎所有放射性标记探针的问题都已被发现及被分析，很大程度上这些问题都已得到了解决，而非放射性检测法确非如此，尚未建立一个可信的实验知识体系，这些也限制了非放射性检测方法的应用。

3. 放射自显影技术

放射自显影(radioautography，autoradiography，ARG)技术是利用卤化银乳胶显像检查和测量放射性的一种方法，它利用放射性同位素所发射出来的带电离子(α 或 β 粒子)作用于感光材料的卤化银晶体，从而产生潜影，这种潜影可用显影液显示，成为可见的图像。图像中任何区域的黑度取决于留存的金属银的量，它反映了射线在这个区域所沉积的能量。这种方法以照相乳胶或核乳胶(卤化银颗粒更细)作为“仪器”，记录、检查和测量整体和组织、细胞和亚细胞水平中放射性示踪物的分布，进行定性和半定量测定，称为放射自显影法。ARG 已广泛用于研究标记化合物在机体、组织和细胞中的分布、定位、排出以及合成、更新、作用机理、作用部位等。

目前常用的 ARG 技术有以下几种。

(1) 接触法　一般利用照相胶片或 X 光胶片，使含有放射性物质的标本表面与胶片上的乳胶层表面紧密接触，经过一定时间的曝光后，将标本与胶片分开，胶片经过显影、定影等处理后即可得到自显影图像。接触法的分辨率受胶片上乳胶层的厚度及颗粒大小的限制，一般为 10～30 μm，适用于小的动植物整体标本，人体解剖学和组织学切片以及薄层、纸层和电泳图谱的自显影等。

(2) 液体乳胶法　这是目前应用较广泛的一种方法。一般是将液体乳胶直接涂布到载玻片的组织切片上，曝光后连同标本一起进行显影、定影、冲洗和染色，并最后封固在一起。此法的分辨率可达 1～10 μm，可进行细胞内定位。

(3) 电镜自显影法　这是放射自显影与电镜相结合的一种新技术，需使用颗粒均匀、大小适中、密度一般为 10^{13} 银颗粒/cm^3 的核乳胶。含有标记物质的样品需制成超薄切片，采用浸涂法、环套法或泡盖法等使乳胶形成一单晶体层覆盖在切片上，再经曝光、冲洗和染色等处理。此法的分辨率可达 0.05～0.1 μm，能分辨 DNA 分子的一条链，故又称为分子自显影法。

11.7.2 Southern 印迹

Southern 印迹(Southern blot)是 1975 年由英国人 Southern 创建，是进行基因组 DNA 特定序列定位的通用方法和研究 DNA 图谱的基本技术，也是分子生物学领域中最常用的具体方法之一。在遗传病诊断、DNA 图谱分析、PCR 产物分析及目的基因限制性酶切位点分布分析等方面有重要价值。

用于 Southern 印迹杂交的探针可以是纯化的 DNA 片段或寡核苷酸片段，探针可以用放射性物质或地高辛标记，探针标记的方法多采用随机引物法、切口平移法和末端标记法，人工合成的短寡核苷酸可以用 T_4 多聚核苷酸激酶进行末端标记。放射性标记灵敏度高，效果好，地高辛标记没有半衰期，安全性好。Southern 印迹杂交技术的具体流程如图 11-32 所示。

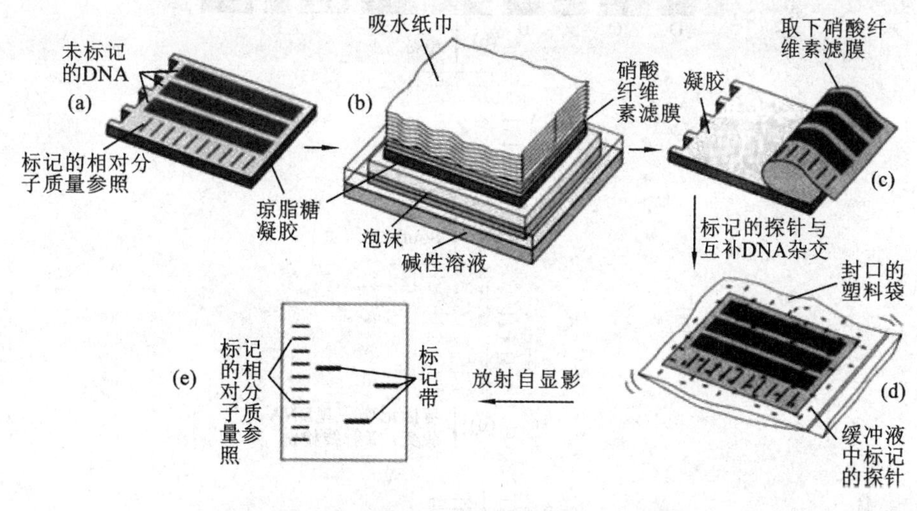

图 11-32 Southern 印迹杂交的技术流程

11.7.3 DNA 指纹和 DNA 分型

DNA 指纹(DNA fingerprint)或遗传指纹(genetic fingerprint)是指具有完全个体特异性的 DNA 多态性，这种图纹极少有两个人完全相同，其个体识别能力足以与手指指纹相媲美，故称为 DNA 指纹，产生 DNA 指纹图谱的过程就称为 DNA 指纹分析。DNA 指纹技术源自 Alec Jeffreys 及同事在 1985 年的一次发现，人类血液中的 α-球蛋白基因的一个 DNA 片段含有一段数次碱基重复的序列，位于基因 5′端的碱基重复序列也称为可变数目串联重复序列(variable number of tandem repeat，VNTR)。经序列分析，发现每个个体都含有一个长 0.2～2.0 kb、由重复单位重复 3～29 次组成的小卫星 DNA。尽管这些小卫星的重复单位的长度(16～64 bp)和序列不完全相同，但都含有一段相同的核心序列，其碱基顺序为 GGGCAGGAA。他们用 16 bp 重复单位(主要为核心序列)重复 29 次而成的小卫星 33.15 做探针，与人基因组酶切片段进行 Southern 杂交，产生由 10 多条带组成的杂交图谱，不同个体杂交图谱上带的位置是千差万别的。随后研究者在人类基因组的胰岛素基因、脂蛋白基因、D-Ha-ras 癌基因、Zata-球蛋白基因等基因的侧翼及肌红蛋白基因的第一个内含子区域等位置也发现了类似的微卫星序列。DNA 指纹分析技术流程如图 11-33 所示，一段 DNA 用限制酶切割，产生 11 个片段，仅 5 个片段(按大小标记为 A、B、C、D、E)含有微卫星 DNA，其他片段含不相关 DNA 序列；电泳 a 中的片段，使其按大小分离开，所有 11 个片段都在凝胶中，但是看不见，用虚线表示；将 DNA 片段变性并进行 Southern 印迹；再将 Southern 印迹膜上的 DNA 片段与带有若干个微卫星拷贝的放射性 DNA 杂交，探针与带有微卫星的 5 个片段结合，不与其他几个片段结合，最后检测 5 个标记的条带。

DNA 指纹图谱具有几个基本特点。①多位点性：基因组中存在着上千个小卫星位点，某些位点的小卫星重复单位含有相同或相似的核心序列。在一定的杂交条件下，一个小卫星探针可以同时与十几个甚至几十个小卫星位点上的等位基因杂交。②高变异性：DNA 指纹图谱

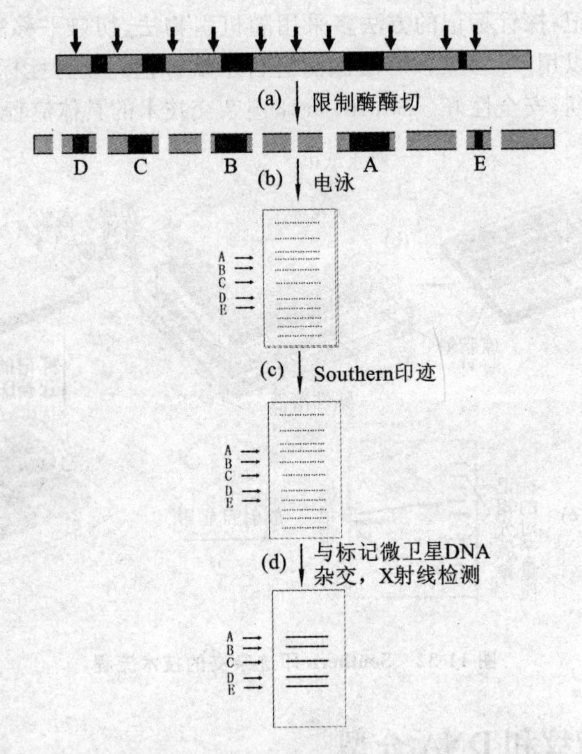

图 11-33 DNA 指纹分析技术示意图

的变异性由两个因素所决定，一是可分辨的条带数，二是每条带在群体中出现的频率。DNA 指纹图谱在个体或群体之间表现出高度的变异性，即不同的个体或群体有不同的 DNA 指纹图谱。但是，同卵双胞胎的 DNA 指纹图谱是相同的，因其有完全相同的基因组。③简单而稳定的遗传性：DNA 指纹图谱中的杂合带遵守孟德尔遗传规律，双亲的 DNA 指纹图谱中的谱带平均传递给 50%的子代，子代 DNA 指纹图谱中的每一条带都能在其双亲之一的条带中找到，而产生新带的概率仅在 0.001～0.004。DNA 指纹图谱还具有体细胞稳定性，即用同一个体的不同组织如血液、肌肉、毛发、精液等的 DNA 做出的 DNA 指纹图谱是一致的，但组织细胞的病变或组织特异性碱基甲基化可导致个别条带的不同。

由于 DNA 指纹图谱具有多位点性、高变异性、简单而稳定的遗传性，因而自从其诞生起就引起了人们的重视。DNA 指纹图谱的高变异性和体细胞稳定性可用于鉴定个体，这对法医学上鉴别犯罪分子和确定个体间的血缘关系极有价值。Burke、Jeffreys 和 Wetton 等报道了用人源核心序列小卫星探针 33.6 和 33.15 检测到从哺乳动物到鸟类、爬行动物、两栖动物、鱼、昆虫等的高变异小卫星，产生具有个体特异性或类群特异性的 DNA 指纹图谱。Dallas 用人源小卫星探针 33.6 获得了水稻的 DNA 指纹图谱，Nybom 等对果树植物的 DNA 指纹图谱进行了大量的研究。1989 年，Braithwaite 和 Manners 首次将人源小卫星探针 33.6 和 33.15 用于真菌的 DNA 指纹分析并获得了成功，从而进一步证明 DNA 指纹技术具有广泛的适用性。这些发现使 DNA 指纹图谱成为研究动植物群体遗传结构、生态与进化、分类等很有价值的遗传标记。

然而，由于 DNA 指纹含有数百个条带，非常复杂，有些条带混在一起难以辨别，这为 DNA 指纹的广泛应用带来限制。为了解决这一问题，研究者开发了与单一的、在个体中有很大变异的 DNA 位点杂交的新探针，每个探针只产生非常简单的样式，只有一个或几个条带。

当然，单个探针本身不能像具有众多条带的完整 DNA 指纹那样作为一个有力的鉴定工具，但是用 4～5 个探针的组合就可提供足够多的不同条带用于鉴定了，这种分析方法称为 DNA 分型(DNA typing)。DNA 分型是限制性片段长度多态性(RELP)的一个应用例子。DNA 分型的优点是它具有高度的灵敏性，只需要几滴血液或精液，甚至带有毛囊细胞的一根头发就足以完成一次检测。

DNA 指纹技术已得到广泛的应用，在人类医学中被用于个体鉴别、确定亲缘关系、医学诊断及寻找与疾病连锁的遗传标记；在动物进化学中可用于探明动物种群的起源及进化过程；在物种分类中，可用于区分不同物种，也有区分同一物种不同品系的潜力；在作物的基因定位及育种上也有非常广泛的应用。

11.7.4　Northern 印迹

Northern 印迹(Northern blot)是一种将 RNA 从琼脂糖凝胶中转印到硝酸纤维素膜上的方法，鉴于与之类似的 DNA 印迹称为 Southern 印迹，因而将 RNA 印迹称为 Northern 印迹。其流程如图 11-34 所示，将 Northern 印迹膜与标记的 cDNA 探针杂交，印迹膜上与探针互补的 mRNA 杂交，所产生的带标记的条带可用 X-光胶片检测。如果未知 RNA 旁边的泳道上有已知大小的标准 RNA，就可以知道与探针杂交发亮的 RNA 条带的大小。Northern 印迹还可以告诉我们基因转录物的丰度，条带所含 RNA 越多，与之结合的探针就越多，曝光后胶片上的条带就越黑，可以通过密度计测量条带的吸光度来定量条带的黑度，或用磷屏成像法直接定量条带上标记的量。

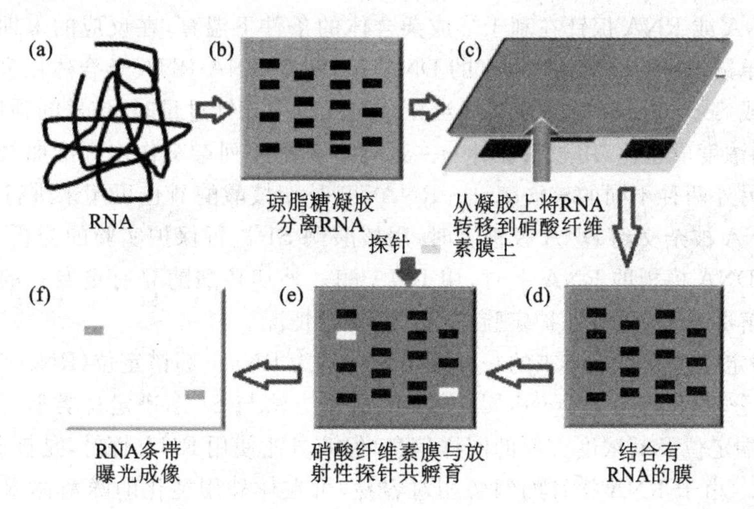

图 11-34　Northern 印迹杂交技术流程

Northern 印迹的 RNA 吸印与 Southern 印迹的 DNA 吸印方法类似，只是在上样前用甲基氢氧化银、乙二醛或甲醛等使 RNA 变性，这有利于 RNA 在转印过程中与硝酸纤维素膜结合。RNA 可在高盐中进行转印，但与膜结合得并不牢固，所以在转印后用低盐缓冲液洗脱，否则 RNA 会被洗脱。在胶中不能加 EB，因为它会影响 RNA 与硝酸纤维素膜的结合。琼脂糖凝胶中分离功能完整的 mRNA 时，甲基氢氧化银是一种强力、可逆变性剂，但是有毒，因而许多人采用甲醛作为变性剂。所有操作均应避免 RNase 的污染。

Northern 印迹主要用于检测某一组织或细胞中已知的特异 mRNA 的表达水平及比较不

同组织和细胞的同一基因的表达情况。

11.8 基因转录产物的定位和定量分析方法

在分子生物学中一个经常关注的主题是转录的图谱定位(定位转录的起始和终止位点)及其定量(测定在某一时刻转录了多少)。测定某一时刻产生了多少转录物的最简单方法是先标记转录物,在体内或体外将标记的核苷酸掺入转录物中,然后电泳,通过放射性自显影检测凝胶上的转录条带。这种方法在体内和体外都做过一些转录物的分析,但是在体内只有当所研究的转录物相当丰富且电泳时容易与其他 RNA 分开时,这种方法才有效果。转移 RNA 和 5S 核糖体 RNA 在体内的合成情况已经用简单的电泳进行了跟踪检测。在体外,这种直接方法只适合具有一个明确转录终止子的转录物,这样才能产生分散的 RNA 条带,而不是具有不同 3′端的 RNA 类似物产生的无法区分的弥散条带,这样常需要求助其他虽不直接但更专一的方法。

11.8.1 S1 图谱定位

S1 图谱定位(S1 mapping)技术,也称 S1,是指使用能特异性水解单链核酸的 S1 核酸酶在给定时间内对细胞中的 RNA 进行定量,确定内含子位置,以及用来鉴定在克隆的 DNA 模板上的 mRNA 5′端和 3′端的位置的技术。核酸酶作图的原理是含有目的 mRNA 的 RNA 样品与互补的 DNA 或 RNA 探针在利于形成杂合体的条件下温育,在反应的末期,用一种酶来降解未杂合的单链 RNA 和 DNA,剩下的 DNA-RNA 或 RNA-RNA 杂合体用凝胶电泳分离,接着用自显影或 Southern 杂交来观察。当在杂交反应中探针过量时,信号的强度和样品中的目的 mRNA 的浓度成正比,用过量探针与一系列定量靶序列杂交作出标准曲线,从而准确估算样品浓度。另外两种不同的核酸酶——RNA 酶、外切核酸酶Ⅶ也可用来进行 RNA 图谱定位。当检测 RNA 被杂交到 DNA 模板上时,用核酸酶 S1 进行保护实验的分析,当检测 RNA 被杂交到来自 DNA 模板的 RNA 上时,用 RNA 酶。外切核酸酶Ⅶ有更专一的用途,对短的内含子作图并解决 S1 核酸酶保护实验中出现的异常情况。

从 S1 图谱定位理论衍生出来的一种重要的技术为 RNase 图谱定位(RNase mapping),也称 RNase 保护分析(RNase protection assay)。这个方法与 S1 图谱定位类似,能提供特定转录物 5′端和 3′端定位及其浓度方面的同样信息,但该方法使用 RNA 探针,是被 RNase 而不是 S1 核酸酶降解。由于 RNA 探针的制备相对容易,可在体外用纯化的噬菌体 RNA 聚合酶对重组质粒或噬菌粒进行转录获得,因而这种技术很流行。用 RNA 探针的另外一个好处是,通过在体外转录反应中加入一种标记的核苷酸,它们就能被标记成极高的活性,产生均一标记的而不是末端标记的探针。探针的专一活性越高,它检测微量转录物含量的灵敏度越高。

S1 图谱定位不仅用于转录物末端的定位,还能确定转录物的浓度。假设探针是过量的,那么放射自显影条带的强度就与保护探针的转录物的浓度成正比,转录物越多,受保护的探针就越多,放射自显影条带就越强。因此,只要知道与目的转录物相对应的条带,其强度就可用于测定转录物的浓度。

11.8.2　引物延伸法

引物延伸法主要用于 mRNA 5′末端作图，poly(A)RNA 先与过量 5′末端标记的且与靶 RNA 互补的单链寡核苷酸引物杂交，然后用逆转录酶延伸这个引物。一旦引物被起始合成，延伸反应大多会进行到 RNA 模板的 5′最末端，产生的 cDNA 与 RNA 模板互补且长度与引物 5′末端和 RNA5′末端之间的距离相等，产物的大小能被精确测定。而且产物的长度不会受靶基因内含子分布与大小的影响，而这能通过与基因组模板杂交来干扰 mRNA 的作图。几乎所有的引物延伸实验都采用 20～30 bp 的合成寡核苷酸引物。当用于和靶序列杂交的寡核苷酸引物位于 mRNA 5′末端 150 bp 以内时可获得最佳效果，在更远距离杂交的引物能增加异源延伸产物。

如同 S1 图谱定位技术，引物延伸法也能估算某种转录物的含量。转录物含量越高，与之杂交的标记引物就越多，因此合成的带标记的逆转录物也就越多。标记的逆转录物越多，电泳凝胶的放射性自显影条带就越黑。

11.8.3　无 G 盒转录和连缀转录

1. 无 G 盒转录

使一个基因的启动子突变，观察突变对转录活性和效率的影响，需要对转录活性和效率等相关信息进行分析。可以采用 S1 图谱定位或引物延伸法，但是它们相对复杂，一种称为失控转录(run-off transcription)的技术能提供更快、更简单的解决办法。

失控转录的原理是首先从一个含有待转录基因的 DNA 片段开始，然后用一个限制酶在转录区中间切割，接着用标记的核苷酸在体外转录这个切断的基因，这样转录产物就会被标记。由于切割是在基因的中间，因此聚合酶到达此片段末端后就会跑脱(run off)，所以这种方法称为失控转录。通常 S1 图谱定位和引物延伸法更适合体内定位转录物，相比之下失控转录依赖于体外转录，因此它只适用于在体外能被精确转录的基因，而不能给出细胞转录物浓度的信息。失控转录是测定体外转录效率的好方法，产生的转录物越多，失控转录物的信号就越强。用 S1 图谱定位或引物延伸法鉴定出生理的转录起始位点后，就可以在体外应用失控转录。

一种从失控转录派生的精确定量体外转录的技术称为无 G 盒转录(G-less cassette transcription)。无 G 盒转录不进行基因的酶切，而是将一个无 G 盒，或非模板链上一段缺少 G 的核苷酸直接插入启动子下游。模板在体外转录时用 CTP、ATP、UTP，其中一种碱基是标记的，但无 GTP，因此转录就会在无 G 盒末端第一个需要 G 的地方停下来，产生一个大小可预测的“流产”转录物。对转录产物进行电泳和放射自显影，检测基因的转录活性，启动子越强，产生的流产转录物越多，放射性自显影产生的相应条带就越强。

2. 连缀转录

从细胞中分离出细胞核，然后在体外继续进行体内已经开始的转录，这种在分离的细胞核中持续进行的转录称为连缀转录(run-on transcription)，因为在体内已经启动转录的 RNA 聚合酶在体外仍然连续或继续延伸相同的 RNA 链，通常用标记的核苷酸为底物进行连续反应使产物带上标记。在分离的细胞核中，一般不会开始新 RNA 链的合成，因此可以认为分离的细胞核中的任何转录只是体内已经起始的转录的延续，所以连续反应产生的转录物不但能揭示转录的效率，而且还能告诉我们哪些基因在体内发生了转录。为了消除体外新 RNA 链起始合成的可能性，可添加阴离子多糖肝素，它与游离的 RNA 聚合酶结合阻止转录的再起始。

一旦产生了带标记的连缀转录物就必须鉴定，因为转录物很少完整，其大小没有意义。最容易的鉴定方法是斑点杂交(dot blotting)。将已知样品 DNA 变性后点在膜上，然后将这个斑点膜(dot blot)与标记的连缀转录物 RNA 杂交，通过与之杂交的 DNA 就可鉴定该 RNA。特定基因的相对活性同连缀转录物与该基因 DNA 的杂交程度成比例。另外，可以改变连续反应的条件检测对转录物的影响。例如，添加 RNA 聚合酶抑制剂观察某一特定基因的转录是否被抑制，如果是的话，就可以鉴定出负责该基因转录的 RNA 聚合酶。

11.8.4 报告基因

报告基因(reporter gene)是一种编码可被检测的蛋白质或酶的基因，是一个表达产物非常容易被鉴定的基因。把它的编码序列和基因表达调节序列相融合形成嵌合基因，或与其他目的基因相融合，在调控序列控制下进行表达，从而利用它的表达产物来标定目的基因的表达调控，筛选得到转化体。报告基因产物分析比 S1 图谱定位或引物延伸简便很多。

最常用的报告基因大多是编码抗生素抗性蛋白的基因，通过检查产物是否具有抗生素的抗性来确定基因的表达情况，近年来绿色荧光蛋白报告基因也被广泛用于基因启动子活性和转录效率的分析。常用的报告基因主要有以下几种。

(1) 氯霉素乙酰基转移酶(CAT)　CAT 来源于大肠杆菌转位子 9，是第 1 个用于检测细胞内转录活性的报告基因，可催化乙酰 CoA 的乙酰基转移到氯霉素 3-羟基，而使氯霉素解毒。CAT 在哺乳细胞无内源性表达，性质稳定，半衰期较短，适于瞬时表达研究。可用同位素、荧光素和酶联免疫吸附测定(enzyme-linked immunosorbant assay，ELISA)检测其活性，也可进行蛋白质印迹和免疫组织化学分析。CAT 与其他报告基因相比，线性范围较窄，灵敏性较低。

(2) β-半乳糖苷酶　β-半乳糖苷酶由大肠杆菌 *lacZ* 基因编码，可催化半乳糖苷水解，易于用免疫组织化学法观测其原位表达，是最常用的监测转染率的报告基因之一。以邻-硝基苯-β-D-半乳吡喃糖苷(ONPG)为底物可用标准的比色法检测酶活性，其检测动力学范围为 6 个数量级，而以氯酚红-β-D-半乳吡喃糖苷(CPRG)为底物，其灵敏度比 ONPG 高近 10 倍。以 MUG 和荧光素二半乳糖苷(FDG)为底物则可用荧光法检测单个细胞的酶活性，并可用于流式细胞术(FACS)分析。

(3) 荧光素酶　荧光素酶是能够催化不同底物氧化发光的一类酶，最常用的荧光素酶有细菌荧光素酶、萤火虫荧光素酶和 Renilla 荧光素酶。细菌荧光素酶对热敏感，在哺乳细胞的应用中受限制。萤火虫荧光素酶灵敏度高，检测线性范围宽达 7～8 个数量级，是最常用于哺乳细胞的报告基因，用荧光比色计即可检测酶活性，适用于高通量筛选。Renilla 荧光素酶催化肠腔素(coelenterazine)氧化，产物可透过生物膜，是目前最适用于活细胞的报告分子。荧光素酶报告基因有许多优点，如非放射性，比 CAT 及其他报告基因速度快且灵敏 100 倍，半衰期短，在哺乳细胞中的半衰期为 3 h，在植物中的半衰期为 3.5 h，故启动子的改变会即时导致荧光素酶活性的改变，而且荧光素酶不会积累。

(4) 分泌型碱性磷酸酶(SEAP)　SEAP 是人胎盘碱性磷酸酶的突变体，缺乏胎盘碱性磷酸酶羧基末端的 24 个氨基酸，无内源性表达。SEAP 无须裂解细胞，只用培养介质即可检测酶活性，便于进行时效反应实验。以间硝基苯磷酸盐(PNPP)为底物时可用标准的比色法测定酶活性，操作简单，反应时间短，成本低，但灵敏度低。以黄素腺嘌呤二核苷酸磷酸为底物进行比色测定，其灵敏度增高。SEAP 可催化 D-荧光素-O-磷酸盐水解生成 D-荧光素，D-荧光素又可作为荧光素酶的底物，此即两步生物发光法检测酶活性的原理。此方法灵敏度高，接近于荧光素酶报告基因的检测。

(5) 荧光蛋白家族　荧光蛋白家族是从水螅纲和珊瑚类动物中发现的相对分子质量为 $(2\sim3)\times10^4$ 的同源蛋白。绿色荧光蛋白(GFP)存在于发光水母(*Aequorea victoria*)中，无须损伤细胞即可研究细胞内事件，是应用最多的发光蛋白。用 395 nm 和 475 nm 的光激发，GFP 可在 508 nm 处自行发射绿色荧光，不需辅助因子和底物。目前已获得几个 GFP 基因突变体，如红色迁移突变体(red shift mutant)，具有更强的荧光。其他突变体还有红色荧光蛋白(RFP)、蓝色荧光蛋白(BFP)、增强型 GFP(EGFP)和去稳定 EGFP(destabilized EGFP)等。

报告基因在基因表达调控和基因工程研究中处于非常重要的地位，在研究动植物的基因表达调控方面起着重要的作用。在植物基因工程研究领域，已使用的报告基因有以下几种：胭脂碱合成酶基因(*nos*)、章鱼碱合成酶基因(*ocs*)、新霉素磷酸转移酶基因(*npt* *II*)、氯霉素乙酰转移酶基因(*cat*)、庆大霉素转移酶基因、β-D-葡萄糖苷酶基因、荧光酶基因(*luc*)等。在动物基因表达调控的研究中，常用的报告基因有氯霉素乙酰转移酶基因(*cat*)、β-半乳糖苷酶基因(*LacZ*)、二氢叶酸还原酶基因、荧光酶基因等。

11.8.5 蛋白质检测的一般技术

基因的活性也可以通过监测基因的终产物蛋白质的积累来检测，常用的两种方法是免疫印迹法和免疫沉淀法。

免疫印迹法(immunoblotting test，IBT)是根据抗原、抗体的特异性结合检测复杂样品中的某种蛋白质的方法，是一种将高分辨率凝胶电泳和免疫化学分析技术相结合的杂交技术。免疫印迹法也称酶联免疫电转移印斑法(enzyme-linked immunoelectrotransfer blot，EITB)，因与 Southern 早先建立的检测核酸的印迹方法相类似，也被称为蛋白质印迹(Western blotting)法。由于免疫印迹法具有 SDS-PAGE 的高分辨率和固相免疫测定的高特异性和敏感性，已成为蛋白质分析的一种常规技术，是检测蛋白质特性、表达与分布的一种最常用的方法，如组织抗原的定性定量检测、多肽分子的质量测定及病毒的抗体或抗原检测等。结合化学发光检测，可以同时比较多个样品同种蛋白质的表达量差异。

免疫沉淀法(immunopricipitation)是利用抗体特异性反应纯化富集目的蛋白质的一种方法。抗体与细胞裂解液或表达上清中相应的蛋白质结合后，再与蛋白 A/G(protein A/G)或二抗偶联的 agaose 或 Sepharose 珠子孵育，通过离心得到珠子-蛋白 A/G 或二抗-抗体-目的蛋白复合物，沉淀经过洗涤后，重悬于电泳上样缓冲液，煮沸 5～10 min，在高温及还原剂的作用下，抗原与抗体解离，离心收集上清，上清中包括抗体、目的蛋白和少量的杂蛋白。沉淀的蛋白质电泳后通过放射自显影检测。虽然沉淀中也有抗体和其他试剂，但由于未被标记所以检测不到。蛋白质条带上的标记越多，该蛋白质在体内积累的也越多。免疫沉淀一般用于分析抗原的生化特性。

11.9 核酸与蛋白质相互作用的检测方法

DNA-蛋白质相互作用是分子生物学的一个研究主题，常用以下这些方法来量化 DNA-蛋白质相互作用，检测 DNA 与给定蛋白质相互作用的确切部位。

11.9.1 过滤结合

硝酸纤维素滤膜用于过滤除菌已经几十年了，已有实验证实单链 DNA 容易结合到硝酸纤维素上，而双链 DNA 自身却不能。另一方面，蛋白质也能结合到硝酸纤维素上，即使蛋白质结合了双链 DNA，这个蛋白质-DNA 复合物仍能结合在硝酸纤维素上。因此，利用这一特性，可以直接检测蛋白质-DNA 相互作用的方法。过滤结合为 DNA 与蛋白质之间的相互作用分析提供了一种方便的分析方法。

11.9.2 凝胶阻滞分析

凝胶阻滞分析(gel mobility shift assay)或电泳阻滞分析(electrophoretic mobility shift assay，EMSA)是基于小分子 DNA 在凝胶电泳中的迁移率比它与蛋白质结合后的迁移率要快得多的这一性质。将一个短的双链 DNA 片段标记后与某种蛋白质混合并进行凝胶电泳，然后对电泳凝胶进行放射自显影检测标记物。如果 DNA 结合两个蛋白质，因为结合在 DNA 上的蛋白质相对分子质量更大，迁移率进一步降低，这称为超阻滞(supershift)。这个蛋白质可能是另一种 DNA 结合蛋白，也可能是结合在第一个蛋白质上的第二个蛋白质，甚至可能是一种与第一个蛋白质特异性结合的抗体。

11.9.3 DNase 足迹法

DNase 足迹法(DNase footprinting)是基于与 DNA 结合的蛋白质能覆盖在 DNA 结合位点上使其免受 DNase 的降解，该法能显示 DNA 上的靶位点甚至参与蛋白质结合的碱基。DNase 足迹法实验的第一步是对 DNA 进行末端标记，双链的任意一条链都可被标记，但每次实验只能标记一条。然后将蛋白质与 DNA 结合，再用 DNase Ⅰ在温和条件下(很少量的 DNase Ⅰ)处理 DNA-蛋白质复合物，使每个 DNA 分子平均仅被切割一次。接下来，将蛋白质从 DNA 上移去，分离出 DNA 链，所得 DNA 片段在高分辨率的聚丙烯酰胺凝胶上电泳，电泳时加上一个无蛋白质的 DNA 做对照，并且设一个以上蛋白质浓度，足迹区域 DNA 条带的逐渐消失说明 DNA 受保护的程度依赖于蛋白质浓度。足迹代表了被蛋白质保护的 DNA 区域，因而也显示了蛋白质结合的部位。

11.9.4 DMS 足迹法

DNase 足迹法给出了蛋白质在 DNA 上定位的很好思路，然而 DNase 是一种大分子，对于探究结合位点的详细情况来说太过迟钝，即在蛋白质和 DNA 相互作用的区域可能出现缺口，但 DNase Ⅰ不能进入而无法检测。此外，DNA 结合蛋白经常干扰结合区域的 DNA，这些蛋白质使 DNase Ⅰ不能接近。因而更细致的足迹法需要一种更小的分子以便进入 DNA-蛋白质复合物的隐蔽处和缝隙里，从而揭示这种相互作用的细微之处。甲基化试剂二甲硫醚(dimethyl sulfate，DMS)足迹法满足了这些要求。

DMS 足迹法与 DNase 足迹法一样，以末端标记的 DNA 与蛋白质结合开始。然后，复合物经 DMS 温和甲基化，使每个 DNA 分子平均只发生一次甲基化。接着去除蛋白质，DNA 用六氢吡啶处理，去除甲基化的嘌呤形成脱嘌呤位点(无碱基的脱氧核糖核苷酸)，并在这些脱嘌呤位点处断裂 DNA。最后电泳 DNA 片段，凝胶放射自显影检测被标记的 DNA 条带，每个条带的两端接着因甲基化而未被蛋白质保护的碱基。

除 DNase Ⅰ和 DMS 外，其他一些试剂也常用于 DNA-蛋白质复合物足迹法中去打断除被结合蛋白保护区域之外的 DNA 分子，如含有铜或铁有机金属的复合物通过产生羟基自由基来攻击并打断 DNA 链。

11.10　基因的敲除与敲入

11.10.1　基因敲除

基因敲除(gene knockout)是自 20 世纪 80 年代末以来发展起来的一种新型分子生物学技术，是通过一定的途径使生物体特定的基因失活或缺失的技术，通过观察生物体内某个基因进行有目的突变后发生的情况，研究有关功能基因在生命活动中的作用。通常意义上的基因敲除主要是应用 DNA 同源重组原理，用设计的同源片段替代靶基因片段，从而达到基因敲除的目的。随着基因敲除技术的发展，现在有了靶向中断生物体内基因的办法，除了同源重组外，新的原理和技术也逐渐被应用，比较成功的有基因的插入突变和 iRNA，它们同样可以达到基因敲除的目的。例如，我们可以中断小鼠的基因，并把这种小鼠称为敲除小鼠(knockout mice)。

图 11-35 显示了一种构建基因敲除小鼠的方法。首先克隆一段 DNA，其中含有拟敲除的小鼠基因，然后用赋予新霉素抗性的基因中断这个靶基因，在克隆基因的其他部位(靶基因之外)引入一个胸苷激酶基因(*tk*)。这两个额外基因将用于剔除未发生定向敲除的克隆。接下来，将构建的小鼠 DNA 与褐色小鼠的胚胎干细胞混合在一起。定向突变基因通过某种方式会进入少许胚胎干细胞的核内，并在中断基因与细胞中相应的完好基因之间发生同源重组，使中断的基因进入小鼠基因组，并去除胸苷激酶基因(*tk*)。未发生重组的细胞没有新霉素抗性基因，因此在含有新霉素衍生物 G418 的培养基上培养细胞可以排除。而发生了非特异性重组的细胞，*tk* 基因随干扰基因一同进入细胞的基因组中，用一种能杀死 tk^+ 细胞的药物 Gangcyclovir 杀死这些细胞。用这两种药物处理后，剩下的就是发生同源重组的工程细胞，即含有中断基因的杂合子细胞。将得到的工程干细胞注射到最终要发育成黑鼠的胚泡中，再将这个改变的胚胎植入代孕母鼠子宫。母鼠产下嵌合体小鼠。通过小鼠的片状毛色可辨认嵌合体小鼠，其黑色条纹来自原来的黑鼠胚胎，而褐色条纹来自移植的工程细胞。

为了获得真正的杂合子小鼠而不是嵌合体，等嵌合体小鼠成熟后与黑鼠交配。由于褐色(鼠灰色)是显性性状，所以子代中自然有褐色小鼠。实际上，所有由工程干细胞的配子发育成的子代小鼠都是褐色的。由于工程干细胞是敲除基因的杂合子，所以只有一半的褐色小鼠携带中断基因。Southern 印迹显示，在实验中有两只褐色小鼠携带中断基因。将它们交配后在子代小鼠中检测 DNA 寻找基因敲除的纯合子小鼠。

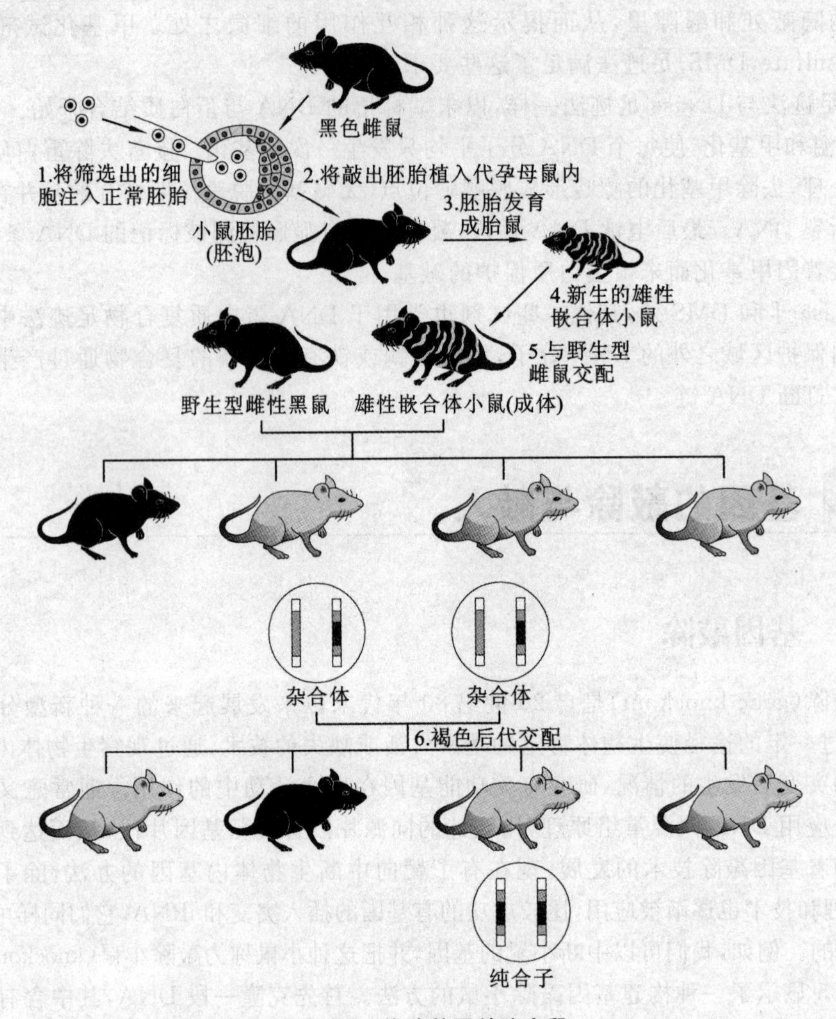

图 11-35　构造基因敲除小鼠

11.10.2　基因敲入

基因敲入(gene knockin)又称基因打靶(gene targeting),是一种定向改变生物体遗传信息的实验手段,它的产生和发展建立在胚胎干细胞技术和同源重组技术成就的基础之上,并促进了相关技术的进一步发展。基因敲入技术是利用基因同源重组,将外源有功能的基因(基因组原先不存在或已失活的基因)转入细胞与基因组中的同源序列进行同源重组,插入基因组中,在细胞内获得表达的技术,或将一个结构已知但功能未知的基因去除,或用其他序列相近的基因取代(又称基因敲入),然后从整体观察实验动物,从而推测相应基因的功能。基因敲入技术是一种定向改变生物体遗传信息的实验手段,以此技术为基础,可能制备出新型的研究用模式实验动物和生产用生物反应器。当前,在美国、德国等发达国家中,基因敲入技术已成为常规性的生物医学研究手段并导致了生物医学研究领域中许多突破性进展。国际上携带条件打靶等位基因的小鼠已超过百种,用于组织特异性基因剔除研究的组织特异性 Cre 转基因小鼠也已超过百种。基因打靶技术已广泛应用于基因功能研究、人类疾病动物模型的研制以及经济动物遗传物质的改良等方面。

分子生物学家主要采用两种方法得到转基因小鼠。第一种方法，直接将克隆的外源基因注射到受精卵的细胞核中，此时精细胞核和卵细胞核尚未融合。此时允许外源 DNA 以成串的重复基因形式自行插入胚胎细胞的 DNA 中。这种插入在胚胎发育的早期发生，但是即使只有一两个胚胎细胞发生了分裂，在产生的成年个体中就会有一些细胞不含有转入基因，形成嵌合体。将嵌合体与野生型小鼠杂交，挑选带有转基因的子鼠，由于它们是带有转基因的精子或卵子分化而来，因此它们体内的每一个细胞都含有转入基因，它们也就是真正的转基因小鼠。第二种方法是将外源 DNA 注射到胚胎干细胞中，产生转基因 ES 细胞。其步骤是首先获得 ES 细胞系，利用同源重组技术获得带有研究者预先设计突变的中靶 ES 细胞。通过显微注射或者胚胎融合的方法将经过遗传修饰的 ES 细胞引入受体胚胎内。经过遗传修饰的 ES 细胞仍然保持分化的全能性，可以发育为嵌合体动物的生殖细胞，形成嵌合体个体。以后的步骤与第一种方法相同，将嵌合体与野生型小鼠杂交，挑选真正的转基因小鼠，其所有细胞中都含有转入基因。目前，在 ES 细胞进行同源重组已经成为一种对小鼠染色体组上任意位点进行遗传修饰的常规技术。通过基因打靶获得的突变小鼠已经超过千种，并正以每年数百种的速度增加。通过对这些突变小鼠的表型分析，许多与人类疾病相关的新基因的功能已得到阐明，并直接导致了现代生物学研究各个领域中许多突破性。

11.11　显微成像

显微成像是一种连接显微镜与摄影装置，把显微镜视野中所观察到物件的细微结构真实地记录下来，以供进一步分析研究之用的一种技术，它是揭示肉眼看不见的微观世界的技术手段。显微摄影的原理是调节物镜成像的位置，使物镜所成的像位于目镜前焦点的外侧，此像再经过目镜放大，即可在目镜的另一侧得到一个经二次放大的正立实像，当光源足够强时，此像可使底片或相纸感光，或者使数码相机、摄像机的 CCD 光电元件感光成像。用显微摄影能记录如细菌繁殖、成长等活动过程，从而使人们能真切地认识各种微观现象。它在科学研究中，尤其是医学、生物学研究领域中已成为一项常规又不可缺少的研究技术。

11.12　DNA 芯片

DNA 芯片技术是伴随人类基因组计划的研究进展而快速发展起来的一门高新技术。DNA 芯片又称为基因芯片(gene chip)或基因微阵列(microarray)、寡核苷酸芯片、DNA 微阵列，它是指在固相支持物上原位合成寡核苷酸或者直接将大量(通常每平方厘米点阵密度高于 400)的 DNA 探针以显微打印的方式有序地固化于硅片、玻片等支持物表面，构成一个与计算机的电子芯片十分相似的二维 DNA 探针阵列，然后与标记的样品杂交，通过对杂交信号的检测分析，即可获得样品的数量和遗传信息。

DNA 芯片可分为三种主要类型。①固定在聚合物基片(尼龙膜、硝酸纤维素膜等)表面上的核酸探针或 cDNA 片段，通常用同位素标记的靶基因与其杂交，通过放射显影技术进行检测。这种方法的优点是所需检测设备与目前分子生物学的放射显影技术所用的一致，相对比较成熟。但芯片上探针密度不高，样品和试剂的需求量大，定量检测存在较多问题。②用点样法固定在玻璃板上的DNA探针阵列，通过与荧光标记的靶基因杂交进行检测。这种方法点阵密度可有较大的提高，各个探针在表面上的结合量也比较一致，但在标准化和批量化生产方面仍有不易克服的困难。③在玻璃等硬质表面上直接合成的寡核苷酸探针阵列，与荧光标记的靶基因杂交进行检测。该方法把微电子光刻技术与DNA化学合成技术相结合，可以使基因芯片的探针密度大大提高，减少试剂的用量，实现标准化和批量化大规模生产，有着十分重要的发展潜力。

基因芯片技术已被应用到生物科学众多的领域之中，包括基因表达检测、突变检测、基因组多态性分析和基因文库作图以及杂交测序等方面。在基因表达检测的研究上，人们已比较成功地对多种生物包括拟南芥（*Arabidopsis thaliana*）、酿酒酵母（*Saccharomyces cerevisiae*）及人的基因组表达情况进行了研究。在实际应用方面，生物芯片技术可广泛应用于疾病诊断和治疗、药物筛选、农作物的优育优选、司法鉴定、食品卫生监督、环境检测、国防、航天等许多领域。它为人类认识生命的起源、遗传、发育与进化，为人类疾病的诊断、治疗和防治开辟全新的途径，为生物大分子的全新设计和药物开发中先导化合物的快速筛选和药物基因组学研究提供技术支撑平台。

思考题

1. 基因克隆的方法有哪几种？简述各种方法的原理。
2. 什么是基因组DNA文库和cDNA文库？它们的构建目前常用的ARG有哪几种类型？流程是什么？
3. 简述DNA测序的主要方法及其原理。
4. 简述标准PCR扩增的原理和步骤。
5. 简述现代生物大分子的主要分离技术及其原理。
6. 绘图说明核酸杂交的原理。
7. 简述分子标记的类型及各自的特性。
8. 简述示踪技术的类型并比较各自的优缺点。
9. 简述同位素示踪的基本步骤及注意事项。
10. 简述非同位素示踪的类型及特性。
11. 简述放射自显影的原理。
12. 简述放射自显影的类型及应用。
13. 简述Southern印迹和探针检测目的DNA的过程，比较与Northern印迹法的异同。
14. 简述以微卫星为探针的DNA指纹技术。
15. 从Northern印迹膜可以获得哪类信息？
16. 比较S1图谱法与引物延伸法测定mRNA的5′端的异同。
17. 什么是失控转录、无G盒转录？
18. 描述连缀转录分析，说明它与失控转录分析的不同。
19. 简述报告基因的主要类型及各自优缺点。
20. 简述报告基因的应用。
21. 描述免疫印迹法和免疫沉淀法及各自的应用。
22. 比较分析DNA-蛋白质专一性相互作用的凝胶阻滞实验和DNase足迹法之间的

异同。

23. 比较DMS足迹法与DNase足迹法的异同。

24. 描述构造基因敲除小鼠的方法。

25. 描述基因敲入的方法。

26. 简述DNA芯片的主要类型及特性。

27. 简述DNA芯片的应用。

参考文献

[1] 朱玉贤,李毅,郑晓峰.现代分子生物学[M].3版.北京:高等教育出版社,2007.

[2] 袁婺洲.基因工程[M].北京:化学工业出版社,2010.

[3] Frohman M A,Dush M K,Martin G R. Rapid production of full-lengthe DNAs from rare transcripts: amplification using a single gene-specific oligonucleotide primer[J]. Proc. Nat. Acad. Sci. USA,1988,85:8998-9002.

[4] Schaefer B C. Revolutions in rapid amplification of cDNA ends: new strategies for polymerase chain reaction cloning of full-lengh cDNA ends[J]. Analytical Biochemistry, 1995,227:255-273.

[5] 吴乃虎.基因工程原理[M].2版.北京:科学出版社,1998.

[6] 胡玉静,杨立明,金珊珊,等.湖南烙铁头蛇毒蛋白组分的双向电泳分析[J].生物学杂志,2012,29(2):4-7.

[7] Robert F Weaver. Molecular Biology[J]. 5版. 郑用琏,等译. 北京:科学出版社,2013.

[8] 闫隆飞,等.分子生物学[M].2版.北京:中国农业大学出版社,1997.

[9] Benjamin Lewin. GeneⅧ[M].余龙,等译.北京:科学出版社,2005.

[10] 孙乃恩,等.分子遗传学[M].南京:南京大学出版社,1995.

[11] 吴乃虎.基因工程原理[M].2版.北京:科学出版社,2005.

[12] Galas D J,A Schmitz. DNase footprinting: a simple method for detection of protein-DNA binding specificity[J]. Nucleic Acids Research,1978,5:3157-3170.

[13] Aldea M,Claveric-Martin F,Diaz-Torres M R,et al. Transcript mapping using [^{35}S] DNA probes,trichlorocetate solvent and dideoxy sequencing ladders: a rapid method for identification of transcriptional start points[J]. Gene,1988,65:101-110.

[14] Angeletti B,Battiloro E,D'Ambrosio E. Southern and Northern blot fixing by microwave oven[J]. Nucleic Acids Research,1995,23:879-880.

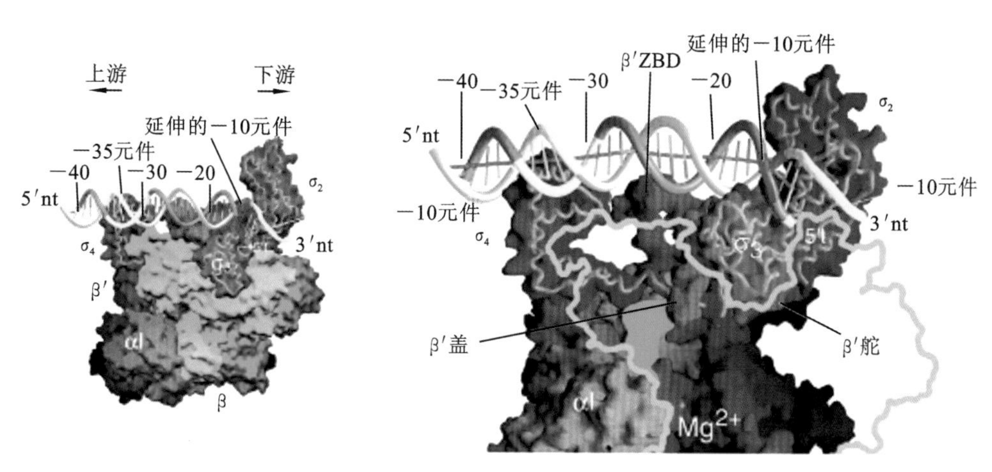

(a) 复合体的整体图示。用不同的灰度标注各个亚基组分

(b) DNA与蛋白质相互作用的放大图

彩图 1　RNA 聚合酶全酶-启动子复合体示意图

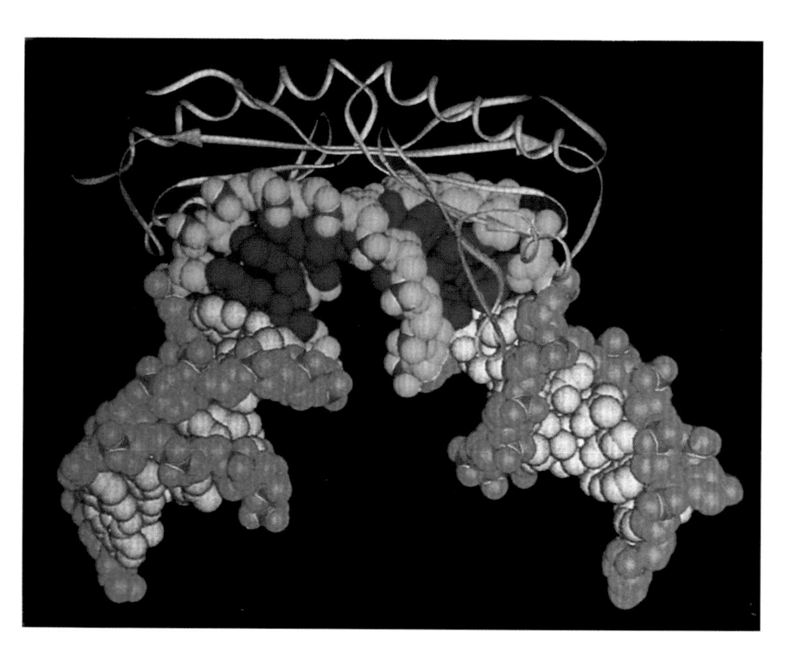

彩图 2　TBP-TATA 框复合物的结构

马鞍的长轴在纸平面上。顶部显示 TBP 的骨架(橄榄色)。位于 TBP 下方的 DNA 以多种颜色显示。与蛋白质作用的 DNA 骨架为橙色,碱基对为红色。

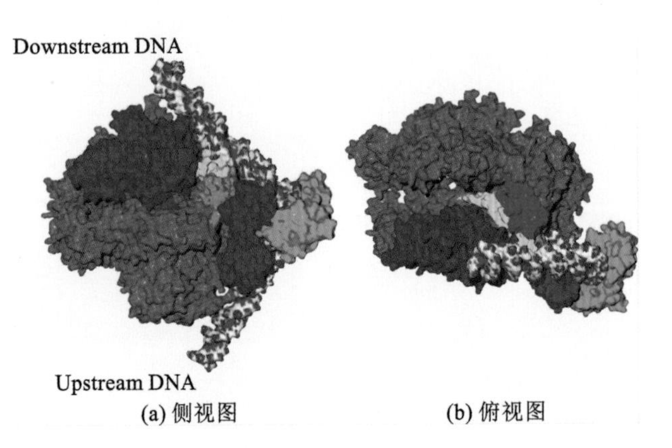

彩图 3　TFⅡB-TBP-聚合酶Ⅱ-DNA 复合体的结构模型

Clamp；Wall；TFⅡB_N；● Zn；Dock；TFⅡB_C；TBP

(a)和(b)显示 Kornberg 从两个独立复合物的结构所推测的结构。一个是 TFⅡB_C-TBP-TATA 框 DNA，另一个是 RNA 聚合酶Ⅱ-TFⅡB，显示两种不同视角的结构。颜色图标用以区分蛋白质及结构域。聚合酶的其他区域表示为灰色。弯曲的 TATA 框 DNA 及其 20 bp 的 B 型 DNA 延伸部分，以红色、白色和蓝色表示。

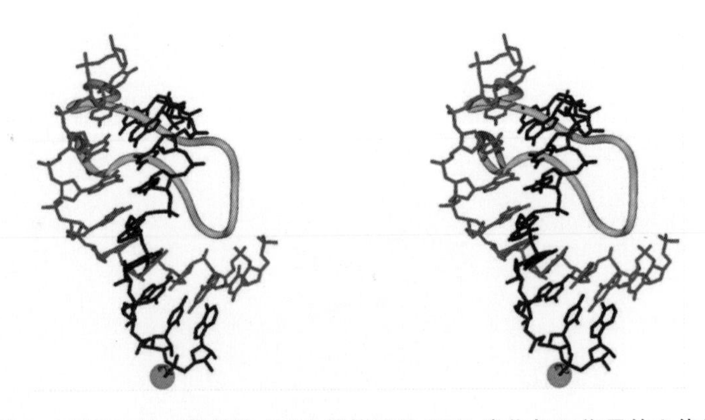

彩图 4　TFⅡB_N的 B 指结构、DNA 模板链及 RNA 产物相互作用的立体结构

TFⅡB；RNA；DNA；● Mg

彩图5　非洲爪蟾 Xfin 蛋白的一个锌指的三维立体结构

顶部中心圆球代表锌，黄色圆球代表一对半胱氨酸的硫原子，左上角蓝色和绿色结构表示一对组氨酸。紫色管状结构表示锌指的骨架。

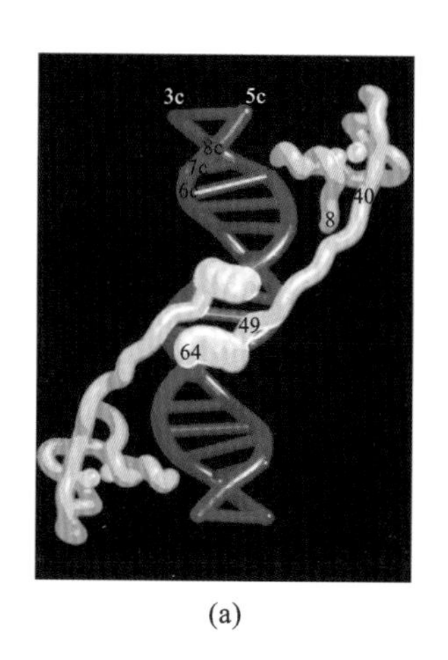

(a)

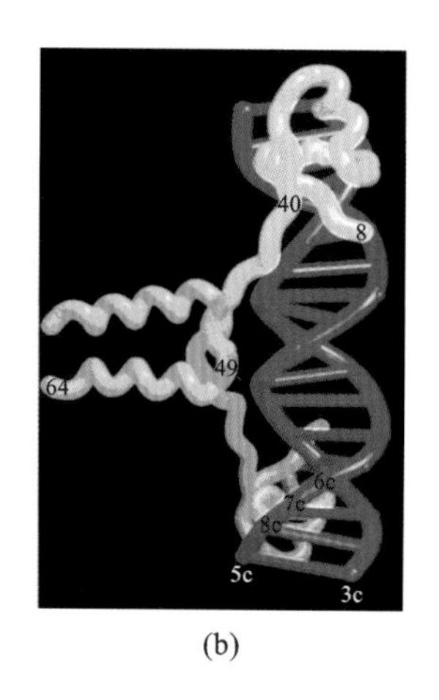

(b)

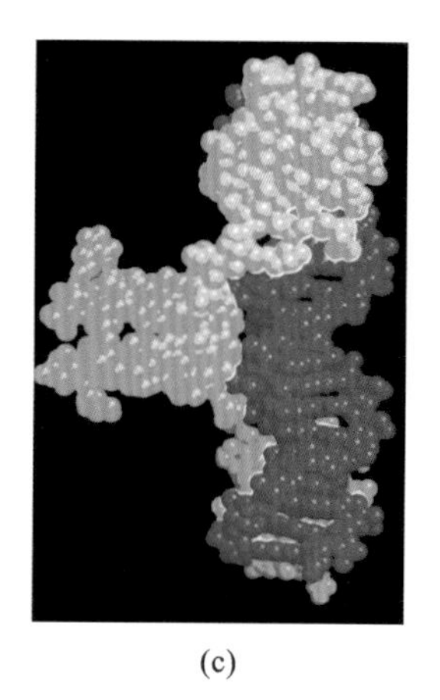

(c)

彩图6　GAL4-DNA 复合体的三面观

(a)为沿一重对称轴观察的复合体结构。红色代表 DNA，蓝色代表蛋白质，黄色球代表锌离子。三个结构域的首尾氨基酸序号标在下部，DNA 识别模体从第 8 位氨基酸延伸至第 40 位氨基酸，接头区在第 41～49 位氨基酸。二聚化域位于第 50～64 位氨基酸。(b)为与(a)垂直的角度观察的复合体结构。在左边中部，显示大体平行的二聚化元件。(c)为与(b)角度相同的空间填充模型。两个 GAL4 单体的识别组件分别与 DNA 链的正、反面相接触。二聚化螺旋域和 DNA 小沟间有序契合。

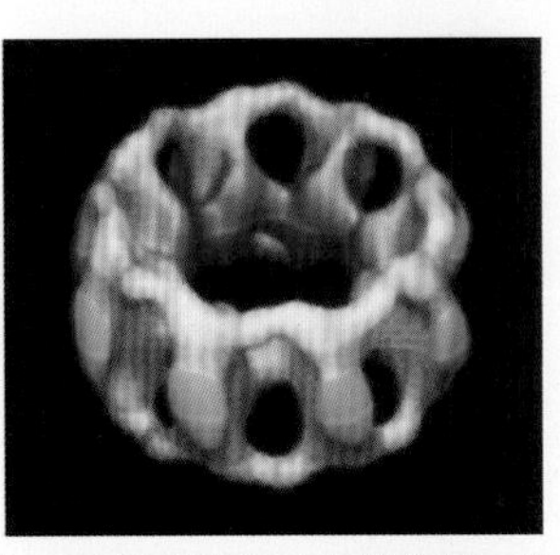

(a) 上、下表面形成两个黄色环，分别为胞质环和核质环。内侧绿色和外侧蓝色部分为两个环向孔中央伸出8个“轮辐”

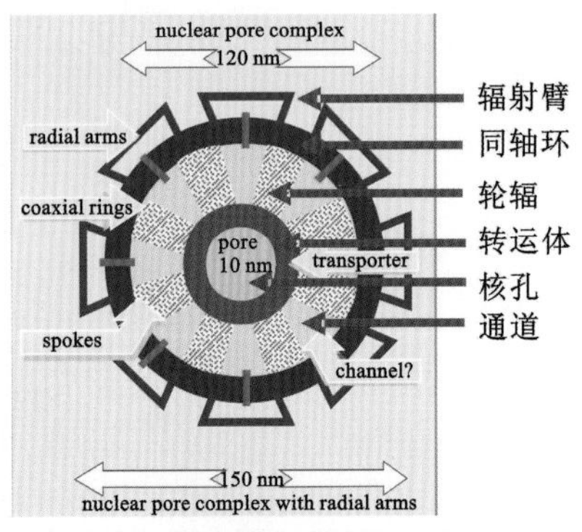

(b) 核孔复合物的大小和结构组成

彩图 7　核孔复合物的八重对称结构模型和结构组成

（仿自 Benjamin Lewin，2007）

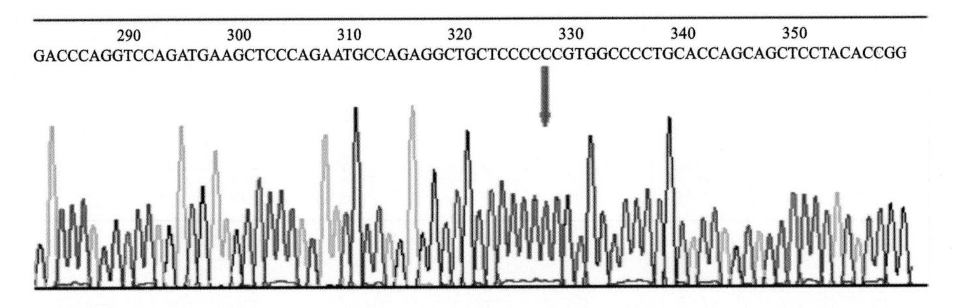

彩图 8　测序仪 ABI Prism 310 Genetic analyzer 实际测得的一段 DNA 序列结果

红色代表 T；绿色代表 A；蓝色代表 C；黑色代表 G。